Leipzig
1930

Kronecker, Leopold

Werke

Herausgegeben auf Veranlassung der Königlich Pressischen Akademie der Wissenschaften

Band 5

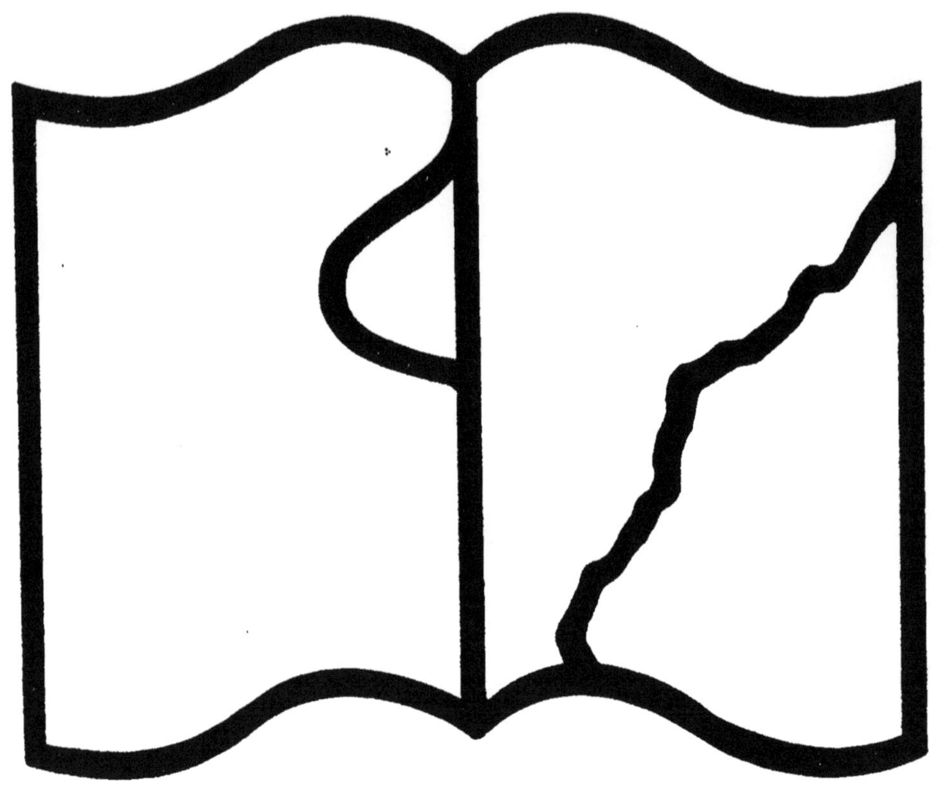

**Symbole applicable
pour tout, ou partie
des documents microfilmés**

Texte détérioré — reliure défectueuse

NF Z 43-120-11

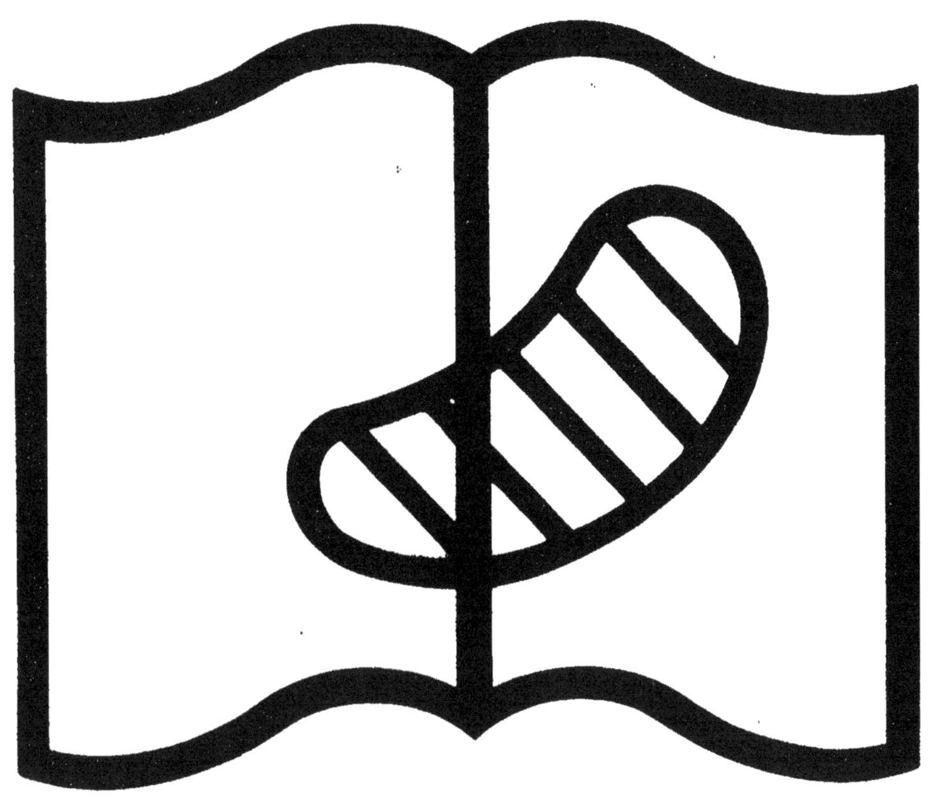

Symbole applicable
pour tout, ou partie
des documents microfilmés

Original illisible

NF Z 43-120-10

LEOPOLD KRONECKER'S WERKE

HERAUSGEGEBEN AUF VERANLASSUNG

DER

PREUSSISCHEN AKADEMIE DER WISSENSCHAFTEN

VON

K. HENSEL

FÜNFTER BAND

1930

LEIPZIG · B. G. TEUBNER · BERLIN

LEOPOLD KRONECKER'S WERKE

LEOPOLD KRONECKER'S WERKE

HERAUSGEGEBEN AUF VERANLASSUNG

DER

PREUSSISCHEN AKADEMIE DER WISSENSCHAFTEN

VON

K. HENSEL

FÜNFTER BAND

1930

VERLAG UND DRUCK VON B. G. TEUBNER IN LEIPZIG UND BERLIN

VORREDE.

Der fünfte Band der Werke Leopold Kronecker's, den ich hiermit der Öffentlichkeit übergebe, enthält nach dem im Vorwort zum ersten Bande veröffentlichten Plane die zweite Hälfte seiner Abhandlungen zur Theorie der elliptischen Funktionen, ferner die Untersuchungen zur Funktionentheorie, zur Potentialtheorie, über Fragen der mathematischen Physik, sowie einige Briefe und kleinere Abhandlungen vermischten Inhalts.

Ein vollständiges Verzeichnis aller mathematischen Abhandlungen Kronecker's, welches nach der Zeit ihrer Veröffentlichung geordnet ist, wird die Übersicht über sein Lebenswerk sehr erleichtern.

Auch bei diesem Bande wurde ich durch die Mitarbeit des Herrn Dr. A. Plessner wesentlich unterstützt. Mit ganz besonderem Danke möchte ich an dieser Stelle des außerordentlich wichtigen ausführlichen Zusatzes 34 von Herrn Professor Helmut Hasse zu dem berühmten Briefe Kronecker's an Dedekind gedenken, in dem er in abschließender Weise zu der Frage Stellung nimmt, in welchem Umfange Kronecker Einsicht in den von ihm aufgestellten Fundamentalsatz gehabt hat, daß die über einem imaginär-quadratischen Zahlkörper Abel'schen Gleichungen durch Transformationsgleichungen elliptischer Funktionen mit singulären Moduln erschöpft werden.

Marburg a. L., im August 1930.

K. Hensel.

INHALTSVERZEICHNIS

ZUR THEORIE
DER ELLIPTISCHEN FUNCTIONEN

VON

L. KRONECKER.

Sitzungsberichte der Königlich Preussischen Akademie der Wissenschaften zu Berlin
von den Jahren: 1889, S. 199—220, 256—274, 309—317; 1890, S. 99—129, 219—241, 307—318,
1025—1029.

ZUR THEORIE DER ELLIPTISCHEN FUNCTIONEN.[1]

[Gelesen in der Akademie der Wissenschaften am 14. März, 28. März, 4. April des Jahres 1889, und am 30. Januar, 6. Februar, 13. März, 20. März, 31. Juli des Jahres 1890.]

XIV.

Ich habe schon am Schlusse des art. VII hervorgehoben*), dass:

$$\frac{1}{c}\left(\vartheta'(0, w_1)\,\vartheta'(0, w_2)\right)^{\frac{2}{3}}$$

„eine Invariante der durch die Form (a, b, c) repraesentirten Classe" ist. Dort bedeuteten a, b, c ganze Zahlen, für welche $4ac - b^2 > 0$ ist, und es war:

$$4ac - b^2 = \Delta, \quad w_1 = \frac{-b + i\sqrt{\Delta}}{2c}, \quad w_2 = \frac{b + i\sqrt{\Delta}}{2c}$$

gesetzt worden. Ich habe dann im art. IX gezeigt, dass der negative Logarithmus dieser Invariante, welcher a. a. O. durch $\mathfrak{B}(w_1, w_2)$ bezeichnet ist, sich von dem im art. VI mit $L\left(\frac{a}{\sqrt{\Delta}}, \frac{c}{\sqrt{\Delta}}\right)$ bezeichneten Grenzwerth:

$$\lim_{\varrho = 0}\left(-\frac{1}{\varrho} + \sum_{m,\,n}\left(\frac{\sqrt{\Delta}}{2\pi(am^2 + bmn + cn^2)}\right)^{1+\varrho}\right)$$

nur durch eine Grösse unterscheidet, welche für alle quadratischen Formen (a, b, c) der Discriminante $-\Delta$ einen festen Werth hat.**) Dieser feste Werth der Differenz:

$$\mathfrak{B}\left(\frac{-b + i\sqrt{\Delta}}{2c}, \frac{b + i\sqrt{\Delta}}{2c}\right) - L\left(\frac{a}{\sqrt{\Delta}}, \frac{c}{\sqrt{\Delta}}\right)$$

lässt sich nun in anderer Weise, als es im art. IX geschehen ist, mittels der Formel (16) des § 6 art. XIII bestimmen.

---

*) Sitzungsbericht vom 30. Juli 1885[2]).

**) Die Summationen sind hier durchweg über alle Zahlen m, n von $-\infty$ bis $+\infty$ zu erstrecken, mit alleinigem Ausschluss des Systems $m = 0$, $n = 0$.

[1]) Vgl. Zusatz 1 am Ende dieses Bandes.　　　　H

[2]) Bd. IV. S. 370 dieser Ausgabe von *L. Kronecker's* Werken.　　　　H

Setzt man nämlich wie im art. IX:

$$a = a_0 \sqrt{\varDelta}, \quad b = b_0 \sqrt{\varDelta}, \quad c = c_0 \sqrt{\varDelta},$$

und wie im art. XIII:

$$a_0 m^2 + b_0 mn + c_0 n^2 = f(m, n),$$

so ist:

$$L(a_0, c_0) = \lim_{\varrho = 0}\left(-\frac{1}{\varrho} + \frac{1}{(2\pi)^{1+\varrho}} \sum_{m, n} \frac{1}{(f(m, n))^{1+\varrho}}\right),$$

$$\mathfrak{L}\left(\frac{-b_0 + i}{2c_0}, \frac{b_0 + i}{2c_0}\right) = \log c_0 \left(\vartheta'(0, w_1)\vartheta'(0, w_2)\right)^{-\frac{2}{3}} + \log \sqrt{\varDelta}.$$

Mit Berücksichtigung der Relation:

$$\lim_{\varrho = 0} \varrho \sum_{m, n} \frac{1}{(f(m, n))^{1+\varrho}} = 2\pi,$$

folgt also, dass jene Differenz:

$$\mathfrak{L}\left(\frac{-b + i\sqrt{\varDelta}}{2c}, \frac{b + i\sqrt{\varDelta}}{2c}\right) - L\left(\frac{a}{\sqrt{\varDelta}}, \frac{c}{\sqrt{\varDelta}}\right)$$

durch den Ausdruck:

$$\log 2\pi\sqrt{\varDelta} + \lim_{\varrho = 0}\left(\frac{1}{\varrho} - \frac{1}{2\pi} \sum_{m, n} \frac{1}{(f(m, n))^{1+\varrho}}\right) - \log \frac{1}{c_0} \left(\vartheta'(0, w_1)\vartheta'(0, w_2)\right)^{\frac{2}{3}}$$

dargestellt wird, dessen Werth sich auf Grund der Formel (16) des art. XIII gleich:

$$\frac{1}{2} \log \varDelta - \frac{1}{3} \log 2\pi + 2\,\varGamma'(1)$$

ergiebt.

Da die hiermit erlangte Werthbestimmung:

$$(1) \qquad \mathfrak{L}\left(\frac{-b + i\sqrt{\varDelta}}{2c}, \frac{b + i\sqrt{\varDelta}}{2c}\right) - L\left(\frac{a}{\sqrt{\varDelta}}, \frac{c}{\sqrt{\varDelta}}\right) = \frac{1}{2} \log \varDelta - \frac{1}{3} \log 2\pi + 2\,\varGamma'(1),$$

im Falle einer Fundamental-Discriminante $\varDelta_0$, für die im art. IX mit $M(\varDelta_0)$ bezeichnete Differenz:

$$\mathfrak{L}\left(\frac{-b + i\sqrt{\varDelta_0}}{2c}, \frac{b + i\sqrt{\varDelta_0}}{2c}\right) - L\left(\frac{a}{\sqrt{\varDelta}}, \frac{c}{\sqrt{\varDelta}}\right)$$

die Gleichung:

$$M(\varDelta_0) = \frac{1}{2} \log \varDelta_0 - \frac{1}{3} \log 2\pi + 2\,\varGamma'(1)$$

liefert, so geht die im art. IX mit $(\mathfrak{T})$ bezeichnete Relation:

$$M(\varDelta_0) = \mathfrak{M}(\varDelta_0) - C + \log\frac{2\pi}{\sqrt{\varDelta_0}} + \frac{H(-\varDelta_0)}{H(-\varDelta_0)} \qquad (- C = \Gamma'(1))$$

in folgende über:

$$(2) \qquad \mathfrak{M}(\varDelta_0) + \frac{4}{3}\log 2\pi + C - \log\varDelta_0 = -\frac{\bar{H}(-\varDelta_0)}{H(-\varDelta_0)},$$

welche eine bemerkenswerthe Beziehung zwischen den beiden im art. IX zur Bestimmung von $M(\varDelta_0)$ gebrauchten Functionen der Discriminante $\varDelta_0$:

$$\mathfrak{M}(\varDelta_0), \quad \bar{H}(-\varDelta_0)$$

enthält. Diese Beziehung, und auch eine solche, welche nicht bloss für Fundamental-Discriminanten sondern ganz allgemein besteht, kann natürlich direct aus der Gleichung (16) des art. XIII hergeleitet werden; doch soll, ehe dies ausgeführt wird, der Ausdruck, welcher die rechte Seite dieser Gleichung bildet, oder der damit identische Ausdruck (17), auf die Function $\varLambda(\sigma,\tau,w_1,w_2)$ zurückgeführt werden.

<h2 style="text-align:center">XV.</h2>

Aus den im art. I und im art. III aufgestellten Definitionsgleichungen:

$$(1) \qquad \varLambda(\sigma,\tau,w_1,w_2) = (4\pi^2)^{\frac{1}{3}}\, e^{\tau^2(w_1+w_2)\pi i}\,\frac{\vartheta(\sigma+\tau w_1, w_1)\,\vartheta(\sigma-\tau w_2, w_2)}{(\vartheta'(0,w_1)\,\vartheta'(0,w_2))^{\frac{1}{3}}},$$

$$(2) \qquad P(\sigma,\tau,w_1,w_2) = e^{\tau^2(w_1+w_2)\pi i}\,\vartheta(\sigma+\tau w_1, w_1)\,\vartheta(\sigma-\tau w_2, w_2),$$

folgt unmittelbar die zwischen den Functionen $\varLambda$ und P bestehende Relation:

$$(3) \qquad \varLambda(\sigma,\tau,w_1,w_2) = \frac{(4\pi^2)^{\frac{1}{3}}\,P(\sigma,\tau,w_1,w_2)}{(\vartheta'(0,w_1)\,\vartheta'(0,w_2))^{\frac{1}{3}}},$$

welche schon im art. III angegeben ist. Es sind dort ferner die Gleichungen:

$$\frac{\partial^2 P}{\partial\sigma\,\partial\sigma}(\sigma=0,\tau=0) = P_{11} = 2\vartheta'(0,w_1)\,\vartheta'(0,w_2)$$

$$\frac{\partial^2 P}{\partial\sigma\,\partial\tau}(\sigma=0,\tau=0) = P_{12} = (w_1-w_2)\,\vartheta'(0,w_1)\,\vartheta'(0,w_2)$$

$$\frac{\partial^2 P}{\partial\tau\,\partial\tau}(\sigma=0,\tau=0) = P_{22} = -2w_1 w_2\,\vartheta'(0,w_1)\,\vartheta'(0,w_2)$$

entwickelt, und hiernach wird:

$$(4) \qquad a_0 \left(a_0 P_{11} + b_0 P_{12} + c_0 P_{22} \right) = \vartheta'(0, w_1)\, \vartheta'(0, w_2),$$

$$(5) \qquad \Lambda(\sigma, \tau, w_1, w_2) = \frac{\dfrac{1}{(\sqrt{c_0})}\, P(\sigma, \tau, w_1, w_2)}{\left(\dfrac{1}{4\pi^2 (\sqrt{c_0})} \left(a_0 P_{11} + b_0 P_{12} + c_0 P_{22} \right) \right)^{\frac{1}{2}}},$$

wo auf der rechten Seite im Zähler und Nenner der Function P desshalb der Factor $\dfrac{1}{(\sqrt{c_0})}$ angefügt worden ist, weil:

$$\frac{1}{(\sqrt{c_0})}\, P(\sigma, \tau, w_1, w_2)$$

genau dieselbe, im art. II näher dargelegte, Invarianten-Eigenschaft wie die Function $\Lambda(\sigma, \tau, w_1, w_2)$ besitzt. Diese Eigenschaft tritt durch die Gleichung $(\mathfrak{C}_0)$ des art. III:

$$(6) \qquad \frac{1}{(\sqrt{c_0})}\, P(\sigma, \tau, w_1, w_2) = \sum_{m,\,n} (-1)^{mn+m+n}\, e^{-(a_0 m^2 + b_0 mn + c_0 n^2)\pi + 2(m\sigma + n\tau)\pi i}$$
$$(m, n = 0, \pm 1, \pm 2, \ldots)$$

in Evidenz. Denn wenn an Stelle eines Systems $(\sigma, \tau, a_0, b_0, c_0)$ ein aequivalentes:

$$(\sigma', \tau', a_0', b_0', c_0')$$

tritt, welches durch die Relationen:

$$(7) \qquad \begin{aligned}
\sigma' &= \alpha\sigma + \alpha'\tau + \alpha'', \quad \tau' = \beta\sigma + \beta'\tau + \beta'', \quad \alpha\beta' - \alpha'\beta = 1, \\
a_0' &= a_0 \alpha^2 + b_0 \alpha\alpha' + c_0 \alpha'^2, \\
b_0' &= 2a_0 \alpha\beta + b_0(\alpha\beta' + \alpha'\beta) + 2c_0 \alpha'\beta', \\
c_0' &= a_0 \beta^2 + b_0 \beta\beta' + c_0 \beta'^2,
\end{aligned}$$

(in denen $\alpha, \alpha', \beta, \beta'$ ganze Zahlen bedeuten), mit dem ersteren System verbunden ist, so sind je zwei Glieder der nur formal verschiedenen Reihen mit einander identisch, in denen die Summationszahlen m, n der einen Reihe aus den Summationszahlen m', n' der andern mittels der Gleichungen:

$$m = \alpha m' + \beta n', \quad n = \alpha' m' + \beta' n'$$

bestimmt werden. Dabei ist zu bemerken, dass das Bestehen der Gleichung:

$$(-1)^{mn+m+n} = (-1)^{m'n'+m'+n'}$$

oder der Congruenz:

$$(8) \qquad mn + m + n \equiv m'n' + m' + n' \pmod{2}$$

am einfachsten daraus zu erkennen ist, dass sich $mn + m + n$ *modulo* 2 weder bei einer Vertauschung von m und n, noch dann ändert, wenn $n + m$ an die Stelle von n gesetzt wird. Aber man kann auch die Congruenz (8) direct begründen, indem man bemerkt, dass vermöge der Bedingung $\alpha\beta' - \alpha'\beta = 1$:

$$(\alpha m' + \beta n')(\alpha'm' + \beta'n') \equiv \alpha\alpha'm' + \beta\beta'n' + m'n' \ (\text{mod. 2}),$$

also:

$$mn + m + n - m'n' - m' - n' \equiv (\alpha + 1)(\alpha' + 1)m' + (\beta + 1)(\beta' + 1)n' \ (\text{mod. 2}),$$

und:

$$(\alpha + 1)(\alpha' + 1) \equiv 0, \quad (\beta + 1)(\beta' + 1) \equiv 0 \ (\text{mod. 2})$$

ist.

Hebt man auf der rechten Seite der Gleichung (6) aus je zwei Zahlen m, n den (absolut genommenen) größten gemeinsamen Theiler t heraus und setzt:

$$m = t\alpha, \quad n = t\alpha',$$

so kann dieselbe — da $t^2 \equiv t \ (\text{mod. 2})$ ist — in folgender Weise dargestellt werden:

$$\frac{1}{(\sqrt{c_0})} P(\sigma, \tau, w_1, w_2) = 1 + \sum (-1)^{(\alpha\alpha' + \alpha + \alpha')t} e^{-(a_0\alpha^2 + b_0\alpha\alpha' + c_0\alpha'^2)t^2\pi + 2(\alpha\sigma + \alpha'\tau)t\pi i},$$

wo die Summation sich auf alle positiven Zahlen t und auf alle Systeme solcher Zahlen α, α' bezieht, welche zueinander relativ prim sind.

Nun bilden die Grössen:

$$a_0\alpha^2 + b_0\alpha\alpha' + c_0\alpha'^2, \quad \alpha\sigma + \alpha'\tau$$

die Gesammtheit aller derjenigen, welche in den dem Systeme:

$$(\sigma, \tau, a_0, b_0, c_0)$$

aequivalenten Systemen vermöge der Bedingungen (7) beziehungsweise an Stelle der Grössen:

$$a_0', \sigma$$

treten. Man kann hiernach einfach:

$$(9) \qquad \frac{1}{(\sqrt{c_0})} P(\sigma, \tau, w_1, w_2) = 1 + \sum \sum_{i=1}^{i=\infty} \varepsilon_i e^{-a_0 t^2\pi + 2\sigma it\pi i}$$

setzen, wo sich die erste Summation auf die Elemente σ, a_0 aller einander aequivalenten Systeme:

$$(\sigma, \tau, a_0, b_0, c_0)$$

bezieht und ε_i das zugehörige Vorzeichen $(-1)^{(\alpha\alpha' + \alpha + \alpha')i}$ bedeutet.

Die Invarianten-Eigenschaft des Nenners in der obigen Gleichung (5) tritt bei dessen Darstellung in der Form:

$$(10) \qquad \frac{1}{4\pi^3 (\sqrt{c_0})} (a_0 P_{11} + b_0 P_{12} + c_0 P_{22})$$
$$= \sum (-1)^{(m-1)(n-1)} (a_0 m^2 + b_0 mn + c_0 n^2) e^{-(a_0 m^2 + b_0 mn + c_0 n^2)\pi}$$

deutlich hervor, und der Summe auf der rechten Seite kann gemäss den obigen Ausführungen auch folgende einfache Gestalt gegeben werden:

$$(11) \qquad -\sum \sum_{i=1}^{i=n} \varepsilon_i a_0 t^2 e^{-a_0 t^2 \pi},$$

wo sich die erste Summe auf alle ersten Elemente a_0 der sämmtlichen einander im *Gauss*'schen Sinne aequivalenten Formen (a_0, b_0, c_0) bezieht und ε_i die oben angegebene Bedeutung hat.

Nun ist, wenn wie im art. XIII:

$$f(x, y) = a_0 x^2 + b_0 xy + c_0 y^2, \quad f'(x', y') = c_0 x'^2 - b_0 x'y' + a_0 y'^2$$

und:

$$(12) \qquad \frac{\Lambda(\sigma, \tau, w_1, w_2)}{f(\sigma, \tau)} = \Lambda'(\sigma, \tau, w_1, w_2)$$

gesetzt wird:

$$(13) \qquad \Lambda'(\sigma, \tau, w_1, w_2) = \frac{(4\pi^3)^{\frac{1}{3}} e^{\pi^2(w_1 + w_2)\pi i}}{c_0 (\vartheta'(0, w_1) \vartheta'(0, w_2))^{\frac{1}{3}}} \cdot \frac{\vartheta(\sigma + \tau w_1, w_1)}{\sigma + \tau w_1} \cdot \frac{\vartheta(\sigma - \tau w_2, w_2)}{\sigma - \tau w_2}.$$

Die Function $f(\sigma, \tau)$ ist aber eine Invariante für alle diejenigen aequivalenten Systeme:

$$(\sigma, \tau, a_0, b_0, c_0),$$

bei denen in den obigen Relationen (7) die Zahlen α'' und β'' gleich Null sind. Es ist also auch:

$$\Lambda'(\sigma, \tau, w_1, w_2)$$

eine solche Invariante und folglich:

$$\Lambda'(0, 0, w_1, w_2)$$

eine Invariante in *dem* Sinne, dass

$$A'\left(0,0,\frac{-b_0+i}{2c_0},\ \frac{b_0+i}{2c_0}\right)\ \text{für alle Formen } (a_0,\,b_0,\,c_0)\ \text{ungeändert bleibt,}$$

welche durch lineare ganzzahlige Transformationen mit der Determinante *Eins* aus einander hervorgehen.

Aus der Gleichung (13) folgt:

$$(14)\qquad A'(0,0,w_1,w_2) = \frac{4\pi^2}{c_0}\left(\frac{\vartheta'(0,w_1)}{2\pi}\cdot\frac{\vartheta'(0,w_2)}{2\pi}\right)^{\frac{2}{3}},$$

oder wenn man hier die Productentwickelung der ϑ-Reihen einsetzt:

$$(15)\qquad A'(0,0,w_1,w_2) = \frac{4\pi^2}{c_0}e^{-\frac{\pi}{6c_0}}\prod(1-e^{3\pi w_1\pi i})^2(1-e^{2\pi w_2\pi i})^2.$$

Benutzt man ferner die Gleichungen (4) und (10), so resultirt die Formel:

$$(16)\qquad \left(A'(0,0,w_1,w_2)\right)^{\frac{2}{3}} = (2\pi)^2\sum_{m,n}(-1)^{(m-1)(n-1)}f(m,n)e^{-\pi/(m,n)},$$

welche sich bei Anwendung der Form (11), auf welche oben die Reihe rechts gebracht worden ist, folgendermaassen darstellen lässt:

$$(17)\qquad \left(A'(0,0,w_1,w_2)\right)^{\frac{2}{3}} = -\,(2\pi)^2\sum_{c_0}\sum_{n=1}^{n=\infty}\varepsilon_n a_0 n^2 e^{-a_0 n^2\pi}.$$

Gemäss der Formel (16) des art. XIII ist daher:

$$(18)\qquad \log A'(0,0,w_1,w_2) = 2\log 2\pi - 2\Gamma'(1) + \lim_{\varrho=0}\left(\frac{1}{\varrho} - \frac{1}{2\pi}\sum_{m,n}\frac{1}{(f(m,n))^{1+\varrho}}\right),$$

oder, wenn von dem Grenzwerth:

$$\lim_{\varrho=0}\left(\frac{1}{\varrho} - \sum_{n=1}^{n=\infty}\frac{1}{n^{1+\varrho}}\right) = \Gamma'(1)$$

Gebrauch gemacht wird:

$$(19)\quad \log A'(0,0,w_1,w_2) = 2\log 2\pi - \Gamma'(1) + \lim_{\varrho=0}\left(\sum_{n=1}^{n=\infty}\frac{1}{n^{1+\varrho}} - \frac{1}{2\pi}\sum_{m,n}\frac{1}{(f(m,n))^{1+\varrho}}\right).$$

Bezeichnet man in üblicher Weise $-\Gamma'(1)$ durch C und hebt den grössten gemeinsamen Theiler t je zweier Zahlen m, n in der letzten Summe heraus, so geht der Ausdruck auf der rechten Seite in folgenden über:

$$2\log 2\pi + C + \lim_{\varrho=0}\left(\sum_{n=1}^{n=\infty}\frac{1}{n^{1+\varrho}} - \frac{1}{2n}\sum_{t=1}^{t=\infty}\frac{1}{t^{2+2\varrho}}\sum_{a_0}\frac{1}{a_0^{1+\varrho}}\right),$$

wo die letzte Summation auf die ersten Coefficienten a_0 der sämmtlichen einander aequivalenten Formen (a_0, b_0, c_0) zu erstrecken ist. Substituirt man hier den aus der Gleichung:

$$\lim_{\varrho=0}\sum_{t=1}^{t=\infty}\frac{1}{t^{2+2\varrho}} = \lim_{\varrho=0}\left(\frac{\pi^2}{6} - 2\varrho\sum_{t=1}^{t=\infty}\frac{\log t}{t^2}\right)$$

resultirenden Werth und setzt zur Abkürzung:

$$C + \frac{12}{\pi^2}\sum_{n=1}^{n=\infty}\frac{\log n}{n^3} = \log\mathfrak{C},$$

so kommt:

$$(20) \qquad \log \varDelta'(0, 0, w_1, w_2) = \log 4\pi^2\mathfrak{C} + \lim_{\varrho=0}\left(\sum_{n=1}^{n=\infty}\frac{1}{n^{1+\varrho}} - \frac{\pi}{12}\sum_{a_0}\frac{1}{a_0^{1+\varrho}}\right).$$

Man hat hiernach die folgenden beiden Darstellungen der Invariante $\varDelta'(0, 0, w_1, w_2)$:

$$(21) \qquad \varDelta'(0, 0, w_1, w_2) = 4\pi^2\left(\sum_{a_0}\sum_{n=1}^{n=\infty}\varepsilon_n a_0 n^2 e^{-a_0 n^2\pi}\right)^{\frac{2}{3}},$$

$$(22) \qquad \varDelta'(0, 0, w_1, w_2) = 4\pi^2\mathfrak{C}\lim_{\varrho=0}\prod_{n=0}^{n=\infty}e^{n^{-1-\varrho}}\prod_{a_0}e^{-\frac{\pi}{12}a_0^{-1-\varrho}},$$

welche den Invarianten-Charakter deutlich an sich tragen. Die auf a_0 bezüglichen Summationen und Multiplicationen sind, wie oben, auf alle diejenigen Grössen zu erstrecken, welche die ersten Coefficienten der einander aequivalenten Formen:

$$(a_0, b_0, c_0), \quad (a_0', b_0', c_0'), \quad (a_0'', b_0'', c_0''), \dots$$

bilden, und die dadurch constituirte Formenclasse ist einzig und allein der Bedingung unterworfen, dass der reelle Theil der Form $a_0 x^2 + b_0 xy + c_0 y^2$ eine *positive* Form sein muss.

Geht man schon in der Formel (19) von den Logarithmen zu den Grössen selbst über, so resultirt die Product-Darstellung:

$$(23) \qquad \varDelta'(0, 0, w_1, w_2) = 4\pi^2 e^C\lim_{\varrho=0}\prod_{n=1}^{n=\infty}e^{n^{-1-\varrho}}\prod_{m,n}e^{-\frac{1}{2\pi}(f(m,n))^{-1-\varrho}},$$

wo die Multiplication im zweiten Product auf alle ganzzahligen Systeme m, n mit alleinigem Ausschluss des Systems $m = 0$, $n = 0$ zu erstrecken ist, und auch aus dieser Darstellung erhellt der Invarianten-Character der Function $\Lambda'(0, 0, w_1, w_2)$.

Die hier unter (10), (21), (22), (23) gegebenen Darstellungen der Function $\Lambda'(0, 0, w_1, w_2)$ zeichnen sich auch dadurch aus, dass sie deren Verhalten in der Nähe der Grenzen ihrer Existenz klar legen. Diese Grenzen sind nur durch jene Bedingung, dass der reelle Theil der Form $a_0 x^2 + b_0 xy + c_0 y^2$ positiv sein muss oder durch die gleichbedeutende Bedingung, dass die reellen Theile von $w_1 i$, $w_2 i$ negativ sein sollen, bestimmt. Dass *innerhalb* der so bestimmten Grenzen $\Lambda'(0, 0, w_1, w_2)$ endlich und von Null verschieden ist, leuchtet ebenfalls unmittelbar aus der Productform (23) ein.

Es verdient wohl noch hervorgehoben zu werden, dass in allen obigen Formeln speciell $w_1 = w_2$ genommen werden kann. Dann wird:

$$b_0 = 0, \quad 4a_0 c_0 = 1, \quad w_1 = w_2 = \frac{i}{2c_0},$$

ferner bei Anwendung der *Jacobi*'schen Bezeichnungen der vollständigen elliptischen Integrale:

$$w_1 = w_2 = \frac{iK'}{K}, \quad a_0 = \frac{K'}{2K}, \quad c_0 = \frac{K}{2K'},$$

und es gehen aus den Gleichungen (14), (15), (16), (23) die folgenden vier Darstellungen von:

$$\Lambda'(0, 0, w, w)$$

hervor:

$$- 2w(2\pi)^{\frac{2}{3}} i(\vartheta'(0, w))^{\frac{4}{3}},$$

$$- 8w\pi^2 i e^{\frac{1}{3}w\pi i} \prod_{n=1}^{n=\infty} (1 - e^{2nw\pi i})^4,$$

$$4\pi^2 \left\{ \frac{1}{2KK'} \sum_{m, n} (-1)^{(m-1)(n-1)} (K^2 m^2 + K'^2 n^2) e^{-\frac{\pi}{2KK'}(K'^2 m^2 + K^2 n^2)} \right\}^{\frac{2}{3}},$$

$$4\pi^2 e^C \lim_{\varrho = 0} \prod_{n=1}^{n=\infty} e^{n^{-1-\varrho}} \prod_{m, n} e^{-\frac{1}{2\pi}\left(\frac{2}{3K'}m^2 + \frac{K'}{2K}n^2\right)^{-1-\varrho}}.$$

Der Index von w ist hierbei, als überflüssig, weggelassen worden.

Da nun nach *Jacobi*:

$$\pi(\vartheta'(0,w))^2 = \varkappa\varkappa'(2K)^2$$

ist, wo $\varkappa, \varkappa'$ die complementären Moduln bedeuten, so resultirt aus der Gleichsetzung des ersten und dritten jener vier Ausdrücke von $\varLambda'(0,0,w,w)$ folgende eigenartige Darstellung von $\varkappa'\varkappa$:

$$(24)\qquad \varkappa\varkappa' = \frac{\pi^2}{8\sqrt{2KK'}}\sum_{m,n}(-1)^{(m-1)(n-1)}\left(\frac{m^2}{K'^2}+\frac{n^2}{K^2}\right)e^{-\frac{\pi}{2KK'}(K^2m^2+K'^2n^2)}.$$

Ebenso liefert die Gleichsetzung des zweiten und vierten Ausdrucks die Formel:

$$(25)\qquad q^{-\frac{1}{3}}\prod_{n=1}^{n=\infty}(1-q^{2n})^{-4} = e^{-C}\frac{2K'}{K}\lim_{\varrho=0}\prod_{n=1}^{n=\infty}e^{-n-1-\varrho}\prod_{m,n}e^{\frac{1}{2\pi}\left(\frac{K}{2K'}m^2+\frac{K'}{2K}n^2\right)-1-\varrho},$$

in welcher nach *Jacobi*'scher Weise:

$$e^{-\frac{\pi K'}{K}} = q$$

gesetzt ist, da nach *Jacobi*'s Fundamenta (36, 2):[1]

$$\pi^2 q^{\frac{1}{3}}\prod_{n=1}^{n=\infty}(1-q^{2n})^4 = (2\varkappa\varkappa)^{\frac{2}{3}}K^2$$

ist, so ergiebt sich die Gleichung:

$$\pi^2(2\varkappa\varkappa')^{-\frac{2}{3}} = e^{-C}\cdot 2KK'\lim_{\varrho=0}\prod_{n=1}^{n=\infty}e^{-n-1-\varrho}\prod_{m,n}e^{\frac{1}{2\pi}\left(\frac{K}{2K'}m^2+\frac{K'}{2K}n^2\right)-1-\varrho},$$

welche eine merkwürdige Darstellung von $\varkappa\varkappa'$ als unendliches Product enthält.

Ich bemerke hierbei, dass $e^{-C} = 0.56146\ldots$, also um weniger als 0.016 von $0.5772156 6\ldots$ d.h. von dem Werke von C selbst verschieden ist. Der angenäherte Werth der Wurzel der Gleichung:

$$x = e^{-x}$$

ist: 0.5672, und wenn für $-x$ die *Gauss*'sche Function $\varPsi(z)$, für welche $\varPsi(0) = -C$ ist, substituirt wird, und also die Gleichung:

$$\varPsi(z) + e^{\varPsi(z)} = 0$$

zu befriedigen ist, so wird $z = 0.006\ldots$ also nahe gleich Null.

---

[1] *Jacobi*, Werke, Band I, S. 146.

XVI.

Sind a, b, c ganze Zahlen, für welche $4ac - b^2$ positiv ist, und setzt man wie oben im art. XIV:

$$4ac - b^2 = \Delta, \quad a = a_0\sqrt{\Delta}, \quad b = b_0\sqrt{\Delta}, \quad c = c_0\sqrt{\Delta},$$

und wie im art. XV:

$$f(m, n) = a_0 m^2 + b_0 mn + c_0 n^2,$$

also:

$$\sqrt{\Delta}\, f(m, n) = am^2 + bmn + cn^2,$$

so ist gemäss der Formel (18) des art. XV:

$$(1) \qquad \lim_{\varrho = 0}\left(-\frac{1}{\varrho} + \frac{1}{2\pi}\sum_{m, n}\frac{(\sqrt{\Delta})^{1+\varrho}}{(am^2 + bmn + cn^2)^{1+\varrho}}\right)$$
$$= \log 4\pi^2 + 2C - \log \Lambda'\left(0, 0, \frac{-b + i\sqrt{\Delta}}{2c}, \frac{b + i\sqrt{\Delta}}{2c}\right),$$

und es ist hierbei unter $\sqrt{\Delta}$ stets der absolute Werth der Quadratwurzel aus Δ zu verstehen.

Wird in der Gleichung (1) für (a, b, c) ein vollständiges System unter einander nicht aequivalenter Formen gesetzt und dann summirt, so ergiebt sich, dass der Grenzwerth:

$$(2) \qquad \lim_{\varrho = 0}\left(-\frac{K(D)}{\varrho} + \frac{1}{2\pi}\sum_{a, b, c}\sum_{m, n}\frac{(\sqrt{\Delta})^{1+\varrho}}{(am^2 + bmn + cn^2)^{1+\varrho}}\right)$$

durch den Werth von:

$$(8) \qquad K(D) \log 4\pi^2 + 2C\,K(D) - \sum_{a, b, c}\log \Lambda'\left(0, 0, \frac{-b + i\sqrt{\Delta}}{2c}, \frac{b + i\sqrt{\Delta}}{2c}\right)$$

ausgedrückt wird. Hierbei ist, wie im art. VIII,[*] mit D die Discriminante der Form (a, b, c) bezeichnet, so dass:

$$D = b^2 - 4ac = -\Delta$$

ist, und $K(D)$ bedeutet, wie a. a. O., die Anzahl der verschiedenen Classen quadratischer Formen der Discriminante D.

Gemäss der Formel $(\mathfrak{M}^0)$ des art. VIII ist nun:

$$(4) \qquad \sum_{a, b, c}\sum_{m, n}\frac{(\sqrt{\Delta})^{1+\varrho}}{(am^2 + bmn + cn^2)^{1+\varrho}} = \tau(\sqrt{\Delta})^{1+\varrho}\sum_{h, k}\left(\frac{-\Delta}{k}\right)\frac{1}{(hk)^{1+\varrho}},$$

---

[*] Sitzungsbericht vom 80. Juli 1885. XXXVIII.

wenn die Summation auf alle positiven Zahlen h, k erstreckt wird, die zu Q relativ prim sind, und auf alle Zahlen m, n, für welche $am^2 + bmn + cn^2$ zu Q prim ist. Dabei ist die Zahl Q durch die Gleichung:

$$D = D_0 Q^2,$$

so wie dadurch bestimmt, dass D_0 die der Discriminante D entsprechende „Fundamental-Discriminante" sein soll. Wenn man ferner, wie im art. IX:

$$D_0 = -\Delta_0$$

setzt, so kann die Gleichung (4) in folgender Weise dargestellt werden:

$$(5) \quad \sum_{a,b,c} \sum_{m,n} \left(\frac{Q^2}{am^2 + bmn + cn^2} \right) \frac{(\sqrt{\Delta})^{1+\varrho}}{(am^2 + bmn + cn^2)^{1+\varrho}} = \tau(\sqrt{\Delta})^{1+\varrho} \sum_{h,k} \left(\frac{Q^2}{h} \right) \left(\frac{-\Delta}{k} \right) \frac{1}{(hk)^{1+\varrho}},$$

wo nunmehr über *alle* positiven Zahlen h, k und über *alle* Systeme von Zahlen m, n mit alleinigem Ausschluss des Systems $m = 0$, $n = 0$ zu summiren ist.

Für den Fall $Q = 1$ kann also der Ausdruck auf der rechten Seite der Gleichung (5) unmittelbar in den Ausdruck (2) eingesetzt werden, und dieser erhält dann folgende Gestalt:

$$(6) \quad \lim_{\varrho = 0} \left(- \frac{K(-\Delta)}{\varrho} + \frac{\tau}{2\pi} (\sqrt{\Delta})^{1+\varrho} \sum_{h,k} \left(\frac{-\Delta}{k} \right) \frac{1}{(hk)^{1+\varrho}} \right) \qquad (h,k = 1, 2, 3, \ldots).$$

Nun wird, da $Q = 1$ ist, $\Delta = \Delta_0$, $D = D_0$; ferner ist:

$$\lim_{\varrho = 0} \left(- \frac{1}{\varrho} + \sum_{h=1}^{h=\infty} \frac{1}{h^{1+\varrho}} \right) = C,$$

also:

$$\lim_{\varrho = 0} (\sqrt{\Delta_0})^{1+\varrho} \sum_{h,k} \left(\frac{-\Delta_0}{k} \right) \frac{1}{(hk)^{1+\varrho}} = \lim_{\varrho = 0} \sqrt{\Delta_0} (1 + \varrho \log \sqrt{\Delta_0}) \left(\frac{1}{\varrho} + C \right) \sum_{k} \left(\frac{-\Delta_0}{k} \right) \frac{1 - \varrho \log k}{k},$$

und folglich wenn, wie im art. VIII und IX:

$$\sum_{k} \left(\frac{-\Delta_0}{k} \right) \frac{1}{k} = H(-\Delta_0), \quad \sum_{k} \left(\frac{-\Delta_0}{k} \right) \frac{\log k}{k} = \bar{H}(-\Delta_0) \qquad (k = 1, 2, 3, \ldots)$$

gesetzt wird:

$$\lim_{\varrho = 0} \left\{ (\sqrt{\Delta_0})^{1+\varrho} \sum_{h,k} \left(\frac{-\Delta_0}{k} \right) \frac{1}{(hk)^{1+\varrho}} - \frac{1}{\varrho} \sqrt{\Delta_0} H(-\Delta_0) \right\}$$

$$= (C + \log \sqrt{\Delta_0}) \sqrt{\Delta_0} H(-\Delta_0) - \sqrt{\Delta_0} \bar{H}(-\Delta_0).$$

Hieraus erhellt, wenn man noch die Gleichung ($\mathfrak{R}$) im art. VIII:

$$\sqrt{\varDelta_0}\, H(-\varDelta_0) = \frac{2\pi}{\tau} K(-\varDelta_0)$$

in Rücksicht zieht, dass der Grenzwerth (6) gleich:

$$\frac{\tau\sqrt{\varDelta_0}}{2\pi} H(-\varDelta_0) \left\{ C + \log\sqrt{\varDelta_0} - \frac{\bar{H}(-\varDelta_0)}{H(-\varDelta_0)} \right\}$$

oder also gleich:

$$K(-\varDelta_0) \left\{ C + \log\sqrt{\varDelta_0} - \frac{\bar{H}(-\varDelta_0)}{H(-\varDelta_0)} \right\}$$

wird. Da aber derselbe Grenzwerth andererseits durch den Ausdruck (3) dargestellt wird, so resultirt die Gleichung:

$$(7) \quad \frac{\bar{H}(-\varDelta_0)}{H(-\varDelta_0)} + C + \log 4\pi^2 - \log\sqrt{\varDelta_0} = \frac{1}{K(D_0)} \sum_{a,\,b,\,c} \log \varLambda'\left(0, 0, \frac{-b+i\sqrt{\varDelta_0}}{2a}, \frac{b+i\sqrt{\varDelta_0}}{2a}\right).$$

Der Ausdruck auf der rechten Seite stellt

> den Mittelwerth der Logarithmen der Invariante $\varLambda'$ für alle Classen der Discriminante D_0 oder $-\varDelta_0$ dar;

der erste Term auf der linken Seite:

$$\frac{\bar{H}(-\varDelta_0)}{H(-\varDelta_0)}$$

ist nichts Anderes als

> der negative Werth des nach ϱ genommenen logarithmischen Differentialquotienten von:
>
> $$\sum_{n=1}^{n=\infty} \left(\frac{-\varDelta_0}{n}\right) \frac{1}{n^{1+\varrho}}$$
>
> für $\varrho = 0$,

und die Gleichung (7) zeigt also, dass diese beiden Werthe sich von einander um:

$$C + \log 4\pi^2 - \log\sqrt{\varDelta_0}$$

unterscheiden.

Dies stimmt mit dem Inhalte der Gleichung (2) im art. XIV genau überein. Um sich davon zu überzeugen, braucht man nur für $\mathfrak{R}(\varDelta_0)$, d. h. für den Mittelwerth von:

$$\log o_0 \left(\vartheta'(0, w_1)\, \vartheta'(0, w_2) \right)^{-\frac{2}{3}} + \log \sqrt{\varDelta_0}$$

denjenigen zu substituiren, welcher aus der Relation (14) im art. XV hervorgeht.

XVII.

Über die Bedeutung des im vorigen Abschnitte hergeleiteten Resultats (7) sind einige Bemerkungen hinzuzufügen.

Wenn auf beiden Seiten der Gleichung:

$$\log \sum_{n=1}^{n=\infty} \left(\frac{-\varDelta_0}{n} \right) \frac{1}{n^{1+\varrho}} = \sum_{p} \log \left(1 - \left(\frac{-\varDelta_0}{p} \right) \frac{1}{p^{1+\varrho}} \right)^{-1},$$

in welcher die Summation rechts über alle Primzahlen zu erstrecken ist, nach ϱ differentiirt und alsdann $\varrho = 0$ setzt, so kommt:

$$(8) \qquad \frac{H(-\varDelta_0)}{H(-\varDelta_0)} = \lim_{\varrho=0} \sum_{p} \left(\frac{-\varDelta_0}{p} \right) \frac{\log p}{p^{1+\varrho} - \left(\frac{-\varDelta_0}{p} \right)},$$

und es wird also auf Grund der Formel (7):

$$(9) \qquad - \lim_{\varrho=0} \sum_{p} \left(\frac{-\varDelta_0}{p} \right) \frac{\log p}{p^{1+\varrho} - \left(\frac{-\varDelta_0}{p} \right)}$$

$$= C + \log 4\pi^2 - \log \sqrt{\varDelta_0} - \frac{1}{K(-\varDelta_0)} \sum_{a,b,c} \log \varLambda' \left(0, 0, \frac{-b+i\sqrt{\varDelta_0}}{2c}, \frac{b+i\sqrt{\varDelta_0}}{2c} \right).$$

Unter der Annahme, dass der Grenzwerth auf der linken Seite,mit dem der Reihe[1]:

$$- \sum_{p} \left(\frac{-\varDelta_0}{p} \right) \frac{\log p}{p - \left(\frac{-\varDelta_0}{p} \right)}$$

übereinstimmt, wenn darin die Primzahlen p ihrer natürlichen Reihenfolge nach genommen werden, folgt, wie ich in einem in den Pariser Comptes Rendus vom 22. November 1886 veröffentlichten Aufsatze[2]) bewiesen habe, dass:

---

[1]) Vgl. Zusatz 2 am Ende dieses Bandes.

[2]) Quelques remarques sur la détermination des valeurs moyennes Bd. V dieser Ausgabe von *L. Kronecker's* Werken.

H

$$\lim_{\substack{m=\infty\\ n=\infty}} \frac{1}{n-m} \sum \left(\frac{-\varDelta_0}{p}\right) \frac{p\log p}{p-\left(\dfrac{-\varDelta_0}{p}\right)} = 0 \qquad (m<p\leqq n)$$

ist, wenn die Summation nur über alle Primzahlen p zwischen m und n erstreckt wird.[1] Man kann dann also schliessen, dass in einem hinreichend grossen und aber auch hinreichend entfernten Intervalle die Summe der Logarithmen der Primzahlen, für welche $\left(\dfrac{-\varDelta_0}{p}\right)$ den einen oder den anderen Werth hat, annähernd gleich ist.

Aber schon in der gewöhnlichen Theorie der quadratischen Formen tritt eigentlich die Reihe:

$$\sum_{n=1}^{n=\infty} \left(\frac{D}{n}\right) \frac{(\sqrt{D})^{1+\varrho}}{n^{1+\varrho}}$$

auf, und in den hier dargelegten Untersuchungen ist es *diese* Reihe, welche notwendig an Stelle der Reihe:

$$\sum_{n=1}^{n=\infty} \left(\frac{D}{n}\right) \frac{1}{n^{1+\varrho}}$$

der Betrachtung zu Grunde gelegt werden muss. Bezeichnet man nun zur Abkürzung den nach ϱ genommenen Differentialquotienten von:

$$\log \sum_{n=1}^{n=\infty} \left(\frac{D}{n}\right) \frac{(\sqrt{D})^{1+\varrho}}{n^{1+\varrho}}$$

für $\varrho = 0$, mit $\mathfrak{H}(D)$, so ist:

$$(10) \qquad \mathfrak{H}(-\varDelta_0) = -\frac{\bar{H}(-\varDelta_0)}{H(-\varDelta_0)} + \log\sqrt{\varDelta_0}.$$

Bei Anwendung dieser Bezeichnung nimmt die Formel (7) des vorigen Abschnittes folgende Gestalt an:

$$(11) \qquad \mathfrak{H}(-\varDelta_0) = C - \frac{1}{K(D_0)} \sum_{a,b,c} \log \frac{1}{4\pi^2} \varLambda'\left(0, 0, \frac{-b+i\sqrt{\varDelta_0}}{2c}, \frac{b+i\sqrt{\varDelta_0}}{2c}\right),$$

und man sieht daher, dass sich der Werth von $\mathfrak{H}(-\varDelta_0)$ von dem Mittelwerthe des Logarithmus der Invariante:

$$\frac{4\pi^2}{\varLambda'(0, 0, w_1, w_2)}$$

---

[1] Vgl. Zusatz 3 am Ende dieses Bandes.

H

nur um die *Euler*'sche Constante C unterscheidet. Die Werthe, deren Mittel zu nehmen ist, sind durch irgend ein System nicht aequivalenter Formen (a, b, c) der Discriminante $- \Delta_0$ und alsdann dadurch bestimmt, dass $w_1, - w_2$ die verschiedenen Systeme von Wurzeln der Gleichungen:

$$a + bw + cw^2 = 0$$

sein sollen.

Benutzt man den im art. XV mit (15) bezeichneten Ausdruck von

$$\Lambda'(0, 0, w_1, w_2),$$

so wird:

$$(12) \quad \frac{4\pi^3}{\Lambda'(0, 0, w_1, w_2)} = c_0 e^{\frac{\pi}{6c_0}} \prod_{n=1}^{n=\infty} (1 - e^{2n w_1 \pi i})^{-2} (1 - e^{2n w_2 \pi i})^{-2},$$

und es zeigt sich also, dass $\mathfrak{H}(- \Delta_0) - C$ gleich dem Mittelwerth von:

$$\frac{\pi \sqrt{\Delta_0}}{6c} - \log \frac{\sqrt{\Delta_0}}{c} - 2 \log \prod_{n=1}^{n=\infty} (1 - e^{2n w_1 \pi i})(1 - e^{2n w_2 \pi i})$$

ist. Der Werth des Products lässt sich leicht abschätzen, wenn man dafür die Reihenentwickelung einsetzt. Denn dann tritt an die Stelle von:

$$- 2 \log \prod_{n=1}^{n=\infty} (1 - e^{2n w_1 \pi i})(1 - e^{2n w_2 \pi i})$$

der Ausdruck:

$$(14) \quad - \frac{2}{3} \log \left(1 + \sum_{n=1}^{n=\infty} (-1)^n (2n + 1) e^{(n^2 + n) w_1 \pi i} \right) \left(1 + \sum_{n=1}^{n=\infty} (-1)^n (2n + 1) e^{(n^2 + n) w_2 \pi i} \right).$$

Nun ist:

$$\left| \sum_{n=1}^{n=\infty} (-1)^n (2n + 1) e^{(n^2 + n) w \pi i} \right| < \sum_{n=1}^{n=\infty} (2n + 1) \left| e^{(n^2 + n) w \pi i} \right|,$$

und wenn zur Abkürzung $\left| e^{2 w \pi i} \right| = r$ gesetzt wird:

$$\sum_{n=1}^{n=\infty} (2n + 1) \left| e^{(n^2 + n) w \pi i} \right| = 3r + 5r^3 + 7r^6 + 9r^{10} + 11r^{15} + \cdots$$

Der Werth der Reihe auf der rechten Seite ist aber kleiner als:

$$3r + \frac{5r^3 + 2r^6}{1 - r^3},$$

wenn nur $r < \frac{7}{9}$ ist, und also, wenn $r < \frac{1}{2}$ vorausgesetzt wird, kleiner als:

$$3r + 6r^2.$$

Ferner ist für jede complexe Grösse $Re^{\varphi i}$, in welcher R positiv und kleiner als Eins ist:

$$\log (1 + Re^{\varphi i})(1 + Re^{-\varphi i}) < 2 \log (1 + R) < 2R - R^2 + \frac{2}{3} R^3,$$

und der absolute Werth des Ausdrucks (14) ist daher kleiner als der Werth des Ausdrucks:

$$(15) \qquad \frac{4}{3}\left(R - \frac{1}{2} R^2 + \frac{1}{3} R^3\right),$$

wenn in demselben R gleich:

$$\left|\sum_{n=1}^{n=\infty}(- 1)^n (2n + 1) e^{(n^2 + n) \omega_1 \pi i}\right|$$

oder noch grösser angenommen wird. Man kann also z. B.:

$$R = 3r + 6r^3$$

setzen. Dann wird:

$$\frac{4}{3}\left(R - \frac{1}{2} R^2 + \frac{1}{3} R^3\right) = 4r + 8r^3 - 6r^2(1 + 2r^2)^2 + 12r^3 (1 + 2r^2)^3,$$

und der Werth des Ausdrucks auf der rechten Seite ist kleiner als:

$$(16) \qquad 4r - 2r^2(1 + 2r^2)^2 (3 - 10r(1 + 2r^2)).$$

Für $r < 0,2$ wird $3 > 10r(1 + 2r^2)$ und also der Werth des Ausdrucks (16) kleiner als $4r$. Hieraus folgt endlich, dass, für $r < 0,2$, der absolute Werth des Ausdrucks (14) kleiner als:

$$4r \text{ oder } 4\,|e^{2\omega_1 \pi i}|$$

ist. Dieser absolute Werth ist aber zugleich derjenige von:

$$(17) \qquad \mathfrak{H}(- \varDelta_0) - C - \frac{1}{K(-\varDelta_0)} \sum_{a,b,c}\left(\frac{\pi \sqrt{\varDelta_0}}{6c} - \log \frac{\sqrt{\varDelta_0}}{c}\right),$$

und der Ausdruck (17) ist daher seinem absoluten Werthe nach kleiner als:

$$\frac{4}{K(-\varDelta_0)} \sum_{a,b,c}|e^{2\omega_1 \pi i}| \quad \text{oder} \quad \frac{4}{K(-\varDelta_0)} \sum_{a,b,c} e^{-\frac{\pi \sqrt{\varDelta_0}}{c}}.$$

d. h. kleiner als der Mittelwerth von:

$$4e^{-\frac{\pi\sqrt{\varDelta_0}}{c}},$$

wenn nur die Formen a, b, c sämmtlich so gewählt werden, dass $e^{\frac{\pi\sqrt{\varDelta_0}}{c}} < 0.2$ ist.

Nach *Lagrange*[*]) können die Formen a, b, c als „Reducirte“, d. h. so gewählt werden, dass:

$$|b| \leqq a,\; |b| \leqq c,\; \text{also } b \leqq \sqrt{\tfrac{\varDelta_0}{8}}$$

ist. Wird dann c noch so bestimmt, dass $a \geqq c$ ist, so ist:

$$c \leqq \sqrt{\tfrac{\varDelta_0}{3}},\; \text{also } \frac{\pi\sqrt{\varDelta_0}}{c} \geqq \pi\sqrt{8}$$

und:

$$4e^{-\frac{\pi\sqrt{\varDelta_0}}{c}} \leqq 4e^{-\pi\sqrt{8}} < 0.01782.$$

Nun ist andererseits der·kleinste Werth von $\frac{\pi}{8}x - \log x$, nämlich der für $x = \frac{8}{\pi}$, grösser als 0.85297; für jedes der Glieder unter dem Summenzeichen im Ausdruck (17) besteht daher eine Gleichung:

$$\frac{\pi\sqrt{\varDelta_0}}{8c} - \log\frac{\sqrt{\varDelta_0}}{c} = 0.85297 + p,$$

---

[*]) Abhandlungen der Berliner Akademie von 1773. Oeuvres de *Lagrange*, Tome VII, 1869, p. 695. *Jacobi* hat schon vor mehr als fünfzig Jahren in Vorlesungen, welche durch Abschriften der *Rosenhain*'schen Ausarbeitung vielfach Verbreitung gefunden haben, die *Lagrange*sche Reductionsmethode dazu benutzt, um den absoluten Werth der von ihm mit q bezeichneten Grösse möglichst zu verkleinern und damit eine möglichst starke Convergenz der ϑ-Reihen zu erzielen. Die eingehende Darstellung dieser Methode, welche die 19., 20. und 21. Vorlesung ausfüllt, schließt in der *Rosenhain*'schen Ausarbeitung, deren Original sich in der Bibliothek der Akademie befindet, mit den Worten: „Hiermit ist diese wichtige Untersuchung beendigt, und wir sehen, daß diese Methode auch für die ungünstigsten Fälle eine Reihe giebt, die schneller convergirt als irgend eine andere in der Analysis und auch für den allgemeinsten Begriff unserer Transcendenten gilt. Wir haben nämlich gesehen, dass, wenn q reell ist, es durch Transformation immer kleiner werden kann als

$$e^{-\pi} = \frac{1}{23.14} = 0.0432,$$

und dass, wenn q imaginär ist, sein Modul immer kleiner gemacht werden kann als

$$e^{-\pi\frac{\sqrt{3}}{2}} = \frac{1}{15.21} = 0.0657“.$$

in welcher $\mathfrak{p}$ eine positive Grösse bedeutet. Hiernach muss:

$$\mathfrak{H}(-\Delta_0) - C - 0.85297 - \mathfrak{p} > 0.01782$$

sein, und hieraus folgt endlich, da $C > 0.577215$ ist, die Ungleichheit:

$$(18) \qquad \mathfrak{H}(-\Delta_0) > 0.912865.$$

Der mit (10) bezeichneten Definitionsgleichung nach ist:

$$\sqrt{\Delta_0}\, H(-\Delta_0)\,\mathfrak{H}(-\Delta_0) = \sum_{n=1}^{n=\infty}\left(\frac{-\Delta_0}{n}\right)\frac{\sqrt{\Delta_0}}{n}\log\frac{\sqrt{\Delta_0}}{n},$$

also mit Berücksichtigung der Gleichung $(\mathfrak{R})$ im art. VIII:

$$\frac{2\pi}{\tau}K(-\Delta_0)\,\mathfrak{H}(-\Delta_0) = \sum_{n=1}^{n=\infty}\left(\frac{-\Delta_0}{n}\right)\frac{\sqrt{\Delta_0}}{n}\log\frac{\sqrt{\Delta_0}}{n},$$

und die Ungleichheit (18) ergiebt daher die folgende:

$$(19) \qquad \frac{\tau}{2\pi}\sum_{n=1}^{n=\infty}\left(\frac{-\Delta_0}{n}\right)\frac{\sqrt{\Delta_0}}{n}\log\frac{\sqrt{\Delta_0}}{n} > \frac{9}{10}K(-\Delta_0).$$

Die Reihe auf der linken Seite ist der Coefficient von ϱ in der Entwickelung von:

$$\frac{\tau}{2\pi}\sum_{n=1}^{n=\infty}\left(\frac{-\Delta_0}{n}\right)\left(\frac{\sqrt{\Delta_0}}{n}\right)^{1+\varrho}$$

nach steigenden Potenzen von ϱ. Das erste, von ϱ unabhängige Glied dieser Entwickelung bildet die Reihe:

$$\frac{\tau}{2\pi}\sum_{n=1}^{n=\infty}\left(\frac{-\Delta_0}{n}\right)\frac{\sqrt{\Delta_0}}{n},$$

deren Werth nach art. VIII $(\mathfrak{R})$ gleich:

$$K(-\Delta_0)$$

ist. Dass dieser Werth, da die Classenanzahl $K(-\Delta_0) \geqq 1$ ist, stets positiv und zwar mindestens gleich 1 sein muss, ist eines der Hauptresultate der vor einem halben Jahrhundert von *Dirichlet* veröffentlichten analytisch-arithmetischen Untersuchungen. Die Theorie der elliptischen Functionen gestattete, wie sich im Vorstehenden gezeigt hat, einen zweiten Schritt in dieser Richtung zu thun, indem der Nachweis ermöglicht wurde, dass auch der zweite Coefficient der Reihe, welche aus der Entwickelung von:

$$\frac{\tau}{2\pi}\sum_{n=1}^{n=\infty}\left(\frac{-\Delta_0}{n}\right)\left(\frac{\sqrt{\Delta_0}}{n}\right)^{1+\varrho}$$

nach Potenzen von ϱ entsteht, immer positiv und zwar grösser als:

$$0.912865$$

sein muss.

Aber nicht bloss in Bezug auf diese specielle aus der Gleichung (7) abgeleitete Folgerung zeigt die Bedeutung des in dieser Gleichung enthaltenen Resultats eine Analogie mit derjenigen, welche dem *Dirichlet*'schen Resultate:

$$(20) \qquad \frac{\tau}{2\pi}\sum_{n=1}^{n=\infty}\left(\frac{-\Delta_0}{n}\right)\frac{\sqrt{\Delta_0}}{n} = K(-\Delta_0)$$

beizulegen ist, sondern die Analogie tritt in den beiden Resultaten *selbst* ganz deutlich hervor, wenn man sie dahin zusammenfasst, dass

die beiden ersten Coefficienten der Entwickelung von:

$$\frac{\tau}{2\pi}\sum_{n=1}^{n=\infty}\left(\frac{-\Delta_0}{n}\right)\left(\frac{\sqrt{\Delta_0}}{n}\right)^{1+\varrho},$$

nach steigenden Potenzen von ϱ, durch:

$$\varrho\sum_{a,b,c}\log\frac{4\pi^2 e^{\frac{1}{\varrho}+c}}{\Lambda'(0,0,w_1,w_2)}$$

dargestellt werden, wenn man die Summation auf ein vollständiges System unter einander nicht aequivalenter Formen (a, b, c) der Discriminante $-\Delta_0$ erstreckt und für $w_1, -w_2$ die zusammengehörigen Wurzeln jeder der quadratischen Gleichungen:

$$a + bw + cw^2 = 0$$

nimmt.

Hierbei wird freilich dem in der Gleichung (20) dargestellten *Dirichlet*'schen Resultate und dem daraus unmittelbar folgenden:[*]

---

[*] Vergl. die mit (𝔅) bezeichnete Formel im art. VIII, Sitzungsberichte vom 30. Juli 1885[1]).

[1] Bd. IV, S. 375 dieser Ausgabe von *L. Kronecker's* Werken.

H

$$(21) \qquad -\frac{\tau}{2\Delta_0}\sum_{n=1}^{n=\Delta_0-1}\left(\frac{-\Delta_0}{n}\right)n = K(-\Delta_0)$$

nicht die übliche Bedeutung beigelegt, dass dadurch

> die Anzahl der verschiedenen Classen quadratischer Formen der Discriminante — Δ_0 bestimmt werde, sondern es wird, gewissermaassen entgegengesetzter Weise, in den Gleichungen (20) und (21) vielmehr die Summirung der Reihen auf der linken Seite durch die Zahl, welche die Classenanzahl der quadratischen Formen der Discriminante — Δ_0 angiebt,

gefunden; und dies geschieht offenbar insofern mit Recht, als die Anzahl der Rechnungsoperationen, welche zur Ermittelung der *reducirten* Formen (a, b, c) der Discriminante — Δ_0 und also auch der Zahl $K(-\Delta_0)$ führt, nur proportional $\sqrt{\Delta_0}\,\log\Delta_0$ ist, während die directe Berechnung der Summe auf der linken Seite der Gleichung (21) eine der Zahl Δ_0 selbst proportionale Anzahl von Rechnungsoperationen erfordert*). Dazu kommt, dass die Aufstellung der reducirten Formen (a, b, c), wie sich oben gezeigt hat, nicht bloss den Werth des ersten schon von *Dirichlet* ermittelten, sondern auch den Werth des zweiten Coefficienten in der Entwickelung von:

$$\frac{\tau}{2\pi}\sum_{n=1}^{n=\infty}\left(\frac{-\Delta_0}{n}\right)\left(\frac{\sqrt{\Delta_0}}{n}\right)^{1+\varrho}$$

liefert, und es ist dabei hervorzuheben, dass aus den obigen Formeln ein besonders einfacher *angenäherter* Werth der Reihe:

$$\sum_{n=1}^{n=\infty}\left(\frac{-\Delta_0}{n}\right)\frac{\sqrt{\Delta_0}}{n}\log\frac{\sqrt{\Delta_0}}{n}$$

*) Die beiden von 1834 und 1837 datirten, im II. Bande von *Gauss'* Werken abgedruckten Fragmente, in welchen die von *Dirichlet* in jener Zeit gefundenen und schon kurz darauf, im Mai 1838, veröffentlichten Formeln zur Bestimmung der Classenanzahl, wenigstens für negative Determinanten, hergeleitet werden sollten, sind betitelt: „De nexu inter multitudinem classium, in quas formae binariae secundi gradus distribuuntur, earumque determinantem". *Gauss* scheint hiernach in jenen Formeln nicht sowohl eine Bestimmung der Classenanzahl gesehen zu haben, als eben nur die Darstellung eines Zusammenhangs derselben mit den anderen, durch die Formeln gegebenen Ausdrücken.

und also auch der mit $H(-\Delta_0)$ bezeichneten Reihe:

$$\sum_{n=1}^{n=\infty}\left(\frac{-\Delta_0}{n}\right)\frac{\log n}{n}$$

hervorgeht.

Es ist nämlich oben gezeigt worden, dass $\mathfrak{H}(-\Delta_0)-C$ gleich dem Mittelwerth von:

$$\frac{\pi\sqrt{\Delta_0}}{6c}-\log\frac{\sqrt{\Delta_0}}{c}-2\log\prod_{n=1}^{n=\infty}(1-e^{2n\omega_1\pi i})(1-e^{2n\omega_2\pi i})$$

ist, und dass der letzte Term dieses Ausdrucks seinem absoluten Werthe nach stets kleiner als:

$$4\left|e^{2\omega_1\pi i}\right|$$

bleibt. Mit Hülfe der Gleichung (10) erschliesst man hieraus, dass der Werth von:

$$-\frac{\tau\sqrt{\Delta_0}}{2\pi}\sum_{n=1}^{n=\infty}\left(\frac{-\Delta_0}{n}\right)\frac{\log n}{n}$$

stets zwischen:

$$\sum_{a,b,c}\left(\frac{\pi\sqrt{\Delta_0}}{6c}-\log\frac{\Delta_0}{c}\right)+C\cdot K(-\Delta_0)+4\sum_{a,b,c}e^{-\frac{\pi\sqrt{\Delta_0}}{c}}$$

und:

$$\sum_{a,b,c}\left(\frac{\pi\sqrt{\Delta_0}}{6c}-\log\frac{\Delta_0}{c}\right)+C\cdot K(-\Delta_0)-4\sum_{a,b,c}e^{-\frac{\pi\sqrt{\Delta_0}}{c}}$$

liegt. Dabei ist daran zu erinnern,[*) dass:

$$\tau=6 \text{ für } \Delta_0=-3, \quad \tau=4 \text{ für } \Delta_0=-4,$$

sonst aber stets:

$$\tau=2$$

ist.

Für die ersten 5 Fundamentaldiscriminanten:

$$\Delta_0=3,4,7,8,11$$

existirt nur je eine reducirte Form:

$$(1,1,1),\quad(1,0,1),\quad(2,1,1),\quad(2,0,1),\quad(3,1,1),$$

und in allen diesen ist also $c=1$. Ferner sind die Werthe von :

---

*) Vergl. art. VIII im Sitzungsbericht vom 30. Juli 1885. XXXVIII.

$$\frac{\pi\sqrt{\Delta_0}}{6c} - \log\frac{\sqrt{\Delta_0}}{c}, \qquad \log\sqrt{\Delta_0}, \qquad 4e^{-\frac{\pi\sqrt{\Delta_0}}{c}},$$

für $\Delta_0 = 3$:	$0.357594\ldots,$	$0.549306\ldots,$	$0.01732\ldots,$
$\Delta_0 = 4$:	$0.354050\ldots,$	$0.698147\ldots,$	$0.075\ldots,$
$\Delta_0 = 7$:	$0.412357\ldots,$	$0.972955\ldots,$	$0.00098282..,$
$\Delta_0 = 8$:	$0.441240\ldots,$	$1.08972077\ .,$	$0.00055886..,$
$\Delta_0 = 11$:	$0.587632\ldots,$	$1.1989476\ ..,$	$0.00011988..,$

also die Werthe von:

$$\frac{\pi\sqrt{\Delta_0}}{6c} - \log\frac{\Delta_0}{c} + C$$

für $\Delta_0 = 3$:	$0.385508\ldots,$
$\Delta_0 = 4$:	$0.288118\ldots,$
$\Delta_0 = 7$:	$0.016617\ldots,$
$\Delta_0 = 8$:	$-0.021266\ldots,$
$\Delta_0 = 11$:	$-0.088629\ldots.$

Hiernach ist:

$$\frac{3\sqrt{3}}{\pi}\sum_{n=1}^{n=\infty}\left(\frac{-3}{n}\right)\frac{\log n}{n} = -0.385508 + \varepsilon\cdot 0.01732$$

$$\frac{4}{\pi}\sum_{n=1}^{n=\infty}\left(\frac{-1}{n}\right)\frac{\log n}{n} = -0.288118 + \varepsilon\cdot 0.075$$

$$\frac{\sqrt{7}}{\pi}\sum_{n=1}^{n=\infty}\left(\frac{-7}{n}\right)\frac{\log n}{n} = -0.016617 + \varepsilon\cdot 0.001$$

$$\frac{\sqrt{8}}{\pi}\sum_{n=1}^{n=\infty}\left(\frac{-2}{n}\right)\frac{\log n}{n} = \quad 0.021266 + \varepsilon\cdot 0.0005584$$

$$\frac{\sqrt{11}}{\pi}\sum_{n=1}^{n=\infty}\left(\frac{-11}{n}\right)\frac{\log n}{n} = \quad 0.088629 + \varepsilon\cdot 0.00012,$$

wo ε eine zwischen -1 und $+1$ liegende Grösse bedeutet.

Um noch ein Beispiel anzuführen, in welchem die Classenanzahl grösser als *Eins* ist, wähle ich $\Delta_0 = 31$. Die drei reducirten Formen sind dann:

$$(8, 1, 1), \quad (4, 1, 2), \quad (4, -1, 2),$$

und c hat also die drei Werthe 1, 2, 2. Der mittlere Werth von:

$$\frac{n\sqrt{\Delta_0}}{6c} - \log \frac{\sqrt{\Delta_0}}{c}$$

wird gleich:

$$0.688620 \ldots,$$

$\log \sqrt{81}$ ist gleich:

$$1.7169986 \ldots,$$

und:

$$\frac{\sqrt{81}}{8\pi} \sum_{n=1}^{n=\infty} \left(\frac{-81}{n}\right) \frac{\log n}{n} = 0.4511586 + \varepsilon \cdot 0.00048,$$

wo $-1 < \varepsilon < 1$ ist.

Anstatt, wie es hier geschehen ist, für den mit (14) bezeichneten Ausdruck den einfacheren, seinem absoluten Werthe nach jedenfalls grösseren:

$$4c^{-\frac{\pi\sqrt{\Delta_0}}{c}}$$

einzuführen, kann man auch einen angenäherteren Werth jenes Ausdrucks (14) zur Ermittelung des Werthes der Reihen:

$$\sum_{n=1}^{n=\infty} \left(\frac{-\Delta_0}{n}\right) \frac{\log n}{n}$$

benutzen. Bei der guten Convergenz der in dem Ausdruck (14) enthaltenen Reihen:

$$\sum_{n=1}^{n=\infty} (-1)^n (2n+1) e^{(n^2+n)\pi i}$$

ist nur die Berechnung weniger Glieder erforderlich.

Ich habe noch zu erwähnen, dass Hr. *H. Weber*, wie ich aus einer in dem neuesten Hefte der mathematischen Annalen (Bd. XXXIII, Heft 3) erschienenen Arbeit, von welcher er mir freundlichst einen Separatabdruck geschickt hat, ersehe, den Grenzwerth von:

$$-\frac{1}{\varrho} + \frac{1}{2\pi} \sum_{m,n} \left(\frac{\sqrt{4ac-b^2}}{am^2 + bmn + cn^2}\right)^{1+\varrho},$$

für $\varrho = 0$, unter der Voraussetzung reeller Werthe von a, b, c, mittels einer von der im art. VIII dargelegten ganz verschiedenen Methode, aber auch unter Anwendung der Γ-Functionen (nach *Dirichlet*'scher Weise), auf die im art. VII meiner Mittheilung vom 30. Juli 1885 behandelte „Invariante der durch die Form (a, b, c) repraesentirten Classe"

$$\frac{1}{\varrho}\left(\vartheta'(0, w_1)\vartheta'(0, w_2)\right)$$

zurückgeführt hat.

XVIII.

Während im art. XVI für Fundamental-Discriminanten $-\varDelta_0$, also für $Q = 1$, der Ausdruck auf der rechten Seite der Gleichung (5) unmittelbar in den Ausdruck (2) eingesetzt und hiermit eine Darstellung des nach ϱ genommenen logarithmischen Differentialquotienten von:

$$\sum_{n=1}^{\infty}\left(\frac{-\varDelta_0}{n}\right)\frac{1}{n^{1+\varrho}}$$

durch das arithmetische Mittel der Logarithmen der den verschiedenen Classen der Discriminante $-\varDelta_0$ entsprechenden Invariante $\varLambda'$ erlangt werden konnte, bedarf es für den Fall $Q > 1$ noch einiger Vorbereitungen, weil im Ausdruck (2) die Summation über *alle* ganzzahligen Werthe von m, n mit alleinigem Ausschluss des Systems $m = 0$, $n = 0$, im Ausdruck (5) aber nur über diejenigen Werthsysteme m, n erstreckt wird, für welche $am^2 + bmn + cn^2$ prim zu Q ist.

§ 1.

In jeder Classe quadratischer Formen (a, b, c) giebt es solche, in welchen

$$a \text{ prim zur Discriminante } D, \; b \equiv 0 \; (\text{mod. } Q), \; c \equiv 0 \; (\text{mod. } Q^2)$$

ist.*)[1]) Für solche Formen hat $am^2 + bmn + cn^2$ nur dann einen gemeinsamen Theiler mit Q, wenn m einen solchen hat; jene im art. VIII mit $(\mathfrak{M}')$ bezeichnete Gleichung:

$$\tau \sum_{h, k}\left(\frac{D}{h}\right)F(hk) = \sum_{a, b, c}\sum_{m, n} F(am^2 + bmn + cn^2),$$

---

*) Die Begründung dieser und aller anderen arithmetischen Voraussetzungen behalte ich einer besonderen, der Theorie der quadratischen Formen gewidmeten Arbeit vor.

[1]) Vgl. Zusatz 4 am Ende dieses Bandes.

H
4*

in welcher die Summationen dahin beschränkt sind, dass die Argumente der Function F zu Q prim sein müssen, kann daher folgendermaassen dargestellt werden:

$$(1) \qquad \tau \sum_{h,k} \left(\frac{D}{h}\right)\left(\frac{Q^2}{k}\right) F(hk) = \sum_{a,b,c} \sum_{m,n} \left(\frac{Q^2}{m}\right) F(am^2 + bmn + cn^2) \qquad \left(\begin{smallmatrix} h,k = 1, 2, 3, \ldots \\ m,n = 0, \pm 1, \pm 2, \ldots \end{smallmatrix}\right),$$

wo nunmehr bei der Summation rechts einzig und allein das System $m = 0$, $n = 0$ wegzulassen ist.

Da b durch Q und c durch Q^2 theilbar ist, so kann man setzen:

$$b = b'Q, \; c = c'Q^2,$$

wo b', c' ganze Zahlen bedeuten. Dann wird:

$$am^2 + bmn + cn^2 = am^2 + b'mnQ + c'n^2Q^2,$$

und man sieht also, dass das Quadrat des grössten gemeinsamen Theilers von m und Q den grössten gemeinsamen Theiler von

$$am^2 + bmn + cn^2 \; \text{ und } \; Q^2$$

bildet. Wird nämlich der grösste gemeinsame Theiler von m und Q mit Q_1' bezeichnet und:

$$m = m_1 Q_1', \; Q = Q_1 Q_1'$$

gesetzt, so ist:

$$am^2 + bmn + cn^2 = \left(am_1^2 + b'm_1 nQ_1 + c'n^2 Q_1^2\right)Q_1'^2;$$

die Zahl $am^2 + bmn + cn^2$ hat also mit Q^2, d. h. mit $Q_1^2 Q_1'^2$, den Factor $Q_1'^2$ gemein, aber auch *nur* diesen; denn:

$$am_1^2 + b'm_1 nQ_1 + c'n^2 Q_1^2$$

ist prim zu Q_1, weil der Voraussetzung nach Q_1' der grösste gemeinsame Theiler von m und Q, und folglich m_1 prim zu Q_1 ist.

Bedeuten q_1, q_2, q_3, ... die verschiedenen Primfactoren von Q und setzt man:

$$(2) \qquad \left(1 - q_1'\right)\left(1 - q_2'\right)\left(1 - q_3'\right) \cdots = \sum_n \varepsilon_n n',$$

so kann man sich die Summation rechts auf alle Divisoren von Q ausgedehnt denken, wenn man nur $\varepsilon_n = 0$ nimmt, sobald irgend ein Primfactor von n mehrfach darin enthalten ist, aber wenn dies nicht der Fall ist:

$$\varepsilon_n = 1, \, -1,$$

je nachdem die Anzahl der verschiedenen Primfactoren von n gerade oder ungerade ist. Ich bemerke hierbei, dass sich diese Bezeichnungsweise schon im § 2 des art. XI findet, dass aber im art. X versehentlich das Product:

$$(1 - p'z)(1 - p''z)(1 - p'''z) \ldots$$

als erzeugende Function angegeben ist. Offenbar muss z nicht Factor, sondern, wie in der Gleichung (2), Exponent der verschiedenen Primzahlen sein.

Bei Anwendung der eingeführten Bezeichnungsweise wird:

$$(3) \qquad \sum_{m,n} \left(\frac{Q^2}{m}\right) F(am^2 + bmn + cn^2) = \sum_t \sum_{m,n} \varepsilon_{Q'_t} F\left(am_t^2 + bm_t n_t + cn_t^2\right) \quad (t=1,2,3,\ldots),$$

wo $Q'_1, Q'_2, Q'_3, \ldots$ die verschiedenen Divisoren von Q bedeuten und die Summation rechts über alle Systeme von ganzen Zahlen m_t, n_t zu erstrecken ist, für welche:

$$am_t^2 + bm_t n_t + cn_t^2 \equiv 0 \pmod{Q'_t}$$

wird. Da b und c durch Q'_t theilbar, a hingegen prim zu Q'_t ist, so muss m_t^2 durch Q'_t theilbar sein. Nun kommen, da für die Divisoren Q'_t, die irgend einen Primfactor mehrfach enthalten, $\varepsilon = 0$ ist, nur solche Divisoren Q'_t in Betracht, welche lauter *verschiedene* Primfactoren enthalten, und für diese hat die Congruenz:

$$m_t^2 \equiv 0 \pmod{Q'_t}$$

die speciellere:

$$m_t \equiv 0 \pmod{Q'_t}$$

als nothwendige Voraussetzung. Man kann daher in der Gleichung (3) rechts:

$$m_t = mQ'_t, \; n_t = n$$

setzen und dann die Summation über *alle* Systeme ganzer Zahlen m, n, mit alleinigem Ausschluss des Systems $m = 0$, $n = 0$, erstrecken. Substituirt man nun noch für b, c beziehungsweise:

$$b'Q', \; c'Q'^2,$$

so verwandelt sich die Gleichung (3) in folgende:

$$(4) \qquad \sum_{m,n} \left(\frac{Q^2}{m}\right) F(am^2 + bmn + cn^2) = \sum_t \sum_{m,n} \varepsilon_{Q'_t} F\left((am^2 + b'mnQ_t + c'n^2 Q_t^2)Q_t'^2\right).$$

und es sind hier auf beiden Seiten die Summationen auf *alle* Systeme ganzer Zahlen m, n, mit Ausschluss des Systems $m = 0$, $n = 0$, zu erstrecken.

Setzt man in der Gleichung (4) links für (a, b, c) ein System nicht aequivalenter Formen der Discriminante D oder $D_0 Q^2$, so kommen rechts für jeden Werth von f die entsprechenden Formen:

$$(a, b'Q_f, c'Q_f^2)$$

der Discriminante $D_0 Q_f^2$ vor, unter welchen jene „enthalten" sind. Von diesen Formen sind aber gewisse einander aequivalent, und zwar ist die Anzahl derjenigen einander aequivalenten Formen:

$$(a', b'Q_f, c'Q_f^2)$$

der Discriminante $D_0 Q_f^2$, unter welchen eine bestimmte Form (a, b, c) der Discriminante D enthalten ist, für jede der letzteren Formen dieselbe.*) Von den vorkommenden Formen:

$$(a', b'Q_f, c'Q_f^2)$$

gehören also je

$$\frac{K(D_0 Q^2)}{K(D_0 Q_f^2)} \quad \text{oder} \quad \frac{K(D)}{K(D_0 Q_f^2)}$$

derselben Classe von Formen der Discriminante $D_0 Q_f^2$ an, und es besteht daher die Gleichung:[1]

$$(5) \quad \frac{1}{K(D)}\sum_{a,b,c}\sum_{m,n}\binom{Q^2}{m}F(am^2+bmn+cn^2)=\sum_f\sum_{a_f,b_f,c_f}\sum_{m,n}\varepsilon_{Q_f}\frac{F((a_f m^2+b_f mn+c_f n^2)Q_f^2)}{K(D_0 Q_f^2)},$$

in welcher die Summationen sich auf alle Systeme ganzer Zahlen m, n, mit alleinigem Ausschluss des Systems $m = 0$, $n = 0$, beziehen, ferner links auf ein vollständiges System nicht aequivalenter Formen (a, b, c) der Discriminante D, rechts aber für jede der in D enthaltenenen Discriminanten $D_0 Q_f^2$ auf ein vollständiges System nicht aequivalenter Formen:

$$(a_f, b_f, c_f)$$

eben dieser Discriminante $D_0 Q_f^2$. Ersetzt man nunmehr die Summe auf der linken

---

*) Vergl. die Abhandlung des Hrn. *Lipschitz*: „Einige Sätze aus der Theorie der quadratischen Formen". Journal für Mathematik, Bd. LIII.

[1] Vgl. Zusatz 5 am Ende dieses Bandes.

H

Seite der Gleichung (5) durch diejenige, welche die linke Seite der obigen Formel (1) bildet, so resultirt die Gleichung:

$$(6) \qquad \frac{\tau}{K(D)} \sum_{h=1}^{h=\infty} \sum_{k=1}^{k=\infty} \left(\frac{D}{h}\right)\left(\frac{Q^2}{k}\right) F(hk) = \sum_{a_i,\,b_i,\,c_i} \sum_{m,n} \sum s_{Q_i'} \frac{F((a_i m^2 + b_i mn + c_i n^2)Q_i'^2)}{K(D_0 Q_i^2)},$$

und es zeigt sich daher, wenn $F(n) = n^{-1-\varrho}$ genommen und auf beiden Seiten der Gleichung (6) mit $|D|^{\frac{1}{2}(1+\varrho)}$ multiplicirt wird, dass der Werth von:

$$(7) \qquad \frac{\tau |D|^{\frac{1}{2}(1+\varrho)}}{K(D)} \sum_{h=1}^{h=\infty} \left(\frac{D}{h}\right) h^{-1-\varrho} \sum_{k=1}^{k=v} \left(\frac{Q^2}{k}\right) \varrho k^{-1-\varrho}$$

mit dem Werthe von:

$$(8) \qquad \varrho |D|^{\frac{1}{2}(1+\varrho)} \sum s_{Q_i'} \frac{Q_i'^{-2-2\varrho}}{K(D_0 Q_i^2)} \sum_{a_i,\,b_i,\,c_i} \sum_{m,n} (a_i m^2 + b_i mn + c_i n^2)^{-1-\varrho}$$

übereinstimmt.

§ 2.

Bezeichnet man, wie im art. VIII und IX mit $H(D)$, $\bar{H}(D)$ beziehungsweise die Reihen:

$$\sum_{h=1}^{h=\infty} \left(\frac{D}{h}\right)\frac{1}{h}, \qquad \sum_{h=1}^{k=\infty} \left(\frac{D}{h}\right)\frac{\log h}{h}$$

und, wie im art. XVII, mit $\mathfrak{H}(D)$ den nach ϱ genommenen Differentialquotienten von:

$$\log \sum_{n=1}^{n=\infty} \left(\frac{D}{n}\right)\left(\frac{\sqrt{|D|}}{n}\right)^{1+\varrho},$$

für $\varrho = 0$, so ist:

$$\mathfrak{H}(D) = -\frac{\bar{H}(D)}{H(D)} + \frac{1}{2}\cdot\log|D|,$$

und es ergiebt sich, wenn man die im art. VIII mit ($\mathfrak{R}$) bezeichnete Gleichung:

$$(9) \qquad \tau H(D)\sqrt{-D} = 2\pi K(D)$$

berücksichtigt, dass *modulo* ϱ^2 die Congruenz:

$$(10) \qquad \frac{\tau(-D)^{\frac{1}{2}(1+\varrho)}}{K(D)} \sum_{h=1}^{h=\infty} \left(\frac{D}{h}\right)\frac{1}{h^{1+\varrho}} \equiv 2\pi(1 + \varrho\mathfrak{H}(D))$$

besteht, d. h. dass der Ausdruck auf der rechten Seite das Aggregat aller derjenigen

Glieder der Entwickelung des Ausdrucks auf der linken Seite nach steigenden Potenzen von ϱ darstellt, welche nicht ϱ^2 oder höhere Potenzen von ϱ enthalten.

Nach der oben angewendeten Methode ergiebt sich ferner, dass:

$$\sum_{k=1}^{k=\infty}\left(\tfrac{Q^2}{k}\right)k^{-1-\varrho} = \sum_{t}\sum_{k=1}^{k=\infty} \varepsilon_{Q'_t}(kQ'_t)^{-1-\varrho} = \sum_{t}\varepsilon_{Q'_t}Q'_t{}^{-1-\varrho}\sum_{k=1}^{k=\infty}k^{-1-\varrho}$$

wird, wo die durch $\sum$ angedeutete Summation auf alle Divisoren Q'_t von Q zu erstrecken ist. Da *modulo* ϱ^2 die Congruenzen:

$$\varrho\sum_{k=1}^{k=\infty}k^{-1-\varrho} \equiv 1 + \varrho C, \quad \sum_{t}\varepsilon_{Q'_t}Q'_t{}^{-1-\varrho} \equiv \sum_{t}\varepsilon_{Q'_t}Q'_t{}^{-1} - \varrho\sum_{t}\varepsilon_{Q'_t}Q'_t{}^{-1}\log Q'_t,$$

in dem oben dargelegten Sinne, bestehen, so resultirt, wenn zur Abkürzung:

$$(11)\qquad \sum_{t}\varepsilon_{Q'_t}Q'_t{}^{-1} = S(Q), \quad \sum_{t}\varepsilon_{Q'_t}Q'_t{}^{-1}\log Q'_t = \bar{S}(Q)$$

gesetzt wird, die Congruenz:

$$(12)\qquad \varrho\sum_{k=1}^{k=\infty}\left(\tfrac{Q^2}{k}\right)k^{-1-\varrho} \equiv (1 + \varrho C)S(Q) - \varrho\bar{S}(Q) \ (\mathrm{mod.}\,\varrho^2),$$

und aus den beiden Congruenzen (10) und (12) folgt endlich, dass:

$$(13)\qquad 2\pi(1 + \varrho C + \varrho\mathfrak{H}(D))S(Q) - 2\pi\varrho\bar{S}(Q)$$

das Aggregat der beiden ersten Glieder der Entwickelung des Ausdrucks (7) nach steigenden Potenzen von ϱ darstellt, oder, was dasselbe ist,

      dass die beiden Ausdrücke (7) und (13) einander *modulo* ϱ^2 congruent sind.

Um nun das Aggregat der beiden ersten Glieder in der Entwickelung des Ausdrucks (8) nach steigenden Potenzen von ϱ darzustellen, gehe ich von der im art. XV mit (18) bezeichneten Gleichung aus, indem ich dieselbe in dem obigen Sinne als Congruenz *modulo* ϱ^2 folgendermaassen fasse:

$$\varrho(4ac - b^2)^{\frac{1}{2}(1+\varrho)}\sum_{m,n}(am^2 + bmn + cn^2)^{-1-\varrho}$$
$$= 2\pi\big(1 + 2\varrho C + 2\varrho\log 2\pi - \varrho\log\varLambda'(0,0,w_1,w_2)\big)$$

Hieraus ergiebt sich, wenn man von den Relationen:

$$D_0 Q_\xi^2 = b_\xi^2 - 4a_\xi c_\xi, \quad D = D_0 Q_\xi^2 Q_\xi'^2$$

Gebrauch macht, die Congruenz *modulo* ϱ^2:

$$\varrho(-D)^{\frac{1}{2}(1+\varrho)} Q_\xi'^{-1-\varrho} \sum_{m,n} (a_\xi m^2 + b_\xi mn + c_\xi n^2)^{-1-\varrho}$$
$$= 2\pi\left(1 + 2\varrho C + 2\varrho \log \pi - \varrho \log \varLambda'(0, 0, w_1^{(\xi)}, w_2^{(\xi)})\right),$$

in welcher für $w_1^{(\xi)}$, $-w_2^{(\xi)}$ die beiden Wurzeln der Gleichung:

$$a_\xi + b_\xi w + c_\xi w^2 = 0$$

zu nehmen sind. Der oben mit (8) bezeichnete Ausdruck wird demnach *modulo* ϱ^2 congruent dem Ausdrucke:

$$2\pi \sum_\xi \varepsilon_{Q_\xi'} \frac{Q_\xi'^{-1-\varrho}}{K(D_0 Q_\xi^2)} \sum_{a_\xi, b_\xi, c_\xi} \left(1 + 2\varrho C + 2\varrho \log 2\pi - \varrho \log \varLambda'(0, 0, w_1^{(\xi)}, w_2^{(\xi)})\right),$$

und dieser kann, da $K(D_0 Q_\xi^2)$ die Anzahl der Formen (a_ξ, b_ξ, c_ξ) bedeutet, so dargestellt werden:

$$(14)\quad 2\pi(1 + 2\varrho C + 2\varrho \log 2\pi) \sum_\xi \varepsilon_{Q_\xi'} Q_\xi'^{-1-\varrho} - 2\pi\varrho \sum_\xi \varepsilon_{Q_\xi'} \frac{Q_\xi'^{-1-\varrho}}{K(D_0 Q_\xi^2)} \sum_{a_\xi, b_\xi, c_\xi} \log \varLambda'(0, 0, w_1^{(\xi)}, w_2^{(\xi)}).$$

Ersetzt man hierin $Q_\xi'^{-1-\varrho}$ durch $Q_\xi'^{-1} - \varrho Q_\xi'^{-1} \log Q_\xi'$ und benutzt die oben unter (11) eingeführten Bezeichnungen, so zeigt sich, dass der Ausdruck (14), und also auch der Ausdruck (8), *modulo* ϱ^2 dem folgenden congruent ist:

$$(15)\quad 2\pi(1 + 2\varrho C + 2\varrho \log 2\pi) S(Q) - 2\pi\varrho \bar{S}(Q)$$
$$- 2\pi\varrho \sum_\xi \varepsilon_{Q_\xi'} \frac{1}{Q_\xi' \cdot K(D_0 Q_\xi^2)} \sum_{a_\xi, b_\xi, c_\xi} \log \varLambda'(0, 0, w_1^{(\xi)}, w_2^{(\xi)}).$$

Nun hat sich oben gezeigt, dass die Ausdrücke (7) und (13) einander *modulo* ϱ^2 congruent sind, und schon am Schlusse des § 1 hat sich ergeben, dass die Werthe der beiden Ausdrücke (7) und (8) an sich, d. h. nicht bloss *modulo* ϱ^2, mit einander übereinstimmen; es folgt demnach,

dass die beiden Ausdrücke (13) und (15) einander *modulo* ϱ^2 congruent sind, und deren Vergleichung liefert unmittelbar die gesuchte Darstellung der Function $\mathfrak{H}$ für beliebige Discriminanten D durch die Invarianten $\varLambda'$:

$$(16) \qquad \mathfrak{H}(D) = C + \log 4\pi^2 - \frac{1}{S(Q)} \sum_t \varepsilon_{Q_t'} \frac{1}{Q_t' \cdot K(D_0 Q_t^2)} \cdot \sum_{a_t, b_t, c_t} \log \varLambda'\big(0, 0, w_1^{(t)}, w_2^{(t)}\big),$$

welche mit der specielleren im art. XVII (11) angegebenen für den Fall $D = D_0$, $Q = 1$ übereinkommt.

§ 3.

Die Gleichung (16) ist leicht in folgende zu transformiren:

$$(17) \qquad \mathfrak{H}(D) = C - \frac{1}{\varphi(Q)} \cdot \sum_t \varepsilon_{Q_t'} \frac{Q_t}{K(D_0 Q_t^2)} \cdots \sum_{a_t, b_t, c_t} \log \frac{1}{4\pi^2} \varLambda'\big(0, 0, w_1^{(t)}, w_2^{(t)}\big),$$

in welcher unter $\varphi(Q)$ in der üblichen *Gauss*'schen Weise der Werth von:

$$Q \prod \Big(1 - \frac{1}{q}\Big)$$

zu verstehen und die Multiplication auf alle verschiedenen, in Q enthaltenen Primzahlen zu erstrecken ist.

Die eigentliche Bedeutung dieser Relation tritt klarer hervor, wenn man den *Gauss*'schen Begriff der „Ordnung" der verschiedenen zu einer Discriminante gehörigen Formenclassen zu Hülfe nimmt. Vereinigt man nämlich alle diejenigen quadratischen Formen:

$$a x^2 + b x y + c y^2$$

in einer und derselben „Ordnung", für welche die drei Coefficienten a, b, c einen und denselben grössten gemeinsamen Theiler t haben, so bilden die Formen:

$$\big(a_t Q_t', \, b_t Q_t', \, c_t Q_t'\big) \qquad\qquad (t = 1, 2, \ldots$$

der Discriminante D ein vollständiges System nicht aequivalenter Formen der durch den Theiler Q_t' charakterisirten „Ordnung". Hiernach stellt der Ausdruck:

$$- \frac{1}{K(D_0 Q_t^2)} \sum_{a_t, b_t, c_t} \log \frac{1}{4\pi^2} \varLambda'\big(0, 0, w_1^{(t)}, w_2^{(t)}\big),$$

in welchem $w_1^{(t)}, \, - w_2^{(t)}$ als die beiden Wurzeln der Gleichung:

$$a_t + b_t w + c_t w^2 = 0$$

definirt sind, den Mittelwerth des Logarithmus der Invariante:

$$\frac{4\pi^2}{A'\left(0,0,\dfrac{-b+\sqrt{D}}{2c},\dfrac{b+\sqrt{D}}{2c}\right)}$$

für die verschiedenen Classen (a, b, c) der durch Q'_t charakterisirten „Ordnung" der Discriminante D dar. Bezeichnet man diesen Mittelwerth zur Abkürzung mit:

$$\log M\left(\sqrt{D}, Q'_t\right)$$

so bedeutet $M(\sqrt{D}, Q'_t)$ das *geometrische* Mittel der Invariante:

$$(18)\qquad \frac{4\pi^2}{A'\left(0,0,\dfrac{-b+\sqrt{D}}{2c},\dfrac{b+\sqrt{D}}{2c}\right)}$$

für die durch Q'_t charakterisirte „Ordnung", und die Relation (17) nimmt dann folgende übersichtliche Gestalt an:

$$(19)\qquad \mathfrak{H}(D) = C + \frac{Q}{\varphi(Q)}\sum \frac{s_t \log M(\sqrt{D},t)}{t}\qquad (D=D_0 Q^2).$$

wo die Summation auf alle Divisoren t von Q zu erstrecken ist. Dabei ist daran zu erinnern, dass $s_t = 0$ ist, wenn t irgend einen Primfactor mehrfach enthält, dass also nur diejenigen Divisoren von Q wirklich vorkommen, welche lauter von einander verschiedene Primfactoren enthalten.

Da die Argumente:

$$\frac{-b+\sqrt{D}}{2c},\ \frac{b+\sqrt{D}}{2c}$$

der Functionen A', deren Mittelwerth für die durch Q'_t charakterisirte Ordnung mit $M(\sqrt{D}, Q'_t)$ bezeichnet worden ist, einzig und allein von den Verhältnisswerthen:

$$b : c : \sqrt{D}$$

abhängen, so bleibt der Werth von $M(\sqrt{D}, Q'_t)$ ungeändert, wenn ein gemeinsamer Theiler beider Argumente weggelassen wird, d. h. es besteht, wenn D_0 irgendeine Fundamental-Discriminante ist und P, Q, R irgend welche ganze Zahlen bedeuten, die Relation:

$$(20)\qquad M\left(\sqrt{D_0 P^2 Q^2 R^2}, PQ\right) = M\left(\sqrt{D_0 Q^2 R^2}, Q\right).$$

In der Gleichung (19) ist daher $M(\sqrt{D}, t)$ durch $M\left(\frac{1}{t}\sqrt{D}, 1\right)$ zu ersetzen, und dieselbe nimmt, wenn dies geschieht und noch mit d der zu t complementäre Divisor bezeichnet wird, die Form an:

$$(21) \qquad \varphi(Q)\left(\mathfrak{H}(D_0 Q^2) - C\right) = \sum_{d,t} \varepsilon_t\, d \log M\left(\sqrt{D_0 d^2}, 1\right) \qquad (dt=Q)$$

auf welche die im art. XI, § 2 hergeleiteten, einander correspondirenden Relationen:

$$f(Q) = \sum_{d,t} \varepsilon_t h(d), \quad h(Q) = \sum_d f(d) \qquad (dt=Q)$$

unmittelbar anwendbar sind.

Demnach folgt aus der Gleichung (21), dass:

$$Q \log M\left(\sqrt{D_0 Q^2}, 1\right) = \sum_d \varphi(d)\left(\mathfrak{H}(D_0 d^2) - C\right)$$

ist, wenn die Summation rechts auf alle Divisoren d von Q ausgedehnt wird, und hieraus geht, wenn von der Relation $\sum_d \varphi(d) = Q$ Gebrauch gemacht wird, die Gleichung:

$$(22) \qquad C + \log M\left(\sqrt{D_0 Q^2}, 1\right) = \frac{1}{Q} \sum_d \varphi(d)\, \mathfrak{H}(D_0 d^2)$$

hervor, welche die Darstellung des Mittelwerthes der Invariante (18) für die primitive Ordnung einer beliebigen Discriminante $D_0 Q^2$ durch die den verschiedenen Theiler-Discriminanten $D_0 d^2$ entsprechenden Functionen $\mathfrak{H}$ enthält. Die Werthe dieser verschiedenen Functionen $\mathfrak{H}$ lassen sich aber, wie im folgenden Paragraphen gezeigt werden soll, sämmtlich auf den der Fundamental-Discriminante entsprechenden Werth $\mathfrak{H}(D_0)$ zurückführen, und es kann damit eine Darstellung von $\log M\left(\sqrt{D_0 Q^2}, 1\right)$ durch $\mathfrak{H}(D_0)$ *allein* erlangt werden.

§ 4.

Zu dem angegebenen Zwecke gehe ich von der Gleichung:

$$(23) \qquad \log \sqrt{-D} - \mathfrak{H}(D) = \frac{\bar{H}(D)}{H(D)} = \lim_{\varrho=0} \sum_p \left(\frac{D}{p}\right) \frac{\log p}{p^{1+\varrho} - \left(\frac{D}{p}\right)}$$

aus, in welcher die Summation über alle Primzahlen p zu erstrecken ist, und welche, ganz ebenso wie die speciellere im Anfange des art. XVII, durch Differentiation der Gleichung:

$$\log \sum_{n=1}^{n=\infty} \left(\frac{D}{n}\right) \frac{1}{n^{1+\varrho}} = \sum_{p} \log \left(1 - \left(\frac{D}{p}\right) \frac{1}{p^{1+\varrho}}\right)^{-1}$$

nach ϱ entsteht.

Substituirt man auf der rechten Seite der Gleichung (22) für $\mathfrak{H}(D_0 d^2)$ gemäss (23) den Ausdruck:

$$\log \sqrt{-D_0 d^2} - \lim_{\varrho=0} \sum_{p} \left(\frac{D_0}{p}\right) \left(\frac{d^2}{p}\right) \frac{\log p}{p^{1+\varrho} - \left(\frac{D_0}{p}\right)}$$

und berücksichtigt, dass:

$$\sum_{d} \left(\frac{d^2}{p}\right) \varphi(d) = \frac{Q}{p^r}$$

ist, wenn die Summation auf alle Divisoren d von Q erstreckt und mit p^r die höchste in Q enthaltene Potenz von p bezeichnet wird, so kommt:

$$(24) \qquad C + \log M(\sqrt{D}, 1) = \log \sqrt{-D_0} + \frac{1}{Q} \sum_{d} \varphi(d) \log d - \lim_{\varrho=0} \sum_{p} \left(\frac{D_0}{p}\right) \frac{p^{-r} \log p}{p^{1+\varrho} - \left(\frac{D_0}{p}\right)}.$$

Nun ist:

$$\sum_{d} \varphi(d) \log d = \sum_{h_1, h_2, \ldots} (h_1 \log q_1 + h_2 \log q_2 + \cdots) \varphi\left(q_1^{h_1}\right) \varphi\left(q_2^{h_2}\right) \cdots,$$

wenn die Summation auf:

$$h_t = 1, 2, 3, \ldots r_t \qquad\qquad (t=1, 2, \ldots)$$

erstreckt wird und r_t den Exponenten der höchsten in Q enthaltenen Potenz von q_t bezeichnet. In dieser Summe kommt $\log q_1$ mit:

$$\sum_{h_1} h_1 \varphi\left(q_1^{h_1}\right) \sum_{h_2, h_3, \ldots} \varphi\left(q_2^{h_2} q_3^{h_3} \cdots\right)$$

multiplicirt vor, und dieser Factor von $\log q_1$ ist gleich:

$$\frac{Q}{q_1^{r_1}} \sum_{h_1} h_1 \varphi\left(q_1^{h_1}\right) \quad \text{oder} \quad r_1 Q - \frac{1 - q_1^{-r_1}}{q_1 - 1} Q.$$

Es wird also:

$$\frac{1}{Q} \sum_{d} \varphi(d) \log d = \sum_{t} r_t \log q_t - \sum_{t} \frac{1 - q_t^{-r_t}}{q_t - 1} \log q_t$$

und folglich, da $\sum_{t} r_t \log q_t = \log Q$ ist, gemäss der Gleichung (24):

$$(25) \qquad C + \log M(\sqrt{D}, 1) = \log \sqrt{-D} - \sum_{q} \frac{1 - q^{-r}}{q - 1} \log q - \lim_{\varrho=0} \sum_{p} \left(\frac{D_0}{p}\right) \frac{p^{-r} \log p}{p^{1+\varrho} - \left(\frac{D_0}{p}\right)},$$

wo sich die erstere, auf q bezügliche Summation nur auf alle in Q enthaltenen Primzahlen, die letztere, auf p bezügliche aber auf *alle* Primzahlen erstreckt. In der letzteren Summe ist $r = 0$, sobald p nicht in Q enthalten und also keine der mit q bezeichneten Primzahlen ist. Man kann diese Summe daher auch *so* darstellen:

$$\lim_{\varrho=0} \sum_p \left(\frac{D_0}{p}\right) \frac{\log p}{p^{1+\varrho} - \left(\frac{D_0}{p}\right)} - \sum_q \left(\frac{D_0}{q}\right) \frac{1 - q^{-r}}{q - \left(\frac{D_0}{q}\right)} \log q,$$

wo die erstere Summation auf *alle* Primzahlen, die letztere nur auf diejenigen zu erstrecken ist, welche in Q enthalten sind.

Die Gleichung (25) nimmt hiernach, wenn man zur Abkürzung:

$$(26) \qquad \sum_q \left(1 - \left(\frac{D_0}{q}\right)\right) \frac{q^r - 1}{q^r - q^{r-1}} \cdot \frac{\log q}{q - \left(\frac{D_0}{q}\right)} = Z(D_0, Q)$$

setzt, folgende Gestalt an:

$$(27) \qquad C + \log \frac{M(\sqrt{D}, 1)}{\sqrt{-D}} + Z(D_0, Q) = -\lim_{\varrho=0} \sum_p \left(\frac{D_0}{p}\right) \frac{\log p}{p^{1+\varrho} - \left(\frac{D_0}{p}\right)},$$

und es ist zur Erläuterung des mit $Z(D_0, Q)$ bezeichneten Ausdrucks nochmals hervorzuheben, dass, wenn Q, als Product von Potenzen von Prinzahlen dargestellt, gleich:

$$q_1^{r_1} q_2^{r_2} q_3^{r_3} \cdots$$

ist, die Summation auf der linken Seite der Gleichung (26) sich auf die Werthe:

$$q = q_1, q_2, q_3, \cdots$$

und die zugehörigen Werthe:

$$r = r_1, r_2, r_3, \cdots$$

und die zugehörigen Werthe:

bezieht. Wird nunmehr in der Gleichung (27) die Summe auf der rechten Seite gemäss der obigen Formel (23) durch $\mathfrak{H}(D_0)$ ausgedrückt, so geht dieselbe in folgende über:

$$(28) \qquad C + \log \frac{M(\sqrt{D_0 Q^2}, 1)}{Q} + Z(D_0, Q) = \mathfrak{H}(D_0),$$

welche die oben angekündigte Darstellung von $\log M(\sqrt{D_0 Q^2}, 1)$ durch $\mathfrak{H}(D_0)$ *allein* enthält.

$$\S\ 5.$$

Für den Fall $D = D_0$, $Q = 1$ wird $Z(D_0, Q) = Z(D_0, 1) = 0$, und die Gleichung (28) reducirt sich daher auf folgende:

$$(28^*) \qquad C + \log M(\sqrt{D_0}, 1) = \mathfrak{H}(D_0),$$

welche mit der Formel (11) im art. XVII genau übereinstimmt.

Substituirt man nun in der Gleichung (28) für $\mathfrak{H}(D_0)$ den Ausdruck, welcher die linke Seite der Gleichung (28^*) bildet, so resultirt die Formel:

$$(29) \qquad \log \frac{M(\sqrt{D}, 1)}{\sqrt{-D}} + Z(D_0, Q) = \log \frac{M(\sqrt{D_0}, 1)}{\sqrt{-D_0}},$$

durch welche der Mittelwerth der Invariante (18) für die primitive Ordnung einer beliebigen Discriminante $D = D_0 Q^2$ auf den der Fundamentaldiscriminante D_0 entsprechenden zurückgeführt wird. Zugleich zeigt die Formel (29),

dass der Ausdruck:

$$\log \frac{M(\sqrt{D_0 Q^2}, 1)}{\sqrt{-D_0 Q^2}} + Z(D_0, Q)$$

für alle Werthe von Q, d. h. also für alle Discriminanten $D = D_0 Q^2$, welchen dieselbe Fundamentaldiscriminante D_0 entspricht, einen und denselben Werth hat.

Man kann die Formel (29) aber auch zur Vergleichung solcher Werthe von M verwenden, welche verschiedenen *Ordnungen* derselben Discriminante entsprechen.

Bedeutet nämlich, wie vorher, D_0 irgend eine Fundamentaldiscriminante, Q irgend eine ganze Zahl und sind d, t ebenso wie d_1, t_1 mit einander complementäre Divisoren von Q, so dass:

$$dt = d_1 t_1 = Q$$

wird, so ist gemäß der Formel (20), wenn, wie oben, $D = D_0 Q^2$ gesetzt wird:

$$M(\sqrt{D}, t) = M(\sqrt{D_0 d^2}, 1), \quad M(\sqrt{D}, t_1) = M(\sqrt{D_0 d_1^2}, 1)$$

und alsdann gemäß der Formel (29):

$$\log \frac{M(\sqrt{D}, t)}{\sqrt{-D_0 d^2}} + Z(D_0, d) = \log \frac{M(\sqrt{D}, t_1)}{\sqrt{-D_0 d_1^2}} + Z(D_0, d_1).$$

Diese Gleichung kann aber auch *so* dargestellt werden:

$$(30) \qquad \log t\, M(\sqrt{D},\, t) + Z\!\left(D_0,\, \frac{1}{t}\sqrt{\frac{D}{D_0}}\right) = \log t_1\, M(\sqrt{D},\, t_1) + Z\!\left(D_0,\, \frac{1}{t_1}\sqrt{\frac{D}{D_0}}\right),$$

und es zeigt sich daher,

dass der Ausdruck:

$$\log t\, M(\sqrt{D},\, t) + Z\!\left(D_0,\, \frac{1}{t}\sqrt{\frac{D}{D_0}}\right)$$

für alle Werthe von t, d. h. also für alle verschiedenen Ordnungen der quadratischen Formen der Discriminante D einen und denselben Werth hat.

Nun ist nach der oben im § 3 aufgestellten Definition:

$$\log M(\sqrt{D},\, t) = -\,\frac{1}{K\!\left(\frac{D}{t^2}\right)} \sum_{a,b,c} \log \frac{1}{4\pi^3} \varLambda'\!\left(0,\, 0,\, \frac{-b+\sqrt{D}}{2c},\, \frac{b+\sqrt{D}}{2c}\right),$$

wenn über ein System unter einander nicht aequivalenter Formen (a, b, c) der Discriminante D summirt wird, in welchen a, b, c den grössten gemeinsamen Theiler t haben, welche also die verschiedenen Classen der durch t charakterisirten Ordnung repraesentiren. Ferner ist gemäss der Formel (15) im art. XV:

$$-\log \frac{1}{4\pi^3}\varLambda'(0,\, 0,\, w_1,\, w_2) = \frac{\pi\sqrt{-D}}{6c} - \log \frac{\sqrt{-D}}{c} - 2\log \prod_{n=1}^{n=\infty}(1 - e^{2\pi n w_1 \pi i})(1 - e^{2\pi n w_2 \pi i});$$

$$\left(w_1 = \frac{-b+\sqrt{D}}{2c},\ w_2 = \frac{b+\sqrt{D}}{2c}\right)$$

das in der Gleichung (30) enthaltene Resultat ist daher, wenn man auf die Bedeutung der Bezeichnungen M, Z zurückgeht, folgendermaassen zu fassen:

Versteht man unter (a, b, c) quadratische Formen der Discriminante D, welche die sämmtlichen Classen einer bestimmten, durch den Theiler t charakterisirten Ordnung repraesentiren, unter $K(D, t)$ die Anzahl dieser Classen, unter D_0 die der Discriminante D entsprechende Fundamentaldiscriminante, unter w diejenige Wurzel der Gleichung $a + bw + cw^2 = 0$, für welche der reelle Theil von wi negativ ist, und wird durch:

$$(31) \qquad\qquad\qquad \frac{q_1^{r_1}\, q_2^{r_2}\, q_3^{r_3} \cdots}{\sqrt{\dfrac{D}{D_0 t^2}}}$$

die ganze Zahl:

als Product von Potenzen verschiedener Primzahlen dargestellt, so hat das Aggregat:

$$\frac{1}{K(D,t)}\sum_{a,b,c}\left\{\pi\frac{\sqrt{-D}}{6c}-\log\frac{\sqrt{-D}}{ct}+\log\prod_{n=1}^{n=\infty}\left|1-e^{2\pi n\omega n t}\right|\right\}$$
$$+\sum_{q,r}\left(1-\left(\frac{D_0}{q}\right)\right)\frac{q^r-1}{q^r-q^{r-1}}\cdot\frac{\log q}{q-\left(\frac{D_0}{q}\right)}\qquad \left(\begin{smallmatrix}q=q_1,q_2,\dots\\ r=r_1,r_2,\dots\end{smallmatrix}\right)^{*)}$$

für jede der verschiedenen Ordnungen einen und denselben Werth.

In ganz analoger Weise kann der Inhalt der im art. VIII mit $(\mathfrak{D})$ bezeichneten Gleichung:

$$(\mathfrak{D})\qquad\qquad \frac{K(D)}{K(D_0)}=Q\left(\prod_q\left(1-\left(\frac{D_0}{q}\right)\frac{1}{q}\right)\frac{\log E(D_0)}{\log E(D)}\right)$$

folgendermaassen formulirt werden:

Versteht man unter $K(D,t)$ die Anzahl der verschiedenen Classen quadratischer Formen der durch t charakterisirten Ordnung der Discriminante D, unter $E\left(\frac{D}{t^2}\right)$ die Fundamentaleinheit:

$$\frac{1}{r}\left(T+U\sqrt{\frac{D}{t^2}}\right),\qquad\qquad (r=1,2)$$

d. h. diejenige Einheit, durch deren *ganze* Potenzen sich sämmtliche Einheiten von der Form:

$$(82)\qquad\qquad \frac{1}{r}\left(T'+U'\sqrt{\frac{D}{t^2}}\right)\qquad\qquad (r=1,2)$$

darstellen lassen, so hat der Ausdruck:

$$tK(D,t)\prod\left(1-\left(\frac{D_0}{q}\right)\frac{1}{q}\right)^{-1}\log E\left(\frac{D}{t^2}\right),$$

in welchem die Multiplication auf alle verschiedenen, in der ganzen Zahl $\frac{D}{t^2}$ enthaltenen Primzahlen q zu erstrecken ist, für jede der verschiedenen durch t charakterisirten Ordnungen einen und denselben Werth.

---

*) Bei der Summation sind, wie oben, stets nur die zusammengehörigen Werthe $q=q_t$, $r=r_t$ zu nehmen.

Da nun die Gleichung (D), und also auch die hier angegebene Formulirung ihres Inhalts, nur als eine etwas modificirte Darstellung jener *Gauss*'schen Sätze im art. 256 der *Disquisitiones arithmeticae*[1]) zu betrachten ist, welche die Vergleichung der Anzahl der in den verschiedenen Ordnungen enthaltenen Classen quadratischer Formen betreffen, so lässt die obige (mit (81) bezeichnete) Fassung des Inhalts der Gleichung (30) deutlich erkennen, dass das darin entwickelte, aus der Theorie der elliptischen Functionen geschöpfte Ergebniss, welches die Vergleichung der Mittelwerthe der Invariante $\varLambda'$ für die verschiedenen Ordnungen quadratischer Formen betrifft, sich ebenso unmittelbar als ein neues Resultat jenen älteren *Gauss*'schen anreiht, wie die im art. XVI in der Gleichung (7) ausgedrückte Relation zwischen den Werthen gewisser Reihen und den Mittelwerthen der Invariante $\varLambda'$ für quadratische Formen primitiver Ordnungen an die bezüglichen *Dirichlet*'schen Resultate anknüpfte.

§ 6.

Es verdient noch hervorgehoben zu werden, dass in der Gleichung (29) wundersame Beziehungen zwischen Zahlenausdrücken enthalten sind, und dass deren Eigenart leichter erkennbar wird, wenn man die *angenäherten* Werthe von $\varLambda'$ benutzt.

Wird nämlich für den letzten Theil des Ausdrucks:

$$\frac{1}{K(D)} \sum_{a,b,c} \left(\frac{\pi\sqrt{-D}}{6c} - \log \frac{\sqrt{-D}}{c} \right) - \frac{2}{K(D)} \sum_{a,b,c} \sum_{n=1}^{n=\infty} \log \left(1 - e^{2\pi w_1 \pi i}\right)\left(1 - e^{2\pi w_2 \pi i}\right),$$

welcher den Werth von $\log \mathrm{M}(\sqrt{D}, 1)$ darstellt, die Reihenentwickelung substituirt, so resultirt die Gleichung:

$$K(D) \cdot \log \mathrm{M}(\sqrt{D}, 1) = \sum_{a,b,c} \left\{ \frac{\pi\sqrt{-D}}{6c} - \log \frac{\sqrt{-D}}{c} + 4 \sum_{n=1}^{n=\infty} \frac{1}{n} S_d(n) e^{\frac{-n\pi\sqrt{-D}}{c}} \cos \frac{nb\pi}{c} \right\},$$

in welcher $S_d(n)$ die Summe der Divisoren von n bedeutet. Es stellt also, wenn zur Abkürzung:

$$\varPhi(D_0 Q^2) = \frac{1}{K(D_0 Q^2)} \sum_{a,b,c} \left(\frac{\pi Q\sqrt{-D}}{6c} - \log \frac{-D}{c} \right) + \mathrm{Z}(D_0, Q)$$

$$\varPsi(D_0 Q^2) = \frac{4}{K(D_0 Q^2)} \sum_{a,b,c} \sum_{n=1}^{n=\infty} \frac{1}{n} S_d(n) e^{\frac{-n\pi\sqrt{-D}}{c}} \cos \frac{nb\pi}{c}$$

---

[1]) *Gauss*, Werke, Bd. I, S. 279.

H

gesetzt wird, das Aggregat:

$$\Phi(D_0 Q^2) + \Psi(D_0 Q^2)$$

jenen Ausdruck dar, welcher gemäss der Gleichung (29) für alle Zahlen Q einen und denselben Werth hat, und die hiernach für zwei beliebige ganze Zahlen Q, $\mathfrak{Q}$ geltende Formel:

$$\Phi(D_0 Q^2) + \Psi(D_0 Q^2) = \Phi(D_0 \mathfrak{Q}^2) + \Psi(D_0 \mathfrak{Q}^2)$$

liefert offenbar eine unendliche Reihe von Relationen zwischen Zahlenausdrücken, die aus ganz verschiedenen Elementen gebildet sind.

Um nun den Charakter dieser Relationen deutlicher hervortreten zu lassen, will ich angenäherte Werthe von $\Psi(D_0 Q^2)$ entwickeln.

Zu diesem Zweck bemerke ich zuvörderst, dass:

$$S_d(n) < n^2$$

ist. Denn wenn n als Product von Primzahlpotenzen in der Form:

$$n = p_1^{h_1} p_2^{h_2} p_3^{h_3} \cdots$$

dargestellt ist, so wird:

$$S_d(n) = \prod_{p,h} \frac{p^{h+1}-1}{p-1},$$

und da:

$$p^{2h} - \frac{p^{h+1}-1}{p-1} = \frac{p^h-1}{p-1}(p^{h+1}-p^h-1) > 0$$

ist, so zeigt sich, dass in der That:

$$S_d(n) < \prod_{p,h} p^{2h}, \text{ also } S_d(n) < n^2$$

sein muss. Hiernach ergiebt sich die Ungleichheit:

$$\left| \sum_{n=1}^{n=\infty} \frac{1}{n} S_d(n) e^{-\frac{n\pi\sqrt{-D}}{c}} \cos\frac{nb\pi}{c} \right| < \sum_{n=1}^{n=\infty} n e^{-\frac{n\pi\sqrt{-D}}{c}}.$$

Nun ist offenbar für einen positiven echten Bruch x:

$$\sum_{n=k}^{n=\infty} n x^n < k x^k \sum_{n=k}^{n=\infty} \left(\frac{k+1}{k}\right)^{n-k} x^{n-k} = \frac{k^2 x^k}{k-(k+1)x},$$

und wenn $x < e^{-\pi\sqrt{3}} < 0.00433343$ ist:

$$\sum_{n=1}^{n=\infty} n x^n < 1.01 \cdot k x^k.$$

Es findet daher die Ungleichheit:

$$\left| \sum_{n=1}^{n=\infty} \frac{1}{n} S_d(n) e^{-\frac{n\pi\sqrt{-D}}{c}} \cos\frac{nb\pi}{c} \right| < 1.01 \cdot k e^{-\frac{k\pi\sqrt{-D}}{c}}$$

statt, sobald in den Ausdrücken von $\Phi(D_0 Q^2)$, $\Psi(D_0 Q^2)$ nur *reducirte* Formen (a, b, c) d. h. solche genommen werden, für welche:

$$|b| \leqq c \leqq a \quad \text{und folglich} \quad \frac{\pi\sqrt{-D}}{c} \geqq \pi\sqrt{3}$$

ist. Dies vorausgesetzt, wird also $\Psi(D_0 Q^2)$ gleich:

$$\frac{4}{K(D_0 Q^2)} \sum_{a,b,c} \sum_{n=1}^{n=k-1} \frac{1}{n} S_d(n) e^{-\frac{n\pi\sqrt{-D}}{c}} \cos\frac{nb\pi}{c} + \varepsilon \frac{4.04 \cdot k}{K(D_0 Q^2)} \sum_{a,b,c} e^{-\frac{k\pi\sqrt{-D}}{c}},$$

wo ε zwischen ± 1 liegt, und man kann nun entweder für jeden bestimmten Werth von D die Zahl k so gross wählen, dass der mit ε multiplicirte Werth vernachlässigt werden kann, oder man kann von vorn herein k so gross annehmen, dass diese Vernachlässigung für *jeden* Werth von D bei den vorgeschriebenen Genauigkeitsgrenzen statthaft erscheint. Da nämlich für die reducirten Formen stets:

$$e^{-\frac{\pi\sqrt{-D}}{c}} < e^{-\pi\sqrt{3}}$$

ist, so kann der Werth des mit ε multiplicirten Ausdrucks für $k = 3$ nur Einheiten der sechsten Decimale und für $k = 4$ sogar nur Einheiten der neunten Decimale betragen.

Wählt man $k = 3$, so wird:

$$\psi(D_0 Q^2) = \frac{1}{K(D_0 Q^2)} \sum_{a,b,c} \left(4 e^{-\frac{\pi\sqrt{-D}}{c}} \cos\frac{b\pi}{c} + 6 e^{-\frac{2\pi\sqrt{-D}}{c}} \cos\frac{2b\pi}{c} + \varepsilon \cdot 12.12 e^{-\frac{3\pi\sqrt{-D}}{c}} \right),$$

für $k = 2$ dagegen:

$$\psi(D_0 Q^2) = \frac{1}{K(D_0 Q^2)} \sum_{a,b,c} \left(4 e^{-\frac{\pi\sqrt{-D}}{c}} \cos\frac{b\pi}{c} + \varepsilon \cdot 8.08 e^{-\frac{2\pi\sqrt{-D}}{c}} \right),$$

und endlich für $k = 1$:

$$\Psi(D_0 Q^2) = \frac{s \cdot 4.04}{K(D_0 Q^2)} \sum_{a,b,c} e^{-\frac{\pi\sqrt{-b}}{c}}.$$

Man kann aber hier den Factor 4.04 bei genauerer Discussion der bezüglichen Ungleichheiten noch bis auf etwa 4.026 verkleinern. Dann ist freilich der Werth dieses Factors immer noch um 0.026 grösser als der im art. XVII angewendete. Doch hat der Unterschied auf die dort entwickelten Resultate keinen anderen Einfluss, als dass die Genauigkeitsgrenzen der Zahlenangaben ein wenig modificirt werden. Auch a. a. O. würde übrigens statt des kleineren Factors 4 der Factor 4.026 ermittelt worden sein, wenn, wie es geschehen musste, für den *absoluten* Werth:

$$|\log(1 + Re^{c'})(1 + Re^{c''})|$$

die Grenze $|\,2\log(1 - R)\,|$, die derselbe wirklich erreichen kann, berücksichtigt worden wäre.

Bei der Beschränkung auf angenäherte Werthe von $\Psi(D_0 Q^2)$ lässt sich nun der Inhalt der Gleichungen (29) oder (30) dahin formuliren,

dass die zwischen den beiden Werthen des Ausdrucks:

$$\Phi(D_0 Q^2) + \frac{4}{K(D_0 Q^2)} \sum_{n=1}^{n=h-1} \frac{1}{n} S_c(n) e^{-\frac{n\pi\sqrt{-b}}{c}} \cos\frac{nb\pi}{c} \pm \frac{4.04 \cdot k}{K(D_0 Q^2)} \sum_{a,b,c} e^{-\frac{h\pi\sqrt{-b}}{c}}$$

liegenden Intervalle für alle verschiedenen ganzen Zahlen Q einen gemeinschaftlichen Theil haben müssen.

§ 7.

Um die vorstehenden Ausführungen an einigen Zahlenbeispielen zu erläutern, nehme ich zuerst $D_0 = -3$. Dann ist für $Q = 1$, $Q = 2$ und $Q = 3$ nur je eine reducirte Form vorhanden:

$$(1,1,1),\quad (3,0,1),\quad (7,1,1),$$

und für $Q = 1$ wird:

$$\Phi(-3) = \frac{\pi\sqrt{3}}{6} - \log 3 = -0.19171229\ldots,$$

$$\Psi(-3) = -4e^{-\pi\sqrt{3}} + 6e^{-2\pi\sqrt{3}} + \cdots = -0.01722105\ldots;$$

also ist mit einer Unsicherheit von Einheiten in der sechsten Decimale:

$$\varphi(-3) + \psi(-3) \text{ annähernd } = -0.208933.$$

Für $Q = 2$ wird:

$$\Phi(-12) = \frac{\pi\sqrt{12}}{6} - \log 12 + \frac{2\log 2}{3} = -0.20900865\ldots,$$

$$\psi(-12) = 4e^{-2\pi\sqrt{3}} + \cdots = 0.000075,$$

also:

$$\varphi(-12) + \psi(-12) \text{ annähernd} = -0.208988.$$

Für $Q = 3$ wird:

$$\Phi(-27) = \frac{\pi\sqrt{27}}{6} - \log 27 + \frac{\log 8}{3} = -0.208988\ldots;$$

$\Psi(-27)$ ist auf die ersten 6 Decimalen ohne Einfluss.

Die drei ganz verschieden zusammengesetzten Ausdrücke:

$$\frac{\pi}{2\sqrt{3}} - \log 3 - 4e^{-\pi\sqrt{3}} + 6e^{-2\pi\sqrt{3}},$$

$$\frac{\pi}{\sqrt{3}} - \log 3 - \frac{4}{3}\log 2 + 4e^{-2\pi\sqrt{3}},$$

$$\frac{\pi\sqrt{3}}{2} - \frac{8}{3}\log 3,$$

haben also einen annähernd gleichen, in den ersten 5 Decimalen sicher übereinstimmenden Werth, und es lassen sich daraus offenbar auch angenäherte Gleichungen zwischen π, $e^{-\pi\sqrt{3}}$, $\log 2$, $\log 3$ ableiten. So erhält man z. B. das Resultat, dass

$$-x^2 - 2x + \frac{4}{3}\log 2 - \frac{5}{6}\log 3 \text{ annähernd } = 0,$$

nämlich positiv und kleiner als 0.0000004 ist, wenn $x = e^{-\pi\sqrt{3}}$ gesetzt wird.

Ich nehme jetzt zweitens $D_0 = -4$ und dann $Q = 1$, $Q = 5$ und $Q = 13$. Die reducirten Formen sind

für $Q = 1$, also $D = -4$: $(1,0,1)$,

für $Q = 5$, $D = -100$: $(25,0,1)$, $(13,2,2)$,

für $Q = 13$, $D = -4 \cdot 13^2$:

$$(169,0,1), \quad (85,2,2), \quad (84,\pm 2,5), \quad (17,\pm 2,10).$$

Es wird demnach für $Q = 1$:

$$\Phi(-4) = \frac{\pi\sqrt{4}}{6} - \log 4 = -0.889097\ldots,$$

$$\Psi(-4) = 4e^{-2\pi} + 6e^{-4\pi} = 0.0074907,$$

also:

$$\Phi(-4) + \Psi(-4) \quad \text{annähernd} \quad = -0.881606.$$

Für $Q = 5$ wird:

$$\Phi(-100) = \frac{5\pi}{4} + \frac{1}{2}\log 2 - \log 100 = -0.88160627\ldots;$$

$$\Psi(-100) \text{ ist auf die ersten 6 Decimalen ohne Einfluss.}$$

Für $Q = 13$ wird:

$$\Phi(-4 \cdot 13^2) = \frac{91}{60}\pi + \frac{2}{3}\log 5 - \frac{3}{2}\log 2 - 2\log 13 = -0.8819120\ldots,$$

$$\Psi(-4 \cdot 13^2) = \frac{4}{3} e^{-2,6\cdot\pi} \cos\frac{\pi}{6} + \cdots = 0.000806\ldots,$$

wobei zu bemerken ist, dass die übrigen Glieder des Ausdrucks von $\Psi(-4 \cdot 13^2)$ weggelassen sind, weil sie auf die ersten 6 Decimalen keinen Einfluss haben. Es ist daher:

$$\Phi(-4 \cdot 13^2) + \Psi(-4 \cdot 13^2) \quad \text{annähernd} \quad = -0.881606,$$

und die Werthe der drei Ausdrücke:

$$\frac{\pi}{3} - 2\log 2 + 4e^{-2\pi} + 6e^{-4\pi},$$

$$\frac{5\pi}{4} - \frac{3}{2}\log 2 - 2\log 5,$$

$$\frac{91\pi}{60} - \frac{3}{2}\log 2 + \frac{2}{3}\log 5 - 2\log 13 + \frac{4}{3} e^{-2,6\cdot\pi}\cos\frac{\pi}{6},$$

stimmen also in den ersten 6 Decimalen mit einander überein.

Endlich nehme ich $D_0 = -7$ und dann $Q = 1$, $Q = 2$, $Q = 3$. Die reducirten Formen sind:

für $Q = 1$ also $D = -7$: $(2, 1, 1)$,

für $Q = 2$ also $D = -28$: $(7, 0, 1)$,

für $Q = 3$ also $D = -63$: $(16, 1, 1)$, $(3, \pm 1, 2)$, $(4, 1, 4)$.

Es wird demnach für $Q = 1$:

$$\Phi(-7) = \frac{\pi\sqrt{7}}{6} - \log 7 = -0.560598\ldots,$$

$$\Psi(-7) = -4e^{-\pi\sqrt{7}} + \ldots = -0.000982\ldots,$$

also:

$$\Phi(-7) + \Psi(-7) \quad \text{annähernd} \quad = -0.561580\ldots$$

Für $Q = 2$ wird:

$$\Phi(-28) = \frac{\pi\sqrt{7}}{3} - \log 28 = -0.561580\ldots$$

und $\Psi(-28)$ ist auf die ersten 6 Decimalen ohne Einfluss.

Für $Q = 3$ wird:

$$\Phi(-63) = \frac{9\sqrt{7}}{32}\pi + \log 2 - \frac{3}{2}\log 3 - \log 7 = -0.5629679\ldots,$$

$$\Psi(-63) = e^{\frac{-3\pi\sqrt{7}}{4}} \cos\frac{1}{4}\pi = 0.0013872\ldots,$$

also:

$$\Phi(-63) + \Psi(-63) = -0.5615807\ldots,$$

und die Werthe der drei Ausdrücke:

$$\frac{\pi\sqrt{7}}{6} - \log 7 - 4e^{-\pi\sqrt{7}},$$

$$\frac{\pi\sqrt{7}}{3} - \log 7 - \log 4,$$

$$\frac{9\pi\sqrt{7}}{32} - \log 7 + \log 2 - 3\log\sqrt{3} + \frac{1}{\sqrt{2}}e^{\frac{-3\pi\sqrt{7}}{4}},$$

stimmen daher in den ersten 6 Decimalen mit einander überein.

Aus der näherungsweisen Übereinstimmung der beiden ersten Ausdrücke folgt, dass die Gleichung:

$$\frac{1}{24}x + e^{-x} = \log\sqrt{2}$$

näherungsweise durch den Werth $x = \pi\sqrt{7}$ befriedigt wird; aus der *absoluten* Übereinstimmung der beiden Ausdrücke:

$$\Phi(-7) + \Psi(-7), \; \Phi(-28) + \Psi(-28)$$

ergiebt sich für $x = \pi\sqrt{7}$ die Relation:

$$\frac{1}{24}\,\varpi + \log \prod_{n=0}^{n=\infty}\left(1 - e^{-(2n+1)\varpi}\right) = \log\sqrt{2},$$

aus welcher bei Anwendung der Formel (4) im art. 36 von *Jacobi's Fundamenta*[1]) unmittelbar hervorgeht, dass für $\frac{K'}{K} = \sqrt{7}$:

$$16\varkappa\varkappa' = 1, \quad \text{also} \quad \varkappa = \frac{3+\sqrt{7}}{4\sqrt{2}}$$

wird. Dabei ist zu bemerken, dass dieses bekannte specielle Resultat, ebenso wie das in der Gleichung (29) enthaltene allgemeine, der Theorie der Transformationen der singulären elliptischen Functionen angehört.

XIX.

Ich will hier einige Bemerkungen über die Function $\Lambda(\sigma, \tau, w_1, w_2)$, welche den Ausgangspunkt für alle vorhergehenden Entwickelungen gebildet hat, einschalten, um mich im Folgenden darauf beziehen zu können. Die im art. I aufgestellte Definitionsgleichung:

$$(1) \qquad \Lambda(\sigma, \tau, w_1, w_2) = \left(4\pi^2\right)^{\frac{1}{3}} e^{\tau(w_1+w_2)\pi i} \cdot \frac{\vartheta(\sigma + \tau w_1, w_1)\,\vartheta(\sigma - \tau w_2, w_2)}{\left(\vartheta'(0, w_1)\,\vartheta'(0, w_2)\right)^{\frac{1}{3}}}$$

kann mit Hülfe der im art. XV mit (14) bezeichneten Relation:

$$\Lambda'(0, 0, w_1, w_2) = \frac{4\pi^2}{\sigma_0}\left(\frac{\vartheta'(0, w_1)\,\vartheta'(0, w_2)}{4\pi^2}\right)^{\frac{2}{3}} \qquad (\sigma_0(w_2 + w_2) = i)$$

in folgende transformirt werden:

$$(2) \qquad \Lambda(\sigma, \tau, w_1, w_2)\sqrt{\Lambda'(0, 0, w_1\, w_2)}$$
$$= 2\pi\left(\sqrt{-(w_1 + w_2)i}\right)e^{\tau^2(w_1+w_2)\pi i}\vartheta(\sigma + \tau w_1, w_1)\,\vartheta(\sigma - \tau w_2, w_2).$$

Wird für den Ausdruck auf der rechten Seite gemäss der mit $(\mathfrak{C}_0)$ bezeichneten Gleichung im art. III die Reihenentwickelung eingesetzt, so resultiert die Formel:

$$(3) \quad \Lambda(\sigma, \tau, w_1, w_2)\sqrt{\Lambda'(0, 0, w_1, w_2)} = 2\pi\sum_{m,n}(-1)^{mn+m+n} e^{-(a_0 m^2 + b_0 mn + c_0 n^2)\pi + 2(m\sigma + n\tau)\pi i},$$

in welcher die Summation auf *alle* ganzzahligen Werthe von m und n, d. h. also für m und n von $-\infty$ bis $+\infty$, zu erstrecken ist und a_0, b_0, c_0 durch die Gleichungen:

---

[1]) *Jacobi*, Werke, Bd. I, S. 146.

$$a_0 + b_0 w + c_0 w^2 = c_0(w - w_1)(w + w_2), \quad 4a_0 c_0 - b_0^2 = 1$$

bestimmt sind. Nun ist gemäss der im art. XV mit (16) bezeichneten Formel:

$$(4) \quad \sqrt{A'(0, 0, w_1, w_2)} = 2\pi \left[\sum_{m, n} (-1)^{(m-1)(n-1)} (a_0 m^2 + b_0 mn + c_0 n^2) e^{-(a_0 m^2 + b_0 mn + c_0 n^2)\pi} \right]^{\frac{1}{2}},$$

und das System der beiden Formeln (3) und (4) liefert daher zugleich für beide Functionen:

$$A(\sigma, \tau, w_1, w_2), \quad A'(0, 0, w_1, w_2),$$

Definitionen, welche den Invariantencharakter in Evidenz treten lassen.

§ 1.

Die Function A kann als Product zweier Factoren aufgefasst werden, welche für sich einen gewissen Invariantencharakter haben. Bezeichnet man nämlich zur Abkürzung den Ausdruck:

$$\left(\frac{2\pi}{\vartheta'(0, w)} \right)^{\frac{1}{3}} e^{(\sigma + \tau w)\tau\pi i} \vartheta(\sigma + \tau w, w),$$

in welchem:

$$w = \frac{-b_0 + i}{2c_0}$$

ist, mit:

$$A(\sigma, \tau, a_0, b_0, c_0)$$

und definirt hierin a_0 durch die Gleichung $4a_0 c_0 - b_0^2 = 1$, so wird:

$$A\left(\sigma, \tau, \frac{-b_0 + i}{2c_0}, \frac{b_0 + i}{2c_0} \right) = A(\sigma, \tau, a_0, b_0, c_0) \cdot A(\sigma, -\tau, a_0, -b_0, c_0).$$

Da die drei Argumente a_0, b_0, c_0 durch eine Gleichung mit einander verbunden sind, so ist die mit *Alpha* bezeichnete Function in Wirklichkeit nur von vier Variabeln, oder, um dies sachgemässer auszudrücken, von zwei Paaren von Variabeln abhängig. Nach den bekannten, im art. I reproducirten Formeln ist sie als Product in folgender Weise darstellbar:

$$(5) \quad A(\sigma, \tau, a_0, b_0, c_0) = e^{\left(\left(\tau^2 - \tau + \frac{1}{6} \right) w + \sigma\tau - \sigma + \frac{1}{2} \right)\pi i} \prod_{n, \varepsilon} (1 - e^{2(n w + \varepsilon\sigma + \varepsilon\tau w)\pi i}),$$

wo die Multiplication auf $\varepsilon = +1, \varepsilon = -1$ und für $\varepsilon = +1$ auf die Werthe $n = 0, 1, 2, 3, \ldots$, für $\varepsilon = -1$ aber nur auf die Werthe $n = 1, 2, 3, \ldots$ zu erstrecken ist.

Mit Hülfe der für die θ-Function geltenden Transformationsgleichungen:

$$\theta(\zeta, w+1) = e^{\frac{1}{4}\pi i}\,\theta(\zeta, w),$$

$$\theta\left(\zeta, \frac{-1}{w}\right) = -i(\sqrt{-wi})\,e^{\zeta^2 w\pi i}\,\theta(\zeta w, w),$$

$$\theta'\left(0, \frac{-1}{w}\right) = (\sqrt{-wi})^3\,\theta'(0, w),$$

welche in eben dieser Form schon für die Function $\Lambda(\sigma, \tau, w_1, w_2)$ benutzt worden sind, ergiebt sich unmittelbar, dass:

$$(6)\qquad\begin{aligned}
A(\sigma^{(1)}, \tau^{(1)}, a_0^{(1)}, b_0^{(1)}, c_0^{(1)}) &= e^{\frac{1}{6}\pi i}\,A(\sigma, \tau, a_0, b_0, c_0),\\
A(\sigma^{(2)}, \tau^{(2)}, a_0^{(2)}, b_0^{(2)}, c_0^{(2)}) &= e^{\frac{1}{2}\pi i}\,A(\sigma, \tau, a_0, b_0, c_0),
\end{aligned}$$

wird, wenn:

$$\sigma^{(1)} = \sigma - \tau,\quad \tau^{(1)} = \tau,\quad a_0^{(1)} = a_0 + b_0 + c_0,\quad b_0^{(1)} = b_0 + 2c_0,\quad c_0^{(1)} = c_0,$$

$$\sigma^{(2)} = -\tau,\quad \tau^{(2)} = \sigma,\quad a_0^{(2)} = c_0,\quad b_0^{(2)} = -b_0,\quad c_0^{(2)} = a_0$$

ist. Hieraus folgt aber, dass allgemein:

$$(7)\qquad A(\sigma', \tau', a_0', b_0', c_0') = e^{\frac{1}{6}\pi i}\,A(\sigma, \tau, a_0, b_0, c_0)$$

wird, wenn die Transformationsrelationen:

$$(8)\qquad\begin{aligned}
\sigma' &= \alpha\sigma + \alpha'\tau,\quad \tau' = \beta\sigma + \beta'\tau,\quad \alpha\beta' - \alpha'\beta = 1,\\
a_0' &= a_0\alpha^2 + b_0\alpha\alpha' + c_0\alpha'^2,\\
b_0' &= 2a_0\alpha\beta + b_0(\alpha\beta' + \alpha'\beta) + 2c_0\alpha'\beta',\\
c_0' &= a_0\beta^2 + b_0\beta\beta' + c_0\beta'^2
\end{aligned}$$

erfüllt sind, in welchen $\alpha, \alpha', \beta, \beta'$ ganze Zahlen bedeuten. Denn die beiden Gleichungen (6) entsprechen den speciellen Fällen:

$$\alpha = 1,\quad \alpha' = 1,\qquad \beta = 0,\quad \beta' = 1,$$

$$\alpha = 0,\quad \alpha' = -1,\quad \beta = 1,\quad \beta' = 0,$$

und aus diesen beiden „elementaren" Substitutionssystemen lassen sich alle zusammensetzen. Demnach kann der Factor auf der rechten Seite der Gleichung (7) auch nur ein Product von Factoren $e^{\frac{1}{6}\pi i}$, $e^{\frac{1}{3}\pi i}$, wie sie in den Gleichungen (6) vorkommen, d. h. also nur eine zwölfte Wurzel der Einheit sein, und es kann daher h in der Gleichung (7) nur einen der Werthe:

$$0, \pm 1, \pm 2, \pm 3, \pm 4, \pm 5, 6$$

haben. Die zwölfte Potenz der Function $A(\sigma, \tau, a_0, b_0, c_0)$ bleibt folglich bei jeder der bezeichneten Transformationen ungeändert.

Die Beziehung zwischen zwei durch lineare Transformation aus einander entstehenden ϑ-Reihen wird durch die in der Gleichung (7) enthaltene Invarianteneigenschaft der Function *Alpha* in der elegantesten Weise dargestellt. Diese Function genügt der partiellen Differentialgleichung:

$$w^2 \frac{\partial^2 A}{\partial \sigma \partial \sigma} - 2w \frac{\partial^2 A}{\partial \sigma \partial \tau} + \frac{\partial^2 A}{\partial \tau \partial \tau} = ((\sigma + \tau w)\pi i)^2 A,$$

und ihr Logarithmus lässt sich, wie ich in einem späteren Abschnitte näher ausführen werde, nach derselben Methode in eine doppelt unendliche Reihe entwickeln, welche ich im art. I zur Entwickelung von $\log A (\sigma, \tau, w_1, w_2)$ angewendet habe.

§ 2.

Im art. III ist die oben citirte Umformung des Ausdrucks:

$$(9) \qquad \left(\sqrt{- (w_1 + w_2)i}\right) e^{\tau^2 (w_1 + w_2) \pi i} \vartheta (\sigma + \tau w_1, w_1) \vartheta (\sigma - \tau w_2, w_2)$$

in die doppelt unendliche Reihe:

$$(10) \qquad \sum_{m, n} (- 1)^{mn} e^{-(a_0 m^2 + b_0 mn + c_0 n^2)\pi + (m(2\sigma + 2) + n(2\tau + 1))\pi i} \qquad (m, n = 0, \pm 1, \pm 2, \ldots)$$

zu dem Zwecke vorgenommen worden, den Invariantencharakter in Evidenz treten zu lassen. Aber es ist am Schlusse des erwähnten Abschnitts auch der andere Gesichtspunkt hervorgehoben worden, nach welchem eben dieselbe Umformung als eine Reduction der *Rosenhain*'schen ϑ-Reihe (10) auf einfache (*Jacobi*'sche) ϑ-Reihen aufgefasst werden kann. Unter diesem letzteren Gesichtspunkt erscheint die Frage natürlich, ob nicht auch die *Rosenhain*'sche ϑ-Reihe, welche entsteht, wenn man in der Reihe (10) das Zeichen $(-1)^{mn}$ weglässt, auf einfache ϑ-Reihen zurückführbar ist. Es zeigt sich, dass dies in der That der Fall ist, und dass auch dieselbe Methode zum Ziele führt, welche im art. III angewendet worden ist. Nur muss, wie sich von selbst versteht, der dort eingeschlagene Weg in entgegengesetzter Richtung verfolgt werden.

Ich gehe also von der *Rosenhain*'schen ϑ-Reihe:

$$(11)\qquad \sum_{m,\,n} e^{-(a_0 m^2 + b_0 mn + c_0 n^2)\pi + 2(\sigma m + \tau n)\pi i}\qquad (m, n = 0, \pm 1, \pm 2, \pm 3, \ldots)$$

aus, setze wie in den früheren Abschnitten:

$$w_1 = \frac{-b_0 + i}{2c_0}, \quad w_2 = \frac{b_0 + i}{2c_0},$$

und wende alsdann die im art. III ebenfalls benutzte Transformationsgleichung:

$$(12)\qquad \sum_{n=-\infty}^{n=+\infty} e^{-\left(\frac{n^2}{w} - 2n\eta + w\right)\pi i} = (\sqrt{-wi}) \sum_{\nu} e^{w\pi i\left(\eta + \frac{1}{2}\nu\right)^2}\qquad (\nu = \pm 1, \pm 2, \pm 3$$

in *der* Weise an, dass ich darin:

$$2\eta = 2\tau + \frac{w_1 - w_2}{w_1 + w_2}m + 1 \quad \text{und} \quad w = w_1 + w_2$$

nehme. Hiernach verwandelt sich jene Reihe (11) in folgende[1]:

$$\left|\sqrt{\tfrac{1}{c_0}}\right| e^{-\frac{\sigma^2 \pi}{c_0}} \sum_{m,\,\nu} e^{\left(\frac{1}{4}w_1(m+\nu+1)^2 + (\sigma + \tau w_1)(m+\nu+1) + \frac{1}{4}w_2(m-\nu-1)^2 + (\sigma - \tau w_2)(m-\nu-1)\right)\pi i},$$

$$(m = 0, \pm 1, \pm 2, \pm 3, \ldots;\ \nu = \pm 1, \pm 2, \pm 3, \ldots)$$

in welcher an Stelle von $\nu + 1$ offenbar $2n$ gesetzt und dann auch in Beziehung auf n von $-\infty$ bis $+\infty$ summirt werden kann. Alsdann nimmt aber für jeden bestimmten Werth von $m + 2n$ die andere im Exponenten vorkommende Verbindung, $m - 2n$, genau alle diejenigen ganzzahligen Werthe an, welche dem Werthe von $m + 2n$ *modulo* 4 congruent sind. Es ergiebt sich also schließlich, dass die Reihe (11) sich in den Ausdruck:

$$(13)\qquad \left|\sqrt{\tfrac{1}{c_0}}\right| e^{-\frac{\sigma^2 \pi}{c_0}} \sum_{r=0}^{r=3} \sum_{n} e^{\left((4n+r)^2 \frac{w_1}{4} + (4n+r)(\sigma + \tau w_1)\right)\pi i} \sum_{n} e^{\left((4n+r)^2 \frac{w_2}{4} + (4n+r)(\sigma - \tau w_2)\right)\pi i}$$

transformiren lässt, in welchem die auf n bezüglichen Summationen auf alle ganzen Zahlen von $-\infty$ bis $-\infty$ zu erstrecken sind. Dieser Ausdruck ist offenbar eine Summe von vier Producten je zweier einfacher (*Jacobi*'scher) ϑ-Reihen; dass derselbe bei den Transformationen, welche im § 1 mit (8) bezeichnet sind, ungeändert bleibt, tritt in seiner ursprünglichen Gestalt (11) deutlich hervor, aber es lässt sich

---

[1] Vgl. Zusatz 6 am Ende dieses Bandes.

H

auch an der Form, in welcher er *hier* erscheint, mit Hülfe der Relation (12) darthun, wenn man die Reihe:

$$\sum_{\substack{n\,m=-\infty}}^{n\,m=+\infty} e^{\left((4n+r)^2\frac{w}{4}+(4n+r)(n+\tau w)\right)\pi i}$$

durch die ihrem Werthe nach damit übereinstimmende:

$$\frac{1}{4}\sum_{k=0}^{k=3}\sum_{n\,m=-\infty}^{n\,m=+\infty} e^{\left(n^2\frac{w}{4}+n(\sigma+\tau w)+\frac{1}{2}k(n-r)\right)\pi i}$$

ersetzt.

Bezeichnet man diese Reihe zur Abkürzung mit $R_r(\sigma, \tau, w)$, so ist:

$$R_0(\sigma, \tau, w) = \vartheta_2(2(\sigma+\tau w), 4w), \quad R_2(\sigma, \tau, w) = \vartheta_3(2(\sigma+\tau w), 4w)$$

$$R_1(\sigma, \tau, w) = R_3(-\sigma, -\tau, w) = e^{\left(\frac{1}{4}w+\sigma+\tau w\right)\pi i}\,\vartheta_2(2(\sigma+\tau w)+w, 4w),$$

und durch die Formel:

$$(14)\qquad \sum_{m,n} e^{-(a_0 m^2 + b_0 mn + c_0 n^2)\pi + 2(\sigma m + \tau n)\pi i} = \left|\sqrt{\frac{1}{c_0}}\right| e^{-\frac{\tau^2\pi}{c_0}}\sum_{r=0}^{r=3} R_r(\sigma, \tau, w_1)\, R_r(\sigma, -\tau, w_2)$$

wird alsdann die Zurückführung der *Rosenhain*'schen Reihe (11) auf einfache ϑ-Reihen dargelegt.

Setzt man darin $\sigma = \tau = 0$, so wird:

$$R_0(0, 0, w) = \vartheta_2(0, 4w), \quad R_2(0, 0, w) = \vartheta_3(0, 4w),$$

$$R_1(0, 0, w) = R_3(0, 0, w) = \frac{1}{2}\vartheta_2(0, w),$$

und also:

$$(15)\qquad \sum_{m,n} e^{-(a_0 m^2 + b_0 mn + c_0 n^2)\pi} = \left|\sqrt{\frac{1}{c_0}}\right|\left\{\frac{1}{2}\vartheta_2(0, w_1)\vartheta_2(0, w_2) + \vartheta_2(0, 4w_1)\vartheta_2(0, 4w_2)\right.$$
$$\left. + \vartheta_3(0, 4w_1)\vartheta_3(0, 4w_2)\right\};$$

der in sehr einfacher Weise aus ϑ-Functionen gebildete Ausdruck auf der rechten Seite hat also genau dieselbe Invarianteneigenschaft wie $\varLambda'(0, 0, w_1, w_2)$, nämlich für alle der Form (a_0, b_0, c_0) aequivalenten Formen (a_0', b_0', c_0') ungeändert zu bleiben, wenn die Werte w_1', w_2' mittels der Gleichungen:

$$w_1' = \frac{-b_0'+i}{2c_0'}, \quad w_2' = \frac{b_0'+i}{2c_0'}$$

daraus entnommen werden.

Zur Vergleichung dieses Ausdrucks mit der Invariante $\varLambda'(0, 0, w_1, w_2)$ führe ich hier die Relation:

$$(16) \quad \frac{1}{\pi}\sqrt{\varLambda'(0,0,w_1,w_2)} = \left|\sqrt{\frac{1}{c_0}}\right| \big(2\vartheta_0(0,w_1)\vartheta_0(0,w_2)\vartheta_2(0,w_1)\vartheta_2(0,w_2)\vartheta_3(0,w_1)\vartheta_3(0,w_2)\big)^{\frac{1}{3}}$$

an, welche aus den im art. XV mit (14) und (16) bezeichneten Gleichungen unter Berücksichtigung der schon in *Jacobi's Fundamenta* angegebenen Beziehung[*]:

$$\vartheta'(0,w) = \pi\vartheta_0(0,w)\vartheta_2(0,w)\vartheta_3(0,w)$$

fliesst. Bei Anwendung der bereits im § 1 des art. XII gebrauchten *Jacobi*'schen Bezeichnungen geht aber der Ausdruck auf der rechten Seite der Gleichung (16) in folgenden über:

$$\left|\sqrt{\frac{1}{c_0}}\right| \vartheta_3(0,w_1)\vartheta_3(0,w_2)(4\varkappa_1\varkappa_1'\varkappa_2\varkappa_2')^{\frac{1}{6}}.$$

Der aus *Rosenhain*'schen ϑ-Reihen gebildete Ausdruck:

$$(17) \quad \Big(4\sum_{m,n}(-1)^{(m-1)(n-1)}f(m,n)e^{-\pi f(m,n)}\Big)^{-\frac{1}{3}}\sum_{m,n}e^{-\pi f(m,n)},$$
$$(m, n = 0, \pm 1, \pm 2, \pm 3, \ldots)$$

in welchem, wie früher, $a_0 m^2 + b_0 m n + c_0 n^2 = f(m, n)$ gesetzt ist, und welcher seine Invarianteneigenschaft klar zeigt, wird also gleich dem aus einfachen ϑ-Reihen gebildeten Ausdruck:

$$(18) \quad \frac{\frac{1}{2}\vartheta_3(0,w_1)\vartheta_3(0,w_2) + \vartheta_3(0,4w_1)\vartheta_3(0,4w_2) + \vartheta_3(0,4w_1)\vartheta_3(0,4w_2)}{(\varkappa_1\varkappa_1'\varkappa_2\varkappa_2')^{\frac{1}{6}}\vartheta_3(0,w_1)\vartheta_3(0,w_2)},$$

und dieser lässt sich mittels der Relationen:

$$\vartheta_0(0,w)(\vartheta_3(0,w))^{-1} = \sqrt{\varkappa'},\ \vartheta_2(0,w)(\vartheta_3(0,w))^{-1} = \sqrt{\varkappa},$$
$$2\vartheta_3(0,4w) = \vartheta_3(0,w) - \vartheta_0(0,w),$$
$$2\vartheta_3(0,4w) = \vartheta_3(0,w) + \vartheta_0(0,w),$$

in welchen der Einfachheit halber die Indices bei $w, \varkappa, \varkappa'$ weggelassen sind, als explicite algebraische Function von $\varkappa_1$ und $\varkappa_2$ folgendermaassen darstellen:

$$\frac{1 + \sqrt{\varkappa_1\varkappa_2} + \sqrt{\varkappa_1'\varkappa_2'}}{2(\varkappa_1\varkappa_1'\varkappa_2\varkappa_2')^{\frac{1}{6}}}.$$

---

[*] Vergl. die Formel IV in meiner im Monatsbericht vom December 1881 abgedruckten Mittheilung[1].

[1] Bd. IV, S. 314 dieser Ausgabe von *L. Kronecker*'s Werken.   H

Die bemerkenswertheste Anwendung findet die Formel (15) bei der Summirung jener verallgemeinerten *Gauss*'schen Reihen, welche ich im art. X eingeführt habe. Wird nämlich in der dort mit (23) bezeichneten Gleichung:

$$q = e^{-\frac{i\pi}{\sqrt{-D}}}$$

gesetzt, so lässt sich die unendliche Reihe mittels der Formel (15) unmittelbar durch algebraische Functionen von singulären Moduln ausdrücken, und die Summation aller jener *Gauss*'schen Reihen wird demgemäss für den Fall singulärer elliptischer Functionen und solcher allgemeinerer ϑ-Quotienten, wie sie a. a. O. vorkommen, vollständig ausführbar. Ich werde dies in einer folgenden Mittheilung eingehend darlegen.

§ 3.

Die Methode, welche ich im art. III zur Umwandlung des Products:

$$(1) \qquad e^{\tau^2(w_1 + w_2)\pi i}\,\vartheta(\sigma + \tau w_2, w_1)\,\vartheta(\sigma - \tau w_2, w_2)$$

in eine *Rosenhain*'sche ϑ-Reihe benutzt und in entgegengesetzter Richtung im vorigen Paragraphen angewendet habe, führt auch zur Transformation des allgemeinen Products:

$$(2) \qquad e^{(\tau_1^2 w_1 + \tau_2^2 w_2 + \sigma_1 \tau_1 + \sigma_2 \tau_2)\pi i}\,\vartheta(\sigma_1 + \tau_1 w_1, w_1)\,\vartheta(\sigma_2 + \tau_2 w_2, w_2)$$

in eine doppelt unendliche ϑ-Reihe, welche einen analogen Charakter zeigt, wie die in der Gleichung (6) des art. XV für das Product (1) aufgestellte Reihe. Hier soll aber dieselbe Methode nur zur Transformation des specielleren Products:

$$(3) \qquad e^{\tau^2(w_1 + w_2)\pi i}\,\vartheta(\sigma + \tau w_1, w_1)\,\vartheta_0(\sigma - \tau w_2, w_2)$$

gebraucht werden.

Dieses Product lässt sich in der Form:

$$\sum_{\lambda, l} e^{\pi i \varphi(\lambda, l)} \qquad\qquad \left(\begin{array}{l} \lambda = \pm 1, \pm 2, \pm 3, \ldots \\ l = 0, \pm 1, \pm 2, \pm 3, \ldots \end{array}\right)$$

darstellen, wenn:

$$\varphi(\lambda, l) = \tau^2(w_1 + w_2) + \tfrac{1}{4}\lambda^2 w_1 + \lambda(\sigma + \tau w_1) - \tfrac{1}{2}\lambda + l^2 w_2 - 2l(\sigma - \tau w_2) + l$$

genommen wird. Setzt man nun:

$$\lambda = 2n + 1, \quad l = n + \tfrac{1}{2}(\mu + 1),$$

$$\sigma = \tfrac{1}{2}(s + 1), \quad \tau = \tfrac{1}{2}(s - 1),$$

so entsteht eine zweifach unendliche Reihe, in welcher die Summationsbuchstaben n, μ die Werthe:

$$n = 0, \pm 1, \pm 2, \pm 3, \ldots; \quad \mu = \pm 1, \pm 3, \pm 5, \ldots$$

annehmen. Transformirt man hierin die auf n bezügliche Summe mittels der Formel:

$$(4) \qquad \sum_{n} e^{-n^2 \frac{\pi}{c_0} + n s \pi i} = |\sqrt{c_0}| \sum_{m} e^{-\frac{1}{4}\pi c_0 (s + 2m)^2} \qquad (m, n = 0, \pm 1, \pm 2, \pm 3, \ldots),$$

indem:

$$x = s(w_1 + w_2) + \mu w_2$$

genommen wird, und setzt man, wie früher, zur Abkürzung:

$$a_0 x^2 + b_0 xy + c_0 y^2 = f(x, y),$$

so resultirt die Reihe:

$$(5) \qquad |\sqrt{c_0}| \sum_{\mu, m} e^{-\pi f\left(\frac{1}{2}\mu, m\right) - \frac{1}{2}(\mu m + \mu s + 2 m s)\pi i} \qquad \left(\begin{array}{c} \mu = \pm 1, \pm 3, \pm 5, \ldots \\ m = 0, \pm 1, \pm 2, \pm 3, \ldots \end{array}\right),$$

welche also ihrem Werthe nach mit dem Producte (3) übereinstimmt.

Nun kann andrerseits das mit:

$$(6) \qquad e^{\tau^2 (w_1 + w_2)\pi i}\, \vartheta_0(\sigma + \tau w_1, w_1)\, \vartheta_0(\sigma - \tau w_2, w_2),$$

dem Werthe nach, übereinstimmende Product:

$$e^{\left(\tau + \frac{1}{2}\right)^2 (w_1 + w_2)\pi i}\, \vartheta\left(\sigma + \left(\tau + \frac{1}{2}\right) w_1, w_1\right) \vartheta\left(\sigma - \left(\tau + \frac{1}{2}\right) w_2, w_2\right)$$

gemäss der Gleichung $(\mathfrak{E}_0)$ im art. III durch die Reihe:

$$(7) \qquad (\sqrt{c_0}) \sum_{m, n} (-1)^{m(n-1)} e^{-\pi f(m, n) + 2(m\sigma + n\tau)\pi i} \qquad (m, n = 0, \pm 1, \pm 2, \ldots)$$

dargestellt werden. Da ferner der Quotient der Division des Products (3) durch das Product (6) gleich $\mathrm{El}\left(\tfrac{1}{2}(\sigma + \tau w_1), \tfrac{1}{2} w_1\right)$ ist, so resultirt die Gleichung:

$$(8) \qquad \mathrm{El}\left(\tfrac{1}{2}(\sigma + \tau w), \tfrac{1}{2} w\right) = \frac{\displaystyle\sum_{\gamma, n} (-1)^{n}\, i^{-(n+1)\gamma} e^{-\pi f\left(\frac{1}{2}\gamma, n\right) + 2\left(\frac{1}{2}\gamma\sigma + n\tau\right)\pi i}}{\displaystyle\sum_{m, n} (-1)^{m(n-1)} e^{-\pi f(m, n) + 2(m\sigma + n\tau)\pi i}},$$

in welcher die elliptische Function $\mathrm{El}\left(\tfrac{1}{2}\cdot(\sigma + \tau w), \tfrac{1}{2}w\right)$ als Quotient zweier *Rosenhain*'scher ϑ-Reihen ausgedrückt erscheint. Dabei ist das Zeichen f durch die Gleichung:

$$f(x, y) = a_0 x^2 + b_0 xy + c_0 y^2 \qquad (4a_0 c_0 - b_0^2 = 1),$$

ferner w als diejenige Wurzel der Gleichung $f(1, w) = 0$ bestimmt, in welcher der mit i multiplicirte Theil positiv ist, und die Summationen sind auf die Werthe:

$$\nu = \pm 1, \pm 3, \pm 5, \dots; \quad m, n = 0, \pm 1, \pm 2, \pm 3, \dots$$

zu erstrecken. Nähere Ausführungen über die Bedeutung des in der Gleichung (8) enthaltenen Resultats, sowie über die daraus zu ziehenden Folgerungen, behalte ich in einer anderen Mittheilung vor.

XX.

Die Entwickelungen elliptischer Functionen, welche ich in den vorhergehenden Abschnitten gegeben habe, zeigen einen von den bisher bekannten Darstellungsverweisen durchaus verschiedenen Charakter; sie entspringen auch einer Auffassung der elliptischen Functionen, welche von der bisher üblichen wesentlich verschieden ist. Ich habe nun in den letzten Wochen durch eben diese Auffassung neue, höchst elegante Reihenentwickelungen der elliptischen Functionen erlangt, welche ich heute der Classe vorlegen will, nachdem ich sie bereits gestern meinem Freunde *Kummer* in einem ihm zum achtzigsten Geburtstage gewidmeten handschriftlichen Aufsatze mitgetheilt habe. Um aber mit den erwähnten Reihenentwickelungen selbst auch die leitenden Ideen, durch welche ich dazu geführt worden bin, darlegen zu können, muss ich — unter Hinweis auf die Worte, mit denen ich in der Sitzung vom 19. April 1883 die Reihe meiner auf die Theorie der elliptischen Functionen bezüglichen Mittheilungen eingeleitet habe*) — einige Bemerkungen über allgemeine Invarianten vorausschicken.

Mit dem von Hrn. *Sylvester* glücklich gewählten, sinnentsprechenden Ausdruck „Invarianten" sind zwar ursprünglich nur rationale Functionen der Coefficienten von Formen bezeichnet worden, welche bei gewissen linearen Transformationen der Variabeln der Formen ungeändert bleiben, aber derselbe Ausdruck ist

---

*) Sitzungsberichte, Jahrgang 1883[1]).

[1]) Bd. IV, S. 347 dieser Ausgabe von *L. Kronecker*'s Werken.

H

seitdem schon auf mancherlei andere, bei Transformationen ungeändert bleibende Bildungen übertragen worden. Diese vielfache Anwendbarkeit des Invariantenbegriffs beruht darauf, dass derselbe einer weit allgemeineren abstracteren Ideensphaere angehört. In der That wird der Invariantenbegriff, wenn er von der unmittelbaren formalen Beziehung auf ein Transformationsverfahren losgelöst und vielmehr an den allgemeinen *Aequivalenz*begriff geknüpft wird, in die allgemeinste Denksphaere erhoben. Denn jede Abstraction, z. B. die von gewissen Verschiedenheiten, welche eine Anzahl von Objecten darbietet, statuirt eine Aequivalenz, und der aus der Abstraction hervorgehende Begriff, z. B. ein Gattungsbegriff, bildet die „Invariante der Aequivalenz". Jede wissenschaftliche Forderung geht darauf aus, Aequivalenzen festzustellen und deren Invarianten zu ermitteln, und für jede gilt das Dichterwort:

„der Weise"
„sucht den ruhenden Pol in der Erscheinungen Flucht."

Bezeichnet man, wie im art. XXX meines Aufsatzes*) „Zur Theorie der allgemeinen complexen Zahlen und der Modulsysteme" Systeme von n Grössen $(\mathfrak{z}_1, \mathfrak{z}_2, \ldots \mathfrak{z}_n)$ kurz durch $(\mathfrak{z})$, und setzt man für solche Systeme irgend welche Aequivalenzen fest, welche der dort angegebenen Voraussetzung entsprechen, dass aus dem Bestehen der Aequivalenzen:

$$(\mathfrak{z}) \sim (\mathfrak{z}'), \quad (\mathfrak{z}) \sim (\mathfrak{z}'')$$

die Aequivalenz:

$$(\mathfrak{z}') \sim (\mathfrak{z}'')$$

folgt, so können alle einander aequivalenten Systeme:

$$(\mathfrak{z}'), (\mathfrak{z}''), (\mathfrak{z}'''), \ldots$$

zu einer und derselben „Classe" vereinigt werden. Bestehen nun für eine eindeutige Function der Systems-Elemente $\mathfrak{z}_1, \mathfrak{z}_2, \ldots \mathfrak{z}_n$, welche mit $J(\mathfrak{z}_1, \mathfrak{z}_2, \ldots \mathfrak{z}_n)$ bezeichnet werden möge, die Gleichungen:

$$J\left(\mathfrak{z}_1', \mathfrak{z}_2', \ldots \mathfrak{z}_n'\right) = J\left(\mathfrak{z}_1'', \mathfrak{z}_2'', \ldots \mathfrak{z}_n''\right) = J\left(\mathfrak{z}_1''', \mathfrak{z}_2''', \ldots \mathfrak{z}_n'''\right) = \cdots,$$

so soll $J(\mathfrak{z}_1, \mathfrak{z}_2, \ldots \mathfrak{z}_n)$ „die Invariante der Aequivalenz":

$$(\mathfrak{z}') \sim (\mathfrak{z}'') \sim (\mathfrak{z}''') \sim \cdots$$

---

*) Sitzungsberichte, Jahrgang 1888[1]).

1) Bd. III, dieser Ausgabe von *L. Kronecker*'s Werken.   H

8*

oder auch „die Invariante der durch die Systeme gebildeten Classe" heissen. Dabei soll die Invariante $J(\mathfrak{z}_1, \mathfrak{z}_2, \ldots \mathfrak{z}_n)$ als „rationale", „algebraische", „arithmetische", „analytische" Invariante bezeichnet werden, je nachdem sie durch rationale, algebraische, arithmetische oder analytische Operationen aus den Elementen gebildet oder abgeleitet wird, und unter analytischen Operationen werden hierbei solche verstanden, bei denen der Limesbegriff zur Anwendung kommt.

Hat man eine hinreichende Anzahl Invarianten $J_1, J_2, \ldots J_\nu$, so kann man die Bedingungen für die Aequivalenz:

$$(\mathfrak{z}') \sim (\mathfrak{z}'')$$

vollständig durch die ν Gleichungen:

$$J_k\big(\mathfrak{z}'_1, \mathfrak{z}'_2, \ldots \mathfrak{z}'_n\big) = J_k\big(\mathfrak{z}''_1, \mathfrak{z}''_2, \ldots \mathfrak{z}''_n\big) \qquad (k=1,2\ldots\nu)$$

ausdrücken. Es erscheint deshalb wesentlich, die Invarianten in solcher Weise als Functionen der Systems-Elemente darzustellen, dass dabei die Aequivalenz-Bedingungen in Evidenz treten. Dies geschieht namentlich, wenn die Invariante als symmetrische Function der sämmtlichen einander aequivalenten Systeme dargestellt wird. So kann man z. B. für die Aequivalenz:

$$\mathfrak{z} \sim \mathfrak{z} + 1$$

deren Invariante $\pi \cot \mathfrak{z}\pi$ durch den Grenzwerth:

$$\lim_{n=\infty} \sum_{k=-n}^{k=+n} \frac{1}{\mathfrak{z}+k}$$

also durch den Grenzwerth der Summe der reciproken Werthe aller einander aequivalenten Grössen $\mathfrak{z}$ ausdrücken. Wenn man ferner die Aequivalenz zweier symmetrischer Systeme:

$$\big(\mathfrak{z}_{ik}\big) \sim \big(\mathfrak{z}'_{ik}\big) \qquad (i,k=1,2,\ldots n)$$

dadurch definirt, dass die beiden quadratischen Formen:

$$\sum_{i,k} \mathfrak{z}_{ik} z_i z_k, \quad \sum_{i,k} \mathfrak{z}'_{ik} z'_i z'_k \qquad (i,k=1,2,\ldots n)$$

durch irgend eine lineare Transformation mit der Substitutionsdeterminante *Eins* in einander übergehen sollen, so kann man die einzige Invariante dieser Aequivalenz, nämlich die Determinante:

$$\big|\mathfrak{z}_{ik}\big| \qquad (i,k=1,2,\ldots n),$$

falls die Formen $\sum_{i,k} \vartheta_{ik} z_i z_k$ negativ sind, durch den reziproken Werth des Quadrates des $n$fachen Integrals:

$$\int_{-\infty}^{+\infty} e^{\pi \sum_{i,k} \vartheta_{ik} z_i z_k}\, dz_1\, dz_2 \ldots dz_n \qquad (i,k=1,2,\ldots n)$$

darstellen, und bei dieser Darstellung tritt der Invariantencharakter wiederum deutlich hervor. Denn einerseits ist die Gleichung:

$$\int_{-\infty}^{+\infty} e^{\pi \sum_{i,k} \vartheta_{ik} z_i z_k}\, dz_1\, dz_2 \ldots dz_n = \int_{-\infty}^{+\infty} e^{\pi \sum_{i,k} \vartheta'_{ik} z'_i z'_k}\, dz'_1\, dz'_2 \ldots dz'_n \qquad (i,k=1,2,\ldots n)$$

vermöge der Bedingungen für die Aequivalenz $(\vartheta_{ik}) \sim (\vartheta'_{ik})$, wie sie oben formulirt worden sind, vollkommen evident, da hiernach:

$$\sum_{i,k} \vartheta_{ik} z_i z_k = \sum_{i,k} \vartheta'_{ik} z'_i z'_k$$

und die Functionaldeterminante der n Grössen z' in Beziehung auf die n Grössen z gleich Eins ist; andererseits zeigt sich der Invariantencharakter jenes $n$fachen Integrals auch, wenn man dasselbe als Grenzwerth einer $n$fachen Summe auffasst und alsdann die aus den verschiedenen Werthsystemen $z_1, z_2, \ldots z_n$ gebildeten Grössen $\sum_{i,k} \vartheta_{ik} z_i z_k$ als die Elemente:

$$\vartheta'_{11},\ \vartheta''_{11},\ \vartheta'''_{11}, \ldots$$

der verschiedenen einander aequivalenten Systeme betrachtet.

In den beiden angeführten Fällen handelte es sich darum, bekannte Invarianten als symmetrische Functionen aller aequivalenten Systeme darzustellen. Geht man andererseits von solchen Functionen aus, so kommt es darauf an, sie auf bekannte Functionen zurückzuführen oder wenigstens ihnen noch eine andere Bedeutung abzugewinnen. So war es unmittelbar klar, dass die für positive Werthe von ϱ absolut convergirende unendliche Reihe:

$$(\mathfrak{A}) \qquad \sum_{n=-\infty}^{n=+\infty} \sum_{m=-\infty}^{m=+\infty} \frac{e^{2(m\sigma + n\tau)\pi i}}{(a_0 m^2 + b_0 mn + c_0 n^2)^{1+\varrho}}$$

eine Invariante der ganzen Classe von Systemen $(\sigma', \tau', a'_0, b'_0, c'_0)$ ist, welche der durch die Bedingungen $(\mathfrak{B}_0)$ des art. II definirten Aequivalenz*):

---

*) Sitzungsberichte, Jahrgang 1888[1]).

[1]) Bd. IV, S. 353 dieser Ausgabe von *L. Kronecker's* Werken.

H

$$(\sigma', \tau', a'_0, b'_0, c'_0) \sim (\sigma, \tau, a_0, b_0, c_0)$$

genügen, aber seine besondere Bedeutung erhielt dieses Resultat erst durch den
Nachweis, dass sich für den Grenzwerth $\varrho = 0$ die zweifache Summation mittels der
ϑ-Functionen ausführen lässt. Indessen gewährt die Aufstellung von Invarianten
in der Form unendlicher Reihen auch da, wo sich deren Summation noch nicht mittels bekannter Functionen bewirken lässt, ein gewisses Interesse; denn die Ermittelung von Eigenschaften und der gegenseitigen Beziehungen solcher Invarianten, die
Heraushebung derjenigen, welche sich durch die einfachsten Eigenschaften auszeich-
nen, bietet der Forschung naturgemässe Probleme dar. Ich will deshalb hier noch
eine Art von Invarianten angeben, zu welcher die arithmetische Theorie der algebraischen Grössen führt.

Bezeichnet man, wie im § 24 meiner Festschrift[1]) zu Hrn. *Kummer*'s Doctorjubiläum, mit:

$$x', x'', x''', \ldots x^{(n)}$$

n ganze algebraische Zahlen, welche die Elemente irgend eines Fundamentalsystems
des Art-Bereichs $(\mathfrak{S})$ der Ordnung n bilden, so ist:

$$u'x' + u''x'' + u'''x''' + \cdots + u^{(n)}x^{(n)}$$

eine lineare Grundform des Bereichs $(\mathfrak{S})$, und man kann die sämmtlichen linearen
Grundformen desselben Art-Bereichs als einander aequivalent betrachten. Ist nun:

$$\sum_k u_0^{(k)} x_0^{(k)} \qquad (k=1,2,\ldots)$$

irgend eine lineare Grundform desselben Art-Bereichs $(\mathfrak{S})$, so lässt sich nach § 22,
X.[2]) meiner citirten Festschrift die Gleichung:

$$\sum_k u_0^{(k)} x_0^{(k)} = \sum_k u^{(k)} x^{(k)} \qquad (k=1,2,\ldots n)$$

dadurch erfüllen, dass man für die Unbestimmten der einen Form lineare ganzzahlige
Functionen der Unbestimmten der andern substituirt. Nimmt man jetzt n Variabeln
$v', v'', \ldots v^{(n)}$ hinzu, so kann das System:

$$\left(v'_0, v''_0, \ldots v_0^{(n)}; \; x'_0, x''_0, \ldots x_0^{(n)}\right)$$

____

[1]) Bd. II, S. 359 dieser Ausgabe von *L. Kronecker*'s Werken.
[2]) Bd. II, S. 345 dieser Ausgabe von *L. Kronecker*'s Werken.

als „aequivalent" dem Systeme:

$$(v', v'', \ldots v^{(n)}; x', x'', \ldots x^{(n)})$$

betrachtet werden, wenn auch der Gleichung:

$$\sum_k u_0^{(k)} v_0^{(k)} = \sum_k u^{(k)} v^{(k)} \qquad (k = 1, 2, \ldots n)$$

genügt wird, indem man für die Unbestimmten u diejenigen linearen ganzzahligen Functionen $(u_0^{(k)})$ der Unbestimmten u substituirt, für welche die Gleichung:

$$\sum_k u_0^{(k)} x_0^{(k)} = \sum_k u^{(k)} x^{(k)} \qquad (k = 1, 2, \ldots n)$$

befriedigt wird.

Bei diesen Festsetzungen können nun für die ganze „Classe" der mit dem System:

$$(v', v'', \ldots v^{(n)}; x', x'', \ldots x^{(n)})$$

aequivalenten Systeme Invarianten gebildet werden, indem man die quadratische Form der n Unbestimmten $u', u'', \ldots u^{(n)}$ zu Grunde legt, welche durch Summation aller conjugirten Ausdrücke:

$$\left| \sum_k u^{(k)} x^{(k)} \right|^2 \qquad (k = 1, 2, \ldots n)$$

entsteht. Bezeichnet man diese offenbar positive quadratische Form mit

$$\varphi(u', u'', \ldots u^{(n)})$$

und setzt zur Abkürzung:

$$\sum_{k=1}^{k=n} u^{(k)} v^{(k)} = \psi(u', u'', \ldots u^{(n)}),$$

so sind die Reihen:

$$\sum e^{-\varrho\,\varphi(m_1, m_2, \ldots m_n) + 2\pi i\,\psi(m_1, m_2, \ldots m_n)} \qquad (\varrho > 0),$$

$$\sum \frac{e^{2\pi i\,\psi(m_1, m_2, \ldots m_n)}}{\varphi(m_1, m_2, \ldots m_n)^q} \qquad (q > \tfrac{1}{2} n)$$

Invarianten der durch das System:

$$(v', v'', \ldots v^{(n)}; x', x'', \ldots x^{(n)})$$

repraesentirten Classe. Die Summationen sind dabei in der ersten Reihe auf alle ganzen Zahlen $m_1, m_2, \ldots m_n$ von $-\infty$ bis $+\infty$ zu erstrecken, in der zweiten mit Ausschluss solcher, für welche $\varphi(m_1, m_2, \ldots m_n)$ gleich Null wird. Die absolute Convergenz der ersten Reihe ist evident; dass auch die zweite absolut convergent ist, geht unmittelbar aus der Abhandlung hervor, welche *Eisenstein* im 35. Bande des *Crelle*schen Journals (S. 153—184) veröffentlicht hat.*)

Nimmt man in den beiden Reihen $v' = v'' = \cdots = v^{(n)} = 0$ und also $\psi = 0$, so hängen dieselben lediglich von den Coefficienten der „Fundamentalgleichung" ab, welcher die lineare Grundform des Bereichs $(\mathfrak{S})$:

$$u'x' + u''x'' + u'''x''' + \cdots + u^{(n)}x^{(n)}$$

genügt, aber nur so, dass sie ungeändert bleiben, wenn man die Coefficienten irgend einer andern Fundamentalgleichung dafür einsetzt. Die Reihen sind dann also „Invarianten des Art-Bereichs" selbst, aber zugleich so, dass sie für alle conjugirten Art-Bereiche denselben Werth behalten. Sie sind aber auch in *diesem* Sinne nicht immer „*charakteristisch*" für den Art-Bereich; denn wenn man z. B. $n = 2$, $x' = 1$, $x'' = \sqrt{\pm D}$ setzt und D positiv annimmt, so wird die quadratische Form $\varphi(u', u'')$ in beiden durch das Vorzeichen von x''^2 verschiedenen Fällen gleich:

$$2u'^2 + 2Du''^2,$$

und die Werthe der beiden den Art-Bereichen $(1, \sqrt{D})$ und $(1, \sqrt{-D})$ entsprechenden Reihen stimmen also mit einander überein.

Das ebenso einfache als nützliche Prinzip der Bildung von Invarianten mittels symmetrischer Functionen der Elemente aequivalenter Systeme, welches in den angeführten Beispielen angewendet worden ist, habe ich schon in einer am 12. October 1868 gelesenen, aber noch nicht publicirten Abhandlung aus den Betrachtungen über allgemeine Invarianten hergeleitet und seitdem oftmals in meinen Universitätsvorlesungen auseinandergesetzt. Auf eben demselben Princip beruht die Bedeutung des im art. XIX durch die Gleichung (8) ausgedrückten Resultats, welche im Folgenden näher dargelegt werden soll.

*) Der bezügliche Convergenzbeweis ist auf S. 157—165 gegeben.

§ 1.

Im art. II[*]) ist, wie schon oben angeführt wurde, die Aequivalenz zweier Systeme:

$$(\sigma, \tau, a_0, b_0, c_0), \ (\sigma', \tau', a_0', b_0', c_0')$$

durch die Bedingungsgleichungen:

$$\text{($\mathfrak{B}_0$)} \quad \begin{aligned} \sigma' &= \alpha\sigma + \alpha'\tau + \alpha'', \quad \tau' = \beta\sigma + \beta'\tau + \beta'' \qquad (\alpha\beta' - \alpha'\beta = 1) \\ a_0' &= a_0\alpha^2 + b_0\alpha\alpha' + c_0\alpha'^2 \\ b_0' &= 2a_0\alpha\beta + b_0(\alpha\beta' + \alpha'\beta) + 2c_0\alpha'\beta' \\ c_0' &= a_0\beta^2 + b_0\beta\beta' + c_0\beta'^2 \end{aligned}$$

definirt worden, in welchen $\alpha, \beta, \alpha', \beta'$ ganze Zahlen bedeuten. Die Elemente des Systems $(\sigma, \tau, a_0, b_0, c_0)$ werden dabei als reell vorausgesetzt, die drei letzten Elemente a_0, b_0, c_0, überdies so, dass $4a_0c_0 - b_0^2 = 1$ wird. Zur Bestimmung des Systems genügen daher vier Elemente σ, τ, b_0, c_0 oder σ, τ, a_0, b_0, und es kann demnach auch die vierte oder die letzte der sechs Bedingungen $(\mathfrak{B}_0)$ weggelassen werden.

Es soll nun im Anschluss an die Begriffsbestimmungen, welche ich in meiner Abhandlung[**]) „Über bilineare Formen von vier Variabeln" gegeben habe, die Aequivalenz:

$$(\sigma, \tau, a_0, b_0, c_0) \sim (\sigma', \tau', a_0', b_0', c_0')$$

als eine „*vollständige*" bezeichnet werden, wenn die beiden Zahlen α', β *gerade* sind. Alsdann bestehen, wenn, wie früher:

$$w = \frac{-b_0 + i}{2a_0}, \quad w' = \frac{-b_0' + i}{2a_0'}$$

gesetzt wird, die Gleichungen:

$$w' = \frac{\alpha w - \alpha'}{-\beta w + \beta'}, \quad w = \frac{\beta' w' + \alpha'}{\beta w' + \alpha},$$

$$\frac{\sigma + \tau w}{-\beta w + \beta'} = \sigma' + \tau' w' - \alpha'' - \beta'' w',$$

---

[*]) Sitzungsberichte, Jahrgang 1888[1]).

[**]) Abhandlungen der Akademie vom Jahre 1888[2]).

[1]) Bd. IV, S. 353 dieser Ausgabe von *L. Kronecker's* Werken. H

[2]) Bd. II, S. 434 dieser Ausgabe von *L. Kronecker's* Werken. H

und die Transformationsgleichung (23) im art. XI*), § 4 ergiebt, wenn man darin für:

$$w,\ \alpha,\qquad \beta,\qquad \gamma,\ \delta$$

beziehungsweise:

$$\tfrac{1}{2}w,\ \alpha,\ -\tfrac{1}{2}\alpha',\ -2\beta,\ \beta'$$

substituirt, die einfache Relation:

(G) $$(-1)^{\alpha''}\mathrm{El}\left(\tfrac{1}{2}(\sigma'+\tau'w'),\ \tfrac{1}{2}w\right)=i^{\frac{1}{2}\alpha\alpha'+\alpha-\alpha'-1}\,\mathrm{El}\left(\tfrac{1}{2}(\sigma+\tau w),\ \tfrac{1}{2}w\right),$$

oder also:

(G') $$\mathrm{El}^4\left(\tfrac{1}{2}(\sigma+\tau w),\ \tfrac{1}{2}w\right)=\mathrm{El}^4\left(\tfrac{1}{2}(\sigma'+\tau'w'),\ \tfrac{1}{2}w\right).$$

Die vierte Potenz der elliptischen Function $\mathrm{El}(\tfrac{1}{2}(\sigma+\tau w),\tfrac{1}{2}w)$ ist demnach

eine Invariante der vollständigen Aequivalenz:

$$(\sigma,\tau,a_0,b_0,c_0)\sim\left(\sigma',\tau',a_0',b_0',c_0'\right)$$

oder der Classe von Systemen, welche durch alle mit $(\sigma,\tau,a_0,b_0,c_0)$ vollständig aequivalenten Systeme gebildet wird.

Dieses aus der Theorie der Transformation folgende Hauptresultat wird nun aber durch den Ausdruck von $\mathrm{El}\left(\tfrac{1}{2}(\sigma+\tau w),\tfrac{1}{2}w\right)$, welchen die citirte Gleichung (8) des art. XIX liefert:

(D) $$\frac{\displaystyle\sum_{m=-\infty}^{m=+\infty}\sum_{n=-\infty}^{n=+\infty} i^{(2m+1)(n-1)}\, e^{-\pi\left(a_0\left(m+\frac{1}{2}\right)^2+b_0\left(m+\frac{1}{2}\right)n+c_0 n^2\right)+\left((2m+1)\sigma+2n\tau\right)\pi i}}{\displaystyle\sum_{m=-\infty}^{m=+\infty}\sum_{n=-\infty}^{n=+\infty}(-1)^{m(n-1)}e^{-\pi(a_0 m^2+b_0 mn+c_0 n^2)+2(m\sigma+n\tau)\pi i}}$$

in vollkommen sachgemässer Weise dadurch in Evidenz gesetzt,

dass jedes einzelne Glied der beiden Reihen im Zähler und Nenner in ein entsprechendes anderes Glied übergeht, wenn man für die Grössen σ,τ,a_0,b_0,c_0 die eines aequivalenten Systems $(\sigma',\tau',a_0',b_0',c_0')$ substituirt.

---

*) Sitzungsberichte, Jahrgang 1886[1]).

[1]) Bd. IV, S. 402 dieser Ausgabe von *L. Kronecker's* Werken.   H

Wird nämlich:

$$\alpha\left(m+\tfrac{1}{2}\right)+\beta n = m'+\tfrac{1}{2}, \quad \alpha'\left(m+\tfrac{1}{2}\right)+\beta'n = n'$$
$$\alpha m + \beta n = m \qquad\qquad \alpha'm + \beta'n = n$$

gesetzt, so ist vermöge der Aequivalenzbedingungen ($\mathfrak{B}_0$) offenbar:

$$a_0'\left(m+\tfrac{1}{2}\right)^2 + b_0'\left(m+\tfrac{1}{2}\right)n + c_0'n^2 = a_0\left(m'+\tfrac{1}{2}\right)^2 + b_0\left(m'+\tfrac{1}{2}\right)n' + c_0n'^2,$$

$$\left(m+\tfrac{1}{2}\right)\sigma' + n\tau' = \tfrac{1}{2}\left(m'+\tfrac{1}{2}\right)(\sigma+\alpha'') + n'(\tau+\beta''),$$

$$i^{(3m+1)(n-1)} = i^{(3m'+1)(n'-1)} \cdot i^{\frac{1}{2}\alpha\alpha'+\alpha-\alpha'-1},$$

$$a_0'm^2 + b_0'mn + c_0'n^2 = a_0m'^2 + b_0m'n' + c_0n'^2,$$

$$m\sigma' + n\tau' = m'(\sigma+\alpha'') + n'(\tau+\beta''),$$

$$(-1)^{m(n-1)} = (-1)^{m'(n'-1)},$$

und also:

$$i^{(3m+1)(n-1)}\,e^{-\pi\left(a_0'\left(m+\frac{1}{2}\right)^2+b_0'\left(m+\frac{1}{2}\right)n+c_0'n^2\right)+\left((3m+1)\sigma+2n\tau'\right)\pi i}$$
$$= (-1)^{\alpha''}\,i^{\frac{1}{2}\alpha\alpha'+\alpha-\alpha'-1}\cdot i^{(3m'+1)(n'-1)}\,e^{-\pi\left(a_0\left(m'+\frac{1}{2}\right)^2+b_0\left(m'+\frac{1}{2}\right)n'+c_0n'^2\right)+\left((3m'+1)\sigma+2n'\tau\right)\pi i},$$

$$(-1)^{m(n-1)}\,e^{-\pi\left(a_0'm^2+b_0'mn+c_0'n^2\right)+2(m\sigma'+n\tau')\pi i} = (-1)^{m'(n'-1)}\,e^{-\pi\left(a_0m'^2+b_0m'n'+c_0n'^2\right)+2(m'\sigma+n'\tau)\pi i}.$$

Es geht daher in der That, wenn man in den beiden Reihen im Zähler und Nenner des Ausdrucks ($\mathfrak{D}$) die Grössen:

$$\sigma,\ \tau,\ a_0,\ b_0,\ c_0$$

durch:

$$\sigma',\ \tau',\ a_0',\ b_0',\ c_0'$$

ersetzt, jedes einzelne durch die Zahlensysteme:

$$(m,\ n),\ (m,\ n)$$

bestimmte Glied in ein anderes über, welches beziehungsweise durch die Systeme:

$$(m',\ n'),\ (m',\ n')$$

bestimmt ist, jedoch so, dass dabei im Zähler der Factor $(-1)^{\alpha'}\,i^{\frac{1}{2}\alpha\alpha'+\alpha-\alpha'-1}$ hinzutritt. Hierdurch erhellt nun unmittelbar die Transformationsgleichung ($\mathfrak{C}$) und also die Invarianteneigenschaft der vierten Potenz der elliptischen Function $\mathrm{El}\left(\tfrac{1}{2}(\sigma+\tau w),\ \tfrac{1}{2}w\right).$

§ 2.

Wird im Nenner des Ausdrucks ($\mathfrak{D}$) der Factor $e^{2(m\sigma + n\tau)\pi i}$ durch:

$$\cos 2(m\sigma + n\tau)\pi + i\sin 2(m\sigma + n\tau)\pi$$

ersetzt, so fällt bei der Summation der je zwei den Werthen (m, n) und $(-m, -n)$ entsprechenden Gliedern der mit i multiplicirte Theil fort, und es bleibt also nur die Reihe:

$$(\mathfrak{E}) \qquad \sum_{m=-\infty}^{m=+\infty} \sum_{n=-\infty}^{n=+\infty} (-1)^{m(n-1)} e^{-\pi(a_0 m^2 + b_0 mn + c_0 n^2)} \cos 2(m\sigma + n\tau)\pi,$$

welche mit $\mathfrak{E}_0(\sigma, \tau, a_0, b_0, c_0)$ bezeichnet werden möge. Wird ferner im Zähler des Ausdrucks ($\mathfrak{D}$) der Factor $e^{((2m+1)\sigma + 2n\tau)\pi i}$ durch:

$$\cos((2m + 1)\sigma + 2n\tau)\pi + i\sin((2m + 1)\sigma + 2n\tau)\pi$$

ersetzt, so erhält man durch Vereinigung von je zwei den Werthen $(2m + 1, n)$ und $(-2m - 1, -n)$ entsprechenden Gliedern für *gerade* Zahlen n:

$$2(-1)^{\frac{1}{2}n+m} \sin((2m + 1)\sigma + 2n\tau)\pi$$

und für *ungerade* Zahlen n:

$$2(-1)^{\frac{1}{2}(n-1)} i \sin((2m + 1)\sigma + 2n\tau)\pi.$$

Da nun beide Ausdrücke ungeändert bleiben, wenn man m durch $-m-1$, also $2m + 1$ durch $-2m - 1$ und zugleich n durch $-n$ ersetzt, so kann man die Reihe im Zähler von ($\mathfrak{D}$) als Aggregat:

$$\mathfrak{E}_1(\sigma, \tau, a_0, b_0, c_0) + i\,\mathfrak{E}_2(\sigma, \tau, a_0, b_0, c_0)$$

darstellen, wenn:

$$\mathfrak{E}_1(\sigma, \tau, a_0, b_0, c_0) = \sum_{\mu, n} (-1)^{\frac{1}{2}(\mu-1)+n} e^{-\pi(\frac{1}{4}a_0\mu^2 + b_0\mu n + 4c_0 n^2)} \sin(\mu\sigma + 4n\tau)\pi,$$
$$(\mu = \pm 1, \pm 3, \pm 5, \ldots;\ n = 0, \pm 1, \pm 2, \pm 3, \ldots)$$

$$\mathfrak{E}_2(\sigma, \tau, a_0, b_0, c_0) = \sum_{\mu, \nu} (-1)^{\frac{1}{2}(\nu-1)} e^{-\pi(\frac{1}{4}a_0\mu^2 + \frac{1}{2}b_0\mu\nu + c_0\nu^2)} \sin(\mu\sigma + 2\nu\tau)\pi$$
$$(\mu, \nu = \pm 1, \pm 3, \pm 5, \ldots)$$

gesetzt wird. Demnach wird:

$$(\mathfrak{F}) \qquad \mathrm{El}\left(\frac{1}{2}(\sigma + \tau w), \frac{1}{2}w\right) = \frac{\mathfrak{E}_1(\sigma, \tau, a_0, b_0, c_0)}{\mathfrak{E}_0(\sigma, \tau, a_0, b_0, c_0)} + i\,\frac{\mathfrak{E}_2(\sigma, \tau, a_0, b_0, c_0)}{\mathfrak{E}_0(\sigma, \tau, a_0, b_0, c_0)},$$

und da $\mathfrak{E}_0, \mathfrak{E}_1, \mathfrak{E}_2$ reelle Functionen der reellen Grössen $\sigma, \tau, a_0, b_0, c_0$ sind, so ist hiermit die elliptische Function $\mathrm{El}\left(\frac{1}{2}(\sigma + \tau w), \frac{1}{2}w\right)$ in ihren reellen und imaginären Theil zerlegt.

Für $\sigma = \frac{1}{2}$, $\tau = 0$ kommt:

$$\mathrm{El}\left(\frac{1}{4},\ \frac{1}{2}w\right) = \frac{\mathfrak{E}_1\left(\frac{1}{2}, 0, a_0, b_0, c_0\right)}{\mathfrak{E}_0\left(\frac{1}{2}, 0, a_0, b_0, c_0\right)} + i\,\frac{\mathfrak{E}_2\left(\frac{1}{2}, 0, a_0, b_0, c_0\right)}{\mathfrak{E}_0\left(\frac{1}{2}, 0, a_0, b_0, c_0\right)},$$

und dabei sind die Functionen $\mathfrak{E}_0$, $\mathfrak{E}_1$, $\mathfrak{E}_2$ in folgender einfachen Weise durch Reihen ausgedrückt:

$$\mathfrak{E}_0\left(\frac{1}{2}, 0, a_0, b_0, c_0\right) = \sum_{m,\,n} (-1)^{mn} e^{-\pi(a_0 m^2 + b_0 m n + c_0 n^2)},$$

$$\mathfrak{E}_1\left(\frac{1}{2}, 0, a_0, b_0, c_0\right) = \sum_{\mu,\,n} (-1)^{n} e^{-\pi\left(\frac{1}{4} a_0 \mu^2 + b_0 \mu n + c_0 n^2\right)},$$

$$\mathfrak{E}_2\left(\frac{1}{2}, 0, a_0, b_0, c_0\right) = \sum_{\mu,\,\nu} (-1)^{\frac{1}{2}(\mu - \nu)} e^{-\pi\left(\frac{1}{4} a_0 \mu^2 + \frac{1}{2} b_0 \mu \nu + c_0 \nu^2\right)},$$

in welchen den Summationsbuchstaben m, n alle ganzzahligen Werthe von $-\infty$ bis $+\infty$, den Summationsbuchstaben μ, ν aber nur alle positiven und negativen *ungeraden* ganzzahligen Werthe beizulegen sind.

§ 3.

Für $\sigma = \frac{1}{2}$, $\tau = 0$ wird:

$$\sigma' = \frac{1}{2}\alpha + \alpha'', \quad \tau' = \frac{1}{2}\beta + \beta''$$

und also:

$$\mathrm{El}\left(\frac{1}{2}(\sigma' + \tau'w'), \frac{1}{2}w'\right) = \mathrm{El}\left(\frac{1}{4}\alpha + \frac{1}{2}\alpha'' + \frac{1}{4}\beta w' + \frac{1}{2}\beta'' w', \frac{1}{2}w'\right).$$

Da nun für ganze Zahlen m, n die Relation besteht:

$$\mathrm{El}\left(\zeta + \frac{1}{2}m + \frac{1}{2}nw, \frac{1}{2}w\right) = (-1)^m \mathrm{El}\left(\zeta, \frac{1}{2}w\right),$$

so erhält man, wenn man berücksichtigt, das β eine *gerade* Zahl ist, für die obigen Werthe von σ', τ' die Formel:

$$\mathrm{El}\left(\frac{1}{2}(\sigma' + \tau'w), \frac{1}{2}w'\right) = (-1)^{\frac{1}{2}(\alpha-1)+\alpha''} \mathrm{El}\left(\frac{1}{4}, \frac{1}{2}w\right),$$

durch welche die Gleichung $(\mathfrak{C})$ des § 1 in folgende übergeht:

$$(\mathfrak{C}^0) \qquad \mathrm{El}\left(\frac{1}{4}, \frac{1}{2}w'\right) = (-1)^{\frac{1}{2}\alpha'} i^{\frac{1}{2}\alpha\alpha'} \mathrm{El}\left(\frac{1}{4}, \frac{1}{2}w'\right).$$

Die vierte Potenz von:

$$\mathrm{El}\left(\frac{1}{4}, \ \frac{-b_0 + i}{4a_0}\right)$$

ist daher eine Invariante der Classe von Systemen (a_0, b_0, c_0), welche diesem *vollständig* aequivalent sind, d. h. also der Gesammtheit der Systeme:

$$\left(a_0\alpha^2 + b_0\alpha\alpha' + c_0\alpha'^2, \ 2a_0\alpha\beta + b_0(\alpha\beta' + \alpha'\beta) + 2c_0\alpha'\beta', \ a_0\beta^2 + b_0\beta\beta' + c_0\beta'^2\right),$$

für welche α, β' ungerade Zahlen und α', β gerade Zahlen sind, die der Bedingung $\alpha\beta' - \alpha'\beta = 1$ genügen. Dass aber diese Invariante für die bezügliche Classe auch *charakteristisch* ist, d. h. dass aus der Existenz einer Gleichung:

$$(6) \qquad \mathrm{El}^4\left(\frac{1}{4}, \ \frac{-b_0 + i}{4a_0}\right) = \mathrm{El}^4\left(\frac{1}{4}, \ \frac{-\mathfrak{b}_0 + i}{4\mathfrak{c}_0}\right)$$

das Bestehen der Aequivalenz:

$$(a_0, b_0, c_0) \sim (\mathfrak{a}_0, \mathfrak{b}_0, \mathfrak{c}_0), \qquad (4a_0c_0 - b_0^2 = 4\mathfrak{a}_0\mathfrak{c}_0 - \mathfrak{b}_0^2 = 1)$$

und zwar als einer vollständigen, gefolgert werden kann, geht schon aus den allgemeineren Ausführungen im § 15 des art. XI hervor.[*]) Aber ich will dies hier nochmals in der für den vorliegenden Zweck geeigneten Weise ausführlich begründen.

Setzt man zur Abkürzung:

$$\frac{-b_0 + i}{2a_0} = w, \quad \frac{-\mathfrak{b}_0 + i}{2\mathfrak{c}_0} = \mathfrak{w}.$$

$$\mathrm{El}^2\left(\frac{1}{4}, \frac{1}{2}w\right) = \varkappa,$$

so ist:

$$\mathrm{El}^2\left(\frac{1}{4}, \frac{1}{2}\mathfrak{w}\right) = \pm\,\varkappa,$$

und es wird der Differentialgleichung:

$$\left(\frac{dw}{du}\right)^2 = \varkappa(1 - x^4) - (1 + \varkappa^2)x^2$$

<hr>

[*]) Sitzungsberichte, Jahrgang 1886[1]). Vergl. auch die Abhandlung des Hrn. *Fuchs* „Sur quelques propriétés des intégrales des équations différentielles, auxquelles satisfont les modules de périodicité des intégrales elliptiques des deux premières espèces" im 88. Bande des Journals für die reine und angewandte Mathematik.

[1]) Bd. IV, S. 442 dieser Ausgabe von *L. Kronecker's* Werken.

H

nebst der Bedingung $x = 0$ für $u = 0$, gemäss der im art. XI, § 4 gegebenen Definition der elliptischen Function $\mathrm{El}\left(\tfrac{1}{2}\zeta,\ \tfrac{1}{2}\cdot w\right)$ als Quotient zweier ϑ-Functionen[*]), sowohl durch:

$$x = \mathrm{El}\left(\frac{u}{2\pi}\left(\vartheta_3(0,\ w)\right)^{-2},\ \frac{1}{2}w\right)$$

als auch durch:

$$x = i^{\lambda}\cdot\mathrm{El}\left(\frac{u}{2\pi}\left(\vartheta_3(0,\ w)\right)^{-2},\ \frac{1}{2}\,w\right),$$

für einen bestimmten Werth von λ, genügt. Demnach ist:

$$(\mathfrak{H})\qquad \mathrm{El}\left(\frac{u}{2\pi}\left(\vartheta_3(0,\ w)\right)^{-2},\ \frac{1}{2}w\right) = i^{\lambda}\,\mathrm{El}\left(\frac{u}{2\pi}\left(\vartheta_3(0,\ w)\right)^{-2},\ \frac{1}{2}w\right).$$

Aus der angeführten Definition der elliptischen Function $\mathrm{El}\left(\tfrac{1}{2}\zeta,\ \tfrac{1}{2}w\right)$ folgt ferner deren Productdarstellung:

$$\mathrm{El}\left(\frac{1}{2}\zeta,\ \frac{1}{2}w\right) = 2e^{\frac{1}{4}w\pi i}\sin\zeta\pi\ \frac{\prod\left(1-e^{(2nw+2\cdot\zeta)\pi i}\right)}{\prod\left(1-e^{(vw+2\cdot\zeta)\pi i}\right)}\qquad \left(\begin{smallmatrix}s=\pm 1,\,n=1,2,3,\ldots\\ v=1,3,5,7,\ldots\end{smallmatrix}\right),$$

aus welcher sich unmittelbar ergiebt, dass $\mathrm{El}\left(\tfrac{1}{2}\zeta,\ \tfrac{1}{2}w\right)$ nur für die Werthe:

$$\zeta = m + nw \qquad (m,\,n=0,\pm 1,\pm 2,\pm 3,\ldots)$$

gleich Null wird. Da hiernach die elliptische Function auf der linken Seite der Gleichung $(\mathfrak{H})$ nur für:

$$u = (m + nw)\,\pi\,(\vartheta_3(0,\ w))^2 \qquad (m,\,n=0,\pm 1,\pm 2,\pm 3,\ldots),$$

die auf der rechten Seite aber nur für:

$$u = (m + nw)\,\pi\,(\vartheta_3(0,\ w))^2 \qquad (m,\,n=0,\pm 1,\pm 2,\pm 3,\ldots)$$

gleich Null wird, so muß es für jedes System von Zahlen $(m,\,n)$ ein System $(\mathrm{m},\,\mathrm{n})$ und ebenso für jedes System $(\mathrm{m},\,\mathrm{n})$ ein System $(m,\,n)$ geben, für welches:

$$(m + nw)\,(\vartheta_3(0,\ w))^2 = (\mathrm{m} + \mathrm{n}w)\,(\vartheta_3(0,\ w))^2$$

wird. Es sei demgemäss, wenn für $(m,\,n)$ die Systeme $(0,\,1)$ und $(1,\,0)$ genommen werden:

$$(\mathfrak{R})\qquad w(\vartheta_3(0,\ w))^2 = (\alpha + \beta w)\,t\,(\vartheta_3(0,\ w))^2,\quad (\vartheta_3(0,\ w))^2 = (\alpha' + \beta' w)\,t\,(\vartheta_3(0,\ w))^2,$$

---

[*]) Sitzungsberichte, Jahrgang 1886[1]).

[1]) Bd. IV, S. 401 dieser Ausgabe von *L. Kronecker's* Werken.

H

wo die *positive* Zahl t den grössten gemeinsame Theiler der vier Zahlen

$$\alpha t, \quad \beta t, \quad \alpha' t, \quad \beta' t$$

bedeutet; ferner sei in analoger Weise, wenn für (m, n) die Systeme $(0, 1)$ und $(1, 0)$ genommen werden:

$$(\Re') \quad w(\vartheta_3(0, w))^2 = (\alpha_1 + \beta_1 w)\, t_1 (\vartheta_3(0, w))^2, \quad (\vartheta_3(0, w))^2 = (\alpha'_1 + \beta'_1 w)\, t_1 (\vartheta_3(0, w))^2.$$

Aus diesen vier Gleichungen $(\Re)$, $(\Re')$ ergeben sich durch Elimination der Grösse w und des Quotienten $\frac{\vartheta_3(0, w)}{\vartheta_3(0, w)}$ die zwei Gleichungen:

$$w\big(1 - t t_1(\alpha \beta'_1 + \beta \beta_1)\big) = t t_1(\alpha \alpha'_1 + \beta \alpha_1),$$

$$1 - t t_1(\alpha' \alpha'_1 + \beta' \alpha_1) = t t_1(\alpha' \beta'_1 + \beta' \beta_1) w,$$

und aus diesen folgt, da w eine complexe Grösse ist:

$$(\Re'') \qquad \begin{aligned} &t t_1(\alpha \beta'_1 + \beta \beta_1) = 1, \quad \alpha \alpha'_1 + \beta \alpha_1 = 0 \\ &t t_1(\alpha' \alpha'_1 + \beta' \alpha_1) = 1, \quad \alpha' \beta'_1 + \beta' \beta_1 = 0. \end{aligned}$$

Nach der ersten und dritten Gleichung kann

weder α mit β, noch α' mit β', noch α_1 mit α'_1, noch β_1 mit β'_1

einen gemeinsamen Theiler haben; aus der zweiten und vierten Gleichung folgen demnach die Relationen:

$$\alpha = -\varepsilon \alpha_1, \quad \beta = \varepsilon \alpha'_1 \qquad (\varepsilon = \pm 1),$$

mittels deren die erste Gleichung in folgende übergeht:

$$\varepsilon t t_1 \big(\alpha'_1 \beta_1 - \alpha_1 \beta'_2\big) = 1.$$

Beide positive Zahlen t und t_1 müssen also gleich *Eins* sein. Es muss aber auch $\varepsilon = +1$ sein; den gemäss den Gleichungen $(\Re')$ ist:

$$w = \frac{\alpha_1 + \beta_1 w}{\alpha'_1 + \beta'_1 w},$$

und der reelle Theil von wi muss ebenso wie der von wi negativ sein.

Hiermit ist nachgewiesen, dass aus der Gleichung:

$$\mathrm{El}\left(\tfrac{1}{4}, \tfrac{1}{2} w\right) = \mathrm{El}\left(\tfrac{1}{4}, \tfrac{1}{2} w\right)$$

mit Nothwendigkeit die Relationen:

$$\mathfrak{w} = \frac{a_1 + \beta_1 w}{a_1' + \beta_1' w}, \quad a_1' \beta_1 - a_1 \beta_1' = 1$$

folgen, in welchen $a_1, \beta_1, a_1', \beta_1'$ ganze Zahlen sind. Dabei müssen aber die beiden Zahlen a_1 und β_1' *gerade* sein, denn wenn man auf die Function $\mathrm{El}\left(\frac{1}{4}, \frac{1}{2}w\right)$, d. h. auf den Quotienten:

$$\frac{\theta_1\left(\frac{1}{2}, w\right)}{\theta_0\left(\frac{1}{2}, w\right)},$$

die bekannten Transformations-Relationen anwendet, so sieht man, dass die Gleichung:

$$\mathrm{El}^4\left(\frac{1}{4}, \frac{1}{2} \cdot w\right) = \mathrm{El}^4\left(\frac{1}{4}, \frac{1}{2} \cdot \frac{a_1 + \beta_1 w}{a_1' + \beta_1' w}\right)$$

nur dann besteht, wenn a_1 und β_1' gerade sind.

Setzt man:

$$a_1 = - a', \quad a_1' = \beta', \quad \beta_1 = a, \quad \beta_1' = - \beta$$

und substituirt für $\mathfrak{w}$ und w in der Gleichung:

$$\mathfrak{w} = \frac{a_1 + \beta_1 w}{a_1' + \beta_1' w} = \frac{a w - a'}{- \beta w + \beta'}$$

die Werthe:

$$\mathfrak{w} = \frac{- b_0 + i}{2 a_0}, \quad w = \frac{- b_0 + i}{2 c_0},$$

so ergeben sich die Relationen:

$$a_0 = a_0 a^2 + b_0 a a' + c_0 a'^2,$$

$$b_0 = 2 a_0 a \beta + b_0 (a \beta' + a' \beta) + 2 c_0 a' \beta',$$

$$c_0 = a_0 \beta^2 + b_0 \beta \beta' + c_0 \beta'^2,$$

und da hierbei $a \beta' - a' \beta = 1$ und sowohl a' als auch β *gerade* ist, so sind die beiden Systeme:

$$(a_0, b_0, c_0), \quad (a_0, b_0, c_0)$$

einander vollständig aequivalent. Diese Aequivalenz hat sich also in der That als eine notwendige Folge der Gleichung:

$$(\mathfrak{G}) \qquad \mathrm{El}^4\left(\frac{1}{4}, \frac{- b_0 + i}{4 a_0}\right) = \mathrm{El}^4\left(\frac{1}{4}, \frac{- b_0 + i}{4 c_0}\right)$$

erwiesen.

Sind die zwei Systeme (a_0, b_0, c_0), (a_0, b_0, c_0) in der speciellen Weise einander vollständig aequivalent, dass der mit a' bezeichnete Coefficient der Substitution nicht bloss durch 2 sondern auch durch 4 theilbar ist, so besteht die Gleichung:

$$(\mathfrak{G}')\qquad \mathrm{El}^2\left(\tfrac{1}{4}, \frac{-b_0+i}{4c_0}\right) = \mathrm{El}^2\left(\tfrac{1}{4}, \frac{-b_0+i}{4c_0}\right),$$

und nach vorstehenden Ausführungen ist auch umgekehrt aus dem Bestehen der Gleichung $(\mathfrak{G}')$ zu erschliessen, dass die beiden Systeme:

$$(a_0, b_0, c_0),\quad (a_0, b_0, c_0)$$

in jener speciellen Weise einander vollständig aequivalent sein müssen. Denn gemäss der Gleichung $(\mathfrak{C}^0)$ im § 3 wird:

$$\mathrm{El}^2\left(\tfrac{1}{4}, \frac{-b_0+i}{4c_0}\right) = (-1)^{\frac{1}{4}a'}\,\mathrm{El}^2\left(\tfrac{1}{4}, \frac{-b_0+i}{4c_0}\right),$$

und die Gleichung $(\mathfrak{G}')$ würde daher nicht erfüllt sein können, wenn a' nicht durch 4 theilbar wäre. Es zeigt sich also, dass:

$$\mathrm{El}^2\left(\tfrac{1}{4}, \frac{-b_0+i}{4c_0}\right)$$

eine *charakteristische* Invariante derjenigen speciellen Classe von Systemen (a_0, b_0, c_0) ist, welche in der bezeichneten Weise einander vollständig aequivalent sind.

Da die Systeme (a_0, b_0, c_0) zwei wesentliche Elemente enthalten, so sind auch zwei Invarianten zur Charakterisirung der Classe erforderlich. Diese erhält man, indem man die angegebene charakteristische Invariante, welche eine complexe Function von b_0, c_0 ist, in ihre beiden Theile zerlegt.

§ 4.

Bestehen zwischen zwei Systemen von Grössen:

$$\left(\sigma, \tau, a_0, b_0, c_0\right),\quad \left(\sigma_1, \tau_1, a_0', b_0', c_0'\right)$$

die beiden Gleichungen:

$$(\mathfrak{L})\qquad \mathrm{El}^2\left(\tfrac{1}{4}, \tfrac{1}{2}w\right) = \mathrm{El}^2\left(\tfrac{1}{4}, \tfrac{1}{2}w'\right)$$

$$(\mathfrak{L}')\qquad \mathrm{El}^2\left(\tfrac{1}{2}(\sigma + \tau w), \tfrac{1}{2}w\right) = \mathrm{El}^2\left(\tfrac{1}{2}(\sigma_1 + \tau_1 w'), \tfrac{1}{2}w'\right),$$

in welchen:

$$w = \frac{-b_0+i}{2c_0},\quad w' = \frac{-b_0'+i}{2c_0'}$$

ist, so müssen zuvörderst wegen der Gleichung ($\mathfrak{L}$), gemäss dem im vorigen Paragraphen gegebenen Nachweis, die beiden Systeme:

$$(a_0, b_0, c_0), \quad (a_0', b_0', c_0')$$

einander vollständig aequivalent sein, und zwar so, dass in der zwischen w und w' bestehenden linearen Gleichung:

$$w' = \frac{\alpha w - \alpha'}{-\beta w + \beta'}$$

der Coefficient α' durch 4 theilbar ist. Nach der Transformationsgleichung ($\mathfrak{C}$) im § 1 wird nun aber:

$$\mathrm{El}^3\left(\frac{1}{2}(\sigma' + \tau' w'), \frac{1}{2} w'\right) = \mathrm{El}^3\left(\frac{1}{2}(\sigma + \tau w), \frac{1}{2} w\right),$$

wo σ', τ' durch die Gleichungen:

$$\sigma' = \alpha\sigma + \alpha'\tau + \alpha'', \quad \tau' = \beta\sigma + \beta'\tau + \beta''$$

bestimmt sind. Die Gleichung ($\mathfrak{L}'$) geht hiernach in folgende über:

$$\mathrm{El}\left(\frac{1}{2}(\sigma' + \tau' w'), \frac{1}{2} w'\right) = \pm \mathrm{El}\left(\frac{1}{2}(\sigma_1 + \tau_1 w'), \frac{1}{2} w'\right),$$

aus welcher mittels des Additionstheorems in der bekannten Weise zu schliessen ist, dass die Grössen σ_1, τ_1 und σ', τ' mit einander durch eine Relation:

$$\sigma_1 + \tau_1 w' = s(\sigma' + \tau' w') + m + n w'$$

verbunden sein müssen, in welcher m und n ganze Zahlen bedeuten und $s = \pm 1$ ist. Es wird hiernach:
$$\sigma_1 = s\sigma' + m, \quad \tau_1 = s\tau' + n$$
und also:
$$\sigma_1 = s\alpha\sigma + s\alpha'\tau + s\alpha'' + m, \quad \tau' = s\beta\sigma + s\beta'\tau + s\beta'' + n.$$
Setzt man nun:
$$s\alpha = \alpha_1, \quad s\alpha' = \alpha_1', \quad s\alpha'' + m = \alpha_1'',$$
$$s\beta = \beta_1, \quad s\beta' = \beta_1', \quad s\beta'' + n = \beta_1'',$$

so sind die Systeme $(\sigma, \tau, a_0, b_0, c_0)$, $(\sigma_1, \tau_1, a_0', b_0', c_0')$ mit einander durch die Transformationsgleichungen verbunden:

$$(\mathfrak{M})\qquad
\begin{aligned}
\sigma_1 &= \alpha_1\sigma + \alpha_1'\tau + \alpha_1'', \quad \tau_1 = \beta_1\sigma + \beta_1'\tau + \beta_1'', \\
a_0' &= a_0\alpha_1^2 + b_0\alpha_1\alpha_1' + c_0\alpha_1'^2, \\
b_0' &= 2a_0\alpha_1\beta_1 + b_0(\alpha_1\beta_1' + \alpha_1'\beta_1) + 2c_0\alpha_1'\beta_1', \\
c_0' &= a_0\beta_1^2 + b_0\beta_1\beta_1' + c_0\beta_1'^2.
\end{aligned}$$

in denen:

$$\alpha_1 \beta_1' - \alpha_1' \beta_1 = 1, \quad \alpha_1' \equiv 0 \ (\mathrm{mod.}\ 4), \quad \beta_1 \equiv 0 \ (\mathrm{mod.}\ 2)$$

ist. Es zeigt sich also, dass aus dem Bestehen der Gleichungen ($\mathfrak{L}$) und ($\mathfrak{L}'$) das Bestehen der Transformationsgleichungen ($\mathfrak{M}$) zu erschliessen ist, welche jene specielle Art vollständiger Aequivalenz der beiden Systeme:

$$(\sigma, \tau, a_0, b_0, c_0), \quad (\sigma', \tau', a_0', b_0', c_0')$$

constituiren, und dieses Hauptresultat kann offenbar dahin formulirt werden, dass die specielle Classe von Systemen $(\sigma, \tau, a_0, b_0, c_0)$, welchen die Invarianten:

$$\mathrm{El}^2\left(\tfrac{1}{2}(\sigma + \tau w), \tfrac{1}{2} w\right), \quad \mathrm{El}^2\left(\tfrac{1}{4}, \tfrac{1}{2} w\right)$$

angehören, durch das „*System* dieser beiden Invarianten" vollständig charakterisirt wird.

Die Systeme $(\sigma, \tau, a_0, b_0, c_0)$ sind durch vier reelle Elemente σ, τ, b_0, c_0 bestimmt, und es bedarf daher auch eines Systems von vier reellen Invarianten zur Charakterisirung einer Classe. Nun ist bei Benutzung der im § 2 eingeführten Bezeichnungen:

$$\mathrm{El}^2\left(\tfrac{1}{2}(\sigma + \tau w), \tfrac{1}{2} w\right) = \frac{\mathfrak{E}_1^2(\sigma, \tau, a_0, b_0, c_0) - \mathfrak{E}_2^2(\sigma, \tau, a_0, b_0, c_0) + 2i\,\mathfrak{E}_1(\sigma, \tau, a_0, b_0, c_0)\,\mathfrak{E}_2(\sigma, \tau, a_0, b_0, c_0)}{\mathfrak{E}_0^2(\sigma, \tau, a_0, b_0, c_0)}$$

$$\mathrm{El}^2\left(\tfrac{1}{4}, \tfrac{1}{2} w\right) = \frac{\mathfrak{E}_1^2\left(\tfrac{1}{2}, 0, a_0, b_0, c_0\right) - \mathfrak{E}_2^2\left(\tfrac{1}{2}, 0, a_0, b_0, c_0\right) + 2i\,\mathfrak{E}_1\left(\tfrac{1}{2}, 0, a_0, b_0, c_0\right)\mathfrak{E}_2\left(\tfrac{1}{2}, 0, a_0, b_0, c_0\right)}{\mathfrak{E}_0^2\left(\tfrac{1}{2}, 0, a_0, b_0, c_0\right)}.$$

Man kann also ein charakteristisches System von Invarianten einer durch $(\sigma, \tau, a_0, b_0, c_0)$ repraesentirten speciellen Classe durch folgende vier reelle Functionen von $\sigma, \tau, a_0, b_0, c_0$ bilden:

$$\frac{\mathfrak{E}_1(\sigma, \tau, a_0, b_0, c_0)}{\mathfrak{E}_2(\sigma, \tau, a_0, b_0, c_0)} - \frac{\mathfrak{E}_2(\sigma, \tau, a_0, b_0, c_0)}{\mathfrak{E}_1(\sigma, \tau, a_0, b_0, c_0)}, \quad \frac{\mathfrak{E}_1(\sigma, \tau, a_0, b_0, c_0)\,\mathfrak{E}_2(\sigma, \tau, a_0, b_0, c_0)}{\mathfrak{E}_0^2(\sigma, \tau, a_0, b_0, c_0)}$$

$$\frac{\mathfrak{E}_1\left(\tfrac{1}{2}, 0, a_0, b_0, c_0\right)}{\mathfrak{E}_2\left(\tfrac{1}{2}, 0, a_0, b_0, c_0\right)} - \frac{\mathfrak{E}_2\left(\tfrac{1}{2}, 0, a_0, b_0, c_0\right)}{\mathfrak{E}_1\left(\tfrac{1}{2}, 0, a_0, b_0, c_0\right)}, \quad \frac{\mathfrak{E}_1\left(\tfrac{1}{2}, 0, a_0, b_0, c_0\right)\mathfrak{E}_2\left(\tfrac{1}{2}, 0, a_0, b_0, c_0\right)}{\mathfrak{E}_0^2\left(\tfrac{1}{2}, 0, a_0, b_0, c_0\right)}.$$

§ 5.

Die vorstehenden Entwickelungen reichen dazu aus, nachzuweisen, dass die beiden Functionen:

$$(\mathfrak{R}) \qquad \mathrm{El}^4\left(\tfrac{1}{4},\ \tfrac{1}{2}w\right),\quad \frac{\mathrm{El}^2\left(\tfrac{1}{2}(\sigma+\tau w),\ \tfrac{1}{2}w\right)}{\mathrm{El}^2\left(\tfrac{1}{4},\ \tfrac{1}{2}w\right)},$$

in welchen, wie oben:

$$w = \frac{-b_0+i}{2a_0}$$

ist, ein System charakteristischer Invarianten für die Classe *aller* einander vollständig aequivalenter Grössensysteme $(\sigma,\ \tau,\ a_0,\ b_0,\ c_0)$ bilden.

Bestehen nämlich für zwei Systeme $(\sigma,\ \tau,\ a_0,\ b_0,\ c_0),\ (\sigma_1,\ \tau_1,\ a_0',\ b_0',\ c_0')$ die Gleichungen:

$$\mathrm{El}^4\left(\tfrac{1}{4},\ \tfrac{1}{2}w\right) = \mathrm{El}^4\left(\tfrac{1}{4},\ \tfrac{1}{2}w'\right),$$

$$(\mathfrak{R}') \qquad \frac{\mathrm{El}^2\left(\tfrac{1}{2}(\sigma+\tau w),\ \tfrac{1}{2}w\right)}{\mathrm{El}^2\left(\tfrac{1}{4},\ \tfrac{1}{2}w\right)} = \frac{\mathrm{El}^2\left(\tfrac{1}{2}(\sigma_1+\tau_1 w'),\ \tfrac{1}{2}w'\right)}{\mathrm{El}^2\left(\tfrac{1}{4},\ \tfrac{1}{2}w'\right)},$$

in welchen:

$$w' = \frac{-b_0'+i}{2a_0'}$$

ist, so muss entweder:

$$\mathrm{El}^2\left(\tfrac{1}{4},\ \tfrac{1}{2}w\right) = \mathrm{El}^2\left(\tfrac{1}{4},\ \tfrac{1}{2}w'\right) \ \text{ oder } \ -\,\mathrm{El}^2\left(\tfrac{1}{4},\ \tfrac{1}{2}w\right) = \mathrm{El}^2\left(\tfrac{1}{4},\ \tfrac{1}{2}w'\right)$$

sein. Im ersten Falle sind die Gleichungen $(\mathfrak{L})$, $(\mathfrak{L}')$ des vorigen Paragraphen erfüllt, aus welchen, wie schon dort dargethan worden, das Bestehen der Transformationsgleichungen $(\mathfrak{R})$ erschlossen werden kann. Im zweiten Falle ergeben sich mittels der Relationen:

$$-\,\mathrm{El}^2\left(\tfrac{1}{4},\ \tfrac{1}{2}w\right) = \mathrm{El}^2\left(\tfrac{1}{4},\ \tfrac{1}{2}(w+2)\right),$$

$$-\,\mathrm{El}^2\left(\tfrac{1}{2}(\sigma+\tau w),\ \tfrac{1}{2}w\right) = \mathrm{El}^2\left(\tfrac{1}{2}(\sigma+\tau w),\ \tfrac{1}{2}(w+2)\right)$$

aus den Gleichungen $(\mathfrak{R}')$ die folgenden:

$$\mathrm{El}^2\left(\tfrac{1}{4},\ \tfrac{1}{2}(w+2)\right) = \mathrm{El}^2\left(\tfrac{1}{4},\ \tfrac{1}{2}w'\right),$$

$$\mathrm{El}^2\left(\tfrac{1}{2}(\sigma-2\tau+\tau(w+2)),\ \tfrac{1}{2}(w+2)\right) = \mathrm{El}^2\left(\tfrac{1}{2}(\sigma_1+\tau_1 w'),\ \tfrac{1}{2}w'\right),$$

welche, wenn man $w + 2$ durch w und zugleich $\sigma - 2\tau$ durch σ ersetzt, mit den Bedingungen $(\mathfrak{L})$, $(\mathfrak{L}')$ identisch werden. Auch in diesem Falle zeigt sich also das Bestehen der Transformationsgleichungen $(\mathfrak{R})$ als eine Folge des Bestehens der Gleichungen $(\mathfrak{R}')$, und es ist hiermit nachgewiesen, dass durch die Werthe der beiden Functionen der vier Grössen σ, τ, b_0, c_0:

$$(\mathfrak{R}) \qquad \mathrm{El}^4\left(\frac{1}{4}, \frac{1}{2}w\right), \quad \frac{\mathrm{El}^2\left(\frac{1}{2}(\sigma+\tau w), \frac{1}{2}w\right)}{\mathrm{El}^2\left(\frac{1}{4}, \frac{1}{2}w\right)} \qquad \left(w = \frac{-b_0+i}{2c_0}\right)$$

die *Classe* der dem Systeme $(\sigma, \tau, a_0, b_0, c_0)$ vollständig aequivalenten Systeme eindeutig bestimmt ist.

Beide Functionen $(\mathfrak{R})$ haben complexe Werthe, und es sind eigentlich die Werthe der beiden reellen und der beiden mit i multiplicirten Theile dieser Functionen, welche das charakteristische System der vier Invarianten der bezeichneten Classe bilden. Benutzt man die oben eingeführten Bezeichnungen $\mathfrak{E}_0$, $\mathfrak{E}_1$, $\mathfrak{E}_2$ und lässt dabei der Einfachheit halber die Grössen a_0, b_0, c_0 innerhalb der Parenthesen weg, so dass man $\mathfrak{E}(\sigma, \tau)$ an Stelle von $\mathfrak{E}(\sigma, \tau, a_0, b_0, c_0)$ setzt, so sind die vier Invarianten:

$$\frac{\left(\mathfrak{E}_1^2\left(\frac{1}{2}, 0\right) - \mathfrak{E}_2^2\left(\frac{1}{2}, 0\right)\right)^2 - 4\mathfrak{E}_1^2\left(\frac{1}{2}, 0\right)\mathfrak{E}_2^2\left(\frac{1}{2}, 0\right)}{\mathfrak{E}_0^4\left(\frac{1}{2}, 0\right)},$$

$$\frac{\mathfrak{E}_1\left(\frac{1}{2}, 0\right)\mathfrak{E}_2\left(\frac{1}{2}, 0\right)\left(\mathfrak{E}_1^2\left(\frac{1}{2}, 0\right) - \mathfrak{E}_2^2\left(\frac{1}{2}, 0\right)\right)}{\mathfrak{E}_0^4\left(\frac{1}{2}, 0\right)},$$

$$\frac{\left(\mathfrak{E}_1^2(\sigma, \tau) - \mathfrak{E}_2^2(\sigma, \tau)\right)\left(\mathfrak{E}_1^2\left(\frac{1}{2}, 0\right) - \mathfrak{E}_2^2\left(\frac{1}{2}, 0\right)\right) + 4\mathfrak{E}_1(\sigma, \tau)\mathfrak{E}_2(\sigma, \tau)\mathfrak{E}_1\left(\frac{1}{2}, 0\right)\mathfrak{E}_2\left(\frac{1}{2}, 0\right)}{\left(\mathfrak{E}_1^2\left(\frac{1}{2}, 0\right) + \mathfrak{E}_2^2\left(\frac{1}{2}, 0\right)\right)^2},$$

$$\frac{-\left(\mathfrak{E}_1^2(\sigma, \tau) - \mathfrak{E}_2^2(\sigma, \tau)\right)\mathfrak{E}_1\left(\frac{1}{2}, 0\right)\mathfrak{E}_2\left(\frac{1}{2}, 0\right) + \left(\mathfrak{E}_1^2\left(\frac{1}{2}, 0\right) - \mathfrak{E}_2^2\left(\frac{1}{2}, 0\right)\right)\mathfrak{E}_1(\sigma, \tau)\mathfrak{E}_2(\sigma, \tau)}{\left(\mathfrak{E}_1^2\left(\frac{1}{2}, 0\right) + \mathfrak{E}_2^2\left(\frac{1}{2}, 0\right)\right)^2}.$$

Wenn man endlich die *Jacobi*'schen Bezeichnungen anwendet, so ist:

$$\mathrm{El}\left(\frac{1}{4}, \frac{1}{2}w\right) = \sqrt{\varkappa}, \quad \pi\left(\vartheta_2(0, w)\right)^2 = 2K, \quad w = \frac{K'i}{K},$$

$$\frac{\mathrm{El}\left(\frac{1}{2}(\sigma+\tau w), \frac{1}{2}w\right)}{\mathrm{El}\left(\frac{1}{4}, \frac{1}{2}w\right)} = \sin\operatorname{am}(2\sigma K + 2\tau K'i, \varkappa).$$

Das System der vier Invarianten der bezeichneten Classe von Systemen $(\sigma, \tau, a_0, b_0, c_0)$ wird also einfach

aus den je zwei Theilen der beiden complexen Grössen

$$\varkappa^2, \quad \sin^2 \operatorname{am}(2\sigma K + 2\tau K'i, \varkappa)$$

gebildet,

vorausgesetzt, dass darin $\varkappa$, K, K' als Functionen von a_0, b_0, c_0 durch die Gleichungen definirt werden:

$$\varkappa = \mathrm{Ell}^2\left(\tfrac{1}{4}, \tfrac{-b_0 \pm i}{4c_0}\right),\ 2K = \pi\vartheta_3^2\left(0, \tfrac{-b_0 \pm i}{2c_0}\right),\ 2K' = \pi\vartheta_3^2\left(0, \tfrac{b_0 \pm i}{2a_0}\right),$$

oder, was dasselbe ist, durch die Gleichungen:

$$\sqrt{\varkappa} = e^{-\frac{\pi(1 + b_0 i)}{8c_0}} \cdot \frac{\sum_n e^{-\pi n(n+1)\frac{1 + b_0 i}{8c_0}}}{\sum_n e^{-\pi n^2 \frac{1 + b_0 i}{8c_0}}},$$

$$\sqrt{2K} = \sqrt{\pi}\sum_n e^{-\pi n^2 \frac{1 + b_0 i}{8c_0}},\ \sqrt{2K'} = \sqrt{\pi}\sum_n e^{-\pi n^2 \frac{1 - b_0 i}{8a_0}},$$

wenn die Summationen auf alle ganzen Zahlen n von $-\infty$ bis $+\infty$ erstreckt werden. Dabei ist noch zu bemerken, dass zwischen den beiden letzten Summen die Gleichung:

$$(1 + b_0 i)\sum_n e^{-\pi n^2 \frac{1 + b_0 i}{8c_0}} = 2c_0 \sum_n e^{-\pi n^2 \frac{1 - b_0 i}{8a_0}}$$

besteht, welche aus der Theorie der Transformation der ϑ-Reihen folgt.

§ 6.

Schon in meinen ersten Untersuchungen über die elliptischen Functionen mit jenen besonderen Moduln, welche ich als singuläre bezeichnet habe, bin ich auf eine analytische Invariante derjenigen arithmetischen Aequivalenz:

$$(\sigma, \tau, a_0, b_0, c_0) \sim (\sigma', \tau', a_0', b_0', c_0')$$

geführt worden, welche durch das Bestehen der oben im § 1 mit $(\mathfrak{B}_0)$ bezeichneten Gleichungen begründet wird. Diese Invariante findet sich in dem in den Monatsberichten abgedruckten Auszuge aus meiner am 22. Januar 1863 gelesenen Abhandlung über die Auflösung der *Pell'*schen Gleichung mittels elliptischer Functionen[1]), und sie ist im Sitzungsberichte vom 19. April 1883 im art. I dieser Reihe von Mittheilungen „zur Theorie der elliptischen Functionen"[2]) mit:

$$\Lambda\left(\sigma,\ \tau,\ \frac{-b_0+i}{2a_0},\ \frac{b_0+i}{2a_0}\right)$$

bezeichnet. Vor dieser Invariante Λ haben die im vorigen Paragraphen angegebenen Invarianten $\varkappa^2$ und $\sin^2$ am $(2\sigma K + 2\tau K'i, \varkappa)$ zuvörderst das voraus, dass sie für die Classe *vollständig* aequivalenter Systeme charakteristisch sind, während die Invariante Λ für je sechs Classen, deren Unterscheidung sich nach arithmetischen Gesichtspunkten als nothwendig erweist,[*]) einen und denselben Werth behält. Ausserdem aber haben die Functionen $\varkappa^2$ und $\sin^2$ am $(2\sigma K + 2\tau K'i, \varkappa)$, deren reelle und imaginäre Theile die vier erforderlichen Invarianten repraesentiren, noch den Vorzug, dass sie diese vier Invarianten in elegantester Weise zu zwei Functionen zweier complexer Variabeln zusammenfassen. Aber in der ihrer Invarianteneigenschaft und dadurch ihrer eigentlichen Natur entsprechenden Darstellung dieser Functionen durch den Ausdruck ($\mathfrak{D}$) erscheinen die je zwei Theile der beiden complexen Variabeln wieder getrennt. Dieser Umstand hat mich auf den Gedanken gebracht, dass sich noch andere naturgemässe Entwickelungen der elliptischen Functionen finden lassen möchten, wenn man eine Trennung der beiden Theile der complexen Variabeln zulässt, und es lag hierbei offenbar am nächsten, die Entwickelung von $\sin$ am $(2\sigma K + 2\tau K'i, \varkappa)$ in eine zweifache nach sinus und cosinus der Vielfachen von σ und τ fortschreitende Doppelreihe zu versuchen. Dies hat nun in der That zu überraschend einfachen und eleganten Formeln geführt, und es hat sich dadurch gezeigt, dass man sich nicht, wie bisher, auf solche Entwickelungen von Functionen einer complexen Variabeln $x + yi$ beschränken darf, welche die Variabeln x und y nur in ihrer formalen Verbindung zu $x + yi$ enthalten.

---

[*]) Vergl. die Ausführungen im § 1 meiner schon oben citirten akademischen Abhandlung „Über bilineare Formen mit vier Variabelen[3])".

[1]) Bd. IV, S. 219 dieser Ausgabe von *L. Kronecker's* Werken.
[2]) Bd. IV, S. 347 dieser Ausgabe von *L. Kronecker's* Werken.
[3]) Bd. II, S. 429 dieser Ausgabe von *L. Kronecker's* Werken.

Die Entwickelung von $\sin am\,(2\sigma K + 2\tau K'i, \varkappa)$ in eine *Fourier*'sche Doppelreihe ergiebt folgendes Resultat:

(ℬ)
$$\varkappa \sin am\,(2\sigma K + 2\tau K'i, \varkappa) = \sum_{\nu, n} \frac{(-1)^n e^{(\nu\sigma + 2n\tau)\pi i}}{\nu K'i - 2nK}.$$
$$(n = 0, \pm 1, \pm 2, \pm 3, \ldots;\quad \nu = \pm 1, \pm 3, \pm 5, \ldots)$$

Sondert man nämlich die Summe auf der rechten Seite in die beiden Theile, welche positiven und negativen Werthen von ν entsprechen, so wird dieselbe gleich dem Aggregat:

$$\frac{1}{2K} \sum_{\nu, n} \frac{e^{(\nu\sigma + n(2\tau+1))\pi i}}{\frac{1}{2}\nu w - n} + \frac{1}{2K} \sum_{\nu, n} \frac{e^{(-\nu\sigma + n(2\tau+1))\pi i}}{-\frac{1}{2}\nu w - n}.$$
$$(n = 0, \pm 1, \pm 2, \pm 3, \ldots;\quad \nu = 1, 3, 5, 7, \ldots)$$

Führt man nun die Summationen in Beziehung auf n mit Hülfe der schon im art. I benutzten Formel aus:

(Ω)
$$\sum_n \frac{e^{nv\pi i}}{w - n} = \frac{2\pi i\, e^{vw\pi i}}{e^{vw\pi i} - 1} \qquad \left(\begin{array}{c} 0 < v < 2, \\ n = 0, \pm 1, \pm 2, \pm 3 \ldots \end{array}\right),$$

indem man hierin $v = 2\tau + 1$ und für w das eine Mal $\frac{1}{2}\nu w$, das andere Mal $-\frac{1}{2}\nu w$ setzt, so kommt:

$$\frac{\pi i}{K} \sum_\nu \frac{e^{\left(\sigma + \tau w + \frac{1}{2}w\right)\nu\pi i}}{e^{\nu w\pi i} - 1} + \frac{\pi i}{K} \sum_\nu \frac{e^{-\left(\sigma + \tau w + \frac{1}{2}w\right)\nu\pi i}}{e^{-\nu w\pi i} - 1}$$

oder also:

$$-\frac{2\pi}{K} \sum_\nu \frac{\sin \nu(\sigma + \tau w)\pi}{e^{\frac{1}{2}\nu w\pi i} - e^{-\frac{1}{2}\nu w\pi i}} \qquad (\nu = 1, 3, 5 \ldots).$$

Setzt man in diesem Ausdruck:

$$e^{w\pi i} = q, \quad (\sigma + \tau w)\pi = x,$$

so erhält man denjenigen, welcher in der Formel (19) im art. 39 von *Jacobi*'s „Fundamenta nova theoriae functionum ellipticarum" auf der rechten Seite steht[1]), multiplicirt mit $\frac{\pi}{2K}$; sein Werth ist demgemäss:

$$\varkappa \sin am\, 2K(\sigma + \tau w)$$

oder also in der That gleich:

$$\varkappa \sin am\,(2\sigma K + 2\tau K'i, \varkappa).$$

---

[1]) *Jacobi*, Werke, Bd. I, S. 157.

Die Formel ($\mathfrak{B}$) kann auch in folgender Weise dargestellt werden:

($\mathfrak{B}'$)
$$\varkappa \sin \operatorname{am}(2\sigma K + 2\tau K'i, \varkappa) = \sum_{\nu,n} \frac{(-1)^n \sin(\nu\sigma + 2n\tau)\pi}{\nu K' + 2n Ki}.$$

$$(n = 0, \pm 1, \pm 2, \pm 3, \dots; \quad \nu = \pm 1, \pm 3, \pm 5, \dots)$$

Nimmt man in derselben $\sigma = \frac{1}{2}$, $\tau = 0$, so resultirt die folgende Reihenentwickelung des Moduls:

($\mathfrak{B}''$)
$$\varkappa = \sum_{\nu,n} \frac{(-1)^{\frac{1}{2}(2n+\nu-1)}}{\nu K' + 2n Ki},$$

und wenn $\sigma = \frac{1}{2}$ gesetzt und dann zum Werthe $\tau = \frac{1}{2}$ übergegangen wird, so kommt:

$$1 = \lim_{\tau=\frac{1}{2}} \sum_{\nu,n} \frac{(-1)^{\frac{1}{2}(2n+\nu-1)} \cos 2n\tau\pi}{\nu K' + 2n Ki},$$

oder:

($\mathfrak{R}$)
$$1 = \lim_{\tau=0} \sum_{\nu,n} \frac{(-1)^{\frac{1}{2}(\nu-1)} \cos 2n\tau\pi}{\nu K' + 2n Ki}.$$

Die Summation ist oben erst in Beziehung auf n und dann in Beziehung auf ν ausgeführt worden. Es kann aber auch in der entgegengesetzten Reihenfolge summirt werden. Um dies näher zu erörtern gehe ich von folgender allgemeineren Reihe aus:

$$\sum_{m,n} \frac{e^{2(m\xi + n\eta)\pi i}}{u + mv + nw} \qquad (m, n = 0, \pm 1, \pm 2, \pm 3 \dots),$$

welche mit:

$$\operatorname{Ser}(\xi, \eta, u, v, w)$$

bezeichnet werden möge, und in welcher ξ, η als reell, u, v, w aber als complex vorausgesetzt werden, die letzteren beiden Grössen v, w überdies so, dass deren Verhältniss nicht reell ist. Führt man mittels der schon oben benutzten Formel (Ω) die Summation in Beziehung auf m aus, so resultirt unter der dabei nöthigen Voraussetzung:

$$-1 < \xi < 0$$

die Gleichung:

($\mathfrak{S}$)
$$\operatorname{Ser}(\xi, \eta, u, v, w) = \frac{-2\pi i}{v}\, e^{-\frac{2\xi u\pi i}{v}} \sum_{n=-\infty}^{n=+\infty} \frac{e^{2n(\eta v - \xi w)\frac{\pi i}{v}}}{1 - e^{2(u+nw)\frac{\pi i}{v}}}.$$

Die beiden Reihen, in welche man die Reihe auf der rechten Seite je nach den beiden Vorzeichen der Werthe von n zerlegen kann, sind convergent. Denn wenn der reelle Theil von $\frac{2w\pi i}{v}$ mit n gleiches Zeichen hat, so ist für hinreichend grosse Werthe von n der absolute Werth des Quotienten der Division des $(n+1)$ten Gliedes durch das $n$te Glied kleiner als *Eins*, weil $1+\xi$ positiv ist, und wenn das Vorzeichen des reellen Theiles von $\frac{2w\pi i}{v}$ demjenigen von n entgegengesetzt ist, so ist eben derselbe Quotient für hinreichend grosse Werthe von n deshalb kleiner als *Eins*, weil ξ negativ ist.

§ 7.

Die Gleichung $(\mathfrak{S})$ ist im vorigen Paragraphen dadurch erlangt worden, dass in der mit $\mathrm{Ser}(\xi, \eta, u, v, w)$ bezeichneten Reihe die Summation in Beziehung auf m ausgeführt worden ist. Das durch die Gleichung $(\mathfrak{S})$ dargestellte Resultat besteht also eigentlich darin, dass der Grenzwerth:

$$(\mathfrak{S}') \qquad \lim_{N=\infty} \lim_{M=\infty} \sum_{m,n} \frac{e^{2(m\xi+n\eta)\pi i}}{u+mv+nw} \qquad \left(\begin{matrix} m=0,\pm 1,\pm 2,\ldots\pm M, \\ n=0,\pm 1,\pm 2,\ldots\pm N \end{matrix}\right),$$

wenn man, wie es die Reihenfolge $\lim\limits_{N=\infty}\lim\limits_{M=\infty}$ andeutet, zuerst M und dann N in's Unendliche wachsen lässt, mit dem Grenzwerth:

$$(\mathfrak{S}'') \qquad -\frac{2\pi i}{v}\, e^{-\frac{2\xi u \pi i}{v}} \lim_{N=\infty} \sum_{n} \frac{e^{2n(\eta v-\xi w)\frac{\pi i}{v}}}{1-e^{2(u+nw)\frac{\pi i}{v}}} \qquad \left(\begin{matrix} n=0,\pm 1,\pm 2,\ldots\pm N, \\ -1<\xi<0 \end{matrix}\right)$$

übereinstimmt. In der Gleichung:

$$(\mathfrak{S}) \qquad \mathrm{Ser}(\xi, \eta, u, v, w) = -\frac{2\pi i}{v}\, e^{-\frac{2\xi u \pi i}{v}} \lim_{N=\infty} \sum_{n} \frac{e^{2n(\eta v-\xi w)\frac{\pi i}{v}}}{1-e^{2(u+nw)\frac{\pi i}{v}}} \qquad (n=0,\pm 1,\pm 2,\ldots\pm N)$$

hat daher $\mathrm{Ser}(\xi, \eta, u, v, w)$ die durch:

$$(\mathfrak{S}^0) \qquad \mathrm{Ser}(\xi, \eta, u, v, w) = \lim_{N=\infty} \lim_{M=\infty} \sum_{m,n} \frac{e^{2(m\xi+n\eta)\pi i}}{u+mv+nw} \qquad \left(\begin{matrix} m=0,\pm 1,\pm 2,\ldots\pm M, \\ n=0,\pm 1,\pm 2,\ldots\pm N, \\ -1<\xi<0 \end{matrix}\right)$$

ausgedrückte Bedeutung.

Substituirt man hierin $-\eta$ für η und $-w$ für w und ersetzt dann den Summationsbuchstaben n auf der rechten Seite durch $-n$, so sieht man, dass die Relation besteht:

$$\mathrm{Ser}(\xi, \eta, u, v, w) = \mathrm{Ser}(\xi, -\eta, u, v, -w);$$

man kann daher unbeschadet der Allgemeinheit voraussetzen, dass in dem Quotienten $\frac{w i}{v}$ der reelle Theil negativ ist. Da ferner u um ein ganzes Vielfaches von w vermehrt oder vermindert werden kann, so kann man noch voraussetzen, dass der reelle Theil von $\frac{u i}{v}$ zwischen demjenigen von $\frac{w i}{v}$ und Null liege.

Nun kann der Ausdruck $(\mathfrak{S}'')$, welcher auf der rechten Seite der Gleichung $(\mathfrak{S})$ steht, in folgender Weise dargestellt werden:

$$-\frac{2\pi i}{v}\, e^{-\frac{2\xi u\pi i}{v}} \lim_{N=\infty} \sum_{\mu,\nu} \frac{e^{2\varepsilon n(\eta v-\xi w)\frac{\pi i}{v}}}{1-e^{2(u+\varepsilon\nu w)\frac{\pi i}{v}}} \qquad \left(\begin{smallmatrix}\varepsilon\nu+1,\,\nu=0,1,2,\ldots N\\ \varepsilon=-1,\,\nu=1,2,3,\ldots N\end{smallmatrix}\right),$$

und es kann hierbei von den beiden, den Werthen $\varepsilon=+1$ und $\varepsilon=-1$ entsprechenden, durch die Gleichung:

$$\frac{1}{1-e^{2(u+\varepsilon\nu w)\frac{\pi i}{v}}} = \varepsilon \sum_{m} e^{2\varepsilon m(u+\varepsilon\nu w)\frac{\pi i}{v}} \qquad \left(\begin{smallmatrix}\varepsilon=+1,\,m=0,1,2,\ldots\\ \varepsilon=-1,\,m=1,2,3,\ldots\end{smallmatrix}\right)$$

gegebenen Reihenentwickelungen Gebrauch gemacht werden, da dieselben offenbar gemäss der über $\frac{w i}{v}$ und $\frac{u i}{v}$ gemachten Voraussetzung convergiren. Der Ausdruck $(\mathfrak{S}'')$ geht alsdann in folgenden über:

$$(\mathfrak{S}''') \qquad -\frac{2\pi i}{v}\, e^{-\frac{2\xi u\pi i}{v}} \sum_{\varepsilon,m,n} \varepsilon e^{(mnw+\varepsilon mu+\varepsilon n(\eta v-\xi w))\frac{2\pi i}{v}} \qquad \left(\begin{smallmatrix}\varepsilon=+1;\,m,n=0,1,2,\ldots\\ \varepsilon=-1;\,m,n=1,2,3,\ldots\end{smallmatrix}\right),$$

in welchem sich die Reihe, wie nun gezeigt werden soll, mittels der ϑ-Functionen summiren lässt.

Um dies darzuthun, gehe ich von jener Function zweier complexer Variabeln ξ, η aus:

$$\frac{\vartheta_1'(0)\,\vartheta_1(\xi+\eta)}{\vartheta_0(\xi)\,\vartheta_0(\eta)},$$

welche ich in meiner Notiz vom 22. December 1881 eingeführt*) und dann mehrfach, z. B. im art. X dieser Mittheilungen über die elliptischen Functionen,**) behandelt

---

*) Monatsberichte vom December 1881 [1].

**) Sitzungsberichte, Jahrgang 1885 [2].

[1] Bd. IV, S. 309 dieser Ausgabe von *L. Kronecker's* Werken.
[2] Bd. IV, S. 379 dieser Ausgabe von *L. Kronecker's* Werken.

H
H

habe. In der erwähnten Notiz habe ich für jene Function die a. a. O. mit (I′) bezeichnete elegante Reihenentwickelung hergeleitet:

$$(\mathfrak{X}) \qquad \frac{\vartheta_1'(0)\vartheta_1(\xi+\eta)}{\vartheta_0(\xi)\vartheta_0(\eta)} = 4\pi \sum_{\mu,\nu} q^{\frac{1}{2}\mu\nu} \sin(\mu\xi+\nu\eta)\pi \qquad {\scriptstyle(\mu,\nu=1,3,5,\ldots}$$

unter den Bedingungen:

$$\left|q\right| < 1, \quad \left|q^{\frac{1}{2}}\right| < \left|e^{\xi\pi i}\right| < \left|q^{-\frac{1}{2}}\right|, \quad \left|q^{\frac{1}{2}}\right| < \left|e^{\eta\pi i}\right| < \left|q^{-\frac{1}{2}}\right|.$$

Hierbei ist, wie gewöhnlich*), wenn $q = e^{w\pi i}$ gesetzt wird:

$$\vartheta_0(\zeta,w) = \sum_n (-q)^{n^2}\cos 2n\zeta\pi, \quad \vartheta_1(\zeta,w) = q^{\frac{1}{4}}\sum_n (-1)^n q^{n^2+n}\sin(2n+1)\zeta\pi,$$
$$\scriptstyle (n=0,\pm 1,\pm 2,\pm 3,\ldots)$$

und es ist nur, der Einfachheit halber, das zweite Argument w, welches oben überall dasselbe ist, weggelassen worden.

Die Formel $(\mathfrak{X})$ kann offenbar, da $q = e^{w\pi i}$ gesetzt worden ist, auch *so* dargestellt werden:

$$(\mathfrak{X}_0) \qquad -\frac{1}{2\pi i}\frac{\vartheta_1'(0)\vartheta_1(\xi+\eta)}{\vartheta_0(\xi)\vartheta_0(\eta)} = \sum_{s,\mu,\nu} s\, e^{\left(\frac{1}{2}\mu\nu w + s\mu\xi + s\nu\eta\right)\pi i} \qquad {\scriptstyle\left(\begin{matrix}s=+1,-1\,|\\ \mu,\nu=1,3,5,\ldots\end{matrix}\right),}$$

und für die Reihe auf der rechten Seite erhält man, wenn man an Stelle der Summationsbuchstaben μ, ν die durch die Gleichungen:

$$\mu = 2m + s, \quad \nu = 2n + s$$

definirten Summationsbuchstaben m, n einführt, folgenden Ausdruck:

$$e^{\left(\xi+\eta+\frac{1}{2}w\right)\pi i}\sum_{s,m,n} s\, e^{\left(2mnw + sm(2\xi+w) + sn(2\eta+w)\right)\pi i} \qquad {\scriptstyle\left(\begin{matrix}s=+1\,|\,m,n=0,1,2,\ldots\\ s=-1\,|\,m,n=1,2,3,\ldots\end{matrix}\right).}$$

Wenn man ferner von den Relationen Gebrauch macht:

$$\vartheta_0(\xi) = -ie^{\left(\frac{1}{4}w+\xi\right)\pi i}\vartheta_1\left(\xi+\tfrac{1}{2}w\right), \quad \vartheta_0(\eta) = -ie^{\left(\frac{1}{4}w+\eta\right)\pi i}\vartheta_1\left(\eta+\tfrac{1}{2}w\right),$$
$$\vartheta_1(\xi+\eta) = -e^{(w+2\xi+2\eta)\pi i}\vartheta_1(\xi+\eta+w),$$

---

*) Vergl. art. XI, § 1 (Sitzungsberichte, Jahrgang 1886)[1]).

[1]) Bd. IV, S. 890 dieser Ausgabe von *L. Kronecker's* Werken.

H

und $\xi + \tfrac{1}{2} w = \xi'$, $\eta + \tfrac{1}{2} w = \eta'$, $w = w'$ setzt, so erhält man die Formel:

$$(\mathfrak{T}_1) \qquad \frac{\vartheta_1'(0, w')\,\vartheta_1(\xi' + \eta', w')}{\vartheta_1(\xi', w')\,\vartheta_1(\eta', w')} = - 2\pi i \sum_{s, m, n} s\, e^{(m n w' + s m \xi' + s n \eta')\, 2\pi i},$$

$$(s = +1 \mid m, n = 0, 1, 2, \ldots \mid s = -1 \mid m, n = 1, 2, 3, \ldots)$$

unter der aus den obigen Bedingungen für $(\mathfrak{T})$ resultirenden Bedingung,

dass die mit i multiplicirten Theile von w', ξ', η' positiv, und die letzteren beiden kleiner als der erste sein müssen.

Die Reihe auf der rechten Seite von $(\mathfrak{T}_1)$ wird mit derjenigen, welche in dem Ausdruck $(\mathfrak{S}''')$ vorkommt, identisch, wenn man:

$$w' = \frac{w}{v}, \quad \xi' = \frac{u}{v}, \quad \eta' = \frac{\eta v - \xi w}{v}$$

setzt, und es stimmen dabei die obigen Bedingungen für $\frac{w}{v}$ und $\frac{u}{v}$ mit denen für w', ξ', η' überein, da η reell und $0 < -\xi < 1$ ist. Es resultirt demnach die Gleichung:

$$(\mathfrak{U}^0) \qquad \mathfrak{S}\mathrm{er}\,(\xi, \eta, u, v, w) = \frac{1}{v}\, e^{-\frac{2\xi u \pi i}{v}}\, \frac{\vartheta'\!\left(0, \frac{w}{v}\right) \vartheta\!\left(\frac{u + \eta v - \xi w}{v}, \frac{w}{v}\right)}{\vartheta\!\left(\frac{u}{v}, \frac{w}{v}\right) \vartheta\!\left(\frac{\eta v - \xi w}{v}, \frac{w}{v}\right)} \qquad (-1 < \xi < 0),$$

in welcher nur die eine, oben mit ϑ_1 bezeichnete ϑ-Function vorkommt und deshalb, wie üblich, der Index 1 bei ϑ weggelassen ist. Setzt man nun:

$$\xi = -\tau', \quad \eta = \sigma', \quad u' = \eta' v = v\sigma' + w\tau',$$

und bestimmt zwei reelle Grössen σ, τ so, dass:

$$u = v\sigma + w\tau$$

wird, so geht die Gleichung $(\mathfrak{U}^0)$ in folgende über:

$$(\mathfrak{U}) \qquad \sum_{m, n} \frac{e^{(s\sigma' - m\tau')\, 2\pi i}}{(\sigma + m)v + (\tau + n)w} = \frac{1}{v}\, e^{\frac{2\tau' u \pi i}{v}}\, \frac{\vartheta'\!\left(0, \frac{w}{v}\right) \vartheta\!\left(\frac{u + u'}{v}, \frac{w}{v}\right)}{\vartheta\!\left(\frac{u}{v}, \frac{w}{v}\right) \vartheta\!\left(\frac{u'}{v}, \frac{w}{v}\right)},$$

in welcher die Summation auf alle ganzen Zahlen m, n von $-\infty$ bis $+\infty$ zu erstrecken ist. Die Gültigkeitsbedingungen, an welche die Herleitung dieser Gleichung geknüpft ist, sind *erstens* gemäss den oben für die Formel $(\mathfrak{T}_1)$ angegebenen Bedingungen, dass die mit i multiplicirten Theile von $\frac{w}{v}$, $\frac{u}{v}$ und $\frac{u'}{v}$ positiv und die letzteren beiden kleiner als der erste sein müssen, *zweitens* gemäss der Bedingung $-1 < \xi < 0$, dass $0 < \tau' < 1$ sein muss.

Die Bedingung, dass der mit i multiplicirte Theil von $\frac{w}{v}$ positiv sei, ist gemäss der oben schon über $\frac{w}{v}$ gemachten Voraussetzung erfüllt. Da ferner:

$$\frac{u}{v} = \sigma + \tau\frac{w}{v}, \quad \frac{u'}{v} = \sigma' + \tau'\frac{w}{v}$$

und sowohl σ als σ' reell ist, so sind die übrigen Bedingungen dann und nur dann erfüllt, wenn die reellen Grössen τ, τ' den Ungleichheiten:

$$0 < \tau < 1, \quad 0 < \tau' < 1$$

genügen. Aber es soll jetzt gezeigt werden, dass diese beiden Bedingungen, wenn auch die *Herleitung* der Gleichung (11) an dieselbe geknüpft war, doch nicht nothwendige sind, und dass die Gleichung ihre Gültigkeit für Werthe von τ und τ' behält, die in irgend einem von zwei benachbarten ganzen Zahlen eingeschlossenen Intervalle liegen. Hierfür ist offenbar nur erforderlich nachzuweisen, dass die Gleichung (11) bestehen bleibt, wenn $\tau + 1$ an Stelle von τ gesetzt wird, und auch, wenn $\tau' + 1$ für τ' substituirt wird.

Wird nun zuvörderst $\tau + 1$ an die Stelle von τ und demgemäss $u + w$ für u gesetzt, so tritt auf der linken Seite der Gleichung (11) der Factor $e^{-2\sigma'\pi i}$ hinzu. Dies erhellt unmittelbar, wenn der Summationsbuchstabe n durch $n - 1$ ersetzt wird. Auf der rechten Seite tritt, wenn von der Relation:

$$\frac{\theta(\xi + w, w)}{\theta(\eta + w, w)} = e^{(\eta - \xi)2\pi i}\frac{\theta(\xi, w)}{\theta(\eta, w)}$$

Gebrauch gemacht wird, der folgende Factor hinzu:

$$e^{(w\tau' - w')\frac{2\pi i}{v}}.$$

Dessen Werth stimmt aber mit dem von $e^{-2\sigma'\pi i}$ überein, da $u' = v\sigma' + w\tau'$ ist. Die Gleichung (11) bleibt also bestehen, wenn $\tau + 1$ an die Stelle von τ gesetzt wird.

Wenn man nunmehr $\tau' + 1$ für τ' substituirt, so wird der Werth der Reihe auf der linken Seite der Gleichung (11) offenbar nicht alterirt. Auf der rechten Seite tritt bei dem Exponentialfactor $e^{\frac{2\tau' w \pi i}{v}}$ der Factor $e^{\frac{2w\pi i}{v}}$ hinzu; zugleich tritt aber bei dem Quotienten der ϑ-Functionen, wenn wieder von der eben benutzten Relation:

$$\frac{\vartheta(\xi+w,\,w)}{\vartheta(\eta+w,\,w)}=e^{(\eta-\xi)2\pi i}\frac{\vartheta(\xi,\,w)}{\vartheta(\eta,\,w)}$$

Gebrauch gemacht wird, der Factor $e^{-\frac{2w\pi i}{v}}$ hinzu. Die Gleichung (11) bleibt also auch bestehen, wenn $\tau'+1$ für τ' substituirt wird, und sie gilt demnach

für beliebige reelle Grössen $\sigma,\,\sigma'$ und für alle reellen Werthe von τ und τ' mit alleinigem Ausschluss der ganzzahligen.

Die Gleichung (11) ist zwar nur unter der Voraussetzung hergeleitet worden, dass für die Reihe auf der linken Seite der Grenzwerth:

$$(\mathfrak{S}')\qquad\qquad \lim_{N=\infty}\lim_{M=\infty}\sum_{m,\,n}\frac{e^{(n\sigma'-m\tau')2\pi i}}{(\sigma+m)v+(\tau+n)w}\qquad\qquad \binom{m=0,\,\pm1,\,\pm2,\ldots\,\pm M,}{n=0,\,\pm1,\,\pm2,\ldots\,\pm N}$$

genommen werde, aber sie behält ihre Gültigkeit, wenn man unter der Reihe auf der linken Seite den allgemeineren Grenzwerth versteht:

$$(\mathfrak{S}_0)\qquad\qquad \lim_{N=\infty}\lim_{M=\infty}\sum_{m',\,n'}\frac{e^{(n'\sigma'-m'\tau')2\pi i}}{(\sigma+m')v+(\tau+n')w},$$

$$\scriptstyle (m'=\alpha m+\beta n,\,m=0,\,\pm1,\,\pm2,\ldots\,\pm M;\ n'=\alpha'm+\beta'n,\,n=0,\,\pm1,\,\pm2,\ldots\,\pm N)$$

wo $\alpha,\,\beta,\,\alpha',\,\beta'$ irgend welche ganze Zahlen bedeuten, für die $\alpha\beta'-\beta\alpha'=1$ und weder $\alpha\tau-\alpha'\sigma$ noch $\alpha\tau'-\alpha'\sigma'$ eine ganze Zahl ist.

Um dies darzuthun, braucht nur gezeigt zu werden, dass die Gleichung (11) gültig bleibt, sowohl dann wenn:

$$m'=m+n,\ \ n'=n,$$

als auch dann wenn:

$$m'=-n,\ \ \ n'=m$$

gesetzt wird, da aus diesen zwei Transformationen der Summationsbuchstaben $m,\,n$ sich jede der Transformationen:

$$m'=\alpha m+\beta n,\ \ n'=\alpha'm+\beta'n \qquad\qquad \scriptstyle (\alpha\beta'-\alpha'\beta=1)$$

zusammensetzen lässt*).

---

*) Vergl. die Ausführungen in meinem im Monatsbericht vom October 1866 abgedruckten Aufsatz: „Über bilineare Formen"[1]).

[1]) Bd. I, S. 159 dieser Ausgabe von L. Kronecker's Werken.

H

Nun kann die Verwandlung von m in $m + n$ in der Reihe auf der linken Seite der Gleichung (11) durch eine gleichzeitige Verwandlung von:

$$\sigma \text{ in } \sigma - \tau, \quad \sigma' \text{ in } \sigma' - \tau', \quad w \text{ in } w + v$$

ersetzt werden, und hierbei bleibt u, u', τ und überhaupt der Ausdruck auf der rechten Seite der Gleichung (11) ungeändert, da jede der ϑ-Functionen im Zähler und Nenner bei der Verwandlung von w in $w + v$ gemäss der Relation:

$$\vartheta\left(\zeta, \frac{w}{v} + 1\right) = e^{\frac{1}{4}\pi i}\,\vartheta\left(\zeta, \frac{w}{v}\right)$$

einen und denselben Factor bekommt.

Ferner kann die Verwandlung von m in $-n$ und von n in m auf der linken Seite der Gleichung (11) durch den Übergang von:

$$v, \quad w, \quad \sigma, \quad \tau, \quad \sigma', \quad \tau$$

in

$$-w, \quad v, \quad -\tau, \quad \sigma, \quad -\tau', \quad \sigma'$$

ersetzt werden, und bei diesem Übergang wird der Werth des Ausdrucks auf der rechten Seite der Gleichung (11) nicht alterirt, denn es bleiben hierbei u und u' ungeändert, und die nachzuweisende Gleichung:

$$\frac{1}{v} e^{\frac{2\tau' u \pi i}{v}} \frac{\vartheta'\left(0, \frac{w}{v}\right)\vartheta\left(\frac{u+u'}{v}, \frac{w}{v}\right)}{\vartheta\left(\frac{u}{v}, \frac{w}{v}\right)\vartheta\left(\frac{u'}{v}, \frac{w}{v}\right)} = \frac{1}{w} e^{\frac{-2\sigma' u \pi i}{w}} \frac{\vartheta'\left(0, \frac{-v}{w}\right)\vartheta\left(\frac{u+u'}{w}, \frac{-v}{w}\right)}{\vartheta\left(\frac{u}{w}, \frac{-v}{w}\right)\vartheta\left(\frac{u'}{w}, \frac{-v}{w}\right)}$$

wird verificirt, wenn man die ϑ-Functionen auf der rechten Seite gemäss den Relationen:

$$\vartheta\left(\zeta, \frac{-v}{w}\right) = -i\left(\sqrt{\frac{-wi}{v}}\right)e^{\frac{\zeta^2 w \pi i}{v}}\,\vartheta\left(\frac{\zeta w}{v}, \frac{w}{v}\right),$$

$$\vartheta'\left(0, \frac{-v}{w}\right) = \left(\sqrt{\frac{-wi}{v}}\right)^3 \vartheta'\left(0, \frac{w}{v}\right)$$

transformirt.

Da der mit $(\mathfrak{S}_0)$ bezeichnete Grenzwerth in den vorhergehenden, mit $(\mathfrak{S}')$ bezeichneten, übergeht, wenn

$$\alpha\sigma + \beta\tau, \quad \alpha\sigma' + \beta\tau', \quad \alpha'\sigma + \beta'\tau, \quad \alpha'\sigma' + \beta'\tau', \quad v, \quad w$$

für

$$\sigma, \quad \sigma', \quad \tau, \quad \tau', \quad \alpha v + \alpha'w, \quad \beta v + \beta'w$$

gesetzt wird, so sind die Systeme α, α', β, β' auszuschliessen, für welche $\alpha\tau - \alpha'\sigma$ oder $\alpha\tau' - \alpha'\sigma'$ eine ganze Zahl wird.

Durch die complexen Werthe von u und u' sind die reellen Werthe von σ, τ, σ', τ', für welche:

$$u = v\sigma + w\tau, \quad u' = v\sigma' + w\tau'$$

ist, vollständig bestimmt. Der obige Grenzwerth $(\mathfrak{S}_0)$ ist daher durch die complexen Argumente:

$$u', u, v, w$$

genau definirt und soll deshalb, obgleich er keineswegs im gewöhnlichen Sinne eine „Function der complexen Variabeln" u' ist, mit:

$$\mathrm{Ser}\,(u', u, v, w)$$

bezeichnet werden. Alsdann besteht den vorstehenden Entwickelungen gemäss die Hauptgleichung:

$$(\mathfrak{U}_1) \qquad \mathrm{Ser}\,(u_0, u, v, w) = \frac{1}{v}\, e^{\frac{2\tau_0 u \pi i}{v}} \, \frac{\theta'\left(0, \frac{w}{v}\right)\theta\left(\frac{u_0+u}{v}, \frac{w}{v}\right)}{\theta\left(\frac{u_0}{v}, \frac{w}{v}\right)\theta\left(\frac{u}{v}, \frac{w}{v}\right)},$$

und es sind hierbei u_0, u, v, w complexe Grössen, welche nur der Bedingung genügen müssen, dass der mit i multiplicirte Theil von $\frac{w}{v}$ positiv ist. Der für $\mathrm{Ser}(u_0, u, v, w)$ zu nehmende Grenzwerth $(\mathfrak{S}_0)$ ist nur insoweit beschränkt, dass für die durch die Gleichungen:

$$u_0 = v\sigma_0 + w\tau_0, \quad u = v\sigma + w\tau$$

bestimmten reellen Grössen σ_0, τ_0, σ, τ, weder $\alpha\tau - \alpha'\sigma$ noch $\alpha\tau_0 - \alpha'\sigma_0$ einen ganzzahligen Werth erhalten darf; aber auch diese Beschränkung fällt weg, wenn man den Grenzwerth $(\mathfrak{S}_0)$ erst für benachbarte Werthe von u und u_0 bestimmt und dann zu u und u_0 übergeht. So kann man, um die im vorigen Paragraphen mit $(\mathfrak{P})$ bezeichnete Entwickelung von $\varkappa \sin \mathrm{am}\,(2\sigma_0 K + 2\tau_0 K'i, \varkappa)$ zu erhalten, in der Formel $(\mathfrak{U}_1)$:

$$u = \sigma + \tfrac{1}{2}K'i, \quad v = K, \quad w = K'i$$

setzen und an Stelle der Reihe in $(\mathfrak{P})$ selbst den *Grenzwerth* nehmen, welchem sich die Reihe $\mathrm{Ser}(u_0, u, v, w)$ für $\sigma = 0$ nähert, damit die Summation nicht bloss in der dort benutzten Reihenfolge ausgeführt werden kann.

Die Gleichung ($\mathfrak{U}_1$) giebt für den Ausdruck auf der rechten Seite, wenn derselbe nur als Function des complexen Arguments u aufgefasst wird, die Zerlegung in Partialbrüche, und zugleich, wenn er als Function der durch das complexe Argument u_0 bestimmten reellen Variabeln σ_0, τ_0 aufgefasst wird, die *Fourier*'sche Reihenentwickelung nach sinus und cosinus ganzer Vielfacher von $\sigma_0 \pi$ und $\tau_0 \pi$.

§ 8.

Der Ausdruck:

$$(\mathfrak{B}) \qquad \frac{1}{v} e^{2\tau_0 u \pi i} \frac{\vartheta'\left(0, \frac{w}{v}\right) \vartheta\left(\frac{u_0 + u}{v}, \frac{w}{v}\right)}{\vartheta\left(\frac{u_0}{v}, \frac{w}{v}\right) \vartheta\left(\frac{u}{v}, \frac{w}{v}\right)} \qquad \left(\begin{smallmatrix} u_0 = \sigma_0 v + \tau_0 w \\ u = \sigma v + \tau w \end{smallmatrix}\right),$$

auf welchen die Summation der Reihe:

$$\lim_{N = \infty} \lim_{M = \infty} \sum_{m, n} \frac{e^{(n \sigma_0 - m \tau_0) 2 \pi i}}{u + m v + n w} \qquad \left(\begin{smallmatrix} m = 0, \pm 1, \pm 2, \dots \pm M \\ n = 0, \pm 1, \pm 2, \dots \pm N \end{smallmatrix}\right)$$

geführt hat, ist eine Function der sechs Grössen:

$$\sigma_0, \quad \tau_0, \quad \sigma, \quad \tau, \quad v, \quad w,$$

welche ihren Werth nicht ändert, wenn:

$$\alpha \sigma_0 + \beta \tau_0, \quad \alpha' \sigma_0 + \beta' \tau_0, \quad \alpha \sigma + \beta \tau, \quad \alpha' \sigma + \beta' \tau, \quad \beta' v - \alpha' w, \quad -\beta v + \alpha w$$

für:
$$\sigma_0, \qquad \tau_0, \qquad \sigma, \qquad \tau, \qquad v, \qquad w$$

substituirt wird, vorausgesetzt, dass $\alpha, \beta, \alpha', \beta'$ ganze Zahlen sind, welche der Bedingung:

$$\alpha \beta' - \alpha' \beta = 1$$

genügen. Setzt man also:

$$(\mathfrak{B}') \qquad \begin{aligned} \sigma_0' &= \alpha \sigma_0 + \beta \tau_0, & \tau_0' &= \alpha' \sigma_0 + \beta' \tau_0, \\ \sigma' &= \alpha \sigma + \beta \tau, & \tau' &= \alpha' \sigma + \beta' \tau, \\ v' &= \beta' v - \alpha' w, & w' &= -\beta v + \alpha w, \end{aligned}$$

und bezeichnet alsdann die Systeme:

$$\left(\sigma_0, \tau_0, \sigma, \tau, v, w\right), \quad \left(\sigma_0', \tau_0', \sigma', \tau', v', w'\right)$$

als einander aequivalent, so stellt jener Ausdruck ($\mathfrak{B}$) eine Invariante der Aequivalenz:

$$\left(\sigma_0, \tau_0, \sigma, \tau, v, w\right) \sim \left(\sigma_0', \tau_0', \sigma', \tau', v', w'\right)$$

dar.

Man kann den Ausdruck (𝕭) auch als eine Function der vier complexen Grössen:

$$u_0, u, v, w$$

auffassen, da die reellen Grössen $\sigma_0, \tau_0, \sigma, \tau$ durch u_0, u, v, w vollkommen definirt sind. Es sind nämlich τ_0, τ als diejenigen reellen Grössen bestimmt, für welche die aus den Gleichungen:

$$\sigma_0 = \frac{u_0 - \tau_0 w}{v}, \quad \sigma = \frac{u - \tau w}{v}$$

hervorgehenden Grössen σ_0 und σ reell werden. Dabei ist zu bemerken, dass die Grössen u_0 und u selbst Invarianten jener Aequivalenz $(\sigma_0, \tau_0, \sigma, \tau, v, w) \sim (\sigma_0', \tau_0', \sigma', \tau', v', w')$ sind.

Die Invarianteneigenschaft der durch (𝕭) dargestellten Function von u_0, u, v, w tritt klar hervor, wenn man darin die ϑ-Functionen durch jene Function *Alpha* ausdrückt, welche ich im § 1 des art. XIX eingeführt habe.*) Es ist a. a. O. mit $\mathrm{A}(\sigma, \tau, a_0, b_0, c_0)$ der Ausdruck:

$$\left(\frac{2\pi}{\vartheta'(0, w)}\right)^{\frac{1}{3}} e^{(\sigma + \tau w)\tau\pi i} \vartheta(\sigma + \tau w, w)$$

oder der, seinem Werthe nach, damit übereinstimmende Ausdruck:

$$e^{\left(\left(\tau^2 - \tau + \frac{1}{6}\right)w + \sigma\tau - \sigma + \frac{1}{3}\right)\pi i} \prod_{n, m} \left(1 - e^{(nw + \sigma\sigma + \tau\tau w)2\pi i}\right)$$

$$(\sigma m + 1;\ n = 0, 1, 2, \ldots;\ \sigma m - 1;\ n = 1, 2, 3, \ldots)$$

bezeichnet worden, und die reellen Grössen a_0, b_0, c_0 waren dabei durch die Gleichungen:

$$w = \frac{-b_0 + i}{2a_0}, \quad 4a_0 c_0 - b_0^2 = 1$$

bestimmt. Die Bezeichnung *Alpha* hatte ich als den Anfangsbuchstaben des Wortes ἄτροπος gewählt, welches wohl als der griechische Ausdruck für Invariante gelten kann. Da aber für den vorliegenden Zweck an Stelle der Grössen $\sigma, \tau, a_0, b_0, c_0$ die Grössen u, v, w eingeführt werden müssen, welche mit jenen durch die Gleichungen:

$$u = \sigma v + \tau w, \quad (b_0 - i)v + 2a_0 w = 0$$

---

*) Sitzungsbericht vom 4. April 1889[1]).

[1]) Bd. V, S. 50 dieser Ausgabe von *L. Kronecker's* Werken.

H

verbunden sind, so soll nunmehr:

$$(\mathfrak{B}) \qquad A(\sigma, \tau, a_0, b_0, c_0) = \mathrm{Atr}(u, v, w)$$

gesetzt werden. Die Function $\mathrm{Atr}(u, v, w)$ kann demnach durch die Gleichung definirt werden:

$$(\mathfrak{B}^\circ) \qquad \mathrm{Atr}(u, v, w) = 2e^{\left(\tau u + \frac{1}{6} w\right)\frac{\pi i}{v}} \sin\frac{u\pi}{v} \prod_{\sigma, n}\left(1 - e^{(nv + \sigma u)\frac{2\pi i}{v}}\right),$$

$$(\sigma = +1, -1;\quad n = 1, 2, 3, \ldots \text{ in inf.})$$

und τ ist hierbei als diejenige reelle Grösse bestimmt, für welche die Grösse:

$$\frac{u - \tau w}{v}$$

reell wird.

Es ist klar, dass der Werth von $\mathrm{Atr}(u, v, w)$ nur von den Verhältnissen
$u : v : w$ abhängt, aber der Grenzwerth:

$$\lim_{\sigma = 0, \tau = 0} \frac{\mathrm{Atr}(\sigma v + \tau w, v, w)}{\sigma v + \tau w},$$

welcher mit $\mathrm{Atr}'(0, v, w)$ bezeichnet werden möge, ist nicht bloss von dem Verhältnisse $v : w$ abhängig. Bedeutet $A'(\sigma, \tau, a_0, b_0, c_0)$ die nach σ genommene Ableitung der Function $A(\sigma, \tau, a_0, b_0, c_0)$, so ist gemäss der Gleichung $(\mathfrak{B})$:

$$A'(0, 0, a_0, b_0, c_0) = v\,\mathrm{Atr}'(0, v, w),$$

und es finden zwischen den Functionen ϑ und Atr folgende Relationen statt:

$$(\mathfrak{B}') \qquad 2\pi\left(\vartheta\left(\frac{u}{v}, \frac{w}{v}\right)\right)^3 = v e^{-\frac{2\tau u\pi i}{v}} \mathrm{Atr}'(0, v, w)(\mathrm{Atr}(u, v, w))^3,$$

$$2\pi\left(\vartheta'\left(0, \frac{w}{v}\right)\right)^3 = (v\,\mathrm{Atr}'(0, v, w))^3.$$

Bezeichnet man nun, wie oben, zwei Systeme (u, v, w), (u', v', w') als aequivalent,
wenn zwischen denselben die Beziehungen bestehen:

$$u = u', \quad v = \alpha v' + \alpha' w', \quad w = \beta v' + \beta' w' \qquad (\alpha\beta' - \alpha'\beta = 1),$$

so sind die zwölften Potenzen der Functionen $\mathrm{Atr}(u, v, w)$ und $\mathrm{Atr}'(0, v, w)$ Invarianten dieser Aequivalenz:

$$(u, v, w) \sim (u', v', w');$$

denn mit Hülfe der für die ϑ-Function geltenden Transformationsgleichungen:

$$\vartheta\left(\frac{u}{v},\ \frac{w+v}{v}\right) = e^{\frac{1}{4}\pi i}\,\vartheta\left(\frac{u}{v},\ \frac{w}{v}\right),$$

$$\vartheta\left(\frac{u}{w},\ \frac{-v}{w}\right) = -i\left(\sqrt{\frac{-wi}{v}}\right)e^{\frac{uw\pi i}{v}}\vartheta\left(\frac{u}{v},\ \frac{w}{v}\right)$$

erschliesst man aus den Relationen $(\mathfrak{B}')$, dass für ganze Zahlen $\alpha,\ \alpha',\ \beta,\ \beta'$, welche die Bedingung $\alpha\beta' - \alpha'\beta = 1$ erfüllen, die Gleichung besteht:

$(\mathfrak{B}'')$
$$\mathrm{Atr}(u,\ \alpha v + \alpha'w,\ \beta v + \beta'w) = e^{\frac{h\pi i}{6}}\,\mathrm{Atr}(u, v, w),$$

in welcher h einen ganzzahligen Werth hat, und es findet demgemäss auch für $\mathrm{Atr}'(0, v, w)$ die Transformationsrelation statt:

$(\mathfrak{B}''')$
$$\mathrm{Atr}'(0,\ \alpha v + \alpha'w,\ \beta v + \beta'w) = e^{\frac{h\pi i}{6}}\,\mathrm{Atr}'(0, v, w).$$

Der Ausdruck $(\mathfrak{B})$ geht, wenn man darin gemäss den Gleichungen $(\mathfrak{B}')$ die Invarianten $\mathrm{Atr}(u, v, w)$, $\mathrm{Atr}'(0, v, w)$ für die ϑ-Functionen einsetzt, in folgenden über:

$(\mathfrak{B}^0)$
$$e^{(\sigma\tau_0 - \sigma_0\tau)\pi i}\frac{\mathrm{Atr}'(0, v, w)\,\mathrm{Atr}(u_0 + u, v, w)}{\mathrm{Atr}(u_0, v, w)\,\mathrm{Atr}(u, v, w)},$$

und dessen Invarianteneigenschaft für die Aequivalenz:

$$(u_0, u, v, w)\sim(u_0, u, \alpha v + \alpha'w, \beta v + \beta'w) \qquad (\alpha\beta' - \alpha'\beta = 1)$$

leuchtet unmittelbar ein, da erstens der mit $e^{(\sigma\tau_0 - \sigma_0\tau)\pi i}$ multiplicirte Ausdruck, vermöge der Gleichungen $(\mathfrak{B}'')$ und $(\mathfrak{B}''')$, beim Übergange von v, w in $\alpha v + \alpha'w$, $\beta v + \beta'w$ ungeändert bleibt, und da zweitens, weil hierbei zugleich die Grössen

$$\text{in}\qquad \begin{array}{cccc} \sigma, & \tau, & \sigma_0, & \tau_0 \\ \beta'\sigma - \beta\tau, & -\alpha'\sigma + \alpha\tau, & \beta'\sigma_0 - \beta\tau_0, & -\alpha'\sigma_0 + \alpha\tau_0 \end{array}$$

übergehen, auch der Factor $e^{(\sigma\tau_0 - \sigma_0\tau)\pi i}$ seinen Werth nicht ändert.

Durch den Ausdruck $(\mathfrak{B}^0)$ wird es also in Evidenz gesetzt, dass derselbe eine Function der sechs Grössen:

$$\sigma_0,\ \tau_0,\ \sigma,\ \tau,\ v,\ w,$$

oder der vier Grössen:

$$u_0,\ u,\ v,\ w,$$

darstellt, welche eine Invariante der Aequivalenzen:

$$(\sigma_0,\ \tau_0,\ \sigma,\ \tau,\ v,\ w) \sim (\sigma'_0,\ \tau'_0, \sigma',\ \tau',\ v',\ w'),$$
$$(u_0,\ u,\ v,\ w) \sim (u_0,\ u,\ v',\ w')$$

ist, wenn die Beziehung der beiden aequivalenten Grössensysteme durch die Relationen:

$$\begin{aligned}
\sigma'_0 &= \alpha\sigma_0 + \beta\tau_0, & \tau'_0 &= \alpha'\sigma_0 + \beta'\tau_0,\\
\sigma' &= \alpha\sigma + \beta\tau, & \tau' &= \alpha'\sigma + \beta'\tau,\\
v' &= \beta'v - \alpha'w, & w' &= -\beta v + \alpha w,\\
u_0 &= \sigma_0 v - \tau_0 w = \sigma'_0 v' + \tau'_0 w',\\
u &= \sigma v + \tau w = \sigma'v' + \tau'w'
\end{aligned}$$

$(\mathfrak{B}')$ $\qquad\qquad (\alpha\beta' - \alpha'\beta = 1)$

definirt wird.

Bezeichnet man zur Abkürzung die durch den Ausdruck $(\mathfrak{B}^0)$ dargestellte Function mit $\overset{..}{\mathrm{Atr}}(u_0, u, v, w)$, so bestehen die beiden Gleichungen:

$$\overset{..}{\mathrm{Atr}}(u_0, u, v, w) = e^{(\sigma\tau_0 - \sigma_0\tau)\pi i}\,\frac{\mathrm{Atr}'(0, v, w)\,\mathrm{Atr}(u_0 + u, v, w)}{\mathrm{Atr}(u_0, v, w)\,\mathrm{Atr}(u, v, w)},$$
$$\overline{\mathrm{Atr}}(u_0, u, v, w) = \overline{\mathrm{Atr}}(u_0, u, \alpha v + \alpha'w, \beta v + \beta'w)$$

$(\mathfrak{X})$ $\qquad\qquad (\alpha\beta' - \alpha'\beta = 1),$

von denen die erstere die Definition der Function $\overline{\mathrm{Atr}}(u_0, u, v, w)$ enthält, und die letztere ihre Invarianteneigenschaft darlegt.

§ 9.

Bei Anwendung der für zwei beliebige ganze Zahlen s, t bestehenden Relation:

$$\vartheta\left(\frac{u + sv + tw}{v},\ \frac{w}{v}\right) = e^{-(t^2 w + 2tu + sv + tw)\frac{\pi i}{v}}\,\vartheta\left(\frac{u}{v},\ \frac{w}{v}\right)$$

ergiebt sich aus der Definition von $\mathrm{Atr}(u, v, w)$, welche in der ersten von den Gleichungen $(\mathfrak{B}')$ enthalten ist, die Relation:

$$\mathrm{Atr}(u + sv + tw, v, w) = (-1)^{(st+s+t)}e^{(st - t\sigma)\pi i}\mathrm{Atr}(u, v, w),$$

aus welcher für die Function $\overline{\mathrm{Atr}}(u_0, u, v, w)$ die Gleichung folgt:

$(\mathfrak{X})$ $\qquad \overline{\mathrm{Atr}}(u_0 + s_0 v + t_0 w, u + sv + tw, v, w) = e^{(s\tau_0 - t\sigma_0)2\pi i}\overline{\mathrm{Atr}}(u_0, u, v, w).$

Nun ist:

$$u_0 + s_0 v + t_0 w = (\sigma_0 + s_0)v + (\tau_0 + t_0)w, \quad u + sv + tw = (\sigma + s)v + (\tau + t)w;$$

setzt man also:

$$(\mathfrak{B}'') \qquad
\begin{aligned}
\sigma_0'' &= \alpha\sigma_0 + \beta\tau_0 + \gamma_0, & \tau_0'' &= \alpha'\sigma_0 + \beta'\tau_0 + \gamma_0', \\
\sigma'' &= \alpha\sigma + \beta\tau + \gamma, & \tau'' &= \alpha'\sigma + \beta'\tau + \gamma', \\
v'' &= \beta'v - \alpha'w, & w' &= -\beta v + \alpha w, \\
u_0'' &= \sigma_0''v'' + \tau_0''w'' = u + \gamma_0 v'' + \gamma_0' w'', \\
u'' &= \sigma''v'' + \tau''w'' = u + \gamma v'' + \gamma' w'',
\end{aligned}$$

wo $\alpha, \alpha', \beta, \beta', \gamma, \gamma', \gamma_0, \gamma_0'$ ganze Zahlen bedeuten, für welche

$$\alpha\beta' - \alpha'\beta = 1$$

ist, so kommt:

$$\overline{\mathrm{Atr}}(u_0'', u'', v'', w'') = e^{(\gamma\tau_0'' - \gamma'\sigma_0'')2\pi i}\,\overline{\mathrm{Atr}}(u_0, u, v, w),$$

oder, was dasselbe ist:

$$(\mathfrak{X}') \qquad \overline{\mathrm{Atr}}(u_0'', u'', v'', w'') = e^{((\alpha'\gamma - \alpha\gamma)\sigma_0 + (\beta'\gamma - \beta\gamma)\tau_0)2\pi i}\,\overline{\mathrm{Atr}}(u_0, u, v, w).$$

Setzt man zur Abkürzung:

$$e^{(\sigma_0\tau - \sigma\tau_0)2\pi i}\,\overline{\mathrm{Atr}}(u_0, u, v, w) = \overline{\mathrm{Atr}}_1(u_0, u, v, w),$$

so ergiebt sich aus der Gleichung $(\mathfrak{X}')$ die folgende:

$$\overline{\mathrm{Atr}}_1(u_0'', u'', v'' w'') = e^{(\gamma_0\tau'' - \gamma_0'\sigma'')2\pi i}\,\overline{\mathrm{Atr}}_1(u_0, u, v, w),$$

oder, was dasselbe ist:

$$(\mathfrak{X}'') \qquad \overline{\mathrm{Atr}}_1(u_0'', u'', v'' w'') = e^{((\alpha'\gamma_0 - \alpha\gamma_0')\sigma + (\beta'\gamma_0 - \beta\gamma_0')\tau)2\pi i}\,\overline{\mathrm{Atr}}_1(u_0, u, v, w).$$

Nimmt man $\gamma = \gamma' = 0$, so ist:

$$\overline{\mathrm{Atr}}(u_0'', u'', v'', w'') = \overline{\mathrm{Atr}}(u_0, u, v, w),$$

und es zeigt sich also, dass $\overline{\mathrm{Atr}}(u_0, u, v, w)$ nicht bloss, wie im vorigen Paragraphen dargethan ist, eine Invariante der Aequivalenz:

$$(u_0, u, v, w) \sim (u_0, u, \alpha v + \alpha' w, \beta v + \beta' w) \qquad {\scriptstyle (\alpha\beta' - \alpha'\beta = 1),}$$

sondern auch eine Invariante der weiteren Aequivalenz:

$$(u_0, u, v, w) \sim (u_0, + \gamma_0 v + \gamma_0' w, u, \alpha v + \alpha' w, \beta v + \beta' w)$$

ist, in welcher α, α', β, β', γ_0, γ_0' beliebige, nur der Bedingung:

$$\alpha\beta' - \alpha'\beta = 1$$

unterworfene, ganze Zahlen bedeuten.

Nimmt man aber $\gamma_0 = \gamma_0' = 0$, so ist:

$$\overline{\mathrm{Atr}}_1\,(u_0'', u'', v'', w'') = \overline{\mathrm{Atr}}_1\,(u_0, u, v, w),$$

und es zeigt sich also, dass die Function $\overline{\mathrm{Atr}}_1\,(u_0, u, v, w)$ eine Invariante der Aequivalenz:

$$(u_0, u, v, w) \sim (u_0, u + \gamma v + \gamma' w, \alpha v + \alpha' w, \beta v + \beta' w)$$

ist, in welcher α, α', β, β', γ, γ' ganze Zahlen sind, welche nur die Bedingung $\alpha\beta' - \alpha'\beta = 1$ erfüllen müssen.

§ 10.

Sind σ_0'', τ_0'', σ'', τ'' irgend welche reelle Grössen und α, α', β, β' irgend welche der Bedingung $\alpha\beta' - \alpha'\beta = 1$ genügende ganze Zahlen, so lassen sich offenbar die ganzen Zahlen:

$$s_0,\ t_0,\ s,\ t$$

so bestimmen, dass die durch die Gleichungen:

$$\sigma_0'' = \alpha(\sigma_0 + s_0) + \beta(\tau_0 + t_0), \quad \tau_0'' = \alpha'(\sigma_0 + s_0) + \beta'(\tau_0 + t_0),$$
$$\sigma'' = \alpha(\sigma + s) + \beta(\tau + t), \quad \tau'' = \alpha'(\sigma + s) + \beta'(\tau + t)$$

definirten Grössen σ_0, τ_0, σ, τ nicht negativ und kleiner als Eins werden. Nimmt man alsdann in den Gleichungen ($\mathfrak{B}''$) des vorigen Paragraphen:

$$\gamma_0 = \alpha s_0 + \beta t_0, \quad \gamma_0' = \alpha' s_0 + \beta' t_0, \quad \gamma = \alpha s + \beta t, \quad \gamma' = \alpha' s + \beta' t,$$

so geht die Gleichung ($\mathfrak{X}'$) in folgende über:

$$(\mathfrak{X}^0) \qquad \overline{\mathrm{Atr}}\,(u_0'', u'', v'', w'') = e^{(s\tau_0 - t\sigma_0)2\pi i}\,\overline{\mathrm{Atr}}\,(u_0, u, v, w),$$

mittels deren sich die mit $\overline{\mathrm{Atr}}$ bezeichnete Function irgend welcher Argumente u_0'', u'', v'', w'' auf eine solche zurückführen lässt, bei welcher die Argumente v, w durch Transformationsgleichungen:

$$v = \alpha v'' + \alpha' w'', \quad w = \beta v'' + \beta' w'' \qquad (\alpha\beta' - \alpha'\beta = 1),$$

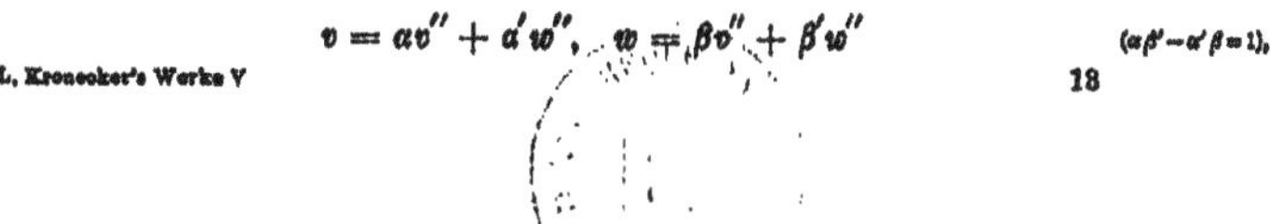

mit gegebenen Coefficienten $\alpha, \alpha', \beta, \beta'$, aus den Argumenten v'', w'' hervorgehen, während die durch die Gleichungen:

$$u_0 = \sigma_0 v + \tau_0 w, \quad u = \sigma v + \tau w$$

bestimmten reellen Grössen $\sigma_0, \tau_0, \sigma, \tau$ sämmtlich innerhalb des Intervalls $(0, 1)$ oder an seiner unteren Grenze liegen. Dabei ist zu bemerken, dass die Function $\overline{\overline{\mathrm{Atr}}}(u_0, u, v, w)$, wie aus der am Schlusse des § 8 gegebenen Definition $(\mathfrak{X})$ hervorgeht, dann und nur dann keinen endlichen Werth hat, wenn u_0 oder u gleich Null wird, d. h. also, wenn die beiden Argumente σ_0 und τ_0 oder die beiden Argumente σ und τ gleichzeitig Null werden.

Für die Function $\overline{\overline{\mathrm{Atr}}}(u_0, u, v, w)$, in welcher:

$$u_0 = \sigma_0 v + \tau_0 w, \quad u = \sigma v + \tau w \qquad (0 < \tau_0 < 1,\; 0 < \tau < 1)$$

ist, gilt gemäss der im § 7 hergeleiteten Gleichung $(\mathfrak{X}_1)$ die Reihenentwickelung:

$$(\mathfrak{Y}) \qquad \overline{\overline{\mathrm{Atr}}}(u_0, u, v, w) = -\frac{2\pi i}{v} e^{\frac{2\tau_0 u \pi i}{v}} \lim_{N = \infty} \lim_{M = \infty} \sum_{s, m, n} s\, e^{(sm(vnw+u)+sn u_0)\frac{2\pi i}{v}}$$

$$\begin{pmatrix} s = +1; & m = 0, 1, 2, \ldots N; & n = 0, 1, 2, \ldots N \\ s = -1; & m = 1, 2, \ldots M; & n = 1, 2, \ldots N \end{pmatrix}$$

Ferner geht aus der bereits im § 6 angewendeten, dort mit (Ω) bezeichneten Formel:

$$(8^0) \qquad \lim_{M = \infty} \sum_{m = -M}^{m = +M} \frac{e^{-2m\zeta \pi i}}{s + m} = \frac{2\pi i\, e^{2\zeta s \pi i}}{e^{2s\pi i} - 1}$$

die für jeden positiven Bruch ζ und für jede beliebige complexe (nicht reelle) Grösse s gültige Gleichung hervor:

$$(8) \qquad \lim_{M = \infty} \sum_{m = -M}^{m = +M} \frac{e^{-2\zeta(m + s)\pi i}}{m + s} = -2\varepsilon\pi i \lim_{M = \infty} \sum_{m} e^{2\varepsilon m s \pi i},$$

in welcher ε das Vorzeichen des mit i multiplicirten Theils der complexen Grösse s bedeutet, und die Summation rechts für $\varepsilon = +1$ auf die Werthe:

$$m = 0, 1, 2, \ldots M,$$

für $\varepsilon = -1$ aber nur auf die Werthe:

$$m = 1, 2 \ldots M$$

zu erstrecken ist.

Nimmt man in der Gleichung (8):

$$\zeta = \tau_0, \quad s = \frac{snw + u}{v} = \sigma + (sn + \tau)\frac{w}{v},$$

so kann dieselbe auf die in ($\mathfrak{V}$) vorkommende Summation:

$$\lim_{N=\infty} \sum_{s,m} s e^{\,sm(snw + u)\frac{2\pi i}{v}} \qquad \left(\begin{smallmatrix} s = +1; \; m = 0,1,2,\dots N \\ s = -1; \; m = 1,2,\dots N \end{smallmatrix}\right)$$

angewendet werden, weil dort die Zahl n für $s = +1$ die Werthe:

$$0, 1, 2, \dots N,$$

für $s = -1$ aber nur die Werthe:

$$1, 2, \dots N$$

annimmt und also auf Grund der Voraussetzungen, dass $0 < \tau < 1$ und der mit i multiplicirte Theil von $\frac{w}{v}$ positiv sei, s stets das Vorzeichen des mit i multiplicirten Theils der complexen Grösse:

$$\sigma + (sn + \tau)\frac{w}{v} \quad \text{oder} \quad snw + u$$

ist. Benutzt man demnach die in der angegebenen Weise aus (8) resultirende, sowohl für $s = +1$ als auch für $s = -1$ geltende Gleichung:

$$-\frac{2s\pi i}{v}\lim_{N=\infty}\sum_{m} s\, e^{\,sm(snw + u)\frac{2\pi i}{v}} = \lim_{N=\infty}\sum_{m} \frac{e^{-\tau_0(u + mv + snw)\frac{2\pi i}{v}}}{u + mv + snw} \qquad \left(\begin{smallmatrix} s = +1, \; m = 0,1,2,\dots N \\ s = -1, \; m = 1,2,\dots N \end{smallmatrix}\right) \; (m = 0,\pm 1,\pm 2,\dots \pm M)$$

für die Ausführung der auf m bezüglichen Summation auf der rechten Seite der Gleichung ($\mathfrak{V}$), so kommt:

$$\overline{\mathrm{Atr}}(u_0, u, v, w) = \lim_{N=\infty}\lim_{M=\infty}\sum_{s,m,n} \frac{e^{(sn\alpha_0 - m\tau_0)2\pi i}}{u + mv + snw},$$

$(m = 0,\pm 1,\pm 2,\dots \pm M; \; s = +1; \; n = 0,1,2,\dots N; \; s = -1; \; n = 1,2,\dots N)$

oder also:

(8′)
$$\overline{\mathrm{Atr}}(u_0, u, v, w) = \lim_{N=\infty}\lim_{M=\infty}\sum_{m,n} \frac{e^{(sn\alpha_0 - m\tau_0)2\pi i}}{u + mv + mw}.$$

$(m = 0,\pm 1,\pm 2,\dots \pm M; \; n = 0,\pm 1,\pm 2,\dots \pm N)$

Von den bei der Herleitung dieser Gleichung gebrauchten Bedingungen:

$$0 < \tau_0 < 1, \quad 0 < \tau < 1$$

kann nunmehr abgesehen werden. Denn die Gleichung (8′) behält ihre Gültigkeit, wenn man darin $\tau_0 + t_0$ für τ_0 und $\tau + t$ für τ substituirt, vorausgesetzt dass t_0 und t

irgend welche ganze Zahlen bedeuten. Bei dieser Substitution geht nämlich die Gleichung (8') in folgende über:

$$\overline{\mathrm{Atr}}(u_0 + t_0 w,\ u + t w,\ v,\ w) = \lim_{N=\infty}\lim_{M=\infty}\sum_{m,n}\frac{e^{(n a_0 - m \tau_0)2\pi i}}{u + m v + (n+t)w},$$

$$(m=0,\pm1,\pm2,\ldots\pm M;\ n=0,\pm1,\pm2,\ldots\pm N)$$

welche vermöge der Relation ($\overline{Z}$) im § 9 so dargestellt werden kann:

$$\overline{\mathrm{Atr}}(u_0,\ u,\ v,\ w) = \lim_{N=\infty}\lim_{M=\infty}\sum_{m,n}\frac{e^{((n+t)a_0 - m\tau_0)2\pi i}}{u + m v + (n+t)w},$$

$$(m=0,\pm1,\pm2,\ldots\pm M;\ n=0,\pm1,\pm2,\ldots\pm N)$$

und es ist also nur zu zeigen, dass der Werth der Summe auf der rechten Seite sich von demjenigen der Summe auf der rechten Seite von (8') nicht unterscheidet. Nun ist die Differenz dieser beiden Summen gleich:

$$\lim_{N=\infty}\lim_{M=\infty}\sum_{t,h}\sum_{m=-M}^{m=+M} s\frac{e^{((sN+h)a_0 - m\tau_0)2\pi i}}{u + m v(sN+h)w}\qquad\left(\begin{array}{l}s=+1;\ h=1,2,\ldots t\\ s=-1;\ h=0,1,\ldots t-1\end{array}\right),$$

und wenn man hierin die Summation in Beziehung auf m gemäss der Formel (8°) ausführt, indem man darin:

$$\zeta = \tau_0,\quad s = \frac{u+(sN+h)w}{v}$$

setzt, so kommt:

$$\frac{e^{\frac{2\tau_0 u\pi i}{v}}}{v}\lim_{N=\infty}\sum_{t,h} s\frac{e^{\frac{(sN+h)(a_0 v + \tau_0 w)2\pi i}{v}}}{e^{(u+(sN+h)w)\frac{2\pi i}{v}}-1}\qquad\left(\begin{array}{l}s=+1;\ h=1,2,\ldots t\\ s=-1;\ h=0,1,\ldots t-1\end{array}\right).$$

Jedes der $2t$ Glieder, aus denen diese Summe besteht, verschwindet aber für $N=\infty$, da für $s=+1$ der Grenzwerth gleich demjenigen von:

$$e^{\tau_0(N+h)\frac{2w\pi i}{v}},$$

für $s=-1$ gleich demjenigen von:

$$e^{(1-\tau_0)(N-h)\frac{2w\pi i}{v}}$$

wird, und da sowohl τ_0 als auch $1-\tau_0$ positiv, also der reelle Theil beider Exponenten von e negativ ist. Die Gültigkeit der Gleichung (8') ist hiernach nur noch an die Bedingung geknüpft, dass weder τ noch τ_0 einen ganzzahligen Werth habe, und dass der mit i multiplicirte Theil von $\frac{w}{v}$ positiv sei.

§ 11.

Setzt man, wie in den Substitutionsgleichungen $(\mathfrak{B}')$ des § 8:

$$\sigma_0' = \alpha\sigma_0 + \beta\tau_0, \quad \tau_0' = \alpha'\sigma_0 + \beta'\tau_0,$$
$$v' = \beta'v - \alpha'w, \quad w' = -\beta v + \alpha w, \qquad (\alpha\beta' - \alpha'\beta = 1)$$

und führt die hierdurch bestimmten Grössen v', w', σ_0', τ_0' in der Gleichung $(8')$ des vorigen Paragraphen ein, so kommt:

$$\overline{\mathrm{Atr}}\,(u_0,\,u,\,v',\,w') = \lim_{N=\infty}\lim_{M=\infty} \sum_{m,n}\frac{e^{(n\sigma_0'-m\tau_0')2\pi i}}{u + mv' + nw'} \qquad \left({m=0,\pm 1,\pm 2,\ldots\pm M \atop n=0,\pm 1,\pm 2,\ldots\pm N}\right).$$

Da nun gemäss der zweiten von den Gleichungen $(\mathfrak{A})$ im § 8:

$$\overline{\mathrm{Atr}}\,(u_0,\,u,\,v',\,w') = \overline{\mathrm{Atr}}\,(u_0,\,u,\,v,\,w)$$

ist, so resultirt, wenn noch:

$$m' = m\beta' - n\beta, \quad n' = -m\alpha' + n\alpha$$

gesetzt wird, die Gleichung:

$$(8'') \qquad \overline{\mathrm{Atr}}\,(u_0,\,u,\,v,\,w) = \lim_{N=\infty}\lim_{M=\infty} \sum_{m',n'}\frac{e^{(n'\sigma_0-m'\tau_0)2\pi i}}{u + m'v + n'w},$$
$$\scriptstyle (m'=m\beta'-n\beta,\ n'=-m\alpha'+n\alpha;\ m=0,\pm 1,\pm 2,\ldots\pm M;\ n=0,\pm 1,\pm 2,\ldots\pm N)$$

welche die Gleichung $(8')$ als speciellere mit umfasst.

Die Gleichung $(8'')$ kann auch so dargestellt werden:

$$(8''') \qquad \mathrm{Atr}\,(\sigma_0 v + \tau_0 w,\ \sigma v + \tau w,\ v,\ w) = \lim_{N=\infty}\lim_{M=\infty} \sum_{m,n}\frac{e^{(n\sigma_0-m\tau_0)2\pi i}}{(\sigma+m)v + (\tau+n)w}.$$
$$\scriptstyle (\alpha m + \beta n = 0,\pm 1,\pm 2,\ldots\pm M,\ \alpha'm + \beta'n = 0,\pm 1,\pm 2,\ldots\pm N)$$

Hier bedeuten α, β, α', β' irgend welche ganze Zahlen, für die $\alpha\beta' - \alpha'\beta = 1$ ist, v, w irgend welche complexe Grössen, für die $\frac{w i}{v}$ einen negativen reellen Theil hat, und die reellen Grössen σ_0, τ_0, σ, τ sind einzig und allein der Beschränkung unterworfen, dass weder τ_0' noch τ', d. h. also

$$\text{weder}\quad \alpha'\sigma_0 + \beta'\tau_0 \quad \text{noch}\quad \alpha'\sigma + \beta'\tau$$

einen ganzzahligen Werth haben darf.

Wenn man die Function von u_0, u, v, w auf der linken Seite der Gleichung $(8'')$ oder $(8''')$, mit Hülfe der Gleichungen $(\mathfrak{A})$ und $(\mathfrak{B}')$, im § 8 durch ϑ-Functionen ausdrückt, so gelangt man zu jener am Schlusse des § 7 aufgestellten „Hauptgleichung" ($\mathfrak{U}_1$). Das in derselben enthaltene Resultat ist also hiermit nochmals begründet, und zwar insofern auf entgegengesetztem Wege, als dort im § 7 von der Reihe auf der rechten Seite der Gleichung (8″) oder (8‴) ausgegangen und deren Summation mittels ϑ-Functionen bewirkt worden ist, während hier in den §§ 8—11 der aus ϑ-Functionen zusammengesetzte Ausdruck ($\mathfrak{B}$) zum Ausgangspunkt genommen und nach Darlegung seiner Invarianteneigenschaft in jene zweifach unendliche Reihe entwickelt worden ist, welche die rechte Seite der Gleichung (8‴) bildet, und welche in der citirten Hauptgleichung ($\mathfrak{U}_1$) mit $\mathrm{Ser}(u_0, u, v, w)$ bezeichnet ist. Darauf, dass bei dieser letzteren Methode die Darlegung der charakteristischen Eigenschaften des ϑ-Ausdrucks, auf welchen die Summation der Reihe $\mathrm{Ser}(u_0, u, v, w)$ führt, der weiteren Untersuchung vorangeschickt worden ist, beruht ihre grössere Durchsichtigkeit.

§ 12.

Die Gleichung (8‴) im vorigen Paragraphen ergiebt für die Function $\overline{\mathrm{Atr}}_1(u_0, u, v, w)$, gemäss deren Definition im § 9, die Reihenentwickelung:

$$(8^{\mathrm{IV}})\qquad \overline{\mathrm{Atr}}_1(u_0, u, v, w) = \lim_{N=\infty}\lim_{M=\infty}\sum_{m,n}\frac{e^{((\tau+n)\sigma_0-(\sigma+m)\tau_0)2\pi i}}{(\sigma+m)v+(\tau+n)w},$$
$$(\alpha m+\beta n=0,\pm 1,\pm 2,\ldots \pm M;\ \alpha' m+\beta' n=0,\pm 1,\pm 2,\ldots \pm N)$$

und aus dieser erhellt unmittelbar, dass ihr Werth ungeändert bleibt, wenn man σ oder τ um eine ganze Zahl vermehrt oder vermindert.

Aus der am Schlusse des § 8 gegebenen Definition der Function $\overline{\mathrm{Atr}}(u_0, u, v, w)$:

$$\overline{\mathrm{Atr}}(u_0, u, v, w) = e^{(\sigma\tau_0-\sigma_0\tau)\pi i}\frac{\mathrm{Atr}'(0, v, w)\,\mathrm{Atr}(u_0+u, v, w)}{\mathrm{Atr}(u_0, v, w)\,\mathrm{Atr}(u, v, w)}$$

ergiebt sich ferner, dass der Werth der Function:

$$e^{(\sigma_0\tau-\sigma\tau_0)\pi i}\,\overline{\mathrm{Atr}}(u_0, u, v, w)\quad\text{oder}\quad e^{(\sigma_0\tau-\sigma\tau_0)\pi i}\,\overline{\mathrm{Atr}}(\sigma_0 v+\tau_0 w, \sigma v+\tau w, v, w)$$

ungeändert bleibt, wenn man u mit u_0, oder also zu gleicher Zeit σ mit σ_0 und τ mit τ_0 vertauscht. Es ist demnach:

$$e^{(\sigma_0\tau-\sigma\tau_0)\pi i}\,\overline{\mathrm{Atr}}(\sigma_0 v+\tau_0 w, \sigma v+\tau w, v, w) = e^{(\sigma\tau_0-\sigma_0\tau)\pi i}\,\overline{\mathrm{Atr}}(\sigma v+\tau w, \sigma_0 v+\tau_0 w, v, w),$$

und man gelangt daher mittels der Gleichung (8''') zu der merkwürdigen Reihen-relation:

$$(8^V)\quad e^{(\sigma_0\tau-\sigma\tau_0)\pi i}\lim_{N=\infty}\lim_{M=\infty}\sum_{m,n}\frac{e^{(n\sigma_0-m\tau_0)2\pi i}}{(\sigma+m)v+(\tau+n)w}=e^{(\sigma\tau_0-\sigma_0\tau)\pi i}\lim_{N=\infty}\lim_{M=\infty}\sum_{m,n}\frac{e^{(n\sigma-m\tau)2\pi i}}{(\sigma_0+m)v+(\tau_0+n)w},$$

$$(\alpha m+\beta n=0,\pm1,\pm2,\ldots\pm M;\ \alpha'm+\beta'n=0,\pm1,\pm2,\ldots\pm N)$$

immer vorausgesetzt, dass $\alpha,\beta,\alpha',\beta'$ ganze Zahlen sind, welche der Bedingung $\alpha\beta'-\alpha'\beta=1$ genügen, und dass weder $\alpha'\sigma_0+\beta'\tau_0$ noch $\alpha'\sigma+\beta'\tau$ einen ganzzah-ligen Werth hat.

<h2 style="text-align:center">XXI.</h2>

Die im § 7 des vorigen Abschnitts entwickelte Hauptgleichung ($\mathfrak{U}_1$), ebenso wie die damit übereinstimmende Gleichung (8''') im § 11, legt dar, dass die Reihe:

$$\sum_{m,n}\frac{e^{(n\sigma_0-m\tau_0)2\pi i}}{(\sigma+m)v+(\tau+n)w},$$

wenn man die Summation auf alle den Ungleichheitsbedingungen:

$$|\alpha m+\beta n|\leqq M,\qquad |\alpha'm+\beta'n|\leqq N$$

genügenden ganzen Zahlen erstreckt und alsdann M und N ins Unendliche wachsen lässt, stets einerlei Werth erhält, wie man auch die ganzen Zahlen $\alpha,\beta,\alpha',\beta'$, der Be-dingung $\alpha\beta'-\alpha'\beta=1$ gemäss, wählen mag. Dieses Resultat zeigt sich an den be-zeichneten Stellen als eine Folge der Invarianteneigenschaften des durch ϑ-Func-tionen ausgedrückten Werthes der Reihe, Eigenschaften, die nur mit Hülfe der linea-ren Transformation der ϑ-Functionen erschlossen werden können. Desshalb ist es aber von besonderem Interesse, das erwähnte Resultat direct aus der Natur der Reihe herzuleiten, zumal alsdann umgekehrt ein Theil der Theorie der linearen Transfor-mation der ϑ-Funktionen daraus hervorgeht. Es ist nämlich in der Reihe:

$$\sum_{m,n}\frac{e^{(n\sigma_0-m\tau_0)2\pi i}}{u+mv+nw}$$

überhaupt ein neues Fundament für die Theorie der elliptischen und ϑ-Functionen gewonnen, auf welchem sich wenigstens gewisse Theile dieser Theorie in höchst ein-facher Weise aufbauen. Auch der Fortschritt von den Kreisfunctionen zu den Quo-tienten von ϑ-Functionen wird dabei durch den Übergang von der einfachen Reihe:

$$\sum_{m=-\infty}^{m=+\infty}\frac{e^{2m\tau\pi i}}{u+mw}$$

zu jener Doppelreihe deutlich illustrirt; denn die genaue Analogie der beiden
Formeln:

$$\lim_{N=\infty} \sum_{m=-M}^{m=+M} \frac{(-1)^m e^{-(u+m)2\tau\pi i}}{u+m} = \frac{\pi}{\sin u\,\pi} \qquad \left(-\tfrac{1}{2}<\tau<\tfrac{1}{2}\right),$$

$$\lim_{N=\infty} \lim_{M=\infty} \sum_{m,n} \frac{(-1)^m e^{\left(\left(n+\frac{1}{2}\right)\sigma_0-(u+m)\tau_0\right)2\pi i}}{u+m+\left(n+\frac{1}{2}\right)w} = \frac{\vartheta'(0,\,w)\,\vartheta(u_0+u,\,w)}{\vartheta_0(u_0,\,w)\vartheta_0(u,\,w)}$$

$$(m=0,\pm1,\pm2,\ldots\pm M;\ n=0,\pm1,\pm2,\ldots\pm N)$$

zeigt, dass man den schon in meiner Notiz vom 22. December 1881 eingeführten
ϑ - Quotienten*), welcher auf der rechten Seite der letzteren Formel steht, als die,
dem reciproken Sinus oder der Cosecante entsprechende, nächst höhere Function
betrachten kann.

Ich bemerke noch, dass die letztere Formel aus der Gleichung ($\mathfrak{U}_1$) im § 7
hervorgeht, wenn man darin für:

$$\tau_0, \qquad u_0, \qquad u, \qquad v$$

beziehungsweise:

$$\tau_0 + \tfrac{1}{2}, \quad n_0 + \tfrac{1}{2}w, \quad u + \tfrac{1}{2}w, \quad 1$$

setzt.

§ 1.

Den Ausgangspunkt der folgenden Entwickelungen bildet die endliche
Reihe:

$$\sum_{m,n} \frac{e^{(u\sigma_0-m\tau_0)2\pi i}}{(u+mv+nw)^{1+\varrho}} \qquad (m,n=0,\pm1,\pm2,\ldots\pm M).$$

Hierbei bedeutet M eine positive und ϱ eine nicht negative ganze Zahl; σ_0 und τ_0
sind beliebige reelle und u, v, w beliebige complexe Grössen, die nur insoweit beschränkt sind,

dass weder σ_0 noch τ_0 eine ganze Zahl sein darf, dass ferner das Verhältniss $v : w$ nicht reell, und dass $u + mv + nw$ für kein Werthsystem (m, n)
gleich Null sein darf.

---

*) Monatsbericht vom December 1881, S. 1168 (Γ')[1].

[1] Bd. IV, S. 315 dieser Ausgabe von L. *Kronecker's* Werken.

H

Der eigentliche Zweck der Untersuchung besteht darin, das Verhalten der Reihe zu ermitteln, wenn die Summation über alle Zahlen m, n von $-\infty$ bis $+\infty$, und zwar in gewissen verschiedenen Reihenfolgen, erstreckt wird. Es würde demgemäss, da die Reihe für $\varrho > 1$ absolut convergirt, genügen, $\varrho = 0$ und $\varrho = 1$ zu nehmen, aber die Entwickelung wird durch eine solche Beschränkung nicht vereinfacht.

Die Reihe kann auch in folgender Weise dargestellt werden:

$$\sum_{\varepsilon_0,\, \varepsilon_1,\, m,\, n} \frac{e^{(\varepsilon_1 n a_0 - \varepsilon_0 m \tau_0) 2 \pi i}}{(u + \varepsilon_0 m v + \varepsilon_1 n w)^{1+\varrho}} \qquad \begin{pmatrix} \varepsilon_0 = +1; & m = 0, 1, \ldots N, \\ \varepsilon_0 = -1; & m = 1, 2, \ldots N, \\ \varepsilon_1 = +1; & n = 0, 1, \ldots N, \\ \varepsilon_1 = -1; & n = 1, 2, \ldots M \end{pmatrix}.$$

Ist nun:

$$w = v(\varepsilon \varphi + \varepsilon' \psi i),$$

wo φ und ψ reelle *positive* Grössen und ε, ε' positive oder negative Einheiten bedeuten, und bestimmt man die Grössen a, b, c so, dass die Gleichung:

$$(u + \varepsilon_0 m v + \varepsilon_1 n w)(2 \varepsilon_0 \varphi + (2 \varepsilon \varepsilon_0 - \varepsilon_1) \varepsilon' \varphi i) = (am + bn + c)v$$

für *unbestimmte* Werthe von m und n erfüllt wird, so sind a und b complexe Grössen mit *positiven* reellen Theilen. Denn der reelle Theil von a ist 2ψ, und derjenige von b ist $\varphi \psi$. Der reelle Theil von $am + bn + c$ wird demnach positiv sein, wenn der Zahlenwerth von m und n eine gewisse Grösse übersteigt. Erfüllt m_0 oder n_0 diese Bedingung, so kann bei der Summation:

$$(\mathfrak{A}) \qquad \sum_{m,\, n} \frac{e^{(\varepsilon_1 n a_0 - \varepsilon_0 m \tau_0) 2 \pi i}}{(u + \varepsilon_0 m v + \varepsilon_1 n w)^{1+\varrho}} \qquad \begin{pmatrix} m = m_0, m_0 + 1, m_0 + 2, \ldots m_0 + h - 1 \\ n = n_0, n_0 + 1, n_0 + 2, \ldots n_0 + k - 1 \end{pmatrix},$$

bei welcher h, k beliebige positive Zahlen bedeuten, der Factor:

$$\frac{1}{(u + \varepsilon_0 m v + \varepsilon_1 n w)^{1+\varrho}},$$

welcher gleich:

$$\frac{(2 \varepsilon_0 \varphi + (2 \varepsilon_0 \varepsilon - \varepsilon_1) \varepsilon' \varphi i)^{1+\varrho}}{v^{1+\varrho}(am + bn + c)^{1+\varrho}}$$

ist, nach *Dirichlet*'s Vorgang durch den Ausdruck:

$$(\mathfrak{A}') \qquad \frac{(2 \varepsilon_0 \varphi + (2 \varepsilon_0 \varepsilon - \varepsilon_1) \varepsilon' \varphi i)^{1+\varrho}}{v^{1+\varrho} \Gamma(1+\varrho)} \int_0^\infty e^{-(am + bn + c)z} z^\varrho \, dz$$

ersetzt werden, da der reelle Theil von $am + bn + c$ für die bei der Summation in ($\mathfrak{A}$) vorkommenden Werthe von m und n positiv ist. Bezeichnet man den Factor des Integrals in ($\mathfrak{A}'$) zur Abkürzung mit A und setzt:

$$x = 2s_0 \tau_0 \pi, \qquad y = -2s_1 \sigma_0 \pi,$$

so resultirt für die mit ($\mathfrak{A}$) bezeichnete Summe der Ausdruck:

$$(\mathfrak{A}'') \qquad A e^{-(m_0 s + n_0 y)i} \int_0^\infty \frac{(1 - e^{-h(as + xi)})(1 - e^{-h(bs + yi)})}{(1 - e^{-(as + xi)})(1 - e^{-(bs + yi)})} e^{-(am_0 + bn_0 + c)s} s^\varrho \, ds.$$

Der absolute Werth des Ausdrucks, welcher unter dem Integralzeichen mit:

$$e^{-(am_0 + bn_0 + c)s} s^\varrho \, ds$$

multiplicirt ist, bleibt innerhalb der Integrationsgrenzen stets unter einer gewissen Grösse G^2. Denn erstens ist der absolute Werth jedes der beiden Factoren im Zähler:

$$1 - e^{-h(as + xi)}, \quad 1 - e^{-h(bs + yi)}$$

kleiner als 2. Zweitens wird wegen der Voraussetzungen, dass die reellen Theile von a und b positiv sind, dass ferner weder σ_0 noch τ_0 eine ganze Zahl und also weder x noch y ein gerades Vielfaches von π ist, keiner der beiden Factoren im Nenner:

$$1 - e^{-(as + xi)}, \quad 1 - e^{-(bs + yi)}$$

für irgend einen Werth von s gleich Null, und es ist daher eine Grösse $\frac{1}{2}G$ so zu bestimmen, dass für alle nicht negativen Werthe von z sowohl der reciproke Werth von $|1 - e^{-(as + xi)}|$ als auch derjenige von $|1 - e^{-(bs + yi)}|$ kleiner als $\frac{1}{2}G$ bleibt. Diese Bestimmung soll nun im folgenden Paragraphen in der That gegeben werden.

§ 2.

Setzt man $a = a_0 + a_1 i$, so ist a_0 positiv, und das Quadrat des absoluten Werthes von $1 - e^{-(as + xi)}$ ist gleich:

$$1 - 2e^{-a_0 s} \cos(x + a_1 s) + e^{-2a_0 s} \quad \text{oder} \quad (e^{-a_0 s} - \cos(x + a_1 s))^2 + \sin^2(x + a_1 s).$$

Der absolute Werth von $1 - e^{-(as + xi)}$ ist daher stets grösser als jede der beiden Grössen:

$$|\sin(x + a_1 s)|, \quad 1 - e^{-a_0 s}.$$

Die Grösse x kann in dem Intervalle $(-\pi, +\pi)$ liegend angenommen werden, und da der Wert $x = 0$ durch die obige Voraussetzung, dass τ_0 keinen ganzzahligen Werth haben soll, ausgeschlossen ist, so hat man $0 < |x| \leq \pi$. Setzt man also zur Vereinfachung:

$$|x| = \xi, \quad |a_1| = \alpha,$$

so ist:

$$0 < \xi \leq \pi, \quad |\sin(x + a_1 z)| = |\sin(\xi \pm \alpha z)|,$$

und es gilt das obere oder das untere Zeichen, je nachdem a_1 und x gleiches oder entgegengesetztes Vorzeichen haben.

Wenn nun erstens $\alpha = 0$ ist, so hat man für den absoluten Werth von $1 - e^{-(a_1 z + x i)}$ die Ungleichheit:

$$\left|1 - e^{-(a_1 z + x i)}\right| \geq \sin\xi,$$

und falls $\xi = \pi$ ist:

$$\left|1 - e^{-(a_1 z + x i)}\right| = 1 + e^{-a_1 z} \geq 1.$$

Wenn zweitens $0 < \xi \leq \frac{1}{2}\pi$ ist, so nimmt $|\sin(\xi + \alpha z)|$ von $z = 0$ bis $z = \frac{\pi - 2\xi}{2\alpha}$ zu, und $|\sin(\xi - \alpha z)|$ nimmt von $z = 0$ bis $z = \frac{\xi}{\alpha}$ ab.

Wenn drittens $\frac{1}{2}\pi \leq \xi \leq \pi$ ist, so nimmt $|\sin(\xi + \alpha z)|$ von $z = 0$ bis $z = \frac{\pi - \xi}{\alpha}$ ab, und $|\sin(\xi - \alpha z)|$ nimmt von $z = 0$ bis $z = \frac{2\xi - \pi}{2\alpha}$ zu.

Der absolute Werth von $1 - e^{-(a_1 z + x i)}$ ist daher

nicht kleiner als $\sin\xi$, wenn $0 < \xi < \frac{1}{2}\pi$, $0 < a_1 x$, $z < \frac{\pi - 2\xi}{2\alpha}$ ist,

nicht kleiner als $\sin\frac{1}{2}\xi$, wenn $0 < \xi \leq \frac{1}{2}\pi$, $0 > a_1 x$, $z < \frac{\xi}{2\alpha}$ ist,

nicht kleiner als $\sin\frac{1}{2}(\pi + \xi)$, wenn $\frac{1}{2}\pi \leq \xi < \pi$, $0 < a_1 x$, $z < \frac{\pi - \xi}{2\alpha}$ ist,

nicht kleiner als $\sin\xi$, wenn $\frac{1}{2}\pi < \xi \leq \pi$, $0 > a_1 x$, $z < \frac{2\xi - \pi}{2\alpha}$ ist.

Da nun überdies der absolute Werth von $1 - e^{-(a_1 z + x i)}$ nicht kleiner als der Werth des Ausdrucks:

$$1 - e^{-a_1 z}$$

ist, und da dieser Werth mit wachsendem z zunimmt, so findet die Ungleichheit statt:

$$\left|1 - e^{-(a_0 + zi)}\right| > \mu,$$

wenn man μ gleich der kleineren von den beiden Grössen nimmt:

$$\sin\xi, \quad 1 - e^{-(\pi - 2\xi)\frac{a_0}{2a}} \quad \text{im Falle } 0 < \xi < \tfrac{1}{2}\pi,\ 0 < a_1 z,$$

$$\sin\tfrac{1}{2}\xi, \quad 1 - e^{-\xi\frac{a_0}{2a}} \quad \text{im Falle } 0 < \xi \leqq \tfrac{1}{2}\pi,\ 0 > a_1 z,$$

$$\cos\tfrac{1}{2}\xi, \quad 1 - e^{-(\pi - \xi)\frac{a_0}{2a}} \quad \text{im Falle } \tfrac{1}{2}\pi \leqq \xi < \pi,\ 0 < a_1 z,$$

$$\sin\xi, \quad 1 - e^{-(2\xi - \pi)\frac{a_0}{2a}} \quad \text{im Falle } \tfrac{1}{2}\pi < \xi < \pi,\ 0 > a_1 z.$$

Für den hierin nicht enthaltenen Fall $\xi = \pi$ wird das Quadrat des absoluten Werthes von $1 - e^{-(a_0 + zi)}$ durch den Ausdruck gegeben:

$$1 + 2e^{-a_0 z}\cos az + e^{-2a_0 z},$$

dessen Werth von $z = 0$ bis $z = \tfrac{1}{2}\pi$ abnimmt und überdies stets grösser ist als das Quadrat von:

$$1 - e^{-a_0 z}.$$

Es findet daher für den Fall $|z| = \pi$ die Ungleichheit statt:

$$\left|1 - e^{-(a_0 + zi)}\right| > \mu,$$

wenn:

$$\mu = 1 - e^{-\frac{1}{2}a_0 \pi}$$

genommen wird. Endlich ist, wie schon oben gezeigt worden, für $a_1 = 0$:

$$\left|1 - e^{-(a_0 + zi)}\right| \geqq \mu,$$

wenn:

$$\mu = \sin\xi \quad \text{oder} \quad \mu = 1$$

genommen wird, je nachdem $\xi < \pi$ oder $\xi = \pi$ ist.

Wird nun in derselben Weise eine Grösse ν bestimmt, welche für jeden nicht negativen Werth von z der Ungleichheitsbedingung:

$$\left|1 - e^{-(b_0 + zi)}\right| \geqq \nu$$

genügt, so braucht man nur die Grösse G, deren Bestimmung den Zielpunkt der vorstehenden Entwickelung bildet, so zu wählen, dass sowohl $\frac{1}{2} G\mu$ als auch $\frac{1}{2} G\nu$ grösser als Eins wird. Denn es ist dann:

$$\left|1 - e^{-(\alpha s + \mu i)}\right| > \frac{2}{G}, \quad \left|1 - e^{-(b s + \nu i)}\right| > \frac{2}{G},$$

und es findet also in der That, wie schon am Schlusse des § 1 behauptet worden ist, die Ungleichheit statt:

$$(\mathfrak{B}) \qquad \left|\frac{\left(1 - e^{-h(\alpha s + \mu i)}\right)}{\left(1 - e^{-(\alpha s + \mu i)}\right)} \frac{\left(1 - e^{-h(b s + \nu i)}\right)}{\left(1 - e^{-(b s + \nu i)}\right)}\right| < G^2.$$

Hiernach liegt sowohl der reelle als auch der mit i multiplicirte Theil des Integralwerthes:

$$(\mathfrak{B}^0) \qquad \int_0^\infty \frac{\left(1 - e^{-h(\alpha s + \mu i)}\right)}{\left(1 - e^{-(\alpha s + \mu i)}\right)} \frac{\left(1 - e^{-h(b s + \nu i)}\right)}{\left(1 - e^{-(b s + \nu i)}\right)} e^{-(\alpha m_0 + b n_0 + c) s} s^\varrho \, ds$$

innerhalb des durch die beiden Werthe:

$$\pm G^2 \int_0^\infty e^{-(a_0 m_0 + b_0 n_0 + c_0) s} s^\varrho \, ds \quad \text{oder} \quad \pm \frac{G^2 \, \Gamma(1 + \varrho)}{(a_0 m_0 + b_0 n_0 + c_0)^{1+\varrho}}$$

eingeschlossenen Intervalls, wo a_0, b_0, c_0 die reellen Theile von a, b, c bezeichnen. Dabei ist daran zu erinnern, dass der Voraussetzung nach a_0 und b_0 positiv ist, und dass die Werthe von m_0 und n_0 so gewählt worden sind, dass $a_0 m_0 + b_0 n_0 + c_0$ positiv wird.

§ 3.

Im § 1 ist gezeigt worden, dass der Werth der mit ($\mathfrak{A}$) bezeichneten Summe durch den Ausdruck ($\mathfrak{A}^0$), d. h. also durch das aus der Multiplication von $A e^{-(m_0 s + n_0 i) i}$ mit dem Integral ($\mathfrak{B}^0$) entstehende Product dargestellt werden kann. Da nun der reelle und der imaginäre Theil des Werthes dieses Integrals, wie sich im § 2 ergeben hat, absolut kleiner als:

$$\frac{G^2 \, \Gamma(1 + \varrho)}{(a_0 m_0 + b_0 n_0 + c_0)^{1+\varrho}}$$

und $1 + \varrho$ positiv ist, so wird der Grenzwerth der mit ($\mathfrak{A}$) bezeichneten Summe gleich Null, sobald nur m_0 oder n_0 ins Unendliche wächst, d. h. es finden die Gleichungen statt:

$$(\mathfrak{C}) \qquad \lim_{m_0 = \infty} \sum_{m,n} \frac{e^{(s_1 n \sigma_0 - s_0 m \tau_0) 2 \pi i}}{(u + s_0 m v + s_1 n w)^{1 + \varrho}} = 0$$

$$\lim_{n_0 = \infty} \sum_{m,n} \frac{e^{(s_1 n \sigma_0 - s_0 m \tau_0) 2 \pi i}}{(u + s_0 m v + s_1 n w)^{1 + \varrho}} = 0 \qquad \left(\begin{matrix} m = m_0, m_0 + 1, \ldots m_0 + \lambda - 1 \\ n = n_0, n_0 + 1, \ldots n_0 + \lambda - 1 \end{matrix} \right),$$

in welchen $s_0 = \pm 1$, $s_1 = \pm 1$, $1 + \varrho > 0$ ist und aber weder σ_0 noch τ_0 einen ganzzahligen Werth haben darf.

Diese Gleichungen gelten nicht nur für ganzzahlige sondern auch für beliebige positive Werthe von $1 + \varrho$; doch sind dabei die Werthe der mehrdeutigen $(1 + \varrho)$ten Potenz in der besonderen Weise bestimmt, in welcher sie bei der Darstellung durch den Integralausdruck $(\mathfrak{A}')$ im § 1 fixirt werden.

Aus den Gleichungen $(\mathfrak{C})$ folgt unmittelbar, dass der Werth der Summe:

$$\sum_{m,n} \frac{e^{(n \sigma_0 - m \tau_0) 2 \pi i}}{(u + m v + n w)^{1 + \varrho}}$$

sowohl dann, wenn die Summation auf:

$$m = 0, \pm 1, \pm 2, \ldots \pm M; \quad n = \pm (M + 1), \pm (M + 2), \ldots \pm (M + r)$$

erstreckt wird, sich mit wachsendem M der Null nähert, als auch dann, wenn über die Werthe:

$$m = \pm (M + 1), \pm (M + 2), \ldots \pm (M + r); \quad n = 0, \pm 1, \pm 2, \ldots \pm M$$

summirt wird, und endlich auch, wenn die Summation auf:

$$m, n = \pm (M + 1), \pm (M + 2), \ldots \pm (M + r)$$

ausgedehnt wird. Es ist aber offenbar das Aggregat dieser drei Summen, wodurch sich die über die Werthe:

$$m, n = 0, \pm 1, \pm 2, \ldots \pm (M + r) \qquad (r > 0)$$

erstreckte Summe von derjenigen unterscheidet, welche man erhält, wenn nur über die Werthe:

$$m, n = 0, \pm 1, \pm 2, \ldots \pm M$$

summirt wird, und hiermit ist nachgewiesen, dass die Summe:

$$\sum_{m = -M}^{m = +M} \sum_{n = -M}^{n = +M} \frac{e^{(n \sigma_0 - m \tau_0) 2 \pi i}}{(u + m v + n w)^{1 + \varrho}},$$

wenn sie als Function von M mit $F(M)$ bezeichnet wird, die durch die Gleichung:

$$\lim_{M=\infty}(F(M+r)-F(M))=0 \qquad\qquad (r>0)$$

charakterisirte Eigenschaft hat, welche — nach der üblichen Ausdrucksweise — die Existenz eines Grenzwerthes:

$$\lim_{M=\infty} F(M)$$

begründet. Durch diesen Grenzwert soll nunmehr $\mathrm{Ser}_\varrho(u_0, u, v, w)$ definirt werden, d. h. also durch die Gleichung:

$$(\mathfrak{D}) \qquad \mathrm{Ser}_\varrho(\sigma_0 v + \tau_0 w, u, v, w) = \lim_{M=\infty} \sum_{m=-M}^{m=+M} \sum_{n=-M}^{n=+M} \frac{e^{(n\sigma_0 - m\tau_0)2\pi i}}{(u + mv + nw)^{1+\varrho}},$$

und es soll nur, wie oben, für den Fall $\varrho = 0$ der Index 0 bei $\mathrm{Ser}(u_0, u, v, w)$ weggelassen werden.

§ 4.

Aus der am Schlusse des vorigen Paragraphen aufgestellten Definitionsgleichung ($\mathfrak{D}$) folgt unmittelbar die erste Eigenschaft der Reihe $\mathrm{Ser}_\varrho(u_0, u, v, w)$:

$$(\mathfrak{E}_1) \qquad \mathrm{Ser}_\varrho(u_0, u, v, w) = \mathrm{Ser}_\varrho(u_0, u, -w, v),$$

denn der Ausdruck auf der rechten Seite jener Gleichung ($\mathfrak{D}$), und auch u_0, bleibt ungeändert, wenn gleichzeitig:

$$
\begin{array}{cccccc}
m, & n, & \sigma_0, & \tau_0, & v, & w \\
-n, & m, & -\tau_0, & \sigma_0, & -w, & v
\end{array}
$$

in

verwandelt wird.

Die zweite Eigenschaft

$$(\mathfrak{E}_2) \qquad \mathrm{Ser}_\varrho(u_0, u, v, w) = \mathrm{Ser}_\varrho(u_0, u, v, w + gv),$$

wo g eine ganze Zahl bedeutet, wird ebenfalls ersichtlich, wenn man die Reihe $\mathrm{Ser}_\varrho(u_0, u, v, w + gv)$, in welcher u_0 den Werth:

$$(\sigma_0 - g\tau_0)v_0 + \tau_0(w + gv)$$

hat, und welche also gemäss der Definition ($\mathfrak{D}$) durch:

$$\lim_{M=\infty} \sum_{m=-M}^{m=+M} \sum_{n=-M}^{n=+M} \frac{e^{(n(\sigma_0 - g\tau_0) - m\tau_0)2\pi i}}{(u + (m + gn)v + nw)^{1+\varrho}}$$

darzustellen ist, auf folgende Form bringt:

$$\lim_{M=\infty} \sum_{n=-M}^{n=+M} \sum_{m=-M+gn}^{m=+M+gn} \frac{e^{(n\alpha_0 - m v_0)2\pi i}}{(u + mv + nw)^{1+\varrho}}.$$

Denn der formale Unterschied, welcher zwischen dieser Reihe und der Reihe $\mathrm{Ser}_\varrho(u_0, u, v, w)$, wie sie in der Gleichung ($\mathfrak{D}$) definirt ist, in Beziehung auf die Summationsgrenzen besteht, begründet keinen Werthunterschied der beiden Reihen.

Um dies darzuthun, bemerke ich zuvörderst, dass die Differenz der beiden Reihen durch das Aggregat von vier Reihen dargestellt werden kann:

$$\sum_{\varepsilon_0, \varepsilon_1, m, n} \frac{\varepsilon_0 e^{\varepsilon_1 (n\alpha_0 - \varepsilon_0 m v_0)2\pi i}}{(u + \varepsilon_0 \varepsilon_1 mv + \varepsilon_1 nw)^{1+\varrho}},$$

in welchen die Summation für $\varepsilon_0 = +1$, $\varepsilon_1 = +1$ auf:

$$m = M+1, M+2, \ldots M+gn;\; n = 0, 1, 2, \ldots M$$

zu erstrecken ist, für $\varepsilon_0 = +1$, $\varepsilon_1 = -1$ auf:

$$m = M+1, M+2, \ldots M+gn;\; n = 1, 2, \ldots M,$$

für $\varepsilon_0 = -1$, $\varepsilon_1 = +1$ auf:

$$m = M-gn+1, M-gn+2, \ldots M;\; n = 0, 1, 2, \ldots M,$$

und für $\varepsilon_0 = -1$, $\varepsilon_1 = -1$ auf:

$$m = M-gn+1, M-gn+2, \ldots M;\; n = 1, 2, \ldots M,$$

und deren Grenzwerth dann für $M = \infty$ zu nehmen ist. Indem man nun jede der vier Reihen, wie oben, durch den Integralausdruck:

$$(\mathfrak{V}) \qquad A \int_0^\infty \sum_{n, m} e^{-(am + bn + c)z - (mx + ny)i} z^\varrho \, dz \qquad (x = 2\varepsilon_0 \varepsilon_1 v_0 \pi,\; y = -2\varepsilon_1 \alpha_0 \pi)$$

ersetzt, überzeugt man sich leicht davon, dass ihr Werth sich mit wachsendem M der Null nähert.

Bei Ausführung der Summation in Beziehung auf m geht nämlich der Ausdruck unter dem Integralzeichen in folgenden über:

$$\varepsilon_0 \frac{e^{-(M+1)(az+xi)}}{1 - e^{-(az+xi)}} \sum_n e^{-n(\varepsilon_0 g(az+xi) + bz + yi)},$$

in welchem die Summation, je nach den beiden oben durch $\varepsilon_1 = +1$ und $\varepsilon_1 = -1$ unterschiedenen Fällen, auf $n = 0, 1, 2, \ldots M$ oder $n = 1, 2, \ldots M$ zu erstrecken ist. Es kommt also:

$$\varepsilon_0 \frac{e^{-(M+1)(as+xi)-\varphi(s)} - e^{-(M+1((1+\varepsilon_0 g)(as+xi)+bs+yi)}}{(1 - e^{-(as+xi)})\,(1 - e^{-(\varepsilon_0 g(as+xi)+bs+yi)})},$$

wo $\varphi(s)$, je nach den beiden Summationsbestimmungen für n, gleich Null oder gleich:

$$\varepsilon_0 g(as + xi) + bs + yi$$

zu nehmen ist.

Da $\varepsilon_0 gx + y = 2\varepsilon_1(g\tau_0 - \sigma_0)\pi$ ist, so bleibt gemäss den im § 2 enthaltenen Darlegungen der absolute Werth des Nenners stets über einer angebbaren Grösse μ, wenn, wie es durch die Definition der Reihe $\mathrm{Ser}_\varrho(u_0, u, v, w + gv)$ auf der rechten Seite der Gleichung $(\mathfrak{C}_2)$ erfordert wird, die Differenz $\sigma_0 - g\tau_0$ keinen ganzzahligen Werth hat.

Der Zähler hat die Form:

$$e^{-(M+1)a_0 s}\Phi(s) + e^{-(M+1)b_0 s}\Psi(s),$$

wobei a_0 und b_0, wie oben, die positiven reellen Theile von a und b bedeuten, während $\Phi(s)$ und $\Psi(s)$ Functionen von z sind, deren absolute Werthe unter einer angebbaren Grösse $G^a \mu$ bleiben.

Hiernach kann das Intervall, in welchem sowohl der reelle als auch der mit i multiplicirte Theil des obigen Integralausdrucks $(\mathfrak{A})$ liegt, durch den positiven und negativen Werth von:

$$\frac{A G^a \Gamma(1 + \varrho)}{(M + 1)^{1+\varrho}}\left(\frac{1}{a_0^{1+\varrho}} + \frac{1}{b_0^{1+\varrho}}\right)$$

begrenzt werden; der Werth jeder von den vier durch den Integralausdruck $(\mathfrak{A})$ dargestellten Reihen nähert sich also in der That mit wachsendem M der Null.

§ 5.

Die im § 1 angegebene Darstellung der mit $(\mathfrak{A})$ bezeichneten Summe durch den Integralausdruck $(\mathfrak{A}^0)$ kann benutzt werden, um nachzuweisen, dass die Reihe $\mathrm{Ser}_\varrho(u_0, u, v, w)$, unter den bei deren Definition über u_0, u, v, w gemachten Voraussetzungen, eine stetige Function der beiden reellen Variabeln σ_0, τ_0 ist.

Die Reihe $\mathrm{Ser}_\varrho(u_0, u, v, w)$ lässt sich nämlich, gemäss der Definitionsgleichung ($\mathfrak{D}$) im § 3, als Aggregat von vier Reihen:

$$\lim_{M=\infty} \sum_{m,n} \frac{e^{(\varepsilon_1 n \sigma_0 - \varepsilon_0 m \tau_0)2\pi i}}{(u + \varepsilon_0 m v + \varepsilon_1 n w)^{1+\varrho}} \qquad \binom{m=f,\,f+1,\,\ldots\,M}{n=g,\,g+1,\,\ldots\,M}$$

darstellen, welche den Werthsystemen:

$$\varepsilon_0 = +1,\ \varepsilon_1 = +1;\ \varepsilon_0 = +1,\ \varepsilon_1 = -1;\ \varepsilon_0 = -1,\ \varepsilon_1 = +1;\ \varepsilon_0 = -1,\ \varepsilon_1 = -1$$

entsprechen, und in denen je nach diesen verschiedenen Fällen:

$$f = 0,\ g = 0;\quad f = 0,\ g = 1;\quad f = 1,\ g = 0;\quad f = 1,\ g = 1$$

zu nehmen ist. Setzt man nun, wie im § 1, $w = v(\varepsilon\varphi + \varepsilon'\psi i)$ und bestimmt, wie dort, für jede dieser vier Reihen die Grössen a, b, c so, dass die Gleichung:

$$(u + \varepsilon_0 m v + \varepsilon_1 n w)(2\varepsilon_0\psi + (2\varepsilon\varepsilon_0 - \varepsilon_1)\varepsilon'\varphi i) = (am + bn + c)v$$

für *unbestimmte* Werthe von m und n erfüllt wird, so sind a und b complexe Grössen mit positiven reellen Theilen, und es giebt unter den Werthsystemen (m, n):

$$m = f, f+1, \ldots M;\quad n = g, g+1, \ldots M,$$

über welche sich die Summation zu erstrecken hat, nur eine endliche Anzahl, bei denen der reelle Theil der complexen Grösse $am + bn + c$ nicht positiv ist. Schliesst man diese aus, deren Aggregat offenbar eine stetige Function von σ_0 und τ_0 ist, so lässt sich der übrige Theil jeder von den vier Reihen als ein Aggregat von Reihen darstellen:

$$\lim_{M=\infty} \sum_{m,n} \frac{e^{(\varepsilon_1 n \sigma_0 - \varepsilon_0 m \tau_0)2\pi i}}{(u + \varepsilon_0 m v + \varepsilon_1 n w)^{1+\varrho}} \qquad \binom{m=m_0,\,m_0+1,\,\ldots\,m_0+h-1}{n=n_0,\,n_0+1,\,\ldots\,n_0+k-1},$$

bei welchen entweder einer der beiden Endwerthe $m_0 + h - 1$, $n_0 + k - 1$, oder jeder von beiden, gleich M zu setzen ist, und welche die bei der Summe ($\mathfrak{A}$) im § 1 vorausgesetzte Eigenschaft haben, dass der reelle Theil der aus $u + \varepsilon_0 m v + \varepsilon_1 n w$ zu bestimmenden complexen Grösse $am + bn + c$ für alle bei der Summation vorkommenden Zahlensysteme (m, n) einen positiven Werth bekommt. Jede der Reihen wird hiernach, wenn wie dort:

$$x = 2\varepsilon_0\tau_0\pi,\quad y = -2\varepsilon_1\sigma_0\pi$$

gesetzt wird, durch den Grenzwerth dargestellt, welchen der Ausdruck:

$$A e^{-(m_0 x + n_0 y)i} \int_0^\infty \frac{(1 - e^{-h(as + x i)})(1 - e^{-k(bs + y i)})}{(1 - e^{-(as + x i)})(1 - e^{-(bs + y i)})}\, e^{-(am_0 + bn_0 + c)s}\, s^\varrho\, ds$$

für wachsende M annimmt. Nun fällt in diesem Ausdruck, wenn sein Grenzwerth für $M = m_0 + h - 1 = \infty$ genommen wird, gemäss den in den §§ 1 und 2 enthaltenen Darlegungen, derjenige Theil unter dem Integralzeichen fort, welcher mit $e^{-h(xs+xi)}$ multiplicirt ist, ebenso bei dem Grenzwerth für $M = m_0 + k - 1 = \infty$ derjenige, welcher $e^{-k(bs+yi)}$ als Factor enthält. Es bleibt also nur ein Ausdruck:

$$(\mathfrak{A}_1) \qquad A e^{-(m_0 x + n_0 y)i} \int_0^\infty \frac{e^{-(am_0+bn_0+c)s} f(x,y,s)}{(1-e^{-(as+xi)})(1-e^{-(bs+yi)})} s^\rho ds,$$

in welchem $f(x, y, s)$ einen der Werthe:

$$1, \; 1 - e^{-h(xs+xi)}, \; 1 - e^{-k(bs+yi)}$$

hat, und wo h und k ganze, unter einer gewissen Grenze liegende Zahlen sind. Dieser Ausdruck stellt aber in der That eine *stetige* Function von x und y dar. Denn wenn die Differenz:

$$\frac{e^{-m_0(x+\xi)i} f(x+\xi,y,s)}{1-e^{-(xs+(x+\xi)i)}} - \frac{e^{-m_0 xi} f(x,y,s)}{1-e^{-(xs+xi)}}$$

gleich $\xi \varphi(x, \xi, y, s)$ gesetzt wird, so ist $\varphi(x, \xi, y, s)$ eine Function, welche für alle nicht negativen Werthe von s, falls nur weder x noch $x + \xi$ ein gerades Vielfaches von π ist, unter einer nach § 2 zu bestimmenden Grösse liegt. Die Differenz zweier den Werthen $x + \xi$ und x entsprechenden Ausdrücke $(\mathfrak{A}_1)$ nähert sich also mit abnehmendem ξ der Null, sobald x, wie vorausgesetzt worden, kein Vielfaches von 2π ist, und es zeigt sich ganz ebenso, dass der Ausdruck $(\mathfrak{A}_1)$ eine stetige Function von y darstellt.

§ 6.

Da sich jede ganzzahlige Transformation von

$$v \; , \quad w$$

in

$$\beta'v - \alpha'w, \; -\beta v + \alpha w \qquad\qquad (\alpha\beta' - \alpha'\beta = 1)$$

aus Transformationen:

$$\begin{pmatrix} v, w \\ -w, v \end{pmatrix} \begin{pmatrix} v, w \\ v, w + gv \end{pmatrix}$$

zusammensetzen lässt, so folgt aus den Gleichungen $(\mathfrak{C}_1)$ und $(\mathfrak{C}_2)$ des § 4:

$$(\mathfrak{E}_1) \qquad \operatorname{Ser}_\varrho(u_0, u, v, w) = \operatorname{Ser}_\varrho(u_0, u, -w, v),$$

$$(\mathfrak{E}_2) \qquad \operatorname{Ser}_\varrho(u_0, u, v, w) = \operatorname{Ser}_\varrho(u_0, u, v, w + gv)$$

die allgemeinere Relation:

$$(\mathfrak{E}') \qquad \mathrm{Ser}_\varrho(u_0,\, u,\, v,\, w) = \mathrm{Ser}_\varrho(u_0,\, u,\, \beta' v - \alpha' w,\, -\beta v + \alpha w).$$

welche auch in folgender Weise dargestellt werden kann:

$$(\mathfrak{E}'') \qquad \mathrm{Ser}_\varrho(\sigma_0 v + \tau_0 w,\, u,\, v,\, w) = \mathrm{Ser}_\varrho(\sigma_0' v' + \tau_0' w',\, u,\, v',\, w'),$$
$$(\sigma_0' = \alpha\sigma_0 + \beta\tau_0,\ \tau_0' = \alpha'\sigma_0 + \beta'\tau_0,\ v' = \beta' v - \alpha' w,\ w' = -\beta v + \alpha w)$$

und welche die beiden Relationen $(\mathfrak{E}_1)$, $(\mathfrak{E}_2)$ als speciellere enthält.

Die hier angegebene Ableitung der Relation $(\mathfrak{E}')$ erfordert freilich, dass bei keiner von den Zwischentransformationen die Variabeln v und w Werthe erhalten, für welche auch nur eine der Grössen σ_0, τ_0 gleich einer ganzen Zahl würde; aber die Gültigkeit des Endresultats ist doch nur an die Bedingung geknüpft, dass weder eine der Grössen σ_0, τ_0 auf der linken Seite der Gleichung $(\mathfrak{E}'')$ noch eine der Grössen σ_0', τ_0' auf der rechten Seite, d. h. also $\alpha\sigma_0 + \beta\tau_0$, $\alpha'\sigma_0 + \beta'\tau_0$, einen ganzzahligen Werth habe. Denn wenn diese Bedingung erfüllt ist, kann man offenbar an Stelle von σ_0, τ_0 benachbarte Grössen:

$$\sigma_0 + \delta, \quad \tau_0 + \delta$$

so wählen, dass auch bei allen Zwischentransformationen, durch welche man von (σ_0, τ_0) zu $(\alpha\sigma_0 + \beta\tau_0, \alpha'\sigma_0 + \beta'\tau_0)$ gelangt ist, und also auch

$$\text{von } (\sigma_0 + \delta,\, \tau_0 + \delta) \text{ zu } (\alpha(\sigma_0 + \delta) + \beta(\tau_0 + \delta),\, \alpha'(\sigma_0 + \delta) + \beta'(\tau_0 + \delta))$$

gelangt, niemals ganzzahlige Werthe vorkommen, und man erhält alsdann die Gleichung:

$$(\mathfrak{E}''') \quad \lim_{\delta=0} \mathrm{Ser}_\varrho((\sigma_0 + \delta) v + (\tau_0 + \delta) w,\, u,\, v,\, w) = \lim_{\delta=0} \mathrm{Ser}_\varrho((\sigma_0' + \delta_1') v' + (\tau_0' + \delta_2') w',\, u,\, v',\, w').$$
$$(\delta_1' = (\alpha + \beta)\delta,\ \delta_2' = (\alpha' + \beta')\delta)$$

Da nun im vorigen Paragraphen nachgewiesen worden ist, dass $\mathrm{Ser}_\varrho(\sigma_0 v + \tau_0 w, u, v, w)$ als Function der reellen Variabeln σ_0 und τ_0 stetig ist, so ist aus der Gleichung $(\mathfrak{E}''')$ das Bestehen der obigen Gleichungen $(\mathfrak{E}'')$ und $(\mathfrak{E}')$ zu erschliessen, und diese sind also in der That nur an diejenigen Bedingungen geknüpft, deren Erfüllung schon bei der Definition der in den Gleichungen vorkommenden beiden Functionen $\mathrm{Ser}_\varrho(u_0, u, v, w)$, $\mathrm{Ser}_\varrho(u_0, u, v', w')$ vorausgesetzt worden ist.

§ 7.

Das Product:

$$e^{-2\tau_0\pi i} \,\mathrm{Ser}_\varrho(u_0, u+v, v, w)$$

kann, gemäss der Definitionsgleichung ($\mathfrak{D}$) im § 3, durch den Grenzwerth:

$$\lim_{M=\infty} \sum_{m,n} \frac{e^{(n\sigma_0 - m\tau_0)2\pi i}}{(u+mv+nw)^{1+\varrho}}$$

dargestellt werden, wenn die Summation in Beziehung auf m von $-M+1$ bis $M+1$ und in Beziehung auf n von $-M$ bis M erstreckt wird. Der Unterschied zwischen diesem Grenzwerth und jenem, der durch $\mathrm{Ser}_\varrho(u_0, u, v, w)$ bezeichnet worden ist, wird also durch die Differenz der beiden Grenzwerthe:

$$\lim_{M=\infty} \sum_{n=-M}^{n=+M} \frac{e^{(n\sigma_0 - (M+1)\tau_0)2\pi i}}{(u+(M+1)v+nw)^{1+\varrho}}, \quad \lim_{M=\infty} \sum_{n=-M}^{n=+M} \frac{e^{(n\sigma_0 + M\tau_0)2\pi i}}{(u-Mv+nw)^{1+\varrho}}$$

gegeben, welche gemäss der ersten von den beiden Gleichungen ($\mathfrak{E}$) im § 3 gleich Null sind. Es findet demnach die Relation statt:

$$\mathrm{Ser}_\varrho(u_0, u, v, w) = e^{-2\tau_0\pi i} \,\mathrm{Ser}_\varrho(u_0, u+v, v, w),$$

aus welcher durch Anwendung der Gleichung ($\mathfrak{E}_1$) die fernere Relation folgt:

$$\mathrm{Ser}_\varrho(u_0, u, v, w) = e^{2\sigma_0\pi i} \,\mathrm{Ser}_\varrho(u_0, u+w, v, w),$$

und aus diesen beiden geht die allgemeinere, für beliebige ganze Zahlen s, t gültige Relation hervor:

$$(\mathfrak{E}_2) \qquad \mathrm{Ser}_\varrho(u_0, u, v, w) = e^{2(s\sigma_0 - t\tau_0)} \,\mathrm{Ser}_\varrho(u_0, u+sv+tw, v, w).$$

Endlich sind noch die beiden, durch die im § 3 ($\mathfrak{D}$) gegebene Definition evidenten Relationen anzuführen:

$$(\mathfrak{E}_4) \qquad \begin{aligned} \mathrm{Ser}_\varrho(v\sigma_0 + w\tau_0, u, v, w) &= \mathrm{Ser}_\varrho(v\sigma_0 - w\tau_0, u, -v, w), \\ \mathrm{Ser}_\varrho(v\sigma_0 + w\tau_0, u, v, w) &= \mathrm{Ser}_\varrho(-v\sigma_0 + w\tau_0, u, v, -w). \end{aligned}$$

Setzt man nunmehr wie im § 9 des art. **XX**:

$$\begin{aligned} \sigma_0' &= \alpha\sigma_0 + \beta\tau_0 + \gamma_0, & \tau_0' &= \alpha'\sigma_0 + \beta'\tau_0 + \gamma_0', \\ \sigma' &= \alpha\sigma + \beta\tau + \gamma, & \tau' &= \alpha'\sigma + \beta'\tau + \gamma', \\ v' &= \beta'v - \alpha'w, & w' &= -\beta v + \alpha w, \\ u_0' &= \sigma_0'v' + \tau_0'w' = u_0 + \gamma_0 v' + \gamma_0'w', \\ u' &= \sigma'v' + \tau'w' = u + \gamma v' + \gamma'w', \end{aligned}$$

wo $\alpha, \alpha', \beta, \beta', \gamma, \gamma', \gamma_0, \gamma_0'$ irgend welche ganze, nur der Bedingung $\alpha\beta' - \alpha'\beta = 1$ unterworfene Zahlen bedeuten, so kann man die allgemeine Relation aufstellen:

$$(\mathfrak{E}) \qquad \mathrm{Ser}_\varrho(u_0, u, v, w) = e^{((\alpha\gamma' - \alpha'\gamma)\alpha_0 + (\beta\gamma' - \beta'\gamma)\tau_0)2\pi i}\, \mathrm{Ser}_\varrho(u_0', u', v', w'),$$

welche unmittelbar aus den Relationen $(\mathfrak{E}_1)$, $(\mathfrak{E}_2)$, $(\mathfrak{E}_3)$ oder $(\mathfrak{E}')$, $(\mathfrak{E}'')$, $(\mathfrak{E}_3)$ folgt und aber auch diese sämmtlich in sich begreift.

Nimmt man $\gamma = \gamma' = 0$, so geht die Relation $(\mathfrak{E})$ in folgende über:

$$(\mathfrak{E}_0) \qquad \mathrm{Ser}_\varrho(u_0, u, v, w) = \mathrm{Ser}_\varrho(u_0', u', v', w'),$$

durch welche ausgesagt wird, dass $\mathrm{Ser}_\varrho(\sigma_0 v + \tau_0 w, \sigma v + \tau w, v, w)$ eine Invariante der Aequivalenz:

$$(\sigma_0, \tau_0, \sigma, \tau, v, w) \sim (\alpha\sigma_0 + \beta\tau_0 + \gamma_0,\ \alpha'\sigma_0 + \beta'\tau_0 + \gamma_0',$$
$$\alpha\sigma + \beta\tau,\ \alpha'\sigma + \beta'\tau,\ \beta'v - \alpha'w,\ -\beta v + \alpha w)$$

ist, sobald nur für die ganzen Zahlen $\alpha, \beta, \gamma_0, \alpha', \beta', \gamma_0'$ die Bedingung $\alpha\beta' - \alpha'\beta = 1$ erfüllt ist. Aber es ist noch hinzuzufügen, dass hierbei, wie es die Gleichung $(\mathfrak{E}_0)$ erfordert, nur solche Systeme:

$$(\sigma_0, \tau_0, \sigma, \tau, v, w),\quad (\sigma_0', \tau_0', \sigma', \tau', v', w')$$

genommen werden dürfen, für welche die Functionen Ser_ϱ im § 3 $(\mathfrak{D})$ definirt sind, dass also alle diejenigen Systeme ausgeschlossen werden müssen, bei welchen auch nur eine der Grössen σ_0, τ_0 oder σ_0', τ_0' einen ganzzahligen Werth hat.

<h2 style="text-align:center">§ 8.</h2>

Die Summe:

$$\sum_{m=-M-h}^{m=+M+h'}\ \sum_{n=-N-k}^{n=+N+k'} \frac{e^{(n\sigma_0 - m\tau_0)2\pi i}}{(u + mv + nw)^{1+\varrho}},$$

in welcher h, h', k, k', M, N positive Zahlen bedeuten und $N \gtrless M$ vorausgesetzt wird, unterscheidet sich von der Summe:

$$\sum_{m=-M}^{m=+M}\ \sum_{n=-M}^{n=+M} \frac{e^{(n\sigma_0 - m\tau_0)2\pi i}}{(u + mv + nw)^{1+\varrho}}$$

durch das Aggregat von acht Summen:

$$\sum_{m,n} \frac{e^{(n\sigma_0 - m\tau_0)2\pi i}}{(u + mv + nw)^{1+\varrho}}$$

mit den Summationsbestimmungen:

$$-m = M+1, M+2, \ldots M+h; \; -n = 1, 2, \ldots M \qquad \text{und} \quad n = 0, 1, 2, \ldots M,$$
$$m = M+1, M+2, \ldots M+h'; \; -n = 1, 2, \ldots M \qquad \text{und} \quad n = 0, 1, 2, \ldots M,$$
$$-n = M+1, M+2, \ldots N+k; \; -m = 1, 2, \ldots M+h \; \text{und} \; m = 0, 1, 2, \ldots M+h',$$
$$n = M+1, M+2, \ldots N+k'; \; -m = 1, 2, \ldots M+h \; \text{und} \; m = 0, 1, 2, \ldots M+h'.$$

Der Werth jeder von diesen acht Summen nähert sich, wie aus den Gleichungen ($\mathfrak{C}$) im § 3 hervorgeht, mit wachsendem M der Null, und es findet daher die Gleichung statt:

$$\lim_{N=\infty} \sum_{m=-M}^{m=+M} \sum_{n=-M}^{n=+M} \frac{e^{(n\sigma_0 - m\tau_0)2\pi i}}{(u + mv + nw)^{1+\varrho}} = \lim \sum_{m=-M-h}^{m=+M+N} \sum_{n=-N-k}^{n=+N+N} \frac{e^{(n\sigma_0 - m\tau_0)2\pi i}}{(u + mv + nw)^{1+\varrho}}.$$

Da hierbei die Zahl N nur der Bedingung unterworfen ist, dass sie nicht kleiner als M sein soll, so kann man auf der rechten Seite sowohl $N = M$ nehmen als auch zuerst N und dann M unendlich groß werden lassen. Es resultiren demnach, bei Anwendung der am Schlusse des § 3 gegebenen Definition von $\mathrm{Ser}_\varrho(u_0, u, v, w)$, die beiden Gleichungen:

$$\mathrm{Ser}_\varrho(u_0, u, v, w) = \lim_{M=\infty} \sum_{m,n} \frac{e^{(n\sigma_0 - m\tau_0)2\pi i}}{(u + mv + nw)^{1+\varrho}} \qquad \left(\begin{matrix} -M-h \leq m \leq M+N' \\ -M-k \leq n \leq M+N' \end{matrix} \right),$$

($\mathfrak{F}_0$)

$$\mathrm{Ser}_\varrho(u_0, u, v, w) = \lim_{M=\infty} \lim_{N=\infty} \sum_{m,n} \frac{e^{(n\sigma_0 - m\tau_0)2\pi i}}{(u + mv + nw)^{1+\varrho}} \qquad \left(\begin{matrix} -M-h \leq m \leq M+N' \\ -N-k \leq n \leq N+N' \end{matrix} \right).$$

Ersetzt man hierin die Grössen:

$$\sigma_0, \qquad \tau_0, \qquad v, \qquad w, \qquad m, \qquad n$$

durch: $\alpha\sigma_0 + \beta\tau_0, \; \alpha'\sigma_0 + \beta'\tau_0, \; \beta'v - \alpha'w, \; -\beta v + \alpha w, \; \alpha m + \beta n, \; \alpha'm + \beta'n,$

wo $\alpha, \alpha', \beta, \beta'$ ganze Zahlen bedeuten, für welche $\alpha\beta' - \alpha'\beta = 1$ ist, so behält gemäss der Gleichung ($\mathfrak{C}'$) im § 6 die Function $\mathrm{Ser}_\varrho(u_0, u, v, w)$ auf der linken Seite ihren Werth bei, und der Ausdruck unter dem Summenzeichen auf der rechten Seite bleibt *formal* ungeändert, während die Summation nunmehr in der ersteren von den beiden Gleichungen ($\mathfrak{F}_0$) auf alle diejenigen Systeme ganzer Zahlen (m, n) zu erstrecken ist, für welche die beiden Ungleichheitsbedingungen:

$$-M-h \leq \alpha m + \beta n \leq M+h', \quad -M-k \leq \alpha'm + \beta'n \leq M+k'$$

erfüllt sind, in der zweiten Gleichung ($\mathfrak{F}_0$) aber auf alle diejenigen Systeme (m, n), für welche:

$$-M-h \leq \alpha m + \beta n \leq M+h', \quad -N-k \leq \alpha'm + \beta'n \leq N+k'$$

ist. Man kann dieses Resultat also durch die beiden allgemeineren Gleichungen darstellen:

$$(\mathfrak{F}) \qquad \mathrm{Ser}_\rho(u_0, u, v, w) = \lim_{M=\infty} \sum_{m,n} \frac{e^{(n\sigma_0 - m\tau_0)2\pi i}}{(u + mv + nw)^{1+\rho}} \qquad \begin{pmatrix} -M - h \leqq \alpha m + \beta n \leqq M + h' \\ -M - h \leqq \alpha'm + \beta'n \leqq M + h' \\ \alpha\beta' - \alpha'\beta = 1 \end{pmatrix},$$

$$\mathrm{Ser}_\rho(u_0, u, v, w) = \lim_{M=\infty} \lim_{N=\infty} \sum_{m,n} \frac{e^{(n\sigma_0 - m\tau_0)2\pi i}}{(u + mv + nw)^{1+\rho}} \qquad \begin{pmatrix} -M - h \leqq \alpha m + \beta n \leqq M + h' \\ -N - h \leqq \alpha'm + \beta'n \leqq N + h' \\ \alpha\beta' - \alpha'\beta = 1 \end{pmatrix},$$

welche die Gleichungen ($\mathfrak{F}_0$) als speciellere (für $\alpha = \beta' = 1$, $\alpha' = \beta = 0$) mit umfassen
und eine Haupteigenschaft der Function $\mathrm{Ser}_\rho(u_0, u, v, w)$ ausdrücken.

Da $\mathrm{Ser}_\rho(u_0, u, v, w)$, gemäss der im § 3 ($\mathfrak{D}$) gegebenen Definition, den
Grenzwerth:

$$\lim_{M=\infty} \sum_{m,n} \frac{e^{(n\sigma_0 - m\tau_0)2\pi i}}{(u + mv + nw)^{1+\rho}} \qquad (m, n = -M, -M+1, \ldots, +M)$$

bedeutet, so kann das in den Gleichungen ($\mathfrak{F}$) enthaltene Resultat in folgender Weise
formulirt werden:

    I. Für alle verschiedenen ganzzahligen Systeme $(\alpha, \alpha', \beta, \beta')$, für welche
    weder $\alpha\sigma_0 + \beta\tau_0$ noch $\alpha'\sigma_0 + \beta'\tau_0$ einen ganzzahligen Werth hat,
    nähert sich die Summe:

$$\sum_{m,n} \frac{e^{(n\sigma_0 - m\tau_0)2\pi i}}{(u + mv + nw)^{1+\rho}} \qquad \begin{pmatrix} -M - h \leqq \alpha m + \beta n \leqq M + h' \\ -M - h \leqq \alpha'm + \beta'n \leqq M + h' \\ \alpha\beta' - \alpha'\beta = 1 \end{pmatrix}$$

    mit wachsendem M einem und demselben Werth.

    II. Für alle bezeichneten Systeme $(\alpha, \alpha', \beta, \beta')$ nähert sich die Summe:

$$\sum_{m,n} \frac{e^{(n\sigma_0 - m\tau_0)2\pi i}}{(u + mv + nw)^{1+\rho}} \qquad \begin{pmatrix} -M - h \leqq \alpha m + \beta n \leqq M + h' \\ -N - h \leqq \alpha'm + \beta'n \leqq N + h' \\ \alpha\beta' - \alpha'\beta = 1 \end{pmatrix},$$

    wenn man zuerst N und alsdann M ins Unendliche wachsen lässt,
    einem und demselben Werth.

    III. Beide Grenzwerthe sind mit einander identisch.

Denkt man sich die Systeme (m, n) durch Punkte in der Ebene repraesentirt, deren rechtwinklige Coordinaten die Zahlen m und n sind, so hat man im Falle I
die Summation über alle innerhalb eines Parallelogrammes liegenden Punkte zu erstrecken, welches man beliebig annehmen kann, dessen Umfang man aber alsdann

dergestalt ins Unendliche ausdehnen muss, dass dabei der Mittelpunkt fest bleibt und das Verhältnis der Seiten sich einer festen endlichen Grenze nähert. Im Falle II muss man dagegen das Parallelogramm, unter Festhaltung des Mittelpunktes, erst nach der einen und alsdann nach der anderen Dimension ins Unendliche ausdehnen.

§ 9.

Im § 4 ist die Herleitung der beiden Transformationsrelationen $(\mathfrak{E}_1)$, $(\mathfrak{E}_2)$, aus welchen die allgemeinere Relation $(\mathfrak{E}')$ im § 6 unmittelbar hervorging, in verschiedenartiger Weise erfolgt. Während die erstere Relation $(\mathfrak{E}_1)$ sich als eine einfache Consequenz der Definitionsgleichung ergab, musste bei der Herleitung der Relation $(\mathfrak{E}_2)$ nochmals auf den Integralausdruck, welcher der Entwickelung im § 1 zu Grunde liegt, zurückgegangen werden. Man kann aber zu *beiden* Relationen $(\mathfrak{E}_1)$ und $(\mathfrak{E}_2)$ auf *dieselbe* einfache Weise gelangen, wenn man die im vorigen Paragraphen mit $(\mathfrak{F}_0)$ bezeichneten, aus den Gleichungen $(\mathfrak{E})$ im § 3 resultirenden Gleichungen voranschickt.

Wie nämlich aus der ersteren der beiden Gleichungen $(\mathfrak{F}_0)$:

$$\operatorname{Ser}_\varrho(u_0,u,v,w)=\lim_{N=\infty}\ \sum_{m=-M-h}^{m=+M+h'}\ \sum_{n=-N-k}^{n=+N+k'}\frac{e^{(n\sigma_0-m\tau_0)2\pi i}}{(u+mv+nw)^{1+\varrho}}$$

unmittelbar die Gleichung $(\mathfrak{E}_1)$:

$$\operatorname{Ser}_\varrho(u_0,u,v,w)=\operatorname{Ser}_\varrho(u_0,u,-w,v)$$

folgt, wenn man in jener Gleichung:

$$h,\ h',\ k,\ k',\quad m,\ n,\quad \sigma_0,\ \tau_0,\quad v,\ w$$

in

$$k,\ k',\ h',\ h,\quad -n,\ m,\quad -\tau_0,\ \sigma_0,\quad -w,\ v$$

verwandelt, so geht aus der zweiten der beiden Gleichungen $(\mathfrak{F}_0)$ zuvörderst, wenn man darin, wie es — da N *zuerst* ins Unendliche wächst — gestattet ist:

$$k=k_1-gm,\quad k'=k_1'+gm$$

setzt, die Gleichung hervor:

$$\operatorname{Ser}_\varrho(u_0,u,v,w)=\lim_{M=\infty}\lim_{N=\infty}\sum_{m,n}\frac{e^{(n\sigma_0-m\tau_0)2\pi i}}{(u+mv+nw)^{1+\varrho}}\qquad \left(\begin{matrix}-M-h\ \leqq m\leqq M+h'\\ -N-k_1\leqq n\ \leqq N+k_1'\end{matrix}\right),$$

und diese geht ferner, wenn

$$n + gm, \quad \tau_0 + g\sigma_0, \quad v - gw,$$

für $n,$ $\tau_0,$ v

substituirt wird, in folgende über:

$(\mathfrak{E}_2')$ $\mathrm{Ser}_\varrho(u_0, u, v - gw, w) = \mathrm{Ser}_\varrho(u_0, u, v, w);$

denn u_0 bleibt ungeändert, da:

$$u_0 = \sigma_0(v - gw) + (\dot\tau_0 + g\sigma_0)w = \sigma_0 v + \tau_0 w$$

ist. Die Gleichung $(\mathfrak{E}_2')$ führt nun ebenso unmittelbar, wie die Gleichung $(\mathfrak{E}_2)$, zu der allgemeinen Transformationsrelation $(\mathfrak{E}')$ im § 6; sie selbst geht in $(\mathfrak{E}_2)$ über, wenn zuerst v in $- w$ und w in v verwandelt und alsdann, gemäss der Gleichung $(\mathfrak{E}_1)$

$$\mathrm{Ser}_\varrho(u_0, u, - w - gv, v) \quad \text{durch} \quad \mathrm{Ser}_\varrho(u_0, u, v, w + gv)$$

und

$$\mathrm{Ser}_\varrho(u_0, u, - w, v) \quad \text{durch} \quad \mathrm{Ser}_\varrho(u_0, u, v, w)$$

ersetzt wird.

Für $\varrho = 0$ stimmt der in der zweiten Gleichung $(\mathfrak{F})$ enthaltene Grenzwerth mit demjenigen überein, durch welchen im § 7 des art. XX die Reihe $\mathrm{Ser}(u_0, u, v, w)$ definirt, und welcher a. a. O. mit $(\mathfrak{E}_0)$ bezeichnet worden ist.[*]

§ 10.

Im § 2 ist gezeigt worden, dass sowohl der reelle als auch der mit i multiplicirte Theil des Werthes der Summe:

$(\mathfrak{A})$ $$\sum_{m,n} \frac{e^{(e_1 n n_0 - e_0 m \tau_0) 2\pi i}}{(u + a_0 m v + e_2 n w)^{1 + \varrho}} \qquad \binom{m = m_0, m_0 + 1, \ldots m_0 + h - 1}{n = n_0, n_0 + 1, \ldots n_0 + h - 1}$$

absolut kleiner ist als:

$$\frac{G^2 \Gamma(1 + \varrho)}{(a_0 m_0 + b_0 n_0 + c_0)^{1 + \varrho}}.$$

Dabei waren die reellen positiven Grössen G, a_0, b_0 nur durch die Werthe von σ_0, τ_0, v, w bestimmt, und einzig und allein bei der Bestimmung der reellen (positiven oder negativen) Grösse c_0 kam der Werth von u in Betracht.

---

[*] S. 77 dieses Sonderabdrucks[1].

[1] Bd. V, S. 88 dieser Ausgabe von *L. Kronecker's* Werken.   H

Setzt man $u = (u_0 + u_1 i)v$, so ist gemäss den im § 1 gegebenen Bestimmungen:

$$c_0 + c_1 i = (u_0 + u_1 i)(2 s_0 \psi + (2 s s_0 - s_1) s' \varphi i),$$

also:

$$c_0 = 2 s_0 u_0 \psi - (2 s s_0 - s_1) s' u_1 \varphi.$$

Man kann daher, wenn der Werth der complexen Variabeln u innerhalb eines bestimmten endlichen Gebiets $\mathfrak{G}$ bleibt, stets eine Grösse $-\mathfrak{p}$ finden, unter welche der Werth von c_0 nicht sinkt, und der Werth der Summe $(\mathfrak{A})$ ist dann für alle innerhalb jenes Gebiets bleibenden Werthe von u absolut kleiner als:

$$\frac{G^2 \Gamma(1 + \varrho)}{(a_0 m_0 + b_0 n_0 - \mathfrak{p})^{1 + \sigma}}.$$

Dabei müssen m_0, n_0 so gross sein, dass $a_0 m_0 + b_0 n_0 - \mathfrak{p}$ positiv wird.

Bezeichnet man nun zur Abkürzung die Reihe:

$$\sum_{m = -M}^{m = +M} \sum_{n = -M}^{n = +M} \frac{e^{(n \sigma_0 - m \tau_0) 2 \pi i}}{(u + mv + nw)^{1 + \varrho}},$$

als Function von M und u, mit $F(M, u)$, so kann man, gemäss der obigen Auseinandersetzung, M so gross wählen, dass für alle innerhalb eines gegebenen Gebiets $\mathfrak{G}$ liegenden Werthe der complexen Variabeln u der Werth der Differenz:

$$F(M + r, u) - F(M, u)$$

für jede, noch so grosse, Zahl r unter einer vorgeschriebenen festen Grenze bleibt, sobald nur das Gebiet $\mathfrak{G}$ keinen der von vorn herein ausgeschlossenen Werthe enthält, für welche einer der Nenner $u + mv + nw$ gleich Null wird. Die Reihe $\mathrm{Ser}_\varrho(u_0, u, v, w)$, wie sie durch die Gleichung $(\mathfrak{D})$ im § 3 definirt ist, convergirt hiernach für alle innerhalb $\mathfrak{G}$ liegenden Werthe von u *gleichmässig*.

Nach diesen Vorbemerkungen erhellt unmittelbar die Richtigkeit der Gleichung:

$$(\mathfrak{G}) \qquad (1 + \varrho) \int_u^{u_1} \mathrm{Ser}_{1 + \varrho}(u_0, u, v, w) \, du = \mathrm{Ser}_\varrho(u_0, u, v, w) - \mathrm{Ser}_\varrho(u_0, u_1, v, w),$$

da man hierin überall für die unendlichen Reihen $\mathrm{Ser}_{1 + \varrho}$, Ser_ϱ die endlichen, durch die Summationsbedingungen:

$$-M \leqq m \leqq M, \quad -M \leqq n \leqq M$$

begrenzten Reihen nehmen und dabei M so gross wählen kann, dass für alle auf dem Integrationswege liegenden Werthe von u der Unterschied zwischen den endlichen und unendlichen Reihen, sowohl für ϱ als auch für $1 + \varrho$, unter einer vorgeschriebenen festen Grenze bleibt.

Lässt man in der Gleichung ($\mathfrak{G}$) die Integrationsgrenzen an einander rücken, so resultirt die Gleichung:

$$(\mathfrak{G}') \qquad \frac{\partial\, \mathrm{Ser}_\varrho(u_0, u, v, w)}{\partial u} = -(1 + \varrho)\, \mathrm{Sor}_{1 + \varrho}(u_0, u, v, w);$$

die Function $\mathrm{Ser}_\varrho(u_0, u, v, w)$ hat also, als Function der complexen Variabeln u betrachtet, Differentialquotienten aller Ordnungen, und diese haben endliche Werthe, sobald nur nicht beide durch die Gleichung $u = \sigma v + \tau w$ definirten reellen Grössen σ, τ ganzzahlige Werthe haben.

Es ist hiernach $\mathrm{Ser}_\varrho(u_0, u, v, w)$, für $\varrho = 0$ und für jede positive ganze Zahl ϱ, eine Function von u mit folgenden Eigenschaften:

> sie selbst und ihre Differentialquotienten sind für alle Werthe von u, mit alleiniger Ausnahme derjenigen, für welche die Gleichung $u + mv + nw = 0$ in ganzen Zahlen m, n erfüllbar ist, eindeutig und endlich, und der Grenzwerth, welchem sich das Product:
>
> $$(u + mv + nw)^{1 + \varrho}\, \mathrm{Ser}_\varrho(u_0, u, v, w)$$
>
> nähert, wenn man $u + mv + nw$ gleich Null werden lässt, ist gleich $e^{(n\sigma_0 - m\tau_0)2\pi i}$.

Weiss man nun von einer Function $F(u)$, dass ihr eben dieselben Eigenschaften zukommen, und zwar in der Weise, dass die Differenz $F(u) - \mathrm{Ser}_\varrho(u_0, u, v, w)$ für alle Werthe der Variabeln u unter einer bestimmten Grösse bleibt, so erschliesst man unmittelbar aus dem *Cauchy*'schen Theorem, dass $F(u)$ mit $\mathrm{Ser}_\varrho(u_0, u, v, w)$ identisch ist.

Um hiervon eine Anwendung zu machen, nehme ich zuvörderst für $F(u)$:

$$\mathrm{Ser}_\varrho(u_0, u, v', w') \qquad (v' = \beta' v - \alpha' w,\ w' = -\beta v + \alpha w),$$

oder also:

$$\lim_{M = \infty} \sum_{m', n'} \frac{e^{(n'\sigma_0 - m'\tau_0)2\pi i}}{(u + m'v + n'w)^{1 + \varrho}} \qquad \left(\begin{array}{l} m' = \beta' m - \beta n,\ n' = -\alpha' m + \alpha n, \\ m, n = 0,\ \pm 1,\ \pm 2, \ldots \pm M \end{array}\right).$$

Da mittels der Relation $(\mathfrak{E}_2)$ im § 7 sowohl $\mathrm{Ser}_\varrho(u_0, u, v, w)$ als auch $\mathrm{Ser}_\varrho(u_0, u, v', w')$ auf solche Functionen Ser_ϱ reducirt werden können, in welchen das Argument u, wenn es auf die Form $\sigma v + \tau w$ gebracht ist, nur Grössen σ, τ enthält, die absolut kleiner als $\frac{1}{2}$ sind, und da für solche Werthe von u der absolute Werth jeder der beiden Reihen:

$$\mathrm{Ser}_\varrho(u_0, u, v, w), \quad \mathrm{Ser}_\varrho(u_0, u, v', w'),$$

nach Abtrennung des in beiden vorkommenden Gliedes $\frac{1}{u^{1+\varrho}}$, unter einer nach § 1 und § 2 zu bestimmenden Grenze bleibt, so ist dies auch für die Differenz der beiden Reihen der Fall, und man erschliesst also hieraus unmittelbar die allgemeine Transformationsformel $(\mathfrak{E}')$:

$$\mathrm{Ser}_\varrho(u_0, u, v, w) = \mathrm{Ser}_\varrho(u_0, u, v', w'),$$

welche im § 6 auf andere Weise hergeleitet worden ist.

Ich nehme zweitens $\varrho = 0$ und für $F(u)$ die im § 8 des art. XX mit $\overline{\mathrm{Atr}}(u_0, u, v, w)$ bezeichnete Function, welche im Anfange des citirten Paragraphen durch den Ausdruck dargestellt ist:

$$(\aleph) \qquad \frac{1}{v}\, e^{\frac{2\pi_0 u \pi i}{v}}\, \frac{\vartheta'\!\left(0, \dfrac{w}{v}\right)\vartheta\!\left(\dfrac{u_0 + u}{v}, \dfrac{w}{v}\right)}{\vartheta\!\left(\dfrac{u_0}{v}, \dfrac{w}{v}\right)\vartheta\!\left(\dfrac{u}{v}, \dfrac{w}{v}\right)},$$

wo, wie dort, der mit i multiplicirte Theil von $\frac{w}{v}$ positiv vorausgesetzt wird.

Aus der für zwei beliebige ganze Zahlen s, t bestehenden Relation:

$$(5) \qquad \vartheta\!\left(\frac{u + sv + tw}{v}, \frac{w}{v}\right) = e^{-(t^2 w + 2tu + sv + tw)\frac{\pi i}{v}}\, \vartheta\!\left(\frac{u}{v}, \frac{w}{v}\right)$$

ist schon im § 9 des art. XX die Gleichung hergeleitet worden:

$$\overline{\mathrm{Atr}}(u_0, u + sv + tw, v, w) = e^{(s\tau_0 - t\sigma_0)2\pi i}\, \overline{\mathrm{Atr}}(u_0, u, v, w),$$

und es findet ebenso, gemäss der Relation $(\mathfrak{E})$ im § 7 dieses art. XXI, für die Function $\mathrm{Ser}(u_0, u, v, w)$ die Gleichung statt:

$$\overline{\mathrm{Ser}}(u_0, u + sv + tw, v, w) = e^{(s\tau_0 - t\sigma_0)2\pi i}\, \mathrm{Ser}(u_0, u, v, w).$$

Man braucht daher, um die Endlichkeit der Differenz:

$$(\mathfrak{K}) \qquad \overline{\text{Atr}}(u_0, u, v, w) - \text{Ser}(u_0, u, v, w)$$

für beliebige Werthe des Arguments u nachzuweisen, nur darzuthun, dass diese Differenz, ihrem absoluten Werthe nach, stets unter einer zu bestimmenden festen Grenze bleibt, wenn man sich auf solche Werthe von u beschränkt, bei welchen die beiden durch die Gleichung:

$$u = \sigma v + \tau w$$

bestimmten reellen Grössen σ, τ absolut kleiner als $\frac{1}{2}$ sind. Für solche Werthe von u bleibt aber, wie aus der Productentwickelung der im Nenner des Ausdrucks $(\mathfrak{B})$ enthaltenen ϑ-Function $\vartheta\left(\frac{u}{v}, \frac{w}{v}\right)$ erhellt, die Differenz:

$$\text{Atr}(u_0, u, v, w) - \frac{1}{u},$$

ihrem absoluten Werthe nach, stets unter einer zu bestimmenden festen Grenze. Eben dasselbe findet, wie schon oben ausgeführt worden ist, für die Differenz:

$$\text{Ser}(u_0, u, v, w) - \frac{1}{u}$$

statt. Da hiernach auch der absolute Werth der Differenz $(\mathfrak{K})$ unter einer zu bestimmenden festen Grenze bleibt, so erschliesst man nunmehr mittels des *Cauchy*'schen Theorems jene Hauptgleichung:

$$(\mathfrak{L}) \qquad \text{Ser}(u_0, u, v, w) = \overline{\text{Atr}}(u_0, u, v, w)$$

oder:

$$(\mathfrak{L}') \qquad \text{Ser}(u_0, u, v, w) = \frac{1}{v} e^{\frac{\tau_0 u \pi i}{v}} \frac{\vartheta'\left(0, \frac{w}{v}\right) \vartheta\left(\frac{u_0+u}{v}, \frac{w}{v}\right)}{\vartheta\left(\frac{u_0}{v}, \frac{w}{v}\right) \vartheta\left(\frac{u}{v}, \frac{w}{v}\right)},$$

welche schon im art. **XX** auf zwei verschiedene Arten hergeleitet worden ist.

Es verdient hervorgehoben zu werden, dass, bei der vorstehenden höchst einfachen Verification der Gleichung $(\mathfrak{L}')$, von den Eigenschaften der ϑ-Function nur ihre Productentwickelung und die oben mit $(\mathfrak{H})$ bezeichnete Relation, von den Eigenschaften der Reihe $\text{Ser}(u_0, u, v, w)$ nur ihre Convergenz und die im § 7 mit $(\mathfrak{E})$ bezeichnete Relation gebraucht worden ist.

Die Formeln (Ω) und (Ω') können, wenn man von der oben über das Vorzeichen von $\frac{wi}{v}$ gemachten Voraussetzung abstrahirt, mit Hülfe der zweiten von den Gleichungen $(\mathfrak{G}_4)$ im § 7, in folgender Weise dargestellt werden:

$$\mathrm{Ser}(u_0, u, v, w) = \overline{\mathrm{Atr}}(su_0, u, v, sw),$$

$$(\mathfrak{M}) \qquad \mathrm{Ser}(u_0, u, v, w) = \frac{1}{v} e^{\frac{2\tau_0 u \pi i}{v}} \frac{\vartheta'\!\left(0, \frac{sw}{v}\right) \vartheta\!\left(\frac{su_0 + u}{v}, \frac{sw}{v}\right)}{\vartheta\!\left(\frac{su_0}{v}, \frac{sw}{v}\right) \vartheta\!\left(\frac{u}{v}, \frac{sw}{v}\right)},$$

wobei s das Vorzeichen des mit i multiplicirten Theils von $\frac{w}{v}$ bedeutet, und es erhellt aus der obigen Formel $(\mathfrak{G}')$, dass der Werth der Reihe:

$$\mathrm{Ser}_\varrho(u_0, u, v, w)$$

für beliebige positive ganzzahlige Werthe von ϱ durch den Coefficienten von z^ϱ in der Entwickelung des Ausdrucks:

$$\overline{\mathrm{Atr}}(su_0, u - z, v, sw),$$

oder:

$$\frac{1}{v} e^{\frac{2\tau_0(u-z)\pi i}{v}} \frac{\vartheta'\!\left(0, \frac{sw}{v}\right) \vartheta\!\left(\frac{su_0 + u - z}{v}, \frac{sw}{v}\right)}{\vartheta\!\left(\frac{su_0}{v}, \frac{sw}{v}\right) \vartheta\!\left(\frac{u - z}{v}, \frac{sw}{v}\right)}$$

nach steigenden Potenzen von z dargestellt wird.

Hierbei kann auch von der Beschränkung der Grössen σ_0, τ_0 auf nichtganzzahlige Werthe abgesehen werden, wenn man unter

$$\mathrm{Ser}_\varrho(u_0, u, v, w)$$

für ganzzahlige Werthe von σ_0 den Grenzwerth:

$$\lim_{\delta = 0} \mathrm{Ser}_\varrho(u_0 + \delta v, u, v, w),$$

für ganzzahlige Werthe von τ_0 den Grenzwerth:

$$\lim_{\delta = 0} \mathrm{Ser}_\varrho(u_0 + \delta w, u, v, w)$$

versteht.*) Die complexen Grössen u_0, u, v, w sind demgemäss nur der Beschränkung unterworfen, dass die beiden θ-Functionen:

$$\theta\left(\frac{\varepsilon u_0}{v}, \frac{\varepsilon w}{v}\right), \quad \theta\left(\frac{u}{v}, \frac{\varepsilon w}{v}\right)$$

von Null verschieden, also die beiden Gleichungen:

$$u_0 + mv + nw = 0, \quad u + mv + nw = 0 \qquad (u_0 = \sigma_0 v + \tau_0 w)$$

nicht in ganzen Zahlen m, n erfüllbar seien.

XXII.

§ 1.

Die schon im Anfange des Art. XXI hervorgehobene fundamentale Bedeutung der mit $\mathrm{Ser}\,(u_0, u, v, w)$ bezeichneten Reihe zeigt sich noch besonders darin, dass man durch deren Integration zu einer neuen merkwürdigen Verallgemeinerung der *Jacobi*'schen θ-Function gelangt.

Setzt man nämlich, wie in den vorhergehenden Abschnitten:

$$u_0 = \sigma_0 v + \tau_0 w, \quad u = \sigma v + \tau w,$$

so ist:

$$\mathrm{Ser}\,(u_0, u, v, w) = \sum_{m,n} \frac{e^{(n\sigma - m\tau_0)2\pi i}}{(\sigma+m)v + (\tau+n)w},$$

und zwar unter den im art. XXI angegebenen Summationsbedingungen. Nun besteht offenbar, gemäss der zweiten von den am Schlusse des art. XXI hergeleiteten, a. a. O. mit ($\mathfrak{M}$) bezeichneten Gleichungen, die Reihenrelation**):

$$\varepsilon e^{(\sigma_0 \tau - \sigma \tau_0)\pi i}\, \mathrm{Ser}\,(u_0, u, v, w) = e^{(\sigma \tau_0 - \sigma_0 \tau)\pi i}\, \mathrm{Ser}\,(u, u_0, v, w),$$

oder also:

$$(\mathfrak{A}) \qquad \varepsilon \sum_{m,n} \frac{e^{((\tau + n)\sigma_0 - (\sigma+m)\tau_0)2\pi i}}{(\sigma+m)v + (\tau+n)w} = \sum_{m,n} \frac{e^{(n\sigma - m\tau)2\pi i}}{(\sigma_0+m)v + (\tau_0+n)w},$$

und wenn man auf beiden Seiten das eine Mal in Beziehung auf σ_0 von σ_0 bis σ_0', das andere Mal in Beziehung auf τ_0 von τ_0 bis τ_0' integrirt, so kommt:

---

*) Vergl. die Ausführungen in § 5 und § 6.

**) In der schon am Schlusse von Art. XX hergeleiteten a. a. O. mit $(\mathcal{B}^{\mathrm{v}})$ bezeichneten Reihenrelation ist der Werth von w so vorausgesetzt worden, dass $\varepsilon = 1$ wird.

(B)

$$v \sum_{m,n} \frac{e^{-\tau_0(n+m)2\pi i}\left(e^{\sigma_0'(\tau+n)2\pi i} - e^{\sigma_0(\tau+n)2\pi i}\right)}{(\tau+n)\big((\sigma+m)v+(\tau+n)w\big)}$$
$$= 2\varepsilon\pi i \sum_{m,n} e^{(n\sigma-m\tau)2\pi i}\cdot \log\frac{(\sigma_0'+m)\,v+(\tau_0+n)\,w}{(\sigma_0+m)\,v+(\tau_0+n)\,w},$$

$$w \sum_{m,n} \frac{e^{\sigma_0(\tau+n)2\pi i}\left(e^{-\tau_0(\sigma+m)2\pi i} - e^{-\tau_0'(\sigma+m)2\pi i}\right)}{(\sigma+m)\big((\sigma+m)v+(\tau+n)w\big)}$$
$$= 2\varepsilon\pi i \sum_{m,n} e^{(n\sigma-m\tau)2\pi i}\cdot \log\frac{(\sigma_0+m)\,v+(\tau_0'+n)\,w}{(\sigma_0+m)\,v+(\tau_0+n)\,w}.$$

Damit die zu integrirenden Ausdrücke in dem Integrationsintervalle durchweg endlich bleiben, wird vorausgesetzt, dass weder zwischen σ_0 und σ_0' noch zwischen τ_0 und τ_0' eine ganze Zahl liegt. Die Frage der Convergenz der Reihen auf der rechten Seite der beiden Gleichungen (B) wird auf die in den vorhergehenden Abschnitten erledigte Frage der Convergenz der Reihe $\mathrm{Ser}_\varrho\,(u, u_0, v, w)$ für die Fälle $\varrho = 0$ und $\varrho = 1$ zurückgeführt, wenn man den Logarithmus:

$$\log\frac{(\sigma_0'+m)\,v+(\tau_0+n)\,w}{(\sigma_0+m)\,v+(\tau_0+n)\,w} \quad \text{oder} \quad \log\left(1-\frac{(\sigma_0-\sigma_0')v}{(\sigma_0+m)\,v+(\tau_0+n)\,w}\right)$$

auf der rechten Seite der ersteren Gleichung (B) durch die Reihe:

$$\sum_{\varrho=0}^{\varrho=\infty}\frac{(\sigma_0-\sigma_0')^{1+\varrho}\,v^{1+\varrho}}{(1+\varrho)\big((\sigma_0+m)\,v+(\tau_0+n)\,w\big)^{1+\varrho}}$$

ersetzt. Denn der alsdann resultirende Ausdruck kann in die drei Theile zerlegt werden:

$$v\,(\sigma_0 - \sigma_0')\,\mathrm{Ser}_0\,(u, u_0, v, w),$$
$$\tfrac{1}{2}v^2(\sigma_0 - \sigma_0')^2\,\mathrm{Ser}_1\,(u, u_0, v, w),$$
$$\sum_{\varrho=2}^{\varrho=\infty}\sum_{m,n}\frac{\big(v(\sigma_0-\sigma_0')\big)^{1+\varrho}}{1+\varrho}\cdot\frac{e^{(n\sigma-m\tau)2\pi i}}{\big((\sigma_0+m)\,v+(\tau_0+n)\,w\big)^{1+\varrho}},$$

und dass die Reihe:

$$\sum_{\varrho=2}^{\varrho=\infty}\sum_{m,n}\frac{1}{\big|(\sigma_0+m)\,v+(\tau_0+n)\,w\big|^{1+\varrho}},$$

also auch die Reihe, welche den letzten jener drei Theile bildet, convergirt, ist bereits von *Eisenstein* nachgewiesen worden.[*)]

[*)] Vergl. § 2 der Abhandlung „Genaue Untersuchung der unendlichen Doppelproducte, aus welchen die elliptischen Functionen als Quotienten zusammengesetzt sind". *Crelle*'s Journal, Bd. 35, S. 166.

Wenn man in der ersteren der Gleichungen (B) τ_0' für τ_0 substituirt und alsdann beide Gleichungen addirt, so resultirt auf der rechten Seite der Reihe:

$$(\mathfrak{C}) \qquad 2s\pi i \sum_{m,n} e^{(n\sigma - m\tau)2\pi i} \log \frac{(\sigma_0' + m)v + (\tau_0' + n)w}{(\sigma_0 + m)v + (\tau_0 + n)w},$$

während der Ausdruck auf der linken Seite sich zuvörderst als ein Aggregat von Reihen in folgender Weise darstellt:

$$v\sum_{m,n} \frac{e^{((\tau+n)\sigma_0' - (\sigma+m)\tau_0')2\pi i}}{(\tau+n)((\sigma+m)v+(\tau+n)w)} - v\sum_{m,n}\frac{e^{((\tau+n)\sigma_0 - (n+m)\tau_0)2\pi i}}{(\tau+n)((\sigma+m)v+(\tau+n)w)}$$
$$+ w\sum_{m,n}\frac{e^{((\tau+n)\sigma_0 - (\sigma+m)\tau_0)2\pi i}}{(\sigma+m)((\sigma+m)v+(\tau+n)w)} - w\sum_{m,n}\frac{e^{((\tau+n)\sigma_0 - (\sigma+m)\tau_0')2\pi i}}{(\sigma+m)((\sigma+m)v+(\tau+n)w)}.$$

Nun erhält man durch Vereinigung der mit dem Minuszeichen versehenen zweiten und vierten dieser vier Reihen das Reihenproduct:

$$-\sum_m \frac{e^{2\tau_0'(\sigma+m)\pi i}}{\sigma+m} \sum_n \frac{e^{2\sigma_0(\tau+n)\pi i}}{\tau+n},$$

und die einzelnen Werthe dieser beiden Reihen sind durch die Gleichungen bestimmt:

$$\sum_m \frac{e^{-2\tau_0'(\sigma+m)\pi i}}{\sigma+m} = 2\pi i \cdot \frac{e^{-2\sigma[\tau_0']\pi i}}{e^{2\sigma\pi i}-1},$$

$$\sum_n \frac{e^{2\sigma_0(\tau+n)\pi i}}{\tau+n} = 2\pi i \cdot \frac{e^{2\tau[\sigma_0]\pi i}}{1-e^{-2\tau\pi i}}.$$

Man kann daher, wenn man berücksichtigt, dass der Voraussetzung nach $[\tau_0']=[\tau_0]$ ist, den ganzen Ausdruck auf folgende Form bringen:

$$(\mathfrak{D}) \qquad v\sum_{m,n}\frac{e^{((\tau+n)\sigma_0' - (\sigma+m)\tau_0')2\pi i}}{(\tau+n)((\sigma+m)v+(\tau+n)w)} + w\sum_{m,n}\frac{e^{((\tau+n)\sigma_0 - (\sigma+m)\tau_0)2\pi i}}{(\sigma+m)((\sigma+m)v+(\tau+n)w)}$$
$$- \frac{\pi}{\sin\sigma\pi}\cdot\frac{\pi}{\sin\tau\pi}\cdot e^{(-\sigma+\tau-2\sigma[\tau_0]+2\tau[\sigma_0])\pi i}.$$

Da der Werth dieses Ausdrucks $(\mathfrak{D})$ mit dem von $(\mathfrak{C})$ übereinstimmt, so muss man dafür den entgegengesetzten Werth erhalten, wenn σ_0 mit σ_0' und zugleich τ_0 mit τ_0' vertauscht wird. Dies kann an dem Ausdruck $(\mathfrak{D})$ selbst nachgewiesen werden, indem man zeigt, dass die Summe des Ausdrucks $(\mathfrak{D})$ und desjenigen $(\mathfrak{D}')$, welcher durch die angegebene Vertauschung entsteht, gleich Null wird. Nun ist diese Summe gleich der Differenz von:

(E)
$$\sum_{m,n} \frac{e^{((\tau+n)\sigma_0-(\sigma+m)\tau_0)} + e^{((\tau+n)\sigma_0'-(\sigma+m)\tau_0')2\pi i}}{(\sigma+m)(\tau+n)}$$

und:

(E')
$$2\,\frac{\pi}{\sin\sigma\pi}\cdot\frac{\pi}{\sin\tau\pi}\,e^{(-\sigma+\tau-2\sigma[\tau_0]+2\tau[\sigma_0])\pi i}.$$

Bringt man den ersteren Ausdruck (E) auf die Form:

$$\sum_m \frac{e^{-2\tau_0(\sigma+m)\pi i}}{\sigma+m}\cdot\sum_n \frac{e^{2\sigma_0(\tau+n)\pi i}}{\tau+n} + \sum_m \frac{e^{-2\tau_0'(\sigma+m)\pi i}}{\sigma+m}\cdot\sum_n \frac{e^{2\sigma_0'(\tau+n)\pi i}}{\tau+n}$$

und summirt die einzelnen Reihen in der oben angegebenen Weise, so erhält man dafür den Werth:

$$\frac{e^{(-\sigma+\tau)\pi i}}{\sin\sigma\pi\,\sin\tau\pi}\cdot\left(e^{(\tau[\sigma_0]-\sigma[\tau_0])2\pi i} + e^{(\tau[\sigma_0']-\sigma[\tau_0'])2\pi i}\right),$$

welcher in der That mit dem Ausdruck (E') übereinstimmt, da der Voraussetzung
nach:

$$[\sigma_0] = [\sigma_0'], \quad [\tau_0] = [\tau_0']$$

ist.

Bildet man jetzt die halbe Differenz der beiden mit (D) und (D') bezeichneten Ausdrücke, welche ihrem Werthe nach mit (D) übereinstimmt, so fällt der
letzte der drei Theile in dem obigen Ausdruck von (D) fort, und es resultirt die doppelt unendliche Reihe:

(F)
$$\sum_{m,n} \frac{(\sigma+m)v-(\tau+n)w}{(\sigma+m)v+(\tau+n)w}\,\frac{e^{((\tau+n)\sigma_0'-(\sigma+m)\tau_0')2\pi i} - e^{((\tau+n)\sigma_0-(\sigma+m)\tau_0)2\pi i}}{2(\sigma+m)(\tau+n)}.$$

Deren Werth hat sich also durch die vorstehende Entwickelung, als übereinstimmend
mit demjenigen der obigen Reihe:

(G)
$$2\varepsilon\pi i\sum_{m,n} e^{(n\sigma-m\tau)2\pi i}\,\log\frac{(\sigma_0'+m)v+(\tau_0'+n)w}{(\sigma_0+m)v+(\tau_0+n)w}$$

erwiesen, sowie mit demjenigen des Ausdrucks:

$$2\varepsilon v\pi i\int_{\sigma_0}^{\sigma_0'}\mathrm{Ser}\,(\sigma v+\tau w,\sigma_0 v+\tau_0 w,v,w)d\sigma_0 + 2\varepsilon w\pi i\int_{\tau_0}^{\tau_0'}\mathrm{Ser}\,(\sigma v+\tau w,\sigma_0 v+\tau_0 w,v,w)d\tau_0,$$

in welchem die Reihen unter dem Integralzeichen in der bei (M) im vorigen Abschnitte angegebenen Weise durch ϑ-Functionen dargestellt werden können.

Es ist noch hervorzuheben, dass der Werth der Reihe (𝔉), wenn man unter dem Summenzeichen den Factor $\dfrac{(\sigma+m)v - (\tau+n)w}{(\sigma+m)v + (\tau+n)w}$ weglässt, gleich Null wird, und dass demnach die Werthe der beiden Reihen:

(𝔉')
$$v \sum_{m,n} \frac{e^{((\tau+n)\sigma_0' - (\sigma+m)\tau_0)2\pi i} - e^{((\tau+n)\sigma_0 - (\sigma+m)\tau_0)2\pi i}}{(\tau+n)((\sigma+m)v + (\tau+n)w)},$$

(𝔉'')
$$- w \sum_{m,n} \frac{e^{((\tau+n)\sigma_0' - (\sigma+m)\tau_0)2\pi i} - e^{((\tau+n)\sigma_0 - (\sigma+m)\tau_0)2\pi i}}{(\sigma+m)((\sigma+m)v + (\tau+n)w)}$$

mit demjenigen der Reihe (𝔉) übereinstimmen[1]).

---

[1]) Vgl. Zusatz 7 am Ende dieses Bandes.

H

DIE LEGENDRE'SCHE RELATION

VON

L. KRONECKER.

Sitzungsberichte der Königlich Preussischen Akademie der Wissenschaften zu Berlin vom Jahre 1891. S. 328—382, S. 343—358, S. 447—465, S. 905—908.

DIE LEGENDRE'SCHE RELATION.

[Gelesen in der Akademie der Wissenschaften am 2. April 1892.]

Die bilineare Gleichung, welche zwischen den vollständigen elliptischen Integralen erster und zweiter Gattung mit beliebigem Modul und denjenigen mit complementärem Modul besteht, wird von *Legendre* im Cap. XII p. 60 des 1825 erschienenen ersten Bandes seines Werkes *Traité des fonctions elliptiques* zuvörderst auf Grund zweier im Cap. XI p. 59 entwickelten Gleichungen für die besonderen Moduln $\frac{1}{2}\sqrt{2 \pm \sqrt{3}}$ hergeleitet und erst dann in höchst einfacher Weise auf den Fall beliebiger Moduln ausgedehnt, indem gezeigt wird, dass die Differentiation von:

$$FE' + F'E - FF'$$

nach einem der Moduln als Resultat Null ergiebt. Hieraus folgt nämlich offenbar, dass der angegebene Ausdruck, in welchem F, E die vollständigen elliptischen Integrale erster und zweiter Gattung für den einen Modul und F', E' diejenigen für den complementären Modul bedeuten, für *jedes* Paar zu einander complementärer Moduln eben denselben Werth $\left(\frac{1}{2}\pi\right)$ hat, welcher für das specielle Paar complementärer Moduln $\frac{1}{2}\sqrt{2 \pm \sqrt{3}}$ ermittelt worden ist.

Dabei verdient hervorgehoben zu werden, dass schon in dem art. XVII, welcher den Schluss der zweiten Abhandlung *Legendre's* „über die Integrationen durch Ellipsenbögen" bildet,[*] die Anfänge der Entwickelungen erkennbar sind, welche im XI. Capitel Nr. 43 seines Werkes über die elliptischen Functionen auf die Relation:

$$FE' + F'E - FF' = \frac{1}{2}\pi$$

für das Modulpaar $\frac{1}{2}\sqrt{2 \pm \sqrt{3}}$ führen. Ich möchte deshalb glauben, dass *Legendre* schon bald nachher, also etwa vor einem Jahrhundert, die Relation gefunden hat.

[*] Second Mémoire sur les intégrations par arcs d'ellipse et sur la comparaison de ces arcs. Par M. *Le Gendre*. Histoire de l'Académie Royale des Sciences. Année 1786 p. 679—688.

Eine Angabe über den Zeitpunkt der Auffindung hat *Legendre* weder an der citirten Stelle seines *Traité des fonctions elliptiques* noch an der entsprechenden Stelle des ersten, im Jahre 1811 erschienenen Bandes seiner *Exercices de calcul intégral* gemacht, vielleicht aber in der 1794 erschienenen Abhandlung „*Mémoire sur les transcendantes elliptiques*", welche ich nicht habe einsehen können, da sie in den hiesigen Bibliotheken nicht vorhanden ist. In den beiden angeführten Werken *Exercices de calcul intégral* (Tome I 1811) und *Traité des fonctions elliptiques* (Tome I 1825) sind die auf die Relation bezüglichen Entwickelungen fast gleichlautend, und selbst die Seitenzahlen stimmen dabei nahezu überein. So passt z. B. die Seitenangabe (p. 61) bei *Jacobi's* Citat der *Legendre*'schen Relation im art. 56 der Fundamenta[1]) sowohl auf den ersten, 1811 erschienenen Band der *Exercices* als auch auf den ersten, 1825 erschienenen Band des *Traité des fonctions elliptiques*.

Jacobi bezeichnet die *Legendre*'sche Relation an der angeführten Stelle im art. 56 der *Fundamenta nova theoriae functionum ellipticarum* als „theorema egregium Cl¹ *Legendre*", an einer anderen Stelle,*) wo er angiebt, er habe dieselbe auf alle *Abel*'schen Integrale ausgedehnt, als „die berühmte, von *Legendre* entdeckte Relation zwischen den vollständigen Integralen der ersten und zweiten Gattung zweier elliptischer Integrale, deren Moduln Complemente zu einander sind"; sie ist in allen Werken und Lehrbüchern, in welchen die Theorie der elliptischen Functionen behandelt wird (in den neueren meist ohne Nennung *Legendre*'s), aufgenommen und auf mannigfache Art bewiesen worden. Auch hat *Jacobi*'s Darstellung des elliptischen Integrals zweiter Gattung durch die ϑ-Functionen, mittels deren er in seinen, im Wintersemester 1835/36 in Königsberg gehaltenen, durch *Rosenhain*'s Nachschrift bekannten Vorlesungen die *Legendre*'sche Relation begründet**), über diese wie über

---

*) Note von der geodaetischen Linie auf einem Ellipsoid und den verschiedenen Anwendungen einer merkwürdigen analytischen Substitution. Berichte der Akademie von 1839 S. 65 (*Crelle's* Journal Bd. 19. S. 312, *Jacobi's* Werke Bd. II. S. 62). Vergl. die Stelle in der *Haedenkamp*'schen Abhandlung „über die Transformation vielfacher Integrale" (*Crelle's* Journal Bd. 22. S. 187), welche sich auf die citirte *Jacobi*'sche Äusserung bezieht.

**) Die bezügliche Vorlesung ist als die 44ste in der *Rosenhain*'schen Ausarbeitung, deren Original in der Bibliothek der Akademie ist, bezeichnet. Ich habe diese Ausarbeitung schon in meiner Mittheilung vom 14. März 1889 auf S. 214 der Sitzungsberichte erwähnt, aber dort nicht das Semester, in welchem *Jacobi* die Vorlesungen gehalten hat, angegeben,

[1]) *Jacobi*, Werke, Bd. I, S. 214.   H

die wenigen anderen, vor *Abel* und *Jacobi* bekannten Resultate der Theorie der elliptischen Integrale ein ganz neues Licht verbreitet. Aber in vollkommen befriedigender Weise wird, wie mir scheint, der innere Grund der *Legendre*'schen Relation erst durch die Betrachtung jener Reihe aufgedeckt, welche ich in meinen Mittheilungen vom 30. Jan., 6. Febr. und 13. März 1890[1]) mit $\mathrm{Ser}\,(u_0, u, v, w)$ oder:

$$\mathrm{Ser}\,(v\sigma_0 + w\tau_0,\; v\sigma + w\tau,\; v,\; w)$$

bezeichnet und dort eingehend discutirt habe.

Die erwähnte Reihe behält nämlich ihren Werth bei, wenn man die Grössen:

$$\sigma_0, \qquad \tau_0, \qquad \sigma, \qquad \tau, \qquad v, \qquad w$$

durch $\;\;\alpha\sigma_0 + \beta\tau_0,\;\; \alpha'\sigma_0 + \beta'\tau_0,\;\; \alpha\sigma + \beta\tau,\;\; \alpha'\sigma + \beta'\tau\;\; \beta'v - \alpha'w,\;\; -\beta v + \alpha w$

ersetzt, wo $\alpha, \alpha', \beta, \beta'$ ganze Zahlen bedeuten, für welche $\alpha\beta' - \alpha'\beta = 1$ ist. Wenn man nun den a. a. O. für die Reihe gefundenen Ausdruck:*)

$$\frac{1}{v}\,e^{\frac{2\tau_0 u\pi i}{v}}\; \frac{\vartheta'\left(0, \frac{\varepsilon w}{v}\right)\,\vartheta\left(\frac{\varepsilon u_0 + u}{v}, \frac{\varepsilon w}{v}\right)}{\vartheta\left(\frac{\varepsilon u_0}{v}, \frac{\varepsilon w}{v}\right)\,\vartheta\left(\frac{u}{v}, \frac{\varepsilon w}{v}\right)} \qquad \left(\begin{smallmatrix}u_0 = v\sigma_0 + w\tau_0,\\ u = v\sigma + w\tau\end{smallmatrix}\right),$$

welcher dort zur Charakterisirung seiner Eigenschaft als Invariante (ἄτροπος) mit:

$$\overline{\mathrm{Atr}}\,(\varepsilon u_0,\, u,\, v,\, \varepsilon w)$$

bezeichnet ist, nach steigenden Potenzen der Grössen $\sigma_0, \tau_0, \sigma, \tau$ entwickelt, so hat natürlich jedes einzelne Aggregat von Gliedern einer und derselben Dimension für sich die angegebene Invarianteneigenschaft. Nun ist das Aggregat der Glieder erster Dimension:

$$(\mathfrak{A}) \qquad (v(\sigma + \varepsilon\sigma_0) + w(\tau + \varepsilon\tau_0))\left(\frac{2\varepsilon\tau_0\pi i}{v^2\sigma_0 + vw\tau_0} + \frac{1}{8v^3}\cdot\frac{\vartheta'''\left(0, \frac{\varepsilon w}{v}\right)}{\vartheta'\left(0, \frac{\varepsilon w}{v}\right)}\right),$$

und ich füge bei dieser Gelegenheit die Notiz hinzu, dass die in der Anmerkung Nr. 60 auf S. 545 des I. Bandes von *Jacobi*'s Werken erwähnten Vorlesungen „über elliptische Transcendenten", welche *Borchardt* gehört hat, von *Jacobi* im Wintersemester 1889/40 in Königsberg gehalten worden sind.

*) Vergl. S. 317 der Sitzungsberichte von 1889[2]).

[1]) Bd. V, S. 58—128 dieser Ausgabe von *L. Kronecker's* Werken.   H

[2]) Bd. V, S. 126 dieser Ausgabe.   H

wo ϑ' die erste und ϑ''' die dritte nach ζ genommene Ableitung der mit $\vartheta\left(\zeta, \frac{\varepsilon w}{v}\right)$ bezeichneten Reihe:

$$\sum_r e^{\frac{1}{4}\left(r^2 \frac{\varepsilon w}{v} + 4 r \zeta - 2 r\right)\pi i} \qquad (r = \pm 1, \pm 2, \pm 3, \ldots)$$

bedeutet, und da der erste Factor jenes Products offenbar bei der angegebenen Substitution ungeändert bleibt, so kommt auch dem zweiten Factor:

$$(\mathfrak{A}^0) \qquad -\frac{2\varepsilon v \tau_0 \pi i}{v^2 \sigma_0 + v w \tau_0} + \frac{1}{3 v^2} \cdot \frac{\vartheta'''\left(0, \frac{\varepsilon w}{v}\right)}{\vartheta'\left(0, \frac{\varepsilon w}{v}\right)}$$

für sich allein jene Invarianteneigenschaft zu. Hiermit ist aber der innere Grund der *Legendre*'schen Relation klar gelegt. Der Ausspruch,

dass der Ausdruck $(\mathfrak{A}^0)$ oder das mit $(\mathfrak{A})$ bezeichnete Aggregat der Glieder erster Dimension die angegebene Invarianteneigenschaft hat,

besagt genau dasselbe wie die *Legendre*'sche Relation, und um dies zu erkennen, braucht man nur die in der Relation vorkommenden elliptischen Integrale, wie jetzt geschehen soll, durch die ϑ-Function auszudrücken.

I.

Bedeuten, wie in meiner Mittheilung vom 13. März 1890[1]), v und w zwei complexe Grössen, und ist ε das Vorzeichen des mit i multiplicirten Theils von $\frac{w}{v}$, so kann man in den Formeln von *Jacobi*'s Fundamenta:

$$\frac{K'i}{K} = \frac{\varepsilon w}{v}, \quad q = e^{\frac{\varepsilon w \pi i}{v}}$$

setzen. Alsdann bestehen für die im art. 48 der Fundamenta mit A bezeichnete Grösse die Gleichungen:*)

$$(1) \qquad 12KE - 4(2 - \varkappa^2)K^2 = \pi^2(1 - 24A),$$

$$(2) \qquad A = \sum_{m, n} n \varepsilon^{\frac{2\varepsilon m n \pi i w}{v}} \qquad (m, n = 1, 2, 3, \ldots),$$

---

*) Vergl. S. 186 und 187 der Originalausgabe und S. 189 und 190 des I. Bandes von *Jacobi*'s gesammelten Werken.

[1]) Bd. V, S. 91 ff. dieser Ausgabe.

H

wo E das vollständige elliptische Integral zweiter Gattung mit dem Modul $\varkappa$ bedeutet. Es ist ferner gemäss der Formel (2) im art. 36 und der Formel (9) im art. 65 der Fundamenta:

$$\frac{\varepsilon w \pi i}{v} + 12 \sum_{n=1}^{n=\infty} \log\left(1 - e^{\frac{2 m n \pi i}{v}}\right) = 4 \log \vartheta'\left(0, \frac{\varepsilon w}{v}\right) - 4 \log 2\pi,$$

also, wenn nach w differentiirt wird:

$$1 - 24 \sum_{m,n} n e^{\frac{2 m n \pi i w}{v}} = -\frac{1}{\pi^2} \cdot \frac{\vartheta'''\left(0, \frac{\varepsilon w}{v}\right)}{\vartheta'\left(0, \frac{\varepsilon w}{v}\right)} \qquad (m, n = 1, 2, 3, \ldots),$$

und hieraus folgt mit Hülfe der Gleichungen (1) und (2) das Resultat:

$$(3) \qquad 12 K E - 4(2 - \varkappa^2) K^2 = -\frac{\vartheta'''\left(0, \frac{\varepsilon w}{v}\right)}{\vartheta'\left(0, \frac{\varepsilon w}{v}\right)},$$

welches die Darstellung des Integrals zweiter Gattung E durch ϑ-Functionen enthält. Ersetzt man nämlich darin K und $\varkappa K$ durch ihre ϑ-Ausdrücke:

$$K = \frac{1}{2}\pi \vartheta_3^2(0) = \frac{1}{2}\pi e^{\frac{\varepsilon w \pi i}{2v}} \vartheta^2\left(\frac{\varepsilon w + v}{2v}\right),$$

$$\varkappa K = \frac{1}{2}\pi \vartheta_2^2(0) = \frac{1}{2}\pi \vartheta^2\left(\frac{1}{2}\right),$$

wobei der Einfachheit halber das zweite Argument der ϑ-Functionen $\left(\frac{\varepsilon w}{v}\right)$ überall weggelassen ist, so kommt:

$$(4) \qquad 6\pi \vartheta_3^2(0) E = 2\pi^2 \vartheta_3^4(0) - \pi^2 \vartheta_2^4(0) - \frac{\vartheta'''(0)}{\vartheta'(0)}$$

oder:

$$3 \int_0^1 \sqrt{\vartheta_3^4(0) - \vartheta_2^4(0) \sin^2 \frac{1}{2}\, s\pi}\; ds = 2\vartheta_3^4(0) - \vartheta_2^4(0) - \frac{\vartheta'''(0)}{\pi^2 \vartheta'(0)}.$$

Nimmt man in der Gleichung (3) an Stelle des Moduls $\varkappa$ den complementären Modul $\varkappa'$, so geht dieselbe in folgende über:

$$(5) \qquad 12 K' E' - 4(2 - \varkappa'^2) K'^2 = -\frac{\vartheta'''\left(0, -\frac{\varepsilon v}{w}\right)}{\vartheta'\left(0, -\frac{\varepsilon v}{w}\right)},$$

wo E' das Integral zweiter Gattung für den Modul $\varkappa'$ bedeutet; denn es ist nach den oben eingeführten Bezeichnungen:

$$\frac{K'i}{K} = \frac{\varepsilon w}{v}, \quad \frac{Ki}{K'} = -\frac{\varepsilon v}{w}.$$

Wird nun die Gleichung (3) mit $-\frac{\varepsilon w i}{v}$ und die Gleichung (5) mit $\frac{\varepsilon v i}{w}$ multiplicirt, und alsdann die eine zu der andern addirt, so erhält man als Resultat:

$$12(K'E + KE' - KK') = \frac{\varepsilon w i}{v}\,\frac{\vartheta'''\left(0, \frac{\varepsilon w}{v}\right)}{\vartheta'\left(0, \frac{\varepsilon w}{v}\right)} - \frac{\varepsilon v i}{w}\,\frac{\vartheta'''\left(0, -\frac{\varepsilon v}{w}\right)}{\vartheta'\left(0, -\frac{\varepsilon v}{w}\right)},$$

und da die *Legendre*'sche Relation in den hier gebrauchten *Jacobi*'schen Bezeichnungen folgendermaassen lautet:

$$K'E + KE' - KK' = \frac{1}{2}\pi,$$

so erscheint dieselbe bei Anwendung der ϑ-Functionen in der Gestalt:

$$(6) \qquad v^2 \cdot \frac{\vartheta'''\left(0, -\frac{\varepsilon v}{w}\right)}{\vartheta'\left(0, -\frac{\varepsilon v}{w}\right)} - w^2 \cdot \frac{\vartheta'''\left(0, -\frac{\varepsilon w}{v}\right)}{\vartheta'\left(0, -\frac{\varepsilon w}{v}\right)} = 6\varepsilon v w \pi i.$$

Man kann aber diese Gleichung auch in folgender Weise darstellen:

$$(7) \qquad \frac{2\varepsilon\tau\pi i}{v(\sigma v + \tau w)} + \frac{1}{3v^2}\cdot\frac{\vartheta'''\left(0, \frac{\varepsilon w}{v}\right)}{\vartheta'\left(0, \frac{\varepsilon w}{v}\right)} = \frac{-2\varepsilon\sigma\pi i}{w(\sigma v + \tau w)} + \frac{1}{3w^2}\cdot\frac{\vartheta'''\left(0, -\frac{\varepsilon v}{w}\right)}{\vartheta'\left(0, -\frac{\varepsilon v}{w}\right)};$$

ihr Inhalt kann also dahin formulirt werden, dass der Ausdruck:

$$\frac{2\varepsilon\tau\pi i}{v(\sigma v + \tau w)} + \frac{1}{3v^2}\cdot\frac{\vartheta'''\left(0, \frac{\varepsilon w}{v}\right)}{\vartheta'\left(0, \frac{\varepsilon w}{v}\right)}$$

ungeändert bleibt, wenn man darin:

$$\sigma, \quad \tau, \quad v, \quad w$$

durch

$$-\tau, \quad \sigma, \quad -w, \quad v$$

ersetzt. Derselbe Ausdruck bleibt nun, wie die unmittelbar aus der Definition von ϑ resultirende Gleichung:

$$\vartheta\left(\zeta, \frac{\varepsilon w + v}{v}\right) = e^{\frac{1}{i}\pi i}\,\vartheta\left(\zeta, \frac{\varepsilon w}{v}\right)$$

zeigt, auch ungeändert, wenn man:

$$\sigma, \quad \tau, \quad v, \quad w,$$

durch

$$\sigma - s\tau, \quad \tau, \quad v, \quad w + sv$$

ersetzt, und mittels einer Reihe von Substitutionen der beiden angegebenen Arten gelangt man zu *jeder* Substitution:

$$(8)\qquad
\begin{aligned}
\sigma' &= \alpha\sigma + \beta\tau, & v' &= \beta'v - \alpha'w \\
\tau' &= \alpha'\sigma + \beta'\tau, & w' &= -\beta v + \alpha w
\end{aligned}
\qquad (\alpha\beta' - \alpha'\beta = 1),$$

in welcher α, α', β, β' ganze Zahlen bedeuten; es zeigt sich also, dass in der That, wie in der Einleitung angekündigt worden ist, der Inhalt der *Legendre*'schen Relation sich *vollständig* deckt mit dem Inhalte der Relation:

$$(9)\qquad
\frac{2\sigma\tau\pi i}{v(\sigma v+\tau w)} + \frac{1}{8v^2}\cdot\frac{\theta'''\left(0,\frac{sw}{v}\right)}{\theta'\left(0,\frac{sw}{v}\right)}
=
\frac{2\sigma'\tau'\pi i}{v'(\sigma'v+\tau'w)} + \frac{1}{8v'^2}\cdot\frac{\theta'''\left(0,\frac{s'w'}{v'}\right)}{\theta'\left(0,\frac{s'w'}{v'}\right)},$$

durch welche der Ausdruck:

$$(\mathfrak{A}')\qquad
\frac{2\sigma\tau\pi i}{v(\sigma v+\tau w)} + \frac{1}{8v^2}\cdot\frac{\theta'''\left(0,\frac{sw}{v}\right)}{\theta'\left(0,\frac{sw}{v}\right)}$$

als Invariante der Aequivalenz:

$$(A)\qquad
(\sigma,\tau,v,w)\sim(\alpha\sigma+\beta\tau,\,\alpha'\sigma+\beta'\tau,\,\beta'v-\alpha'w,\,-\beta v+\alpha w)$$

charakterisirt wird.

II.

Da $\sigma v + \tau w$ ebenfalls eine Invariante der Aequivalenz (A) ist, so deckt sich auch die Invarianteneigenschaft des Ausdrucks:

$$\frac{2\sigma\tau(\sigma v+\tau w)\pi i}{v} + \frac{(\sigma v+\tau w)^2}{8v^2}\cdot\frac{\theta'''\left(0,\frac{sw}{v}\right)}{\theta'\left(0,\frac{sw}{v}\right)}$$

mit dem Inhalt der *Legendre*'schen Relation. Dieser Ausdruck ist aber nur von dem Verhältniss $\frac{w}{v}$ abhängig und demnach eine Invariante der Aequivalenz:

$$\left(\sigma,\tau,\frac{w}{v}\right)\sim\left(\alpha\sigma+\beta\tau,\,\alpha'\sigma+\beta'\tau,\,\frac{\alpha w-\beta v}{-\alpha'w+\beta'v}\right).$$

Man kann daher $v = 1$ setzen und erhält alsdann in dem Ausdruck:

$$(\mathfrak{A}'') \qquad\qquad 2\varepsilon\tau(\sigma + \tau w)\pi i + \frac{1}{3}\,(\sigma + \tau w)^2 \cdot \frac{\vartheta'''(0,\varepsilon w)}{\vartheta'(0,\varepsilon w)}$$

eine Invariante der Aequivalenz:

$$(\mathrm{A}') \qquad\qquad (\sigma,\tau,w) \sim \left(a\sigma + \beta\tau,\, a'\sigma + \beta'\tau,\, \frac{a w - \beta}{-a' w + \beta'} \right).$$

Die zwischen den beiden Quotienten:

$$\frac{\vartheta'''(0,\varepsilon w)}{\vartheta'(0,\varepsilon w)}, \qquad \frac{\vartheta'''(0,\varepsilon' w')}{\vartheta'(0,\varepsilon' w')} \qquad\qquad\qquad \left(w' = \frac{a w - \beta}{-a' w + \beta'} \right)$$

bestehende Transformationsgleichung muss sich hiernach direct dadurch ergeben, dass man den Ausdruck ($\mathfrak{A}''$) gleich demjenigen setzt, welcher durch die Substitution von:

$$a\sigma + \beta\tau, \quad a'\sigma + \beta'\tau, \quad \frac{a w - \beta}{-a' w + \beta'}$$

an Stelle von $\qquad\qquad\quad \sigma, \qquad\qquad \tau, \qquad\qquad w$

daraus hervorgeht. In der That erhält man dabei als Resultat die Transformationsgleichung:

$$(10) \qquad \frac{\vartheta'''(0,\varepsilon' w')}{\vartheta'(0,\varepsilon' w')} = (a' w - \beta')^2 \cdot \frac{\vartheta'''(0,\varepsilon w)}{\vartheta'(0,\varepsilon w)} + 6 a'(a' w - \beta')\varepsilon\pi i,$$

welche offenbar eine Verallgemeinerung der obigen, die *Legendre*'sche Relation vertretenden Gleichung (6) ist und in diese übergeht, wenn:

$$a = 0,\ \beta = -1,\ a' = 1,\ \beta' = 0$$

gesetzt wird.

Es muss noch hervorgehoben werden, dass die Invarianteneigenschaft des mit ($\mathfrak{A}''$) bezeichneten Ausdrucks:

$$2\varepsilon\tau(\sigma + \tau w)\pi i + \frac{1}{3}\,(\sigma + \tau w)^2 \cdot \frac{\vartheta'''(0,\varepsilon w)}{\vartheta'(0,\varepsilon w)}$$

in Evidenz tritt, wenn man denselben, gemäss den obigen einleitenden Auseinandersetzungen, als das Aggregat der Glieder zweiter Dimension auffasst, welche bei der Entwickelung von:

$$(11) \qquad \varepsilon u \lim_{u_0 = 0} \left(-\frac{1}{u_0} + \mathrm{A\overline{tr}}\,(\varepsilon u, u_0, 1, w) \right) \qquad\qquad (u = \sigma + \tau w)$$

nach steigenden Potenzen von σ und τ auftreten. Die Entwickelung von:

$$A\tau\,(su,\,u_0,\,v,\,w)$$

ist nämlich, bis zu den Gliedern erster Dimension einschliesslich, folgende:

$$\frac{1}{u_0} + \frac{s}{u} + \frac{su+u_0}{uv}\cdot 2s\tau\pi i + \frac{su+u_0}{8v^3}\cdot\frac{\vartheta'''\left(0,\frac{sw}{v}\right)}{\vartheta'\left(0,\frac{sw}{v}\right)},$$

und es kommt also bei der Entwickelung von (11), wenn dieselbe bis zu den Gliedern zweiter Dimension einschliesslich genommen wird:

$$(\mathfrak{A}_1'')\qquad\qquad 1 + 2s\tau(\sigma + \tau w)\pi i + \frac{1}{3}(\sigma + \tau w)^2\frac{\vartheta'''(0,sw)}{\vartheta'(0,sw)}.$$

Dieser Ausdruck, welcher sich von $(\mathfrak{A}'')$ nur um 1 unterscheidet, kann daher an Stelle von $(\mathfrak{A}'')$ als Invariante der Aequivalenz:

$$(A')\qquad\qquad (\sigma,\tau,w)\sim\left(a\sigma + \beta\tau,\,a'\sigma + \beta'\tau,\,\frac{aw-\beta}{-a'w+\beta'}\right)\qquad\qquad (a\beta'-a'\beta=1)$$

genommen werden, und seine Invarianteneigenschaft tritt unmittelbar in Evidenz, wenn man ihn auf Grund der Gleichung (Ω) im § 10 meiner Mittheilung vom 13. März 1890[1]) als Aggregat der Glieder bis zur zweiten Dimension einschliesslich in der Entwickelung von:

$$(12)\qquad\qquad \lim_{N=\infty}\lim_{M=\infty}\sum\frac{\sigma+\tau w}{m+n w}\,e^{(s\sigma-m\tau)2s\pi i}$$

nach steigenden Potenzen von σ und τ auffasst. Dabei gelten für die Summation, wie a. a. O. dargelegt ist, die Bedingungen:

$$m = am' + \beta n',\qquad\qquad n = a'm' + \beta'n',$$
$$m' = \pm 1, \pm 2, \ldots \pm M,\qquad n' = \pm 1, \pm 2, \ldots \pm N,$$

und für a, β, a', β' können irgend welche, die Gleichung $a\beta' - a'\beta = 1$ befriedigende ganze Zahlen genommen werden.

Wendet man, wie ich es in meinen Universitätsvorlesungen zu thun pflege, den Begriff der Modulsysteme, welchen ich in der Algebra eingeführt habe, auch in der Analysis an, so ist jene Reihe (12) als „dem Ausdruck $(\mathfrak{A}_1'')$ congruent *modulis*

---

[1]) Bd. V, S. 126 dieser Ausgabe von *L. Kronecker's* Werken.   H

$\sigma^2, \sigma^2\tau, \sigma\tau^2, \tau^2$" zu bezeichnen. Alsdann lässt sich das oben entwickelte Resultat dahin formuliren, dass die Eigenschaft der Reihe:

$$\sum_m \sum_n \frac{\sigma + \tau w}{m + n w}\, e^{(n\sigma - m\tau)2\pi i} \qquad\qquad (m, n = \pm 1, \pm 2, \pm 3, \ldots),$$

eine Invariante der Aequivalenz:

$$(\sigma, \tau, w) \sim \left(\alpha\sigma + \beta\tau,\ \alpha'\sigma + \beta'\tau,\ \frac{\alpha w - \beta}{-\alpha' w + \beta'}\right) \qquad\qquad (\alpha\beta' - \alpha'\beta = 1)$$

im Sinne der Congruenz für das Modulsystem:

$$(\sigma^2, \sigma^2\tau, \sigma\tau^2, \tau^2)$$

zu sein, die *Legendre*'sche Relation ersetzt.

III.

Zu dem in der Gleichung (3) des art. I enthaltenen Ausdruck des vollständigen Integrals zweiter Gattung durch ϑ-Functionen gelangt man auch, indem man statt der Reihenentwickelungen der Fundamenta einige Formeln der im 36. Bande des *Crelle*'schen Journals publicirten Abhandlung *Jacobi*'s über die Differentialgleichung der ϑ-Reihen benutzt.[*]) Wenn man nämlich in dem Resultate der Addition der drei a. a. O. mit (4) bezeichneten Gleichungen:

$$\frac{d\log (A A_1 A_2)^2}{d\log q} = A B + A_1 B_1 - A_2 B_2$$

für A, A_1, A_2, B, B_1, B_2 die dort angegebenen Werthe:[**])

$$A = \frac{2}{\pi}\, K, \quad A_1 = \frac{2}{\pi}\, \varkappa K, \quad A_2 = \frac{2}{\pi}\, \varkappa' K,$$

$$B = \frac{2}{\pi}\, (E - \varkappa'^2 K), \quad B_1 = \frac{2}{\varkappa\pi}\, E, \quad B_2 = \frac{-2}{\varkappa'\pi}\, (E - K)$$

einsetzt, so ergiebt sich mit Berücksichtigung der schon oben benutzten Relation:

$$\pi\,(\vartheta'(0, w))^2 = 8\varkappa\varkappa' K^2$$

ganz unmittelbar die Gleichung:

$$-\frac{d\log \vartheta'(0, w)}{dw}\, \pi i = 8 K E - (2 - \varkappa^2) K^2 \qquad\qquad (w\pi i = \log q).$$

---

[*]) *Crelle*'s Journal, Bd. 36, S. 101 und *Jacobi*'s Werke Bd. II, S. 178.
[**]) *Crelle*'s Journal, Bd. 36, S. 100 und *Jacobi*'s Werke Bd. II, S. 176.

welche mit der obigen Gleichung (3) zu identificiren ist, indem von der Relation:

$$\frac{d\vartheta'(0,w)}{dw} = \frac{1}{4\pi i}\,\vartheta'''(0,w)$$

Gebrauch gemacht und alsdann w durch $\frac{\varepsilon w}{v}$ ersetzt wird.

IV.

Die bilineare Function der vollständigen elliptischen Integrale erster und zweiter Gattung für zwei mit einander complementäre Moduln:

$$12(K'E + KE' - KK')$$

ist im art. I durch den ϑ-Ausdruck:

$$\frac{\varepsilon w i}{v}\,\frac{\vartheta'''\left(0,\frac{\varepsilon w}{v}\right)}{\vartheta'\left(0,\frac{\varepsilon w}{v}\right)} - \frac{\varepsilon v i}{w}\,\frac{\vartheta'''\left(0,-\frac{\varepsilon v}{w}\right)}{\vartheta'\left(0,-\frac{\varepsilon v}{w}\right)}$$

dargestellt worden. Dieser nimmt mit Hülfe der am Schlusse des art. III erwähnten Relation:

$$\frac{d\vartheta'(0,w)}{dw} = \frac{1}{4\pi i}\,\vartheta'''(0,w)$$

folgende Gestalt an:

$$4\pi w\left(\frac{d\log\vartheta'\left(0,-\frac{\varepsilon v}{w}\right)}{dw} - \frac{d\log\vartheta'\left(0,\frac{\varepsilon w}{v}\right)}{dw}\right),$$

und die Integration führt daher zu der Gleichung:

$$\log\vartheta'\left(0,-\frac{\varepsilon v}{w}\right) = \log\vartheta'\left(0,\frac{\varepsilon w}{v}\right) + \frac{3}{\pi}\int(K'E + KE' - KK')\,d\log w.$$

Macht man nun zuvörderst nur von dem einen *Legendre*'schen Resultate Gebrauch, wonach der Werth des Ausdrucks $K'E + KE' - KK'$ vom Modul $\varkappa$ und also auch von w unabhängig ist, so kommt:

$$\vartheta'\left(0,-\frac{\varepsilon v}{w}\right) = (c^3 w)^{\frac{3}{\pi}(K'E+KE'-KK')}\,\vartheta'\left(0,\frac{\varepsilon w}{v}\right),$$

wo c^3 die Integrationsconstante bedeutet, und wenn man hierin nach einander $w = \varepsilon v e^{\frac{1}{3}\pi i}$ und $w = \varepsilon v e^{\frac{2}{3}\pi i}$ setzt, so erhält man wegen der evidenten Gleichungen:

$$\vartheta'\left(0,-e^{\frac{4}{3}\pi i}\right) = \vartheta'\left(0,e^{\frac{2}{3}\pi i}+1\right) = e^{\frac{1}{6}\pi i}\vartheta'\left(0,e^{\frac{1}{3}\pi i}\right)$$

die Bestimmungen:

$$K'E + KE' - KK' = \tfrac{1}{2}\,\pi, \quad \sigma^3 s v \vartheta^{\frac{3}{4}\pi i} = 1.$$

Die auf diese Weise resultirende Gleichung:

$$(18) \qquad \vartheta'\!\left(0, -\frac{sv}{w}\right) = \left(\sqrt{-\frac{sw i}{v}}\right)^3 \vartheta'\!\left(0, \frac{sw}{v}\right)$$

ist also eine einfache Folge der *Legendre*'schen Relation. Da andererseits diese in der oben (art. I) angegebenen Form:

$$(6) \qquad v^3 \cdot \frac{\vartheta'''\!\left(0, -\frac{sv}{w}\right)}{\vartheta'\!\left(0, -\frac{sv}{w}\right)} - w^3 \cdot \frac{\vartheta'''\!\left(0, \frac{sw}{v}\right)}{\vartheta'\!\left(0, \frac{sw}{v}\right)} = 6 s v w \pi i$$

durch logarithmische Differentiation aus der Gleichung (13) hervorgeht, so erweist sich dieselbe als mit der *Legendre*'schen Relation aequivalent, und zwar auch dann, wenn die Relation nur in *der* Weise gefasst wird, dass der Werth von $K'E + KK' - KK'$ von $\varkappa$ unabhängig ist.

Aber die Gleichung (18) ist wiederum als vollständig aequivalent mit der allgemeineren Transformationsgleichung:

$$(14) \qquad \vartheta\!\left(\frac{u}{w}, -\frac{sv}{w}\right) = -\, s i \left(\sqrt{-\frac{sw i}{v}}\right) e^{\frac{s u^2}{v w}\pi i} \, \vartheta\!\left(\frac{u}{v}, \frac{sw}{v}\right)$$

anzusehen. Denn einerseits geht offenbar die Gleichung (18) durch Differentiation aus der Gleichung (14) hervor; andererseits ist diese ebenso einfach aus jener zu erschliessen, da aus der Gleichung (18) in Verbindung mit der Fundamentaleigenschaft der ϑ-Reihe unmittelbar folgt, dass die Function der complexen Variabeln u, welche entsteht, wenn man die eine Seite der Gleichung (14) durch die andere dividirt, niemals unendlich wird und für $u = 0$ den Werth 1 hat.

Die Legendre'sche Relation erweist sich daher als vollständig aequivalent mit der Transformationsrelation (14), und hierin liegt wohl ihre hauptsächlichste Bedeutung.

Ich bemerke noch, dass man für den speciellen oben benutzten Werth $e^{\frac{2}{3}\pi i}$ des Quotienten $\frac{sw}{v}$ das Quadrat des Moduls gleich $-e^{\frac{2}{3}\pi i}$ und aus der Gleichung (6) die Werthbestimmung:

$$\frac{\vartheta'''\left(0, e^{\frac{1}{8}\pi i}\right)}{\vartheta'\left(0, e^{\frac{1}{8}\pi i}\right)} = -2\,|\sqrt{8}|\,\pi$$

erhält, wenn man die Gleichungen:

$$\vartheta'\left(0, -e^{\frac{1}{8}\pi i}\right) = \vartheta'\left(0, e^{\frac{1}{8}\pi i} + 1\right) = e^{\frac{1}{4}\pi i}\,\vartheta'\left(0, e^{\frac{1}{8}\pi i}\right),$$

$$\vartheta'''\left(0, -e^{\frac{1}{8}\pi i}\right) = \vartheta'''\left(0, e^{\frac{1}{8}\pi i} + 1\right) = e^{\frac{1}{4}\pi i}\,\vartheta'''\left(0, e^{\frac{1}{8}\pi i}\right)$$

zu Hülfe nimmt. Für $\varkappa = \sqrt{\dfrac{1}{2}}$ und $w = svi$ ist:

$$\frac{\vartheta'''(0, i)}{\vartheta'(0, i)} = -8\pi,$$

wie unmittelbar aus der Gleichung (6) hervorgeht.

V.

Geht man bei der Entwickelung der Theorie der elliptischen Functionen, wie es *Jacobi* in seinen schon erwähnten Königsberger Universitätsvorlesungen gethan hat, von der ϑ-Function aus, so ist die Methode, durch Differentiation der Transformationsgleichung (14) zu der *Legendre*'schen Relation zu gelangen, die einfachste und natürlichste. Sie ist auch von Hrn. *Schellbach* in seinem 1864 erschienenen Buche „Die Lehre von den elliptischen Integralen und den Theta-Functionen" im § 121 benutzt worden. Aber *Jacobi* hat dies auffallender Weise weder in den Vorlesungen von 1835/36 noch in den von 1839/40 gethan, obgleich er schon in der 11. Vorlesung von 1835/36 die Transformationsgleichung für die ϑ-Function abgeleitet, die Wichtigkeit derselben lebhaft hervorgehoben*) und dann in einer ganzen Reihe von etwa zehn Vorlesungen die Theorie der linearen Transformation der ϑ-Function eingehend behandelt hatte. Dagegen hat *Jacobi* schon im art. 56 der Fundamenta den entgegengesetzten Weg angegeben, auf welchem man von der *Legendre*'schen Rela-

---

*) *Jacobi* sagt a. a. O.: „Diese Transformation ist eine der wunderbarsten der ganzen Analysis, und sie giebt für specielle Werthe von q und s Gleichungen, die so auffallend sind, dass man sie ohne numerische Beispiele fast nicht glaubt."

19*

tion ausgehend zu der Transformationsgleichung für die ϑ-Function gelangt, allerdings nur soweit, dass noch die Bestimmung eines von dem ersten Argument der ϑ-Function unabhängigen Factors erübrigt.

Um die *Jacobi*'sche Deduktion hier kurz darzulegen, stelle ich zuvörderst die Beziehungen zwischen den Functionen Z und Θ der Fundamenta und der Function ϑ durch die beiden Gleichungen dar:

$$
\text{(15)} \qquad
\begin{aligned}
\Theta(2Ku) &= e^{\frac{1}{4}(w+4u-2)\pi i}\,\vartheta\!\left(u + \tfrac{1}{2}w,\ w\right) \\[2mm]
2KZ(2Ku) &= \pi i + \frac{\vartheta'\!\left(u + \tfrac{1}{2}w,\,w\right)}{\vartheta\!\left(u + \tfrac{1}{2}w,\,w\right)}
\end{aligned}
\qquad \left(w = \tfrac{K'i}{K}\right).
$$

Alsdann ist nach der Definition der Zeta-Function Z im art. 47 der Fundamenta:

$$
4uK(K-E) - 4\varkappa^2 K^2 \int_0^u \sin^2 \operatorname{am} 2\,Ku\,du = \pi i + \frac{\vartheta'\!\left(u + \tfrac{1}{2}w,\,w\right)}{\vartheta\!\left(u + \tfrac{1}{2}w,\,w\right)}.
$$

Wird diese Gleichung nach u differentiirt und dabei im Anschluss an die von *Jacobi* in seinen Vorlesungen gebrauchten Bezeichnungen*) zur Abkürzung:

$$
\frac{\vartheta'(u,w)}{\vartheta(u,w)} = \chi(u,w), \quad \frac{d\chi(u,w)}{du} = \chi'(u,w)
$$

gesetzt, so kommt:

$$
4K(K-E) - 4\varkappa^2 K^2 \sin^2 \operatorname{am}(2Ku,\varkappa) = \chi'\!\left(u + \tfrac{1}{2}w,\,w\right),
$$

und wenn u durch $u - \tfrac{1}{2}w$ ersetzt wird:

$$
\text{(16)} \qquad 4K(K-E) - \frac{4K^2}{\sin^2 \operatorname{am}(2Ku,\varkappa)} = \chi'(u,w).
$$

Substituirt man:

$$
\varkappa', \quad K', \quad E', \quad \tfrac{u}{w}
$$

für:

$$
\varkappa, \quad K, \quad E, \quad u
$$

---

*) In der *Borchardt*'schen Ausarbeitung, welche im I. Bande von *Jacobi*'s Werken abgedruckt ist, findet sich der Buchstabe ς an Stelle des im Vorlesungshefte gebrauchten Buchstabens χ.

und macht alsdann von der Relation:

$$\sin^2 \operatorname{am}(2Kui, \varkappa') = -\operatorname{tg}^2 \operatorname{am}(2Ku, \varkappa)$$

Gebrauch, so erhält man die Gleichung:

$$(17) \qquad 4K'(K'-E') + \frac{4K'^2}{\operatorname{tg}^2 \operatorname{am}(2Ku,\varkappa)} = \chi'\left(\frac{u}{w}, -\frac{1}{w}\right),$$

und aus der Verbindung der Gleichungen (16) und (17) geht das Resultat hervor:

$$(18) \qquad -4i(K'E + KE' - KK') = w\chi'(u,w) - \frac{1}{w}\chi'\left(\frac{u}{w}, -\frac{1}{w}\right).$$

Multiplicirt man diese Gleichung mit du und integrirt, so kommt:

$$\frac{\theta'\left(\frac{u}{w}, -\frac{1}{w}\right)}{w\,\theta\left(\frac{u}{w}, -\frac{1}{w}\right)} - \frac{\theta'(u,w)}{\theta(u,w)} = \frac{4ui}{w}(K'E + KE' - KK'),$$

da die Integrationsconstante sich gleich Null erweist, wenn man u mit $-u$ vertauscht. Wird nun auf Grund der *Legendre*'schen Relation der Ausdruck auf der rechten Seite durch $\frac{2u\pi i}{w}$ ersetzt, dann auf beiden Seiten mit du multiplicirt und integrirt, so ergiebt sich die Transformationsgleichung:

$$\theta\left(\frac{u}{w}, -\frac{1}{w}\right) = Ce^{\frac{u^2\pi i}{w}}\theta(u,w),$$

in welcher C die Integrationsconstante bedeutet. Bestimmt man dieselbe durch den Werth $u = \frac{1}{2}w$, so erhält man die Formel:

$$(19) \qquad \frac{\theta\left(\frac{u}{w}, -\frac{1}{w}\right)}{\theta\left(\frac{1}{2}, -\frac{1}{w}\right)} = e^{\frac{4u^2 - w^2}{4w}\pi i} \cdot \frac{\theta(u,w)}{\theta\left(\frac{1}{2}w, w\right)},$$

welche ihrem Inhalte nach mit der Formel (5) im art. 56 der Fundamenta übereinstimmt.

VI.

In seinen grundlegenden, aber selten citirten, auf ganz originalen Ideen beruhenden „Beiträgen zur Theorie der elliptischen Functionen", welche 1847 im 35. Bande des *Crelle*'schen Journals erschienen sind, hat *Eisenstein*, wie für die Theorie der θ-Function überhaupt, so insbesondere für die lineare Transformation derselben und implicite auch für die *Legendre*'sche Relation wesentlich neue Gesichtspunkte aufgestellt.

Eisenstein geht in der sechsten seiner Reihe von Abhandlungen[*]), anknüpfend an die Productentwickelungen der Kreisfunctionen, von dem Doppelproducte aus:

$$(20) \qquad \prod_{m,\,n} \left(1 - \frac{x}{\alpha m + \beta n + \gamma}\right) \qquad (m,\,n = 0, \pm 1, \pm 2, \pm 3, \ldots),$$

in welchem α, β, γ, x complexe Variabeln bedeuten. Ersetzt man hierin, im Anschluss an die obigen Bezeichnungen:

α durch v, β durch w, γ durch $v\sigma + w\tau$, $\gamma - x$ durch u_0 oder $v\sigma_0 + w\tau_0$,

wo σ, τ, σ_0, τ_0 *reelle* Variabeln sind, so nimmt das *Eisenstein*'sche Doppelproduct die Gestalt an:

$$(21) \qquad \lim_{N=\infty} \lim_{M=\infty} \prod_{n=-N}^{n=N} \prod_{m=-M}^{m=M} \frac{(\sigma_0+m)v+(\tau_0+n)w}{(\sigma+m)v+(\tau+n)w},$$

und man erhält alsdann durch Summation in Beziehung auf m und Benutzung der Formel:

$$\lim_{M\to\infty} \prod_{m=-M}^{m=M} \frac{x+m}{y+m} = \frac{\sin x\pi}{\sin y\pi}$$

das einfache Product:

$$\lim_{N=\infty} \prod_{n=-N}^{n=N} \frac{\sin\left(v\sigma_0 + w(\tau_0+n)\right)\frac{\pi}{v}}{\sin\left(v\sigma + w(\tau+n)\right)\frac{\pi}{v}}.$$

Der Werth desselben ist gleich:

$$\frac{\vartheta\left(\frac{u_0}{v}, \frac{sw}{v}\right)}{\vartheta\left(\frac{u}{v}, \frac{sw}{v}\right)},$$

und es ergiebt sich also die Gleichung:

$$(21^*) \qquad \lim_{N=\infty} \lim_{M=\infty} \prod_{m,\,n} \frac{(\sigma_0+m)v+(\tau_0+n)w}{(\sigma+m)v+(\tau+n)w} = \frac{\vartheta\left(\frac{u_0}{v}, \frac{sw}{v}\right)}{\vartheta\left(\frac{u}{v}, \frac{sw}{v}\right)} \qquad \left(\begin{matrix} m=0, \pm 1, \pm 2, \ldots \pm M \\ n=0, \pm 1, \pm 2, \ldots \pm N \end{matrix}\right).$$

---

[*]) *Crelle*'s Journal Bd. 35, S. 153.

Eisenstein untersucht nun a. a. O. die Werthänderung, welche das Doppelproduct (21) erfährt, wenn man darin:

$$\sigma',\ \tau',\ \sigma_0',\ \tau_0',\ v',\ w'$$

für:

$$\sigma,\ \tau,\ \sigma_0,\ \tau_0,\ v,\ w$$

substituirt, wobei $\sigma',\ \tau',\ \sigma_0',\ \tau_0',\ v',\ w'$ durch die Gleichungen:

$$(22) \qquad
\begin{aligned}
\sigma' &= \alpha\sigma + \beta\tau + \gamma, & \sigma_0' &= \alpha\sigma_0 + \beta\tau_0 + \gamma, & v' &= \beta' v - \alpha' w \\
\tau' &= \alpha'\sigma + \beta'\tau + \gamma', & \tau_0' &= \alpha'\sigma_0 + \beta'\tau_0 + \gamma', & w' &= -\beta v + \alpha w
\end{aligned}$$

definirt sind und $\alpha,\ \alpha',\ \beta,\ \beta',\ \gamma,\ \gamma'$ irgend welche der Bedingung $\alpha\beta' - \alpha'\beta = 1$ genügende ganze Zahlen bedeuten.

Diese Untersuchung gliedert sich in zwei deutlich unterschiedene Theile. Der erste enthält den Nachweis, dass die Differenz, welche verbleibt, wenn von dem Logarithmus des Doppelproducts (21), d. h. also von der Doppelsumme:

$$(23) \qquad \lim_{N=\infty}\lim_{M=\infty}\sum_{m,n}\log\!\left(1 - \frac{(\sigma-\sigma_0)v + (\tau-\tau_0)w}{(\sigma+m)v + (\tau+n)w}\right),$$

die zweifach unendliche Reihe:

$$(24) \qquad -\lim_{N=\infty}\lim_{M=\infty}\left\{\sum_{m,n}\frac{(\sigma-\sigma_0)v + (\tau-\tau_0)w}{(\sigma+m)v + (\tau+n)w} + \frac{1}{2}\left(\frac{(\sigma-\sigma_0)v + (\tau-\tau_0)w}{(\sigma+m)v + (\tau+n)w}\right)^2\right\} \qquad \left(\begin{smallmatrix}-N\le m\le N\\ -N\le n\le N\end{smallmatrix}\right)$$

subtrahirt wird, bei der angegebenen Substitution ihren Werth behält, und im zweiten Theile wird alsdann die durch die Substitution bewirkte Werthänderung eben dieser Reihe (24) ermittelt. Dabei bleiben Glieder der Reihe, in endlicher Anzahl, ausser Betracht; der übrige Theil der Reihe tritt bei der Entwickelung der nach Potenzen von:

$$\frac{(\sigma-\sigma_0)v + (\tau-\tau_0)w}{(\sigma+m)v + (\tau+n)w}$$

entwickelbaren Logarithmen der Doppelsumme (23) auf und bildet darin das Aggregat der ersten beiden Glieder.

Bedeutet $\mathrm{En}(u_0,\ u,\ v,\ w)$ eine Function von:

$$u_0,\ u,\ v,\ w \qquad\qquad \left(\begin{smallmatrix}u_0 = v\,\sigma_0 + w\,\tau_0\\ u = v\,\sigma + w\,\tau\end{smallmatrix}\right),$$

deren Logarithmus jene Differenz der beiden Doppelsummen (23) und (24) ist, welche sich nach der *Eisenstein*'schen Abhandlung als eine *Invariante der Aequivalenz*:

$$(\sigma_0,\ \tau_0,\ \sigma,\ \tau,\ v,\ w) \sim (\sigma_0',\ \tau_0',\ \sigma',\ \tau',\ v',\ w')$$

in der oben bei (22) angegebenen Bedeutung von σ_0', τ_0', σ', τ', v', w' erweist, so ist auch die Function $\mathrm{En}(u_0, u, v, w)$ selbst eine solche und soll deshalb als „*Eisenstein'sche Invariante*" bezeichnet werden.

Die *Eisenstein*'sche Invariante hängt nicht von ihren vier Argumenten selbst, sondern nur von deren Verhältnissen ab; ihre Beziehung zu dem ϑ-Quotienten in (21*) wird, wenn man zur Abkürzung:

$$\lim_{N=\infty} \lim_{M=\infty} \sum_{m,n} \frac{1}{u+mv+nw} = f_1(u, v, w)$$

$$\lim_{N=\infty} \lim_{M=\infty} \sum_{m,n} \frac{1}{(u+mv+nw)^2} = f_2(u, v, w)$$

$$\begin{pmatrix} -N \leq m \leq N \\ -N \leq n \leq N \end{pmatrix}$$

setzt, durch folgende Gleichung ausgedrückt:

$$(25) \qquad e^{-(u-u_0)f_1(u,v,w) - \frac{1}{2}(u-u_0)^2 f_2(u,v,w)} \, \mathrm{En}(u_0, u, v, w) = \frac{\vartheta\left(\dfrac{u_0}{v}, \dfrac{\varepsilon w}{v}\right)}{\vartheta\left(\dfrac{u}{v}, \dfrac{\varepsilon w}{v}\right)}.$$

Der Nachweis der Invarianteneigenschaft von $\log \mathrm{En}(u_0, u, v, w)$ ist in dem ersteren der beiden oben unterschiedenen Theile der *Eisenstein*'schen Entwickelungen nach gewöhnlichen Methoden geführt, indem die absolute Convergenz der Reihe:

$$\sum_{i, m, n} \frac{c^{(i)}}{(u+mv+nw)^{i+2}} \qquad \begin{pmatrix} i=1,2,3,\ldots \\ m,n=0, \pm 1, \pm 2, \ldots \end{pmatrix}$$

unter der Voraussetzung dargethan wird, dass die absoluten Werthe der Coefficienten $c^{(i)}$ unter einer bestimmten Grenze bleiben und dass, falls $u + mv + nw$ für ein Werthsystem m, n gleich Null ist, dieses bei der Summation ausgeschlossen wird. Aber die Bestimmung der Werthänderungen der hier mit $f_1(u, v, w)$, $f_2(u, v, w)$ bezeichneten Reihen bei der Substituirung von v', w' für v, w im zweiten Theile ist a. a. O. in eigenthümlicher, höchst sinnreicher Weise erfolgt; nur ist die Darstellung etwas weitläufig, und ich will deshalb hier die bezügliche *Eisenstein*'sche Deduction in wesentlich vereinfachter Form auseinandersetzen.

Gemäss der Definition von $f_1(u, v, w)$ und $f_2(u, v, w)$ ist für beide Werthe $r = 1, r = 2$:

$$(26) \qquad f_r(u + v, v, w) - f_r(u, v, w) = 0$$

und:

$$(27) \quad f_r(u+w,v,w) - f_r(u,v,w)$$
$$= \lim_{N=\infty} \lim_{M=\infty} \left\{ \sum_{m=-M}^{m=M}(u+mv+(N+1)w)^{-r} - \sum_{m=-M}^{m=M}(u+mv-Nw)^{-r} \right\}.$$

Werden hier die Summationen ausgeführt, und zwar mittels der Formeln:

$$\lim_{M=\infty} \sum_{m=-M}^{m=M}(x+mv)^{-1} = -\frac{\varepsilon\pi i}{v} \cdot \frac{e^{-\frac{i\varepsilon\pi i}{v}} + e^{\frac{i\varepsilon\pi i}{v}}}{e^{-\frac{i\varepsilon\pi i}{v}} - e^{\frac{i\varepsilon\pi i}{v}}},$$

$$\lim_{M=\infty} \sum_{m=-M}^{m=M}(x+mv)^{-2} = -\frac{4\pi^2}{v^2} \cdot \left(e^{\frac{i\varepsilon\pi i}{v}} - e^{-\frac{i\varepsilon\pi i}{v}} \right)^{-2},$$

wo ε das Vorzeichen des mit i multiplicirten Theils von $\frac{x}{v}$ bedeutet, so ergiebt die Gleichung (27) das Resultat:

$$f_1(u+w,v,w) - f_1(u,v,w) = -\frac{2\varepsilon\pi i}{v}, \quad f_2(u+w,v,w) - f_2(u,v,w) = 0,$$

folglich, wegen der Gleichung (26), für zwei beliebige ganze Zahlen g, h:

$$(28) \quad f_r(u+gv+hw,v,w) - f_r(u,v,w) = -\frac{2\varepsilon h\pi i}{v} \text{ oder } = 0,$$

je nachdem $r=1$ oder $r=2$ ist.

Setzt man nun:

$$gv+hw = -t, \quad g' = \alpha g + \beta h, \quad h' = \alpha'g + \beta'h$$

und wie oben:

$$v' = \beta'v - \alpha'w, \quad w' = -\beta v + \alpha w,$$

wo $\alpha, \beta, \alpha', \beta'$ ganze der Bedingung $\alpha\beta' - \alpha'\beta = 1$ genügende Zahlen bedeuten, so ist:

$$(29) \quad g'v' + h'w' = gv+hw = -t, \quad hv' - h'v = \alpha't$$

und gemäss der Gleichung (28):

$$(28^*) \quad f_r(u+g'v'+h'w', v', w') - f_r(u, v', w') = -\frac{2\varepsilon h'\pi i}{v} \text{ oder } = 0,$$

je nachdem $r=1$ oder $r=2$ ist. Die Gleichungen (28), (28*), (29) führen also zu dem Ergebniss:

$$(30) \quad f_r(u-t, v', w') - f_r(u-t, v, w) - f_r(u, v', w') + f_r(u, v, w) = \frac{2\varepsilon\alpha't\pi i}{vv'} \text{ oder } = 0,$$

je nachdem $r=1$ oder $r=2$ ist.

In den Entwickelungen der Ausdrücke:

$$-\frac{1}{u} + f_1(u, v, w) + \lim_{N=\infty}\lim_{N'=\infty} \sum_{m,n} \frac{u}{(mv + nw)^3}$$

$$-\frac{1}{u^2} + f_2(u, v, w) - \lim_{N=\infty}\lim_{N'=\infty} \sum_{m,n} \frac{1}{(mv + nw)^3} \qquad \left(\begin{smallmatrix} m=\pm1,\pm2,\dots\pm N\\ n=\pm1,\pm2,\dots\pm N'\end{smallmatrix}\right)$$

nach steigenden Potenzen von u kommen nur Glieder vor, in welchen die dritte oder eine höhere Potenz von $(mv + nw)$ den Nenner bildet; beide Ausdrücke behalten also nach den oben erwähnten *Eisenstein*'schen Ausführungen ihre Werthe, wenn v' für v und w' für w substituirt wird. Aus der Gleichung (30) geht demnach für $r = 1$ die folgende hervor:

$$(30^{*}) \qquad \lim_{N=\infty}\lim_{N'=\infty} \sum_{m,n} \left\{ \frac{1}{(mv' + nw')^3} - \frac{1}{(mv + nw)^3} \right\} = \frac{2 s a' \pi i}{vv'} \qquad \left(\begin{smallmatrix} m=\pm1,\pm2,\dots\pm N\\ n=\pm1,\pm2,\dots\pm N'\end{smallmatrix}\right),$$

und man erhält hieraus unmittelbar mit Hülfe der Gleichungen (28*) und (30) zur Bestimmung der Werthänderungen von f_1 und f_2 beim Übergange von u, v, w zu u', v', w' die Relationen:

$$(31) \qquad \begin{aligned} f_1(u', v', w') - f_1(u, v, w) &= -\frac{2 s a' u \pi i}{vv'} - \frac{2 s \gamma' \pi i}{v'}, \\[2mm] f_2(u', v', w') - f_2(u, v, w) &= \frac{2 s a' \pi i}{vv'}, \end{aligned}$$

unter den Bedingungen:

$$\begin{aligned} \sigma' &= a\sigma + \beta\tau + \gamma, & v' &= \beta'v - a'w, & u &= v\sigma + w\tau \\ \tau' &= a'\sigma + \beta'\tau + \gamma', & w' &= -\beta v + aw, & u' &= v'\sigma' + w'\tau' \end{aligned} \qquad (a\beta' - a'\beta = 1).$$

Dabei ist $u' = u + \gamma v + \gamma' w$, und s bedeutet das Vorzeichen des mit i multiplicirten Theiles von $\frac{w}{v}$.

Der Exponent von e auf der linken Seite der Gleichung (25) war:

$$-(u - u_0) f_1(u, v, w) - \frac{1}{2}(u - u_0)^2 f_2(u, v, w) \qquad \left(\begin{smallmatrix} u_0 = v\sigma_0 + w\tau_0 \\ u = v\sigma + w\tau \end{smallmatrix}\right).$$

Wird hierin u_0, u, v, w durch u_0', u', v', w' ersetzt und von dem so resultirenden Ausdruck der ursprüngliche subtrahirt, so sind darauf die Relationen (31) anwendbar, da $u - u_0 = u' - u_0'$ ist, und es ergiebt sich das Resultat:

$$(u^2 - u_0^2)\frac{\varepsilon a'\pi i}{vv'} + (u - u_0)\frac{2\varepsilon\gamma'\pi i}{v'}.$$

Aus der Gleichung (25) erhält man daher die Transformationsgleichung für die ϑ-Function:

$$(32)\qquad \frac{\vartheta\left(\dfrac{u_0'}{v'}, \dfrac{\varepsilon' w'}{v'}\right)}{\vartheta\left(\dfrac{u'}{v'}, \dfrac{\varepsilon' w'}{v'}\right)} = \frac{\vartheta\left(\dfrac{u_0}{v}, \dfrac{\varepsilon w}{v}\right)}{\vartheta\left(\dfrac{u}{v}, \dfrac{\varepsilon w}{v}\right)}\, e^{(u^2-u_0^2)\frac{\varepsilon a'\pi i}{vv'} + (u-u_0)\frac{2\varepsilon\gamma'\pi i}{v'}}.$$

Setzt man hierin $\sigma = 0$, $\tau = 0$, $\gamma = 0$, $\gamma' = 0$, so wird $u = u' = 0$, $u_0 = u_0'$, und es kommt:

$$(33)\qquad v'\cdot\frac{\vartheta\left(\dfrac{u_0}{v'}, \dfrac{\varepsilon' w'}{v'}\right)}{\vartheta'\left(0, \dfrac{\varepsilon' w'}{v'}\right)} = v\cdot\frac{\vartheta\left(\dfrac{u_0}{v}, \dfrac{\varepsilon w}{v}\right)}{\vartheta'\left(0, \dfrac{\varepsilon w}{v}\right)}\, e^{\frac{-v_0^2}{vv'}\varepsilon a'\pi i};$$

setzt man aber $\sigma = 0$, $\tau = \frac{1}{2}$, $\alpha = 0$, $\beta = -1$, $\alpha' = 1$, $\beta' = 0$, $\gamma = 0$, $\gamma' = 0$, so resultirt die oben im art. III mit (20) bezeichnete Transformationsgleichung, welche *Jacobi* im art. 56 der Fundamenta mit Hülfe der *Legendre*'schen Relation abgeleitet hat.

Die hier auseinandergesetzte *Eisenstein*'sche Methode der Ableitung der Transformationsgleichung für die ϑ-Function beruht ganz wesentlich auf der Erkenntniss, dass von dem Doppelproduct (21), welches den Ausgangspunkt seiner Untersuchungen bildet und seinem Werthe nach durch einen Quotienten zweier ϑ-Functionen dargestellt wird, ein Theil $En(u_0, u, v, w)$ als Factor abgesondert werden kann, welcher bei der linearen Transformation der ϑ-Functionen seinen Werth behält. Dieser Theil, welchen ich als die *Eisenstein*'sche Invariante bezeichnet habe, war durch die Gleichung (25) in folgender Weise bestimmt:

$$En(u_0, u, v, w) = \frac{\vartheta\left(\dfrac{u_0}{v}, \dfrac{\varepsilon w}{v}\right)}{\vartheta\left(\dfrac{u}{v}, \dfrac{\varepsilon w}{v}\right)}\, e^{(u-u_0)f_1(u,v,w) + \frac{1}{2}(u-u_0)^2 f_2(u,v,w)}.$$

Nun erhält man für die hierbei vorkommenden Functionen f_1, f_2, wenn man in den Reihen, durch welche sie definirt sind, die Summation in Beziehung auf m ausführt, die Werthe:

$$v f_1(u, v, w) = \frac{\vartheta'\left(\frac{u}{v}, \frac{\varepsilon w}{v}\right)}{\vartheta\left(\frac{u}{v}, \frac{\varepsilon w}{v}\right)} = \chi\left(\frac{u}{v}, \frac{\varepsilon w}{v}\right)$$

$$- v^2 f_2(u, v, w) = \frac{\vartheta''\left(\frac{u}{v}, \frac{\varepsilon w}{v}\right)}{\vartheta\left(\frac{u}{v}, \frac{\varepsilon w}{v}\right)} - \left(\frac{\vartheta'\left(\frac{u}{v}, \frac{\varepsilon w}{v}\right)}{\vartheta\left(\frac{u}{v}, \frac{\varepsilon w}{v}\right)}\right)^2 = \chi'\left(\frac{u}{v}, \frac{\varepsilon w}{v}\right).$$

Die *Eisenstein*'sche Invariante ist also auch einzig und allein durch ϑ-Functionen in folgender Weise darzustellen:

$$(84) \quad \log \mathrm{En}\,(u_0, u, v, w) = \log \frac{\vartheta\left(\frac{u_0}{v}\right)}{\vartheta\left(\frac{u}{v}\right)} - \left(\frac{u_0 - u}{v}\right) \frac{\vartheta'\left(\frac{u}{v}\right)}{\vartheta\left(\frac{u}{v}\right)} - \frac{1}{2}\left(\frac{u_0 - u}{v}\right)^2 \left\{ \frac{\vartheta''\left(\frac{u}{v}\right)}{\vartheta\left(\frac{u}{v}\right)} - \left(\frac{\vartheta'\left(\frac{u}{v}\right)}{\vartheta\left(\frac{u}{v}\right)}\right)^2 \right\},$$

d. h. die *Eisenstein*'sche Invariante kann dadurch definirt werden, dass ihr Logarithmus gleich demjenigen Theile der Entwickelung von

$$\log \frac{\vartheta\left(\frac{u_0}{v}\right)}{\vartheta\left(\frac{u}{v}\right)}$$

nach Potenzen von $u_0 - u$ ist, welcher erst mit der dritten Potenz anfängt.

Die *Eisenstein*'sche Invariante ist eine Invariante der Aequivalenz:

$$(\sigma_0, \tau_0, \sigma, \tau, v, w) \sim (\sigma_0', \tau_0', \sigma', \tau', v', w')$$

unter den Bedingungen:

$$\begin{aligned}
\sigma_0' &= \alpha\sigma_0 + \beta\tau_0 + \gamma, & \sigma' &= \alpha\sigma + \beta\tau + \gamma, & v' &= \beta'v - \alpha'w, \\
\tau_0' &= \alpha'\sigma_0 + \beta'\tau_0 + \gamma', & \tau' &= \alpha'\sigma + \beta'\tau + \gamma', & w' &= -\beta v + \alpha w.
\end{aligned} \qquad (\alpha\beta' - \alpha'\beta = 1)$$

Werden die Bedingungen aber auf die Werthe $\gamma = \gamma' = 0$ eingeschränkt, so stellen die mit u_0, u bezeichneten Ausdrücke:

$$v\sigma_0 + w\tau_0, \quad v\sigma + w\tau$$

und daher, nach den oben citirten *Eisenstein*'schen Darlegungen, auch die Ausdrücke:

$$f_1(u, v, w) + u \lim_{N = \infty} \lim_{M = \infty} \sum_{m, n} (mv + nw)^{-2}$$

$$f_2(u, v, w) - \lim_{N = \infty} \lim_{M = \infty} \sum_{m, n} (mv + nw)^{-2} \qquad \begin{pmatrix} m = \pm 1, \pm 2, \ldots \pm M \\ n = \pm 1, \pm 2, \ldots \pm N \end{pmatrix}$$

Invarianten dar. Es entsteht daher in dem nunmehr beschränkteren Sinne auch eine Invariante, wenn man in der Definitionsgleichung (25) der *Eisenstein*'schen Invariante

$$f_1(u, v, w) \text{ durch } -u \lim_{N=\infty} \lim_{M=\infty} \sum (mv + nw)^{-2}$$

$$f_2(u, v, w) \text{ durch } \lim_{N=\infty} \lim_{M=\infty} \sum (mv + nw)^{-2}$$

ersetzt. Die so entstehende Invariante ist:

$$(85) \qquad \frac{\theta\left(\frac{u_0}{v}, \frac{sw}{v}\right)}{\theta\left(\frac{u}{v}, \frac{sw}{v}\right)} \theta^{\frac{1}{2}(u_0^2 - u^2)\Sigma(mv + nw)^{-2}},$$

und man hat hierbei unter der Summe $\sum(mv + nw)^{-2}$ im Exponenten den Grenzwerth:

$$\lim_{N=\infty} \lim_{M=\infty} \sum_{m,n} (mv + nw)^{-2} \qquad \binom{m = \pm 1, \pm 2, \dots \pm M}{n = \pm 1, \pm 2, \dots \pm N}$$

zu verstehen, welcher, wie unmittelbar aus der Definitionsgleichung von $f_2(u, v, w)$ hervorgeht, gleich dem folgenden ist:

$$\lim_{u=0} \left(-\frac{1}{u^2} + f_2(u, v, w)\right).$$

Benutzt man nun zur Bestimmung *dieses* Grenzwerths die obige Darstellung von f_2 durch θ-Functionen, so resultirt die Gleichung:

$$(86) \qquad v^2 \lim_{N=\infty} \lim_{M=\infty} \sum_{m,n} (mv + nw)^{-2} = -\frac{1}{3} \frac{\theta'''\left(0, \frac{sw}{v}\right)}{\theta'\left(0, \frac{sw}{v}\right)} \qquad \binom{m = \pm 1, \pm 2, \dots \pm M}{n = \pm 1, \pm 2, \dots \pm N},$$

und also für den Logarithmus der Invariante (85) die Bestimmung:

$$(87) \qquad \log \frac{\theta\left(\frac{u_0}{v}, \frac{sw}{v}\right)}{\theta\left(\frac{u}{v}, \frac{sw}{v}\right)} + \frac{u^2 - u_0^2}{6v^2} \cdot \frac{\theta'''\left(0, \frac{sw}{v}\right)}{\theta'\left(0, \frac{sw}{v}\right)}.$$

Auf eben dieselbe Invariante führt die Entwickelung nach steigenden Potenzen von u auf der rechten Seite der Gleichung (34). Denn diese ist bis auf Glieder, welche für $u = 0$ verschwinden:

$$-\log u + \frac{(u - u_0)(3u - u_0)}{2u^2} + \log \frac{v\theta\left(\frac{u_0}{v}, \frac{sw}{v}\right)}{\theta'\left(0, \frac{sw}{v}\right)} - \frac{u_0^2}{6v^2} \cdot \frac{\theta'''\left(0, \frac{sw}{v}\right)}{\theta'\left(0, \frac{sw}{v}\right)}.$$

Setzt man also:

$$(88) \qquad \log \frac{v\vartheta\left(\frac{u_0}{v}, \frac{sw}{v}\right)}{\vartheta'\left(0, \frac{sw}{v}\right)} - \frac{u_0^2}{6v^2} \cdot \frac{\vartheta'''\left(0, \frac{sw}{v}\right)}{\vartheta'\left(0, \frac{sw}{v}\right)} = \log \overline{\mathrm{En}}\left(\frac{u_0}{v}, \frac{sw}{v}\right),$$

so bestimmt sich die Function $\overline{\mathrm{En}}\left(\frac{u_0}{v}, \frac{sw}{v}\right)$ als Grenzwerth der allgemeineren *Eisenstein*'schen Invariante durch die Gleichung:

$$(89) \qquad \mathrm{En}\left(\frac{u_0}{u}, \frac{sw}{v}\right) = \lim_{u=0} u\, \mathrm{En}\,(u_0, u, v, w)\, e^{-\frac{(u-u_0)(2u-u_0)}{2w}};$$

sie ist selbst eine Invariante der beschränkteren, nur auf die Grössen v und w bezüglichen Aequivalenz:

$$(v, w) \sim (\beta'v - \alpha'w, -\beta v + \alpha w) \qquad (\alpha\beta' - \alpha'\beta = 1),$$

und die obige Invariante (35) ist in der Form:

$$\frac{\overline{\mathrm{En}}\left(\frac{u_0}{v}, \frac{sw}{v}\right)}{\overline{\mathrm{En}}\left(\frac{u}{v}, \frac{sw}{v}\right)}$$

als Quotient zweier Invarianten $\overline{\mathrm{En}}$ darstellbar.

VII.

Durch die unendlichen Doppelproducte und Doppelsummen, welche *Eisenstein* seiner neuen Theorie der elliptischen Functionen zu Grunde gelegt hat, werden diese so zu sagen in ihre „*Elemente*" zerlegt. Die *Legendre*'sche Relation erscheint dabei zuerst in der allgemeinen Form:

$$(40) \qquad \lim_{N=\infty} \lim_{M=\infty} \left\{ \sum_{m,n} \frac{1}{(mv' + nw')^2} - \sum_{m,n} \frac{1}{(mv + nw)^2} \right\} = \frac{2\varepsilon\alpha'\pi i}{vv'},$$

$$(m = \pm 1, \pm 2, \dots \pm M;\ n = \pm 1, \pm 2, \dots \pm N)$$

aus welcher dann, wenn man in den Substitutionsgleichungen:

$$v' = \beta'v - \alpha'w, \quad w' = -\beta v + \alpha w \qquad (\alpha\beta' - \alpha'\beta = 1)$$

$\alpha = 0, \beta = -1, \alpha' = 1, \beta' = 0$ annimmt, die speciellere Relation:

$$(41) \qquad \lim_{N=\infty} \lim_{M=\infty} \left\{ \sum_{m,n} \frac{1}{(mw + nv)^2} - \sum_{m,n} \frac{1}{(mv + nw)^2} \right\} = -\frac{2\varepsilon\pi i}{vw}$$

$$(m = \pm 1, \pm 2, \dots \pm M;\ n = \pm 1, \pm 2, \dots \pm N)$$

hervorgeht. Diese speciellere Relation (41) zeigt sich als vollkommen identisch mit der *Legendre*'schen Relation in der obigen Gestalt (6):

$$v^2 \frac{\vartheta'''\left(0, -\frac{\varepsilon v}{w}\right)}{\vartheta'\left(0, -\frac{\varepsilon v}{w}\right)} - w^2 \frac{\vartheta'''\left(0, \frac{\varepsilon w}{v}\right)}{\vartheta'\left(0, \frac{\varepsilon w}{v}\right)} = 6\varepsilon vw\pi i,$$

wenn darin für den Quotienten $\frac{\vartheta'''}{\vartheta'}$ die Werthe aus der Gleichung (36) eingesetzt werden.*)

Die allgemeinere Relation (40) entsteht einfach aus der zweiten der oben mit (31) bezeichneten Gleichungen, indem darin $\gamma' = 0$, also $u' = u$ und dann $u = 0$ gesetzt wird, und diese Gleichung ist es, auf welcher in der *Eisenstein*'schen Entwickelung die lineare Transformation der ϑ-Function beruht. Dies tritt besonders deutlich in der oben mit (38) bezeichneten Gleichung hervor. Denn da der Ausdruck auf der rechten Seite dieser Gleichung ungeändert bleibt, wenn die Grössen v, w durch v', w' ersetzt werden, so ergiebt sich zuvörderst bei Anwendung der ihrem Inhalte nach mit der Relation (40) gleichbedeutenden Formel:

$$(40^*) \qquad \frac{\vartheta'''\left(0, \frac{\varepsilon w'}{v}\right)}{v'^2\,\vartheta'\left(0, \frac{\varepsilon w'}{v}\right)} - \frac{\vartheta'''\left(0, \frac{\varepsilon w}{v}\right)}{v^2\,\vartheta'\left(0, \frac{\varepsilon w}{v}\right)} = -\,\frac{6\varepsilon\alpha'\pi i}{vv'}$$

ganz unmittelbar das Resultat:

$$(42) \qquad \frac{v'\,\vartheta\left(\frac{u_0}{v}, \frac{\varepsilon w'}{v}\right)}{\vartheta'\left(0, \frac{\varepsilon w'}{v'}\right)} = \frac{v\,\vartheta\left(\frac{u_0}{v}, \frac{\varepsilon w}{v}\right)}{\vartheta'\left(0, \frac{\varepsilon w}{v}\right)}\, e^{-u_0^2 \frac{\varepsilon\alpha'\pi i}{vv'}},$$

in genauer Übereinstimmung mit der obigen Gleichung (33). Ferner entsteht aus derselben Formel (40*) durch „exponentielle Integration" — wie *Eisenstein* treffend die der logarithmischen Differentiation entgegengesetzte Operation bezeichnet**) — die Transformationsgleichung:

$$(42^*) \qquad \frac{C}{v'\sqrt{v}}\,\vartheta'\left(0, \frac{\varepsilon w'}{v}\right) = \frac{1}{v\sqrt{v}}\,\vartheta'\left(0, \frac{\varepsilon w}{v}\right),$$

---

*) Eine andere Art der Ableitung der *Legendre*'schen Relation aus den *Eisenstein*-schen Entwickelungen findet sich auf S. 27—29 der Inauguraldissertation des Hrn. *Adolf Hurwitz* (Leipzig 1881).

**) *Crelle*'s Journal, Bd. 85, S. 226.

wo C die Integrationsconstante bedeutet. Der Werth derselben erweist sich sowohl für den Fall:

$$\alpha = 1,\ \beta = -1,\ \alpha' = 0,\ \beta' = 1$$

bei beliebigen Grössen v, w, als auch für den Fall:

$$\alpha = 0,\ \beta = -1,\ \alpha' = 1,\ \beta' = 0,$$

wenn dabei $w = \varepsilon i v$ genommen wird, als eine achte Wurzel der Einheit, und da sich aus lauter Substitutionen der beiden angegebenen Arten *jede* Substitution:

$$v' = \beta' v - \alpha' w,\quad w' = -\beta v + \alpha w$$

zusammensetzen lässt, so ist der Werth von C stets $e^{\frac{h\pi i}{4}}$, und die ganze Zahl h bestimmt sich durch die Zahlen $\alpha, \beta, \alpha', \beta'$.

Mit Hülfe der Gleichung (42*) und der angegebenen Bestimmung von C geht die Transformationsgleichung (42) in folgende über:

$$(43)\qquad \sqrt{v'}\,\vartheta\!\left(\frac{u_0}{v'}, \frac{\varepsilon w'}{v'}\right) = \sqrt{v}\,\vartheta\!\left(\frac{u_0}{v}, \frac{\varepsilon w}{v}\right) e^{-u_0^2\frac{\varepsilon\alpha'\pi i}{v v'} + \frac{h\pi i}{4}},$$

und da andererseits die obige Formel (40*) oder die damit gleichbedeutende Relation (40) durch Differentiation aus der Transformationsgleichung (43) hervorgeht, so erweisen sich diese beiden Gleichungen als vollständig aequivalent. Es zeigen also auch die *Eisenstein*'schen Entwickelungen, und zwar mit besonderer Deutlichkeit, die inhaltliche Übereinstimmung der *Legendre*'schen Relation mit derjenigen, welche zwischen linear transformirten ϑ-Functionen besteht.

Es verdient wohl noch hervorgehoben zu werden, dass sich gemäss der Bemerkung am Schlusse des art. IV für die dort angenommenen besonderen Werthe:

$$\varepsilon w = v e^{\frac{2}{3}\pi i},\quad \varepsilon w = v i$$

aus der Gleichung (36) die beiden Formeln:

$$\lim_{N=\infty}\lim_{M=\infty}\sum_{m,n}\frac{1}{(2m - n + ni\,|\sqrt{3}|)^3} = \frac{\pi}{2\,|\sqrt{3}|}$$

$$\lim_{N=\infty}\lim_{M=\infty}\sum_{m,n}\frac{1}{(m + ni)^3} = \pi \qquad \left(\begin{matrix}m = \pm 1,\ \pm 2,\ \pm 3, \ldots \pm M\\ n = \pm 1,\ \pm 2,\ \pm 3, \ldots \pm N\end{matrix}\right)$$

zur Bestimmung der *Eisenstein*'schen Doppelsummen $\sum (mv + nw)^{-3}$ ergeben.

VIII.

Die wahre Natur und Bedeutung der *Eisenstein*'schen, oben im art. VI mit $f_1(u, v, w)$ bezeichneten Doppelsumme $\sum_{m,n}'(u + mv + nw)^{-1}$, welche aus der logarithmischen Differentiation des *Eisenstein*'schen Doppelproductes entsteht und die logarithmische Ableitung der ϑ-Function darstellt, wird erst durch die in gewissem Sinne allgemeinere Doppelreihe $\mathrm{Ser}(u_0, u, v, w)$ vollständig aufgeklärt. Ich werde dies in einer weiteren Mittheilung zur Theorie der elliptischen Functionen ausführlich darlegen und hier nur so weit darauf eingehen, als es für die *Legendre*'sche Relation von Wichtigkeit ist.[1])

Die Doppelreihe $\mathrm{Ser}(u_0, u, v, w)$ ist durch die Gleichung definirt:

$$(44) \qquad \mathrm{Ser}(u_0, u, v, w) = \lim_{N=\infty} \lim_{M=\infty} \sum_{m,n} \frac{e^{(n\sigma_0 - m\tau_0)2\pi i}}{(\sigma + m)v + (\tau + n)w} ,$$
$$(u_0 = v\sigma_0 + w\tau_0; \ u = v\sigma + w\tau)$$

wobei die Summation auf die ganzzahligen Werthe von m, n zu erstrecken ist, welche den Ungleichheitsbedingungen genügen:

$$|\alpha m + \beta n| \leqq M, \quad |\alpha' m + \beta' n| \leqq N,$$

vorausgesetzt, dass $\alpha, \beta, \alpha', \beta'$ ganze Zahlen sind, für die $\alpha\beta' - \alpha'\beta = 1$ ist. Der Werth der Reihe $\mathrm{Ser}(u_0, u, v, w)$ wird durch die Function $\overline{\mathrm{Atr}}(\varepsilon u_0, u, v, \varepsilon w)$ dargestellt, welche folgendermaassen definirt ist:

$$(45) \qquad \overline{\mathrm{Atr}}(\varepsilon u_0, u, v, \varepsilon w) = \frac{1}{v}\, e^{\frac{2\tau_0 u \pi i}{v}} \frac{\vartheta'\left(0, \frac{\varepsilon w}{v}\right) \vartheta\left(\frac{\varepsilon u_0 + u}{v}, \frac{\varepsilon w}{v}\right)}{\vartheta\left(\frac{\varepsilon u_0}{v}, \frac{\varepsilon w}{v}\right) \vartheta\left(\frac{u}{v}, \frac{\varepsilon w}{v}\right)}$$

oder:

$$(45^*) \qquad \overline{\mathrm{Atr}}(\varepsilon u_0, u, v, \varepsilon w) = e^{(\sigma\tau_0 - \sigma_0\tau)\varepsilon\pi i} \frac{\mathrm{Atr}'(0, v, \varepsilon w)\, \mathrm{Atr}(\varepsilon u_0 + u, v, \varepsilon w)}{\mathrm{Atr}(\varepsilon u_0, v, \varepsilon w)\, \mathrm{Atr}(u, v, \varepsilon w)},$$

wenn von den Bezeichnungen Gebrauch gemacht wird:

$$(46) \qquad \mathrm{Atr}(u, v, \varepsilon w) = (2\pi)^{\frac{1}{3}}\left(\vartheta'\left(0, \frac{\varepsilon w}{v}\right)\right)^{-\frac{1}{3}} \vartheta\left(\frac{u}{v}, \frac{\varepsilon w}{v}\right) e^{\frac{u\tau\varepsilon\pi i}{v}},$$

$$(46^*) \qquad \mathrm{Atr}'(0, v, \varepsilon w) = \frac{1}{v}(2\pi)^{\frac{1}{3}}\left(\vartheta'\left(0, \frac{\varepsilon w}{v}\right)\right)^{\frac{2}{3}},$$

---

[1]) Vgl. Zusatz 8 am Ende dieses Bandes.

welche ich im art. XX, § 8 meiner Mittheilungen zur Theorie der elliptischen Functionen eingeführt habe.[1]

Die complexen Grössen u_0, u sind durch die complexen Grössen v, w und durch die reellen Grössen σ_0, τ_0, σ, τ vollkommen bestimmt, nämlich in *der* Weise, dass die Gleichungen zu erfüllen sind:

$$u_0 = v\sigma_0 + w\tau_0, \quad u = v\sigma + w\tau,$$

und ε ist das Vorzeichen des mit i multiplicirten Theiles von $\frac{w}{v}$, also dadurch bestimmt, dass der reelle Theil von $\frac{\varepsilon w i}{v}$ negativ werden muss. Die Functionen $\mathrm{Atr}(u, v, \varepsilon w)$, $\mathrm{Atr}(\varepsilon u_0, u, v, \varepsilon w)$ sind hiernach eigentlich Functionen der reellen Grössen σ, τ, σ_0, τ_0 und der beiden complexen Grössen v, w; die letztere der beiden Functionen, sowie die 12te Potenz der ersteren, behält ihren Werth, wenn:

$$\begin{array}{cccccc}
\alpha\sigma_0 + \beta\tau_0, & \alpha'\sigma_0 + \beta'\tau_0, & \alpha\sigma + \beta\tau, & \alpha'\sigma + \beta'\tau, & \beta'v - \alpha'w, & -\beta v + \alpha w \\
\sigma_0, & \tau_0, & \sigma, & \tau, & v, & w
\end{array}$$

für: substituirt wird, vorausgesetzt, dass, wie oben, α, β, α', β' ganze Zahlen sind, welche der Bedingung $\alpha\beta' - \alpha'\beta = 1$ genügen. Die Functionen $(\mathrm{Atr}(u, v, \varepsilon w))^{12}$, $\mathrm{Atr}(\varepsilon u_0, u, v, w)$ sind also Invarianten der ganzen Classe von Grössensystemen:

$$(8) \qquad (\alpha\sigma_0 + \beta\tau_0, \; \alpha'\sigma_0 + \beta'\tau_0, \; \alpha\sigma + \beta\tau, \; \alpha'\sigma + \beta'\tau, \; \beta'v - \alpha'w, \; -\beta v + \alpha w),$$

welche durch die verschiedene Wahl der Zahlen α, β, α', β' entstehen,[*] und eben deshalb ist in der Bezeichnung Atr der griechische Ausdruck für Invariante „ἄτροπος" angedeutet. Mit Hinsicht auf diesen Ausdruck ist wohl auch passender Weise die Invarianteneigenschaft einer Function einfach als „Atropie" zu bezeichnen, und man kann auch sonst mit Vortheil neben den von dem treffenden *Sylvester*'schen Ausdruck „Invariante" hergeleiteten Wortbildungen solche benutzen, die dem Griechischen entlehnt sind, zumal diese sich für unsere Sprachformen fügsamer erweisen. So ist z. B. hierdurch leicht dem in den vorliegenden Entwickelungen auftretenden Bedürfniss eines Ausdrucks zu genügen, durch welchen die gegenseitige Beziehung zweier Functionen mit invarianter oder „atroper" Differenz gekennzeichnet wird.

---

[*] Vergl. art. XX § 8 meiner Mittheilungen zur Theorie der elliptischen Functionen (Sitzungsbericht vom 30. Januar 1890)[2].

[1] Bd. V, S. 91 dieser Ausgabe von *L. Kronecker*'s Werken.
[2] Bd. V, S. 91 dieser Ausgabe von *L. Kronecker*'s Werken.

Um dies für den allgemeinen Fall darzulegen, knüpfe ich an meine Bemerkungen über Invarianten an, mit welchen ich die Auseinandersetzungen im art. XX meiner Mittheilungen zur Theorie der elliptischen Functionen*) eingeleitet habe. Danach soll also für zwei Functionen von n Grössen:

$$\mathfrak{F}(\delta_1, \delta_2, \ldots \delta_n), \quad \mathfrak{G}(\delta_1, \delta_2, \ldots \delta_n)$$

eine Gleichung bestehen:

$$\mathfrak{F}(\delta_1, \delta_2, \ldots \delta_n) - \mathfrak{G}(\delta_1, \delta_2, \ldots \delta_n) = \mathfrak{I}(\delta_1, \delta_2, \ldots \delta_n),$$

in welcher $\mathfrak{I}(\delta_1, \delta_2, \ldots \delta_n)$ eine Invariante der durch alle einander aequivalenten Systeme:

$$(\delta_1', \delta_2', \ldots \delta_n'), \quad (\delta_1'', \delta_2'', \ldots \delta_n''), \quad (\delta_1''', \delta_2''', \ldots \delta_n'''), \ldots$$

gebildeten Classe bedeutet. Da hiernach die beiden Functionen $\mathfrak{F}$, $\mathfrak{G}$ beim Übergang von einem Grössensystem (δ') zu einem aequivalenten (δ'') eine und dieselbe Änderung erfahren, also „gleichändrig" sind, so können sie füglich im Anschluss an jene griechische Invariantenbezeichnung „isotrop" genannt werden.**)

Schon oben in der Einleitung ist erwähnt worden, dass das Aggregat der Glieder erster Dimension in der Entwickelung der Function $\overline{\mathrm{Atr}}(\varepsilon u_0, u, v, \varepsilon w)$ nach steigenden Potenzen von $\sigma_0, \tau_0, \sigma, \tau$, nämlich:

$$(u + \varepsilon u_0)\left[\frac{2\tau_0\varepsilon\pi i}{u_0 v} + \ldots \frac{\vartheta'''\left(0, \frac{\varepsilon w}{v}\right)}{8v^2\vartheta'\left(0, \frac{\varepsilon w}{v}\right)}\right],$$

sowie dessen erster Factor $u + \varepsilon u_0$, und also auch der in Parenthesen eingeschlossene Ausdruck, invariant oder „atrop" ist. Nach der nunmehr eingeführten Terminologie ist daher:

$$(47) \qquad -\frac{1}{v^2} \cdot \frac{\vartheta'''\left(0, \frac{\varepsilon w}{v}\right)}{\vartheta'\left(0, \frac{\varepsilon w}{v}\right)} \quad \text{isotrop mit} \quad \frac{6\tau_0\varepsilon\pi i}{u_0 v},$$

---

*) Sitzungsbericht vom 80. Januar 1890[1]).

**) Die übliche physikalische Bedeutung des Wortes „isotrop" bildet offenbar kein Hinderniss für die hier vorgeschlagene andere Verwendung desselben Wortes innerhalb einer ganz anderen Ideensphaere.

[1]) Bd. V, S. 58 dieser Ausgabe von *L. Kronecker's* Werken.

und da zwischen den·Grössen v, τ_0 und den transfomirten v', τ_0' offenbar die Beziehung stattfindet:

$$\frac{\tau_0'}{v'} - \frac{\tau_0}{v} = \frac{a' u_0}{v v'} \qquad \left(\begin{matrix} v' = \beta' v - \alpha' w \\ \tau_0' = \alpha' a_v + \beta' \tau_0 \\ u_0 w = v a_0 + w \tau_0 \end{matrix} \right),$$

so folgt ganz unmittelbar die oben im art. VII mit (40*) bezeichnete Gleichung:

$$(40^*) \qquad \frac{\vartheta'''\left(0, \frac{s w'}{v'}\right)}{v'^2 \vartheta'\left(0, \frac{s w'}{v'}\right)} - \frac{\vartheta'''\left(0, \frac{s w}{v}\right)}{v^2 \vartheta'\left(0, \frac{s w}{v}\right)} = -\frac{6 s a' \pi i}{v v'},$$

welche für $\alpha = 0$, $\beta = -1$, $\alpha' = 1$, $\beta' = 0$ die *Legendre*'sche Relation in der Gestalt ergiebt, wie sie im art. I (6) entwickelt worden ist. *Die Isotropie (47) repraesentirt also die Legendre'sche Relation.*

Aus derselben Isotropie folgt ferner, dass der Ausdruck:

$$\frac{1}{u^2} \log \frac{v \vartheta\left(\frac{u}{v}, \frac{s w}{v}\right)}{\vartheta'\left(0, \frac{s w}{v}\right)} - \frac{1}{6 v^2} \cdot \frac{\vartheta'''\left(0, \frac{s w}{v}\right)}{\vartheta'\left(0, \frac{s w}{v}\right)},$$

welcher gemäss der Gleichung (38) invariant ist, diese Eigenschaft behält, wenn der zweite Theil durch die damit isotrope Function $\frac{\tau_0 s \pi i}{u_0 v}$ ersetzt wird. Der auf diese Weise entstehende Ausdruck:

$$\frac{\tau_0 s \pi i}{u_0 v} + \frac{1}{u^2} \log \frac{v \vartheta\left(\frac{u}{v}, \frac{s w}{v}\right)}{\vartheta'\left(0, \frac{s w}{v}\right)}$$

ist also ebenfalls invariant, und folglich auch der Ausdruck:

$$(48) \qquad \frac{v \vartheta\left(\frac{u}{v}, \frac{s w}{v}\right)}{\vartheta'\left(0, \frac{s w}{v}\right)} \, e^{\frac{u^2 \tau_0 s \pi i}{u_0 v}} \qquad \left(\begin{matrix} u = v \sigma + w \tau \\ u_0 = v \sigma_0 + w \tau_0 \end{matrix} \right),$$

sowie derjenige, welcher resultirt, wenn man darin τ für τ_0 und zugleich u für u_0 setzt, also:

$$(49) \qquad \frac{v \vartheta\left(\frac{u}{v}, \frac{s w}{v}\right)}{\vartheta'\left(0, \frac{s w}{v}\right)} e^{u \tau s \pi i} \qquad (u = v \sigma + w \tau).$$

Dieser letztere Ausdruck kann in folgender Weise dargestellt werden:

$$v\,(2\pi)^{-\frac{1}{3}}\left(\vartheta'\left(0,\,\frac{\varepsilon w}{v}\right)\right)^{-\frac{2}{3}}\mathrm{Atr}\,(u,\,v,\,\varepsilon w),$$

und hierbei haben die beiden Theile, nämlich die Function $\mathrm{Atr}(u,\,v,\,\varepsilon w)$ und der Factor, mit welchem sie multiplicirt ist, *für sich* die Eigenschaft, dass ihre 12te Potenz invariant ist.

Der Ausdruck (49), welcher, wenn darin $v\sigma + w\tau$ für u substituirt wird, die Form annimmt:

(49*)
$$\frac{v\,\vartheta\left(\sigma+\tau\,\frac{w}{v},\,\frac{\varepsilon w}{v}\right)}{\vartheta'\left(0,\,\frac{\varepsilon w}{v}\right)}\,e^{\left(\sigma+\tau\frac{w}{v}\right)\tau\varepsilon\pi i},$$

hat genau dieselbe Invarianten-Eigenschaft wie jene im art. VI mit $\overline{\mathrm{En}}\left(\sigma+\tau\frac{w}{v},\,\frac{\varepsilon w}{v}\right)$ bezeichnete Function, welche sich a. a. O. aus der *Eisenstein*'schen Invariante als ein Grenzwerth derselben ergeben hat. Es zeigt sich also, dass für den Zweck, den ϑ-Ausdruck:

$$\frac{v\,\vartheta\left(\frac{u}{v},\,\frac{\varepsilon w}{v}\right)}{\vartheta'\left(0,\,\frac{\varepsilon w}{v}\right)},$$

invariant zu machen, an Stelle des oben im art. VI angewendeten Factors mit dem Exponenten:

$$-\frac{u^2}{6v^2}\cdot\frac{\vartheta'''\left(0,\,\frac{\varepsilon w}{v}\right)}{\vartheta'\left(0,\,\frac{\varepsilon w}{v}\right)}$$

der wesentlich einfachere Exponentialfactor:

$$e^{\left(\sigma+\tau\frac{w}{v}\right)\tau\varepsilon\pi i}$$

genügt, welcher das zweite Argument der ϑ-Function, nämlich $\frac{w}{v}$, im Exponenten nur linear enthält, während jener Exponent eine transcendete Function eben dieses Argumentes ist. Aber freilich bedurfte es, um den einfacheren Factor zu erlangen, der Zerlegung des ersten ϑ-Arguments u in seine Elemente $v\sigma,\,w\tau$, welche sich überhaupt als naturgemäss erwiesen und namentlich den weiteren Fortschritt von den *Eisenstein*'schen Doppelsummen zu der mit $\mathrm{Ser}(u_0,\,u,\,v,\,w)$ bezeichneten und deren Abgeleiteten ermöglicht hat.

Die Invarianten-Eigenschaft der Function (49*) wird durch die Gleichung ausgedrückt:

$$(50)\qquad \frac{v\,\vartheta\!\left(\sigma+\tau\,\frac{w}{u},\ \frac{\varepsilon w}{v}\right)}{\vartheta'\!\left(0,\ \frac{\varepsilon w}{v}\right)}\, e^{\left(\sigma+\tau\frac{w}{v}\right)\tau\,v\,\pi i}=\frac{v'\,\vartheta\!\left(\sigma'+\tau'\,\frac{w'}{v},\ \frac{\varepsilon w'}{v'}\right)}{\vartheta'\!\left(0,\ \frac{\varepsilon w'}{v'}\right)}\, e^{\left(\sigma'+\tau'\frac{w}{v}\right)\tau'\,v\,\pi i},$$

deren genaue Übereinstimmung mit der Transformationsgleichung (42) im art. VII evident wird, wenn man die Relation $v\tau'-v'\tau=\alpha'u$ in Betracht zieht.

Während also die Isotropie (47) die *Legendre*'sche Relation repraesentirt, stellt die Atropie der Function (49*) die Relation dar, welche zwischen linear transformirten ϑ-Functionen besteht, und da, wie mehrfach erwähnt worden, die erstere Relation *selbstverständlich* als eine Folge der letzteren aufgefaßt werden kann, so wird durch die vorstehende Entwickelung, in welcher sich die Atropie der Function (49*) als eine Folge der Isotropie (47) ergeben hat, wiederum den Nachweis der *Aequivalenz* der *Legendre*'schen Relation und der linearen ϑ-Transformation vervollständigt.

Die Herleitung der Atropie der Function (49*) aus der Isotropie (47) erfolgte dabei mit Hülfe der *Eisenstein*'schen Entwickelungen, aber man wird auch ganz direct auf eben diese Atropie geführt, wenn man, wie jetzt geschehen soll, von jenen Reihen ausgeht, die ich schon im art. XXII meiner Mittheilungen „zur Theorie der elliptischen Functionen" behandelt habe*), und welche in Grenzfällen auf die *Eisenstein*schen Doppelsummen führen.

IX.

Die Integration der Reihe $\mathrm{Ser}(u_0,\,u,\,v,\,w)$ hat a. a. O. im art. XXII, § 1, $(\mathfrak{C})^2)$ zu der Reihe geführt:

$$(51)\qquad \lim_{N=\infty}\ \lim_{M=\infty}\ \sum_{m,n} e^{(n\sigma-m\tau)2\pi i}\,\log\frac{(\sigma_0'+m)v+(\tau_0'+n)w}{(\sigma_0+m)v+(\tau_0+n)w},$$

$$(m=0,\pm1,\pm2,\ldots\pm M;\ n=0,\pm1,\pm2,\ldots\pm N)$$

---

*) Sitzungsbericht vom 31. Juli 1890[2]).

[1]) Bd. V, S. 128 dieser Ausgabe von *L. Kronecker's* Werken.
[2]) Bd. V, S. 130 dieser Ausgabe von *L. Kronecker's* Werken.

H
H

deren Werth mit:

$$\log \operatorname{atr} (\varepsilon u,\, u_0',\, u_0,\, v,\, \varepsilon w)$$

bezeichnet werden soll. Dabei sind σ, τ, σ_0', τ_0', σ_0, τ_0 reelle Grössen; u, u_0', u_0 sind also, da das Verhältnis $v : w$ wesentlich complex ist, durch die Gleichungen:

$$u = v\sigma + w\tau,\quad u_0' = v\sigma_0' + w\tau_0',\quad u_0 = v\sigma_0 + w\tau_0$$

vollkommen bestimmt, und ε hat die hier durchweg festgehaltene Bedeutung als Vorzeichen des mit i multiplicirten Theiles von $\frac{w}{v}$. Die Reihe (51) geht, wenn $\sigma = \tau = 0$ gesetzt wird, in jene über:

$$\lim_{N=\infty} \lim_{M=\infty} \sum_{m,\,n} \log \frac{(\sigma_0' + m)v + (\tau_0' + n)w}{(\sigma_0 + m)v + (\tau_0 + n)w} \qquad \binom{m=0,\,\pm 1,\,\pm 2,\dots \pm M}{n=0,\,\pm 1,\,\pm 2,\dots \pm N},$$

welche *Eisenstein*, wie oben im art. VI erwähnt worden, eingehend untersucht hat. Es kann nun, nach *Eisenstein*'s Vorgang, auch die allgemeinere Reihe (51) in folgende drei Theile zerlegt werden:

$$(52)\qquad -(u_0 - u_0') \sum_{m,\,n}{}' \frac{e^{(n\sigma - m\tau)2\pi i}}{(\sigma_0 + m)v + (\tau_0 + n)w}\quad \text{oder}\quad -(u_0 - u_0')\,\operatorname{Ser}(u,\, u_0,\, v,\, w),$$

$$(53)\qquad -\frac{1}{2}\,(u_0 - u_0')^2 \sum_{m,\,n}{}' \frac{e^{(n\sigma - m\tau)2\pi i}}{((\sigma_0 + m)v + (\tau_0 + n)w)^2}\quad \text{oder}\quad -\frac{1}{2}(u_0 - u_0')^2\,\operatorname{Ser}_1(u,\, u_0,\, v,\, w),$$

$$(54)\qquad \sum_{m,\,n} e^{(n\sigma - m\tau)2\pi i}\left(\frac{u_0 - u_0'}{u_0 + mv + nw} + \frac{(u_0 - u_0')^2}{2(u_0 + mv + nw)^2} + \log\left(1 - \frac{u_0 - u_0'}{u_0 + mv + nw}\right)\right).$$

Sondert man in diesem letzten Theile diejenigen Glieder ab, in denen:

$$|u_0 + mv + nw| \leqq |u_0 - u_0'|$$

ist, und welche offenbar nur in endlicher Anzahl vorhanden sind, so kann der Überrest, mittels Entwickelung der Logarithmen nach steigenden Potenzen von:

$$\frac{u_0 - u_0'}{u_0 + mv + nw},$$

durch die Reihe dargestellt werden:

$$-\sum_{\varrho = 2}^{\varrho = \infty} \frac{(u_0 - u_0')^{1+\varrho}}{1 + \varrho} \sum_{m,\,n}{}' \frac{e^{(n\sigma - m\tau)2\pi i}}{((\sigma_0 + m)v + (\tau_0 + n)w)^{1+\varrho}},$$

deren absolute Convergenz *Eisenstein* im art. VI, § 2 seiner mehrfach citirten Abhandlung*) nachgewiesen hat. Da nun durch die Substitution von:

$$\alpha\sigma + \beta\tau + \gamma, \ \alpha'\sigma + \beta'\tau + \gamma', \ \alpha\sigma_0 + \beta\tau_0, \ \alpha'\sigma_0 + \beta'\tau_0, \ \alpha\sigma_0' + \beta\tau_0', \ \alpha'\sigma_0' + \beta'\tau_0'$$

für:$\qquad\qquad \sigma, \qquad\qquad \tau, \qquad\qquad \sigma_0, \qquad\qquad \tau_0, \qquad\qquad \sigma_0', \qquad\qquad \tau_0'$

sowie von:$\qquad\qquad \beta'v - \alpha'w$ für v und $-\beta v + \alpha w$ für w $\qquad$ $(\alpha\beta' - \alpha'\beta = 1)$

in der Reihe (54) nur eine Vertauschung der verschiedenen Glieder mit einander bewirkt wird, so ist der Werth dieser Reihe invariant. Eben dieselbe Eigenschaft habe ich für die Werthe der beiden Reihen $\mathrm{Ser}(u, u_0, v, w)$, $\mathrm{Ser}_1(u, u_0, v, w)$ im art. **XXI** meiner Mittheilungen zur Theorie der elliptischen Functionen nachgewiesen.[1] Hiernach ist der Gesammtwerth der drei Reihen (52), (53), (54), d. h. also der mit $\log \mathrm{atr}(\varepsilon u, u_0', u_0, v, \varepsilon w)$ bezeichnete Werth der Reihe (51) eine Invariante der ganzen Classe von Grössensystemen:

$$(\overline{S}) \qquad \begin{pmatrix} \alpha\sigma + \beta\tau + \gamma, & \alpha\sigma_0 + \beta\tau_0, & \alpha\sigma_0' + \beta\tau_0', & \beta'v - \alpha'w \\ \alpha'\sigma + \beta'\tau + \gamma', & \alpha'\sigma_0 + \beta'\tau_0, & \alpha'\sigma_0' + \beta'\tau_0', & -\beta v + \alpha w \end{pmatrix},$$

welche durch die verschiedene Wahl der Zahlen $\alpha, \beta, \alpha', \beta'$ mit der Bedingung $\alpha\beta' - \alpha'\beta = 1$ entstehen; die Function $\mathrm{atr}(\varepsilon u, u_0', u_0, v, \varepsilon w)$ selbst ist daher ebenfalls für alle Grössensysteme (S) atrop.

Setzt man $u = 0$, so reducirt sich die Function $\mathrm{atr}(\varepsilon u, u_0', u_0, v, w)$ auf das Product:

$$\lim_{N = \infty} \lim_{M = \infty} \prod_{m,n} \frac{(\sigma_0' + m)v + (\tau_0' + n)w}{(\sigma_0 + m)v + (\tau_0 + n)w} \qquad \begin{pmatrix} m = 0, \pm 1, \pm 2, \ldots \pm M \\ n = 0, \pm 1, \pm 2, \ldots \pm N \end{pmatrix},$$

und es ist also gemäss der Gleichung (21*) im art. VI:

$$(55) \qquad\qquad \mathrm{atr}(0, u_0', u_0, v, \varepsilon w) = \frac{\vartheta\!\left(\dfrac{u_0'}{v}, \dfrac{\varepsilon w}{v}\right)}{\vartheta\!\left(\dfrac{u_0}{v}, \dfrac{\varepsilon w}{v}\right)}.$$

Multiplicirt man diese Gleichung mit u_0 und setzt dann $u_0 = 0$, so kommt, wenn noch der Einfachheit halber u für u_0' genommen wird:

$$(56) \qquad\qquad \lim_{u_0 = 0} u_0\, \mathrm{atr}(0, u, u_0, v, \varepsilon w) = \frac{\vartheta\!\left(\dfrac{u}{v}, \dfrac{\varepsilon w}{v}\right)}{\vartheta'\!\left(0, \dfrac{\varepsilon w}{v}\right)},$$

---

*) *Crelle*'s Journal, Bd. 85.

[1]) Bd. V, S. 103ff. dieser Ausgabe von *L. Kronecker*'s Werken.

und es zeigt sich hierbei deutlich, in welcher Weise die Function $\mathrm{atr}(\varepsilon u, u_0', u_0, v, \varepsilon w)$ eine Verallgemeinerung der ϑ-Function enthält.

Den Differentialquotienten:

$$\frac{\partial \log \mathrm{atr}(\varepsilon u, u_0', u_0, v, \varepsilon w)}{\partial u_0'}$$

kann man bilden, indem man die beiden Ausdrücke (52), (53) und dann die Reihe (54) gliedweise nach u_0' differentiirt. Man erhält auf diese Weise das Resultat:

$$(57) \qquad \frac{\partial \log \mathrm{atr}(\varepsilon u, u_0', u_0, v, \varepsilon w)}{\partial u_0'} = \mathrm{Ser}(u, u_0', v, w) = \overline{\mathrm{Atr}}(\varepsilon u, u_0', v, \varepsilon w)$$

und also die Reihenentwickelung:

$$(58) \qquad \log \mathrm{atr}(\varepsilon u, u_0', u_0, v, \varepsilon w) = -\sum_n \mathrm{Ser}_{n-1}(u, u_0, v, w) \frac{(u_0 - u_0')^n}{n!} \qquad (n = 1, 2, 3, \ldots)$$

oder:

$$(59) \qquad \log \mathrm{atr}(\varepsilon u, u_0', u_0, v, \varepsilon w) = \sum_n \frac{\partial^{(n-1)} \overline{\mathrm{Atr}}(\varepsilon u, u_0, v, \varepsilon w)}{\partial u_0^{n-1}} \frac{(u_0' - u_0)^n}{n!} \qquad (n = 1, 2, 3, \ldots),$$

Um nun zum Grenzwerth für $\sigma = \tau = 0$ oder $u = 0$ überzugehen, ist zuvörderst der bezügliche Grenzwerth der Function:

$$\overline{\mathrm{Atr}}(\varepsilon u, u_0, v, \varepsilon w) \quad \text{oder} \quad \frac{1}{v} e^{\frac{2\pi u_0 \pi i}{v}} \frac{\vartheta'\left(0, \frac{\varepsilon w}{v}\right) \vartheta\left(\frac{\varepsilon u + u_0}{v}, \frac{\varepsilon w}{v}\right)}{\vartheta\left(\frac{\varepsilon u}{v}, \frac{\varepsilon w}{v}\right) \vartheta\left(\frac{u_0}{v}, \frac{\varepsilon w}{v}\right)}$$

zu bestimmen. Derselbe wird durch die bemerkenswerthe Gleichung gegeben:

$$(60) \qquad \lim_{\substack{\sigma = 0 \\ \tau = 0}}\left(-\frac{1}{\varepsilon u} + \overline{\mathrm{Atr}}(\varepsilon u, u_0, v, w)\right) = \frac{1}{v} \frac{\vartheta'\left(\frac{u_0}{v}, \frac{\varepsilon w}{v}\right)}{\vartheta\left(\frac{u_0}{v}, \frac{\varepsilon w}{v}\right)} + 2\varepsilon\pi i \lim_{\substack{\sigma = 0 \\ \tau = 0}} \frac{u_0 \tau}{u v},$$

welche gilt, wie man auch zu den Werthen $\sigma = 0$, $\tau = 0$ übergehen mag.

Setzt man $\alpha'\sigma + \beta'\tau$ für τ sowie zugleich $\beta'v - \alpha'w$ für v und $-\beta v + \alpha w$ für w, und nimmt für $\alpha, \beta, \alpha', \beta'$ ganze Zahlen, für welche $\alpha\beta' - \alpha'\beta = 1$ ist, so behält der Ausdruck auf der linken Seite der Gleichung (60) seinen Werth, und es ist daher für alle verschiedenen Systeme (S):

$$\frac{1}{v} \frac{\vartheta'\left(\frac{u_0}{v}, \frac{\varepsilon w}{v}\right)}{\vartheta\left(\frac{u_0}{v}, \frac{\varepsilon w}{v}\right)} \quad \text{isotrop mit} \quad -2\varepsilon\pi i \lim_{\substack{\sigma = 0 \\ \tau = 0}} \frac{u_0 \tau}{u v}.$$

Dies ergiebt sich übrigens auch durch logarithmische Differentiation des obigen Ausdrucks (48), da hierbei die Atropie desselben offenbar erhalten bleibt.

Ersetzt man in der Gleichung (60) u_0 durch $u_0 - z$ und entwickelt dann auf beiden Seiten nach steigenden Potenzen von z, so erhält man die Relationen:

$$(61) \qquad \lim_{\substack{\sigma=0\\\tau=0}} \frac{\partial \overline{\mathrm{Atr}}(su, u_0, v, sw)}{\partial u_0} = \frac{\partial^2 \log \vartheta\left(\frac{u_0}{v}, \frac{sw}{v}\right)}{\partial u_0^2} + 2s\pi i \lim_{\substack{\sigma=0\\\tau=0}} \frac{\tau}{uv},$$

$$(62) \qquad \lim_{\substack{\sigma=0\\\tau=0}} \frac{\partial^{(n-1)} \overline{\mathrm{Atr}}(su, u_0, v, sw)}{\partial u_0^{n-1}} = \frac{\partial^{(n)} \log \vartheta\left(\frac{u_0}{v}, \frac{sw}{v}\right)}{\partial u_0^{n}} \qquad (n = 3, 4, \ldots).$$

Benutzt man nun die Relationen (60), (61), (62) in der Gleichung (59), so geht dieselbe in folgende über:

$$(63) \qquad \lim_{\substack{\sigma=0\\\tau=0}} \left(\frac{s(u_0 - u_0')}{v\sigma + w\tau} + \log \mathrm{atr}(su, u_0', u_0, v, sw) \right) = \log \frac{\vartheta\left(\frac{u_0'}{v}, \frac{sw}{v}\right)}{\vartheta\left(\frac{u_0}{v}, \frac{sw}{v}\right)} + \frac{u_0'^2 - u_0^2}{v} s\pi i \lim_{\substack{\sigma=0\\\tau=0}} \frac{\tau}{u};$$

man erhält also die Grenzwerthbestimmung:

$$(64) \qquad \lim e^{-\frac{s(u_0' - u_0)}{v\sigma + w\tau}} \mathrm{atr}(su, u_0', u_0, v, sw) = \frac{\vartheta\left(\frac{u_0'}{v}, \frac{sw}{v}\right)}{\vartheta\left(\frac{u_0}{v}, \frac{sw}{v}\right)} e^{s\pi i \lim \frac{(u_0'^2 - u_0^2)\tau}{v(v\sigma + w\tau)}},$$

in welcher sich das Zeichen lim auf beiden Seiten auf die Werthe $\sigma = 0$, $\tau = 0$ bezieht, und die Gleichung (63) kann vermöge der Definition der Function atr auch so dargestellt werden:

$$(63^*) \qquad \lim_{\substack{\sigma=0\\\tau=0}} \frac{s(u_0 - u_0')}{v\sigma + w\tau} + \lim_{N=\infty} \lim_{M=\infty} \sum_{m,n} e^{(n\sigma - m\tau)2\pi i} \log \frac{(\sigma_0' + m)v + (\tau_0' + n)w}{(\sigma_0 + m)v + (\tau_0 + n)w}$$

$$= \log \frac{\vartheta\left(\frac{u_0'}{v}, \frac{sw}{v}\right)}{\vartheta\left(\frac{u_0}{v}, \frac{sw}{v}\right)} + \frac{u_0'^2 - u_0^2}{v} s\pi i \lim_{\substack{\sigma=0\\\tau=0}} \frac{\tau}{u}.$$

Multiplicirt man die Gleichung (64) auf beiden Seiten mit u_0 und setzt dann $u_0 = 0$, so kommt:

$$(65) \qquad \lim_{u_0=0} \lim_{\substack{\sigma=0\\\tau=0}} u_0 e^{-\frac{s(u_0' - u_0)}{v\sigma + w\tau}} \mathrm{atr}(su, u_0', u_0, v, sw) = v \cdot \frac{\vartheta\left(\frac{u_0'}{v}, \frac{sw}{v}\right)}{\vartheta'\left(0, \frac{sw}{v}\right)} e^{s\pi i \lim \frac{u_0'^2 \tau}{uv}},$$

wo das Zeichen lim rechts im Exponenten sich auf die Werthe $\sigma = 0$, $\tau = 0$ bezieht. Diese Gleichung (65) ist es nun, auf deren Herleitung die vorstehende Entwickelung abzielte; denn aus derselben folgt ganz direct die Atropie des oben bei (48) angegebenen Ausdrucks:

$$\frac{v\vartheta\left(\frac{u}{v},\frac{\varepsilon w}{v}\right)}{\vartheta'\left(0,\frac{\varepsilon w}{v}\right)} e^{\frac{\pi\tau_0 + \pi i}{u_0 v}} \qquad \left(\begin{matrix} u = \sigma + w\tau \\ u_0 = \sigma_0 + w\tau_0 \end{matrix}\right),$$

und dieser Ausdruck ergiebt, wenn man darin u für u_0 und τ für τ_0 setzt, jene einfache Invariante:

$$\frac{v\vartheta\left(\sigma + \tau\frac{w}{v},\frac{\varepsilon w}{v}\right)}{\vartheta'\left(0,\frac{\varepsilon w}{v}\right)} e^{\left(\sigma + \tau\frac{w}{v}\right)\tau\pi i},$$

welche oben bei (49) angegeben worden ist und mit den bei (46) und (46*) definirten Invarianten $\mathrm{Atr}(u, v, \varepsilon w)$, $\mathrm{Atr}'(0, v, \varepsilon w)$ in der einfachen Beziehung steht:

$$v \cdot \frac{\vartheta\left(\sigma + \tau\frac{w}{v},\frac{\varepsilon w}{v}\right)}{\vartheta'\left(0,\frac{\varepsilon w}{v}\right)} e^{\left(\sigma + \tau\frac{w}{v}\right)\tau\pi i} = \frac{\mathrm{Atr}(u, v, \varepsilon w)}{\mathrm{Atr}'(0, v, \varepsilon w)}.$$

Wie umfassend die Eigenschaften der Invariante $\mathrm{atr}(\varepsilon u, u_0', u_0, v, \varepsilon w)$ sind, zeigt sich unter Anderem auch darin, dass aus der Entwickelung ihres Logarithmus nach steigenden Potenzen von σ, τ, σ_0, τ_0, σ_0', τ_0' unmittelbar die *Legendre*'sche Relation hervorgeht. Das Aggregat der Glieder einer und derselben Dimension in der Entwickelung von $\log \mathrm{atr}(\varepsilon u, u_0', u_0, v, \varepsilon w)$ ist nämlich offenbar für sich invariant, und es ist das Aggregat der Glieder *zweiter* Dimension, dessen Atropie die *Legendre*sche Relation ergiebt. Dieses Aggregat wird mittels der Gleichung (59) erhalten, wenn man sich in der Entwickelung des auf der rechten Seite stehenden Ausdrucks auf die beiden ersten Glieder beschränkt, da die übrigen keinen Beitrag dazu liefern. Es ist also nur das Aggregat der Glieder zweiter Dimension in der Entwickelung des folgenden Ausdrucks zu bilden:

$$\left(u_0' - u_0\right)\mathrm{A\ddot{t}r}\left(\varepsilon u, u_0, v, \varepsilon w\right) + \frac{1}{2}\cdot\left(u_0' - u_0\right)^2 \frac{\partial\,\overline{\mathrm{Atr}}\left(\varepsilon u, u_0, v, \varepsilon w\right)}{\partial u_0}.$$

Dasselbe ist für den ersten Theil dieses Ausdrucks schon aus der Einleitung zu entnehmen, da dort bei (A) das Aggregat der Glieder erster Dimension für

$\overline{\mathrm{Atr}}\,(\varepsilon u_0,\ u,\ v,\ \varepsilon w)$ angegeben ist. Dieses ist nämlich:

$$(\overline{\mathfrak{A}}) \qquad \frac{2\varepsilon\tau\pi i}{uv} + \frac{1}{8v^2}\cdot\frac{\vartheta'''\!\left(0,\dfrac{\varepsilon w}{v}\right)}{\vartheta'\!\left(0,\dfrac{\varepsilon w}{v}\right)}.$$

Genau denselben Ausdruck findet man aber als das Aggregat der Glieder nullter Dimension von:

$$\frac{\partial\,\overline{\mathrm{Atr}}\,(\varepsilon u,\,u_0,\,v,\,\varepsilon w)}{\partial u_0},$$

und es bildet somit der Ausdruck:

$$(\mathfrak{A}_1) \qquad \tfrac{1}{2}\,(u_0'-u_0)\,(2\varepsilon u + u_0' + u_0)\left\{\frac{2\varepsilon\tau\pi i}{v(v\sigma+w\tau)} + \frac{1}{8v^2}\cdot\frac{\vartheta'''\!\left(0,\dfrac{\varepsilon w}{v}\right)}{\vartheta'\!\left(0,\dfrac{\varepsilon w}{v}\right)}\right\}$$

das gesuchte Aggregat der Glieder zweiter Dimension in der Entwickelung von $\log\mathrm{atr}(\varepsilon u,\,u_0',\,u_0,\,v,\,\varepsilon w)$ nach steigenden Potenzen von $\sigma,\ \tau,\ \sigma_0,\ \tau_0,\ \sigma_0',\ \tau_0'$.

Der Schluss von der Atropie des hier erlangten Ausdrucks $(\overline{\mathfrak{A}}_1)$ auf die *Legendre*'sche Relation kann in folgender Weise formulirt werden. Die bezeichnete Atropie ist vollkommen gleichbedeutend mit der Isotropie der beiden Ausdrücke:

$$-\frac{2\varepsilon\tau\pi i}{v(v\sigma+w\tau)}, \qquad \frac{1}{8v^2}\cdot\frac{\vartheta'''\!\left(0,\dfrac{\varepsilon w}{v}\right)}{\vartheta'\!\left(0,\dfrac{\varepsilon w}{v}\right)};$$

dieselben gehen, wenn man:

$$\sigma,\ \tau,\qquad v,\ w$$

durch:

$$-\tau,\ \sigma,\ -w,\ v$$

ersetzt, über in:

$$\frac{2\varepsilon\sigma\pi i}{w(v\sigma+w\tau)}, \qquad \frac{1}{8w^2}\cdot\frac{\vartheta'''\!\left(0,\dfrac{-\varepsilon v}{w}\right)}{\vartheta'\!\left(0,\dfrac{-\varepsilon v}{w}\right)},$$

und da beide, als „isotrop", bei diesem Übergange *dieselbe* Änderung erfahren müssen, so muß die Gleichung bestehen:

$$\frac{1}{8w^2}\cdot\frac{\vartheta'''\!\left(0,\dfrac{-\varepsilon v}{w}\right)}{\vartheta'\!\left(0,\dfrac{-\varepsilon v}{w}\right)} - \frac{1}{8v^2}\cdot\frac{\vartheta'''\!\left(0,\dfrac{\varepsilon w}{v}\right)}{\vartheta'\!\left(0,\dfrac{\varepsilon w}{v}\right)} = 2\varepsilon\pi i\left(\frac{\sigma}{w(v\sigma+w\tau)} - \frac{\tau}{v(v\sigma+w\tau)}\right),$$

durch welche die *Legendre*'sche Relation genau in derselben Form wie im art. I (6) dargestellt wird.

Da sich oben der Ausdruck ($\mathfrak{A}$) für das Aggregat der Glieder nullter Dimension ergeben hat, welche in der Entwickelung von:

$$\frac{\partial \, \mathrm{Atr}(su,\, u_0,\, v,\, sw)}{\partial u_0}$$

oder, was dasselbe ist, von:

$$-\lim_{N=\infty}\, \lim_{M=\infty}\, \sum_{m,n} \frac{e^{(n\sigma - m\tau)2\pi i}}{(u_0 + mv + nw)^3} \qquad \binom{m=0,\pm 1,\pm 2,\ldots\pm M}{n=0,\pm 1,\pm 2,\ldots\pm N}$$

nach steigenden Potenzen von σ, τ, σ_0, τ_0 vorkommen, so resultirt die Grenzwerthbestimmung:

$$(66) \qquad \lim_{\substack{\sigma=0 \\ \tau=0}}\, \lim_{N=\infty}\, \lim_{M=\infty}\, \sum_{m,n} \frac{\cos(n\sigma - m\tau)2\pi}{(mv + nw)^3} = -\frac{1}{8v^3}\, \frac{\vartheta'''\!\left(0,\, \dfrac{sw}{v}\right)}{\vartheta'\!\left(0,\, \dfrac{sw}{v}\right)} - \frac{2s\pi i}{v}\, \lim_{\substack{\sigma=0 \\ \tau=0}}\, \frac{\tau}{v\sigma + w\tau},$$

$$(m=\pm 1,\pm 2,\ldots\pm M;\ n=\pm 1,\pm 2,\ldots\pm N)$$

Vergleicht man dieselbe mit derjenigen, welche im art. VI (36) angegeben ist, nämlich:

$$\lim_{N=\infty}\, \lim_{M=\infty}\, \sum_{m,n} \frac{1}{(mv + nw)^3} = \frac{-1}{8v^3}\cdot \frac{\vartheta'''\!\left(0,\, \dfrac{sw}{v}\right)}{\vartheta'\!\left(0,\, \dfrac{sw}{v}\right)} \qquad \binom{m=\pm 1,\pm 2,\ldots\pm M}{n=\pm 1,\pm 2,\ldots\pm N},$$

so gelangt man zu der Relation:

$$(67) \qquad \lim_{\substack{\sigma=0 \\ \tau=0}}\, \lim_{N=\infty}\, \lim_{M=\infty}\, \sum_{m,n} \frac{\cos(n\sigma - m\tau)2\pi}{(mv + nw)^3} = \lim_{N=\infty}\, \lim_{M=\infty}\, \sum_{m,n} \frac{1}{(mv + nw)^3} - \frac{2s\pi i}{v}\, \lim_{\substack{\sigma=0 \\ \tau=0}}\, \frac{\tau}{v\sigma + w\tau},$$

$$(m=\pm 1,\pm 2,\ldots\pm M;\ n=\pm 1,\pm 2,\ldots\pm N)$$

welche die Verschiedenheit der Resultate bei den verschiedenen Weisen des Grenzübergangs deutlich zeigt, da hiernach der Werth der Reihe:

$$\sum_{m,n} \frac{\cos(n\sigma - m\tau)2\pi}{(mv + nw)^3} \qquad \binom{m=\pm 1,\pm 2,\ldots\pm M}{n=\pm 1,\pm 2,\ldots\pm N}$$

sich für die Grenzwerthfolge:

$$\lim_{\substack{\sigma=0 \\ \tau=0}}\, \lim_{N=\infty}\, \lim_{M=\infty}$$

um den Betrag von:

$$\frac{2s\pi i}{v}\, \lim_{\substack{\sigma=0 \\ \tau=0}}\, \frac{\tau}{v\sigma + w\tau}$$

geringer erweist, als bei der Grenzwerthfolge:

$$\lim_{N=\infty}\ \lim_{M=\infty}\ \lim_{\substack{\sigma=0\\ \tau=0}}.$$

Da ferner die Reihe auf der linken Seite der Relation (67) für die ganze Classe von Grössensystemen:

$$(\alpha\sigma+\beta\tau,\ \alpha'\sigma+\beta'\tau,\ \beta'v-\alpha'w,\ -\beta v+\alpha w) \qquad (\alpha\beta'-\alpha'\beta=1),$$

welche durch verschiedene Wahl der ganzen Zahlen α, β, α', β' entstehen, invariant oder atrop ist, so wird durch eben dieselbe Relation auch die Isotropie der beiden Ausdrücke:

$$\frac{2\varepsilon\pi i}{v}\cdot\frac{\tau}{v\sigma+w\tau},\qquad \lim_{N=\infty}\ \lim_{M=\infty}\sum_{m,n}\frac{1}{(mv+nw)^2} \qquad \left(\begin{matrix}m=\pm 1,\pm 2,\ldots\pm M\\ n=\pm 1,\pm 2,\ldots\pm N\end{matrix}\right)$$

dargelegt, und aus dieser folgt wegen der Identität:

$$\frac{2\varepsilon\pi i}{\beta'v-\alpha'w}\cdot\frac{\alpha'\sigma+\beta'\tau}{v\sigma+w\tau}-\frac{2\varepsilon\pi i}{v}\cdot\frac{\tau}{v\sigma+w\tau}=-\frac{2\varepsilon\alpha'\pi i}{v(\beta'v-\alpha'w)}$$

ganz unmittelbar die *Legendre*'sche Relation in jener allgemeinen Form, in welcher sie sich schon im art. VII (40) ergeben hat.

X.

Die Isotropie der beiden Ausdrücke:

$$\frac{2\varepsilon\pi i}{v}\cdot\frac{\tau}{v\sigma+w\tau},\qquad \lim_{N=\infty}\ \lim_{M=\infty}\sum_{m,n}\frac{1}{(mv+nw)^2} \qquad \left(\begin{matrix}m=\pm 1,\pm 2,\ldots\pm M\\ n=\pm 1,\pm 2,\ldots\pm N\end{matrix}\right)$$

oder:

$$\frac{2\varepsilon\pi i}{v}\cdot\frac{\tau}{v\sigma+w\tau},\qquad -\frac{1}{3v^2}\cdot\frac{\vartheta'''\left(0,\dfrac{\varepsilon w}{v}\right)}{\vartheta'\left(0,\dfrac{\varepsilon w}{v}\right)},$$

aus welcher die *Legendre*'sche Relation unmittelbar hervorgeht, ist ihrerseits, wie schon in der Einleitung erwähnt worden, eine unmittelbare Consequenz der Atropie von $\overline{\mathrm{Atr}}(\varepsilon u,\ u_0,\ v,\ \varepsilon w)$, da der Ausdruck:

$$\frac{1}{3v^2}\cdot\frac{\vartheta'''\left(0,\dfrac{\varepsilon w}{v}\right)}{\vartheta'\left(0,\dfrac{\varepsilon w}{v}\right)}+\frac{2\varepsilon\pi i}{v}\cdot\frac{\tau}{v\sigma+w\tau}$$

als Aggregat der Glieder nullter Dimension in der Entwickelung von:

$$\frac{\overline{\mathrm{Atr}}(\varepsilon u, u_0, v, \varepsilon w)}{\varepsilon u + u_0}$$

nach steigenden Potenzen von $\sigma, \tau, \sigma_0, \tau_0$ erscheint. Nun ist zwar die Atropie der Function $\overline{\mathrm{Atr}}(\varepsilon u, u_0, v, \varepsilon w)$ oder der mit $\mathrm{Ser}(u, u_0, v, w)$ bezeichneten Reihe:

$$\lim_{N=\infty}\lim_{M=\infty}\sum_{m,n}\frac{e^{(n\sigma-m\tau)2\pi i}}{u_0 + mv + nw} \qquad \begin{pmatrix} m=0,\pm 1,\pm 2,\dots \pm M \\ n=0,\pm 1,\pm 2,\dots \pm N \end{pmatrix}$$

im art. XXI[1]) meiner Mittheilungen zur Theorie der elliptischen Functionen in einfacher Weise und namentlich im letzten Paragraphen (§ 10)[2]) mittels weniger übersichtlicher Schlussfolgerungen dargethan worden, aber weder in der Form der Reihe noch in der Darstellung durch ϑ - Functionen:

$$\frac{1}{v}\,e^{\frac{2\tau u_0\pi i}{v}}\,\frac{\vartheta'\left(0,\frac{\varepsilon w}{v}\right)\vartheta\left(\frac{\varepsilon u + u_0}{v},\frac{\varepsilon w}{v}\right)}{\vartheta\left(\frac{\varepsilon u}{v},\frac{\varepsilon w}{v}\right)\vartheta\left(\frac{u_0}{v},\frac{\varepsilon w}{v}\right)}$$

tritt die Atropie der Function $\overline{\mathrm{Atr}}(\varepsilon u, u_0, v, \varepsilon w)$ geradezu in *Evidenz*. Dies ist freilich bei jener schon oben im art. VIII (45*) erwähnten Darstellung durch die Invarianten $\mathrm{Atr}(u, v, \varepsilon w)$ der Fall, gemäss welcher $\overline{\mathrm{Atr}}(\varepsilon u, u_0, v, \varepsilon w)$ durch den Ausdruck:

$$e^{(\sigma_0\tau-\sigma\tau_0)2\pi i}\frac{\mathrm{Atr}'(0, v, \varepsilon w)\,\mathrm{Atr}(\varepsilon u + u_0, v, \varepsilon w)}{\mathrm{Atr}(\varepsilon u, v, \varepsilon w)\,\mathrm{Atr}(u_0, v, \varepsilon w)}$$

dargestellt wird, jedoch nur insofern dabei die Atropie der Function $\mathrm{Atr}(u, v, \varepsilon w)$ vorausgesetzt wird; diese beruht aber wegen der Gleichung:

$$\mathrm{Atr}(u, v, \varepsilon w) = (2\pi)^{\frac{1}{2}}\left(\vartheta'\left(0,\frac{\varepsilon w}{v}\right)\right)^{-\frac{1}{3}}\vartheta\left(\frac{u}{v},\frac{\varepsilon w}{v}\right)e^{\frac{\tau u v \pi i}{v}}$$

auf eben jener mit der *Legendre*'schen aequivalenten Relation, welche zwischen linear transformirten ϑ - Functionen besteht.

Dem hier hervorgehobenen Mangel wird durch jene Darstellung des absoluten Werthes von $\vartheta'(0)$ abgeholfen, welche ich schon im art. III meiner Mittheilungen „zur Theorie der elliptischen Functionen" angegeben habe.*) Setzt man, wie dort:

$$(68)\qquad w_1 = \frac{-b_0 + i}{2a_0},\quad w_2 = \frac{b_0 + i}{2a_0},\quad a_0 = \frac{b_0^2 + 1}{4a_0},$$

---

*) Sitzungsbericht vom 19. April 1883.[3])

[1]) Bd. V, S. 108 dieser Ausgabe von *L. Kronecker*'s Werken.   H
[2]) Bd. V, S. 123 dieser Ausgabe von *L. Kronecker*'s Werken.   H
[3]) Bd. IV, S. 354 dieser Ausgabe von *L. Kronecker*'s Werken.   H

wo a_0, b_0, c_0 reelle Grössen bedeuten, so sind $w_1 i$, $w_2 i$ conjugirte complexe Grössen, und das Product $\vartheta'(0, w_1)\vartheta'(0, w_2)$ ist also gleich dem Quadrate des absoluten Werthes jedes der beiden Factoren. Setzt man nun noch, wie a. a. O. zur Abkürzung:

$$(68^*) \qquad a_0 m^2 + b_0 mn + c_0 n^2 = f(m, n),$$

so besteht die Gleichung:

$$(69) \qquad \vartheta'(0, w_1)\vartheta'(0, w_2) = 4\pi^2 (\sqrt{c_0})^3 \sum_{m, n} (-1)^{(m-1)(n-1)} f(m, n)\, e^{-\pi f(m, n)},$$

in welcher die Summation rechts auf alle positiven und negativen ganzzahligen Werthe von m, n auszudehnen ist. Erhebt man auf beiden Seiten zum Quadrat und ersetzt dann den reciproken Werth von c_0 durch $-i(w_1 + w_2)$, so kommt:

$$(70)\ (iw_1 + iw_2)^2 (\vartheta'(0, w_1)\vartheta'(0, w_2))^2 = -16\pi^4 \Big(\sum_{m, n} (-1)^{(m-1)(n-1)} f(m, n)\, e^{-\pi f(m, n)}\Big)^2,$$

und die in dieser Gleichung vorkommenden Grössen können in folgender Weise definirt werden. Es ist erstens:

$$f(m, n) = a_0 m^2 + b_0 mn + c_0 n^2,$$

wo a_0, b_0, c_0 irgend welche reelle, der Bedingung $4a_0 c_0 - b_0^2 = 1$ genügende Grössen bedeuten. Zweitens sind w_1 und $-w_2$ die beiden Wurzeln der quadratischen Gleichung:

$$a_0 + b_0 w + c_0 w^2 = 0.$$

Nimmt man nun an Stelle von a_0, b_0, c_0 beziehungsweise die drei allgemeineren Ausdrücke:

$$a_0 \alpha^2 + b_0 \alpha\alpha' + c_0 \alpha'^2, \quad 2a_0 \alpha\beta + b_0(\alpha\beta' + \alpha'\beta) + 2c_0 \alpha'\beta', \quad a_0 \beta^2 + b_0 \beta\beta' + c_0 \beta'^2,$$

in denen $\alpha, \alpha', \beta, \beta'$ beliebige, der Bedingung $\alpha\beta' - \alpha'\beta = 1$ genügende ganze Zahlen bedeuten, so behält die Reihe auf der rechten Seite von (70) offenbar ihren Werth, während w_1 und $-w_2$ die Bedeutung als Wurzeln der allgemeinen Gleichung:

$$(71) \qquad a_0 + b_0 \frac{\alpha' + \beta' w}{\alpha + \beta w} + c_0 \Big(\frac{\alpha' + \beta' w}{\alpha + \beta w}\Big)^2 = 0$$

erhalten, und es tritt also durch die Gleichung (70) die Atropie des Ausdrucks:

$$(iw_1 + iw_2)^2 (\vartheta'(0, w_1)\vartheta'(0, w_2))^2$$

für die Wurzeln $w_1, -w_2$ aller der verschiedenen Gleichungen (71) in Evidenz.

Aus eben dieser Atropie folgt, wenn man das eine Mal:

$$\alpha = \beta' = 1 \quad \alpha' = \beta = 0$$

das andere Mal:

$$\alpha = \beta' = 0 \quad \alpha' = 1 \quad \beta' = -1$$

nimmt, dass der absolute Werth des Ausdrucks:

$$(iw)^2 \frac{(\vartheta'(0, w))^2}{\left(\vartheta'\left(0, -\frac{1}{w}\right)\right)^2}$$

gleich Eins ist, und hieraus folgt ferner, dass das Quadrat des Ausdrucks selbst gleich Eins ist, d. h. dass die Gleichung besteht:

$$(72) \qquad \left(\vartheta'\left(0, -\frac{1}{w}\right)\right)^4 = -w^6 (\vartheta'(0, w))^4.$$

Denn wenn man eine Gleichung

$$|\Phi(x + yi)| = 1 \quad \text{oder} \quad \Phi(x + yi)\,\Phi(x - yi) = 1$$

das eine Mal nach x, das andere Mal nach y logarithmisch differentiirt, so zeigt sich unmittelbar, dass $\Phi(x + yi)$ constant und also absolut genommen, gleich Eins sein muss. Dass endlich durch logarithmische Differentiation der Gleichung (72) die *Legendre*'sche Relation in der Form:

$$(73) \qquad w \frac{\vartheta''(0, w)}{\vartheta'(0, w)} - \frac{1}{w} \frac{\vartheta'''\left(0, -\frac{1}{w}\right)}{\vartheta'\left(0, -\frac{1}{w}\right)} = -6\pi i$$

entsteht, ist schon oben im art. IV bemerkt worden.

Es erscheint aber von grösserem Interesse, dass die Gleichung (73) sich in ähnlicher Weise wie die Gleichung (72), aus welcher sie hier durch logarithmische Differentiation hergeleitet worden ist, auf directem Wege ergiebt, wenn man die Differentiation an der Gleichung (70) ausführt.

Um dies näher darzulegen, gehe ich von der Gleichung aus:

$$- e^{\tau'(w_1 + w_2)\pi i} \theta(\sigma + \tau w_1, w_1)\, \theta(\sigma - \tau w_2, w_2) = \left|\sqrt{c_0}\right| \sum_{m, n} (-1)^{(m-1)(n-1)} e^{-\pi/(m, n) + 2(m\sigma + n\tau)\pi i},$$

aus welcher in dem oben erwähnten art. III[1]) meiner Mittheilungen zur Theorie der

---

[1]) Bd. IV, S. 355 dieser Ausgabe von *L. Kronecker*'s Werken.

elliptischen Functionen jene Gleichung (69) hervorgegangen ist. Setzt man $\sigma = \tau = 0$, so kommt:

(74)
$$\sum_{m,n}(-1)^{(m-1)(n-1)} e^{-\pi f(m,n)} = 0 \qquad (m, n = 0, \pm 1, \pm 2 \ldots),$$

und diese Gleichung ist nun ebenso wie die Gleichung (70) nach w_1 und w_2 zu differentiiren. Ich stelle hierfür zuvörderst einige dazu nothwendige Relationen zusammen:

$$f(m, n) = c_0(n - mw_1)(n + mw_2),$$

$$\frac{\partial f(m,n)}{\partial w_1} = \frac{if^2}{(n - mw_1)^2}, \quad \frac{\partial f(m,n)}{\partial w_2} = \frac{if^2}{(n + mw_2)^2},$$

$$c_0(w_1 + w_2) = i, \quad \frac{\partial c_0}{\partial w_1} = ic_0^2, \quad \frac{\partial^2 c_0}{\partial w_1 \partial w_2} = -2c_0^3,$$

$$\frac{\partial^2 f(m,n)}{\partial w_1 \partial w_2} = -2c_0^2 f(m, n), \quad \frac{\partial f(m,n)}{\partial w_1}\frac{\partial f(m,n)}{\partial w_2} = -c_0^2 f^2(m, n).$$

Mit Hülfe derselben erhält man als Resultat der Differentiation von (74) nach w_1 und w_2 die Gleichung:

(75)
$$\pi \sum_{m,n}(-1)^{(m-1)(n-1)} f^2(m, n) e^{-\pi f(m,n)} = 2\sum_{m,n}(-1)^{(m-1)(n-1)} f(m, n) e^{-\pi f(m,n)}.$$

Man findet ferner, wenn man die Reihe:

$$\sum(-1)^{(m-1)(n-1)} f(m, n) e^{-\pi f(m,n)}$$

nach w_1 und w_2 differentiirt, als Resultat:

$$c_0^2 \sum_{m,n}(-1)^{(m-1)(n-1)}\left(-2f(m, n) + 4\pi f^2(m, n) - \pi^2 f^3(m, n)\right) e^{-\pi f(m,n)},$$

welche mittels der Gleichung (75) sich auf folgendes reducirt:

$$c_0^2 \sum_{m,n}(-1)^{(m-1)(n-1)}\left(6f(m, n) - \pi^2 f^3(m, n)\right) e^{-\pi f(m,n)}.$$

Andererseits ergiebt die Differentiation des Ausdrucks:

$$c_0^{-\frac{3}{2}} \vartheta'(0, w_1)\, \vartheta'(0, w_2)$$

nach w_1 und w_2 das Resultat:

$$-\frac{9}{16\pi^2} c_0^{-\frac{3}{2}} \vartheta'(0, w_1)\, \vartheta'(0, w_2) \cdot c_0^2 \left[\left(\frac{\vartheta'''(0, w_1)}{3c_0 \vartheta'(0, w_1)} + 2\pi\right)\left(\frac{\vartheta'''(0, w_2)}{3c_0 \vartheta'(0, w_2)} + 2\pi\right) - \frac{8}{3}\pi^2\right],$$

und die Differentiation der Gleichung (69) nach w_1 und w_2 führt also zu dem Ergebniss, dass das Product:

$$(76) \qquad \left(\frac{\vartheta'''(0, w_1)}{3 c_0 \vartheta'(0, w_1)} + 2\pi \right) \left(\frac{\vartheta'''(0, w_2)}{3 c_0 \vartheta'(0, w_2)} + 2\pi \right).$$

oder, was dasselbe ist, das Quadrat des absoluten Werthes jedes der beiden Factoren in der Form:

$$(77) \qquad -8\pi^2 + \frac{16\pi^4}{9} \cdot \frac{\displaystyle\sum_{m,n} (-1)^{(m-1)(n-1)} f^3(m,n)\, e^{-\pi f(m,n)}}{\displaystyle\sum_{m,n} (-1)^{(m-1)(n-1)} f(m,n)\, e^{-\pi f(m,n)}}$$

darstellbar ist, in welcher die Invarianteneigenschaft von:

$$(78) \qquad \left| \frac{\vartheta'''(0, w)}{3 c_0 \vartheta'(0, w)} + 2\pi \right|^2$$

evident wird.

Da gemäss eben dieser Invarianteneigenschaft, für den Fall $b_0 = 0$, also $w = \frac{i}{2 c_0}$, die Gleichung:

$$i w \frac{\vartheta'''(0, w)}{\vartheta'(0, w)} - 3\pi = \pm \left[\frac{1}{i w} \frac{\vartheta'''\left(0, -\frac{1}{w}\right)}{\vartheta'\left(0, -\frac{1}{w}\right)} - 3\pi \right]$$

bestehen und dabei das untere Zeichen gelten muss, weil sonst, wie die Integration ergiebt, das Product $\vartheta'(0, w)\vartheta'\left(0, -\frac{1}{w}\right)$ von w unabhängig sein müsste, so resultirt unmittelbar, zuvörderst nur für reelle Werthe von $i w$, die *Legendre*'sche Relation in der obigen Form (73):

$$w \frac{\vartheta'''(0, w)}{\vartheta'(0, w)} - \frac{1}{w} \frac{\vartheta'''\left(0, -\frac{1}{w}\right)}{\vartheta'\left(0, -\frac{1}{w}\right)} = -6\pi i,$$

alsdann aber folgt in bekannter Weise, dass die Gleichung auch für complexe Werthe von $i w$ gültig bleiben muss.

Nimmt man die Gleichung in der *Legendre*'schen Form:

$$K'E + KE' - KK' = \tfrac{1}{2}\pi,$$

und setzt ihre Gültigkeit nur für den Fall reeller Werthe von $\varkappa^2$ und $\varkappa'^2$ voraus, so kann man auch die Entwickelung nach steigenden Potenzen von $\varkappa^2$ benutzen, um die Gültigkeit für complexe Werthe von $\varkappa^2$ zu erschliessen. Überhaupt kann in einer nach steigenden Potenzen einer Variabeln z fortschreitenden und für alle Werthe $|z| < 1$ convergenten Reihe an Stelle von z eine ganze Function von n Variabeln $f(x_1, x_2, \ldots x_n)$ genommen und alsdann die Reihe im Sinne der Congruenz für ein Modulsystem $n$ter Stufe $(M', M'', M''', \ldots)$ betrachtet werden, sobald der absolute Werth der Resultante der $n + 1$ oder mehr Functionen von $x_1, x_2, \ldots x_n$:

$$f, M', M'', M''', \ldots,$$

der Convergenzbedingung gemäss, kleiner als Eins ist. Der bisher immer nur betrachtete Fall einer complexen Variabeln $z_1 + z_2 i$ tritt ein, wenn sich das Modulsystem auf den einen Modul $x_1^2 + 1$ reducirt und für z die lineare Function $z_1 + z_2 x_1$ genommen wird.

XI.

Im art. VI ist dargelegt worden, wie aus den Entwickelungen im Abschnitt VI, 1—3 der citirten Abhandlung *Eisenstein's*[*]) die *Legendre*'sche Relation in der Gestalt hervorgeht:[**])

$$(41) \qquad \lim_{N=\infty} \lim_{M=\infty} \left\{ \sum_{m,n} \frac{1}{(mw + nv)^2} - \sum_{m,n} \frac{1}{(mv + nw)^2} \right\} = - \frac{2\varepsilon\pi i}{vw},$$

$$(m = \pm 1, \pm 2, \ldots \pm M; \quad n = \pm 1, \pm 2, \ldots \pm N)$$

welche, wenn man die Reihen durch ϑ-Functionen ausdrückt, sich in jene des art. I verwandelt:

$$(6) \qquad v^2 \frac{\vartheta'''\left(0, -\frac{\varepsilon v}{w}\right)}{\vartheta'\left(0, -\frac{\varepsilon v}{w}\right)} - w^2 \frac{\vartheta'''\left(0, \frac{\varepsilon w}{v}\right)}{\vartheta'\left(0, \frac{\varepsilon w}{v}\right)} = 6\varepsilon vw\pi i.$$

Nunmehr soll aber gezeigt werden, wie die Hauptresultate des § 5 der *Eisenstein*-schen Abhandlung zur unmittelbaren Herleitung der Relation in der ursprünglichen *Legendre*'schen Form benutzt werden können.

Eisenstein führt a. a. O. für die Reihen:

$$\lim_{N=\infty} \lim_{M=\infty} \sum_{m,n} (u + mw + nv)^{-k}, \qquad \lim_{N=\infty} \lim_{M=\infty} \sum_{m,n} (mw + nv)^{-k} \qquad (k = 1, 2, 3, \ldots)$$

$$\begin{pmatrix} m = 0, \pm 1, \pm 2, \ldots \pm M \\ n = 0, \pm 1, \pm 2, \ldots \pm N \end{pmatrix} \qquad\qquad \begin{pmatrix} m = \pm 1, \pm 2, \ldots \pm M \\ n = \pm 1, \pm 2, \ldots \pm N \end{pmatrix}$$

---

[*]) Beiträge zur Theorie der elliptischen Functionen. *Crelle*'s Journal, Bd. XXXV.
[**]) Vergl. die Bemerkungen im Anfange des art. VII.

die Bezeichnungen ein:

$$(h, u), \quad (h^*, 0) \qquad\qquad (h = 1, 2, 3 \ldots)$$

und untersucht deren Eigenschaften und gegenseitige Beziehungen. Den „Hauptgegenstand" bildet dabei, wie er selbst ausdrücklich hervorhebt, die Herleitung der a. a. O. mit (5) bezeichneten Differentialgleichung, welche zeigt, dass die von ihm „durch doppelte Erzeugung aus den rationalen Functionen erlangten Functionen wirklich elliptische Functionen" sind. Bestimmt man die dortige Constante c aus der mit (1.) bezeichneten Gleichung oder aus der Gleichung (5.) selbst, indem man die Variable x, nach Weglassung der negativen Potenzen, gleich Null setzt, und nimmt man dann u an Stelle von x, so erhält man die Gleichung in der Form:

$$(79) \qquad (3, u)^2 = ((2, u) - (2^*, 0))^3 - 15\,(4^*, 0)\,((2, u) - (2^*, 0)) - 35\,(6^*, 0),$$

und wenn die elliptische Function: $(2, u) - (2^*, 0)$, in Anknüpfung an den Namen *Eisenstein*'s, in dessen Abhandlung sie zuerst vorkommt, und zugleich im Anschluss an die in der Theorie der elliptischen Functionen schon üblichen Bezeichnungen sn, cn, dn mit:

$$en\,(u, v, w)$$

oder noch kürzer mit $en\,u$ bezeichnet, so nimmt die Gleichung (79) die Gestalt an:

$$(80) \qquad \frac{1}{4}\,(en'u)^2 = (en\,u)^3 - 15\,(4^*, 0)\,en\,u - 35\,(6^*, 0),$$

wo $en'u$ die Ableitung von $en\,u$ bedeutet[*]).

Benutzt man ferner die in art. VI eingeführten Bezeichnungen:

$$\lim_{N = \infty} \lim_{M = \infty} \sum_{m, n}{}' (u + mv + nw)^{-1} = f_1(u, v, w)$$
$$\lim_{N = \infty} \lim_{M = \infty} \sum_{m, n} (u + mv + nw)^{-3} = f_3(u, v, w) \qquad \left(\begin{smallmatrix} -M \leqq m \leqq M \\ -N \leqq n \leqq N \end{smallmatrix}\right),$$

so ist:

$$(2, u) = f_3(u, v, w), \quad (2^*, 0) = \lim_{u_0 = 0}\left(-\frac{1}{u_0^2} + f_3(u_0, v, w)\right),$$

also:

$$en\,u = \lim_{u_0 = 0}\left(f_3(u, v, w) - f_3(u_0, v, w) + \frac{1}{u_0^2}\right),$$

____

[*]) Die *Eisenstein*'sche elliptische Funktion $(2, u) - (2^*, 0)$, welche hier mit $en\,u$ bezeichnet ist, wird in der *Schwarz*'schen Formelsammlung mit $\wp u$ bezeichnet.

und setzt man noch, wie *Eisenstein*, zur Abkürzung:

$$(81) \quad \begin{aligned} &f_2\left(\tfrac{1}{2}\,v,\,v,\,w\right) = a \\ &f_2\left(\tfrac{1}{2}\,(v + w),\,v,\,w\right) = a' \\ &f_2\left(\tfrac{1}{2}\,w,\,v,\,w\right) = a'', \end{aligned}$$

so drücken sich die weiter von *Eisenstein* entwickelten Resultate in folgender Weise aus:

$$(82) \quad a + a' + a'' = 8\,(2^*,\,0) = 8 \lim_{u_0 = 0}\left(-\frac{1}{u_0^2} + f_2\,(u_0,\,v,\,w)\right),$$

$$(83) \quad \left(\frac{\partial f_2\,(u,\,v,\,w)}{\partial u}\right)^2 = 4\,(f_2\,(u,\,v,\,w) - a)\,(f_2\,(u,\,v,\,w) - a')\,(f_2\,(u,\,v,\,w) - a''),$$

$$(84) \quad u - u_0 = \int_{f_2(u_0,\,v,\,w)}^{f_2(u,\,v,\,w)} \frac{dy}{2\sqrt{(y-a)\,(y-a')\,(y-a'')}},$$

$$(85) \quad f_1\,(u_0,\,v,\,w) - f_1\,(u,\,v,\,w) = \int_{f_2(u_0,\,v,\,w)}^{f_2(u,\,v,\,w)} \frac{y\,dy}{2\sqrt{(y-a)\,(y-a')\,(y-a'')}}.$$

Mittels der Substitution:

$$y = a'\sin^2\varphi + a''\cos^2\varphi$$

erhält man die Transformationsrelation:

$$(86) \quad \int \frac{y\,dy}{2\sqrt{(y-a)\,(y-a')\,(y-a'')}} = \frac{a}{\sqrt{a-a''}}\int \frac{d\varphi}{\Delta\varphi} - \sqrt{a-a''}\int \Delta\varphi\,d\varphi,$$

wo in üblicher Weise $\Delta\varphi$ die Quadratwurzel aus:

$$1 - \frac{a'-a''}{a-a''}\sin^2\varphi$$

bedeutet. Die Gleichung (85) geht hiernach für:

$$u_0 = \tfrac{1}{2}\,w, \quad u = \tfrac{1}{2}\,(v + w)$$

in folgende über:

$$(87) \quad f_1\left(\tfrac{1}{2}\,w,\,v,\,w\right) - f_1\left(\tfrac{1}{2}\,(v + w),\,v,\,w\right) = \frac{a}{\sqrt{a-a''}}\int_0^{\frac{1}{2}\pi}\frac{d\varphi}{\Delta\varphi} - \sqrt{a-a''}\int_0^{\frac{1}{2}\pi}\Delta\varphi\,d\varphi.$$

Nun ergibt aber die directe Summation der mit f_1 bezeichneten Reihen die Werthbestimmungen:

$$f_1\left(\tfrac{1}{2}\,v,v,w\right) = 0,\quad f_1\left(\tfrac{1}{2}\,w,v,w\right) = -\frac{\varepsilon\pi i}{v},\quad f_1\left(\tfrac{1}{2}\,(v+w),v,w\right) = -\frac{\varepsilon\pi i}{v};$$

es ist sonach der Werth des mit dem *Eisenstein*'schen elliptischen Integral zweiter Gattung:

$$\int_{a''}^{a'}\frac{y\,dy}{2\sqrt{(y-a)(y-a')(y-a'')}}$$

identischen Ausdrucks auf der rechten Seite der Gleichung (87) gleich Null, d. h. es wird:

$$(88)\qquad \int_0^{\frac{1}{2}\pi}\!\!\varDelta\,\varphi\,d\varphi = \frac{a}{\sqrt{a-a''}}\int_0^{\frac{1}{2}\pi}\!\!\frac{d\varphi}{\varDelta\varphi},$$

oder nach den *Jacobi-Legendre*'schen Bezeichnungen, wenn noch:

$$\frac{a'-a''}{a-a''} = \varkappa^2$$

gesetzt wird:

$$(89)\qquad \frac{E}{K} - (1-\varkappa^2) = \frac{a'}{a-a''}.$$

Wendet man die Substitution $y = a'\sin^2\varphi + a''\cos^2\varphi$ auf die Gleichung (84) an, so kommt für $u_0 = \tfrac{1}{2}w,\ u = \tfrac{1}{2}(v+w)$:

$$v\sqrt{a-a''} = 2K,\quad w\sqrt{a-a''} = 2K'i,$$

und wenn man diese Werthe von v und w in der mit a' bezeichneten Reihe:

$$\lim_{N=\infty}\lim_{M=\infty}\sum_{m,n}\frac{4}{((2m+1)v+(2n+1)w)^2}\qquad \genfrac{(}{)}{0pt}{}{-M\leqq m\leqq M}{-N\leqq n\leqq N}$$

einsetzt, so geht die Gleichung (89) in folgende über:

$$(90)\qquad \frac{E}{K} - (1-\varkappa^2) = \lim_{N=\infty}\lim_{M=\infty}\sum_{m,n}\frac{1}{((2m+1)K+(2n+1)K'i)^2},$$
$$(-M\leqq m\leqq M,\ -N\leqq n\leqq N)$$

oder nach der obigen Bezeichnungsweise:

$$(91)\qquad \frac{E}{K} - (1-\varkappa^2) = f_2(K+K'i,\,2K,\,2K'i).$$

Vertauscht man hierin $\varkappa^2$ mit $1 - \varkappa^2$, so kommt:

$$(92) \qquad \frac{E'}{K'} - \varkappa^2 = - f_2(K + K'i, 2K'i, 2K),$$

und da gemäss der zweiten von den beiden Formeln (31) in art. VI die beiden Ausdrücke auf der rechten Seite der Gleichungen (91) und (92) zusammen das Resultat $\frac{\pi}{2KK'}$ ergeben, so führt die additive Verbindung eben dieser beiden Gleichungen offenbar zu der *Legendre*'schen Relation in der ursprünglichen Gestalt:

$$K'E + KE' - KK' = \frac{1}{2}\pi\,{}^1).$$

---

[1]) Vgl. Zusatz 9 am Ende dieses Bandes.   H

ÜBER DIE BEDINGUNGEN DER INTEGRABILITÄT

VON

L. KRONECKER.

Crelle, Journal für die reine und angewandte Mathematik.
Bd. 59, S. 311—312.

ÜBER DIE BEDINGUNGEN DER INTEGRABILITÄT.

I. Jeder Ausdruck: $X_0\,dx_0 + X_1\,dx_1 + \cdots X_{n-1}\,dx_{n-1}$, in welchem X_0, X_1, $\ldots$ beliebige rationale Functionen der Variabeln x sind, lässt sich, wenn für alle Werthe $\varkappa = 0, 1, 2, \ldots n-1$:

$$x_\varkappa = \left(z_0 + \omega^\varkappa z_1 + \omega^{2\varkappa} z_2 + \cdots + \omega^{(n-1)\varkappa} z_{n-1}\right)^n$$

gesetzt und für ω irgendeine primitive $n$te Wurzel der Einheit genommen wird, auf folgende bemerkenswerthe Form bringen:

$$\text{(A)}\qquad \varphi(z_0, z_1, \ldots z_{n-1})\,dz_0 + \varphi(z_1, z_2, \ldots z_0)\,dz_1$$
$$+\, \varphi(z_2, z_3, \ldots z_1)\,dz_2 + \cdots + \varphi(z_{n-1}, z_0, \ldots z_{n-2})\,dz_{n-1}.$$

Durch die angegebene Substitution gehen nämlich X_0, X_1, $\ldots$ in gewisse rationale Functionen der Variabeln z über, welche respective mit: f_0, f_1, $\ldots$ bezeichnet werden sollen, und es verwandelt sich demnach $\sum X_\varkappa\,dx_\varkappa$ in:

$$\text{(B)}\quad n \cdot \sum_{\varkappa = 0}^{\varkappa = n-1} f_\varkappa \cdot \left(z_0 + \omega^\varkappa z_1 + \omega^{2\varkappa} z_2 + \cdots \omega^{(n-1)\varkappa} z_{n-1}\right)^{n-1} \cdot \left(dz_0 + \omega^\varkappa dz_1 + \omega^{2\varkappa} dz_2 + \cdots \omega^{(n-1)\varkappa} dz_{n-1}\right).$$

In diesem Ausdruck ist der Factor von dz_0:

$$n \sum f_\varkappa \left(z_0 + \omega^\varkappa z_1 + \omega^{2\varkappa} z_2 + \cdots + \omega^{(n-1)\varkappa} z_{n-1}\right)^{n-1},$$

welcher mit: $\varphi(z_0, z_1, z_2, \ldots z_{n-1})$ bezeichnet werden möge. Wenn hierin die Variabeln z cyklisch permutirt werden, und zwar dergestalt, dass z_i für z_0, z_{i+1} für z_1, etc. gesetzt wird, so bleiben die Ausdrücke: $(z_0 + \omega^\varkappa z_1 + \omega^{2\varkappa} z_2 + \cdots + \omega^{(n-1)\varkappa} z_{n-1})^n$, aus denen f_0, f_1, $\ldots$ rational zusammengesetzt sind, also auch diese Functionen f selbst, ungeändert, und man erhält demnach:

$$\varphi\left(z_i, z_{i+1}, z_{i+2}, \ldots z_{i-1}\right) = n \sum f_\varkappa \left(z_i + \omega^\varkappa z_{i+1} + \omega^{2\varkappa} z_{i+2} + \cdots + \omega^{(n-1)\varkappa} z_{i-1}\right)^{n-1}$$

oder:

$$\varphi\left(z_i, z_{i+1}, z_{i+2}, \ldots z_{i-1}\right) = n \cdot \sum f_\varkappa \cdot \omega^{i\varkappa} \left(z_0 + \omega^\varkappa z_1 + \omega^{2\varkappa} z_2 + \cdots + \omega^{(n-1)\varkappa} z_{n-1}\right)^{n-1}.$$

Es ist daher $\varphi(z_i, z_{i+1}, \ldots z_{i-1})$ der Factor von: dz_i in dem Ausdrucke (B), welcher also in der That die aufgestellte Form (A) annimmt.

Wenn man die Voraussetzung, daß X_0, X_1, $\ldots$ die Variabeln x nur rational enthalten sollen, fallen lässt, so ist die Verwandlung von $\sum X_x\, dx_x$ in einen Ausdruck von der Form (A) zwar noch möglich, aber es sind dabei gewisse Erörterungen nöthig, die ich der Kürze halber übergehen muss.

II. Für die Form (A), auf welche sich, wie eben gezeigt worden, jeder Differentialausdruck: $\sum X_x\, dx_x$ bringen lässt, reduciren sich die Bedingungen der Integrabilität (je nachdem n grade oder ungrade ist) auf nur $\frac{1}{2}n$ oder $\frac{1}{2}(n-1)$ Gleichungen, welche durch die folgende repräsentirt werden:

$$\text{(C)} \qquad \frac{\partial \varphi(z_0, z_1, \ldots z_{n-1})}{\partial z_x} = \frac{\partial \varphi(z_x, z_{x+1}, \ldots z_{x-1})}{\partial z_0},$$

wenn darin x die Zahlen $1, 2, 3 \ldots$ bis $\frac{1}{2}n$ oder $\frac{1}{2}(n-1)$ bedeutet. Da nämlich in der allgemeinen Bedingung der Integrabilität des Ausdruckes (A):

$$\frac{\partial \varphi(z_r, z_{r+1}, \ldots z_{r-1})}{\partial z_s} = \frac{\partial \varphi(z_s, z_{s+1}, \ldots z_{s-1})}{\partial z_r}$$

angenommen werden kann, dass der kleinste positive Rest von: $(s-r)$ modulo n nicht über $\frac{1}{2}n$ liegt, so geht dieselbe aus der Gleichung (C) unmittelbar hervor, wenn darin für x jener Rest von: $(s-r)$ genommen wird und $z_0, z_1, \ldots z_{n-1}$ respective durch $z_r, z_{r+1}, \ldots z_{r-1}$ ersetzt werden.

Ich darf nicht unerwähnt lassen, dass die angegebene Reduction der Integrabilitätsbedingungen ebenso rein formaler Art ist, wie diejenige, welche *Jacobi* im 23sten Bande dieses Journals pag. 101[1]) gegeben hat. Die Bedingungen dafür, dass $\sum X_x\, dx_x$ integrabel, dass also die Gleichung:

$$\frac{\partial X_r}{\partial x_s} = \frac{\partial X_s}{\partial x_r}$$

für alle Indices r und s identisch erfüllt sei, sind wesentlich Bedingungen für die in X_0, X_1, $\ldots$ enthaltenen Constanten und bleiben als solche von allen jenen Reductionen unberührt.

---

[1]) *Jacobi*, Werke, Bd. IV, S. 251 u. 252.

ZUR POTENTIALTHEORIE

VON

L. KRONECKER.

Crelle, Journal für die reine und angewandte Mathematik. Bd. 70. S. 276—278.

ZUR POTENTIALTHEORIE.

Es seien t und θ irgendwie begrenzte Theile des Raumes, welche sich auch ganz oder theilweise decken können, und die rechtwinkligen Coordinaten im ersteren mögen mit x, y, z, die im letzteren mit ξ, η, ζ bezeichnet werden; ferner seien P und Π die beiden durch die Gleichungen:

$$P(x, y, z) = \int \frac{\varphi(\xi, \eta, \zeta) d\theta}{\sqrt{(x-\xi)^2 + (y-\eta)^2 + (z-\zeta)^2}},$$

$$\Pi(\xi, \eta, \zeta) = \int \frac{f(x, y, z) dt}{\sqrt{(x-\xi)^2 + (y-\eta)^2 + (z-\zeta)^2}}$$

definirten Potentiale und $P_1, P_2, P_3, \Pi_1, \Pi_2, \Pi_3$ die durch Differentiation daraus hergeleiteten Componenten der Attraction. Alsdann folgt unmittelbar aus den Integral-Ausdrücken für P_h, Π_h die identische Gleichung:

$$\text{(I)} \quad \int P_h(x-a, y-b, z-c) \cdot f(x, y, z) dt + \int \Pi_h(\xi+a, \eta+b, \zeta+c) \cdot \varphi(\xi, \eta, \zeta) d\theta = 0,$$

wo $h = 1, 2, 3$ zu setzen ist, und a, b, c beliebige reelle Grössen bedeuten. Bezeichnet man der Kürze halber diese beiden Integrale, deren Summe verschwindet, mit:

$$F_h(-a, -b, -c), \quad \Phi_h(a, b, c),$$

so erhält man für $h = 1$:

$$\frac{F_1(-a, 0, 0) - F_1(0, 0, 0)}{-a} = \frac{\Phi_1(a, 0, 0) - \Phi_1(a, 0, 0)}{a}.$$

Wenn sich also der eine dieser beiden Quotienten, z. B. der auf der linken Seite, für $a = 0$ einer bestimmten Grenze: $F_{11}(0, 0, 0)$ nähert, so ist der bezügliche Werth zugleich der Grenzwerth des andern, und man erhält demgemäss die Relation:

$$F_{hh}(0, 0, 0) = \Phi_{hh}(0, 0, 0)$$

für $h = 1, 2, 3$ und folglich:

$$\text{(II)} \quad F_{11} + F_{22} + F_{33} = \Phi_{11} + \Phi_{22} + \Phi_{33}.$$

Setzt man die partielle Differentialgleichung also auch implicite die Existenz der zweiten Ableitungen und deren nur in Flächen unterbrochene Stetigkeit für eines der beiden Potentiale z. B. für P voraus, so kann man den Grenzwerth F_{11} bilden, indem man unter dem Integralzeichen für:

$$\lim_{a=0} \frac{P_1(x-a, y, z) - P_1(x, y, z)}{-a}$$

den Werth $\frac{\partial P_1}{\partial x}$ setzt. Hiernach wird:

$$F_{11} + F_{22} + F_{33} = \int \Delta P \cdot f(x, y, z) dt$$

oder also:

$$F_{11} + F_{22} + F_{33} = -4\pi \int f(x, y, z) \cdot \varphi(x, y, z) \cdot dt,$$

und folglich auch wegen der Gleichung (II):

$$\Phi_{11} + \Phi_{22} + \Phi_{33} = +4\pi \int f(x, y, z) \cdot \varphi(x, y, z) \cdot dt,$$

wo die Integration über dasjenige Volumen erstreckt werden muss, welches den Räumen t und θ gemeinsam ist. Da nun die obigen Eigenschaften der zweiten Ableitungen von P ohne Weiteres vorausgesetzt werden können, wenn die Dichtigkeit φ den konstanten Werth „Eins" hat, so ist die Relation, welche sich für diesen Fall ergiebt, nämlich:

$$\text{(III)} \qquad \Phi_{11} + \Phi_{22} + \Phi_{33} = -4\pi \int f(x, y, z) dx \, dy \, dz$$

als eine unmittelbare Consequenz der Definition von Φ_1, Φ_2, Φ_3 anzusehen, und deren Gültigkeit ist also einzig und allein an diejenigen Voraussetzungen über die Dichtigkeits-Function geknüpft, welche für die Existenz der betrachteten Ausdrücke erforderlich sind. Der Inhalt der Relation (III) kann folgendermaassen formulirt werden[1]):

> „Der Raum t sei mit Masse von beliebiger Dichtigkeit f und der Raum θ mit Masse von der Dichtigkeit „Eins" erfüllt; das Potential der beiden Massen sei Φ, und Φ_1, Φ_2, Φ_3 seien die nach den rechtwinkligen Axen genommenen Componenten der Attraction. Denkt man sich nun die Masse θ in der Richtung der x-Axe unendlich wenig verschoben und bezeichnet das Verhältniss der dadurch bewirkten Aenderung von Φ_1 zu der Grösse der Verschiebung selbst durch Φ_{11} und die analogen auf die andern beiden Axen bezüglichen Ausdrücke durch Φ_{22}, Φ_{33}, so ist die

____

[1]) Vgl. Zusatz 10 am Ende dieses Bandes.

H

Summe $\Phi_{11} + \Phi_{22} + \Phi_{33}$ gleich der mit -4π multiplicirten Masse desjenigen Teiles von t, welcher mit dem Raume θ zusammenfällt.“

Lässt man den Raum θ unendlich klein werden, und zwar so, dass derselbe die unmittelbare Umgebung eines bestimmten Punktes (ξ, η, ζ) bildet, so nähert sich das Integral auf der rechten Seite der Gleichung (III), dividirt durch das betreffende Volumen, einem Werthe, welcher mit $f(\xi, \eta, \zeta)$ übereinstimmen muss, damit die Potential-Gleichung:

$$\Delta\Pi(\xi, \eta, \zeta) = -4\pi \cdot f(\xi, \eta, \zeta)$$

Geltung habe. Ferner ist, wie aus obigen Betrachtungen erhellt, leicht nachzuweisen, dass die linke Seite der Gleichung (III), dividirt durch das unendlich kleine Volumen, sich bei derselben Annahme der Grenze $\Delta\Pi(\xi, \eta, \zeta)$ nähert, wenn die Existenz von zweiten Ableitungen des Integrals Π vorausgesetzt wird. Aber ich muss es dahingestellt sein lassen, ob der Nachweis dieser Existenz zu führen ist, ohne, wie es gewöhnlich geschieht, die Differentiirbarkeit der Dichtigkeits-Function oder andere Eigenschaften derselben vorauszusetzen, die mit der Existenz des Potentials nicht nothwendig verbunden sind. Ich bemerke schliesslich, dass ich auf einem Wege, der von dem hier auseinandergesetzten nicht wesentlich verschieden ist, zu einer der Gleichung (III) entsprechenden Relation für allgemeinere Potential-Ausdrücke gelangt bin. Dieselbe findet sich am Schlusse eines Aufsatzes, welcher im Monatsberichte der hiesigen Akademie vom März d. J.[1]) abgedruckt ist. Doch glaubte ich, dass eine kurze und einfache Herleitung jener Relation für die gewöhnlichen Massen-Potentiale bei dem allgemeinen Interesse, welches sich an diese knüpft, nicht ganz überflüssig erscheinen dürfte.

---

[1]) Bd. I, S. 177f. (insbes. S. 210—212) dieser Ausgabe von *L. Kronecker's* Werken.   H

NOTIZ ÜBER POTENZREIHEN

VON

L. KRONECKER.

Monatsberichte der Königlich Preussischen Akademie der Wissenschaften zu Berlin vom Jahre 1878. S. 53—58.

NOTIZ ÜBER POTENZREIHEN.

[Gelesen in der Akademie der Wissenschaften am 21. Januar 1878.]

I. Bedeutet z eine complexe Veränderliche $x + yi$ und wird in

(A)
$$\frac{1}{2\pi i}\int e^{z}\, d \log z$$

die Integration von $y = -\infty$ bis $y = +\infty$ erstreckt, so resultirt der Werth Eins oder Null, je nachdem x positiv oder negativ ist. Dies ergiebt[1]) sich in üblicher Weise aus der Betrachtung, dass man bei der Integration um den Nullpunkt herum den Werth Eins erhält, während das Integral verschwindet, sobald für unendlich grosse positive oder negative Werthe von y parallel der x-Axe oder für unendlich grosse negative Werthe von x parallel der y-Axe integrirt wird. Ist nun

$$f(\zeta) = \sum_{n=0}^{n=\infty} c_n e^{-\lambda_n \zeta}$$

für $\zeta = \xi + \eta i$ eine convergente Reihe, in welcher die Exponenten λ mit ihrem Index wachsen, so kann das Integral (A) zur Bestimmung der Coëfficienten c_n benutzt werden, da

(B)
$$\frac{1}{2\pi i}\int f(z) e^{wz}\, d \log z = \sum_{k=0}^{k=n} c_k$$

ist, wenn die Integration für ein festes positives x von $y = -\infty$ bis $y = +\infty$ erstreckt wird, und wenn der Werth von w zwischen λ_n und λ_{n+1} liegt.[2]) Hierbei ist, wie stets im Folgenden, vorausgesetzt, dass die Reihe $f(z)$ Glied für Glied integrirt werden darf, und dazu ist es nothwendig und hinreichend, dass, wie man es füglich ausdrücken kann, die Reihe „im Allgemeinen gleichmässig convergire". Wenn nämlich, um dies näher darzulegen, eine Function reeller Grössen $\varphi(\varrho, \sigma)$ zwischen $\varrho = a$ und $\varrho = b$ ihrem absoluten Werthe nach unter einer bestimmten Grösse bleibt und für alle diese Werthe von ϱ

$$\lim_{\sigma = 0} \varphi(\varrho, \sigma) = 0$$

---

[1]) Vgl. Zusatz 11 am Ende dieses Bandes.   H

[2]) Vgl. Zusatz 12 am Ende dieses Bandes.   H

ist, so wird auch

$$\lim_{\sigma = 0} \int_{\delta}^{b} \varphi(\varrho, \sigma)\, d\varrho = 0,$$

falls σ so klein angenommen werden kann, dass die Gesammtgrösse der Intervalle, in denen $\varphi(\varrho, \sigma)$ *über* einer gegebenen kleinen Grösse δ liegt, kleiner als eine zweite beliebig gewählte Grösse δ' wird. Bei Erfüllung dieser Bedingung kann aber, im Anschluss an eine von Hrn. *Heine* eingeführte Ausdrucksweise*), die Annäherung der Function $\varphi(\varrho, \sigma)$ an Null für $\sigma = 0$ als eine „im Allgemeinen gleichmässige" bezeichnet werden.

Es muss hervorgehoben werden, dass das Integral in (B)

$$\int f(z)\, e^{wz}\, d \log z$$

eine Function von w darstellt, welche in den einzelnen Intervallen zwischen je zwei aufeinanderfolgenden Werthen von λ constant bleibt und an den Stellen $w = \lambda_n$ sich sprungweise ändert. Durch jenes Integral bestimmen sich also in der Entwickelung

$$f(z) = \sum_{n=0}^{n=\infty} c_n e^{-\lambda_n z}$$

nicht bloss die Coëfficienten c sondern auch die Exponenten λ, letztere nämlich als Discontinuitätsstellen der durch das Integral dargestellten Function von w.

Multiplicirt man die Gleichung (B) mit

$$\int_{\lambda_n}^{\lambda_{n+1}} \Phi(w)\, dw,$$

wo Φ eine reelle Function bedeutet, und summirt alsdann von $n = 0$ bis $n = r$, so kommt, wenn

$$f(z) = z F(z)$$

gesetzt wird:

$$\text{(C)} \qquad \frac{1}{2\pi i} \iint F(z) \Phi(w) e^{wz}\, dw\, dz = \sum_{n=0}^{n=r-1} c_n \int_{\lambda_n}^{\lambda_r} \Phi(w)\, dw,$$

------

*) Cf. Hrn. *Heine*'s Abhandlung im *Borchardt*'schen Journal Bd. 71. S. 858 und 856.

wo links die Integration in Beziehung auf w von einem Werthe, der $\leq \lambda_0$ ist, bis λ_r zu erstrecken und

$$F(z) = \frac{1}{z}\sum_{n=0}^{n=\infty} c_n e^{-\lambda_n z}$$

ist. Bedeutet, wie oben, ζ die complexe Grösse $\xi + \eta i$ und ist $x < \xi$, so geht, wenn

$$\Phi(w) = \zeta e^{-w\zeta}$$

und $r = \infty$ angenommen wird, die Formel (C) in folgende über:

(D) $$\qquad \frac{1}{2\pi i}\iint F(z) e^{w(z-\zeta)}\, dw\, dz = F(\zeta).$$

Integrirt man hierin zuerst nach w, so erhält man das von

$$z = x - i\cdot\infty \quad \text{bis} \quad z = x + i\cdot\infty$$

zu erstreckende Integral

$$\frac{1}{2\pi i}\int \frac{F(z)}{z-\zeta}\, e^{w(z-\zeta)}\, dz,$$

welches für den Endwerth $w = \infty$ verschwindet, für den Anfangswerth von w aber, der *Cauchy*'schen Formel gemäss, gleich $- F(\zeta)$ wird, da die übrigen Theile der den Punkt $z = \zeta$ umschließenden Integrationen, wenn sie in unendlicher Entfernung ausgeführt werden, wegen des dortigen Verhaltens der Function $e^{wz}F(z)$ nur unendlich kleine Werthe liefern. Während hiernach die Formel (D) einerseits, sobald man mit der Integration nach w anfängt, auf die *Cauchy*'sche Formel führt, ergiebt sie andrerseits, wenn mit der Integration nach z begonnen wird, ganz unmittelbar die Reihenentwickelung

$$F(\zeta) = \frac{1}{\zeta}\sum_{n=0}^{n=\infty} c_n e^{-\lambda_n \zeta},$$

in welche das zweifache Integral

$$\frac{1}{2\pi i}\int e^{-w\zeta}\, dw \int F(z) e^{wz}\, dz$$

vermöge der Eigenschaft von $\int F(z) e^{wz}\, dz$, zwischen $w = \lambda_n$ und $w = \lambda_{n+1}$ unverändert zu bleiben, so zu sagen aus einander bricht.

II. Das Integral (A) nimmt für $x = 0$ den Werth $\frac{1}{2}$ an, so dass also

$$\frac{1}{\pi}\int_{-\infty}^{+\infty} \sin y\, d\log y = 1$$

und folglich der Werth von

(E)
$$\frac{1}{\pi} \int_{-\infty}^{+\infty} \sin \alpha v \cos \beta v \, d \log v$$

gleich Eins oder Null wird, je nachdem der absolute Werth von α über oder unter demjenigen von β liegt. Ist nun

$$\varphi(v) = \sum_{n=0}^{n=\infty} a_n \cos \mu_n v \qquad (0 \leqq \mu_0 < \mu_1 < \mu_2 \cdots)$$

$$\psi(v) = \sum_{n=0}^{n=\infty} b_n \sin \nu_n v \qquad (0 < \nu_0 < \nu_1 < \nu_2 \cdots)$$

so kann in analoger Weise, wie oben das Integral (A) zur Coëfficienten-Bestimmung für Potenzreihen benutzt worden ist, das Integral (E) zur Bestimmung der Coëfficienten a_n und b_n verwendet werden. Wenn nämlich die Reihen $\varphi(v)$ und $\psi(v)$ Glied für Glied integrirt werden dürfen, so kommt:

(F)
$$\frac{1}{\pi} \int_{-\infty}^{+\infty} \varphi(v) \sin v w \, d \log v = \sum_{k=0}^{k=n} a_k, \text{ wenn } \mu_n < w < \mu_{n+1} \text{ ist,}$$

und

(F')
$$\frac{1}{\pi} \int_{-\infty}^{+\infty} \psi(v) \cos v w \, d \log v = \sum_{k=0}^{k=\infty} b_k, \text{ wenn } \nu_{n-1} < w < \nu_n \text{ ist,}$$

und es bestimmen sich hierbei zugleich die Grössen μ_n, ν_n (ähnlich wie oben die Exponenten λ_n) als Unstetigkeitsstellen der durch die Integrale in (F) und (F') dargestellten Functionen von w. Ferner erhält man, wenn

$$\varphi(v) = v \Phi(v), \ \psi(v) = v \Psi(v)$$

gesetzt wird, analog den obigen Ausführungen:

(G)
$$\frac{1}{\pi} \int_{-\infty}^{+\infty} dv \int_{0}^{\mu_r} \Phi(v) \Phi_1(w) \sin v w \, dw = \sum_{n=0}^{n=r} a_n \int_{\mu_n}^{\mu_r} \Phi_1(w) \, dw$$

$$\frac{1}{\pi} \int_{-\infty}^{+\infty} dv \int_{0}^{\nu_r} \Psi(v) \Psi_1(w) \cos v w \, dw = \sum_{n=0}^{n=r} b_n \int_{0}^{\nu_r} \Psi_1(w) \, dw,$$

und speciell noch:

$$\int_{-\infty}^{+\infty}\int_{-\infty}^{+\infty} \Phi(v)\, \sin uw\, \sin vw\, dv\, dw = 2\pi\Phi(u)$$

$$\int_{-\infty}^{+\infty}\int_{-\infty}^{+\infty} \Psi(v)\, \cos uw\, \cos vw\, dv\, dw = 2\pi\Psi(u).$$

Da $\Phi(v)$ eine ungrade und $\Psi(v)$ eine grade Function von v ist, so verschwinden die Integrale links, wenn man unter den Integralzeichen die eine jener beiden Functionen mit der andern vertauscht. Die beiden Gleichungen lassen sich deshalb, wenn

$$\Phi(v) + \Psi(v) = F(v)$$

gesetzt wird, in folgender zusammenfassen:

(H) $$\int_{-\infty}^{+\infty}\int_{-\infty}^{+\infty} F(v)\, \cos(u-v)w\, dv\, dw = 2\pi F(u),$$

welche nichts anderes als die bekannte *Fourier*'sche Formel ist. Dieselbe geht, wenn man mit der Integration in Bezug auf w beginnt, nach Hrn. *P. du Bois-Reymond*'s Bemerkung in *Borchardt*'s Journal Bd. 69 S. 66 unmittelbar aus der Entwickelung nach *sinus* und *cosinus* ganzzahliger Vielfacher des Arguments hervor; hier aber zeigt sich andrerseits, dass, falls $F(u)$ für alle reellen Werthe von u in eine Reihe:

$$\sum a_n \cos \mu_n u + \sum b_n \sin \nu_n u \qquad (n=0,1,2,\ldots)$$

entwickelt werden kann, das *Fourier*'sche Doppelintegral vermöge der Eigenschaft von:

$$\int_{-\infty}^{+\infty} F(v)\, \cos(u-v)w\, dv,$$

innerhalb der verschiedenen durch die Grössen μ_n und ν_n begrenzten Intervalle von w unverändert zu bleiben, in jene Reihe von selbst auseinander bricht, wenn mit der Integration in Beziehung auf v der Anfang gemacht wird.

ÜBER POTENTIALE
n-FACHER MANNIGFALTIGKEITEN

VON

L. KRONECKER

Collectanea Mathematica in memoriam D. Chelini (1881).

26*

ÜBER POTENTIALE n-FACHER MANNIGFALTIGKEITEN.

Die Uebertragung des Potentials eines nicht auf seine Hauptaxen bezogenen Ellipsoids*) auf n-fache Mannigfaltigkeiten führt zu einem Ausdruck von bemerkenswerther Einfachheit.

I.

Ist für alle Werthe $r, s = 0, 1, \ldots n$, wobei $n > 2$ vorauszusetzen ist,

$$a_{rs} = a_{sr}, \quad b_{rs} = b_{sr}$$

und $D(t)$ die Determinante der Grössen $a_{rs} + t b_{rs}$, und zwar

$$D(t) = -\,|\, a_{rs} + t b_{rs}\,| \qquad (r, s = 0, 1 \ldots n),$$

ist ferner $\delta_{rs} = 0$ oder 1, je nachdem die beiden Indices r, s von einander verschieden oder einander gleich sind**), so sind die durch die Gleichungen

$$(A) \qquad \sum_r (a_{rs} + t b_{rs}) f_{pr} = \delta_{ps} \qquad (p, r, s = 0, 1, \ldots n)$$

definirten Grössen f_{pr} die Unterdeterminanten jenes Systems, dividirt durch die Determinante. Wird nun nach t differentiirt, alsdann mit f_{qs} multiplicirt und über alle Werthe von s summirt, so kommt

$$\sum_{r,s} (a_{rs} + t b_{rs}) f'_{pr} f_{qs} = -\sum_{r,s} b_{rs} f_{pr} f_{qs} \qquad (p, q, r, s = 0, 1, \ldots n),$$

oder unter Anwendung der Relation (A)

$$(B) \qquad f'_{pq} = -\sum_{r,s} b_{rs} f_{pr} f_{qs} \qquad (p, q, r, s = 0, 1, \ldots n),$$

---

*) Vergl. *Dirichlet's: Untersuchungen über ein Problem der Hydrodynamik, § 4. Abhandlungen der Königl. Gesellschaft der Wissenschaften zu Göttingen,* Bd. VIII.[1]

**) Vergl. meine: *Bemerkungen zur Determinanten-Theorie,* im 72 Bande des *Borchardtschen Journals.*[2]

[1] *Dirichlet,* Werke, Bd. II, S. 263 ff., insbes. S. 280—284.
[2] Bd. I, S. 237 dieser Ausgabe von *L. Kronecker's* Werken.

wo f' die nach t genommene Ableitung von f bedeutet. Ueberdies ist die Ableitung $D'(t)$ durch die Gleichung

$$D'(t) = D(t) \sum_{r,s} b_{rs} f_{rs} \qquad (r,s = 0, 1, \ldots n)$$

bestimmt. Setzt man nunmehr

(C) $$F(t) = \sum_{r,s} f_{rs} z_r z_s, \quad F_r(t) = 2 \sum_{s} f_{rs} z_s, \quad F_{rs} = 2 f_{rs} \qquad (r,s = 0, 1, \ldots n),$$

so ist F_r die nach z_r genommene Ableitung von F und F_{rs} die nach z_r und z_s genommene zweite Ableitung von F, und für die nach t genommene Ableitung von F, welche mit $F'(t)$ bezeichnet werden soll, kommt

$$F'(t) = \sum_{p,q} f_{pq} z_p z_q \qquad (p, q = 0, 1, \ldots n)$$

oder mit Benutzung der Relationen (B) und (C)

(D) $$4 F'(t) = - \sum_{r,s} b_{rs} F_r(t) F_s(t) \qquad (r,s = 0, 1, \ldots n)$$

und endlich

(E) $$2 D'(t) = D(t) \sum_{r,s} b_{rs} F_{rs} \qquad (r,s = 0, 1, \ldots n).$$

Dies vorausgeschickt, sei

$$V = \int_0^t F(t) \Phi(t) \, dt.$$

Die Function $\Phi(t)$ und die obere Grenze des Integrals V sei von den Variabeln z unabhängig. Alsdann ist, wenn man die nach z_r und resp. die nach z_r und z_s genommenen Ableitungen von t^0 und V mit $t_r^0, t_{rs}^0, V_r, V_{rs}$ und den Ausdruck

$$F(t^0)\left[t_r^0 t_s^0 \Phi'(t^0) + t_{rs}^0 \Phi(t^0)\right] + \Phi(t^0)\left[t_r^0 t_s^0 F'(t^0) + t_s^0 F_r(t^0) + t_r^0 F_s(t^0)\right]$$

mit U bezeichnet,

$$V_{rs} = - U + \int_0^t F_{rs}(t) \Phi(t) \, dt.$$

Setzt man nun einerseits t^0 von den Variabeln z unabhängig andrerseits aber t^0 durch die Gleichung $F(t^0) = 0$ mit den Variabeln z verbunden voraus, so wird im letzteren Falle

$$t_r^0 F'(t^0) + F_r(t^0) = 0$$

und also je nach den beiden Fällen

$$U = 0 \quad \text{oder} \quad U \cdot F'(t^0) = - \Phi(t^0) F_r(t^0) F_s(t^0).$$

Hiernach erhält man mit Berücksichtigung der Gleichungen (D) und (E) das Resultat, dass je nach den beiden über t^0 gemachten Voraussetzungen

$$\sum_{r,s} b_{r,s} V_{r,s} - 2 \int_s \Phi(t)\, d\log D(t) = 0 \quad \text{oder} \quad - 4\Phi(t^0) \qquad (r, s = 0, 1, \ldots n)$$

wird, und hieraus folgt, dass wenn die obere Grenze des Integrals V unendlich gross und

$$\Phi(t) = o\,D(t)^{-\frac{1}{2}}$$

angenommen wird, je nach den beiden Voraussetzungen

$$\sum_{r,s} b_{r,s} V_{r,s} = 4\,o\,D(t^0)^{-\frac{1}{2}} \quad \text{oder} \quad = 0$$

ist. Man braucht daher nur die speciellen Festsetzungen

$$b_{0,s} = 0, \quad b_{i,k} = \delta_{i,k} \qquad (s = 0, 1, \ldots n;\ i, k = 1, 2, \ldots n)$$

und

$$o = -\frac{1}{4} \varpi D(t^0)^{\frac{1}{2}}$$

zu treffen, damit

$$\Delta \int_s^\infty F(t)\,\Phi(t)\,dt = -\varpi \quad \text{oder} \quad = 0$$

werde, je nachdem die untere Grenze t^0 von den Variabeln z unabhängig oder durch die Gleichung $F(t^0) = 0$ bestimmt angenommen wird. Das Zeichen Δ hat hierbei die übliche Bedeutung:

$$\Delta V(z_1, z_2, \ldots z_n) = \sum_k V_{k\,k} \qquad (k = 1, 2, \ldots n),$$

und ϖ soll den Inhalt der $(n-1)$fachen sphärischen Mannigfaltigkeit $z_1^2 + z_2^2 + \cdots + z_n^2 = 1$ angeben.*) Ueberdies ist noch $z_0 = 1$ zu nehmen und die Grössen $a_{r,s}$ sind als

---

*) Vergl. meinen Aufsatz: *Ueber Systeme von Functionen mehrer Variabeln,* im *Monatsbericht der Berliner Akademie der Wissenschaften* vom März , 1869, pag. 169 und 178.[1])

[1]) Bd. I, S. 177 dieser Ausgabe, vgl. auch die Behandlung in *Kronecker's* Vorlesungen über einfache und mehrfache Integrale.　　　　　　　H

reell und so beschaffen vorauszusetzen, dass $F(0)$ nur für endliche Werthe der Variabeln z negativ, also $F(0) < 0$ ein endliches Gebiet von n-facher Mannigfaltigkeit ist. Soll nun $\varDelta V$ für Punkte (z), die im Innern der geschlossenen $(n-1)$-fachen Mannigfaltigkeit $F(0) = 0$, d. h. in dem Gebiete $F(0) < 0$ liegen, den Werth $- \varpi$, für äussere Punkte aber den Werth Null haben, so braucht man nur für innere Punkte t^0 constant und für äussere Punkte t^0 durch die Gleichung $F(t^0) = 0$ bestimmt anzunehmen. Da aber auf der Begrenzung $F(0) = 0$ der Werth von t^0 gleich Null ist, so muss, wenn V eine stetige Function der Punkte (z) sein soll, für die inneren Punkte $t^0 = 0$ genommen werden. Die hieraus resultirende Bestimmung von V kann folgendermaassen formulirt werden: *Es ist*

$$(\text{F}) \qquad\qquad V = - \tfrac{1}{4} \cdot \varpi D(0)^{\frac{1}{2}} \int F(t) \cdot D(t)^{-\frac{1}{2}} dt,$$

wenn $F(t)$ und $D(t)$ durch die Entwickelung der Determinante

$$\begin{vmatrix} Z, & 1, & z_1, & z_2, \ldots & z_n \\ 1, & a_{00}, & a_{01}, & a_{02}, \ldots & a_{0n} \\ z_1, & a_{10}, & a_{11}+t, & a_{12}, \ldots & a_{1n} \\ z_2, & a_{20}, & a_{21}, & a_{22}+t, \ldots & a_{2n} \\ \cdots & \cdots & \cdots & \cdots & \cdots \\ \cdots & \cdots & \cdots & \cdots & \cdots \\ z_n, & a_{n0}, & a_{n1}, & a_{n2}, \ldots & a_{nn}+t \end{vmatrix}$$

als lineare Function von Z in der Form

$$[F(t) - Z] D(t)$$

bestimmt sind, und wenn die Integration im Sinne wachsender Werthe von t über alle diejenigen positiven Werthe von t erstreckt wird, wofür $F(t) < 0$ ist.

Das demgemäss mit V bezeichnete Integral ist eine überall stetige Function der reellen Variabeln $z_1, z_2, \ldots z_n$ oder des Punktes (z) und verschwindet für unendlich entfernte Punkte. Auch die ersten Ableitungen V_i sind durchweg stetig, die zweiten Ableitungen V_{ik} sind nur in der $(n-1)$-fachen Mannigfaltigkeit $F(0) = 0$ unstetig. Der Werth von $\sum_k V_{kk}$ oder $\varDelta V$ ist in dem von dieser $(n-1)$-fachen Mannigfaltigkeit umschlossenen *inneren* Bereiche, d. h. im Gebiete $F(0) < 0$ gleich

$- \varpi$, im *äusseren* Bereiche $F(0) > 0$ aber gleich Null. Diese Eigenschaften von V genügen für den Nachweis, dass

$$V(z_1, z_2, \ldots z_n) = \int P(z, z') \, dv'$$

ist, wenn $P(z, z')$ das *elementare Potential* der Punkte (z) und (z') bedeutet, d. h. wenn

$$P(z, z') = \frac{1}{n-2} \Big[\sum_k (z_k - z_k')^2 \Big]^{-\frac{1}{2}(n-2)} \qquad (k=1, 2, \ldots n)$$

ist, wenn ferner dv' das Inhaltselement der n-fachen Mannigfaltigkeit (z') bezeichnet, und wenn endlich die Integration über das ganze Gebiet dieser Mannigfaltigkeit erstreckt wird, in welchem die Function $F(0)$, wenn die Variabeln z darin durch die Variabeln z' ersetzt werden, einen negativen Werth hat.

II.

Um den erwähnten Nachweis zu führen, gehe ich von der Formel der partiellen Integration aus, welche ich unter No. (3) auf pag. 189 des *Monatsberichts* der *Berliner Akademie der Wissenschaften* vom März 1869 gegeben habe[1]),

$$(G) \qquad \int \sum_k P_k Q_k \, dv + \int P \sum_k Q_{kk} \, dv = \int P \frac{\partial Q}{\partial p} \, dw.$$

Die beiden Integrale links sind über eine n-fache Mannigfaltigkeit $F_0(z_1, z_2, \ldots z_n) < 0$ zu erstrecken, das Integral rechts über die Begrenzungs-Mannigfaltigkeit $F_0 = 0$, welche zugleich die ganze *natürliche Begrenzung* bilden muss. Vertauscht man in der Formel (G) die beiden Functionen P und Q mit einander und subtrahirt die dadurch entstehende Formel von (G), so kommt:

$$(H) \qquad -\int Q \sum_k P_{kk} \, dv = -\int P \sum_k Q_{kk} \, dv + \int \Big(P \frac{\partial Q}{\partial p} - Q \frac{\partial P}{\partial p}\Big) dw,$$

wo übrigens der nach p genommene Differentialquotient wie in meiner schon citirten Abhandlung vom März 1869 durch die Gleichung[2])

$$\Big[\sum_k F_{0k}^2 \Big]^{\frac{1}{2}} \frac{\partial Q}{\partial p} = \sum_k Q_k F_{0k}$$

---

[1]) Bd. I, S. 208 dieser Ausgabe von *L. Kronecker's Werken*.

[2]) Bd. I, S. 189 u. S. 208 dieser Ausgabe.

definirt wird. Nimmt man in der mit (G) bezeichneten Formel $P = 1$, so kommt

$$\int \varLambda Q\, dv = \int \frac{\partial Q}{\partial p}\, dw,$$

und wenn man hierin

$$F_0 = \sum_k (z_k - z_k')^2 - R^2 \quad \text{und} \quad Q = P(z, z')$$

setzt:

$$\int \varLambda P(z, z')\, dv = - w,$$

wenn die Integration links über den Bereich $\sum_k (z_k - z_k')^2 < R^2$ erstreckt wird. Hieraus folgt aber, dass allgemein

(J) $$\int Q \varLambda P(z, z')\, dv = - w Q(z_1', z_2', \ldots z_n')$$

wird, wenn über einen Bereich $F_0 < 0$ integrirt wird, in welchem Q endlich bleibt, und in welchem der Punkt (z') liegt; die Formel (H) ergiebt demgemäss unter denselben Bedingungen die Gleichung

(K) $$w Q(z_1', z_2', \ldots z_n') = - \int P(z, z') \varLambda Q\, dv + \int \left(P \frac{\partial Q}{\partial p} - Q \frac{\partial P}{\partial p} \right) dw.$$

Liegt der Punkt (z') nicht in dem Bereiche $F_0 < 0$, so wird die rechte Seite der Gleichung gleich Null, da ja die Integration über ein grösseres Gebiet erstreckt und für den ganzen Bereich, wo $F_0 > 0$ ist, $Q = 0$ angenommen werden kann. Hierbei zeigt sich übrigens, dass, da

$$- \int P(z, z') \varLambda Q\, dv + \int P(z, z') \frac{\partial Q}{\partial p}\, dw$$

beim Durchgang des Punktes (z') durch $F_0(z_1', z_2', \ldots z_n') = 0$ stetig ist, das Integral

$$- \int Q \frac{\partial P}{\partial p}\, dw \quad \text{oder} \quad \frac{\partial}{\partial p} \int P(z, z') Q\, dw$$

sich beim Durchgang des Punktes (z') vom Bereich $F_0(z_1', z_2', \ldots z_n') < 0$ nach $F_0(z_1', z_2', \ldots z_n') > 0$ plötzlich um $w Q(z_1^0, z_2^0, \ldots z_n^0)$ ändert. Wird nunmehr in der Formel (H) $P = F_0$ gesetzt, so kommt

(L) $$\int Q \varLambda F_0\, dv = \int F_0 \varLambda Q\, dv + \int Q \left[\sum_k F_{0k}^2 \right]^{\frac{1}{2}} dw,$$

und wenn man hierin für die Function des Punktes (z), die mit F_0 bezeichnet ist,

$$P(z, z') - P(z, z'') \frac{P(0, z')}{P(0, z^0)}$$

setzt, wo die Punkte (z') und (z'') durch die Relationen

$$z_h'' \sum_k z_k'^2 = z_h' r_0^2 \qquad\qquad (h, k = 1, 2, \ldots n)$$

mit einander verbunden sein sollen, so erfüllen die auf $F_0 = 0$ liegenden Punkte (z^0) die sphärische Mannigfaltigkeit $\sum z_k^{0^2} = r_0^2$, und jedem Punkte (z') im Innern $F_0 < 0$ entspricht ein Punkt (z'') im Äußern $F_0 > 0$. Die linke Seite der Gleichung (L) reducirt sich mit Hülfe der Gleichung (J) für jeden inneren Punkt (z') auf $-\varpi$, multiplicirt mit dem Werthe von Q, und es kommt daher, wenn zur Abkürzung $Q(z)$ für $Q(z_1, z_2, \ldots z_n)$ gesetzt wird,

(M)
$$-\varpi Q(z') = \int F_0 \varDelta Q\, dv + \int G(z^0) Q(z^0)\, dw,$$
wo
$$F_0 = P(z, z') - P(z, z'')\left(\frac{r_0}{r_1}\right)^{n-2}$$

$$G(z^0) = \frac{r_1^2 - r_0^2}{r_0}\left(r_1^2 + r_0^2 - 2\sum_k z_k^0 z_k'\right)^{-\frac{1}{2}n}$$

$$z_h'' = z_h'\left(\frac{r_0}{r_1}\right)^2 \qquad \sum_k z_k'^2 = r_1^2$$

ist, und die erste Integration rechts über die n-fache Mannigfaltigkeit $\sum_k z_k^2 < r_0^2$ die zweite über deren Begrenzung zu erstrecken ist. Die Formel (M) liefert die Bestimmung der Function Q im Inneren einer sphärischen Mannigfaltigkeit durch die Werthe von $\varDelta Q$ und durch diejenigen, welche Q selbst auf der Begrenzung hat. Lässt man den Radius r_0 ins Unendliche wachsen, so reducirt sich die Gleichung (M) auf folgende:

(N)
$$Q(z') = -\frac{1}{\varpi} \int P(z, z') \varDelta Q\, dv,$$

wenn Q für unendlich entfernte Punkte verschwindet und auch $\varDelta Q$ nur innerhalb eines endlichen Bereichs von Null verschieden ist. Da die obige Function V diese Eigenschaften besitzt, so ist in der Gleichung (M) der zu führende Nachweis enthalten. Uebrigens ist es (vergl. Hrn. *C. Neumann*'s bezügliche Arbeiten) für das Bestehen der Gleichung (N), wenn rechts über die gesammte n-fache Mannigfaltigkeit integrirt wird, offenbar ausreichend, dass das Integral convergent sei, dass der Mittelwerth von Q auf jeder unendlich grossen sphärischen Mannigfaltigkeit verschwinde, und dass in den bei der Herleitung gebrauchten Integralen keinerlei natürliche Begrenzung vorkomme.

Ich bemerke schließlich, dass die vorstehenden Entwickelungen vor mehr als zehn Jahren aus meinen Untersuchungen über Systeme von Functionen mehrer Variabeln hervorgegangen und bereits in der am 27. October 1870 abgehaltenen Sitzung der Akademie der Wissenschaften zu Berlin von mir vorgetragen worden sind.[1]

Berlin, Juni 1880.

---

[1] Vgl. Zusatz 18 am Ende dieses Bandes.

BEWEIS EINER JACOBI'SCHEN INTEGRALFORMEL

VON

L. KRONECKER.

Sitzungsberichte der Königlich Preussischen Akademie der Wissenschaften zu Berlin vom Jahre 1887. S. 589—540.

BEWEIS EINER JACOBI'SCHEN INTEGRALFORMEL.

[Gelesen in der Akademie der Wissenschaften am 7. Februar 1884.]

In einer im XV. Bande des *Crelle*'schen Journals abgedruckten Abhandlung, welche den Titel führt: „*Formula transformationis integralium definitorum*"[1]) entwickelt *Jacobi* eine Formel, mittels deren die Integrale, welche die Coefficienten *Fourier*'scher Reihen darstellen, in andere zur Berechnung geeignetere transformirt werden. Es ist dies die a. a. O. (*Crelle*'s Journal, Bd. XV, S. 3)[2]) mit (7) bezeichnete Formel:

$$\int_0^\pi f(\cos x)\, \cos nx\, dx = \frac{1}{1\cdot 3\cdot 5\ldots(2n-1)} \int_0^\pi f^{(n)}(\cos x)\, \sin^{2n}x\, dx,$$

in welcher n irgend eine positive ganze Zahl und $f^{(n)}(z)$ die $n$te Ableitung der Function $f(z)$ bedeutet.

Jacobi leitet seine Formel zuerst unter der Voraussetzung ab, dass die Function $f(z)$ durch eine nach ganzen positiven Potenzen von z fortschreitende Reihe gegeben sei, und beweist nachher dieselbe Formel allgemein mit Hülfe eines auch „an sich bemerkenswerthen Lemma's". Als nun vor Kurzem von einem Mitgliede des hiesigen mathematischen Seminars in einer Versammlung, die unter meiner Leitung stattfand, ein Vortrag über die angeführte *Jacobi*'sche Abhandlung gehalten und dabei auch eine andere Herleitung der *Jacobi*'schen Formel gegeben wurde, bemerkte ich, dass die allgemeinste und zugleich einfachste Beweismethode durch einen Inductionsschluss erlangt wird.

Da nämlich für die Integrale auf der linken Seite der *Jacobi*'schen Formel die Gleichung:

$$\int_0^\pi f(\cos x)\, \cos(n+1)x\, dx + \int_0^\pi f(\cos x)\, \cos(n-1)x\, dx - 2\int_0^\pi \cos x\, f(\cos x)\, \cos nx\, dx = 0$$

besteht, so braucht offenbar nur gezeigt zu werden, dass auch die drei entsprechenden Ausdrücke auf der rechten Seite der Formel die entsprechende Glei-

---

[1]) *Jacobi*, Werke, Bd. VI, S. 86 ff.   H

[2]) *Jacobi*, Werke, Bd. VI, S. 89.   .   H

chung befriedigen. Werden diese drei Ausdrücke sämmtlich mit dem Product: $1 \cdot 3 \cdot 5 \cdots (2n + 1)$ multiplicirt, so erhält man die zu beweisende Gleichung in folgender Gestalt:

$$\int_0^\pi f^{(n+1)}(\cos x)\, \sin^{2n+2} x\, dx + (4n^2 - 1)\int_0^\pi f^{(n-1)}(\cos x)\, \sin^{2n-2} x\, dx$$

$$- 2(2n + 1)\int_0^\pi \varphi^{(n)}(\cos x)\, \sin^{2n} x\, dx = 0,$$

wobei zur Abkürzung $\varphi(\cos x) = \cos x\, f(\cos x)$ und also

$$\varphi^{(n)}(\cos x) = \cos x\, f^{(n)}(\cos x) + n f^{(n-1)}(\cos x)$$

gesetzt ist. Das Aggregat der drei Integrale auf der linken Seite ist aber nichts Anderes als $\int_0^\pi F_n'(x)\, dx$, wo $F_n'(x)$ die nach x genommene Ableitung von:

$$(2n + 1) f^{(n-1)}(\cos x)\, \sin^{2n-1} x \cos x - f^{(n)}(\cos x)\, \sin^{2n+1} x$$

bedeutet. Wenn nun $f^{(n)}(z)$ in dem Intervalle von $z = -1$ bis $z = +1$ endlich und stetig bleibt, so bleibt offenbar $F_n(x)$ in dem Intervalle $x = 0$ bis $x = \pi$ endlich und stetig und verschwindet überdies (wegen des Factors $\sin^{2n-1} x$) an den beiden Grenzen des Intervalls. Es wird also in der That für alle ganzen positiven Zahlen n:

$$\int_0^\pi F_n'(x)\, dx = 0,$$

sobald die Function $f(z)$ nebst allen ihren Ableitungen in dem Intervalle von $z = -1$ bis $z = +1$ endlich und stetig bleibt.

Die *Jacobi*'sche Integralformel ist hiermit in dem ganzen Umfange ihrer Gültigkeit bewiesen, und aus dieser kann hinwiederum das Bestehen eben jener Differentialformel:

$$\frac{d^n \sin^{2n+1} x}{d \cos x^n} = (-1)^n 1 \cdot 3 \cdot 5 \cdots (2n + 1) \frac{\sin(2n + 1)x}{n + 1}$$

erschlossen werden*), auf welche *Jacobi* den allgemeineren Beweis seiner Integralformel gründet.**)

*) Dieser Nachweis bildete einen Theil des oben erwähnten Seminarvortrages.

**) Vergl. *Liouville*'s Aufsatz: „Sur une formule de *M. Jacobi*" (*Liouville*'s Journal Bd. VI. 1841).

BEWEIS DES PUISEUX'SCHEN SATZES

VON

L. KRONECKER.

Sitzungsberichte der Königlich Preussischen Akademie der Wissenschaften
zu Berlin vom Jahre 1887. S. 543—548.

BEWEIS DES PUISEUX'SCHEN SATZES.

[Gelesen in der Akademie der Wissenschaften am 9. Mai 1887.]

In einem Aufsatze *) „über die Bestimmung des Grades einer durch Elimination hervorgehenden Gleichung" hat Hr. *Minding* zuerst darauf aufmerksam gemacht, dass die Entwickelung algebraischer Functionen einer Variabeln nach *fallenden* Potenzen zur Bestimmung des Grades der Endgleichung benutzt werden kann, welche aus zwei algebraischen Gleichungen $f(x, y) = 0$ und $\varphi(x, y) = 0$ bei Elimination von y resultirt, und *Liouville* hat in einer kurz darauf publicirten grösseren Abhandlung **) jene Reihenentwickelungen algebraischer Functionen in ausgedehnterem Maasse für die Theorie der Elimination verwendet, ohne jedoch dabei auf diejenigen Fälle näher einzugehen, in denen die Entwickelungen auch gebrochene Potenzen der Variabeln enthalten. Eben dieselben Entwickelungen algebraischer Functionen einer Variabeln nach fallenden Potenzen können nun auch zur unmittelbaren Erkenntniss der Richtigkeit jenes fundamentalen Satzes benutzt werden, welchen *Puiseux* im Jahre 1851 in seinem Aufsatze ***) „Nouvelles recherches sur les fonctions algébriques" aufgestellt hat. Geht man nämlich von der Voraussetzung aus, dass eine Function einer complexen Variabeln z, welche mit $f(z)$ bezeichnet werden möge, durchweg eindeutig ist und zugleich einer algebraischen Gleichung:

$$f(z)^n + \varphi_1(z) f(z)^{n-1} + \cdots + \varphi_{n-1}(z) f(z) + \varphi_n(z) = 0$$

genügt, in welcher $\varphi_1(z)$, $\varphi_2(z)$, ... $\varphi_n(z)$ ganze rationale Functionen von z bedeuten, so schliesst man, dass die Entwickelung von $f(z)$ nach fallenden Potenzen von z nicht Glieder mit positiven *gebrochenen* Exponenten enthalten kann, weil sonst beim einmaligen Umlauf auf einem Kreise mit dem Mittelpunkt $z = 0$ und mit hinreichend grossem Radius der Werth von $f(z)$ eine Änderung erfahren würde. Man schliesst

---

*) *Crelle*'s Journal, Bd. XXII (1841) S. 178 und *Liouville*'s Journal Bd. VI (1841), S. 412.

**) *Liouville*'s Journal, Bd. VI (1841), S. 845.

***) *Liouville*'s Journal, Bd. XVI (1851), S. 229.

28*

ferner, dass die Entwickelung *nur* Glieder mit *positiven* ganzen Exponenten enthalten kann, da — wenn das Aggregat dieser Glieder mit $f_0(z)$ bezeichnet wird — die Differenz $f(z) - f_0(z)$ für unendlich grosse Werthe von z verschwindet und überdies, wie nachher näher ausgeführt werden soll, sich durch das *Cauchy*'sche Integral, erstreckt über die Peripherie eines Kreises mit beliebig grossem Radius, darstellen lässt, also durchweg gleich Null sein muss.

Die allgemeine Entwickelbarkeit algebraischer Functionen, welche der vorstehenden Deduction zu Grunde liegt, ist wohl nicht in ganz einfacher und zugleich vollständiger Weise dazulegen. In den meisten Lehrbüchern fehlt die Theorie dieser Entwickelungen überhaupt; ich finde sie nur in einem älteren Werke, dem grossen *Lacroix*'schen „Traité du calcul différentiel et du calcul intégral", auf welches auch in dem *Minding*'schen Aufsatze verwiesen wird, und in dem neueren *C. Jordan*'schen Lehrbuche „Cours d'analyse de l'école polytechnique" behandelt, aber mir scheinen die bezüglichen Auseinandersetzungen nicht ganz erschöpfend zu sein. So viel ich sehe, wird in den beiden citirten Werken nur gezeigt, wie *unter der Voraussetzung der Entwickelbarkeit* die einzelnen Exponenten und Coefficienten der verschiedenen Glieder der Entwickelung bestimmt werden können. Doch ist weder nachgewiesen, dass jede aus diesen Bestimmungen hervorgehende Entwickelung wirklich die vorgelegte algebraische Gleichung befriedigt, noch dass für jede der verschiedenen Wurzeln der Gleichung eine solche Entwickelung erlangt wird. Der erstere Nachweis müsste offenbar den der Convergenz der Reihenentwickelung mit enthalten, der letztere müsste entweder auf eine Reduction des Grades der vorgelegten Gleichung mit Hülfe einer der gefundenen Reihenentwickelungen gestützt werden, oder es müsste dabei die Voraussetzung hinzugenommen werden, dass die vorgelegte Gleichung lauter verschiedene Wurzeln habe, und keine Discussion solcher Art findet sich in den angeführten Werken bei Behandlung der bezeichneten Frage. Dass Hr. *Weierstrass* schon vor langer Zeit die Theorie der Reihenentwickelungen algebraischer Functionen vollständig erledigt und in seinen Universitätsvorlesungen mehrmals vorgetragen hat, weiss ich aus seinen persönlichen Mittheilungen, und dieselbe Theorie lässt sich auch in voller Allgemeinheit, wie ich schon in der Einleitung zu meiner Abhandlung „über die Discriminante algebraischer Functionen einer Variabeln" erwähnt habe*), mit den a. a. O. auseinandergesetzten Methoden behandeln.

*) Journal für Mathematik Bd. 91 (1881), S. 305.[1)]

[1)] Bd. II, S. 201 dieser Ausgabe von *L. Kronecker*'s Werken.

H

Wenn hiernach die allgemeine und vollständige Theorie der Entwickelung algebraischer Functionen in Potenzreihen eben nur auf eingehendere Untersuchungen gegründet werden kann, so erscheint es von Interesse, dass die obige Deduction des *Puiseux*'schen Satzes mittels einer einfachen Transformation der unabhängigen Veränderlichen von der Voraussetzung der *allgemeinen* Entwickelbarkeit algebraischer Functionen befreit werden kann. Um dies zu zeigen, möge nunmehr vorausgesetzt werden, dass eine eindeutige Function $f(z)$ einer Gleichung:

$$\varphi_0(z)f(z)^n + \varphi_1(z)f(z)^{n-1} + \cdots + \varphi_{n-1}(z)f(z) + \varphi_n(z) = 0$$

genügt, deren Coefficienten $\varphi(z)$ ganze rationale Functionen von z sind, und deren Discriminante $\triangle(z)$ von Null verschieden ist. Es ist nachzuweisen, dass hieraus erschlossen werden kann, $f(z)$ müsse eine rationale Function von z sein. Ist nun z_0 irgend ein Werth von z, wofür weder $\varphi_0(z)$ noch die Discriminante $\triangle(z)$ verschwindet, so ergiebt die *Taylor*'sche Entwickelung für jede der n Wurzeln jener Gleichung $n$ten Grades, also auch für $f(z)$, eine nach ganzen, steigenden Potenzen von $(z - z_0)$ fortschreitende Reihe. Setzt man:

$$z = z_0 + \frac{1}{x}, \quad f\left(z_0 + \frac{1}{x}\right) = g(x),$$

so ist $g(x)$ nach ganzen fallenden Potenzen von x entwickelbar und genügt zugleich einer Gleichung $n$ten Grades:

$$\psi_0(x)g(x)^n + \psi_1(x)g(x)^{n-1} + \cdots + \psi_{n-1}(x)g(x) + \psi_n(x) = 0,$$

deren Coefficienten $\psi(x)$ ganze rationale Functionen von x sind. Es ist daher, wenn man mit $\gamma(x)$ denjenigen Theil der Entwickelung von $\psi_0(x)g(x)$, welcher die nicht negativen Potenzen von x enthält, und mit $\varrho(x)$ die Differenz $\psi_0(x)g(x) - \gamma(x)$ bezeichnet, offenbar $\varrho(x)$ eine eindeutige Function von x, welche für $x = \infty$ verschwindet und zugleich einer Gleichung:

$$\varrho(x)^n + \chi_1(x)\varrho(x)^{n-1} + \cdots + \chi_{n-1}(x)\varrho(x) + \chi_n(x) = 0$$

genügt, in welcher die Coefficienten $\chi(x)$ ganze rationale Functionen von x sind. Hiernach ist:

$$\varrho(x) = \frac{1}{2\pi i}\int \frac{\varrho(\xi)}{\xi - x}\, d\xi,$$

wenn die Integration über irgend eine den Punkt (x) umschliessende Curve erstreckt wird; denn daraus, dass $\varrho(x)$ jener Gleichung $n$ten Grades genügt, folgt, dass $\varrho(x)$

für endliche Werthe von x endlich und im Allgemeinen, d. h. höchstens mit Ausnahme derjenigen Werthe von x, wofür die Discriminante der Gleichung verschwindet, auch stetig sein muss. Nimmt man nun für jene Integrations-Curve einen Kreis mit unendlich grossem Radius, so wird $\varrho(\xi) = 0$, und es ergiebt sich daher, dass $\varrho(x)$ für alle Werthe von x gleich Null, also $\psi_0(x)g(x) = \gamma(x)$ und folglich $f(z)$ eine rationale Function von z sein muss.

Bei der hier dargelegten Beweismethode kann man natürlich auch die Transformation der Variabeln z in die Variable x vermeiden; man gelangt alsdann zu einer vereinfachten Darstellung des von *Puiseux* selbst a. a. O. gegebenen Beweises. Nach den obigen Bestimmungen ist nämlich, wenn

$$\varphi_0(z)y^n + \varphi_1(z)y^{n-1} + \cdots + \varphi_{n-1}(z)y + \varphi_n(z) = \Phi(y, z)$$

gesetzt und der Grad von $\Phi(y, z)$ in Beziehung auf z mit m bezeichnet wird:

$$\psi_0(x) = (z - z_0)^{-m}\varphi_0(z) \quad \text{und also:} \quad \psi_0(x)g(x) = (z - z_0)^{-m}\varphi_0(z)f(z).$$

Bedeutet nun y_k irgend einen der n Werthe von y, wofür $\Phi(y, z) = 0$ wird, und $\Theta_k(z)$ denjenigen Theil der Entwickelung von $\varphi_0(z)y_k$ nach steigenden Potenzen von $(z - z_0)$, welcher nur niedrigere als $(m + 1)$te Potenzen enthält, so ist für *einen* Werth des Index k:

$$\big(\varphi_0(z)y_k - \Theta_k(z)\big)(z - z_0)^{-m} = \varrho(x).$$

Für den Beweis des *Puiseux*'schen Satzes ist also nur erforderlich zu zeigen, dass der Ausdruck auf der linken Seite, wenn er eine *eindeutige* Function von z darstellen soll, nothwendig gleich Null sein muss. Dies erhellt aber in der That, wenn man diesen Ausdruck durch ein *Cauchy*'sches Integral darstellt. Setzt man nämlich zur Abkürzung:

$$\varphi_0(z)y_k - \Theta_k(z) = F_k(z),$$

so bleibt $(z - z_0)^{-m-1}F_k(z)$, für *jeden* Index k, bei endlichen Werthen von z, auch wenn z dem Werthe z_0 beliebig nahe genommen wird, innerhalb endlicher Grenzen, ist durchweg — höchstens mit Ausnahme der unmittelbaren Umgebung des Werthes $z = z_0$ und aller derjenigen Werthe, wofür die Discriminante von $\Phi(y, z)$ verschwindet — *stetig*, und nähert sich, wenn z unendlich grosse Werthe annimmt, der Grenze Null. Wenn daher für einen Werth des Index k die Function $F_k(z)$ *eindeutig* ist, so muss sie gleich:

$$\frac{(z - z_0)^{m+1}}{2\pi i} \int \frac{(\zeta - z_0)^{-m-1}F_k(\zeta)}{\zeta - z}\,d\zeta$$

sein, wo die Integration über einen Kreis mit unendlich grossem Radius erstreckt werden kann. Da aber der Werth von $(\zeta - z_0)^{-m-1} F_k(\zeta)$ auf einem Kreise mit wachsendem Radius sich durchweg der Null nähert, so muss $F_k(z) = 0$ und also y_k mit der rationalen Function $\frac{\Theta_k(z)}{\varphi_0(z)}$ identisch sein.

Bedeutet $f(z)$, wie oben, die als *eindeutige* Function von z vorausgesetzte Wurzel y_k, so ist $f(z) = \frac{\Theta_k(z)}{\varphi_0(z)}$. Wird hierin für den mit $\Theta_k(z)$ bezeichneten Theil der Entwickelung von $\varphi_0(z)f(z)$ nach Potenzen von $(z - z_0)$ dasjenige Integral substituirt, welches aus der Darstellung von $\varphi_0(z)f(z)$ durch das *Cauchy*'sche Integral resultirt, so kommt:

$$f(z) = \frac{-1}{2\pi i\,\varphi_0(z)} \int \frac{\varphi_0(\zeta)\,f(\zeta)}{z - \zeta}\Big(1 - \Big(\frac{z - z_0}{\zeta - z_0}\Big)^{m+1}\Big)\,d\zeta,$$

wo die Integration über einen unendlich grossen Kreis zu erstrecken ist. Hier erscheint nun der von *Puiseux* selbst gegebene Beweis seines Satzes in einer einzigen Formel zusammengefasst; denn der Ausdruck auf der rechten Seite ist offenbar eine rationale Function von z, und die Richtigkeit der Formel basirt einerseits auf der Voraussetzung der Eindeutigkeit von $f(z)$ als einer Vorbedingung der Darstellung durch das *Cauchy*'sche Integral, andererseits auf der Voraussetzung, dass $f(z)$ zugleich einer algebraischen Gleichung genügt, deren Coefficienten ganze rationale Functionen von z sind. Aus der letzteren Voraussetzung folgt nämlich erstens, dass $f(z)$, multiplicirt mit dem Coefficienten der höchsten Potenz, der oben mit $\varphi_0(z)$ bezeichnet worden ist, durchweg endlich und, abgesehen von der Umgebung einzelner Punkte, stetig, also durch das über einen unendlich grossen Kreis zu erstreckende Integral:

$$\frac{-1}{2\pi i} \int \frac{\varphi_0(\zeta)\,f(\zeta)}{z - \zeta}\,d\zeta$$

darstellbar ist, und es folgt daraus zweitens, dass das über einen unendlich grossen Kreis ausgedehnte Integral:

$$\int \frac{\varphi_0(\zeta)\,f(\zeta)}{z - \zeta}\,(\zeta - z_0)^{-m-1}\,d\zeta$$

verschwindet, wenn die ganze Zahl m durch den Grad der ganzen rationalen Coefficienten der Gleichung, welcher $f(z)$ genügt, nicht übertroffen wird.

Der hier unter verschiedenen Formen dargestellte Beweis des *Puiseux*'schen Satzes stützt sich nur auf die zwei Elemente, welche durch den Ausspruch des Satzes

selbst als wesentliche bezeichnet sind, nämlich auf die Möglichkeit der Isolirung einer
der durch die vorgelegte Gleichung definirten Functionen und auf die Möglichkeit
der Charakterisirung ihrer Eindeutigkeit. Die Isolirung geschieht durch die Entwickelung in eine *Taylor*'sche Reihe, aber nur bis zu einem von vornherein durch den
Grad der Gleichungscoefficienten zu bestimmenden Gliede, die Charakterisirung der
Eindeutigkeit geschieht dadurch, dass die Function als *Cauchy*'sches Integral dargestellt wird. Dabei erfüllt der Beweis jene strengeren Forderungen, welche ich im
Anfange des § 4 meiner Festschrift zu Hrn. *Kummer*'s Doctorjubiläum angedeutet
habe[1]); denn es wird in dem Beweise eine Methode angegeben, mittels deren die
rationale Function von z *gefunden* werden kann, welche nach dem Ausspruche des
Puiseux'schen Satzes einer algebraischen Gleichung $\Phi(y, z) = 0$ genügen muss,
wenn eine ihrer Wurzeln y eine eindeutige Function von z ist. Man braucht nämlich
nur aus den Coefficienten der Gleichung $\Phi(y, z) = 0$ die n ganzen Functionen m ten
Grades zu bilden, welche oben mit:

$$\Theta_k(z) \qquad\qquad (k = 1, 2, \ldots n)$$

bezeichnet sind, und zu versuchen, welcher der n Werthe:

$$y = \frac{\Theta_k(z)}{\varphi_0(z)}, \qquad\qquad (k = 1, 2, \ldots n)$$

der Gleichung $\Phi(y, z) = 0$ genügt, da einer dieser Werthe eben genügen muss, wenn
diese Gleichung überhaupt eine in z rationale Wurzel hat.

Diese Betrachtung kann auch zur Ermittelung der Factoren einer ganzen
Function mehrerer Variabeln benutzt werden und führt also zu einer anderen Er-
ledigung des im oben citirten § 4 meiner Festschrift[1]) behandelten Gegenstandes.
Denn man kann offenbar in derselben Weise, wenn eine Gleichung:

$$\varphi_0 y^n + \varphi_1 y^{n-1} + \cdots + \varphi_{n-1} y + \varphi_n = 0$$

gegeben ist, in welcher $\varphi_0, \varphi_1, \ldots \varphi_n$ ganze Functionen der Variabeln $z', z'', z''', \ldots$
sind — durch Entwickelung von y nach ganzen steigenden Potenzen von

$$z' - z_0', \; z'' - z_0'', \; z''' - z_0''', \ldots$$

bis zu einer von vornherein zu bestimmenden Dimension — alle *rationalen* Functionen der Grössen $z', z'', z''', \ldots$ aufstellen, welche überhaupt Wurzeln jener Glei-

---

[1]) Bd. II, S. 256 dieser Ausgabe von *L. Kronecker*'s Werken.

H

chung sein können. Die Werthe z_0', z_0'', z_0''', ... brauchen hierbei nur so bestimmt zu sein, dass dafür die Discriminante der Gleichung in y nicht verschwindet. Die allgemeinere Frage, ob eine ganze Function $F(z, z', z'', z''', ...)$ einen Factor hat, welcher in Beziehung auf z von einem bestimmten Grade m ist, lässt sich aber unmittelbar auf die Frage zurückführen, ob die Gleichung deren verschiedene Wurzeln die symmetrischen Functionen von je m der Wurzeln von $F(z) = 0$ sind, durch eine rationale Function von z', z'', z''', ... befriedigt wird. Ich bemerke schliesslich, dass ich diese Methode zur Untersuchung der Irreductibilität ganzer Functionen schon in meinen im Winter 1872/73 gehaltenen Universitätsvorlesungen ausführlich entwickelt habe.

BEMERKUNGEN ÜBER EIN SYSTEM VON DIFFERENTIALGLEICHUNGEN, WELCHES IN EINER ARBEIT DES HERRN VON HELMHOLTZ BEHANDELT IST.

VON

L. KRONECKER.

Crelle, Journal für die reine und angewandte Mathematik.
Bd. 97, S. 141—145.

BEMERKUNGEN ÜBER EIN SYSTEM VON DIFFERENTIAL-GLEICHUNGEN, WELCHES IN EINER ARBEIT DES HERRN VON HELMHOLTZ BEHANDELT IST.

Im § 4 (S. 126 und 127) der „Principien der Statik monocyklischer Systeme"[1]) hat Herr *von Helmholtz* das System von Gleichungen:

$$\sum_{\mathfrak{s}} q_{\mathfrak{s}} \frac{\partial s_{\mathfrak{s}}}{\partial p_a} = 0, \quad \sum_{\mathfrak{s}} q_{\mathfrak{s}} \frac{\partial s_{\mathfrak{s}}}{\partial \sigma} = \lambda \qquad \left(\begin{matrix} a = 1, 2, 3, \ldots \mathfrak{m} \\ \mathfrak{s} = 1, 2, 3, \ldots \mathfrak{n} \end{matrix}\right)$$

behandelt und die Lösung in den a. a. O. mit (6'.) und (6'.) bezeichneten Gleichungen:

$$F = \sigma, \quad q_{\mathfrak{s}} = \lambda \frac{\partial F}{\partial s_{\mathfrak{s}}} \qquad (\mathfrak{s} = 1, 2, 3, \ldots \mathfrak{n})$$

angegeben. Setzt man:

$$\lambda = - q_0, \quad \sigma = x_0 = y_0, \quad p_a = x_a, \quad s_{\mathfrak{s}} = y_{\mathfrak{s}} \qquad \left(\begin{matrix} a = 1, 2, 3, \ldots \mathfrak{m} \\ \mathfrak{s} = 1, 2, 3, \ldots \mathfrak{n} \end{matrix}\right),$$

so lässt sich jenes System von Differentialgleichungen in folgender Weise zusammenfassen:

$$\sum_{\mathfrak{k}} q_k \frac{\partial y_k}{\partial x_h} = 0 \qquad \left(\begin{matrix} h = 0, 1, 2, \ldots \mathfrak{m} \\ k = 0, 1, 2, \ldots \mathfrak{n} \end{matrix}\right),$$

und es soll nun von der durch die Werthe $q_0 = - \lambda$, $y_0 = x_0$ bewirkten besonderen Beschaffenheit des Systems abstrahirt und überhaupt das System von Differentialgleichungen:

$$(\text{I.}) \qquad \sum_{\mathfrak{k}} \varphi_k \frac{\partial y_k}{\partial x_h} = 0 \qquad (h = 0, 1, 2, \ldots m; \; k = 0, 1, 2, \ldots n)$$

behandelt werden, in welchem die $n + 1$ Coefficienten φ gegebene Functionen der $m + 1$ unabhängigen Veränderlichen $x_0, x_1, x_2, \ldots x_m$ und der $n + 1$ abhängigen Veränderlichen $y_0, y_1, y_2, \ldots y_n$ sind. Dabei kann unbeschadet der Allgemeinheit angenommen werden, dass $n \geqq m$ ist, da im Falle $n < m$ die Functionen φ, deren Index grösser als n ist, gleich Null zu setzen sind.

---

[1]) *Crelle's* Journal für die reine und angewandte Mathematik, Bd. 97, S. 111—140. Vgl. besonders die Anmerkung auf S. 127.

H

Es seien:

$$\eta_0(x_0, x_1, \ldots x_m), \quad \eta_1(x_0, x_1, \ldots x_m), \quad \ldots \eta_n(x_0, x_1, \ldots x_m)$$

irgend welche Functionen von $x_0, x_1, \ldots x_m$, welche für $y_0, y_1, \ldots y_n$ gesetzt den Gleichungen (I.) genügen, und es seien nur die ersten $l + 1$ Functionen $\eta_0, \eta_1, \ldots \eta_l$ von einander unabhängig. Die folgenden $n - l$ Functionen $\eta_{l+1}, \eta_{l+2}, \ldots \eta_n$ sind dann als Functionen von $\eta_0, \eta_1, \ldots \eta_l$ allein, d. h. ohne Hinzunahme der Variabeln x, in der Form:

(II.)
$$\eta_r = f_r(\eta_0, \eta_2, \ldots \eta_l) \qquad (r=l+1, l+2, \ldots n)$$

darstellbar, und gemäss den Gleichungen (I.) wird daher:

(I'.)
$$\sum_\varrho \varphi_\varrho \frac{\partial \eta_\varrho}{\partial x_h} + \sum_{\varrho, r} \varphi_r \frac{\partial f_r}{\partial \eta_\varrho} \frac{\partial \eta_\varrho}{\partial x_h} = 0 \qquad \left(\begin{matrix} \varrho=0,1,2,\ldots l \\ h=0,1,2,\ldots m \\ r=l+1,l+2,\ldots n \end{matrix}\right).$$

Da $\eta_0, \eta_1, \ldots \eta_l$ als von einander unabhängige Functionen der $m + 1$ Variabeln x vorausgesetzt sind, so muss $l \leqq m$ und die Functionaldeterminante der $l + 1$ Functionen η, genommen in Beziehung auf gewisse $l + 1$ von den $m + 1$ Variabeln x, von Null verschieden sein. Die Reihenfolge der Variabeln x kann daher so angenommen werden, dass:

(III.)
$$\left| \frac{\partial \eta_\varrho}{\partial x_h} \right| \gtrless 0 \qquad (\varrho, h=0,1,2,\ldots l)$$

ist. Aus den Gleichungen (I'.) folgt alsdann, dass die $l + 1$ Relationen:

(IV.)
$$\varphi_\varrho = - \sum_{r=l+1}^{r=n} \varphi_r \frac{\partial f_r}{\partial \eta_\varrho} \qquad (\varrho=0,1,2,\ldots l)$$

bestehen müssen.

Denkt man sich die $n + 1$ Functionen φ sämmtlich mit einer und derselben beliebigen Function der Variabeln x und y, welche mit P bezeichnet werden möge, multiplicirt und alsdann in den Producten $\varphi_k P$ die ersten $l + 1$ Variabeln x durch die ersten $l + 1$ Functionen η ersetzt, so kommt:

(V.)
$$\varphi_k P = \psi_k(\eta_0, \eta_1, \ldots \eta_l; x_{l+1}, \ldots x_m) \qquad (k=0,1,2,\ldots n);$$

und eine solche Ersetzung von $x_0, x_1, \ldots x_l$ durch $\eta_0, \eta_1, \ldots \eta_l$ muss wegen der Ungleichheit (III.) zulässig sein. Setzt man nun:

(VI.)
$$\sum_{r=l+1}^{r=n} (y_r - f_r(y_0, y_1, \ldots y_l)) \psi_r(y_0, y_1, \ldots y_l; x_{l+1}, \ldots x_m)$$
$$= \varPhi(y_0, y_1, \ldots y_n; x_{l+1}, \ldots x_m),$$

so wird:

$$\text{(VII.)}\quad\begin{cases}
\dfrac{\partial\Phi}{\partial x_q}=\displaystyle\sum_{r=l+1}^{r=n}\big(y_r-f_r(y_0,y_1,\ldots y_l)\big)\dfrac{\partial\psi_r}{\partial x_q} & (q=l+1,\,l+2,\ldots m), \\[2.5ex]
\dfrac{\partial\Phi}{\partial y_r}=\psi_r(y_0,y_1,\ldots y_l;\,x_{l+1},\ldots x_m)=\varphi_r P & (r=l+1,\,l+2,\ldots n), \\[2.5ex]
\dfrac{\partial\Phi}{\partial y_q}=\displaystyle\sum_{r=l+1}^{r=n}\big(y_r-f_r(y_0,y_1,\ldots y_l)\big)\dfrac{\partial\psi_r}{\partial y_q}-\sum_{r=l+1}^{r=n}\dfrac{\partial f_r}{\partial y_q}\psi_r & (q=0,\,1,\,2,\ldots l).
\end{cases}$$

Vermöge der Gleichungen (II.) wird hiernach:

$$\Phi=0,\quad \frac{\partial\Phi}{\partial x_q}=0,\quad \frac{\partial\Phi}{\partial y_q}=-\sum_{r=l+1}^{r=n}\frac{\partial f_r}{\partial y_q}\varphi_r=-P\sum_{r=l+1}^{r=n}\varphi_r\frac{\partial f_r}{\partial y_q},$$

wenn in der Function Φ und deren Ableitungen die Variabeln y durch die entsprechenden Functionen η ersetzt werden. Die letzteren Ableitungen von Φ nach y_q reduciren sich aber alsdann mit Hülfe der Relationen (IV.) auf den Werth $\varphi_q P$, und da die mittlere der Gleichungen (VII.) den analogen Werth $\varphi_r P$ für die Ableitungen von Φ nach denjenigen y liefert, deren Index grösser als l ist, so folgt, dass die Gleichungen:

$$\Phi=0,\quad \frac{\partial\Phi}{\partial x_q}=0,\quad \frac{\partial\Phi}{\partial y_k}=\varphi_k P \qquad \left(\begin{matrix}k=0,1,2,\ldots n\\ q=l+1,\,l+2,\ldots m\end{matrix}\right)$$

oder:

$$\text{(VIII.)}\quad\begin{cases}
\Phi=0,\quad \dfrac{\partial\Phi}{\partial x_{l+1}}=0,\quad \dfrac{\partial\Phi}{\partial x_{l+2}}=0,\ \ldots\ \dfrac{\partial\Phi}{\partial x_m}=0, \\[2.5ex]
\dfrac{\partial\Phi}{\partial y_0}:\dfrac{\partial\Phi}{\partial y_1}:\ldots:\dfrac{\partial\Phi}{\partial y_n}=\varphi_0:\varphi_1:\ldots:\varphi_n
\end{cases}$$

bestehen müssen, wenn in der Function Φ und deren Ableitungen an die Stelle der Variabeln y die entsprechenden Functionen η treten. Die Gleichungen (VIII.) repräsentiren daher $m-l+n+1$ Gleichungen zwischen den in der Function Φ enthaltenen $m-l+n+1$ Variabeln:

$$x_{l+1},\ x_{l+2},\ \ldots x_m;\ y_0,\ y_1,\ y_2,\ \ldots y_n,$$

welche aber in der Weise erfüllt sein müssen, dass dabei die Variabeln x unbeschränkt veränderlich bleiben. Sie können also, wenn man darin nacheinander $l=m$, $m-1$, $m-2,\ldots$ nimmt, als die vollständigen Integralgleichungen für die Differentialgleichungen (I.) angesehen werden; denn es existirt, wie sich aus der vorstehenden Entwickelung ergiebt, stets eine Function $\Phi(y_0,y_1,y_2,\ldots y_n;\,x_{l+1},x_{l+2},\ldots x_m),$

wofür die Gleichungen (VIII.) erfüllt sind, wenn die Variabeln y den Differential-gleichungen (I.) genügen, und andererseits wird diesen Differentialgleichungen offenbar genügt, sobald die Gleichungen (VIII.) in der angegebenen Weise erfüllt sind, da alsdann aus der Differentiation der Gleichung $\Phi = 0$ nach den $m + 1$ Variabeln x die Gleichungen (I.) hervorgehen.

Durch die Aufstellung der Gleichungen (VIII.) ist die Lösung der Differentialgleichungen (I.) auf die Auffindung einer Function Φ zurückgeführt, welche so beschaffen ist, dass sich aus den Gleichungen (VIII.) die $n + 1$ Grössen y als Functionen der $m + 1$ Variabeln x bestimmen, während diese Variabeln x selbst unbestimmt bleiben. Diese letztere Bedingung enthält offenbar eine besondere Schwierigkeit für die Auffindung geeigneter Functionen Φ; sie fällt aber weg, wenn man sich auf diejenigen Lösungen der Differentialgleichungen (I.) beschränkt, bei denen $l = m$ ist, d. h. bei denen möglichst viele der zu bestimmenden Functionen y von einander unabhängig sind. Alsdann wird nämlich Φ eine Function von $y_0, y_1, \ldots y_n$ *allein*, und die Gleichungen:

$$(IX.) \quad \begin{cases} \Phi(y_0, y_1, \ldots y_n) = 0, \\ \dfrac{\partial \Phi}{\partial y_0} : \dfrac{\partial \Phi}{\partial y_1} : \ldots : \dfrac{\partial \Phi}{\partial y_n} = \varphi_0 : \varphi_1 : \ldots : \varphi_n \end{cases}$$

repräsentiren nur $n + 1$ Gleichungen, welche — so zu sagen — *im Allgemeinen* bei Zugrundelegung irgend einer Function Φ ausreichen, die $n + 1$ Variabeln y als Functionen der in $\varphi_0, \varphi_1, \ldots \varphi_n$ enthaltenen Variabeln $x_0, x_1, \ldots x_m$ zu bestimmen, und zwar so, dass $m + 1$ dieser Functionen von einander unabhängig sind.

Für den Fall $n = m$ folgt aus den Gleichungen (I.) unmittelbar, dass die Functionaldeterminante:

$$\left| \frac{\partial y_h}{\partial x_k} \right| \qquad (h, k = 0, 1, 2, \ldots n)$$

verschwinden und also eine Gleichung $\Phi(y_0, y_1, \ldots y_n) = 0$ bestehen muss. Wenn nun möglichst viele Functionen y von einander unabhängig sein sollen, so können nicht alle Subdeterminanten der Ordnung n verschwinden, und man kann daher daraus, dass mit den Gleichungen (I.) zugleich die Gleichungen:

$$\sum_r \frac{\partial \Phi}{\partial y_k} \frac{\partial y_k}{\partial x_h} = 0 \qquad (h, k = 0, 1, 2, \ldots n)$$

erfüllt sein müssen, das Bestehen der Proportionen:

$$\frac{\partial \Phi}{\partial y_0} : \frac{\partial \Phi}{\partial y_1} : \ldots : \frac{\partial \Phi}{\partial y_n} = \varphi_0 : \varphi_1 : \ldots : \varphi_n$$

erschliessen. Es gelten also auch in *diesem* Falle die Integralgleichungen (IX.) für diejenigen Lösungen der Differentialgleichungen (I.), bei denen möglichst viele Functionen y von einander unabhängig sind.

Ebenso wie im Falle $l = m$ können auch im Falle $l < m$ die Gleichungen $\frac{\partial \Phi}{\partial x_{l+1}} = 0, \ldots \frac{\partial \Phi}{\partial x_m} = 0$ aus den Integralgleichungen (VIII.) weggelassen und also ganz allgemein die Gleichungen (IX.) als die Integralgleichungen des Systems (I.) angesehen werden, wenn man die Beschaffenheit der Function Φ in (IX.) erstens dahin *erweitert*, dass sie ausser den $n + 1$ Grössen y auch noch die Variabeln: $x_{l+1}, x_{l+2}, \ldots x_m$ enthalten darf, zweitens aber in der Weise *beschränkt*, dass für die aus den Gleichungen (IX.) zu bestimmenden Functionen y jede in Beziehung auf je $l + 2$ der Variabeln x genommene Functionaldeterminante von je $l + 2$ Functionen y verschwinden, dagegen:

(III′.)

$$\left| \frac{\partial y_g}{\partial x_h} \right| \gtrless 0$$

$(g, h = 0, 1, 2, \ldots l)$

sein soll. Vermöge dieser Bedingungen existiren nämlich Functionen $f_{r\varrho}$, für welche:

$$\frac{\partial y_r}{\partial x_h} = \sum_g f_{rg} \frac{\partial y_g}{\partial x_h} \qquad \begin{pmatrix} g = 0, 1, 2, \ldots l \\ h = 0, 1, 2, \ldots m \\ r = l+1, l+2, \ldots n \end{pmatrix}$$

wird, so dass, da die Differentiation von $\Phi = 0$ gemäss (IX.) zu den $l + 1$ Gleichungen:

(I″.)

$$\sum_k \varphi_k \frac{\partial y_k}{\partial x_h} = 0$$

$(k = 0, 1, 2, \ldots l; h = 0, 1, 2, \ldots n)$

führt, die Relationen:

(I‴.)

$$\sum_g \varphi_g \frac{\partial y_g}{\partial x_h} + \sum_{g,r} \varphi_r f_{rg} \frac{\partial y_g}{\partial x_h} = 0 \qquad \begin{pmatrix} g, h = 0, 1, 2, \ldots l \\ r = l+1, l+2, \ldots n \end{pmatrix},$$

analog den oben mit (I′.) bezeichneten, resultiren. Aus diesen folgt, wie dort, wegen der Ungleichheit (III′.), dass:

$$\varphi_g + \sum_r \varphi_r f_{rg} = 0 \qquad \begin{pmatrix} g = 0, 1, 2, \ldots l \\ r = l+1, l+2, \ldots n \end{pmatrix}$$

sein muss, und hieraus ergiebt sich endlich, dass die Relationen (I‴.) und also auch die Gleichungen (I″.) nicht bloss für die Werthe $h = 0, 1, 2, \ldots l$, sondern auch noch für die übrigen $l - m$ Werthe $h = l + 1, l + 2, \ldots m$ bestehen.

Wird die Gleichung $\Phi(y_0, y_1, \ldots y_n) = 0$ dadurch erfüllt, dass darin:

$$y_0 = F(y_1, y_2, \ldots y_n)$$

genommen wird, so sind die Gleichungen (IX.) durch folgende zu ersetzen:

$$y_0 = F(y_1, y_2, \ldots y_n), \quad -\varphi_0 \frac{\partial F}{\partial y_k} = \varphi_k \qquad (k = 1, 2, \ldots n),$$

und diese gehen unmittelbar in die Integralgleichungen des Herrn *von Helmholtz* über, wenn λ an die Stelle des Factors $-\varphi_0$ tritt.

ÜBER DAS DIRICHLET'SCHE INTEGRAL

VON

L. KRONECKER.

Sitzungsberichte der Königlich Preussischen Akademie der Wissenschaften zu Berlin
vom Jahre 1885. S. 641—665.

30*

ÜBER DAS DIRICHLET'SCHE INTEGRAL.

[Gelesen in der Akademie der Wissenschaften am 9. Juli 1885.]

I. Bedeutet x eine reelle positive, auf das Intervall von Null bis X beschränkte, Veränderliche und $f(x)$ eine eindeutige, reelle, integrirbare, ihrem absoluten Werthe nach stets unter einer bestimmten Grösse M bleibende Function von x, welche sich für bis zu Null abnehmende Werthe von x einem bestimmten Grenzwerthe $f(0)$ nähert, so kann die allgemeine Frage nach den weiteren Bedingungen, unter welchen das *Dirichlet*'sche Integral:

$$\int_0^{x'} f(x) \sin w x \pi \, d\log x,$$

für alle in dem Intervall von Null bis X liegenden Werthe von x', sich mit wachsendem w dem Werthe $\frac{1}{2} \pi f(0)$ nähert, unmittelbar auf die speciellere zurückgeführt werden, bei welcher der Grenzwerth der Function, für $x = 0$, selbst gleich Null ist.

Setzt man nämlich $f(x) - f(0) = f_0(x)$, so ist:

$$\int_0^{x'} f(x) \sin w x \pi \, d\log x = \int_0^{x'} f_0(x) \sin w x \pi \, d\log x + f(0) \int_0^{x'} \sin w x \pi \, d\log x,$$

und dass hier der Factor von $f(0)$ sich mit wachsendem w in der That dem Werthe $\frac{1}{2} \pi$ nähert, geht am Einfachsten daraus hervor, dass

$$\lim_{w=\infty} \int_0^{x'} \sin w x \pi \, d\log x = \frac{1}{2} \lim_{w=\infty} \int_{-x'w}^{+x'w} \sin z \pi \, d\log z = \lim_{n=\infty} \frac{1}{2} \sum_{k=-n}^{k=+n} \int_k^{k+1} \sin z \pi \, d\log z,$$

$$\int_k^{k+1} \frac{\sin z\pi}{z}\, dz = \int_0^1 (-1)^k \frac{\sin z\pi}{z+k}\, dz \quad \text{und} \quad \lim_{n=\infty} \sum_{k=-n}^{k=+n} \frac{(-1)^k}{z+k} = \frac{\pi}{\sin z\pi}$$

ist.

II. Es sind hiernach nur für Functionen $f_0(x)$, die sich für $x = 0$ der Null nähern, die Bedingungen zu untersuchen, unter denen der Grenzwerth des Integrals:

$$(A) \qquad \int_0^{x'} f_0(x) \sin w x \pi \, d \log x,$$

für wachsende Werthe von w, oder also der Grenzwerth des Integrals:

$$(A^0) \qquad \int_0^{x'} f_0(x) \sin \frac{x \pi}{\sigma} \, d \log x$$

für bis zu Null abnehmende Werthe von σ, gleich Null wird.

Das Integral (A^0) geht, wenn man darin σx an Stelle der Integrationsvariabeln x setzt, in das Integral:

$$(A') \qquad \int_0^{\frac{x'}{\sigma}} f_0(\sigma x) \sin x \pi \, d \log x$$

über. Da nun, auf Grund der Voraussetzung: $\lim_{x=0} f_0(x) = 0$, für irgend eine gegebene, beliebig kleine, positive Grösse τ und für irgend eine gegebene positive Grösse ξ der Werth x_0 so klein angenommen werden kann, dass für alle Werthe von x, die kleiner als x_0 sind,

$$| f_0(x) | < \frac{\tau}{\pi \xi}$$

wird, und da für alle positiven Werthe von x:

$$| \sin x \pi | < x \pi$$

ist, so wird für alle positiven Werthe von x, die kleiner als ξ sind, und für alle positiven Werthe von σ, die kleiner als $\frac{x_0}{\xi}$ sind,

$$\left| f_0(\sigma x) \frac{\sin x \pi}{x} \right| < \frac{\tau}{\xi},$$

und also der absolute Werth des Integrals:

$$(B) \qquad \int_0^{\xi} f_0(\sigma x) \sin x \pi \, d \log x$$

kleiner als τ. *Der Grenzwerth des Integrals* (B) *für abnehmende Werthe von σ ist daher gleich Null*[1]), und die Gleichung:

$$(\mathrm{B}^0) \qquad \lim_{\sigma=0} \int_{\xi}^{\frac{x'}{\sigma}} f_0(\sigma x) \sin x\pi\, d\log x = \lim_{\sigma=0} \int_{\xi\sigma}^{x'} f_0(x) \sin\frac{x\pi}{\sigma}\, d\log x = 0,$$

in welcher man für ξ irgend einen bestimmten positiven Werth, z. B. den Werth $\xi = 1$ nehmen kann, stellt also eine nothwendige und hinreichende Bedingung dafür dar, dass der Grenzwerth des Integrals (A') mit abnehmendem Werthe von σ verschwinde.

III. Ebenso wie das Integral (B) nähert sich auch, für irgend welche positiven Werthe von x' und ξ', das Integral:

$$\int_{\frac{x'}{\sigma}}^{\frac{x'}{\sigma}+\xi'} f_0(\sigma x) \sin x\pi\, d\log x \qquad\qquad (\xi'>0)$$

mit abnehmendem σ dem Werthe Null. Denn es verwandelt sich, wenn man $x = \frac{x'}{\sigma} + z$ setzt, in

$$\sigma \int_0^{\xi'} f_0(\sigma z + x') \sin\left(z + \frac{x'}{\sigma}\right)\pi\, \frac{dz}{\sigma z + x'},$$

und das mit σ multiplicirte Integral ist seinem absoluten Werthe nach kleiner als $\frac{\xi' M_0}{x'}$, da der absolute Werth von $f_0(x)$ (für alle Werthe von x in dem betrachteten Intervalle, d. h. für $0 < x < X$) kleiner als M_0 ist, wenn mit M_0 der Werth: $M + |f(0)|$ bezeichnet wird.

IV. Man kann hiernach in dem Integral (A') — ohne den Werth, dem es sich für $\sigma = 0$ nähert, zu ändern — die Grenzen 0 und $\frac{x'}{\sigma}$ durch die Grenzen ξ und $\frac{x'}{\sigma} + \xi'$ ersetzen, wo ξ und ξ' willkürlich anzunehmende positive Grössen bedeuten. Es wird also, wenn der Einfachheit halber:

$$f_0(x) = x\varphi(x)$$

H

gesetzt wird:

$$(C) \qquad \lim_{\sigma=0}\int_{\frac{x'}{\sigma}}^{x'} f_0(x)\sin\frac{x\pi}{\sigma}\, d\log x = \lim_{\sigma=0}\int_{\xi}^{\frac{x'}{\sigma}+\xi'} \sigma\varphi(\sigma x)\sin x\pi\, dx.$$

Wenn man nun für ξ irgend eine ungrade Zahl $2m+1$ setzt und dann ξ' so wählt, dass $\frac{x'}{\sigma}+\xi'$ der nächsten über dem Werth von $\frac{x'}{\sigma}$ liegenden graden Zahl gleich wird, so lässt sich das Integral auf der rechten Seite der Gleichung (C) als Summe von Integralen:

$$\sum_h \int_h^{h+1} \sigma\varphi(\sigma x)\sin x\pi\, dx$$

darstellen, welche, wenn in jedem einzelnen Integrale $x+h$ an Stelle der Integrationsvariabeln x gesetzt wird, in:

$$(C') \qquad \int_0^1 \sigma\sum_h (-1)^h\varphi(\sigma x + \sigma h)\sin x\pi\, dx$$

übergeht. Die Summation in Beziehung auf h ist hier durch die Bedingungen:

$$2m+1 \leqq h \leqq 2\left[\frac{x'}{2\sigma}\right]+1$$

bestimmt, wenn nach *Gauss'*scher Weise mit $[a]$ die der Grösse a nächste, kleinere ganze Zahl bezeichnet wird.

Für abnehmende Werthe von σ verschwindet der Grenzwerth eines einzelnen $h$ten Gliedes der unter dem Integralzeichen stehenden Summe sowohl dann, wenn h eine bestimmte Zahl, und also der Grenzwerth von $\sigma(x+h)$ für $\sigma=0$ gleich Null, als auch dann, wenn dieser Grenzwerth eine bestimmte positive Grösse p ist. Denn

$$\lim_{\sigma=0}\sigma\varphi(\sigma x+\sigma h) \quad \text{oder} \quad \lim_{\sigma=0}\frac{f_0(\sigma x+\sigma h)}{x+h}$$

ist in dem einen Falle gleich Null, weil $\lim\limits_{\sigma=0}(\sigma x+\sigma h)=0$ und demnach

$$\lim_{\sigma=0}f_0(\sigma x+\sigma h) = \lim_{x=0}f_0(x)=0$$

ist, in dem anderen Falle, weil $\lim\limits_{\sigma=0}f_0(\sigma x+\sigma h)=f_0(p)<M_0$ und

$$\lim_{\sigma=0}\frac{1}{x+h} = \lim_{\sigma=0}\frac{\sigma}{\sigma x+\sigma h} = \lim_{\sigma=0}\frac{\sigma}{p}=0$$

ist. Man kann daher zu dem Integrale (C'), ohne seinen Grenzwerth für $\sigma = 0$ zu verändern, das Integral:

$$\frac{1}{2}\int_0^{\frac{1}{2}} \sigma\left(\varphi(\sigma x + 2m\sigma + \sigma) + \varphi(\sigma x + 2r\sigma + \sigma)\right)\sin x\pi\,dx \qquad \left(r = \left[\frac{x'}{2\sigma}\right]\right)$$

addiren und demgemäss an Stelle des Integrals (C') das Integral:

$$\int_0^1 \sigma\,\overline{\sum_h}(-1)^h\varphi(\sigma x + \sigma h)\sin x\pi\,dx$$

nehmen, wenn die Summation auf die Werthe:

$$h = 2m + 1,\, 2m + 2,\, 2m + 3,\, \ldots 2\left[\frac{x'}{2\sigma}\right] + 1$$

erstreckt und durch den Strich über dem Summenzeichen angedeutet wird, dass das erste und letzte Glied der Summe mit dem Factor $\frac{1}{2}$ zu versehen ist. Hiernach wird:

$$(\text{D}) \qquad \lim_{\sigma=0}\int_0^{x'} f_0(x)\sin\frac{x\pi}{\sigma}d\log x = \lim_{\sigma=0}\int_0^1 \sigma\,\overline{\sum_h}(-1)^h\varphi(\sigma x + \sigma h)\sin x\pi\,dx,$$

und die Gleichung:

$$(\text{D}^0) \qquad \lim_{\sigma=0}\int_0^1 \sigma\,\overline{\sum_h}(-1)^h\varphi(\sigma x + \sigma h)\,d\cos x\pi = 0$$

stellt also eine nothwendige und hinreichende Bedingung dafür dar, dass mit abnehmenden Werthen von σ zugleich der Werth des Integrals (A') verschwinde.

V. Bedeutet x^0 irgend eine positive Grösse, die kleiner als x' ist, so verschwindet offenbar der Grenzwerth:

$$\lim_{\sigma=0} \sigma\,\overline{\sum_h}(-1)^h\varphi(\sigma x + \sigma h) \qquad (0 \leqq x \leqq 1),$$

wenn die Summation nur auf alle diejenigen Zahlen h erstreckt wird, für welche

$$h > 2\left[\frac{x^0}{2\sigma}\right]$$

ist. Denn, da für alle diese Zahlen h die Werthe von $\varphi(\sigma x + \sigma h)$, für beliebig kleine Werthe von σ, unter einer bestimmten Grenze bleiben, indem

$$|\varphi(\sigma x + \sigma h)| = \left|\frac{f_0(\sigma x + \sigma h)}{\sigma x + \sigma h}\right| < \frac{M_0}{x^0}$$

ist, so nähert sich

$$\sigma \sum_{h} \varphi(2\sigma\delta + 2\sigma h) \qquad \left(\left[\tfrac{x^0}{2\sigma}\right] < h \leq \left[\tfrac{x'}{2\sigma}\right]\right),$$

für jeden beliebigen zwischen Null und Eins liegenden Werth von δ, mit abnehmendem σ einem und demselben festen durch das Integral $\int_{x^0}^{x'} \varphi(z)\,dz$ bezeichneten Grenzwerth. Das Aggregat der positiven Glieder in der obigen Summe:

$$\sum_{h} (-1)^h \sigma\varphi(\sigma x + \sigma h)$$

erreicht also bei abnehmendem σ denselben Werth wie das der negativen, d. h. es ist:

$$\lim_{\sigma = 0} \sigma \sum_{h} (-1)^h \varphi(\sigma x + \sigma h)$$

und also auch:

$$\lim_{\sigma = 0} \int_{0}^{1} \sigma \sum_{h} (-1)^h \varphi(\sigma x + \sigma h)\,d \cos x\pi$$

gleich Null, wenn die Summation auf alle in dem Intervalle von $\tfrac{x^0}{\sigma}$ bis $\tfrac{x'}{\sigma}$ enthaltenen ganzen Zahlen h erstreckt wird. Es besteht demnach für je zwei beliebige (in dem betrachteten Intervalle von 0 bis X liegende) Grössen x^0, x' die Gleichung:

$$(E) \qquad \lim_{\sigma = 0} \int_{\frac{x^0}{\sigma}}^{\frac{x'}{\sigma}} \sigma\, \varphi(\sigma x) \sin x\pi\, dx = \lim_{\sigma = 0} \int_{x^0}^{x'} f_0(x) \sin \tfrac{x\pi}{\sigma}\, d \log x = 0,$$

und die Gleichung (B⁰) muss daher für jede beliebige positive Grösse x' gelten, sobald sie nur für irgend eine bestimmte Grösse x^0 besteht.

Das Resultat der bisherigen Entwickelungen lässt sich demgemäss in folgender Weise formuliren:

Um erschliessen zu können, dass der Grenzwerth des über *jeden beliebigen* Theil des Intervalles (0, X) ausgedehnten Integrals:

$$\int f_0(x) \sin \tfrac{x\pi}{\sigma}\, d \log x$$

für $\sigma = 0$ verschwinde, genügt der Nachweis, dass dies für irgend ein bestimmtes Theilintervall $(\xi \sigma, x^0)$ der Fall ist, d. h. dass

$$\text{(F)} \qquad \lim_{\sigma = 0} \int_{\xi\sigma}^{x^0} f_0(x) \sin \frac{x\pi}{\sigma} d \log x = 0$$

wird, wenn für ξ und x^0 irgend zwei bestimmte positive Grössen genommen werden.

Es genügt also z. B. der Nachweis, dass die Gleichung (F) für $\xi = x^0 = 1$ besteht, d. h. also, dass

$$\text{(F')} \qquad \lim_{\sigma = 0} \int_{\sigma}^{1} f_0(x) \sin \frac{x\pi}{\sigma} d \log x = 0$$

ist.

Die Gleichung (F) kann durch die oben mit (D⁰) bezeichnete Gleichung ersetzt werden. Es genügt also der Nachweis, dass für irgend eine ganze Zahl m und für irgend eine Grösse x^0:

$$\text{(F⁰)} \qquad \lim_{\sigma = 0} \int_{0}^{1} \sigma \sum_{h} (-1)^h \varphi(\sigma x + \sigma h) d \cos \pi x = 0 \qquad \left(m \leqq \tfrac{1}{2}(h-1) \leqq \left[\tfrac{x^0}{2\sigma}\right]\right)$$

wird.

VI. Die Gleichung (F') kann durch die Gleichung:

$$\text{(G)} \qquad \lim_{x^0 = 0} \lim_{\xi = \infty} \lim_{\sigma = 0} \int_{\xi\sigma}^{x^0} f_0(x) \sin \frac{x\pi}{\sigma} d \log x = 0$$

ersetzt werden. Denn einerseits folgt offenbar die Gleichung (G) aus der Gleichung (F'), da für jeden Werth von x^0, das Integrationsgebiet $(\xi \sigma, x^0)$ ein Theil des Intervalles $(0, X)$ ist; andererseits lässt sich aber auch die Gleichung (F') aus der Gleichung (G) erschliessen. Wenn nämlich für jede gegebene, positive, beliebig kleine Grösse τ eine (wenn auch noch so kleine) Grösse x^0 und eine (wenn auch noch so grosse) Zahl ξ bezeichnet werden kann, für die sich nachweisen lässt, dass der absolute Werth von:

$$\lim_{\sigma = 0} \int_{\xi\sigma}^{x^0} f_0(x) \sin \frac{x\pi}{\sigma} d \log x$$

kleiner als τ ist, so folgt mit Hülfe der Gleichungen:

$$\lim_{\sigma=0}\int_{\xi\sigma}^{a} f_0(x)\sin\frac{x\pi}{\sigma}\,d\log x = 0, \quad \lim_{\sigma=0}\int_{x^0}^{1} f_0(x)\sin\frac{x\pi}{\sigma}\,d\log x = 0,$$

dass auch der absolute Werth von:

$$\lim_{\sigma=0}\int_{0}^{1} f_0(x)\sin\frac{x\pi}{\sigma}\,d\log x$$

kleiner als jene gegebene, beliebig kleine Grösse τ sein muss.

Es kann nun ebenso die Gleichung (F^0) durch die Gleichung:

$$(\mathrm{G}^0) \qquad . \qquad \lim_{x^0=0}\lim_{m=\infty}\lim_{\sigma=0}\int_{0}^{1} \sigma\sum_{h}(-1)^{h}\varphi(\sigma x+\sigma h)\,d\cos x\pi = 0 \qquad \left(m<\tfrac{1}{2}(h-1)\leqq\left[\frac{x^0}{2\sigma}\right]\right)$$

ersetzt werden; denn für $\sigma=0$ verschwindet, wie schon oben gezeigt worden ist, der Werth von:

$$\sigma\sum_{h}(-1)^{h}\varphi(\sigma x+\sigma h),$$

sobald die Summation auf die Zahlen von 1 bis m und auf alle in irgend einem Intervalle von $\frac{x^0}{\sigma}$ bis $\frac{x'}{\sigma}$ enthaltenen ganzen Zahlen ausgedehnt wird.

Um das Bestehen der Gleichung (G^0) erschliessen zu können, bedarf es nur des Nachweises, dass für jede gegebene positive Grösse τ eine (wenn auch noch so kleine) Grösse x^0 und eine (wenn auch noch so grosse) Zahl m bezeichnet werden kann, für die der absolute Werth des Integrals:

$$\int_{0}^{1} \sigma\sum_{h}(-1)^{h}\varphi(\sigma x+\sigma h)\,d\cos x\pi \qquad \left(m\leqq\tfrac{1}{2}(h-1)<\frac{x^0}{2\sigma}\right),$$

bei hinreichend kleinen Werthen von σ, kleiner als τ bleibt.

VII. Die Gleichung (G) ist offenbar erfüllt, wenn das Integral:

$$\int_{0}^{x} f_0(x)\,d\log x$$

absolut convergent ist, da alsdann:

$$\lim_{\sigma=0} \int_0^{\sigma'} |f_0(x)| \, d\log x = 0$$

und demnach auch für jeden Werth von σ:

$$\lim_{\sigma=0} \int_0^{\sigma'} f_0(x) \sin\frac{x\pi}{\sigma} \, d\log x = 0$$

wird.*) Da ferner die Gleichung (G), wenn man darin $\xi = 0$ setzt, mittels partieller Integration in folgende übergeht:

$$\cdot \quad \lim_{\sigma=0} \lim_{\sigma=0} \int_0^{\sigma'} \left(\sin\frac{x\pi}{\sigma} - \int_0^x \sin\frac{x\pi}{\sigma} \, d\log x \right) d\psi(x) = 0,$$

----

*) Vergl. Hrn. *P. du Bois-Reymond*'s Note: „Sur les formules de représentations de fonctions" in den Comptes Rendus von 1881. Bd. 92. S. 915 und 962. Hier ist ferner folgende Äußerung *Dirichlet*'s zu citiren, welche sich in einem von ihm an *Gauss* gerichteten Briefe vom 20. Februar 1853 findet:

„Ist $f(\beta)$ so beschaffen, dass die Differenz $f(\beta) - f(0)$ sich als ein Product darstellen lässt, dessen erster Factor $\varphi(\beta)$ für ein unendlich kleines β endlich bleibt, während der zweite, den ich positiv voraussetze und $\psi(\beta)$ nennen will, die Eigenschaft besitzt, dass das Integral $\int_0^\delta \psi(\beta)\frac{d\beta}{\beta}$, wie es z. B. für jede positive Potenz β^p der Fall ist, für ein unendlich kleines δ selbst unendlich klein wird, so darf man $\int_0^\delta f(\beta)\frac{\sin k\beta}{\sin\beta} \, d\beta$ nur in die beiden Bestandteile

$$f(0) \int_0^\delta \frac{\sin k\beta}{\sin\beta} \, d\beta + \int_0^\delta \varphi(\beta) \sin k\beta \frac{\psi(\beta)}{\sin\beta} \, d\beta$$

zerlegen, von denen der erste für ein unveränderliches δ durch Wachsen von k in $\frac{\pi}{2} f(0)$ übergeht, während der zweite für ein gehörig klein gewähltes δ immer kleiner bleibt als eine beliebig kleine Grösse."

Unser Correspondent Hr. *E. Schering* hat die Freundlichkeit gehabt, mir die von *Dirichlet* an *Gauss* gerichteten Briefe zu übersenden, um davon Abschrift zu nehmen und sie für die Herausgabe der *Dirichlet*'schen Werke zu benutzen.

wo $\psi(x) = \frac{1}{x^0}\int_0^{x^0} f_0(x)\,dx$ ist, so resultirt hier auch die Bedingung:

$$\lim_{x^0=0}\int_0^{x^0} |\psi'(x)|\,dx = 0,$$

welche sich ebenfalls schon in der angeführten Note des Hrn. *P. du Bois-Reymond* findet.

VIII. Um die Bedeutung der mit (G^0) bezeichneten Bedingungsgleichung darzulegen, bemerke ich zuvörderst, dass die Summe:

$$\overline{\overline{\sum_h}}(-1)^h\varphi(\sigma x + \sigma h) \qquad (h=2m+1,\ 2m+3,\ldots 2r+1)$$

in der Form:

$$\frac{1}{2}\sum_h(-1)^h\big(\varphi(\sigma x + \sigma h)-\varphi(\sigma x + \sigma h + \sigma)\big) \qquad (h=2m+1,\ 2m+3,\ldots 2r)$$

dargestellt werden kann.

Setzt man nun voraus, dass die Gleichung $y = \varphi(x)$ in rechtwinkligen Coordinaten x, y eine Curve $\mathfrak{C}$ repräsentirt, so kann man sich dazu für jeden bestimmten Werth von σ eine zweite Curve $\mathfrak{C}_\sigma$ construiren, welche durch die Gleichung:

$$y = \varphi(x) + \big(\varphi(x)-\varphi(x+\sigma)\big)\sin\frac{x\pi}{\sigma}$$

für die Werthe von $x = (2m+1)\sigma$ bis $x = x^0$ dargestellt wird. Jede solche Curve $\mathfrak{C}_\sigma$, deren Ordinaten für einen zwischen σh und $\sigma(h+1)$ gelegenen Abscissenwerth $\sigma x + \sigma h$ auch durch:

$$\varphi(\sigma x + \sigma h) + (-1)^h\big(\varphi(\sigma x + \sigma h)-\varphi(\sigma x + \sigma h + \sigma)\big)\sin x\pi \qquad (0\le x\le 1)$$

ausgedrückt werden, schneidet die ursprüngliche Curve $\mathfrak{C}$ in den Punkten, deren Abscissen ganze Vielfache von σ sind. Denkt man sich in diesen Schnittpunkten die Curve $\mathfrak{C}_\sigma$ abwechselnd über und unter der Curve $\mathfrak{C}$ verlaufend, so „umschlingt" sie die Curve $\mathfrak{C}$ desto enger, je kleiner σ wird. Das Integral in (G^0):

$$\int_0^1 \sigma\,\overline{\overline{\sum_h}}(-1)^h\varphi(\sigma x + \sigma h)\,d\cos x\pi$$

drückt aber offenbar den von den beiden Curven $\mathfrak{C}$ und $\mathfrak{C}_\sigma$ umschlossenen (in üblicher Weise positiv oder negativ zu rechnenden) Flächenraum aus, und es lässt sich daher die Bedeutung der Bedingungsgleichung (G^0) dahin formuliren:

> Es soll die Umschlingung der Curve $\mathfrak{C}_\sigma$ um die Curve $\mathfrak{C}$ mit abnehmendem σ eine immer engere werden, und zwar in der Weise, dass dabei der Gesammt-Zwischenraum beliebig verkleinert wird.

IX. Die Gleichung (G^0) wird offenbar erfüllt, wenn der Ausdruck selbst, der dort unter dem Integralzeichen mit $d \cos x\pi$ multiplicirt ist, den Grenzwerth Null hat, und die Gleichung:

$$(\text{H}) \qquad \lim_{x'=0} \lim_{m=\infty} \lim_{\sigma=0} \sigma \sum_{h}^{\overline{\overline{}}} (-1)^h \varphi(\sigma x + \sigma h) = 0 \quad \left(m \leqq \tfrac{1}{2}(h-1) \leqq \left[\tfrac{x'}{2\sigma}\right], (0 \leqq x \leqq 1)\right) \cdot$$

enthält daher eine *hinreichende* Bedingung für das Verschwinden des Grenzwerthes:

$$\lim_{\sigma=0} \int_0^{x'} \varphi(x) \sin \tfrac{x\pi}{\sigma} dx$$

bei beliebigem Werthe von x'.

Um die Bedeutung der Bedingung (H) darzulegen, sei zuvörderst bemerkt, dass:

$$\sigma \sum_{h}^{\overline{\overline{}}} (-1)^h \varphi(\sigma x + \sigma h) \qquad\qquad \left(m \leqq \tfrac{1}{2}(h-1) \leqq \left[\tfrac{x'}{2\sigma}\right]\right)$$

sich als eine Summe von zweiten Differenzen:

$$\sum \sigma \left(-\tfrac{1}{2}\varphi(\sigma x + 2\sigma k - \sigma) + \varphi(\sigma x + 2\sigma k) - \tfrac{1}{2}\varphi(\sigma x + 2\sigma k + \sigma)\right)$$
$$\left(k = m+1, m+2, \dots \left[\tfrac{x'}{2\sigma}\right]\right)$$

darstellen lässt. Jede dieser zweiten Differenzen giebt den (in üblicher Weise positiv oder negativ genommenen) Werth des Flächeninhalts eines Dreiecks an, dessen Eckpunkte durch die Abscissen:

$$\sigma x + 2\sigma k - \sigma, \quad \sigma x + 2\sigma k, \quad \sigma x + 2\sigma k + \sigma$$

und die zugehörigen Ordinaten:

$$\varphi(\sigma x + 2\sigma k - \sigma), \quad \varphi(\sigma x + 2\sigma k), \quad \varphi(\sigma x + 2\sigma k + \sigma)$$

bestimmt sind. Die Bedingung (H) verlangt daher,

dass die algebraische Summe der Inhalte aller dieser Dreiecke, für

$$k = m + 1,\, m + 2,\, \ldots \left[\tfrac{x^0}{2\sigma}\right],$$

mit abnehmendem σ sich der Null nähere.

Jene Summe $\sigma \sum (-1)^k \varphi(\sigma x + \sigma h)$ ist ferner als der Zuwachs aufzufassen, den die Summe:

$$(J_{2\sigma}) \qquad\qquad \sum_k 2\sigma\varphi(\sigma x + \sigma + 2\sigma k) \qquad\qquad \left(k = m,\, m+1,\, m+2,\, \ldots \left[\tfrac{x^0}{2\sigma}\right]\right)$$

erhält, wenn man zur Summe:

$$(J_{\sigma}) \qquad\qquad \sum_k \sigma\varphi(\sigma x + \sigma h) \qquad\qquad \left(m \lessgtr \tfrac{1}{2}(k-1) \lesseqgtr \left[\tfrac{x^0}{2\sigma}\right]\right)$$

übergeht. Für *solche* Functionen φ, für die sich diese Summe mit abnehmendem σ einem bestimmten Grenzwerthe, also dem Werthe des Integrals:

$$\int_0^{x^0} \varphi(z)\,dz$$

nähert, ist daher $\sigma \sum (-1)^k \varphi(\sigma x + \sigma h)$ der Zuwachs, welchen der durch die Summe $(J_{2\sigma})$ dargestellte „angenäherte" Integralwerth erhält, wenn man in der Mitte zwischen je zwei Ordinaten noch eine neue einschaltet.

Die Bedingung (H) kann aber, wie das Beispiel:

$$\varphi(z) = \frac{1}{z \log z}$$

zeigt, auch erfüllt sein, wenn $\int \varphi(z)\,dz$, von Null an genommen, keinen endlichen Werth hat.

· Behufs Orientirung über das Maass der Anforderung, welche durch die Bedingung (H) an die Natur der Function φ gestellt wird, kann man den Fall in's Auge fassen, in welchem die Function φ Differentialquotienten φ', φ'' hat, und in welchem:

$$\sum_k \sigma\left(-\tfrac{1}{2}\varphi(\sigma x + 2\sigma k - \sigma) + \varphi(\sigma x + 2\sigma k) - \tfrac{1}{2}\varphi(\sigma x + 2\sigma k + \sigma)\right)$$

mit hinreichender Annäherung durch:

$$-\tfrac{1}{2}\sigma^3 \sum_k \varphi''(\sigma x + 2\sigma k)$$

oder auch durch:

$$\tfrac{1}{2}\sigma^2\left(\varphi'(0)-\varphi'(x^0)\right)$$

dargestellt wird. In diesem Falle wird — bei *endlichen* Werthen der Ableitungen $\varphi'(x)$ — die linke Seite der Gleichung (H) mit abnehmenden σ unendlich klein wie σ^2.

X. Die Gleichung (H) geht, wenn man darin die Function $\frac{f_0(x)}{x}$ an Stelle von $\varphi(x)$ einführt, in folgende über:

$$(\mathrm{H}^0) \qquad \lim_{x^0=0}\lim_{m=\infty}\lim_{\sigma=0}\overline{\overline{\sum_h}}(-1)^h\frac{f_0(\sigma x+\sigma h)}{x+h}=0 \qquad \left(m\lessgtr\tfrac{1}{2}(h-1)\lessgtr\left[\tfrac{x^0}{2\sigma}\right],\,0\lessgtr x\lessgtr 1\right).$$

Falls nun nachgewiesen werden kann, dass der absolute Werth jeder von $h=2m+1$ bis zu irgend einem der folgenden Werthe von h erstreckten Summe:

$$\sum_h(-1)^h f_0(\sigma x+\sigma h) \qquad (0\lessgtr x\lessgtr 1),$$

für hinreichend kleine Werthe von σ, kleiner als eine bestimmte Zahl N_0 ist, so lässt sich daraus nach jener bekannten *Abel*'schen Methode[*]) erschliessen, dass der absolute Werth der Summe:

$$\sum_h(-1)^h\frac{f_0(\sigma x+\sigma h)}{x+h} \qquad \left(m\leqq\tfrac{1}{2}(h-1)\lessgtr\left[\tfrac{x^0}{2\sigma}\right],\,0\leqq x\lessgtr 1\right),$$

für hinreichend kleine Werthe von σ, kleiner als $\dfrac{N_0}{2m+1}$ und also:

$$\lim_{m=\infty}\lim_{\sigma=0}\overline{\overline{\sum_h}}(-1)^h\frac{f_0(\sigma x+\sigma h)}{x+h}=0 \qquad \left(m\leqq\tfrac{1}{2}(h-1)\leqq\left[\tfrac{x^0}{2\sigma}\right],\,0\leqq x\leqq 1\right)$$

sein muss. Da ferner:

$$f(0)\sum_h(-1)^h+\sum_h(-1)^h f_0(\sigma x+\sigma h)=\sum_h(-1)^h f(\sigma x+\sigma h)$$

ist, und also die Voraussetzung, dass die Summe rechts, für hinreichend kleine Werthe von σ, ihrem absoluten Werthe nach kleiner als eine bestimme Zahl N_1 bleibt, mit der oben bezüglich der Summe $\sum_h(-1)^h f_0(\sigma x+\sigma h)$ gemachten Voraussetzung zusammenfällt, sobald $N_1>N_0+|f(0)|$ angenommen wird, so ergiebt sich das Resultat:

---

[*]) *Crelle*'s Journal, Bd. I, S. 314 und *Abel*, Oeuvres complètes, Nouvelle édition 1881, Tome I, p. 222.

Um erschliessen zu können, dass für beliebige Werthe von x', die kleiner als X sind,

$$\lim_{w=\infty} \int_0^{x'} f(x) \sin wx\,\pi d \log x = \tfrac{1}{2}\,\pi f(0)$$

ist, *reicht es hin*, eine positive Zahl N und irgend welche (beliebig kleine) Grössen σ^0, x^0 so bestimmen zu können, dass der absolute Werth der Reihe:

(K)
$$\sum_h (-1)^h f(\sigma x + \sigma h) \qquad (h=1, 2, \ldots 2r+1;\ 0 \leq \sigma \leq 1)$$

oder:

$$-\tfrac{1}{2} f(\sigma x + \sigma) + f(\sigma x + 2\sigma) - f(\sigma x + 3\sigma) + \cdots + f(\sigma x + 2r\sigma)$$
$$-\tfrac{1}{2} f(\sigma x + 2r\sigma + \sigma) \qquad (0 \leq \sigma \leq 1)$$

für alle Werthe von σ, die kleiner als σ^0 sind, und für alle Werthe von r, die kleiner als $\dfrac{x^0}{2\sigma}$ sind, stets kleiner als N bleibt.

Denn, wenn jede der beiden Summen:

$$\sum_{h=1}^{h=2m+1} (-1)^h f(\sigma x + \sigma h), \qquad \sum_{h=1}^{h=2r+1} (-1)^h f(\sigma x + \sigma h)$$

ihrem absoluten Werthe nach kleiner als N ist, so ist ihre Differenz, absolut genommen, kleiner als $2N$.

Um die Bedeutung der Bedingung (K) darzulegen, erinnere ich zuvörderst daran, dass durch:

$$\sigma \sum_h (-1)^h f(\sigma x + \sigma h) \qquad (h=1, 2, \ldots 2r+1)$$

oder:

$$\sum_{k=1}^{k=r} \sigma\left(-\tfrac{1}{2} f(\sigma x + 2\sigma k - \sigma) + f(\sigma x + 2\sigma k) - \tfrac{1}{2} f(\sigma x + 2\sigma k + \sigma)\right)$$

die algebraische Summe der Inhalte aller derjenigen Dreiecke dargestellt wird, deren Eckpunkte durch die Abscissen:

$$\sigma x + 2\sigma k - \sigma, \quad \sigma x + 2\sigma k, \quad \sigma x + 2\sigma k + \sigma$$

und die Ordinaten:

$$f(\sigma x + 2\sigma k - \sigma), \quad f(\sigma x + 2\sigma k), \quad f(\sigma x + 2\sigma k + \sigma)$$

bestimmt sind. Die Bedingung (K) verlangt daher, dass der (algebraische) Gesammt-inhalt dieser Dreiecke, dividirt durch 2σ — d. h. durch den Werth der Projection jedes einzelnen Dreiecks, auf die Abscissenachse — bei beliebig abnehmendem σ, stets unter einer festen endlichen Grenze bleibe.

Ich erinnere ferner daran, dass durch jene Summe

$$\sigma \sum (-1)^h f(\sigma x + \sigma h)$$

der Zuwachs dargestellt wird, den die Summe:

$$\sum 2\sigma f(\sigma x - \sigma + 2\sigma k) \qquad (k=1, 2, \ldots r+1)$$

erhält, wenn man zur Summe:

$$\sum \sigma f(\sigma x + \sigma h) \qquad (h=1, 2, \ldots 2r+1)$$

übergeht, d. h. also der Zuwachs, den der durch die Summe:

$$\sum 2\sigma f(\sigma x - \sigma + 2\sigma k) \qquad (k=1, 2, \ldots r+1)$$

(für hinreichend kleine Werthe von σ) dargestellte „angenäherte" Integralwerth:

$$\int_0^{2\sigma r} f(z)\, dz$$

erhält, wenn man in der Mitte zwischen je zwei Ordinaten noch eine neue einschaltet.

Endlich sei bemerkt, dass unter der Voraussetzung der Existenz von Ab-leitungen $f'(z)$, $f''(z)$ der Werth von:

$$\sum (-1)^h f(\sigma x + \sigma h) \qquad (h=1, 2, \ldots 2r+1),$$

für hinreichend kleine Werthe von σ, annäherungsweise durch:

$$\tfrac{1}{2}\, \sigma \big(f'(0) - f'(2r\sigma)\big)$$

ausgedrückt werden kann und sich also — vorausgesetzt, dass die Differentialquo-tienten von $f(z)$ endlich sind — nicht nur als unter einer festen endlichen Grenze bleibend, sondern sogar als mit abnehmendem σ von derselben Ordnung unendlich klein werdend erweist.

XI. Sowohl dann, wenn für alle Werthe $x' < x'' \leqq x^0$

$$f(x') > f(x'')$$

ist, als auch dann, wenn durchweg die Ungleichheit:

$$f(x') < f(x'')$$

stattfindet, liegt der Werth der Reihe:

$$\sum_h (-1)^h f(\sigma x + \sigma h) \qquad (h=1,\, 2,\, \ldots)$$

zwischen dem Werthe des ersten und dem des letzten Gliedes. Die obige Bedingung (K), und daher auch die Bedingung (H), aus der sie abgeleitet ist, *umfasst* also jene, welche *Dirichlet* in seiner ersten (im IV. Bande des *Crelle*'schen Journals) über diesen Gegenstand veröffentlichten Abhandlung als bestehend vorausgesetzt hat.

XII. Wenn die Differenz:

$$(L) \qquad \int_0^{x^0} f(x)\,dx - \sigma \sum_h f(\sigma\delta + \sigma h) \qquad \left(\begin{matrix} 0 < h < \frac{x^0}{\sigma} \\ 0 \leqq \delta \leqq 1 \end{matrix}\right),$$

dividirt durch σ, bei beliebig abnehmendem σ stets unter einer festen endlichen Grenze N' bleibt, so ist der absolute Werth der Differenz:

$$2\sigma \sum_h f(\sigma\delta - \sigma + 2\sigma h) - \sigma \sum_h f(\sigma\delta + \sigma h) \qquad \left(\begin{matrix} 0 < h < \frac{x^0}{2\sigma} \\ 0 < h < \frac{x^0}{\sigma} \end{matrix}\right),$$

dividirt durch σ, d. h. also der absolute Werth von:

$$\sum_h (-1)^h f(\sigma\delta + \sigma h) \qquad \left(0 < h < \frac{x^0}{\sigma}\right),$$

bei beliebig abnehmendem σ stets kleiner als $2N'$, und die Bedingung (K) ist daher erfüllt. Da nun die Differenz (L) sich von der über alle Werthe von h erstreckten Summe der Differenzen:

$$(L') \qquad \int_{\sigma\delta+\sigma h}^{\sigma\delta+\sigma h+\sigma} f(x)\,dx - \frac{1}{2}\sigma\left(f(\sigma\delta + \sigma h) + f(\sigma\delta + \sigma h + \sigma)\right)$$

nur um die Werthe von:

$$\int_0^{\sigma\delta+\sigma} f(x)\,dx \quad \text{und} \quad \int_{x'}^{\sigma\delta+\sigma\left[\frac{x^0}{\sigma}\right]} f(x)\,dx$$

d. h. nur um solche Werthe unterscheidet, welche, wenn sie durch σ dividirt werden, bei beliebig abnehmendem σ endlich bleiben, so kann an Stelle von (L) eben jene Summe der Differenzen (L′) genommen werden. Jede dieser Differenzen stellt aber den Flächeninhalt des Segments dar, welcher einerseits von der Curve $y = f(x)$ und andererseits von der durch die beiden Punkte:

$$\big(x = \sigma\delta + \sigma h,\ y = f(\sigma\delta + \sigma h)\big), \quad \big(x = \sigma\delta + \sigma h + \sigma,\ y = f(\sigma\delta + \sigma h + \sigma)\big)$$

gehenden Graden begrenzt wird. Die Summe der Differenzen (L′) stellt daher die algebraische Summe der Flächeninhalte aller Segmente dar, welche durch die verschiedenen, je zwei aufeinanderfolgende von den Punkten:

$$(x = \sigma\delta + \sigma h,\ y = f(\sigma\delta + \sigma h)) \qquad \left(0 < \iota < \tfrac{x}{\sigma}\right)$$

mit einander verbindenden Graden von der Curve C abgeschnitten werden. Es genügt also, dass diese algebraische Summe der Segmentflächen, dividirt durch σ (d. h. durch den Werth ihrer Projection auf die Abscissenachse), bei beliebig abnehmendem σ, unter einer festen endlichen Grenze bleibe, um das Bestehen der Gleichung:

$$\lim_{w = \infty} \int_0^{x} f(x)\, \sin wx\pi\, d\log x = \tfrac{1}{2}\,\pi f(0)$$

erschliessen zu können. Die Bedingung (K) und jene ursprüngliche Bedingung (H) umfasst demnach sowohl die von Hrn. *Weierstrass* aufgestellte, als auch die daraus von Hrn. *Hölder* entwickelte weitere Bedingung,[*] und folglich auch diejenige, welche von Hrn. *Camille Jordan* angegeben worden ist.[**]

XIII. Der Inhalt der Bedingungsgleichung (H°) kann dahin formulirt werden, dass der Werth der Reihe:

$$(\text{R}) \qquad \sum_n \frac{\sum_h^{\bar{}} (-1)^h f(\sigma x + \sigma h + \sigma)}{(x + 2n)(x + 2n + 2)} \cdots \quad \left(0 \leqq x \leqq 1;\ 2m \leqq h \leqq 2n;\ m+1 \leqq n \leqq \left[\tfrac{x}{r\sigma}\right]\right)$$

beliebig klein werden soll, wenn man für m eine beliebig grosse Zahl, für x^0 eine beliebig kleine Grösse und alsdann den Werth von σ hinreichend klein annimmt. Man

---

[*] Sitzungsbericht vom 7. Mai d. J., S. 419.[1]

[**] Comptes Rendus von 1881. Bd. 92. S. 228.

[1] *Hölder*, Über eine neue hinreichende Bedingung für die Darstellbarkeit einer Function durch die *Fourier'sche Reihe*, Sitzungsberichte aus dem Jahre 1885.

kann nämlich, da $f(0) \sum_h (-1)^h = 0$ ist, in der Reihe (R), ohne ihren Werth zu ändern, $f_0(\sigma x + \sigma h + \sigma)$, d. h. $f(\sigma x + \sigma h + \sigma) - f(0)$ an die Stelle von $f(\sigma x + \sigma h + \sigma)$ setzen und sie dann als Summe der vier Ausdrücke:

$$(a) \qquad \frac{1}{2} \sum_h (-1)^h \frac{f_0(\sigma x + \sigma h)}{x + h}$$

$$(b) \qquad \frac{1}{2(x + 2r + 2)\sigma} \sum_h \sigma (-1)^h f_0(\sigma x + \sigma h) \qquad (h = 2m+1,\ 2m+2, \ldots 2r+1)$$

$$(c) \qquad \frac{1}{4} \sum_{h = m+1}^{h = r} \left(\frac{-1}{x + 2k} + \frac{2}{x + 2k + 1} - \frac{1}{x + 2k + 2} \right) f_0(\sigma x + 2\sigma k + \sigma)$$

$$(d) \qquad \frac{1}{4} \left(\frac{f_0(\sigma x + 2\sigma r + \sigma)}{x + 2r + 2} - \frac{f_0(\sigma x + 2\sigma m + \sigma)}{x + 2m + 2} \right)$$

darstellen, wenn darin $r = \left[\frac{x^0}{2\sigma} \right]$ genommen wird. Der erste dieser vier Ausdrücke ist, abgesehen vom Factor $\frac{1}{2}$, genau derjenige, welcher auf der linken Seite der Gleichung (H°) steht, und jeder der drei anderen verschwindet mit zunehmendem m und abnehmendem σ. Denn in dem Ausdrucke (b) hat der Factor vor dem Summenzeichen einen positiven Werth, der kleiner als $\frac{1}{2x^0}$ ist, und die Summe:

$$\sum_h \sigma (-1)^h f_0(\sigma x + \sigma h)$$

verschwindet für abnehmende σ, weil das Aggregat der positiven Glieder und das der negativen sich einem und demselben, durch das Integral $\int_0^{x^0} f(z)\,dz$ bezeichneten Grenzwerthe nähert. Im Ausdrucke (c) ist der Factor von f_0, unter dem Summenzeichen, gleich:

$$\frac{-2}{(x + 2k)(x + 2k + 1)(x + 2k + 2)},$$

also seinem absoluten Werthe nach kleiner als $\frac{1}{4k^3}$. Da nun $|f_0(\sigma x + 2\sigma k + \sigma)| < M_0$ ist, so ist der absolute Werth des Ausdrucks (c) kleiner als:

$$\frac{1}{16} M_0 \sum_k \frac{1}{k^3} \qquad (k = m+1,\ m+2, \ldots r)$$

und wird also bei wachsendem m beliebig klein. Endlich werden offenbar die beiden

Theile im Ausdruck (d) mit abnehmendem σ, bei irgend welchen Werthen von m, beliebig klein, da einerseits:

$$\frac{|f_0(\sigma x + 2\sigma r + \sigma)|}{x + 2r + 2} < \frac{\sigma M_0}{x^0}$$

und andererseits für jeden endlichen Werth von m:

$$\lim_{\sigma = 0} f_0(\sigma x + 2\sigma m + \sigma) = 0$$

ist.

Es lässt sich hiernach die mit (H^0) bezeichnete Bedingungsgleichung in die ihr aequivalente:

$(\bar{H})$
$$\lim_{x^0 = 0} \lim_{m = \infty} \lim_{\sigma = 0} \sum_n \frac{\overline{\sum_h} (-1)^h f(\sigma x + \sigma h + \sigma)}{(x + 2n)(x + 2n + 2)} = 0,$$
$$\left(0 \leqq x \leqq 1;\ 2m \leqq h \leqq 2n;\ m + 1 \leqq n \leqq \left[\frac{x^0}{2\sigma} \right] \right)$$

transformiren, aus welcher das oben bei (K) angegebene Resultat ganz unmittelbar gefolgert werden kann. Die Gleichung $(\bar{H})$ geht wiederum, wenn zur Abkürzung:

$$\frac{1}{n - m} \overline{\sum_h} (-1)^h f(\sigma x + \sigma h + \sigma) = \Delta_m^n f(\sigma x + 2\sigma k) \qquad (2m \leqq h \leqq 2n)$$

gesetzt wird, in folgende über:

$(\bar{\bar{H}})$
$$\lim_{x^0 = 0} \lim_{m = \infty} \lim_{\sigma = 0} \sum_n \frac{(n - m) \Delta_m^n f(\sigma x + 2\sigma k)}{(x + 2n)(x + 2n + 2)} = 0$$
$$\left(0 \leqq x \leqq 1;\ m + 1 \leqq n \leqq \left[\frac{x^0}{2\sigma} \right] \right).$$

Um deren Bedeutung darzulegen, bemerke ich, dass $\Delta_m^n f(\sigma x + 2\sigma k)$ der „mittlere Werth" der $n - m$ aufeinanderfolgenden zweiten Differenzen:

$$-\frac{1}{2} f(\sigma x + 2\sigma k - \sigma) + f(\sigma x + 2\sigma k) - \frac{1}{2} f(\sigma x + 2\sigma k + \sigma) \qquad (m \leqq k \leqq n)$$

ist.

Substituirt man in der Summe auf der linken Seite der Gleichung $(\bar{\bar{H}})$ für jene mittleren Werthe ihre absoluten Beträge und nimmt dann an Stelle des positiven Factors:

$$\frac{n - m}{(x + 2n)(x + 2n + 2)}$$

den grösseren Factor $\frac{1}{n}$, so verwandelt sie sich in folgende:

$$\sum_{n}\frac{1}{n}\,|\varDelta_m^n f(\sigma x + 2\sigma k)|\,\qquad\left(n=m+1,\,m+2,\dots\left[\tfrac{x^0}{2\sigma}\right]\right).$$

Wenn diese Summe für $\sigma = 0$, $m = \infty$, $x^0 = 0$ verschwindet, so ist offenbar die Gleichung ($\overline{\mathrm{H}}$) erfüllt, und es ergiebt sich daher das Resultat:

Um erschliessen zu können, dass für beliebige Werthe von x', die kleiner als X sind,

$$\lim_{w=\infty}\int_0^{x'} f(x)\sin wx\pi\,d\log x = \frac{1}{2}\,\pi f(0)$$

(K)

ist, *reicht es hin*, für irgend eine gegebene, noch so kleine Grösse τ eine Zahl m und eine Grösse x^0, und alsdann eine beliebig kleine Grösse σ^0 so bestimmen zu können, dass der Werth der Reihe:

$$\sum_{n}\frac{1}{n}\,|\varDelta_m^n f(\sigma x + 2\sigma k)|\qquad(m<n\leqq r)$$

stets kleiner als τ bleibt, wenn $0\leqq x\leqq 1$, $\sigma < \sigma^0$ und $2\tau\sigma < x^0$ ist.

Um die Bedeutung der hier auftretenden Bedingungsgleichung:

(K̄)

$$\lim_{x^0=0}\lim_{m=\infty}\lim_{\sigma=0}\sum_{n}\frac{1}{n}\,|\varDelta_m^n f(\sigma x + 2\sigma k)| = 0\qquad\left(m<n\leqq\left[\tfrac{x^0}{2\sigma}\right]\right)$$

darzulegen, bemerke ich zuvörderst, dass sie offenbar erfüllt ist, wenn $\sum\frac{1}{n}$, multiplicirt mit dem grössten Werthe von $|\varDelta_m^n|$, bei abnehmendem σ beliebig klein wird. Da nun der Werth von $\sum\frac{1}{n}$ annäherungsweise durch $\log\frac{x^0}{2\sigma m}$ ausgedrückt wird, so genügt es,

dass jeder der mittleren Werthe der aufeinander folgenden zweiten Differenzen:

(L)

$$-\frac{1}{2}f(\sigma x + 2\sigma k - \sigma) + f(\sigma x + 2\sigma k) - \frac{1}{2}f(\sigma x + 2\sigma k + \sigma),$$

multiplicirt mit $\log\frac{1}{\sigma}$, bei abnehmendem σ sich der Null nähere,

und es zeigt sich also, dass die Bedingung (H) auch diejenige umfasst, welche Hr. *Lipschitz* in seiner im 63. Bande des Journals für Mathematik (S. 296 ff.) veröffentlichten Abhandlung entwickelt hat.

Man kann aber noch *weitere* Bedingungen aus der Gleichung $(\overline{\overline{K}})$ ableiten, indem man wiederum von den absoluten Beträgen jener mittleren Werthe zu den mittleren Werthen eben dieser absoluten Beträge übergeht, d. h. also indem man die Summenausdrücke:

$$\frac{1}{p-m}\sum_{n}' |\Delta_m^n f(\sigma x + 2\sigma k)| \qquad (m < n \leqq p-1)$$

einführt. Bezeichnet man einen solchen „mittleren absoluten Betrag" der mittleren Werthe auf einander folgender zweiter Differenzen:

$$-\tfrac{1}{2} f(\sigma x + 2\sigma k - \sigma) + f(\sigma x + 2\sigma k) - \tfrac{1}{2} f(\sigma x + 2\sigma k + \sigma) \qquad (m \leqq k \leqq n)$$

mit θ_p, so tritt an die Stelle der Summe in $(\overline{\overline{K}})$ das Aggregat:

$$\sum_k' \frac{k\theta_{m+k}}{(m+k)(m+k+1)} + \frac{r-m+1}{r}\theta_{r+1} + \frac{1}{r}|\Delta_m^r| \qquad (k=1,2,\dots r-m+1),$$

wenn, wie oben $r = \left[\dfrac{x^0}{2\sigma}\right]$ gesetzt wird. Der Grenzwerth, welchem sich dieser Ausdruck für $\sigma = 0$ nähert, verschwindet offenbar, sobald

$$\lim_{\sigma=0} \sum_{k=1}^{k=r-m} \frac{\theta_{m+k}}{m+k} = 0 \quad \text{und} \quad \lim_{\sigma=0} \theta_{r+1} = 0$$

ist, und man schliesst daher in derselben Weise, wie oben, dass es schon genügt,

wenn jeder der mit θ bezeichneten „mittleren absoluten Beträge" der mittleren Werthe jener zweiten Differenzen, mit $\log\frac{1}{\sigma}$ multiplicirt, bei abnehmendem σ sich der Null nähert.

XIV. Substituirt man in der oben mit (H^0) bezeichneten Gleichung:

$$\lim_{x^0=0} \lim_{m=\infty} \lim_{\sigma=0} \sum_h \overline{\overline{}}(-1)^h \frac{f_0(\sigma x + \sigma h)}{x+h} = 0 \qquad \left(m \leqq \tfrac{1}{2}(h-1) \leqq \left[\tfrac{x^0}{2\sigma}\right], 0 \leqq x \leqq 1\right)$$

für $f_0(\sigma x + \sigma h)$ seinen Werth:

$$f(\sigma x + \sigma h) - f(0),$$

so wird der Factor von $f(0)$, nämlich der Grenzwerth der Summe:

$$\sum_h \overline{} \frac{(-1)^h}{x+h} \qquad\qquad\qquad \left(m \leqq \tfrac{1}{2}(h-1) \leqq \left[\tfrac{x^0}{2\sigma}\right]\right),$$

für wachsende m, offenbar gleich Null. Man kann also in der Gleichung (H⁰) die Function f_0 durch die ursprüngliche Function f ersetzen. Man kann ferner darin den Strich über dem Summenzeichen und zugleich das letzte Glied der Summe weglassen, d. h. nämlich die Glieder:

$$-\frac{f(\sigma x + 2\sigma m + \sigma)}{2(x + 2m + 1)} + \frac{f(\sigma x + 2\sigma r + \sigma)}{2(x + 2r + 1)} \qquad \left(r = \left[\frac{x'}{2\sigma}\right]\right)$$

hinzufügen, da ja deren Grenzwerth für wachsende Zahlen m und r sich der Null nähert. An die Stelle der Reihe in der Gleichung (H⁰) tritt alsdann die Reihe:

$$\sum_h (-1)^h \frac{f(\sigma x + \sigma h)}{x + h} \qquad \left(2m < h \leqq 2\left[\frac{x'}{2\sigma}\right]; 0 \leqq x \leqq 1\right),$$

und es ergiebt sich das Resultat:

Um erschliessen zu können, dass für beliebige Werthe von x', die kleiner als X sind,

$$\lim_{w = w'} \int_0^{x'} f(x) \sin w x \pi d \log x = \frac{1}{2} \pi f(0)$$

(K₁)

ist, genügt es nachzuweisen, dass der Grenzwerth:

$$\lim_{\sigma = 0} \sum_h (-1)^h \frac{f(\sigma x + \sigma h)}{x + h} \qquad \left(2m < h \leqq 2\left[\frac{x'}{2\sigma}\right]; 0 \leqq x \leqq 1\right)$$

sich mit wachsendem m und mit abnehmendem x^0 der Null nähere.

Die hierin enthaltene Forderung lässt sich auch *so* formuliren:

Für eine gegebene positive, beliebig kleine Grösse τ soll zuerst eine Zahl m_1, und eine Grösse x_1^0, und alsdann für jede Zahl m, die grösser als m_1 ist, und für jede Grösse x^0, die kleiner als x_1^0 ist, eine Grösse σ^0 so bestimmt werden können, dass der absolute Werth der Reihe:

(K₂)

$$\sum_h (-1)^h \frac{f(\sigma x + \sigma h)}{x + h} \qquad \left(2m < h \leqq 2\left[\frac{x^0}{2\sigma}\right]; 0 \leqq x \leqq 1\right)$$

stets kleiner als τ bleibt, sobald $\sigma < \sigma^0$ ist.

Dieses, wie mir scheint, bemerkenswerthe Resultat, welches sich aus den obigen Entwickelungen ergeben hat, soll nunmehr noch direct verificirt werden.

Zu diesem Zwecke ist das *Dirichlet*'sche Integral:

$$\int_0^{\frac{x'}{\sigma}} f(\sigma x)\, \sin x\pi\, d\log x$$

als Aggregat von sieben Integralen:

$$J_0 + J_1 + J_2 + J_3 + J_4 + J_5 + J_6$$

darzustellen, welche folgendermaassen definirt sind:

$$J_0 = f(0)\int_0^\infty \sin x\pi\, d\log x, \quad J_1 = f(0)\int_\infty^{2m+1} \sin x\pi\, d\log x$$

$$J_2 = \int_{2m+1}^{2r+1} f(\sigma x)\, \sin x\pi\, d\log x = \int_0^1 \sum_{h=2m+1}^{h=2r} (-1)^h \frac{f(\sigma x + \sigma h)}{x+h}\, \sin x\pi\, dx$$

$$J_3 = \int_1^{2m+1} \big(f(\sigma x) - f(0)\big)\, \sin x\pi\, d\log x$$

$$J_4 = \int_0^1 \big(f(\sigma x) - f(0)\big)\, \frac{\sin x\pi}{x}\, dx$$

$$J_5 = \int_{2r+1}^{\frac{x'}{\sigma}} f(\sigma x)\, \sin x\pi\, d\log x, \quad J_6 = \int_{\frac{x'}{\sigma}}^{\frac{x'}{\sigma}} f(\sigma x)\, \sin x\pi\, d\log x,$$

und es ist nun zu zeigen, dass — wenn die bei (K_2) formulirte Forderung erfüllt ist — die Zahlen m, r und die Grössen σ, x^0 stets so gewählt werden können, dass der absolute Werth des Aggregats:

$$J_1 + J_2 + J_3 + J_4 + J_5 + J_6$$

kleiner als irgend eine gegebene, beliebig kleine Grösse τ wird, d. h. also, dass sich alsdann der Werth jenes *Dirichlet*'schen Integrals von dem Werthe von J_0 um weniger als τ unterscheidet.

Man nehme nun zuerst eine Zahl m^0 so an, dass $2m^0 + 1 > \frac{12}{\pi\tau}$ wird. Dann ist für jede Zahl m, die grösser als m^0 ist:

$$|J_1| < \frac{2}{\pi(2m+1)} < \frac{1}{6}\,\tau.$$

33*

Man wähle ferner, gemäss der als erfüllbar vorausgesetzten Forderung (K_2), eine Zahl m, die grösser als m_1 ist, sowie eine Grösse x^0, die kleiner als x_1^0 ist, und bestimme darnach eine Grösse σ^0 so, dass der absolute Werth der Summe:

$$\sum_{h=2m+1}^{h=2r} (-1)^h \frac{f(\sigma x + \sigma h)}{x+h} \qquad \left(0 \leq x \leq 1; \; r = \left[\frac{x^0}{2\sigma}\right]\right)$$

kleiner als $\frac{1}{6}\tau$ wird, sobald σ kleiner als σ^0 ist. Alsdann ist für jeden solchen Werth von σ:

$$|J_2| < \frac{1}{6}\tau.$$

Nunmehr bestimme man eine Grösse ξ so, dass der absolute Werth der Differenz $f(x) - f(0)$ für alle Werthe von x, die kleiner als ξ sind, kleiner als:

$$\frac{\tau}{6 \log (2m + 1)}$$

bleibt, und setze dann $\sigma' = \frac{\xi}{2m+1}$. Dann ist für jede Grösse σ, die kleiner als σ' ist, der absolute Werth der Differenz $f(\sigma x) - f(0)$ kleiner als $\frac{\tau}{6 \log (2m + 1)}$, so lange $x < 2m + 1$ bleibt. Es ist also für jeden solchen Werth von σ:

$$|J_3| < \frac{1}{6}\tau,$$

zugleich aber auch, da $\frac{\sin x\pi}{x}$ kleiner als π ist;

$$|J_4| < \frac{\tau\pi}{6 \log (2m + 1)} < \frac{1}{6}\tau.$$

Das Intervall zwischen $2r + 1$ und $\frac{x^0}{\sigma}$, über welches sich die Integration in J_5 erstreckt, ist höchstens gleich Eins, da $r = \left[\frac{x^0}{2\sigma}\right]$ angenommen worden ist. Der absolute Werth von J_5 ist also kleiner als:

$$M \left| \log \left(1 - \frac{\sigma}{x^0}\right) \right|,$$

wenn M, wie oben, eine Grösse bedeutet, welche von keinem Functionswerthe $f(x)$ übertroffen wird. Man kann hiernach σ'' hinreichend klein wählen, damit für jeden Werth von σ, der kleiner als σ'' ist:

$$|J_5| < \frac{1}{6}\tau$$

wird. Dass endlich eine hinreichend kleine Grösse σ''' so bestimmt werden kann, dass für alle Werthe von σ, die kleiner als σ''' sind, der absolute Werth von J_6 beliebig klein gemacht, also die Ungleichheitsbedingung:

$$|J_6| < \tfrac{1}{6}\tau$$

erfüllt werden kann, ist bereits oben in art. V ausführlich dargelegt worden.

Man braucht also nur σ kleiner als die kleinste der vorstehend definirten Grössen $\sigma^0, \sigma', \sigma'', \sigma'''$ anzunehmen, um sicher zu sein, dass der absolute Werth jedes der sechs Integrale $J_1, J_2, \ldots J_6$ kleiner als $\tfrac{1}{6}\tau$, dass also:

$$|J_1 + J_2 + J_3 + J_4 + J_5 + J_6|$$

kleiner als τ, d. h. kleiner als eine gegebene, beliebig kleine Grösse wird.

XV. Die hiermit verificirte Bedingung für die Gültigkeit der Gleichung:

$$\lim_{w=\infty} \int_0^{x'} f(x)\, \sin wx\, \pi d\log x = \tfrac{1}{2}\pi f(0)$$

ist eine „*weitere*", d. h. sie enthält *weniger* Beschränkungen für die Function $f(x)$ und lässt also deren Bereich *weiter*, als die bisher bekannten Bedingungen*); sie *umfasst* namentlich wie oben gezeigt worden ist, sowohl die *Dirichlet*'schen als auch diejenigen Bedingungen, welche oben aus den Arbeiten der HH. *Lipschitz, P. du Bois-Reymond, C. Jordan* und *Hölder* citirt sind; und sie steht dabei in Bezug auf die Einfachheit und Durchsichtigkeit ihrer Bedeutung hinter den früher angegebenen Bedingungen kaum zurück. Die Möglichkeit ihrer Aufstellung beruht wesentlich auf jener gleich Anfangs (art. II [B]) entwickelten Gleichung:

$$\lim_{\sigma=0} \int_0^{\xi} f_0(\sigma x)\, \sin x\, \pi d\log x = 0,$$

welche meines Wissens bisher nicht hervorgehoben oder wenigstens nicht vollständig für die Bedingungen der Gültigkeit der *Dirichlet*'schen Integralgleichung benutzt worden ist.

---

*) Die verschiedenen Bedingungen, welche in dem 1880 erschienenen Werke des Hrn. *Ulisse Dini* vorkommen, habe ich noch nicht sämmtlich, in Bezug auf ihren Umfang, mit der obigen Bedingung verglichen.

Aber man kann noch eine weitere Anwendung von dem Principe machen, welches der erwähnten Gleichung und also auch der obigen Zerlegung des *Dirichlet*-schen Integrals in sieben Integrale zu Grunde liegt, indem man irgend eine Beziehung zwischen der Zahl $2m+1$ und der Grösse σ sucht, für welche die Grenzwerthe der beiden Integrale J_2 und J_3 bei abnehmendem σ verschwinden. Setzt man nämlich, um eine solche Beziehung anzudeuten:

$$(S) \qquad 2m = \frac{\theta(\sigma)}{\sigma},$$

so ist die mit $\theta(\sigma)$ bezeichnete Function von σ so zu bestimmen, dass zu gleicher Zeit:

$$(S^0) \qquad \lim_{\sigma=0} \frac{\sigma}{\theta(\sigma)} = 0,$$

$$(S') \qquad \lim_{\sigma=0} \int_{\sigma}^{\sigma+\theta(\sigma)} \big(f(x) - f(0)\big) \sin\frac{x\pi}{\sigma}\, d\log x = 0,$$

$$(G_1^0) \qquad \lim_{x^0=0} \lim_{\sigma=0} \int_0^1 \overline{\sum_h} (-1)^h \frac{f(\sigma x + \sigma h)}{x+h} \sin x\pi\, dx = 0$$

$$\left(\frac{\theta(\sigma)}{2\sigma} \leqq \frac{1}{2}(h-1) \leqq \left[\frac{x^0}{2\sigma}\right], 0 \leqq x \leqq 1\right)$$

wird, und man kann demnach den oben mit (G^0), (H^0), $(\overline{H})$, $(\overline{\overline{H}})$ bezeichneten Bedingungsgleichungen eine *allgemeinere* Bedeutung beilegen, indem man, statt, wie es dort geschehen ist, die Zahl m unabhängig von σ wachsen zu lassen, zwischen m und σ irgend eine durch die Gleichung (S) angedeutete Beziehung zulässt, für welche die beiden Gleichungen (S^0) und (S') befriedigt werden. Die hier mit (G_1^0) bezeichnete Gleichung unterscheidet sich von der Gleichung (G^0) des Art. VI eben nur dadurch, dass in den Summationsbedingungen die Zahl m durch ihren aus der Gleichung (S) entnommenen Werth ersetzt und mit Rücksicht auf die Gleichung (S^0) die dadurch unnötig gewordene Bestimmung: *limes* $m = \infty$ weggelassen worden ist.

Nimmt man für die bei (K_1) formulirte Bedingung:

$$\lim_{x^0=0} \lim_{m=\infty} \lim_{\sigma=0} \sum_h (-1)^h \frac{f(\sigma x + \sigma h)}{x+h} = 0 \qquad \left(m \leqq \frac{1}{2}(h-1) < r, \ r = \left[\frac{x^0}{2\sigma}\right], 0 \leqq x \leqq 1\right)$$

die ihr aequivalente:

$$\lim_{x^0=0} \lim_{m=\infty} \lim_{\sigma=0} \sum_k \frac{f(\sigma x + 2\sigma k) - f(\sigma x + 2\sigma k - \sigma)}{x + 2k} = 0 \qquad (m < k \leqq r, 0 \leqq x \leqq 1),$$

so sieht man, dass es genügt, wenn:

$$\left(f(x + \sigma) - f(x)\right) \sum_{k=m+1}^{k=r} \frac{1}{k},$$

mit abnehmendem σ, für jeden Werth von x, der kleiner als x^0 ist, verschwindet. Da hier die Summe der reciproken Zahlen von $m + 1$ bis r durch $\log \frac{r}{m}$, oder also auch durch $\log \frac{x^0}{\theta(\sigma)}$ ersetzt werden kann, so folgt, dass man an Stelle jener Gleichung (G_1^0) die Gleichung:

$$\lim_{x^0=0} \lim_{\sigma=0} \left(f(x + \sigma) - f(x)\right) \log \frac{x^0}{\theta(\sigma)} = 0 \qquad (0 \leqq x < x^0),$$

oder auch, da wegen der Stetigkeit der Function $f(x)$ der Grenzwerth von $(f(x + \sigma) - f(x)) \log x^0$ für $\sigma = 0$ verschwindet, die Gleichung:

$$(S_1') \qquad \lim_{\sigma=0} \left(f(x + \sigma) - f(x)\right) \log \frac{1}{\theta(\sigma)} = 0 \qquad (0 \leqq x < x^0)$$

als eine (freilich nur) *hinreichende* Bedingung für das Bestehen der *Dirichlet*'schen Integralgleichung nehmen kann, wenn dabei die Function $\theta(\sigma)$ so gewählt wird, dass sie die beiden Gleichungen (S^0) und (S') befriedigt.

Der Werth des Integrals in der Gleichung (S') kann durch den Ausdruck:

$$\varepsilon \left(f(\sigma + \delta\theta(\sigma)) - f(0)\right) \log \left(1 + \frac{\theta(\sigma)}{\sigma}\right)$$

dargestellt werden, in welchem $- 1 \leqq \varepsilon \leqq + 1$ und $0 \leqq \delta \leqq 1$ ist, und an die Stelle der Gleichung (S') selbst kann daher die Gleichung:

$$(S_2') \qquad \lim_{\sigma=0} \left(f(\sigma + \delta\theta(\sigma)) - f(0)\right) \log \frac{\theta(\sigma)}{\sigma} = 0$$

treten.

Bezeichnet man mit $\Delta\sigma$ den grössten Werth der Differenzen $f(x + \sigma) - f(x)$ für die verschiedenen Werthe von x, die kleiner als x^0 sind, so ist $\Delta\sigma$ um so kleiner, je stetiger die Function $f(x)$ in dem Intervalle von 0 bis x^0 ist, und man kann sich nunmehr die Function $\theta(\sigma)$ gemäss der aus (S_1') hervorgehenden Gleichung:

$$(T) \qquad \lim_{\sigma=0} \Delta\sigma \log \frac{1}{\theta(\sigma)} = 0$$

definirt denken, so dass also nur irgend eine mit σ selbst verschwindende Function $\psi(\sigma)$ anzunehmen und alsdann:

$$\theta(\sigma) = e^{-\frac{\psi(\sigma)}{\varDelta\sigma}}$$

zu setzen ist. Die Gleichung (S_2') liefert hiernach, da sich die Differenz:

$$f(\sigma + \delta\,\theta(\sigma)) - f(0) \text{ aus den Differenzen } f(\sigma + \delta\,\theta(\sigma)) - f(\sigma),\ f(\sigma) - f(0)$$

zusammensetzen lässt, die Relation:

$$\lim_{\sigma=0} \varDelta\sigma \log\frac{\theta(\sigma)}{\sigma} = 0,$$

und aus dieser geht endlich in Verbindung mit jener Gleichung (T) die Relation:

$$(\mathrm{T}^\omega) \qquad\qquad\qquad \lim_{\sigma=0} \varDelta\sigma \log\frac{1}{\sigma} = 0$$

hervor. Es ergiebt sich also hierbei nur jenes Resultat, welches schon in dem oben mit (L) bezeichneten enthalten ist, nämlich:

> wenn die Function $f(x)$ in hinreichender Nähe von $x = 0$ einen solchen Grad von Stetigkeit hat, dass jede Differenz $f(x + \sigma) - f(x)$, multiplicirt mit $\log\frac{1}{\sigma}$, für abnehmende Werthe von σ verschwindet, so ist der Grenzwerth des Integrals:
>
> $$\int_0^r f(x) \sin\frac{x\pi}{\sigma}\, d\log x,$$
>
> für abnehmende Werthe von σ, gleich $\frac{1}{2}\pi f(0)$.

Diese Bedingung selbst schliesst sich unmittelbar an jene *Lipschitz*'sche an, welche schon oben citirt worden ist, aber die bei der Herleitung angewendete Methode steht in naher Beziehung zu jener, deren sich Hr. *P. du Bois-Reymond* im I. Capitel seiner „Untersuchungen über die Convergenz und Divergenz der *Fourier*schen Darstellungsformeln" bedient hat, um Bedingungen der Gültigkeit der *Dirichlet*schen Integralformel für dort besonders charakterisirte Functionen $f(x)$ herzuleiten.[*] Ob auch diese speciellen, auf besondere Functionen $f(x)$ bezüglichen, *du Bois*-

____

[*] Abhandlungen der K. Bayer. Akademie der Wissenschaften. II. Cl. XII. Bd. II. Abth. München 1876.

Reymond'schen Bedingungen in jener Bedingungsgleichung (H) — wenn sie in der oben bei (G_1^0) charakterisirten *allgemeineren* Bedeutung genommen wird — enthalten ist, habe ich noch nicht ergründet.

Dass alle solche Bedingungen, — also auch diejenigen, welche in dem vorliegenden Aufsatze hergeleitet worden sind, — in Bedingungen für die Entwickelbarkeit von Functionen in *Fourier*'sche Reihen umgesetzt werden können, ist an sich klar.

ÜBER EINE BEI ANWENDUNG DER PARTIELLEN INTEGRATION NÜTZLICHE FORMEL

VON

L. KRONECKER.

Sitzungsberichte der Königlich Preussischen Akademie der Wissenschaften zu Berlin vom Jahre 1885. S. 841—862.

ÜBER EINE BEI ANWENDUNG DER PARTIELLEN INTEGRATION NÜTZLICHE FORMEL.

[Gelesen in der Akademie der Wissenschaften am 16. Juli 1885.]

Wenn $f(x)$ und $g(x)$ eindeutige Functionen der reellen Variabeln x und $f^{(h)}(x)$, $g^{(h)}(x)$ ihre h ten Ableitungen bedeuten, so ist:

$$f^{(h)}(x)g^{(n-h)}(-x) - f^{(h-1)}(x)g^{(n-h+1)}(-x) = \frac{d\left(f^{(h-1)}(x)g^{(n-h)}(-x)\right)}{dx}.$$

Nimmt man hierin $h = 1, 2, \ldots n$ und summirt, so resultirt die Differentialformel:

$$(\mathfrak{D}) \qquad f^{(n)}(x)g(-x) - f(x)g^{(n)}(-x) = \sum_{h=1}^{h=n} \frac{d\left(f^{(h-1)}(x)g^{(n-h)}(-x)\right)}{dx}$$

und also auch die Integralformel:

$$(\mathfrak{J}) \qquad \int_{x_0}^{x} f^{(n)}(x)g(-x)\,dx - \int_{x_0}^{x} f(x)g^{(n)}(-x)\,dx = \sum_{h=1}^{h=n} \int_{x_0}^{x} d\left(f^{(h-1)}(x)g^{(n-h)}(-x)\right),$$

durch welche die verschiedenen Anwendungen der partiellen Integration schematisirt werden.

I. Die Formel $(\mathfrak{J})$ geht unmittelbar in die *Taylor*'sche über, wenn man die Integrationsvariable z an Stelle von x nimmt und dann:

$$F(x) = \int_{x_0}^{x} f(z)\,dz, \quad g(z) = \frac{(x+z)^n}{n!}$$

setzt. Denn das erste Integral auf der linken Seite von $(\mathfrak{J})$ wird alsdann das „Restintegral" der *Taylor*'schen Formel:

$$\frac{1}{n!} \int_{x_0}^{x} (x-z)^n F^{(n+1)}(z)\,dz,$$

das zweite, nämlich:

$$-\int_{x_0}^{x} f(x)g^{(n)}(-x)\,dx \quad \text{wird gleich} \quad -F(x) + F(x_0),$$

und endlich wird, wenn $f^{(\lambda-1)}(x)$ in dem Intervalle (x_0, x) stetig ist:

$$\int_{x_0}^{x} d\left(f^{(\lambda-1)}(x)g^{(n-\lambda)}(-x)\right) = -F^{(\lambda)}(x_0)\,\frac{(x-x_0)^{\lambda}}{\lambda!},$$

so dass in der That die *Taylor*'sche Formel:

$$(1) \qquad F(x) = F(x_0) + \sum_{\lambda=1}^{\lambda=n} \frac{(x-x_0)^{\lambda}}{\lambda!}\,F^{(\lambda)}(x_0) + \frac{1}{n!}\int_{x_0}^{x}(x-s)^{n}F^{(n+1)}(s)\,ds$$

resultirt.

   II. Unter Festhaltung der Voraussetzung der Stetigkeit von $f'(x)$, $f''(x)$, … $f^{(n-1)}(x)$ und bei Annahme von:

$$g(x) = e^{ux}$$

resultirt ferner aus der Formel (3) die Gleichung:

$$(2) \qquad \int_{x_0}^{x} f^{(n)}(x)e^{-ux}\,dx - u^{n}\int_{x_0}^{x} f(x)e^{-ux}\,dx = \sum_{\lambda=1}^{\lambda=n} u^{n-\lambda}\left(f^{(\lambda-1)}(x)e^{-ux} - f^{(\lambda-1)}(x_0)e^{-ux_0}\right).$$

   III. Nimmt man in der Formel (3):

$$g(x) = [(x+x_0)(x+x_1)]^{n}$$

und erstreckt die Integration von x_0 bis x_1, so verschwinden, unter Voraussetzung der Stetigkeit von $f'(x)$, $f''(x)$, … $f^{(n-1)}(x)$, die sämmtlichen Integrale auf der rechten Seite. Man erhält demnach die Formel:

$$(3) \qquad \int_{x_0}^{x_1} f^{(n)}(x)[(x-x_0)(x-x_1)]^{n}\,dx = \int_{x_0}^{x_1} f(x)\,\frac{d^{n}[(x-x_0)(x-x_1)]^{n}}{dx^{n}}\,dx,$$

welche die charakteristische Eigenschaft dieser Function $g^{(n)}(-x)$, dass der Werth des Integrals $\int_{x_0}^{x_1} f(x)g^{(n)}(-x)\,dx$, für irgend welche ganze Functionen $(n-1)$ten Grades $f(x)$, verschwindet, in Evidenz setzt. Dies ist aber jene Eigenschaft, auf welcher *Jacobi* in seiner 'Abhandlung: „Über *Gauss*' neue Methode, die Werthe der Integrale näherungsweise zu finden" die Bestimmung der hier mit $g^{(n)}(-x)$ bezeichneten Function:

$$\frac{d^{n}[(x-x_0)(x-x_1)]^{n}}{dx^{n}}$$

basirt, und er gebraucht dazu a. a. O. im § 4 auch eine Formel für die Darstellung von $\int u v \, dx$, welche von der Gleichung $(\mathfrak{Z})$ nur formal verschieden ist und aus ihr hervorgeht, wenn $u = f(x)$ und $v = g^{(n)}(-x)$ gesetzt wird.

IV. Nicht bloss in dem hier behandelten speciellen Falle, sondern überhaupt, wenn die Functionen:

$$f^{(\lambda-1)}(x) g^{(n-\lambda)}(-x) \qquad\qquad (\lambda=1,2,\ldots n)$$

stetig sind und an beiden Integrationsgrenzen einerlei Werth haben, verschwindet der Ausdruck auf der rechten Seite der Formel $(\mathfrak{Z})$ und es kommt:

$$(4) \qquad \int_{x_0}^{x_1} f^{(n)}(x) g(-x) \, dx = \int_{x_0}^{x_1} f(x) g^{(n)}(-x) \, dx.$$

Die angegebenen Voraussetzungen sind erfüllt, wenn die Integration in der Formel $(\mathfrak{Z})$ von 0 bis 1 erstreckt, ferner:

$$g(x) = \cos 2k(x+y)\pi$$

gesetzt und für k irgend eine ganze Zahl, für $f(x)$ aber irgend eine Function genommen wird, die ebenso wie jede ihrer $n-1$ Ableitungen:

$$f'(x), \; f''(x), \ldots f^{(n-1)}(x)$$

von $x = 0$ bis $x = 1$ stetig ist und an den beiden Grenzen des Intervalls $x = 0$ und $x = 1$ denselben Werth hat. Die Gleichung (4) geht alsdann, da:

$$g^{(n)}(x) = (2k\pi)^n \cos\left(2kx + 2ky + \frac{1}{2}n\right)\pi$$

wird, in folgende über:

$$(5) \qquad \int_0^1 f^{(n)}(x) \cos 2k(y-x)\pi \, dx = (2k\pi)^n \int_0^1 f(x) \cos\left(2ky - 2kx + \frac{1}{2}n\right)\pi \, dx,$$

in welcher y eine Variable bedeutet. Bestimmt man nun c_k, $c_k^{(n)}$, v_k, $v_k^{(n)}$ gemäss den Bedingungen:

$$\int_0^1 f(x) \cos 2k(y-x)\pi \, dx = c_k \cos(2ky - v_k)\pi$$

$$\int_0^1 f^{(n)}(x) \cos 2k(y-x)\pi \, dx = c_k^{(n)} \cos(2ky - v_k^{(n)})\pi,$$

so gelten — unter der einzigen Voraussetzung, dass die Function $f^{(n)}(x)$ überhaupt durch eine *Fourier*'sche Reihe darstellbar ist — die Reihenentwickelungen:

$$f(x) = \lim_{\nu = \infty} \sum_{k = -\nu}^{k = +\nu} c_k \cos(2kx - v_k)\pi, \quad f^{(n)}(x) = \lim_{\nu = \infty} \sum_{k = -\nu}^{k = +\nu} c_k^{(n)} \cos(2kx - v_k^{(n)})\pi \quad (0 < x < 1).$$

Aus der Gleichung (5) folgt aber, dass:

$$c_k^{(n)} \cos(2ky - v_k^{(n)})\pi = \frac{d^n c_k \cos(2ky - v_k)\pi}{dy^n},$$

also

$$c_k^{(n)} = (2k\pi)^n c_k, \quad v_k^{(n)} = v_k - \tfrac{1}{2}n$$

ist, und die Entwickelung von $f^{(n)}(x)$ wird daher folgende:

$$f^{(n)}(x) = \lim_{\nu = \infty} \sum_{k = -\nu}^{k = +\nu} (2k\pi)^n c_k \cos\left(2kx - v_k + \tfrac{1}{2}n\right)\pi \quad (0 < x < 1),$$

d. h. sie geht durch n malige *gliedweise* Differentiation aus der Entwickelung von $f(x)$ hervor.*)

In jeder der Entwickelungen:

$$f^{(\lambda)}(x) = \lim_{\nu = \infty} \sum_{k = -\nu}^{k = +\nu} (2k\pi)^\lambda c_k \cos\left(2kx - v_k + \tfrac{1}{2}\lambda\right)\pi \quad (\lambda = 1, 2, \ldots n;\ 0 < x < 1)$$

fehlt das von x unabhängige, dem Werthe $k = 0$ entsprechende Glied. Denkt man sich dieses Glied der *Fourier*'schen Reihe für $f^{(\lambda)}(x)$ durch das Integral: $\int_0^1 f^{(\lambda)}(x)dx$ dargestellt, so kommt:

$$\int_0^1 f^{(\lambda)}(x)\,dx = f^{(\lambda-1)}(1) - f^{(\lambda-1)}(0) = 0.$$

Man kann also, von irgend einer, in eine *Fourier*'sche Reihe entwickelbaren, im Intervalle von $x = 0$ bis $x = 1$ durchweg endlich bleibenden Function $\psi(x)$ ausgehend, zuerst die Function $f^{(n)}(x)$ durch die Gleichung:

$$f^{(n)}(x) = \psi(x) - \int_0^1 \psi(x)\,dx,$$

---

*) Vergl. Hrn. *P. du Bois-Reymond*'s Aufsatz „Über die Integration der trigonometrischen Reihe". Math. Annalen Bd. XXII. S. 260.

hiernächst die Function $f^{(n-1)}(x)$ durch die beiden Relationen:

$$f^{(n)}(x) = \frac{df^{(n-1)}(x)}{dx}, \quad \int_0^1 f^{(n-1)}(x)\,dx = 0$$

definiren, ferner ebenso die Function $f^{(n-2)}(x)$ gemäss den Bedingungen:

$$f^{(n-1)}(x) = \frac{df^{(n-2)}(x)}{dx}, \quad \int_0^1 f^{(n-2)}(x)\,dx = 0$$

und endlich in analoger Weise nach einander die übrigen Functionen:

$$f^{(n-3)}(x),\ f^{(n-4)}(x),\ \ldots f'(x),\ f(x)$$

bestimmen.

Für die so bestimmten $n + 1$ Functionen $f^{(h)}(x)$ gelten dann die Reihenentwickelungen:

$$f^{(h)}(x) = \lim_{\nu = \infty} \sum_{k=-\nu}^{k=+\infty} (2k\pi)^h c_k \cos\left(2kx - v_k + \tfrac{1}{2}h\right)\pi \quad \left(\substack{h=1,2,\ldots n-1;\ 0 \leqq x \leqq 1 \\ h=n;\ 0 < x < 1}\right);$$

und die Werthe der darin vorkommenden Grössen c_k, v_k können aus der Entwickelung irgend einer dieser $n + 1$ Functionen $f^{(h)}(x)$ entnommen werden.

V. Nimmt man in der Formel ($\mathfrak{F}$) für $f(x)$ eine Function, welche nebst ihren Ableitungen $f'(x), f''(x), \ldots f^{(n-1)}(x)$ in dem ganzen Intervalle von x_0 bis x_r endlich und stetig ist, für $g(x)$ aber eine solche, deren $(n-1)$te Ableitung an einzelnen durch die Werthe:

$$-x = x_1,\ x_2,\ \ldots x_{r-1} \qquad (x_0 < x_1 < x_2 \cdots < x_{r-1} < x_r)$$

bezeichneten Stellen des Intervalls (x_0, x_r) unstetig, dabei jedoch durchweg endlich ist,[*] so verwandelt sich die Gleichung ($\mathfrak{F}$) in eine *ganz allgemeine Summenformel*, und hierin besteht wohl die merkwürdigste Anwendung, welche man von jener Integralformel ($\mathfrak{F}$) machen kann.

Unter der angegebenen Voraussetzung wird nämlich das erste, dem Werthe $h = 1$ entsprechende Integral auf der rechten Seite von ($\mathfrak{F}$):

$$\int_{x_0}^{x_r} d\left(f(x)g^{(n-1)}(-x)\right)$$

---

[*] Die Functionen $g(x), g'(x), \ldots g^{(n-2)}(x)$ sind alsdann offenbar endlich und *stetig*.

gleich der Summe:

$$(\mathfrak{S}^0) \qquad -f(x_0)g^{(n-1)}(-x_0) + \sum_{k=1}^{k=r-1} f(x_k)\lim_{\varepsilon=0}\left[g^{(n-1)}(\varepsilon^2-x_k) - g^{(n-1)}(-\varepsilon^2-x_k)\right]$$
$$+ f(x_r)g^{(n-1)}(-x_r),$$

und diese wird daher gemäss der Integralformel $(\mathfrak{J})$ durch den Ausdruck:

$$(\mathfrak{J}^0) \qquad \int_{x_0}^{x_r} f^{(n)}(x)g(-x)\,dx - \int_{x_0}^{x_r} f(x)g^{(n)}(-x)\,dx$$
$$+ \sum_{h=1}^{h=n} f^{(h-1)}(x_0)g^{(n-h)}(-x_0) - \sum_{h=1}^{h=n} f^{(h-1)}(x_r)g^{(n-h)}(-x_r)$$

dargestellt, wenn die Function $g^{(n-1)}(x)$ innerhalb jedes einzelnen Intervalles (x_k, x_{k+1}), in welchem sie stetig ist, zugleich Ableitungen $g^{(n)}(-x)$ mit endlichen Werthen besitzt.

Man kann also irgend welche r stetige, differentiirbare Functionen:

$$\varphi_1(x), \varphi_2(x), \ldots \varphi_r(x)$$

annehmen und alsdann die Function $g^{(n-1)}(x)$ durch die Bedingung:

$$g^{(n-1)}(-x) = \varphi_k(x) \text{ für } x_{k-1} < x < x_k \qquad (k=1,2,\ldots r),$$

d. h. also dadurch definiren, dass sie in jedem der r Intervalle:

$$x_{k-1} < x < x_k \qquad (k=1,2,\ldots r)$$

mit der bezüglichen Function $\varphi_k(x)$ übereinstimmen soll.

Es ist dann auch:

$$-g^{(n)}(-x) = \varphi_k'(x) \text{ für } x_{k-1} < x < x_k \qquad (k=1,2,\ldots r)$$

zu setzen, wo $\varphi_k'(x)$ die erste Ableitung von $\varphi_k(x)$ bedeutet, und die Functionen $g^{(n-2)}(x), g^{(n-3)}(x), \ldots g(x)$ sind durch die Gleichung:

$$\int_{u_h}^{x} g^{(h)}(x)\,dx = g^{(h-1)}(x)$$

zu bestimmen, wenn man darin der Reihe nach $h = n-1, n-2, \ldots 1$ und die unteren Grenzen $u_{n-1}, u_{n-2}, \ldots u_1$ ganz beliebig annimmt.

Da nun bei den angegebenen Bestimmungen:

$$\lim_{\varepsilon=0} g^{(n-1)}\big(\varepsilon^2-x_k\big)=\varphi_k(x_k),\ \lim_{\varepsilon=0} g^{(n-1)}\big(-\varepsilon^2-x_k\big)=\varphi_{k+1}(x_k) \qquad (k=1,2,\ldots r)$$

wird, so erhält man die ganz allgemeine Summenformel:

$$(\mathfrak{S})\qquad \sum_{k=0}^{k=r}[\varphi_k(x_k)-\varphi_{k+1}(x_k)]f(x_k)=\int_{x_0}^{x_r} f(x)\varphi'(x)\,dx+\int_{x_0}^{x_r} f^{(n)}(x)g(-x)\,dx$$

$$+\sum_{h=1}^{h=n} f^{(h-1)}(x_0)g^{(n-h)}(-x_0)-\sum_{h=1}^{h=n} f^{(h-1)}(x_r)g^{(n-h)}(-x_r),$$

in welcher:

$$\varphi_0(x_0)=0,\ \ \varphi_{r+1}(x_r)=0$$

und für $x_{k-1}<x<x_k$:

$$\varphi'(x)=\varphi_k'(x) \qquad (k=1,2,\ldots r)$$

zu setzen ist. Nimmt man speciell:

$$u_1=u_2=\cdots=u_{n-1}=x_0,$$

so wird $g(x_0)=g'(x_0)=g''(x_0)=\cdots=g^{(n-2)}(x_0)=0$, und der Ausdruck:

$$\sum_{h=1}^{h=n} f^{(h-1)}(x_0)g^{(n-h)}(-x_0)$$

auf der rechten Seite der Formel $(\mathfrak{S})$ fällt alsdann weg.

VI. Setzt man:

$$\varphi_k(x)=x-x_{k-1} \qquad (k=1,2,\ldots r)$$

und wählt dabei die Grössen x' so, dass:

$$x_{k-1}\leqq x_{k-1}'\leqq x_k \qquad (k=1,2,\ldots r)$$

wird, so ist $\varphi'(x)=1$, und die Formel $(\mathfrak{S})$ ergiebt alsdann (bei Festhaltung jener über die Grössen u getroffenen Bestimmung: $u_1=u_2=\cdots=u_{n-1}=x_0$) den Ausdruck:

$$(A)\qquad \int_{x_0}^{x_r} f(x)\,dx-\sum_{h=1}^{h=n-1} f^{(h)}(x_r)g^{(n-h-1)}(-x_r)+\int_{x_0}^{x_r} f^{(n)}(x)g(-x)\,dx$$

als den Werth der Summe:

$$(x_0'-x_0)f(x_0)+(x_1'-x_0')f(x_1)+(x_2'-x_1')f(x_2)+\cdots+(x_r-x_{r-1}')f(x_r).$$

Diese Summe, in welcher je ein Functionswerth $f(x_k)$ mit dem absoluten Werthe eines das Argument enthaltenden Intervalls (x'_{k-1}, x'_k) multiplicirt ist, stellt in allgemeinster Weise einen Näherungswerth jenes Integrals:

$$\int_{x_0}^{x} f(x)\,dx$$

dar, welches den ersten Theil des Ausdrucks (A) bildet. Der Unterschied zwischen dem Näherungswerthe und dem Integralwerthe selbst wird daher durch den übrigen Theil des Ausdrucks, nämlich durch:

$$-\sum_{h=1}^{h=n-1} f^{(h)}(x_r) g^{(n-h-1)}(-x_r) + \int_{x_0}^{x} f^{(n)}(x) g(-x)\,dx$$

dargestellt. Dabei ist

$$g^{(n-2)}(x) = \int_{x_0}^{x} g^{(n-1)}(x)\,dx,$$

also, wenn x zwischen x_{k-1} und x_k liegt:

$$g^{(n-2)}(x) = -\sum_{h=1}^{h=k-1} \int_{x_{h-1}}^{x_h} (x + x'_{h-1})\,dx - \int_{x_{k-1}}^{x} (x + x'_{k-1})\,dx$$

oder:

$$-g^{(n-2)}(x) = \frac{1}{2} x^2 + x'_{k-1} x - \frac{1}{2} x_0^2 - x_{k-1} x'_{k-1} + \sum_{h=1}^{h=k-1} x'_{h-1}(x_h - x_{h-1}),$$

und die Functionen $g^{(n-3)}(x), g^{(n-4)}(x), \ldots$ sind durch weitere Integrationen zu bilden.

VII. Bedeutet $\psi(x)$ *irgend eine*, für alle Werthe von $x = 0$ bis $x = 1$ endliche, stetige und differentiirbare Function, deren Werthe für die beiden Intervallgrenzen von einander verschieden sind, und setzt man:

$$\psi(x) - \int_0^1 \psi(x)\,dx = g^{(n-1)}(-x),$$

so kann $g^{(n-1)}(-x)$ durch eine *Fourier*'sche Reihe:

$$\sum_{k=1}^{k=\infty} \frac{a_k}{2k\pi} \cos\left(2kx + v_k + \frac{1}{2}\right)\pi \qquad (0 < x < 1)$$

dargestellt werden, in welcher die Summation deshalb nur von $k = 1$ an zu erstrecken ist, weil nach der über $g^{(n-1)}(-x)$ getroffenen Festsetzung:

$$\int_0^1 g^{(n-1)}(-x)\,dx = 0$$

wird. Man kann nun von der Function $g^{(n-1)}(-x)$ ausgehend — gemäss den Darlegungen am Schlusse des art. IV — durch successive Integration zu $n-1$ Functionen:

$$g^{(n-2)}(-x),\ g^{(n-3)}(-x),\ \ldots g'(-x),\ g(-x)$$

gelangen, für welche die Relationen:

$$g^{(h)}(x) = \frac{d g^{(h-1)}(x)}{dx},\quad \int_0^1 g^{(h)}(-x)\,dx = g^{(h-1)}(0) - g^{(h-1)}(-1) = 0 \qquad (h = 1, 2, \ldots n-1)$$

und die Reihenentwickelungen:

$$g^{(n-h)}(-x) = \sum_{k=1}^{k=\infty} \frac{a_k}{(2k\pi)^h} \cos\left(2kx + v_k + \tfrac{1}{2}h\right)\pi \qquad (h = 1, 2, \ldots n)$$

gelten.

Hierbei sind also:

$$a_1,\ a_2,\ a_3,\ \ldots;\ v_1,\ v_2,\ v_3,\ \ldots$$

beliebige Grössen, welche nur die Bedingung erfüllen müssen, dass die Reihe:

$$(A_1)\qquad \sum_{k=1}^{k=\infty} \frac{a_k}{2k\pi} \cos\left(2kx + v_k + \tfrac{1}{2}\right)\pi$$

für alle Werthe von x convergire und eine *innerhalb* des Intervalles von $x = 0$ bis $x = 1$ durchweg endliche, stetige, differentiirbare, aber bei $x = 0$ und $x = 1$ unstetige Function darstelle, welche, wenn man einerseits x bis zu Null abnehmen, andererseits bis zu Eins zunehmen lässt, sich zwei *verschiedenen* Grenzwerthen nähert. Die übrigen $n-1$, durch die Reihen:

$$(A_h)\qquad \sum_{k=1}^{k=\infty} \frac{a_k}{(2k\pi)^h} \cos\left(2kx + v_k + \tfrac{1}{2}h\right)\pi$$

für $h = 2, 3, \ldots n$ dargestellten Functionen sind dann

durchweg endliche, stetige, differentiirbare, periodische Functionen, von denen eine jede die Ableitung der folgenden, negativ genommen, ist, und für welche also, wenn sie beziehungsweise mit:

$$g^{(n-2)}(-x),\; g^{(n-3)}(-x),\; \ldots g'(-x),\; g(-x)$$

bezeichnet werden:

$$g^{(h)}(x) = \frac{dg^{(h-1)}(x)}{dx} \qquad (h=1, 2, \ldots n-2)$$

ist. Diese Relation gilt ferner auch für $h = n-1$, wenn man $g^{(n-1)}(-x)$ als den Werth der Reihe (A_h) für $h = 1$ definirt. Wenn man endlich den — der Voraussetzung nach existirenden — Differentialquotienten von $g^{(n-1)}(x)$ mit $g^{(n)}(x)$ bezeichnet, so sind die $n+1$ den Werthen $h = 0, 1, \ldots n$ entsprechenden Functionen $g^{(h)}(-x)$ durch die Gleichungen:

$$g^{(h)}(-x) = \sum_{k=1}^{k=\infty} \frac{a_k}{(2k\pi)^{n-h}} \cos\left(2kx + v_k + \frac{1}{2}n - \frac{1}{2}h\right)\pi \qquad (h=0, 1, \ldots n-1)$$

$$g^{(n)}(-x) = -\frac{dg^{(n-1)}(-x)}{dx}, \quad g^{(n)}(x) = g^{(n)}(x+1)$$

für *alle* reellen Werthe von x definirt.

Setzt man nun diese Functionen $g^{(h)}(-x)$ in die Integralformel $(\mathfrak{J})$ ein, nimmt man ferner für $f(x)$ eine nebst ihren ersten $n-1$ Ableitungen stetige Function und integrirt von Null bis zu einer ganzen Zahl r, so resultirt die Gleichung[*]:

$$(6) \qquad \int_0^r f^{(n)}(x)\, g(-x)\, dx - \int_0^r f(x)\, g^{(n)}(-x)\, dx$$

$$= -\gamma_0 \sum_{k=0}^{k=r-1} f(k) + \gamma_1 \sum_{k=1}^{k=r} f(k) + \sum_{h=1}^{h=n} g^{(n-h)}(0)\left(f^{(h-1)}(r) - f^{(h-1)}(0)\right).$$

in welcher γ_0, γ_1 folgendermaassen bestimmt sind:

$$\gamma_0 = \lim_{s=0} \sum_{k=1}^{k=\infty} \frac{a_k}{2k\pi} \cos\left(2ks^2 + v_k + \frac{1}{2}\right)\pi, \quad \gamma_1 = \lim_{s=0} \sum_{k=1}^{k=\infty} \frac{a_k}{2k\pi} \cos\left(2ks^2 - v_k - \frac{1}{2}\right)\pi.$$

Bezeichnet man die Differenz $\gamma_0 - \gamma_1$ durch δ, so dass:

$$\delta = -2\lim_{s=0} \sum_{k=1}^{k=\infty} \frac{a_k}{2k\pi} \sin 2ks^2\pi \cos v_k\pi$$

____

[*] Vergl. die Ausdrücke $(\mathfrak{S}^0)$ und $(\mathfrak{J}^0)$ im art. V.

wird, und setzt man der Gleichförmigkeit halber:

$$\gamma_h = g^{(n-h)}(0),$$

so kann die obige Gleichung (6) in folgender Weise als eine

$$\textit{,,allgemeine Summenformel``}$$

dargestellt werden:

$$(\mathfrak{S}')\quad \delta\sum_{k=0}^{k=r-1} f(k) = \int_0^r f(x)\,g^{(n)}(-x)\,dx + \sum_{h=0}^{h=n-1}\gamma_{h+1}\left(f^{(h)}(r) - f^{(h)}(0)\right) - \int_0^r f^{(n)}(x)\,g(-x)\,dx,$$

in welcher:

$$g(-x) = \sum_{k=1}^{k=\infty}\frac{a_k}{(2k\pi)^n}\cos\left(2kx + v_k + \frac{1}{2}n\right)\pi,\quad g^{(n)}(x) = \frac{d^n g(x)}{dx^n},$$

$$\gamma_h = \lim_{s=0}\sum_{k=1}^{k=\infty}\frac{a_k}{(2k\pi)^h}\cos\left(2ks^2 - v_k - \frac{1}{2}h\right)\pi \qquad (h=1,2,\ldots n),$$

$$\delta = -2\lim_{s=0}\sum_{k=1}^{k=\infty}\frac{a_k}{2k\pi}\sin 2ks^2\pi\cos v_k\pi$$

ist.

VIII. Nimmt man in der Formel $(\mathfrak{S}')$:

$$n = 2m,\quad a_k = -2,\quad v_k = 0,$$

so wird:

$$g(-x) = (-1)^{m+1}\sum_{k=1}^{k=\infty}\frac{2}{(2k\pi)^{2m}}\cos 2kx\pi,$$

$$g^{(n-1)}(-x) = \sum_{k=1}^{k=\infty}\frac{\sin 2kx\pi}{k\pi} = \frac{1}{2} - x,\quad \text{also}\quad g^{(n)}(-x) = 1,$$

$$\gamma_{2h} = (-1)^{h+1}\sum_{k=1}^{k=\infty}\frac{2}{(2k\pi)^{2h}} \qquad (h=1,2,\ldots m),$$

$$\gamma_1 = -\frac{1}{2},\quad \gamma_3 = \gamma_5 = \cdots = \gamma_{2m-1} = 0,\quad \delta = 1,$$

und die obige allgemeine Summenformel $(\mathfrak{S}')$ geht alsdann in die folgende specielle über:

$$(\mathfrak{S}'')\quad \frac{1}{2}f(0) + f(1) + f(2) + \cdots + f(r-1) + \frac{1}{2}f(r)$$

$$= \int_0^r f(x)\,dx + \sum_{h=1}^{h=m}\left(f^{(2h-1)}(0) - f^{(2h-1)}(r)\right)\sum_{k=1}^{k=\infty}\frac{(-1)^h 2}{(2k\pi)^{2h}} + (-1)^m\int_0^r f^{(2m)}(x)\sum_{k=1}^{k=\infty}\frac{2\cos 2kx\pi}{(2k\pi)^{2m}}\,dx.$$

welche zuerst von *Poisson* in seiner, am 11. December 1826 in der Pariser Akademie gelesenen, Abhandlung: „Sur le calcul numérique des Integrales définies" entwickelt worden ist.*)

Eben dieselbe Formel hat *Jacobi* auf einem von dem *Poisson'*schen verschiedenen Wege in der vom 2. Juni 1834 datirten, im XII. Bande des *Crelle'*schen Journals abgedruckten Abhandlung: „*De usu legitimo formulae summatoriae Maclaurinianae*" hergeleitet.[1]) Sie findet sich a. a. O. auf S. 265 unter Nr. 10 und wird dort als „*formula memorabilis*" bezeichnet. *Nur äusserlich* unterscheidet sich diese *Jacobi*sche Formel von der *Poisson'*schen dadurch, dass die oben in der Gleichung (ℭ") auf der rechten Seite unter dem Restintegrale (ebenso wie bei *Poisson*) vorkommende Reihe:

$$\sum_{k=1}^{k=\infty} \frac{2\cos 2k\varpi\pi}{(2k\pi)^{2m}}$$

bei *Jacobi* durch eine sogenannte *Bernoulli'*sche Function, d. h. durch diejenige ganze Function von x ersetzt ist, welche den Werth der Reihe für alle zwischen Null und Eins liegenden Werthe von x darstellt. Da die Übereinstimmung dieser Reihe mit der von *Jacobi* benutzten ganzen Function von x (im Intervalle $0 < x < 1$) bekannt und übrigens auch aus der citirten *Poisson'*schen Abhandlung selbst — nämlich aus den dort mit (13) und (14) bezeichneten Gleichungen — zu entnehmen war, so erscheinen mir die Worte **) nicht gerechtfertigt, mit denen *Jacobi* nur ganz kurz auf die *Poisson'*sche Formel hinweist, welche doch das Hauptresultat der *Jacobi*schen Abhandlung schon vollständig enthält.

IX. Im Anfange des vorhergehenden Artikels (VIII) ist:

$$g^{(n-1)}(-x) = \tfrac{1}{2} - x$$

gesetzt worden. Hiermit sind aber auch, gemäss den in art. IV und art. VII ent-

---

*) Mémoires de l'Académie Royale des Sciences de l'Institut de France. Tome VI, 1827, p. 571.

**) Der Schluss der citirten *Jacobi'*schen Abhandlung lautet folgendermaassen: *Residui seriei summatoriae Maclaurinianae expressionem a nostra diversam dedit ill. Poisson in commentatione egregia.* „*Sur le calcul numérique des Intégrales définies*". (Acad. des Sciences. Vol. VI. p. 571 sqq.)

[1]) *Jacobi*, Werke, Bd. VI, S. 64 f.., vgl. besonders S. 67.

haltenen Darlegungen, die übrigen Functionen $g(x)$ völlig bestimmt; sie gehen näm-lich mit Hülfe der Relationen:

$$g^{(\lambda)}(x) = \frac{dg^{(\lambda-1)}(x)}{dx}, \qquad \int_0^1 g^{(\lambda)}(-x)\,dx = 0 \qquad\qquad (\lambda=1,2,\dots n-1)$$

der Reihe nach durch Integration aus einander hervor. Es ergeben sich also auf diese Weise nach einander jene ganzen Functionen, welche die Werthe der Reihen:

$$\sum_{k=1}^{k=\infty} \frac{2\cos 2k\pi x}{(2k\pi)^{2m}} \qquad\qquad (0<x<1)$$

für $m=1,2,3,\dots$ darstellen. Aber man gelangt dazu auch ganz direct, wenn man die Ausdrücke auf beiden Seiten der Gleichung:

$$(7)\qquad \frac{we^{2w\pi i}}{1-e^{2w\pi i}} = \frac{w}{2\pi i}\lim_{r=\infty}\sum_{k=-r}^{k=+r}\frac{e^{2k\pi i}}{k-w}$$

nach steigenden Potenzen von w entwickelt; denn der Coefficient von w^n wird dann auf der rechten Seite die Reihe:

$$\frac{1}{2\pi i}\sum_{k=1}^{k=\infty}\frac{1}{k^n}\left(e^{2k\pi x i}+(-1)^n e^{-2k\pi x i}\right),$$

und auf der linken Seite eine ganze Function von x, deren Coefficienten die Ent-wickelungscoefficienten von:

$$\frac{1}{1-e^{2w\pi i}}$$

und also die *Bernoulli*'schen Zahlen enthalten.

Wenn man in der Formel $(\mathfrak{S}'')$ an Stelle der Reihe:

$$\sum_{k=1}^{k=\infty}\frac{2\cos 2k\pi x}{(2k\pi)^{2m}}$$

— wie es bei *Jacobi* und seitdem in fast allen Arbeiten über diesen Gegenstand ge-schehen ist — ihre Summe als ganze Function von x einführt, so verliert die Formel wesentlich an Eleganz. Denn dieser Summenausdruck ist für die verschiedenen Inter-valle $0<x<1, 1<x<2, 2<x<3,\dots r-1<x<r$ verschieden, und das von 0 bis r erstreckte Integral muss deshalb in r Integrale getheilt werden, deren jedes sich nur über eines der r Intervalle erstreckt. Wenn man alsdann die Integrations-

variabeln so ändert, dass sich alle Integrationen von Null bis Eins erstrecken, so erscheint an Stelle der Function $f^{(2m)}(x)$ unter dem letzten Integralzeichen in der Formel ($\mathfrak{S}''$) eine Summe solcher Functionen, wie sie sich in der That in der citirten *Jacobi*'schen Formel findet.

X. Die oben benutzte Gleichung (7) habe ich schon in meiner Mittheilung vom April 1883*) angegeben. Sie gilt für reelle, nicht negative Werthe von x, die kleiner als Eins sind, und aber für ganz beliebige (auch complexe) Werthe von w. Sie lässt sich übrigens noch in folgender eleganten Weise darstellen:

$$(8) \qquad (e^{2w\pi i} - 1)\,\lim_{\nu=\infty}\sum_{k=-\nu}^{k=+\nu}\frac{e^{-2(w+k)x\pi i}}{2(w+k)\pi i} = 1,$$

und, indem $e^{2w\pi i} = u$ gesetzt wird, auch *so*:

$$(9) \qquad (u-1)\,\lim_{\mu=\infty}\sum\frac{e^{-x\log u}}{\log u} = 1 \qquad\qquad (0 \leqq x < 1),$$

wenn unter u eine beliebige *complexe* Grösse verstanden und die Summation auf alle Werthe von $\log u$ ausgedehnt wird, deren absoluter Werth kleiner als μ ist. Aus der Gleichung (9) ergiebt sich endlich die für jede reelle Grösse x geltende bemerkenswerthe Relation:

$$(10) \qquad \lim_{\mu=\infty}\sum\frac{e^{-x\log u}}{\log u} = \frac{1}{u^{[x+1]} - u^{[x]}},$$

in welcher mit $[x]$ nach *Gauss*'scher Weise die durch die Ungleichheits-Bedingungen:

$$[x] \leqq x < [x] + 1$$

bestimmte ganze Zahl bezeichnet ist.

Die Gleichung (7) lässt sich aus den schon oben citirten, in der *Poisson*'schen Abhandlung mit (13) und (14) bezeichneten, Formeln erschliessen; sie geht aber in ganz directer Weise aus der Entwickelung von:

$$\cos 2w x\pi + i \sin 2w x\pi$$

in eine nach cosinus und sinus der Vielfachen von $2x\pi$ fortschreitende Reihe hervor.

------

*) Zur Theorie der elliptischen Functionen[1]).

[1]) Bd. IV, S. 347 ff. dieser Ausgabe von *L. Kronecker*'s Werken, vgl. besonders S. 350.　　　　H

In ähnlicher Weise gelangt man dazu, wenn man die $w$te Potenz einer complexen Variabeln ζ durch das *Cauchy*'sche Integral darstellt. Offenbar ist nämlich:

$$2\pi i \zeta^w = \int \frac{z^w}{z-\zeta}\, dz,$$

wenn man die Integration von einem Punkte $z = Re^{vi}$ an, bei festem R, bis zum Punkte $z = Re^{(v+2\pi-\varepsilon)i}$ erstreckt, dann bei Festhaltung des Bogenwerthes $v + 2\pi - \varepsilon$ und abnehmendem Radius vector bis zum Punkte $z = re^{(v+2\pi-\varepsilon)i}$, ferner bei festem r und abnehmenden Bogenwerthen bis zum Punkte $z = re^{vi}$ und endlich von da bei Festhaltung des Bogenwerthes v und wachsendem Radius vector zurück zum Ausgangspunkt $z = Re^{vi}$. Hierbei ist angenommen, dass:

$$r < |\zeta| < R$$

sei, oder also, wenn $\zeta = \varrho e^{\sigma i}$ gesetzt wird:

$$r < \varrho < R.$$

Es ist ferner angenommen, dass der Werth von ε positiv aber beliebig klein sei, und dass der Bogenwerth σ jedenfalls zwischen v und $v + 2\pi - \varepsilon$ liege. Alsdann umschliesst der angegebene Integrationsweg den Punkt ζ, und die Function z^w ist für alle Werthe von z in dem umschlossenen Gebiete *eindeutig*.

Von den vier Integralen, welche auf die angegebene Weise resultiren, lassen sich die beiden, bei denen der Radius vector fest bleibt, beziehungsweise nach positiven Potenzen von:

$$\frac{\zeta}{R} \quad \text{und} \quad \frac{r}{\zeta}$$

entwickeln, und die anderen beiden Integrale können in eines vereinigt werden. Man erhält hiernach die folgende Darstellung von ζ^w für alle Werthe von ζ, deren absoluter Betrag zwischen r und R liegt:

$$(11) \quad \frac{2\pi i \zeta^w}{e^{vwi}(e^{2w\pi i}-1)} = \frac{R^w}{w} + \sum_{k=1}^{k=\infty}\left\{\frac{R^w}{w-k}\,(R^{-1}e^{-vi}\zeta)^k + \frac{r^w}{w+k}\,(r^{-1}e^{-vi}\zeta)^{-k}\right\} - \int_r^R \frac{t^w dt}{t-\zeta e^{-vi}}.$$

Setzt man hierin $\zeta = \varrho e^{\sigma i}$, $\sigma = v + 2x\pi$, $\varrho = \delta R$, $r = \delta \varrho$, so resultirt die für alle zwischen Null und Eins liegenden Werthe von x und δ gültige Formel:

$$(12) \quad \frac{2\pi i e^{2vw\pi i}}{1-e^{2w\pi i}} = \lim_{r=\infty}\sum_{k=-r}^{k=+r}\frac{\delta^{(k-w)}e^{2kx\pi i}}{k-w} + \int^{\frac{1}{\delta}}\frac{t^w dt}{t-e^{2x\pi i}} \qquad \left(\begin{matrix}\varepsilon = 1 \text{ für } k \gtrless 0;\\ \varepsilon = -1 \text{ für } k < 0\end{matrix}\right),$$

36*

welche in die oben mit (7) bezeichnete Formel übergeht, wenn sich δ dem Grenzwerthe $\delta = 1$ nähert.

Die Gleichung (12) kann noch, wenn man, wie oben, $e^{w\pi i} = u$ setzt, in folgende transformirt werden:

$$(18) \qquad \int_{\delta}^{\frac{1}{\delta}} \frac{z^w\, dz}{z-1} = \frac{2\pi i}{u^{(z)} - u^{(z+i)}} + \lim_{v=\infty} \sum_{k=-v}^{k=+v} {}' \frac{(\delta^{-i} z_0)^{w-k}}{w-k}.$$

Die Integration ist hier in Beziehung auf die complexe Variable z, bei Festhaltung des Bogenwerthes, von demjenigen Werthe an, bei dem $|z| = \delta$ ist, bis zu dem, bei welchem $|z| = \frac{1}{\delta}$ ist, zu erstrecken, und der Werth des Integrals wird alsdann durch den Ausdruck auf der rechten Seite dargestellt, wenn darin z_0 dem bei der Integration fest bleibenden Werthe: $\frac{z}{|z|}$ gleich genommen, und dann $\log z_0 = -2x\pi i$ gesetzt wird.

XI. Dass das Restintegral der *Euler*'schen oder *Maclaurin*'schen Reihe[*]) bei *Poisson* in eleganterer Form erscheint als bei *Jacobi*, ist schon oben, am Schlusse des art. IX, bemerkt worden. Aber ein noch grösserer Vorzug der *Poisson*'schen Form des Restintegrals ist *darin* zu finden, dass bei Anwendung der Cosinus-Reihe der typische Charakter der *allgemeinen* Formel ($\mathfrak{S}'$) des art. VII besser erhalten bleibt und also auch besser zu erkennen ist, als bei Einführung jener *Bernoulli*'schen Function, welche die Summe der Cosinus-Reihe für ein bestimmtes Intervall des Arguments darstellt.

Dabei ist hervorzuheben, dass die Verallgemeinerung der *Poisson*'schen Summenformel, welche in der mit ($\mathfrak{S}'$) bezeichneten Gleichung gegeben ist, nicht etwa eine bloss formale, sondern vielmehr eine wichtige sachliche Bedeutung hat. Soll nämlich, wie in jener *Poisson*'schen Formel ($\mathfrak{S}''$), eine Summe:

$$\tfrac{1}{2} f(0) + f(1) + f(2) + \cdots + f(r-1) + \tfrac{1}{2} f(r)$$

---

[*]) Man vergleiche die historischen Notizen, welche unser Ehrenmitglied, Hr. *Malmsten*, über die erwähnte Reihe in der Einleitung seiner im 85. Bande des *Crelle*'schen Journals abgedruckten Abhandlung gegeben, sowie auch die Abänderungen, welche er bei dem Wiederabdruck im 5. Bande der Acta Mathematica angebracht hat.

durch einen Ausdruck mit dem „*Haupttheile*":

$$\int_0^r f(x)\,dx$$

dargestellt werden, so enthält diese Aufgabe insofern eine wesentliche Unbestimmtheit, als bei der Summe $\frac{1}{2}f(0) + f(1) + \cdots$ nur die Werthe der Function $f(x)$ für $x = 0, 1, \ldots r$, bei dem Integrale $\int_0^r f(x)\,dx$ aber die Werthe für *alle* Argumente zwischen $x = 0$ und $x = r$ in Anwendung kommen.

Diesem Umstande, welcher offenbar bei jener Frage der Darstellung von Summen:

$$\frac{1}{2}f(0) + f(1) + f(2) + \cdots + f(r-1) + \frac{1}{2}f(r)$$

eine besondere Beachtung verdient, wird in der *allgemeinen* Summenformel $(\mathfrak{S}')$ bis zu einem gewissen Grade dadurch Rechnung getragen, dass in dem „Haupttheile" des Ausdrucks auf der rechten Seite:

$$\int_0^r f(x) g^{(n)}(-x)\,dx$$

die Function $f(x)$ mit einer Function $g^{(n)}(-x)$ multiplicirt ist, welche in dem ersten Intervalle von $x = 0$ bis $x = 1$ ganz willkürlich angenommen werden kann, deren übrige Werthe aber alsdann durch die Periodicitätsgleichung:

$$g^{(n)}(-x) = g^{(n)}(-x-1)$$

zu bestimmen sind.

Um die hier betonte Willkürlichkeit der Function $g^{(n)}(-x)$ genauer darzulegen, erinnere ich daran, dass den Entwickelungen im art. VII *irgend eine* für alle Werthe von $x = 0$ bis $x = 1$ endliche, stetige und differentiirbare, der Ungleichheitsbedingung $\psi(0) \gtrless \psi(1)$ genügende Function $\psi(x)$ zu Grunde gelegt und dann:

$$\psi(x) - \int_0^1 \psi(x)\,dx = g^{(n-1)}(-x)$$

$$g^{(n)}(-x) = -\frac{dg^{(n-1)}(-x)}{dx}$$

gesetzt worden ist. Geht man nun von irgend einer endlichen, integrirbaren Function $g^{(n)}(-x)$ aus, deren Wahl einzig und allein durch die Bedingung: $\int_0^1 g^{(n)}(-x)\,dx \gtreqless 0$ beschränkt wird, so hat man — um eine für die weitere Deduction geeignete Function $g^{(n-1)}(-x)$ daraus abzuleiten — nur $g^{(n-1)}(-x)$ durch die Differentialgleichung:

$$g^{(n)}(-x) = -\frac{d\,g^{(n-1)}(-x)}{dx}$$

und die Constante der Integration so zu bestimmen, dass:

$$\int_0^1 g^{(n-1)}(-x)\,dx = 0$$

wird.

XII. Für die Abschätzung des Werthes des Restintegrals:

$$\int_0^r f^{(n)}(x)\,g(-x)\,dx$$

in der Summenformel $(\mathfrak{S}')$ ist man bei der Allgemeinheit der Function $g(-x)$ auch nur auf die allgemeine Untersuchung von Integralen angewiesen, deren Integrand das Product zweier Functionen ist.

Sind nun $\varphi(x)$, $\psi(x)$ eindeutige Functionen, $\varphi'(x)$, $\psi'(x)$ ihre Ableitungen und $\xi_2, \xi_4, \ldots \xi_{2\nu-2}$ die sämmtlichen zwischen ξ_0 und $\xi_{2\nu}$ liegenden, ihrer Grösse nach geordneten Werthe von x, wofür $\varphi'(x)$ verschwindet, so lassen sich Werthe $\xi_1, \xi_3, \ldots \xi_{2\nu-1}$ so bestimmen, dass:

$$(\mathrm{J}) \qquad \int_{\xi_0}^{\xi_{2\nu}} \varphi'(x)\,\psi(x)\,dx = \sum_{k=1}^{k=\nu} (\varphi(\xi_{2k}) - \varphi(\xi_{2k-2}))\,\psi(\xi_{2k-1})$$

$$(\xi_0 < \xi_1 < \xi_2 < \xi_3 < \xi_4 < \ldots < \xi_{2\nu-2} < \xi_{2\nu-1} < \xi_{2\nu})$$

wird. Dies erhellt unmittelbar, wenn das Integrations-Intervall $(\xi_0, \xi_{2\nu})$ in die Theilintervalle (ξ_0, ξ_2), (ξ_2, ξ_4), $\ldots$ zerlegt wird, innerhalb deren $\varphi'(x)$ sein Vorzeichen bewahrt.

Ersetzt man das Integral auf der linken Seite der Gleichung (J) durch:

$$\varphi(\xi_{2\nu})\,\psi(\xi_{2\nu}) - \varphi(\xi_0)\,\psi(\xi_0) - \int_{\xi_0}^{\xi_{2\nu}} \varphi(x)\,\psi'(x)\,dx$$

und ordnet alsdann die Glieder auf der rechten Seite nach den einzelnen Functionen φ, so ergiebt sich die Formel:

$$(\mathrm{J'}) \qquad \int_{\xi_0}^{\xi_{2\nu}} \varphi(x)\,\psi'(x)\,dx = \sum_{k=0}^{k=\nu} \big(\psi(\xi_{2k+1}) - \psi(\xi_{2k-1})\big)\,\varphi(\xi_{2k}),$$

in welcher:

$$\xi_{-1} = \xi_0,\ \xi_{2\nu+1} = \xi_{2\nu},$$

zu nehmen ist, und in welcher die Argumente der Functionen φ auf der rechten Seite deren Minimal- oder Maximalstellen bezeichnen. Man kann daher die beiden Formeln (J), (J$'$) auch in folgender Weise darstellen:

$$(\mathrm{J_0}) \qquad \int_{\xi_0}^{\xi_{2\nu}} \varphi'(x)\,\psi(x)\,dx = \int_{\xi_0}^{\xi_{2\nu}} \varphi'(x)\,\bar{\psi}(x)\,dx$$

$$(\mathrm{J_0'}) \qquad \int_{\xi_0}^{\xi_{2\nu}} \varphi(x)\,\psi'(x)\,dx = \int_{\xi_0}^{\xi_{2\nu}} \bar{\varphi}(x)\,\psi'(x)\,dx,$$

wo erstens

$$\dot{\varphi}(x)\ \text{durch die Bedingung:}$$

$$\bar{\varphi}(x) = \varphi(\xi_{2k})\quad \text{im Intervalle}\quad \xi_{2k-1} < x < \xi_{2k+1}$$

für $k = 0, 1, 2, \ldots \nu$ bestimmt ist, also eine Function bedeutet, welche in gewissen, je eine der Minimal- oder Maximalstellen einschliessenden Intervallen den festen Minimal- oder Maximalwerth beibehält,

und wo zweitens

$$\bar{\psi}(x)\ \text{durch die Bedingung:}$$

$$\bar{\psi}(x) = \psi(\xi_{2k-1})\quad \text{im Intervalle}\quad \xi_{2k-2} < x < \xi_{2k}$$

für $k = 1, 2, 3, \ldots \nu$ definirt ist, also eine Function bedeutet, welche in den verschiedenen Intervallen, in denen $\varphi'(x)$ sein Vorzeichen nicht ändert, einen festen (Mittel-)Werth beibehält.

Die zweite Formel (J$'$) braucht nicht — wie hier geschehen ist — aus der ersten Formel (J) abgeleitet zu werden. Sie resultirt vielmehr direct, und unabhängig von der Voraussetzung der Existenz einer Derivirten $\varphi'(x)$, wenn das Integrations-

Intervall in Theilintervalle $(\xi_0, \xi_4), (\xi_4, \xi_8), \ldots$ zerlegt wird, innerhalb deren nur *ein* Maximum oder Minimum von $\varphi(x)$ liegt. Denn wenn das Integral:

$$\int_{\xi_2}^{\xi_4} \big(\varphi(x) - \varphi(\xi_2)\big)\psi'(x)\,dx$$

als Grenzwerth der Summe:

$$\sum_k (x_{2k} - x_{2k-2})\big(\varphi(x_{2k-1}) - \varphi(\xi_2)\big)\psi'(x_{2k-1}) \qquad (k=1,\ldots m, m+1, \ldots n),$$

bei wachsendem m und n und bei Festhaltung der Werthe:

$$x_0 = \xi_0, \; x_{2m} = \xi_2, \; x_{2n} = \xi_4$$

aufgefasst und die auf die Werthe $k = 1, 2, \ldots m$ bezügliche Theilsumme mittels der abkürzenden Bezeichnungen:

$$\varphi(x_{2k-1}) - \varphi(\xi_2) = a_k, \; (x_{2k} - x_{2k-2})\psi'(x_{2k-1}) = b_k \qquad (k=1,2,\ldots m)$$

in der Form:

$$\sum_k a_k b_k \qquad (k=1,2,\ldots m)$$

dargestellt wird, so ist für den Fall, dass die Function $\varphi(x)$ bei $x = \xi_2$ ein Minimum hat:

$$a_1 > a_2 > \cdots > a_m > 0.$$

Nun liegt der Werth von:

$$\frac{1}{a_0}\sum_{k=1}^{k=m} a_k b_k,$$

wie bei jener *Abel*'schen Schlussweise erhellt, zwischen dem grössten und dem kleinsten der verschiedenen Werthe, welchen die Summe:

$$\sum_{k=1}^{k=\nu} b_k$$

für $\nu = 1, 2, \ldots m$ annimmt. Für zwei von diesen m Summen:

$$\sum_{k=1}^{k=\lambda} b_k, \; \sum_{k=1}^{k=\mu} b_k,$$

die der Grösse ihres Werthes nach unmittelbar auf einander folgen, muss demnach eine Ungleichheit:

$$a_0 \sum_{h=1}^{h=\lambda} b_h < \sum_{h=1}^{h=m} a_h b_h < a_0 \sum_{h=1}^{h=\mu} b_h$$

bestehen, und aus dieser resultirt, wenn man zur Grenze übergeht, eine Gleichung:

$$\int_{\xi_0}^{\xi_1} \big(\varphi(x) - \varphi(\xi_0)\big) \psi'(x)\, dx = \varphi(\xi_0) \int_{\xi_0}^{\xi_1} \psi'(x)\, dx,$$

in welcher ξ_1 einen zwischen ξ_0 und ξ_2 liegenden Werth von x bedeutet. Ganz ebenso resultirt eine Gleichung:

$$\int_{\xi_2}^{\xi_4} \big(\varphi(x) - \varphi(\xi_2)\big) \psi'(x)\, dx = \varphi(\xi_3) \int_{\xi_2}^{\xi_4} \psi'(x)\, dx,$$

in welcher ξ_3 ein zwischen ξ_2 und ξ_4 liegender Werth von x ist, und aus der Verbindung dieser beiden Gleichungen folgt:

$$\int_{\xi_0}^{\xi_4} \varphi(x)\psi'(x)\, dx = \varphi(\xi_0) \int_{\xi_0}^{\xi_2} \psi'(x)\, dx + \varphi(\xi_2) \int_{\xi_2}^{\xi_4} \psi'(x)\, dx + \varphi(\xi_4) \int_{\xi_4}^{\xi_4} \psi'(x)\, dx,$$

so dass in der That:

$$\int_{\xi_0}^{\xi_4} \varphi(x)\psi'(x)\, dx = \int_{\xi_0}^{\xi_4} \bar{\bar{\varphi}}(x)\psi'(x)\, dx$$

wird.

Die Formel (J') geht, wenn die Integration nur von ξ_0 bis ξ_2 erstreckt wird, in jene über, welche Hr. *P. du Bois-Reymond* in seiner im LXIX. Bande des Journals für Mathematik abgedruckten Abhandlung*) entwickelt und dort als „Mittelwerthsatz" bezeichnet hat; doch tritt ihre eigentliche Bedeutung bei dieser Beschränkung des Integrationsgebietes weniger hervor.

Die Formel (J') lässt sich andererseits auch aus der specielleren *P. du Bois-Reymond*'schen Gleichung ableiten, wenn man das Integral auf der linken Seite von (J') in ν Theilintegrale mit den Grenzen $(\xi_0, \xi_2), (\xi_2, \xi_4), \ldots (\xi_{2\nu-2}, \xi_{2\nu})$ zerlegt.

---

*) A. a. O. S. 82, Gleichung (9).

Für die Abschätzung des Restintegral-Werthes in der allgemeinen Summenformel ($\mathfrak{S}'$) braucht man nur *eine* der beiden Formeln (J), (J') zu benutzen. Denn wenn man:

$$\varphi(x) = f^{(n-1)}(x), \quad \psi(x) = g(-x)$$

nimmt, so erhält man durch die Formel (J) einen Ausdruck für das Restintegral:

$$\int_0^r f^{(n)}(x)\, g(-x)\, dx,$$

aus welchem derjenige unmittelbar hervorgeht, welchen die Formel (J') für das Integral:

$$\int_0^r f^{(n-1)}(x)\, g'(-x)\, dx,$$

also für ein Restintegral liefert, in dem die Zahl n durch die Zahl $n-1$ ersetzt ist.

Aber man hat, um das Restintegral $\int f^{(n)}(x) g(-x) dx$ mit dem Integral der Formel (J) zu identificiren, nicht nur, wie eben angenommen wurde:

$$\varphi'(x) = f^{(n)}(x), \quad \psi(x) = g(-x),$$

sondern auch andererseits:

$$\varphi'(x) = g(-x), \quad \psi(x) = f^{(n)}(x)$$

zu setzen. Doch kann statt dessen, wenn das Integral:

$$\int_0^r f^{(n-1)}(x)\, g'(-x)\, dx$$

als Restintegral betrachtet wird:

$$\varphi'(x) = g'(-x), \quad \psi(x) = f^{(n-1)}(x)$$

gesetzt werden. Man erhält hiernach mittels der Formel (J) *zur Abschätzung des Restintegral-Werthes* die beiden Gleichungen:

$$(\text{K}_1) \qquad \int_0^r f^{(n)}(x)\, g(-x)\, dx = \sum_{k=1}^{k=r} \left(f^{(n-1)}(\xi_{2k}) - f^{(n-1)}(\xi_{2k-2}) \right) g(-\xi_{2k-1}),$$

$$(\text{K}_2) \qquad \int_0^r f^{(n-1)}(x)\, g'(-x)\, dx = \sum_{k=1}^{k=r'} \left(g(-\xi'_{2k}) - g(-\xi'_{2k-2}) \right) f^{(n-1)}(\xi'_{2k-1}).$$

in denen

$$\xi_3,\ \xi_4,\ \ldots\ \xi_{2\nu-3} \qquad\qquad (\xi_3<\xi_4<\cdots<\xi_{2\nu-3})$$

$$\xi'_3,\ \xi'_4,\ \ldots\ \xi'_{2\nu-3} \qquad\qquad (\xi'_3<\xi'_4<\cdots<\xi'_{2\nu-3})$$

alle diejenigen Argumentwerthe zwischen 0 und r bedeuten, für welche einerseits die Functionswerthe:

$$f^{(n-1)}(\xi_3),\ f^{(n-1)}(\xi_4),\ \ldots\ f^{(n-1)}(\xi_{2\nu-3})$$

und andererseits die Functionswerthe:

$$g\!\left(-\xi'_3\right),\ g\!\left(-\xi'_4\right),\ \ldots\ g\!\left(-\xi'_{2\nu-3}\right)$$

abwechselnd die Maxima und Minima sind.

Wenn nun die Summe der absoluten Werthe:

$$\left| f^{(n-1)}\!\left(\xi_{2k}\right) - f^{(n-1)}\!\left(\xi_{2k-2}\right) \right| \qquad\qquad (k=1,2,\ldots\nu)$$

mit $V(f^{(n-1)}(x))$ und in analoger Weise die Summe der absoluten Werthe:

$$\left| g\!\left(-\xi'_{2k}\right) - g\!\left(-\xi'_{2k-2}\right) \right| \qquad\qquad (k=1,2,\ldots\nu)$$

mit $V(g(-x))$ bezeichnet wird, wenn ferner $M(f^{(n-1)}(x))$, $M(g(-x))$ Grössen bedeuten, für welche in dem ganzen Intervalle $0 < x < r$:

$$\left| f^{(n-1)}(x) \right| \leq M\!\left(f^{(n-1)}(x)\right),\ g(-x) \leq M\!\left(g(-x)\right)$$

bleibt, so ist gemäss der Gleichung (K_1):

$$(M) \qquad \int_0^r f^{(n)}(x)\,g(-x)\,dx \leq M\!\left(g(-x)\right)\,V\!\left(f^{(n-1)}(x)\right),$$

und gemäss der Gleichung (K_2):

$$\int_0^r f^{(n-1)}(x)\,g'(-x)\,dx \leq M\!\left(f^{(n-1)}(x)\right)\,V\!\left(g(-x)\right).$$

Setzt man in dieser letzteren Ungleichheit $f^{(n)}(x)$ an die Stelle von $f^{(n-1)}(x)$ und $g(-x)$ an die Stelle von $g'(-x)$, so kommt:

$$(M') \qquad \int_0^r f^{(n)}(x)\,g(-x)\,dx \leq M\!\left(f^{(n)}(x)\right)\,V\!\left(\int g(-x)\,dx\right).$$

87*

Die hier mit (M), (M') bezeichneten Ungleichheiten werden unmittelbar evident, wenn man berücksichtigt, dass:

$$V\left(f^{(n-1)}(x)\right) = \int_0^r \left|f^{(n)}(x)\right| dx, \quad V\left(\int g(-x)\,dx\right) = \int_0^r \left|g(-x)\right| dx$$

ist; ihre eigentliche Bedeutung aber tritt erst dann hervor, wenn man die Bedeutung der mit V bezeichneten Grössen näher in's Auge fasst.

Man kann nämlich $V(f^{(n-1)}(x))$ als *den Gesammtbetrag der Veränderungen* charakterisiren, welche die Function $f^{(n-1)}(x)$ in dem Intervalle von $x = 0$ bis $x = r$ erfährt, und die Ungleichheit (M) zeigt hiermit die wahre Bedeutung der allgemeinen Summenformel ($\mathfrak{S}'$) darin, dass der Ausdruck rechts *ohne das Restintegral* den Werth der Summe mit wachsendem n immer genauer darstellt, sobald nur einerseits die mit g bezeichneten Functionen ihrem Werthe nach stets in gewissen Grenzen eingeschlossen bleiben, und andererseits die durch weitere Differentiation entstehenden Functionen f — wenigstens innerhalb des Summations-Intervalls — immer mehr an Veränderlichkeit verlieren und sich also immer näher an eine Constante anschliessen. Wenn zugleich die durch weitere Integration aus einander entstehenden Functionen $g(-x)$ immer kleinere Werthe erhalten, so wächst auch *hiermit* die Genauigkeit jener Darstellung.

Die Ungleichheit (M') zeigt, dass die Werthverminderung des Restintegrals der Summenformel ($\mathfrak{S}'$) mit wachsendem n auch durch die Verminderung der Werthe der Ableitungen $f^{(n)}(x)$ selbst bewirkt wird, vorausgesetzt, dass dabei die Veränderlichkeit der Functionen $g(-x)$ sich ebenfalls vermindert oder wenigstens nicht vergrössert.

Nimmt man in der Reihe:

$$\sum_{k=1}^{k=\infty} \frac{a_k}{(2k\pi)^n} \cos\left(2kx + v_k + \tfrac{1}{2}n\right)\pi,$$

welche die Function $g(-x)$ darstellt, $n = 2m$ und die Grössen v sämmtlich gleich Null, so ist die Anzahl der Maxima und Minima, durch welche die Anzahl der Glieder auf der rechten Seite der Gleichung (K_2) bestimmt wird, für jede der Functionen:

$$g(x), \ g''(x), \ g^{(4)}(x), \ldots g^{(2m-2)}(x),$$

d. h. also für jede der Reihen:

$$\sum_{k=1}^{k=\infty} \frac{a_k}{(2k\pi)^{2h}} \cos 2k x\pi \qquad (h = 1, 2, \ldots m)$$

nicht grösser als für die vorhergehende. Dies ist für den Fall der *Poisson*'schen Formel, d. h. für den Fall, dass sämmtliche Grössen a_k einander gleich sind, zuerst von Hrn. *Malmsten* in seiner oben citirten Abhandlung entwickelt worden, und es ist auch für den allgemeineren Fall in derselben Weise, wie dort, zu erschliessen.

Wenn nämlich $g^{(2h)}(x)$ *innerhalb* des Intervalls von $x = 0$ bis $x = 1$ genau μ Maxima und Minima hat, so hat $g^{(2h-1)}(x)$ in eben diesem Intervalle genau μ Nullstellen. Die Function $g^{(2h-1)}(x)$ hat also, da sie auch an den beiden Grenzen des Intervalls verschwindet, innerhalb dieses Intervalls mindestens $\mu + 1$ Maxima oder Minima. Die Derivirte $g^{(2h-2)}(x)$ hat demzufolge eine gleiche Anzahl Nullstellen und daher wiederum mindestens μ Maxima und Minima, d. h. also mindestens ebenso viele als für die Function $g^{(2h)}(x)$ vorausgesetzt worden sind.

XIII. Von besonderem Interesse ist auch der specielle Fall, wo ausser den Grössen v_k noch eine Anzahl von den ersten Grössen a, z. B. $a_1, a_2, \ldots a_{s-1}$ gleich Null sind, die folgenden Grössen a aber sämmtlich einen und denselben von Null verschiedenen Werth haben.

Nimmt man nämlich in der mit $(\mathfrak{S}')$ bezeichneten allgemeinen Summenformel des art. VII:

$$n = 2m, \quad v_1 = v_2 = \cdots = 0,$$
$$a_1 = a_2 = \cdots = a_{s-1} = 0,$$
$$a_s = a_{s+1} = a_{s+2} = \cdots = -2,$$

so wird:

$$g(-x) = (-1)^{m+1} \sum_{k=s}^{k=\infty} \frac{2 \cos 2k x\pi}{(2k\pi)^{2m}}$$

$$g^{(2m-1)}(-x) = \sum_{k=s}^{k=\infty} \frac{\sin 2k x\pi}{k\pi} = \frac{1}{2} - x - \sum_{k=1}^{k=s-1} \frac{\sin 2k x\pi}{k\pi}$$

$$g^{(2m)}(-x) = \sum_{k=-s+1}^{k=s-1} \cos 2k x\pi = \frac{\sin(2s-1) x\pi}{\sin x\pi}$$

$$\gamma_{2h} = (-1)^{h+1}\sum_{k=1}^{k=\infty}\frac{2}{(2k\pi)^{2h}} \qquad (h=1,2,\ldots m)$$

$$\gamma_1 = -\frac{1}{2}, \; \gamma_3 = \gamma_5 = \cdots = \gamma_{2m-1} = 0, \; \delta = 1,$$

und es resultirt die speciellere Summenformel:

$$(\mathfrak{S}_0') \quad \frac{1}{2}f(0) + f(1) + f(2) + \cdots + f(r-1) + \frac{1}{2}f(r) = \int_0^r f(x)\frac{\sin(2s-1)x\pi}{\sin x\pi}\,dx +$$

$$+ \sum_{h=1}^{h=m}\left(f^{(2h-1)}(0) - f^{(2h-1)}(r)\right)\sum_{k=1}^{k=\infty}\frac{(-1)^h 2}{(2k\pi)^{2h}} + (-1)^m\int_0^r f^{(2m)}(x)\sum_{k=1}^{k=\infty}\frac{2\cos 2k x\pi}{(2k\pi)^m}\,dx.$$

Hier wird nicht nur das Restintegral, sondern auch jedes der übrigen Glieder auf der rechten Seite, mit Ausnahme des ersten, um so kleiner, je mehr man s wachsen lässt; und die Formel liefert daher auch eine immer bessere Reihe für den Werth der Summe:

$$\frac{1}{2}f(0) + f(1) + f(2) + \cdots + f(r-1) + \frac{1}{2}f(r),$$

je grösser man die Zahl s annimmt. Vor Allem aber erscheint die Formel $(\mathfrak{S}_0')$ wohl dadurch bemerkenswerth, dass sie eine Verbindung zwischen der *Poisson*'schen (oder *Euler-Maclaurin*'schen) Summenformel und zwischen derjenigen herstellt, welche *Dirichlet* in seiner Abhandlung[1]): „*Sur l'usage des intégrales définies dans la sommation des séries finies ou infinies*" im XVII. Bande des *Crelle*'schen Journals (S. 60) angegeben, und von welcher er dort so interessante Anwendungen gemacht hat. Während nämlich die Formel $(\mathfrak{S}_0')$ einerseits für $s = 1$ mit der im art. VIII $(\mathfrak{S}'')$ angeführten *Poisson*'schen Formel identisch wird, geht sie andererseits für den Grenzwerth $s = \infty$, für welchen sich der Ausdruck auf der rechten Seite auf

$$\lim_{s=\infty}\int_0^r f(x)\frac{\sin(2s-1)x\pi}{\sin x\pi}\,dx$$

reducirt, in die erwähnte *Dirichlet*'sche Summenformel über.[2])

---

[1]) *Dirichlet*, Werke, Bd. I, S. 257 ff., vgl. besonders S. 262.
[2]) Vgl. Zusatz 16 am Ende dieses Bandes.

ÜBER DEN CAUCHY'SCHEN SATZ

VON

L. KRONECKER.

Sitzungsberichte der Königlich Preussischen Akademie der Wissenschaften zu Berlin vom Jahre 1885. S. 785—787.

ÜBER DEN CAUCHY'SCHEN SATZ.

[Gelesen in der Akademie der Wissenschaften am 30. Juli 1885.]

In meiner Mittheilung vom 29. Juli 1880[1]) habe ich den *Cauchy*'schen Satz, wonach das über eine geschlossene Curve erstreckte Integral $\int df(x, y)$ unter gewissen in Beziehung auf die Function $f(x, y)$ zu machenden Voraussetzungen gleich Null ist, mittels einer Transformation der Variabeln x, y bewiesen, bei welcher die Umgrenzungs-Curve durch die Constanz der einen von den beiden neuen Variabeln charakterisirt ist. Wie einfach und naturgemäss auch diese Beweismethode ist, so scheint mir doch — wenigstens in pädagogischer Hinsicht — die folgende vorzuziehen, welche ich neulich in meinen Universitäts-Vorlesungen entwickelt habe.[2])

Ich formulire zunächst den zu beweisenden Satz folgendermaassen:

„Wenn von einer Function $f(x, y)$ vorausgesetzt wird, dass ihre ersten und zweiten Ableitungen in einem von einer geschlossenen Curve umgrenzten Gebiete durchweg endlich und eindeutig sind, so lässt sich erschliessen, dass das über diese Curve erstreckte Integral $\int df(x, y)$ gleich Null, und dass also die Function $f(x, y)$ in dem bezeichneten Gebiete eindeutig ist."

Ich bemerke dabei, dass diese Eindeutigkeit von $f(x, y)$ selbst in meiner erwähnten Mittheilung vom Juli 1880[1]) durch ein Versehen an Stelle der Eindeutigkeit der Ableitungen unter die Voraussetzungen aufgenommen ist. Doch ist natürlich beim Beweise kein Gebrauch davon gemacht worden.

Da die zweiten Ableitungen von $f(x, y)$ in dem betrachteten Gebiete als endlich vorausgesetzt sind, so nähern sich die Werthe der beiden nach x und y genommenen *ersten* Ableitungen von $f(x, y)$ in gleichmässiger Weise vom Innern her denjenigen Werthen, die sie auf der Begrenzung erhalten. An Stelle der Begrenzungscurve kann daher ein derselben eingeschriebenes gradliniges Polynom genommen

---

[1]) Bd. IV, S. 275 dieser Ausgabe von *L. Kronecker*'s Werken.
[2]) Vgl. Zusatz 17 am Ende dieses Bandes.

H
H

werden, welches sich der Curve hinreichend nahe anschliesst, und da sich ein Polynom in lauter rechtwinklige Dreiecke zerlegen lässt, deren Katheten den beiden Coordinatenaxen parallel sind, so genügt es, den zu beweisenden Satz für die Umgrenzung eines solchen Dreiecks zu entwickeln.

Zu diesem Behufe braucht man aber nur den Werth des über die Fläche des Dreiecks zu erstreckenden Integrals:

$$\int\int \frac{\partial^2 f(x,\,y)}{\partial x\,\partial y}\, dx\, dy$$

in den beiden möglichen Integrations-Folgen wirklich darzustellen und die beiden Resultate zu identificiren.

Setzt man:

$$\frac{\partial f(x,\,y)}{\partial x} = f_1(x,\,y), \quad \frac{\partial f(x,\,y)}{\partial y} = f_2(x,\,y)$$

und bezeichnet mit (ξ, η), (ξ', η), (ξ', η') die drei Eckpunkte des rechtwinkligen Dreiecks, so kann die Hypotenuse durch die Gleichung:

$$x = \xi' + t(\xi - \xi'), \quad y = \eta' + t(\eta - \eta') \qquad (0 < t < 1)$$

dargestellt werden. Wenn nun zuerst in Beziehung auf y von η bis $\eta' + t(\eta - \eta')$ bei dem durch die Gleichung:

$$t = \frac{x - \xi'}{\xi - \xi'}$$

bestimmten Werthe von t und dann in Beziehung auf x von ξ bis ξ' integrirt wird, so erhält man den Ausdruck:

$$-\int_{\xi}^{\xi'} f_1(x,\,\eta)\, dx + \int_{\xi}^{\xi'} f_1\big(x,\,\eta' + t(\eta - \eta')\big)\, dx.$$

Wenn aber zuerst in Beziehung auf x von $\xi' + t(\xi - \xi')$ bis $x = \xi'$ und dann in Beziehung auf y von η bis η' integrirt wird, so kommt:

$$\int_{\eta}^{\eta'} f_2(\xi',\,y)\, dy - \int_{\eta}^{\eta'} f_2\big(\xi' + t(\xi - \xi'),\,y\big)\, dy.$$

Subtrahirt man diesen Ausdruck von dem vorhergehenden, so resultirt die Gleichung:

$$\int_{\xi}^{\xi'} f_1(x,\,\eta)\, dx + \int_{\eta}^{\eta'} f_2(\xi',\,y)\, dy + \int_{\xi}^{\xi} f_1\big(x,\,\eta' + t(\eta - \eta')\big)\, dx + \int_{\eta'}^{\eta} f_2\big(\xi' + t(\xi - \xi'),\,y\big)\, dy = 0.$$

Diese Gleichung kann auch in folgender Form dargestellt werden:

$$\int\limits_{\xi\,(y=\eta)}^{\xi'} df(x,\,y) + \int\limits_{\eta\,(x=\xi')}^{\eta'} df(x,\,y) + \int\limits_{t=0}^{t=1} df(x,\,y) = 0 \qquad \left(\begin{matrix} x = \xi' + t(\xi - \xi') \\ y = \eta' + t(\eta - \eta') \end{matrix}\right),$$

in welcher sich unmittelbar zeigt, dass das über die drei Seiten des Dreiecks erstreckte Integral $\int df(x,\,y)$ gleich Null ist.

Der Zerlegung des Polygons in lauter rechtwinklige Dreiecke ist eine solche in Rechtecke, deren Seiten den Coordinatenaxen parallel sind, insofern vorzuziehen, als der zu beweisende Satz für die Umgrenzung eines solchen Rechtecks noch unmittelbarer erhellt als für die eines rechtwinkligen Dreiecks. Denn der Werth jenes über die Fläche eines Rechtecks mit den Endpunkten $(\xi,\,\eta)$, $(\xi',\,\eta)$, $(\xi',\,\eta')$, $(\xi,\,\eta')$ erstreckten Integrals:

$$\int\int \frac{\partial^2 f(x,\,y)}{\partial x\, \partial y}\, dx\, dy$$

wird sowohl durch:

$$\int\limits_{\xi}^{\xi'} (f_1(x,\,y))_{y=\eta}^{y=\eta'}\, dx \quad \text{als durch} \quad \int\limits_{\eta}^{\eta'} (f_2(x,\,y))_{x=\xi}^{x=\xi'}\, dy$$

ausgedrückt, und die Differenz der beiden Integrale ist nichts Anderes als das Integral:

$$\int (f_1(x,\,y)\, dx + f_2(x,\,y)\, dy),$$

erstreckt über die Umgrenzung des Rechtecks. — Aber man muss dann noch hinzufügen, dass das Resultat der Integration über die den Coordinatenaxen parallelen Katheten der rechtwinkligen Dreiecke, deren Hypotenusen die Polygonseiten sind, sich beliebig wenig von dem Resultate der Integration über die Polygonseiten selbst unterscheidet, wenn diese hinreichend klein angenommen werden.

Es bedarf kaum der Bemerkung, dass das *Cauchy*'sche Theorem bezüglich der Integrale complexer Variabeln ein einfaches Corollar des hier bewiesenen Satzes ist. Denn auf Grund dieses Satzes ist sowohl der reelle als der imgaginäre Theil des über eine geschlossene Curve erstreckten Integrals $\int dF(x + yi)$ gleich Null, wenn die erste und die zweite Ableitung von $F(x + yi)$ in dem umgrenzten Gebiete durchweg endlich und eindeutig ist.

QUELQUES REMARQUES
SUR LA DÉTERMINATION DES VALEURS
MOYENNES

PAR

L. KRONECKER.

Comptes rendus des séances de l'Académie des Sciences de Paris.
T. CIII, p. 980—987, séance du 22 novembre 1886.

QUELQUES REMARQUES SUR LA DÉTERMINATION DES VALEURS MOYENNES.

I. Soit $\varphi_1 + \varphi_2 + \varphi_3 + \cdots$ une série convergente à termes réels; soient, de plus, $\psi_1, \psi_2, \psi_3, \ldots$ des quantités réelles positives, croissant avec n et augmentant au delà de toute limite; je dis que la limite de l'expression

$$\frac{1}{\psi_n}(\varphi_1 \psi_1 + \varphi_2 \psi_2 + \varphi_3 \psi_3 + \cdots + \varphi_n \psi_n)$$

pour des valeurs croissantes de n est égale à zéro.

En effet, désignons par Φ_n le reste de la série $\varphi_1 + \varphi_2 + \varphi_3 + \cdots$, c'est-à-dire la somme

$$\varphi_n + \varphi_{n+1} + \varphi_{n+2} + \cdots,$$

nous aurons alors l'identité

$$\sum_{k=1}^{k=n} \varphi_k \psi_k = \sum_{k=1}^{k=m}(\psi_k - \psi_{k-1})\Phi_k + \sum_{k=m+1}^{k=n}(\psi_k - \psi_{k-1})\Phi_k - \psi_n \Phi_{n+1},$$

en convenant de remplacer ψ_0 par zéro. Soit maintenant η_m une quantité positive plus grande que les valeurs absolues de

$$\Phi_1, \Phi_2, \ldots, \Phi_m;$$

soit, de plus, θ_m une quantité plus grande en valeur absolue que

$$\Phi_{m+1}, \Phi_{m+2}, \Phi_{m+3}, \ldots$$

qui, par suite de la convergence de la série

$$\varphi_1 + \varphi_2 + \varphi_3 + \cdots,$$

ont pour limite zéro. Cela posé, toutes les différences $\psi_k - \psi_{k-1}$ étant positives, la valeur absolue de l'expression

$$\sum_{k=1}^{k=n} \varphi_k \psi_k$$

ne dépasse pas celle de

$$\eta_m \psi_m + \theta_m(\psi_n - \psi_m) + \theta_m \psi_n,$$

qui est elle-même plus petite que celle de

$$\eta_m \psi_m + 2\theta_m \psi_n.$$

Donc, étant donnée une quantité positive τ aussi petite que l'on veut, on peut d'abord choisir un nombre m, tel que θ_m soit plus petit que $\frac{1}{3}\tau$. Ensuite, on peut prendre le nombre n assez grand, pour que la valeur de l'expression $\frac{\eta_m \psi_m}{\psi_n}$ soit de même plus petite que $\frac{1}{3}\tau$. Alors on aura

$$\frac{\eta_m \psi_m}{\psi_n} + 2\theta_m < \tau,$$

et, *a fortiori*, la valeur absolue de l'expression

$$\frac{1}{\psi_n}(\varphi_1 \psi_1 + \varphi_2 \psi_2 + \cdots + \varphi_n \psi_n)$$

sera plus petite que τ. Comme $\frac{\eta_m \psi_m}{\psi_n}$ décroît lorsque l'indice n augmente, on voit que les deux inégalités précédentes subsisteront pour des valeurs plus grandes de n, et, par suite, que la limite de l'expression

$$\frac{1}{\psi_n}(\varphi_1 \psi_1 + \varphi_2 \psi_2 + \cdots + \varphi_n \psi_n)$$

est égale à zéro.

 ★II. Les quantités φ et ψ étant assujetties aux mêmes conditions que précédemment, on peut établir un théorème plus général et montrer que la limite de l'expression

$$\frac{1}{\psi_n - \psi_m}(\varphi_{m+1}\psi_{m+1} + \varphi_{m+2}\psi_{m+2} + \cdots + \varphi_n \psi_n)$$

est égale à zéro pour des valeurs croissantes de m, et pour des valeurs de n croissant d'une manière convenable.

 ★Comme la valeur de la somme

$$\varphi_{m+1}\psi_{m+1} + \varphi_{m+2}\psi_{m+2} + \cdots + \varphi_n \psi_n$$

est identique à celle de

$$\sum_{k=m+1}^{k=n}(\varphi_k - \varphi_{k-1})\Phi_k + \psi_m \Phi_{m+1} - \psi_n \Phi_{n+1},$$

sa valeur absolue est plus petite que

$$\theta_m(\psi_n - \psi_m) + \theta_m(\psi_m + \psi_n),$$

c'est-à-dire que

$$2\theta_m\psi_n.$$

»On voit donc que l'expression

$$\frac{1}{\psi_n - \psi_m}\left(\varphi_{m+1}\psi_{m+1} + \varphi_{m+2}\psi_{m+2} + \cdots + \varphi_n\psi_n\right)$$

est, en valeur absolue, plus petite que

$$\frac{2\theta_m\psi_n}{\psi_n - \psi_m}.$$

»Étant donnée, comme précédemment, une quantité positive τ aussi petite que l'on veut, on peut d'abord choisir un nombre m tel que θ_m soit plus petit que $\frac{1}{3}\tau$. Ensuite, si l'on se donne un nombre δ compris entre zéro et 1, on peut prendre le nombre n assez grand pour que l'on ait l'inégalité suivante

$$\psi_n > \psi_m(1 + 2\tau^\delta).$$

Il viendra alors

$$\frac{\psi_n}{\psi_n - \psi_m} < 1 + \frac{1}{2}\tau^{-\delta};$$

donc, θ_m étant plus petit que $\frac{1}{3}\tau$,

$$\frac{2\theta_m\psi_n}{\psi_n - \psi_m} < \frac{2}{3}\tau\left(1 + \frac{1}{2}\tau^{-\delta}\right),$$

et, enfin, en supposant que τ soit plus petit que 1,

$$\frac{2\theta_m\psi_n}{\psi_n - \psi_m} < \tau^{1-\delta}.$$

Comme il est clair que la valeur de $\dfrac{2\theta_m\psi_n}{\psi_n - \psi_m}$ décroît lorsque n augmente, on voit que l'inégalité précédente subsistera *a fortiori* pour des valeurs plus grandes de n. Par suite, la valeur de l'expression

$$\frac{1}{\psi_n - \psi_m}\left(\varphi_{m+1}\psi_{m+1} + \varphi_{m+2}\psi_{m+2} + \cdots + \varphi_n\psi_n\right),$$

étant en valeur absolue plus petite que $\dfrac{2\theta_m\psi_n}{\psi_n - \psi_m}$, tend vers zéro lorsque l'on fait croître en même temps m et n, mais, en général, non pas tout à fait indépendamment l'un de l'autre. A chaque valeur de m correspond, en effet, un nombre M auquel n ne doit pas être inférieur, et la liaison qui existe entre m et M dépend de la nature des quantités ψ.

»III. Si l'on prend en particulier $\varphi_k = \frac{c_k}{k}$, $\psi_k = k$, on déduit de ce qui précède les deux théorèmes suivants:

»Lorsque la série $\frac{c_1}{1} + \frac{c_2}{2} + \frac{c_3}{3} + \cdots$ est convergente, on a

$$\lim_{n=\infty} \frac{1}{n}(c_1 + c_2 + c_3 + \cdots + c_n) = 0,$$

$$\lim_{\substack{m=\infty \\ n=\infty}} \frac{1}{n-m}(c_{m+1} + c_{m+2} + \cdots + c_n) = 0.$$

»Pour mieux préciser le sens de ces équations, j'emploie les mêmes notations que plus haut. Étant donnée une quantité τ, on choisira m de telle façon que le reste de la série

$$\frac{c_1}{1} + \frac{c_2}{2} + \frac{c_3}{3} + \cdots$$

correspondant au nombre $m+1$ et à chaque nombre plus grand soit en valeur absolue plus petit que $\frac{1}{3}\tau$.

»Ensuite, dans le premier cas, on prendra le nombre n assez grand pour que la valeur absolue de l'expression

$$\frac{m}{n}\left(\frac{c_k}{k} + \frac{c_{k+1}}{k+1} + \cdots\right)$$

ne surpasse pas $\frac{1}{3}\tau$, lorsque k varie de 1 à m. On sera alors certain que

$$\frac{1}{n}(c_1 + c_2 + c_3 + \cdots + c_n)$$

sera en valeur absolue plus petit que τ.

»Dans le second cas, après s'être donné un nombre δ compris entre 0 et 1, on prendra n tel que

$$\frac{n}{m} > 1 + 2\tau'.$$

»On sera alors certain que la valeur absolue de

$$\frac{1}{n-m}\left(c_{m+1}+c_{m+2}+\cdots+c_n\right)$$

sera plus petite que $\tau^{1-\delta}$.

»L'expression $\dfrac{1}{n-m}\left(c_{m+1}+c_{m+2}+\cdots+c_n\right)$ représente la valeur moyenne des quantités c. Pour que cette valeur moyenne*), lorsque l'on fait croître m et n, se rapproche autant que possible de la valeur elle-même de ces quantités et qu'elle soit en même temps aussi voisine que possible de zéro, on peut prendre $\delta=\frac{1}{2}$.

»IV. Si l'on considère, au lieu de la série précédente

$$\frac{c_1}{1}+\frac{c_2}{2}+\frac{c_3}{3}+\cdots,$$

la série

$$\lim_{n=\infty}\sum_{k=1}^{k=n}\frac{c_k}{k^{1+\varrho}},$$

et si l'on suppose que cette série soit convergente pour des valeurs positives de ϱ et même pour $\varrho=0$[2]), on peut se demander s'il est permis d'intervertir l'ordre des deux limites, c'est-à-dire si l'on a[3])

(A)
$$\lim_{\varrho=0}\lim_{n=\infty}\sum_{k=1}^{k=n}\frac{c_k}{k^{1+\varrho}}=\lim_{n=\infty}\lim_{\varrho=0}\sum_{k=1}^{k=n}\frac{c_k}{k^{1+\varrho}}.$$

»Dans le cas où l'on sait que cette égalité a lieu, il résulte des théorèmes précédents que la valeur moyenne des coefficients c_k tend vers zéro. Si l'on prend, par exemple,

$$c_k=1-\log k$$

lorsque k est premier, mais

$$c_k=1,$$

pour toute autre valeur de k, l'expression

$$\lim_{\varrho=0}\lim_{n=\infty}\sum_{k=1}^{k=n}\frac{c_k}{k^{1+\varrho}}$$

---

*) Voir *Gauss, Disquis. arithm.*, art. 301[1]).

[1]) *Gauss*, Werke, Bd. I, S. 362.
[2]) Vgl. Zusatz 18 am Ende dieses Bandes.
[3]) Vgl. Zusatz 19 am Ende dieses Bandes.

a une valeur finie, comme on le voit facilement en prenant la dérivée logarithmique des deux membres de l'équation

$$\prod_p \left(1 - \frac{1}{p^{1+\varrho}}\right)^{-1} = \sum_{n=1}^{n=\infty} \frac{1}{n^{1+\varrho}} = \frac{1}{\varrho} + C + \cdots,$$

le produit étant étendu à tous les nombres premiers p, et C désignant la constante d'Euler. Si donc on suppose que l'équation (A) ait lieu[1]), on en déduira que

$$\lim_{n=\infty} \frac{1}{n-m}(c_{m+1} + c_{m+2} + \cdots + c_n) = 0.$$

»Si l'on y remplace les c par leurs valeurs, il en résultera que

$$\lim_{m,n \; n-m} \frac{1}{n-m} \sum_p \log p = 1,$$

la somme étant étendue à tous les nombres premiers p compris entre m et n.[2])

»D'autre part, on peut montrer que la limite de l'expression

$$\frac{1}{n}(c_1 + c_2 + \cdots + c_n),$$

pour des valeurs croissantes de n, est égale à zéro, en supposant seulement qu'il existe une limite.

»En effet, en introduisant une fonction $f(z)$ définie par l'égalité

$$z f(z) = c_1 + c_2 + \cdots + c_n,$$

pour $n \leqq z < n + 1$, on aura

$$\sum_{k=m+1}^{k=n} \frac{c_k}{k^{1+\varrho}} = (1+\varrho)\int_{m+1}^{n+1} \frac{f(z)dz}{z^{1+\varrho}} + \frac{nf(n)}{(n+1)^{1+\varrho}} - \frac{mf(m)}{(m+1)^{1+\varrho}}.$$

»Or on peut remplacer le premier terme du second membre par l'expression

$$(1+\varrho)f(m)\int_{m+1}^{n+1} \frac{dz}{z^{1+\varrho}} + (1+\varrho)\int_{m+1}^{n+1} \frac{f(z)-f(m)}{z^{1+\varrho}} \, dz,$$

____

[1]) Vgl. Zusatz 20 am Endes dieses Bandes.
[2]) Vgl. Zusatz 21 am Endes dieses Bandes.

H
H

qui est égale à

$$\frac{1+\varrho}{\varrho}\, f(m)[(m+1)^{-\varrho} - (n+1)^{-\varrho}] + (1+\varrho)\int_{m+1}^{n+1}\frac{f(z)-f(m)}{z^{1+\varrho}}\,dz.$$

»Comme on a supposé l'existence d'une limite de l'expression

$$\frac{1}{n}\,(c_1 + c_2 + \cdots + c_n)$$

ou de $f(z)$, on peut choisir le nombre m assez grand pour que la différence $f(z) - f(m)$, qui entre dans la dernière intégrale, soit aussi petite que l'on veut. Il s'ensuit que

$$\lim_{m=\infty}\lim_{\varrho=0}\lim_{n=\infty}\varrho\int_{m+1}^{n+1}\frac{f(z)-f(m)}{z^{1+\varrho}}\,dz = 0$$

et, par suite, que

$$\lim_{m=\infty}\lim_{\varrho=0}\lim_{n=\infty}\varrho\sum_{k=m+1}^{k=n+1}\frac{c_k}{k^{1+\varrho}} = \lim_{m=\infty}f(m) = \lim_{m=\infty}\frac{1}{m}\,(c_1 + c_2 + \cdots + c_m).$$

Il convient de remarquer que nous avons établi cette équation en supposant seulement que la limite de $f(m)$ existe. Elle subsiste même si $f(m)$ devient infinie avec m. Dans le cas particulier où

$$\lim_{\varrho=0}\sum_{k=1}^{k=\infty}\frac{c_k}{k^{1+\varrho}}$$

a une valeur finie, le premier membre est nul et l'on en déduit que la limite de

$$\frac{1}{n}\,(c_1 + c_2 + \cdots + c_n)$$

est égale à zéro, comme nous l'avions annoncé.

»J'ai déjà donné plusieurs fois les développements contenus dans ce dernier paragraphe, dans les leçons que je professe à l'Université sur l'application de l'Analyse à la Théorie des nombres; il se trouvent, en particulier, dans le cours du semestre d'hiver 1875—1876, qui a été rédigé par M. Hettner, actuellement professeur à Berlin. Mais c'est par un article de M. Stieltjes*), auquel la Science doit déjà plusieurs Mémoires très intéressants, que j'ai été porté à rédiger cette Note, après en avoir communiqué les points principaux à mon ami M. Hermite au commencement de septembre 1885.«

*) Voir *Comptes rendus* du 8 août 1885, t. CI., p. 368.

BEMERKUNGEN
ÜBER DIE JACOBI'SCHEN THETAFORMELN

VON

L. KRONECKER.

Crelle, Journal für die reine und angewandte Mathematik. Bd. 102. S. 260—272.

BEMERKUNGEN ÜBER DIE JACOBI'SCHEN THETAFORMELN.

1. Setzt man in üblicher Weise:

$$\theta_0(\zeta) = \sum (-q)^{n^2} e^{2n\zeta\pi i}, \qquad i\theta_1(\zeta) = q^{\frac{1}{4}} \sum (-1)^n q^{n^2+n} e^{(2n+1)\zeta\pi i},$$

$$\theta_2(\zeta) = \sum q^{n^2} e^{2n\zeta\pi i}, \qquad \theta_3(\zeta) = q^{\frac{1}{4}} \sum q^{n^2+n} e^{(2n+1)\zeta\pi i},$$

wo die Summationen auf alle ganzen Zahlen n von $-\infty$ bis $+\infty$ zu erstrecken sind, und bezeichnet man zur Abkürzung das Product:

$$\theta_h(\zeta_0 + \zeta_1)\,\theta_h(\zeta_0 - \zeta_1)\,\theta_h(\zeta_2 + \zeta_3)\,\theta_h(\zeta_2 - \zeta_3)$$

mit $T_h(\zeta_0, \zeta_1, \zeta_2, \zeta_3)$, so sind $T_0(\zeta_0, \zeta_1, \zeta_2, \zeta_3)$, $T_2(\zeta_0, \zeta_1, \zeta_2, \zeta_3)$, $T_3(\zeta_0, \zeta_1, \zeta_2, \zeta_3)$ so wie das Quadrat von $T_1(\zeta_0, \zeta_1, \zeta_2, \zeta_3)$ eindeutige Functionen der vier Variabeln ζ, welche bei allen acht Permutationen der durch die Function:

$$(\zeta_0 + \zeta_1)(\zeta_2 + \zeta_3)$$

charakterisirten Gattung ungeändert bleiben und daher bei den 24 Permutationen der Grössen ζ nur drei verschiedene (conjugirte) Werthe annehmen.

Die Functionen $T_h(\zeta_0, \zeta_1, \zeta_2, \zeta_3)$ werden gemäss ihrer Definition als vierfach unendliche Reihen:

$$(4.) \qquad \sum (-1)^{\frac{1}{2}(h+1)(h+2)(m_0+m_2)} \cdot q^{\frac{1}{8}(m_0^2 + m_1^2 + m_2^2 + m_3^2)} \cdot e^{2(m_0\zeta_0 + m_1\zeta_1 + m_2\zeta_2 + m_3\zeta_3)\pi i}$$

dargestellt, wenn die Summation auf alle ganzzahligen Werthe von m_0, m_1, m_2, m_3 von $-\infty$ bis $+\infty$ erstreckt wird, welche den beiden Bedingungen:

$$m_0 + m_1 \equiv m_2 + m_3 \equiv \tfrac{1}{2} h(h+1) \quad (\mathrm{mod.}\,2),$$

oder der damit gleichbedeutenden einen Bedingung:

$$\left(m_0 + m_1 + 1 + \tfrac{1}{2} h(h+1)\right)\left(m_2 + m_3 + 1 + \tfrac{1}{2} h(h+1)\right) \equiv 1 \quad (\mathrm{mod.}\,2)$$

genügen. Die Summationsbedingung kann weggelassen werden, wenn unter dem Summenzeichen der Factor:

$$1 - (-1)^{\left(m_0 + m_1 + 1 + \frac{1}{2} h^2 + \frac{1}{2} h\right)\left(m_2 + m_3 + 1 + \frac{1}{2} h^2 + \frac{1}{2} h\right)}$$

und vor dem Summenzeichen der Factor $\frac{1}{2}$ hinzugefügt wird. Nun geht offenbar jede mehrfach unendliche Reihe:

$$\sum_{m_0,\,m_1,\,m_2,\,\ldots} C_{m_0,\,m_1,\,m_2,\,\ldots}\, F(m_0\zeta_0,\; m_1\zeta_1,\; m_2\zeta_2,\;\ldots) \qquad (m_0, m_1, m_2, \ldots = 0, \pm 1, \pm 2, \ldots \text{ in inf.}),$$

in welcher F eine *symmetrische* Function der Argumente bedeutet, bei der Vertauschung von ζ_0 und ζ_1 in die Reihe:

$$\sum_{m_0,\,m_1,\,m_2,\,\ldots} C_{m_1,\,m_0,\,m_2,\,\ldots}\, F(m_0\zeta_0,\; m_1\zeta_1,\; m_2\zeta_2,\;\ldots) \qquad (m_0, m_1, m_2, \ldots = 0, \pm 1, \pm 2, \ldots \text{ in inf.})$$

über, da ja gleichzeitig die Summationsbuchstaben m_0 und m_1 vertauscht werden können. Man erhält daher die beiden conjugirten Werthe von T_k, welche mit T_k' und T_k'' bezeichnet werden mögen, und welche durch die Gleichungen:

$$T_k'(\zeta_0, \zeta_1, \zeta_2, \zeta_3) = T_k(\zeta_0, \zeta_2, \zeta_3, \zeta_1), \quad T_k''(\zeta_0, \zeta_1, \zeta_2, \zeta_3) = T_k(\zeta_0, \zeta_3, \zeta_1, \zeta_2)$$

bestimmt sind, wenn man bei dem Summenausdruck (*A.*) nur im Exponenten von -1 und in den beiden Summationsbedingungen die drei Summationsbuchstaben m_1, m_2, m_3 cyklisch permutirt.

2. Bei der mit (*A.*) bezeichneten Darstellung der Functionen T_k tritt zuvörderst der Satz in Evidenz,

I. dass $T_2 + T_3$ eine *symmetrische* Function der vier Grössen ζ ist; denn $T_2 + T_3$ wird gleich dem Werthe der vierfach unendlichen Reihe:

(*B.*)
$$\sum q^{\frac{1}{2}(m_0^2 + m_1^2 + m_2^2 + m_3^2)}\, e^{2(m_0\zeta_0 + m_1\zeta_1 + m_2\zeta_2 + m_3\zeta_3)\pi i},$$

wenn nur die Summationsbedingung:

$$m_0 + m_1 + m_2 + m_3 \equiv 0 \quad (\text{mod. } 2)$$

festgehalten wird, und diese Bedingung bleibt bei allen Permutationen der vier Summationsbuchstaben m ungeändert, folglich auch der Werth der Reihe bei allen Permutationen der vier Grössen ζ.

Wenn man ferner den Werth der Reihe (*B.*) bei der Summationsbedingung:

(*C.*)
$$(m_0 + m_1)(m_2 + m_3)(m_0 + m_3)(m_1 + m_2) \equiv 1 \quad (\text{mod. } 2) \text{ mit } R,$$

bei der Summationsbedingung:

(*C'.*)
$$(m_0 + m_3)(m_1 + m_2)(m_0 + m_1)(m_2 + m_3) \equiv 1 \quad (\text{mod. } 2) \text{ mit } R',$$

bei der Summationsbedingung:

(C''.) $\qquad (m_0 + m_2)(m_1 + m_3)(m_0 + m_3)(m_1 + m_2) \equiv 1 \quad (\text{mod}. 2)$ mit R''

bezeichnet, so ist:

$$R' = R(\zeta_0, \zeta_2, \zeta_3, \zeta_1,) \quad R'' = R(\zeta_0, \xi_3, \zeta_1, \zeta_2),$$

und da bei allen Permutationen der Summationsbuchstaben m_0, m_1, m_2, m_3 die drei Bedingungen $(C.)$, $(C'.)$, $(C''.)$ nur *in einander* übergehen, so sind es auch nur die drei conjugirten Werthe R, R', R'', welche die Function $R(\zeta_0, \zeta_1, \zeta_2, \zeta_3)$ bei irgend welchen Permutationen der Grössen ζ annehmen kann.

Gemäss der mit $(A.)$ bezeichneten Darstellung von T_1 wird nun:

(D.) $\qquad T_1 = R - R'$, und folglich $\; T_1' = R' - R'', \quad T_1'' = R'' - R;$

es tritt daher bei jener Darstellung auch der Satz,

II. dass die Summe der drei conjugirten Werthe von T_1 gleich Null ist,

in vollkommene Evidenz.

3. Jener erste Satz, dass $T_2 + T_3$ eine symmetrische Function der vier Grössen ζ ist, besagt nichts Anderes als die berühmte *Jacobi*'sche Thetaformel, welche das Fundament der vor einem halben Jahrhundert von *Jacobi* in Königsberg gehaltenen und durch die Ausarbeitungen seiner Schüler seit langer Zeit in weiteren Kreisen verbreiteten Vorlesungen über die Theorie der elliptischen Functionen bildete. Denn aus der Gleichung:

(E.) $\qquad\qquad\qquad T_2 + T_3 = T_2' + T_3'$

oder:

$$T_2(\zeta_0, \zeta_1, \zeta_2, \zeta_3) + T_3(\zeta_0, \zeta_1, \zeta_2, \zeta_3) = T_2(\zeta_0, \zeta_2, \zeta_1, \zeta_3) + T_3(\zeta_0, \zeta_2, \zeta_1, \zeta_3),$$

welche ausdrückt, dass die conjugirten Werthe der Function $T_2 + T_3$ einander gleich sind, geht die *Jacobi*'sche Formel in der Gestalt, wie sie sich auf S. 506 des ersten Bandes von *Jacobi*'s gesammelten Werken unter No. 11 angegeben findet, hervor, wenn man:

$$2\zeta_0\pi = w + x, \quad 2\zeta_1\pi = w - x, \quad 2\zeta_2\pi = y + z, \quad 2\zeta_3\pi = y - z$$

setzt. Andererseits folgt aber auch aus der Gleichung $T_2 + T_3 = T_2' + T_3'$, dass $T_2 + T_3$ eine symmetrische Function der Grössen ζ ist.

40*

Der zweite Satz wird durch die Formel:

(F.)
$$T_1 + T_1' + T_1'' = 0$$

oder:
$$T_1(\zeta_0, \zeta_1, \zeta_2, \zeta_3) + T_1(\zeta_0, \zeta_2, \zeta_3, \zeta_1) + T_1(\zeta_0, \zeta_3, \zeta_1, \zeta_2) = 0$$

ausgedrückt. Sie ist nichts Anderes als jene schon vor 25 Jahren von Herrn *Weierstrass* gefundene und in seinen Vorlesungen mitgetheilte Formel*), und sie wird mit der Formel (I.) des VII. Buches der „Théorie des fonctions elliptiques" von *Briot* und *Bouquet***), welche dort als Fundamentalformel bezeichnet wird, identisch, wenn:

$$2\zeta_0 = a - b, \quad 2\zeta_1 = 2x + a + b, \quad 2\zeta_2 = 2y + a + b, \quad 2\zeta_3 = 2z + a + b$$

gesetzt wird. In Herrn *Halphen's* „Traité des fonctions elliptiques" wird die Formel (F.) als „die dreigliedrige Gleichung" (équation à trois termes) bezeichnet, und sie ist schon dort auf S. 244 bis 246 durch directe Multiplication der vier ϑ-Reihen bewiesen worden.

4. Ebenso wie die Formel (D.): $T_1 = R - R'$ ergeben sich die Formeln:

$$T_2 = R + R', \quad -T_0 + T_2 = 2R''$$

unmittelbar aus der mit (A.) bezeichneten Darstellung der Functionen T. Aus derselben resultirt ferner, dass $T_0 + T_2$ durch die Reihe (B.) dargestellt wird, wenn man die Summation auf alle diejenigen Werthsysteme m_0, m_1, m_2, m_3 beschränkt, bei welchen alle vier Zahlen zugleich grade oder zugleich ungrade sind, und daraus, dass diese Summationsbedingung in Beziehung auf die vier Zahlen m symmetrisch ist, folgt unmittelbar, dass $T_0 + T_2$ eine symmetrische Function der vier Grössen ζ ist. Bezeichnet man dieselbe mit S, so werden die vier Functionen T durch die vier Functionen R, R', R'', S in folgender Weise ausgedrückt:

(G.) $\qquad T_0 = S - R'', \quad T_1 = R - R', \quad T_2 = R + R', \quad T_3 = S + R'',$

und die vier Functionen R, R', R'', S, welche sich hier als geeignete Elemente zur Herleitung der Thetaformeln erweisen, werden sämmtlich durch die Reihe (B.) dargestellt, nur dass:

---

   *) Vergl. die *Weierstrass*'sche Abhandlung in den Sitzungsberichten der Berliner Akademie der Wissenschaften 1882. I. S. 505.[1])

   **) Deuxième édition. Paris 1875. S. 486.

   [1]) *Weierstrass*, Werke, Bd. III, S. 155.

H

$$\text{für } R \text{ entweder } m_0 \equiv 0, \; m_1 \equiv 1, \; m_2 \equiv 0, \; m_3 \equiv 1,$$
$$\text{oder } m_0 \equiv 1, \; m_1 \equiv 0, \; m_2 \equiv 1, \; m_3 \equiv 0,$$
$$\text{für } R' \text{ entweder } m_0 \equiv 0, \; m_1 \equiv 1, \; m_2 \equiv 1, \; m_3 \equiv 0,$$
$$\text{oder } m_0 \equiv 1, \; m_1 \equiv 0, \; m_2 \equiv 0, \; m_3 \equiv 1,$$
$$\text{für } R'' \text{ entweder } m_0 \equiv 0, \; m_1 \equiv 0, \; m_2 \equiv 1, \; m_3 \equiv 1,$$
$$\text{oder } m_0 \equiv 1, \; m_1 \equiv 1, \; m_2 \equiv 0, \; m_3 \equiv 0,$$
$$\text{für } S \text{ entweder } m_0 \equiv 0, \; m_1 \equiv 0, \; m_2 \equiv 0, \; m_3 \equiv 0,$$
$$\text{oder } m_0 \equiv 1, \; m_1 \equiv 1, \; m_2 \equiv 1, \; m_3 \equiv 1$$

nach dem Modul 2 sein muss.

Der Inhalt der Grundgleichungen $(G.)$ kann in folgendem Satze formulirt werden:

(III.) die Function $T_0 + T_3$ ist eine symmetrische Function von $\zeta_0, \zeta_1, \zeta_2, \zeta_3$, und die drei Functionen: $T_1 + T_2, \; - T_1 + T_2, \; - T_0 + T_3$ sind mit einander conjugirt und gehören beziehungsweise den durch die Functionen: $\zeta_0\zeta_2 + \zeta_1\zeta_3, \; \zeta_0\zeta_3 + \zeta_1\zeta_2, \; \zeta_0\zeta_1 + \zeta_2\zeta_3$ repräsentirten Gattungen an.

Aus diesem Satze gehen wiederum die Gleichungen $(G.)$ hervor, wenn man die symmetrische Function $T_0 + T_3$ mit S und die Function $T_1 + T_2$ mit $2R$, also dann $- T_1 + T_2$ mit $2R'$ und $- T_0 + T_3$ mit $2R''$ bezeichnet.

Mit Hülfe der Grundgleichungen $(G.)$ oder des Satzes (III.) erkennt man unmittelbar die folgenden Eigenschaften der Summen und Differenzen je zweier Functionen T:

$$T_0 + T_3, \quad T_0 - T_3, \quad T_2 + T_3 \text{ sind symmetrische Functionen,}$$
$$T_0 + T_1, \quad T_1 + T_2, \; - T_1 + T_2 \text{ sind Functionen der Gattung } \zeta_0\zeta_2 + \zeta_1\zeta_3,$$
$$T_0 - T_1, \; - T_1 + T_2, \quad T_1 + T_3 \text{ sind Functionen der Gattung } \zeta_0\zeta_3 + \zeta_1\zeta_2,$$
$$- T_2 + T_3, \; - T_0 + T_3, \quad T_0 + T_3 \text{ sind Functionen der Gattung } \zeta_0\zeta_1 + \zeta_2\zeta_3,$$

und je drei in derselben Columne stehende Functionen der letzten drei Zeilen sind mit einander conjugirt.

Der Satz (III.) schliesst den Inhalt der mit (I.) und (II.) bezeichneten beiden Sätze ein, und es gehen überhaupt die sämmtlichen Relationen, welche zwischen den Functionen T_0, T_1, T_2, T_3 und ihren conjugirten bestehen, aus *additiven* Verbindungen der Grundgleichungen (*G.*) und der mit ihnen „conjugirten" Gleichungen hervor, nämlich in *der* Weise, dass jene Relationen *identisch* erfüllt sind, wenn darin für die Functionen T ihre Ausdrücke durch die Functionen R, R', R'', S substituirt werden; alle Relationen zwischen den zwölf Functionen:

$$T_h(\zeta_0, \zeta_1, \zeta_2, \zeta_3), \quad T_h(\zeta_0, \zeta_2, \zeta_3, \zeta_1), \quad T_h(\zeta_0, \zeta_3, \zeta_1, \zeta_2) \qquad (h=0,1,2,3)$$

entspringen somit nur *daraus*, dass diese zwölf Functionen sämmtlich gemäss den Gleichungen (*G.*) als lineare Verbindungen der vier Functionen R, R', R'', S darstellbar sind.

Der Satz (III.) oder das System der Gleichungen:

$$T_0^{(k)} = S - R^{(k-1)}, \quad T_1^{(k)} = R^{(k)} - R^{(k+1)}, \quad T_2^{(k)} = R^{(k)} + R^{(k+1)}, \quad T_3^{(k)} = S + R^{(k-1)},$$

wo $k \equiv 0, 1, 2 \pmod 3$ zu nehmen und $T_h^{(0)} = T_h$, $T_h^{(1)} = T_h'$, $T_h^{(2)} = T_h''$ zu setzen ist, kann hiernach als das einfachste ausreichende Fundament aller jener Relationen angesehen werden.

5. Substituirt man in der vierfach unendlichen Reihe:

$$\sum_{m_0, m_1, m_2, m_3} C_{m_0, m_1, m_2, m_3} \, q^{\frac{1}{2}(m_0^2 + m_1^2 + m_2^2 + m_3^2)} e^{2(m_0\zeta_0 + m_1\zeta_1 + m_2\zeta_2 + m_3\zeta_3)\pi i}$$

für ζ_0, ζ_1, ζ_2, ζ_3 beziehungsweise:

$$\zeta_0 + \frac{1}{2}(r_0 w + s_0), \quad \zeta_1 + \frac{1}{2}(r_1 w + s_1), \quad \zeta_2 + \frac{1}{2}(r_2 w + s_2), \quad \zeta_3 + \frac{1}{2}(r_3 w + s_3),$$

wo $r_0, r_1, r_2, r_3, s_0, s_1, s_2, s_3$ irgend welche ganzen Zahlen bedeuten und w durch die Gleichung $e^{w \pi i} = q$ bestimmt ist, so resultirt die Reihe:

$$\sum_{m_0, m_1, m_2, m_3} (-1)^{m_0 s_0 + m_1 s_1 + m_2 s_2 + m_3 s_3} C_{m_0 - r_0, m_1 - r_1, m_2 - r_2, m_3 - r_3}$$
$$\times q^{\frac{1}{2}(m_0^2 + m_1^2 + m_2^2 + m_3^2)} e^{2(m_0\zeta_0 + m_1\zeta_1 + m_2\zeta_2 + m_3\zeta_3)\pi i},$$

multiplicirt mit dem Factor:

$$(-1)^{r_0 s_0 + r_1 s_1 + r_2 s_2 + r_3 s_3} q^{-\frac{1}{2}(r_0^2 + r_1^2 + r_2^2 + r_3^2)} e^{-2(r_0\zeta_0 + r_1\zeta_1 + r_2\zeta_2 + r_3\zeta_3)\pi i}.$$

Hieraus folgt, dass die Functionen:

$$T_0, \quad T_1, \quad T_2, \quad T_3$$

beziehungsweise in:

$$T_3, \quad T_2, \quad T_1, \quad T_0$$

übergehen, wenn man:

$$\zeta_0 + \tfrac{1}{2} \quad \text{für} \quad \zeta_0 \quad \text{und} \quad \zeta_2 + \tfrac{1}{2} \quad \text{für} \quad \zeta_2$$

setzt, und dass sie, wenn:

$$\zeta_0 + \tfrac{1}{2} w \quad \text{für} \quad \zeta_0 \quad \text{und} \quad \zeta_2 + \tfrac{1}{2} w \quad \text{für} \quad \zeta_2$$

substituirt wird, beziehungsweise in:

$$T_1, \quad T_0, \quad T_3, \quad T_2,$$

multiplicirt mit dem Factor $q^{-1} e^{-2(\zeta_0 + \omega)\pi i}$ transformirt werden.

Es ergiebt sich ferner, dass die mit (B.) bezeichnete vierfach unendliche Reihe:

$$\sum_{m_0, m_1, m_2, m_3} q^{\frac{1}{2}(m_0^2 + m_1^2 + m_2^2 + m_3^2)} e^{2(m_0 \zeta_0 + m_1 \zeta_1 + m_2 \zeta_2 + m_3 \zeta_3)\pi i},$$

mit den Summations-Bedingungen:

$$m_0 \equiv t_0, \quad m_1 \equiv t_1, \quad m_2 \equiv t_2, \quad m_3 \equiv t_3 \quad (\text{mod. } 2),$$

wenn:

$$\zeta_k + \tfrac{1}{2}(r_k w + s_k) \quad \text{für} \quad \zeta_k \qquad\qquad (k=0,1,2,3)$$

substituirt wird, wiederum in eine Reihe (B.) mit den Summationsbedingungen:

$$m_0 \equiv r_0 + t_0, \quad m_1 \equiv r_1 + t_1, \quad m_2 \equiv r_2 + t_2, \quad m_3 \equiv r_3 + t_3 \quad (\text{mod. } 2)$$

übergeht, dabei aber die Grösse:

$$(-1)^{(r_0 + t_0)s_0 + (r_1 + t_1)s_1 + (r_2 + t_2)s_2 + (r_3 + t_3)s_3} q^{-\frac{1}{2}(r_0^2 + r_1^2 + r_2^2 + r_3^2)}$$
$$\times e^{-2(r_0 \zeta_0 + r_1 \zeta_1 + r_2 \zeta_2 + r_3 \zeta_3)\pi i}$$

als Factor hinzutritt. Die 16 Reihen (B.), welche den 16 möglichen Werthsystemen:

$$t_0 = 0,1; \quad t_1 = 0,1; \quad t_2 = 0,1; \quad t_3 = 0,1 \quad (\text{mod. } 2)$$

entsprechen, gehen also bei allen jenen Substitutionen, abgesehen von dem angegebenen Factor, nur in einander über. Sie gehen ferner auch bei jeder Vertauschung von zwei Grössen ζ nur in einander über, da z. B. bei der Vertauschung von ζ_0 mit ζ_1 nur das Werthsystem (t_0, t_1, t_2, t_3) in (t_1, t_0, t_2, t_3) übergeht. Da nun jede der

Functionen R, R', R'', S die Summe zweier Reihen $(B.)$ mit zwei zugehörigen Werthsystemen (t_0, t_1, t_2, t_3), und jede der Functionen T_0, T_1, T_2, T_3 die Summe oder Differenz von je zwei Functionen R, R', R'', S ist, so ist jede der Functionen T ein Aggregat von vier Reihen $(B.)$ mit vier zugehörigen Werthsystemen (t_0, t_1, t_2, t_3), und es ist folglich auch jede derjenigen Functionen von ζ_0, ζ_1, ζ_2, ζ_3 ein solches Aggregat, welche aus T_0, T_1, T_2, T_3 hervorgehen, wenn man:

$$\zeta_k + \tfrac{1}{2}\,(r_k w + s_k)\quad\text{für}\quad \zeta_k \qquad\qquad (k=0,1,2,3)$$

substituirt, oder wenn man die vier Grössen ζ in irgend einer Weise mit einander permutirt. Bei Benutzung der Ausdrücke aller auf diese Weise gebildeten Functionen von ζ_0, ζ_1, ζ_2, ζ_3 durch die 16 Reihen $(B.)$ werden die sämmtlichen Relationen, welche zwischen diesen Functionen bestehen, zu Identitäten.

So entsteht aus der mit $\tfrac{1}{2}(T_0 + T_3)$ identischen Function S, welche das Aggregat zweier Reihen $(B.)$ mit den Werthsystemen:

$$t_0 = 0,\quad t_1 = 0,\quad t_2 = 0,\quad t_3 = 0;\quad t_0 = 1,\quad t_1 = 1,\quad t_2 = 1,\quad t_3 = 1$$

ist, durch Hinzufügung von $\tfrac{1}{2}w$ zu ζ_2, eine Reihe $(B.)$ mit den Werthsystemen:

$$t_0 = 0,\quad t_1 = 0,\quad t_2 = 1,\quad t_3 = 0;\quad t_0 = 1,\quad t_1 = 1,\quad t_2 = 0,\quad t_3 = 1,$$

und durch Hinzufügung von $\tfrac{1}{2}w$ zu ζ_3, eine Reihe $(B.)$ mit den Werthsystemen:

$$t_0 = 0,\quad t_1 = 0,\quad t_2 = 0,\quad t_3 = 1;\quad t_0 = 1,\quad t_1 = 1,\quad t_2 = 1,\quad t_3 = 0.$$

Dadurch geht aber die Function $T_0 + T_3$ in die Function:

$$\vartheta_3(\zeta_0 + \zeta_1)\,\vartheta_3(\zeta_0 - \zeta_1)\,\vartheta_3(\zeta_2 + \zeta_3)\,\vartheta_3(\zeta_2 - \zeta_3) \pm \vartheta_0(\zeta_0 + \zeta_1)\,\vartheta_0(\zeta_0 - \zeta_1)\,\vartheta_1(\zeta_2 + \zeta_3)\,\vartheta_1(\zeta_2 - \zeta_3)$$

abgesehen von einem Factor über, und hierbei ist das obere oder untere Zeichen zu nehmen, je nachdem $\tfrac{1}{2}w$ zu ζ_2 oder zu ζ_3 hinzugefügt war. Die hier erlangte Darstellung jener beiden Aggregate von Thetaproducten durch die Reihen $(B.)$ setzt es nun in Evidenz, dass die *Summe* der beiden Thetaproducte in Beziehung auf $\zeta_0, \zeta_1, \zeta_2$, die *Differenz* aber in Beziehung auf $\zeta_0, \zeta_1, \zeta_2$ symmetrisch ist, und die Gleichsetzung zweier durch Permutation der Grössen ζ entstehenden Ausdrücke führt zu den *Jacobi*'schen Formeln, welche auf S. 507 des I. Bandes von *Jacobi*'s Werken bei $(A.)$ No. 9 und 10 angegeben sind.

6. Bezeichnet man die Reihe $(B.)$ bei den Summationsbedingungen $m_s \equiv t_s$ (mod. 2), welche auch als Product von vier Thetafunctionen:

$$\vartheta_{s-t_0}(2\zeta_0,\, q^s)\,\vartheta_{s-t_1}(2\zeta_1,\, q^s)\,\vartheta_{s-t_2}(2\zeta_2,\, q^s)\,\vartheta_{s-t_3}(2\zeta_3,\, q^s)$$

dargestellt werden kann, mit: $B(t_0, t_1, t_2, t_3)$, so sind es nach obigen Entwickelungen die 16 den verschiedenen Werthsystemen $t = 0, 1$ entsprechenden Reihen $B(t_0, t_1, t_2, t_3)$, durch deren Einführung die a. a. O. mit No. 1 bis 10 bezeichneten *Jacobi*'schen Thetaformeln als Identitäten erkannt werden. Dies resultirt aber auch *direct*, da man, ausgehend von der Definition:

$$\vartheta_\lambda(\zeta) = \sum_{n=-\infty}^{n=+\infty} i^{m \cdot s_\lambda}\, q^{\frac{1}{4}n^2}\, e^{n \cdot 2\pi i} \qquad \left(\begin{matrix} n \equiv \frac{1}{2}\lambda(\lambda+1) \\ s_\lambda \equiv \frac{1}{2}\lambda(\lambda-1)-1 \end{matrix} \quad \text{(mod. 2)} \right),$$

für $\vartheta_\lambda(\zeta_0 + \zeta_1)\vartheta_\lambda(\zeta_0 - \zeta_1)\vartheta_k(\zeta_2 + \zeta_3)\vartheta_k(\zeta_2 - \zeta_3)$ unmittelbar die vierfach unendliche Reihe:

$$\sum_{m_0, m_1, m_2, m_3} (-1)^{m_0 s_\lambda + m_2 s_k}\, q^{\frac{1}{2}(m_0^2 + m_1^2 + m_2^2 + m_3^2)}\, e^{2(m_0 \zeta_0 + m_1 \zeta_1 + m_2 \zeta_2 + m_3 \zeta_3)\pi i}$$

mit den Summationsbedingungen:

$$m_0 + m_1 \equiv \tfrac{1}{2}h(h+1), \quad m_2 + m_3 \equiv \tfrac{1}{2}k(k+1) \quad \text{(mod. 2)}$$

erhält. Hiernach wird:

$$\vartheta_\lambda(\zeta_0 + \zeta_1)\,\vartheta_\lambda(\zeta_0 - \zeta_1)\,\vartheta_k(\zeta_2 + \zeta_3)\,\vartheta_k(\zeta_2 - \zeta_3)$$
$$= \sum_{\delta,\delta'} (-1)^{\delta s_\lambda + \delta' s_k} B\!\left(\delta,\, \delta + \tfrac{1}{2}h(h+1),\, \delta',\, \delta' + \tfrac{1}{2}k(k+1)\right),$$

wo die Summation auf die vier Werthsysteme: $\delta = 0, 1;\ \delta' = 0, 1$ zu erstrecken ist. Dieses Aggregat von vier Reihen $(B.)$ ist

$$\begin{aligned}
&\text{für } h = 0,\, k = 0: B(0000) + B(1111) - B(0011) - B(1100),\\
&\text{für } h = 0,\, k = 1: B(0001) + B(1110) - B(0010) - B(1101),\\
&\text{für } h = 0,\, k = 2: B(0001) + B(0010) - B(1101) - B(1110),\\
&\text{für } h = 0,\, k = 3: B(0000) + B(0011) - B(1100) - B(1111),\\
&\text{für } h = 1,\, k = 1: B(0101) + B(1010) - B(0110) - B(1001),\\
&\text{für } h = 1,\, k = 2: B(0101) + B(0110) - B(1001) - B(1010),\\
&\text{für } h = 1,\, k = 3: B(0100) + B(0111) - B(1000) - B(1011),\\
&\text{für } h = 2,\, k = 2: B(0101) + B(0110) + B(1001) + B(1010),\\
&\text{für } h = 2,\, k = 3: B(0100) + B(0111) + B(1000) + B(1011),\\
&\text{für } h = 3,\, k = 3: B(0000) + B(0011) + B(1100) + B(1111),
\end{aligned}$$

und wie sich bei Einsetzung dieser Ausdrücke die *Jacobi*'schen Formeln gestalten, möge an einem Beispiel gezeigt werden.

In der *Jacobi*'schen, a. a. O. mit No. 7 bezeichneten Thetaformel ist der Ausdruck auf der linken Seite die Summe der beiden, den Werthsystemen $h = 0$, $k = 2$ und $h = 1$, $k = 3$ entsprechenden Thetaproducte, also gleich:

$$B\,(0001) + B\,(0010) + B\,(0100) + B\,(0111) - B\,(1110) - B\,(1101) - B\,(1011) - B\,(1000).$$

Dieses Aggregat von Reihen $B(t_0, t_1, t_2, t_3)$ ist offenbar in Beziehung auf t_1, t_2, t_3 symmetrisch, und die hierdurch dargestellte Function von $\zeta_0, \zeta_1, \zeta_2, \zeta_3$ ist deshalb in Beziehung auf $\zeta_1, \zeta_2, \zeta_3$ symmetrisch. Der Ausdruck auf der rechten Seite jener *Jacobi*'schen Thetaformel entsteht aber aus demjenigen auf der linken Seite durch Vertauschung von ζ_1 und ζ_2, und er ist daher mit demselben identisch.

7. Herr *Scheibner* hat gezeigt*), wie aus der *Jacobi*'schen Fundamentalgleichung:

$$T_2 + T_3 = T_2' + T_3'$$

die *Weierstrass*'sche Formel:

$$T_1 + T_1' + T_1'' = 0$$

erhalten werden kann. Die bezügliche Deduction lässt sich bei den hier gebrauchten Bezeichnungen dahin fassen, dass die *Jacobi*'sche Gleichung, wenn darin die Argumente ζ_0 und ζ_3 um $\frac{1}{2}$ vermehrt, in die Gleichung:

$$T_0 + T_1 = - T_2' + T_3''$$

übergeht, welche bei Vertauschung von ζ_2 und ζ_3 die fernere Relation:

$$T_0 - T_1 = - T_2'' + T_3''$$

ergiebt, und dass daher T_1 sich als Differenz zweier conjugirten Werthe einer dreiwerthigen Function von $\zeta_0, \zeta_1, \zeta_2, \zeta_3$ darstellen lässt.

Dass andererseits auch die *Jacobi*'sche Formel aus der *Weierstrass*'schen abgeleitet werden kann, ist schon in dem oben angeführten Werke von *Briot* und

---

*) Vergl. S. 258 dieses Bandes[1]).

[1]) *W. Scheibner*, Ueber die Producte von drei und vier Thetafunctionen, *Crelle's* Journal Bd. 102, S. 255—259.

Bouquet dargelegt worden*), und es zeigt sich unmittelbar, wenn man die drei Gleichungen:

$$T_1 + T_1' + T_1'' = 0, \quad T_2 - T_1' - T_2' = 0, \quad T_2 + T_1' - T_2' = 0$$

zu einander addirt, von denen die zweite aus der ersten hervorgeht, indem ζ_0 und ζ_2 um $\frac{1}{2}$ vermehrt wird, die dritte aus der zweiten, indem $\frac{\log q}{2\pi i}$ zu ζ_0 und ζ_2 hinzugefügt wird (vgl. die Ausführungen in No. 5).

8. In der Abhandlung: „Formulae novae in theoria transcendentium ellipticarum fundamentales" hat *Jacobi* unter No. 12**) eine Formel entwickelt, welche bei Anwendung der obigen Bezeichnungen folgendermaassen lautet:

$$(H.) \qquad \frac{T_0(\zeta_1, \zeta_2, \zeta_1, \zeta_2) + T_1(\zeta_1, \zeta_2, \zeta_1, \zeta_2)}{T_0(\zeta_1, \zeta_1, \zeta_2, \zeta_2)} = 1,$$

und welche aus jener schon in No. 2 citirten *Jacobi*'schen Thetarelation (E.):

$$T_2(\zeta_0, \zeta_2, \zeta_1, \zeta_2) + T_2(\zeta_0, \zeta_2, \zeta_1, \zeta_2) = T_2(\zeta_0, \zeta_1, \zeta_2, \zeta_2) + T_2(\zeta_0, \zeta_1, \zeta_2, \zeta_2)$$

hervorgeht, wenn man $\zeta_0 = \zeta_1 + \frac{1}{2}(1 + w)$ setzt. Für *Jacobi* bildete die speciellere Formel (H.) gewiss eine nützliche Vorstufe bei der *Auffindung* jener allgemeineren, welche ihm nachher als Fundament für seine Vorlesungen über elliptischen Functionen diente***); merkwürdiger Weise bildet aber auch die speciellere Formel (H.) eine nothwendige Vorstufe bei der *Herleitung* der allgemeineren, wenn man, anstatt von den Theta-*Reihen* auszugehen, die Entwickelung der Thetafunctionen in unendliche *Producte* zu Grunde legt.

Um diese Herleitung auseinanderzusetzen, betrachte ich zuvörderst den Ausdruck auf der linken Seite der Gleichung (H.) als Function von $e^{i\pi t}$. Die Productentwickelung der Functionen T lässt nun unmittelbar erkennen, dass, wenn $q e^{i\pi t}$ an die Stelle von $e^{i\pi t}$ gesetzt wird, im Zähler und Nenner jenes Ausdrucks nur derselbe Factor hinzutritt, der Ausdruck selbst also ungeändert bleibt. Zur Ermittelung seines Werthes kann man sich demnach auf diejenigen Werthe des Argumentes $e^{i\pi t}$

---

*) Vergl. *Briot* und *Bouquet*, Théorie des fonctions elliptiques. Deuxième édition. Paris 1875. S. 495 sqq.

**) Band XV S. 203 dieses Journals und Band I, S. 340 von *Jacobi*'s gesammelten Werken.

***) Vergl. die Bemerkung 3. S. 311[1]).

[1]) Vgl. Zusatz 22 am Ende dieses Bandes.

H
41*

beschränken, welche in dem Ring-Gebiete zwischen den beiden Kreisen mit den Radien $|q|$ und 1 liegen. In diesem Gebiete liegen, wie ebenfalls durch die Productentwickelung der Functionen T evident wird, nur zwei Werthe von $e^{i\zeta\pi i}$, für welche der Nenner $T_0(\zeta_1, \zeta_1, \zeta_2, \zeta_3)$ gleich Null wird, und zwar von der ersten Ordnung. Diese beiden Werthe sind durch die Gleichungen:

$$\zeta_2 = \zeta_3 + \frac{1}{2}\mu w, \quad \zeta_2 = -\zeta_3 + \frac{1}{2}\nu w$$

bestimmt, in welchen μ und ν ungerade Zahlen bedeuten. Für diese beiden Werthe von ζ_2 werden aber die beiden Functionen T_0 und T_1 im Zähler des Ausdrucks auf der linken Seite der Gleichung $(H.)$ einander entgegengesetzt gleich. Der Ausdruck selbst bleibt daher für alle Werthe von $e^{i\zeta\pi i}$ endlich, er hat also nach dem *Cauchy*-schen Satze einen von ζ_2 unabhängigen Werth, und aus der Annahme $\zeta_2 = \zeta_1$ ergiebt sich sofort, dass dieser Werth gleich 1 ist.

Nachdem somit die Richtigkeit der specielleren *Jacobi*'schen Formel $(H.)$ dargethan ist, betrachte ich zur Herleitung der allgemeineren mit $(E.)$ bezeichneten Formel den Quotienten:

$(K.)$
$$\frac{T_2(\zeta_0, \zeta_2, \zeta_1, \zeta_3) + T_2(\zeta_0, \zeta_3, \zeta_1, \zeta_2) - T_2(\zeta_0, \zeta_1, \zeta_2, \zeta_3)}{T_2(\zeta_0, \zeta_1, \zeta_2, \zeta_3)},$$

dessen Werth sich gleich 1 erweisen soll, als Function von $e^{i\zeta\pi i}$. Man sieht nun zuvörderst wieder, dass der Werth des Quotienten ungeändert bleibt, wenn $qe^{i\zeta\pi i}$ an die Stelle von $e^{i\zeta\pi i}$ gesetzt wird, dass man sich also auf diejenigen Werthe beschränken kann, deren absoluter Betrag zwischen $|q|$ und 1 liegt. Unter diesen giebt es aber nur zwei, durch Gleichungen:

$$\zeta_0 = \zeta_1 + \frac{1}{2}\mu(1+w), \quad \zeta_0 = -\zeta_1 + \frac{1}{2}\nu(1+w) \qquad \text{(μ, ν ungerade)}$$

bestimmte Werthe von $e^{i\zeta\pi i}$, für welche der Nenner T_2 gleich Null wird, und zwar von der ersten Ordnung; und für eben diese Werthe wird der Zähler, abgesehen von einem Factor, durch den Ausdruck:

$$T_0(\zeta_1, \zeta_2, \zeta_1, \zeta_3) + T_1(\zeta_1, \zeta_2, \zeta_1, \zeta_3) - T_0(\zeta_1, \zeta_1, \zeta_2, \zeta_3)$$

dargestellt, welcher gemäss eben jener specielleren *Jacobi*'schen Formel $(H.)$ verschwindet. Vermöge dieser Formel erkennt man also, dass der Werth von $(K.)$ für alle Werthe von ζ_0 endlich und daher von ζ_0 unabhängig ist. Setzt man nunmehr $\zeta_0 = \zeta_1 + \frac{1}{2}$, so wird der Ausdruck $(K.)$ mit dem Ausdrucke auf der linken Seite der Gleichung $(H.)$ übereinstimmend und erweist sich also in der That gleich *Eins*.

9. Während sich in der von den *Theta-Reihen* ausgehenden Entwickelung die *Jacobi*'sche Thetaformel noch unmittelbarer als die *Weierstrass*'sche ergiebt, gestaltet sich bei dieser letzteren, vermöge desjenigen Vorzugs, welcher in der oben erwähnten*) Bezeichnung als „*dreigliedrige* Gleichung" hervorgehoben ist, die Herleitung aus der *Product*-Entwickelung der Thetafunctionen wesentlich einfacher.

Betrachtet man nämlich den Quotienten

$$\frac{T_1(\zeta_3,\,\zeta_1,\,\zeta_2,\,\zeta_0) - T_1(\zeta_3,\,\zeta_0,\,\zeta_2,\,\zeta_1)}{T_1(\zeta_0,\,\zeta_1,\,\zeta_2,\,\zeta_3)},$$

dessen Werth sich gleich 1 erweisen soll, als Function von $e^{\zeta \pi i}$, so zeigt sich zuvörderst wie oben, dass sein Werth sich nicht ändert, wenn man dem Argumente $e^{\zeta \pi i}$ den Factor q hinzufügt, dass man sich also auf diejenigen Argumente beschränken kann, deren absoluter Betrag zwischen $\sqrt{q}$ und $\sqrt{q^{-1}}$ liegt. Nun sind die Argumente, für welche der Nenner gleich Null wird, durch die Bedingungen:

$$\zeta_0 = \zeta_1 + rw, \quad \zeta_0 = -\zeta_1 + sw$$

gegeben, in welchen r und s ganze Zahlen bedeuten, und die Werthe des Quotienten sind für diese Argumente beziehungsweise dieselben wie für $\zeta_0 = \zeta_1$ und $\zeta_0 = -\zeta_1$. Hierfür wird aber nicht nur der Nenner Null, und zwar von der ersten Ordnung, sondern auch der Zähler. Jener Quotient bleibt also für alle Werthe von ζ_0 endlich, und sein demgemäss von ζ_0 unabhängiger Werth erweist sich, wenn man $\zeta_0 = \zeta_3$ setzt, in der That gleich *Eins*.

----

*) Vergl. den Schlusssatz in No. 8.

BEMERKUNGEN ÜBER DIE DARSTELLUNG VON REIHEN DURCH INTEGRALE

VON

L. KRONECKER.

Crelle, Journal für die reine und angewandte Mathematik, Bd. 105. S. 157—159
u. S. 345—354.

BEMERKUNGEN ÜBER DIE DARSTELLUNG VON REIHEN DURCH INTEGRALE.

Nach *Dirichlet* nähert sich unter gewissen über die Function $F(z)$ zu machenden Voraussetzungen die Summe:

$$\sum_{k=-n}^{k=+n}\int_{\varrho}^{\varrho+1}F(z)\cos 2k(z-v)\pi\,dz \quad\text{oder}\quad \sum_{k=-n}^{k=+n}\int_{\varrho}^{\varrho+1}F(z)e^{2k(v-z)\pi i}\,dz$$

mit wachsendem n einem der beiden Werthe:

$$\frac{1}{2}\lim_{\delta=0}(F(v+\delta)+F(v-\delta)), \quad \frac{1}{2}\lim_{\delta=0}(F(\varrho+\delta)+F(\varrho+1-\delta)) \qquad (\delta \gtrless 0),$$

je nachdem v innerhalb des Intervalles $(\varrho, \varrho+1)$ oder in einem der beiden Endpunkte desselben liegt. Nimmt man $\varrho = 0$ und $F(v) = e^{2vw\pi i}$, wo w eine beliebige (complexe) Grösse bedeutet, so kommt:

$$\lim_{n=\infty}\sum_{k=-n}^{k=+n}e^{2kv\pi i}\int_{0}^{1}e^{2z(w-k)\pi i}\,dz = e^{2vw\pi i} \quad\text{oder}\quad \frac{1}{2}(1 + e^{2w\pi i}),$$

je nachdem v innerhalb des Intervalles $(0, 1)$ oder an einer der Grenzen liegt. Nach Ausführung der Integration ergiebt sich hieraus im letzteren Falle die Partialbruchzerlegung von $\cot w\pi$, im ersteren die Formel:

$$(A.) \qquad \frac{2\pi i e^{2vw\pi i}}{e^{2w\pi i}-1} = \lim_{n=\infty}\sum_{k=-n}^{k=+n}\frac{e^{2kv\pi i}}{w-k} \qquad (0<v<1),$$

welche also nichts Anderes als die *Fourier*'sche Reihenentwickelung von $e^{2vw\pi i}$ oder von $\cos 2vw\pi$ und $\sin 2vw\pi$ enthält.[*]

Diese Bedeutung der Formel $(A.)$, aus welcher sich ihre Ableitung unmittelbar ergiebt, habe ich im art. I meines Aufsatzes: „Zur Theorie der elliptischen Func-

---

[*] Die Gleichung $(A.)$ gilt, wenn man auf beiden Seiten mit $e^{2w\pi i}-1$ multiplicirt, auch noch für ganzzahlige Werte von w.

tionen"*), wo ich von derselben Gebrauch zu machen hatte, hervorgehoben, aber verabsäumt hinzuzufügen, dass sie sich bereits in einer Abhandlung**) des Herrn *Lipschitz* findet, wo sie als Resultat der Specialisirung allgemeinerer Gleichungen erscheint. Dass dieselbe Formel aus Gleichungen zu erschliessen ist, welche in der *Poisson*'schen Abhandlung: „Sur le calcul numérique des Intégrales définies" vorkommen, und dass sie endlich auch aus der Darstellung der w ten Potenz einer Variabeln durch das *Cauchy*'sche Integral hervorgeht, habe ich im art. X meines Aufsatzes***) „Ueber eine bei Anwendung der partiellen Integration nützliche Formel" dargelegt.

Herr *Lipschitz* hat in der citirten Abhandlung die allgemeinere Reihe:

$$\lim_{n=\infty}\sum_{k=-n}^{k=+n}(w-k)^{-\sigma}e^{2k\sigma\pi i} \qquad (0<\sigma<1).$$

welche für den speciellen Fall $\sigma=1$ in die Reihe auf der rechten Seite der Gleichung (*A.*) übergeht, durch ein Integral dargestellt. Eine andere Integraldarstellung erhält man (für nicht reelle Werthe von w), wenn man den Factor $(w-k)^{-\sigma}$ durch das *Cauchy*'sche Integral ausdrückt und alsdann die Gleichung (*A.*) zur Summirung unter dem Integralzeichen benutzt. Denn wenn $f(z)$ irgend eine Function der complexen Variabeln $z=x+yi$ bedeutet, welche nebst ihrer Ableitung in einem die x-Axe einschliessenden Streifen eindeutig und endlich ist und sich bei wachsenden Werthen von x der Null nähert, so ist:

$$\lim_{n=\infty}\sum_{k=-n}^{k=+n}f(k)\,e^{2k\sigma\pi i} = \frac{1}{2\pi i}\lim_{n=\infty}\int\sum_{k=-n}^{k=+n}\frac{e^{2k\sigma\pi i}}{z-k}f(z)\,dz,$$

vorausgesetzt, dass die Reihe auf der linken Seite convergirt, und dass die Integration auf der rechten Seite über die Umgrenzung jenes Streifens erstreckt wird. Bei Anwendung der Formel (*A.*) wird also:

$$\lim_{n=\infty}\sum_{k=-n}^{k=+n}f(k)\,e^{2k\sigma\pi i} = \int\frac{e^{2\sigma\pi i}}{e^{2\sigma\pi i}-1}f(z)\,dz,$$

---

*) Sitzungsberichte der Akademie der Wissenschaften von 1888[1]).

**) „Untersuchung einer aus vier Elementen gebildeten Reihe." *Crelle*'s Journal, Bd. 54, S. 320, Formel (12).

***) Sitzungsberichte der Akademie der Wissenschaften von 1885[2]).

[1]) Bd. IV S. 347 dieser Ausgabe von *L. Kronecker*'s Werken.
[2]) Bd. V S. 267 dieser Ausgabe von *L. Kronecker*'s Werken.

H
H

oder:

$$\lim_{n=\infty} \sum_{k=-n}^{k=+n} f(k)\, e^{2k v \pi i} = \frac{1}{2\pi i} \int e^{(2v-1)s\pi i}\, \pi \cosec s\pi f(s)\, ds.$$

Diese letztere Gleichung folgt aber auch unmittelbar daraus, dass die Unendlichkeitsstellen der Function unter dem Integralzeichen auf der rechten Seite einzig und allein durch die ganzzahligen Werthe von z repräsentirt werden, und in derselben Weise ergibt sich überhaupt eine Darstellung von Reihen durch Integrale mittels der Gleichung:

(B.)
$$\sum_{k=-\infty}^{k=+\infty} f(k) = \frac{1}{2\pi i} \int \pi \cot s\pi f(s)\, ds,$$

welche, wenn $f(x+yi)$ in dem von den geraden Linien $y=-\eta$ und $y=+\eta$ umgrenzten Streifen die obigen Voraussetzungen erfüllt, und daher das Resultat der Integration von $\xi-\eta i$ bis $\xi+\eta i$ für unendlich grosse (nicht ganzzahlige) Werthe von ξ verschwindet, auf die Form[1]):

(B'.)
$$F(0)+2\sum_{k=1}^{k=\infty} F(k) = i\,\mathrm{sgn}.\eta \int_{-\infty}^{+\infty} F(x+\eta i)\cot(x+\eta i)\,\pi\,dx$$

gebracht werden kann, in welcher zur Vereinfachung $f(z)+f(-z)=2F(z)$ gesetzt ist.

Wird in dem Ausdruck:

(C.)
$$\frac{1}{2\pi i}\int \frac{\pi \cot s\pi}{s-s_0}\, f(s)\, ds,$$

in welchem für $f(z)$ die obigen Voraussetzungen festgehalten werden, die Integration über die Umgrenzung eines die ganze x-Axe und auch den Punkt z_0 enthaltenden Gebiets erstreckt, so ist sein Werth gleich: .

$$\pi \cot s_0\pi f(s_0) - \sum_{k=-\infty}^{k=+\infty} \frac{f(k)}{s_0-k}.$$

Falls nun $\cot s\pi f(s)$ für unendlich grosse Werthe von z — etwa einzelne Punkte ausgenommen — verschwindet, kann die Integration in (C.) über einen Kreis mit un-

---

1) Vgl. Zusatz 23 am Ende dieses Bandes.

endlich grossem Radius erstreckt werden, und da alsdann der Werth des Integrals sich der Null nähert, so resultirt die Gleichung:

$$(D.) \qquad \pi \cot z\pi\, f(z) = \sum_{k=-\infty}^{k=+\infty} \frac{f(k)}{z-k},$$

welche nichts Anderes als die Zerlegung von $\pi \cot z\pi\, f(z)$ in Partialbrüche darstellt. Sie enthält aber zugleich jene zuerst von Herrn *Lipschitz* aufgestellte Gleichung ($A.$) als speciellen Fall, da sie in diese übergeht, wenn:

$$f(z) = \frac{e^{(2v-1)z\pi i}}{2\cos z\pi}$$

gesetzt wird. Hierbei erfüllt $f(z)$ die obigen Voraussetzungen, sobald v zwischen Null und Eins liegt.

Auch die Integration der Function $\pi \cot z\pi\, f(z)$ längs zweier der Ordinatenaxe parallelen Linien ergiebt, wie oben in der Gleichung ($B.$) die Integration längs zweier der Abscissenaxe parallelen Linien, eine Darstellung von Reihen durch Integrale. Aber die beiden Darstellungen sind von wesentlich verschiedener Art.

Um die andere Darstellungsweise auseinanderzusetzen, bezeichne ich mit x_0, x_1 zwei beliebige Abscissenwerthe, mit y_0, y_1 zwei *positive* Ordinatenwerthe und nehme an, dass $x_0 < x_1$ und $y_0 < y_1$ sei. Ich nehme ferner an, dass das Rechteck mit den Eckpunkten:

$$(x_0, y_1), \quad (x_0, -y_1), \quad (x_1, -y_1), \quad (x_1, y_1)$$

innerhalb der „natürlichen Begrenzung" des Integrationsbereichs der Function $f(z)$ liegt, so dass gemäss der Bedeutung, in welcher ich diesen Ausdruck eingeführt habe*), das längs jenes Rechtecks erstreckte Integral $\int f(z)dz$ gleich Null wird. Dies vorausgeschickt, ist:

$$(E.) \qquad \sum f(k) = \frac{1}{2\pi i} \int \pi \cot z\pi f(z)\, dz,$$

wenn die Summation links auf alle *zwischen* x_0 und x_1 liegenden ganzen Zahlen k und die Integration rechts in folgender Weise erstreckt wird:

---

*) „Ueber Systeme von Functionen mehrer Variabeln" art. XII. (Monatsbericht der Berliner Akademie der Wissenschaften vom März 1869[1])).

[1]) Bd. I S. 205 dieser Ausgabe von *L. Kronecker's* Werken.

von (x_0, y_1) bis (x_0, y_0) in gerader Linie, von (x_0, y_0) über $(x_0 + y_0, 0)$ hinweg im Halbkreise bis $(x_0, - y_0)$, von $(x_0, - y_0)$ bis $(x_0, - y_1)$, von $(x_0, - y_1)$ bis $(x_1, - y_1)$, von $(x_1, - y_1)$ bis $(x_1, - y_0)$ in gerader Linie, von $(x_1, - y_0)$ über $(x_1 - y_0, 0)$ hinweg im Halbkreise bis (x_1, y_0), von (x_1, y_0) bis (x_1, y_1), von (x_1, y_1) bis (x_0, y_1) in gerader Linie.

Dabei ist noch vorausgesetzt, dass weder zwischen x_0 und $x_0 + y_0$, noch zwischen $x_1 - y_0$ und x_1 eine ganze Zahl liege.

Mit abnehmendem y_0 nähert sich, wenn x_0 eine ganze Zahl ist, das Resultat der Integration über den ersteren Halbkreis dem Werthe $\frac{1}{2}f(x_0)$, andernfalls der Null. Ebenso ergiebt dann die Integration über den letzteren Halbkreis den Werth $\frac{1}{2}f(x_1)$ oder Null, je nachdem x_1 eine ganze Zahl ist oder nicht. Es wird daher:

$$(E'.) \qquad \frac{1}{2}\sum_k f(k) + \frac{1}{2}\sum_{k'} f(k') = \frac{1}{2\pi i}\int \pi \cot z\pi f(z)\,dz \qquad (x_0 < k < x_1;\ x_0 \leqq k' \leqq x_1),$$

wenn die Integration rechts nur über die oben angegebenen sechs geraden Linien erstreckt und dann y_0 der Null genähert wird.

Der Ausdruck auf der rechten Seite der Gleichung $(E'.)$ kann in folgender Weise dargestellt werden:

$$(F.) \ \frac{1}{2}\int_{x_0}^{x_1}\sum_{s}\varepsilon i \cot(x + \varepsilon y_1 i)\pi f(x + \varepsilon y_1 i)\,dx - \frac{1}{2}\lim_{y_0 = 0}\int_{y_0}^{y_1}\sum_{\alpha,\varepsilon} e^{\alpha\pi i}\cot(x_\alpha + \varepsilon y i)\pi f(x_\alpha + \varepsilon y i)\,dy,$$
$$(\alpha = 0, 1;\ \varepsilon = +1, -1)$$

und es resultirt daher, wenn:

$$(G_0.) \qquad \lim_{y_1 = \infty}\int_{x_0}^{x_1}\sum_{\varepsilon}\varepsilon \cot(x + \varepsilon y_1 i)\pi f(x + \varepsilon y_1 i)\,dx = 0 \qquad (\varepsilon = +1, -1)$$

ist, die Summenformel:

$$(G.) \qquad \frac{1}{2}\sum_k f(k) + \frac{1}{2}\sum_{k'} f(k') = - \frac{1}{2}\int_0^\infty\sum_{\alpha,\varepsilon} (-1)^\alpha \cot(x_\alpha + \varepsilon y i)\pi f(x_\alpha + \varepsilon y i)\,dy.$$
$$(x_0 < k < x_1;\ x_0 \leqq k' \leqq x_1) \qquad\qquad (\alpha = 0, 1;\ \varepsilon = +1, -1)$$

Bezeichnet man zur Abkürzung den ersten Theil des Ausdrucks $(F.)$ mit P, so ist:

$$P = \int_{x_0}^{x_1}\sum_{\varepsilon}\frac{f(x + \varepsilon y_1 i)\,dx}{e^{2(y_1 - \varepsilon x i)\pi} - 1} + \frac{1}{2}\int f(z)\,dz \qquad (\varepsilon = +1, -1),$$

wo die Integration in Beziehung auf z oder $z + yi$ in gerader Linie von (x_0, y_1) nach (x_1, y_1) und von $(x_0, -y_1)$ nach $(x_1, -y_1)$ zu erstrecken ist. Die Integration in gerader Linie von $(x_0, \varepsilon y_1)$ nach $(x_1, \varepsilon y_1)$ kann aber nach dem *Cauchy*'schen Theorem durch die Integration in geraden Linien von $(x_0, \varepsilon y_1)$ nach $(x_0, \varepsilon y_0)$, von da nach $(x_1, \varepsilon y_0)$ und von da nach $(x_1, \varepsilon y_1)$ ersetzt werden, und wenn dies sowohl für $\varepsilon = + 1$ als auch für $\varepsilon = - 1$ geschieht, so wird P gleich:

$$\int_{x_0}^{x_1} \sum_{\varepsilon} \frac{f(x + \varepsilon y_1 i)\, dx}{e^{2(y_1 - \varepsilon x i)\pi} - 1} + \frac{1}{2} \lim_{y_0 = 0} \int_{x_0}^{x_1} \sum_{\varepsilon} f(x + \varepsilon y_0 i)\, dx - \frac{1}{2} \cdot i \int_{y_0}^{y_1} \sum_{u, \varepsilon} (-1)^u \varepsilon f(x_0 + \varepsilon y i)\, dy.$$
$$(u = 0, 1; \ \varepsilon = +1, -1)$$

Setzt man diesen Ausdruck in (*F*.) an Stelle von:

$$\frac{1}{2} \int_{x_0}^{x_1} \sum_{\varepsilon} \varepsilon i \cot (x + \varepsilon y_1 i) \pi f(x + \varepsilon y_1 i)\, dx \qquad (\varepsilon = +1, -1)$$

ein, so verwandelt sich derselbe in folgenden:

$$(F'.) \quad i \lim_{y_0 = 0} \int_{y_0}^{y_1} \sum_{a, \varepsilon} (-1)^a \varepsilon \frac{f(x_a + \varepsilon y i)\, dy}{e^{2(y - \varepsilon x_a i)\pi} - 1} + \frac{1}{2} \lim_{y_0 = 0} \int_{x_0}^{x_1} \sum_{\varepsilon} f(x + \varepsilon y_0 i)\, dx + \int_{x_0}^{x_1} \sum_{\varepsilon} \frac{f(x + \varepsilon y_1 i)\, dx}{e^{2(y_1 - \varepsilon x i)\pi} - 1},$$

und durch dieses Aggregat von Integralen findet sich also der Werth der Summe:

$$\frac{1}{2} \sum_{k} f(k) + \frac{1}{2} \sum_{k'} f(k') \qquad (x_0 < k < x_1; \ x_0 \leqq k' \leqq x_1)$$

dargestellt.

Hieraus resultirt erstens unter der Voraussetzung, dass:

$$(H_0.) \qquad \lim_{y_1 = \infty} \int_{x_0}^{x_1} \sum_{\varepsilon} \frac{f(x + \varepsilon y_1 i)\, dx}{e^{2(y_1 - \varepsilon x i)\pi} - 1} = 0$$

ist, die Summenformel:

$$(H.) \quad \frac{1}{2} \sum_{k} f(k) + \frac{1}{2} \sum_{k'} f(k') = i \int_{0}^{\infty} \sum_{a, \varepsilon} (-1)^a \varepsilon \frac{f(x_a + \varepsilon y i)\, dy}{e^{2(y - \varepsilon x_a i)\pi} - 1} + \frac{1}{2} \lim_{y_0 = 0} \int_{x_0}^{x_1} \sum_{\varepsilon} f(x + \varepsilon y_0 i)\, dx,$$
$$(x_0 < k < x_1; \ x_0 \leqq k' \leqq x_1) \qquad (a = 0, 1; \ \varepsilon = +1, -1)$$

welche, wenn $\lim_{y = 0} f(x + y i) = f(x)$ ist, in folgender einfacheren Weise dargestellt werden kann:

$$(H'.) \quad \begin{cases} \dfrac{1}{2}\sum_k f(k) + \dfrac{1}{2}\sum_{k'} f(k') - \int_{x_0}^{x_1} f(x)\,dx \\[4pt] \quad (x_0 < k < x_1;\; x_0 \leqq k' \leqq x_1) \\[8pt] = i\int_0^\infty \left\{ \dfrac{f(x_0 + yi)}{e^{2(y - x_0 i)\pi} - 1} - \dfrac{f(x_0 - yi)}{e^{2(y + x_0 i)\pi} - 1} - \dfrac{f(x_1 + yi)}{e^{2(y - x_1 i)\pi} - 1} + \dfrac{f(x_1 - yi)}{e^{2(y + x_1 i)\pi} - 1} \right\} dy, \end{cases}$$

und welche, wenn überdies x_0 und x_1 ganze, beziehungsweise mit m und n zu bezeichnende Zahlen sind, die noch einfachere Gestalt annimmt:

$$(H''.) \quad \begin{cases} \dfrac{1}{2}f(m) + f(m+1) + f(m+2) + \cdots + f(n-1) + \dfrac{1}{2}f(n) - \int_m^n f(x)\,dx \\[8pt] = i\int_0^\infty \big(f(m + yi) - f(m - yi) - f(n + yi) + f(n - yi)\big)\,\dfrac{dy}{e^{2y\pi} - 1}. \end{cases}$$

Wenn zweitens der Werth von y_1 demjenigen von y_0 genähret wird, so dass der erste der drei Theile des Ausdrucks $(F'.)$ gleich Null wird, so ergiebt sich die Summenformel:

$$(K.) \quad \dfrac{1}{2}\sum_k f(k) + \dfrac{1}{2}\sum_{k'} f(k') - \int_{x_0}^{x_1} f(x)\,dx = \lim_{y=0} \int_{x_0}^{x_1} \sum_\varepsilon \dfrac{f(x + \varepsilon yi)\,dx}{e^{2(y - \varepsilon x i)\pi} - 1},$$
$$(x_0 < k < x_1;\; x_0 \leqq k' \leqq x_1)$$

vorausgesetzt, dass wie oben $\lim\limits_{y=0} f(x + yi) = f(x)$ ist.

Einige Anwendungen der obigen Summenformeln.

Um eine Anwendung von der Summenformel $(G.)$ zu geben, nehme ich:

$$f(z) = \dfrac{2e^{v^2 z^2 \pi i}}{1 + e^{2z\pi i}},$$

wo v eine reelle Größe bedeutet. Die Bedingungsgleichung $(G_0.)$ wird alsdann:

$$\lim_{y=\infty} \sum_\varepsilon \varepsilon \int_{x_0}^{x_1} \dfrac{e^{v^2(x + \varepsilon yi)^2 \pi i}}{e^{2(x + \varepsilon yi)\pi i} - 1}\,dx = 0 \qquad (\varepsilon = +1, -1),$$

und da der absolute Werth der Function unter dem Integralzeichen kleiner ist als:

$$\dfrac{\varepsilon e^{-2v^2 xy\pi}}{1 - e^{-2\varepsilon y\pi}} \qquad (\varepsilon = +1, -1),$$

so ist die Bedingungsgleichung erfüllt, sobald:

$$0 \leqq x_0 < x_1 \leqq \dfrac{1}{v^2};$$

ist. Unter dieser Voraussetzung wird also gemäss der Formel $(G.)$:

$$(L.) \qquad \tfrac{1}{2}\sum_{h} e^{h^2 v^2 \pi i} + \tfrac{1}{2}\sum_{k} e^{k^2 v^2 \pi i} = -i\int_0^\infty \sum_{\alpha,\iota} (-1)^\alpha \frac{e^{(x_\alpha + \iota y)^2 v^2 \pi i}}{e^{2(x_\alpha + \iota y)\pi i} - 1}\, dy,$$
$$(x_0 < h < x_1;\ x_0 \le k \le x_1) \qquad (\alpha = 0,1;\ \iota = +1,-1)$$

und der Ausdruck auf der rechten Seite kann auch in folgender Weise dargestellt werden:

$$i\sum_\alpha (-1)^\alpha e^{v^2 x_\alpha^2 \pi i} \int_0^\infty \frac{\cos 2(v^2 x_\alpha - 1)y\pi i - e^{-2x_\alpha \pi i}\cos 2v^2 x_\alpha y\pi i}{\cos 2y\pi i - \cos 2x_\alpha \pi} e^{-v^2 y^2 \pi i}\, dy \qquad (\alpha = 0,1).$$

Nimmt man jetzt $x_0 = 0$ und $x_1 = \dfrac{1}{v^2}$, so wird dieser Ausdruck gleich:

$$i\left(1 + e^{-\frac{\pi i}{v^2}}\right)\int_0^\infty e^{-v^2 y^2 \pi i}\, dy + e^{-\frac{\pi i}{v^2}}\sin\frac{2\pi}{v^2}\int_0^\infty \frac{e^{-v^2 y^2 \pi i}\, dy}{\cos 2y\pi i - \cos\frac{2\pi}{v^2}},$$

und wenn man hierin für das erste Integral seinen bekannten Werth einsetzt, im zweiten aber die Substitution $y = \dfrac{u}{v}$ anbringt, so verwandelt sich die Formel $(L.)$ in folgende:

$$(L'.) \qquad \sum_h e^{h^2 v^2 \pi i} + \sum_k e^{k^2 v^2 \pi i} = \frac{e^{\frac{1}{4}\pi i}}{v}\left(1 + e^{-\frac{\pi i}{v^2}}\right) + 2\sin\frac{2\pi}{v^2}\cdot\frac{e^{-\frac{\pi i}{v^2}}}{v}\int_0^\infty \frac{e^{-u^2 \pi i}\, du}{\cos\frac{2u\pi i}{v} - \cos\frac{2\pi}{v^2}},$$
$$\left(0 < h < \tfrac{1}{v^2};\ 0 \le k \le \tfrac{1}{v^2}\right)$$

wo v die *positive* Quadratwurzel von v^2 bedeutet.

Ist n eine positive ganze Zahl, und setzt man $v^2 = \dfrac{2}{n}$, so resultirt aus der Formel $(L'.)$ unmittelbar die Werthbestimmung der *Gauss*'schen Reihen:

$$\sum_h e^{\frac{2h^2\pi i}{n}} + \sum_k e^{\frac{2k^2\pi i}{n}} = \frac{i + i^{1-n}}{i+1}\lvert\sqrt{n}\rvert \ \ ^{*)}.$$
$$\left(0 < h < \tfrac{1}{2}n;\ 0 \le k \le \tfrac{1}{2}n\right)$$

Setzt man ferner $v^2 = \dfrac{m}{n}$, wo m und n positive ganze Zahlen bedeuten, so kommt:

$$(L''.) \qquad \begin{cases} \lvert\sqrt{\tfrac{m}{n}}\rvert\left\{\sum_h e^{\frac{mh^2\pi i}{n}} + \sum_k e^{\frac{mk^2\pi i}{n}}\right\} \qquad\qquad \left(0 < h < \tfrac{n}{m};\ 0 \le k \le \tfrac{n}{m}\right) \\[2ex] = e^{\frac{1}{4}\pi i}\left(1 + e^{-\frac{n\pi i}{m}}\right) + \sin\frac{2n\pi}{m}e^{-\frac{n\pi i}{m}}\int_{-\infty}^\infty \frac{e^{-u^2\pi i}\, du}{\cos 2u\pi i\sqrt{\tfrac{n}{m}} - \cos\frac{2n\pi}{m}}, \end{cases}$$

---

*) Vergl. meine auf S. 267 abgedruckte Notiz.[1]

[1] Summirung der *Gauss*'schen Reihen, Bd. IV S. 295 dieser Ausgabe.

H

und also, wenn $m = 4$ und n ungerade ist:

$$(L'''.)\qquad \frac{1}{|\sqrt{n}|} \cdot \sum_k e^{\frac{4k^2\pi i}{n}} = \frac{1}{2} e^{\frac{1}{4}\pi i}\left(1 + e^{-\frac{n\pi i}{4}}\right) + e^{\frac{1}{4}(n-1)\pi i} \int_{-\infty}^{\infty} \frac{e^{-u^2\pi i}\,du}{e^{un}|\sqrt{n}| + e^{-un}|\sqrt{n}|}.$$

$$\left(-\tfrac{1}{4}n < k < \tfrac{1}{4}n\right)$$

Hieraus ergeben sich die bemerkenswerthen Formeln:

$$(M.)\quad\begin{cases} \displaystyle\int_{-\infty}^{+\infty} \frac{\cos\frac{t^2\pi}{n}}{\cos t\pi i}\,dt = \left(\cos\frac{n+1}{4}\pi + \cos\frac{2n+1}{4}\pi\right)|\sqrt{n}| + 2\sum_k \sin\left(\frac{n}{4} - \frac{4k^2}{n}\right)\pi, \\[3.5ex] \displaystyle\int_{-\infty}^{+\infty} \frac{\sin\frac{t^2\pi}{n}}{\cos t\pi i}\,dt = \left(\sin\frac{n+1}{4}\pi + \sin\frac{2n+1}{4}\pi\right)|\sqrt{n}| - 2\sum_k \cos\left(\frac{n}{k} - \frac{4k^2}{n}\right)\pi, \end{cases}$$

in denen sich die Summation rechts auf alle ganzzahligen zwischen $-\frac{1}{4}n$ und $+\frac{1}{4}n$ liegenden Werthe von k bezieht und die Zahl n als ungerade vorausgesetzt ist.

Um die mit $(H.)$ bezeichnete Summenformel anzuwenden, nehme ich:

$$f(z) = e^{2wz\pi i}$$

und hierbei für w eine complexe Grösse, deren reeller Theil seinem absoluten Werthe nach kleiner als 1 ist. Die Bedingungsgleichung $(H_0.)$ ist alsdann erfüllt, und es wird also gemäss der Formel $(H.)$:

$$(N.)\quad \frac{1}{2}\sum_k e^{2wk\pi i} + \frac{1}{2}\sum_k e^{2wk'\pi i} = i\int_0^{\infty} \sum_{a,e}(-1)^a\varepsilon\, \frac{e^{2w(z_a + eyi)\pi i}\,dy}{e^{2(y-iz_a)\pi} - 1} + \int_{z_0}^{z_1} e^{2wz\pi i}\,dz. \quad\binom{a=0,1;}{e=+1,-1}$$

$$(z_0 < k < z_1;\ z_0 \lessgtr k \lessgtr z_1)$$

Der erste Theil des Ausdrucks auf der rechten Seite verwandelt sich, wenn man unter dem Integral- und Summenzeichen nach Potenzen von $e^{-2y\pi}$ entwickelt, in folgenden:

$$i \lim_{n=\infty} \sum_{a,e}(-1)^a\varepsilon \int_0^{\infty} \sum_{h=1}^{h=n} e^{-2(h+we)(y-iz_a)\pi}\,dy \qquad (a=0,1;\ e=+1,-1),$$

welcher ferner, wenn die Integration ausgeführt wird, in:

$$-\frac{1}{2\pi i}\lim_{n=\infty}\sum_{a,e}(-1)^a\sum_{h=1}^{h=n}\frac{e^{2(w+he)z_a\pi i}}{w+he} - \frac{1}{2\pi i}\sum_a(-1)^a\frac{e^{2wz_a\pi i}}{w}$$

übergeht. Die Gleichung ($N.$) nimmt hiernach, wenn w von Null verschieden ist, folgende einfache Gestalt an:

$$(N'.)\qquad \frac{1}{2}\sum_{k} e^{2wk\pi i} + \frac{1}{2}\sum_{k'} e^{2wk'\pi i} = \frac{1}{2\pi i}\lim_{n=\infty}\sum_{h=-n}^{h=+n}\frac{e^{2(w+h)x_1\pi i} - e^{2(w+h)x_0\pi i}}{w+h},$$
$$(x_0<k<x_1;\ x_0\leqq k'\leqq x_1)$$

in welcher sie offenbar eine Darstellung der unendlichen Reihen:

$$\lim_{n=\infty}\sum_{h=-n}^{h=+n}\frac{e^{2(w+h)x\pi i}}{w+h}$$

in endlicher Form liefert. Dabei ist zu bemerken, dass die Gleichung ($N'.$) zwar unter der Voraussetzung, dass w von Null verschieden sei und dass der reelle Theil von w zwischen -1 und $+1$ liege, abgeleitet worden ist, aber da die Ausdrücke auf beiden Seiten der Gleichung ungeändert bleiben, wenn $w+1$ an Stelle von w gesetzt wird, so folgt, dass die Gleichung ($N'.$) für *alle* complexen Werthe von w, nur reelle ganzzahlige ausgenommen, gültig ist.

Setzt man in der Formel ($N'.$) $x_0 = 0$ und lässt dann den Index von x_1 fort, so wird der Ausdruck auf der rechten Seite:

$$\frac{1}{2} i \cot w\pi + \frac{1}{2\pi i}\lim_{n=\infty}\sum_{h=-n}^{h=+n}\frac{e^{2(w+h)x\pi i}}{w+h},$$

und die Formel ($N'.$) geht alsdann, wenn x nicht einen ganzen ganzzahligen Werth hat, in folgende über:

$$(N''.)\qquad \frac{e^{2w[x]\pi i}}{1-e^{-2w\pi i}} = \frac{1}{2\pi i}\lim_{n=\infty}\sum_{h=-n}^{h=+n}\frac{e^{2(w+h)x\pi i}}{w+h},$$

wo $[x]$ in üblicher Weise die grösste ganze Zahl bedeutet, welche kleiner als x ist. Diese Formel stimmt vollständig mit derjenigen überein, welche oben (S. 329) mit ($A.$) bezeichnet ist; sie wird mit derselben identisch, wenn man $x-[x] = v$ und $-i$ an Stelle von i setzt.

Die erwähnte Formel ($A.$):

$$\frac{2\pi i e^{2vw\pi i}}{e^{2w\pi i}-1} = \lim_{n=\infty}\sum_{k=-n}^{k=+n}\frac{e^{2kv\pi i}}{w-k}\qquad (0<v<1),$$

welche ich mehrfach angewendet habe, und welche Herr *Lipschitz* bei Gelegenheit seiner Untersuchungen über die allgemeinere Reihe:

$$\lim_{n=\infty} \sum_{k=-n}^{k=+n} \frac{e^{2k\omega\pi i}}{(w-k)^a}$$

entwickelt hat, kommt, wie ich erst jetzt bemerkt habe, schon früher in der Literatur vor. Die von Herrn *Schlömilch* in seinem Aufsatz: „Développement de deux formules sommatoires“ benutzten beiden Gleichungen*):

$$(P.) \quad \begin{cases} \displaystyle \lim_{n=\infty} \sum_{k=-n}^{k=+n} \frac{t\cos k\omega}{k^2+t^2} = \pi \cdot \frac{e^{(\pi-\omega)t}+e^{-(\pi-\omega)t}}{e^{\pi t}-e^{-\pi t}} & (\pi \gtreqless \omega \gtreqless 0), \\[3ex] \displaystyle \lim_{n=\infty} \sum_{k=-n}^{k=+n} \frac{k\sin k\omega}{k^2+t^2} = \pi \cdot \frac{e^{(\pi-\omega)t}-e^{-(\pi-\omega)t}}{e^{\pi t}-e^{-\pi t}} & (\pi > \omega > 0) \end{cases}$$

führen, wenn man sie addirt und $x = 2v\pi$, $t = -wi$ setzt, unmittelbar zu jener Formel (A.). Freilich erscheint hierbei der Geltungsbereich der Formel (A.) zu eng; denn v wird dabei als zwischen 0 und $\frac{1}{2}$ liegend und, da in dem citirten Aufsatze t eine reelle Grösse bedeutet, w als rein imaginär angenommen; aber die allgemeinere Gültigkeit der Formel (A.) ist eine Folge jener speciellen.

Herr *Schlömilch* bezeichnet a. a. O. die angeführten Gleichungen als „bekannte Formeln“; und sie finden sich in der That schon bei *Cauchy*, nach einer gelegentlichen Bemerkung von *Dirichlet***) auch schon bei *Euler*. Auf S. 367 seiner Exercices de Mathématiques von 1827 (Seconde année) entwickelt *Cauchy* in den zwei Gleichungen (126.) und (127.) e^{tx} einerseits nach cosinus und andrerseits nach sinus ganzer Vielfacher von x. Nun stellt, wie gleich im Anfange dieses Aufsatzes S. 329 gezeigt worden ist, die Formel (A.) nicht Anderes dar als die Entwickelung von e^{tx} nach cosinus *und* sinus ganzer Vielfacher von x; aber auch aus jenen beiden *Cauchy*'schen Gleichungen resultirt die Formel (A.) fast unmittelbar. Addirt man sie nämlich und setzt $s = 2wi$, $x = v\pi$, so kommt:

$$(Q.) \qquad 2\pi i e^{2w\pi i} = (e^{2w\pi i}-1)\sum_{k}\frac{e^{2k\omega\pi i}}{2w-2k} + (e^{2w\pi i}+1)\sum_{k}\frac{e^{(2k+1)\omega\pi i}}{2w-2k-1}.$$
$$(k=0,\pm1,\pm2,\pm3,\ldots)$$

---

*) Bd. XLII des *Crelle*'schen Journals, S. 130.

**) *Crelle*'s Journal, Bd. XXIV, S. 365 und *G. Lejeune-Dirichlet*'s Werke, Bd. I, S. 612.

43*

Wenn man ferner eine der beiden *Cauchy*'schen Gleichungen von der andern subtrahirt und $s = -2wi$, $x = v\pi$ setzt, so ergiebt sich eine Relation, welche zeigt, dass die beiden Theile auf der rechten Seite der Gleichung (Q.) einander gleich sind, und hieraus folgt offenbar jene Formel (A.).

Nimmt man in der oben mit (N.) bezeichneten Gleichung $w = 0$, so erhält man:

$$x_1 - x_0 + \sum_{h=1}^{h=\infty} \frac{\sin 2h x_1 \pi - \sin 2h x_0 \pi}{h\pi}$$

als *einheitlichen Ausdruck* für die Anzahl aller in dem Intervalle (x_0, x_1) liegenden ganzen Zahlen, vorausgesetzt, dass man jede etwa in einer der Grenzen des Intervalls liegende ganze Zahl als nur einhalb mal vorkommend rechnet.

Literarische Notizen über obige Summenformeln.[1]

Die Summenformel (E'.), welche die Grundlage der vorstehenden Entwickelungen bildet, geht unmittelbar aus einer allgemeinen *Cauchy*'schen Formel hervor. Man braucht nämlich nur in jener Gleichung, welche auf S. 98 der Exercices de Mathématiques vom Jahre 1826 mit (11.) bezeichnet ist, an Stelle von $f(x + yi)$ das Product:

$$\cot(x + yi)\pi \cdot f(x + yi)$$

zu setzen, um sogleich die obige Summenformel (E'.) zu erhalten.

Die Summenformel (G.) geht, wenn:

$$x_0 = 0, \quad x_1 = \infty, \quad \cos s\pi f(s) = \varphi(s)$$

gesetzt wird, in folgende über:

$$(G'.) \qquad \frac{1}{2}\varphi(0) + \sum_{k=1}^{k=\infty}(-1)^k \varphi(k) = -\frac{1}{2}\int_0^\infty \sum_s \frac{\varphi(syi)dy}{\sin sy\pi i} \qquad (s=+1,-1),$$

welche sich schon in einer *Abel*'schen Abhandlung vom Jahre 1823 (Bd. I S. 27 der zweiten Ausgabe von *Abel's* Werken) findet.*) Doch ist a. a. O. die Bedingung:

---

*) Der betreffende letzte Theil der citirten Abhandlung fehlt in der ersten Ausgabe von *Abel's* Werken. Die Formel kommt übrigens auch in einer *Abel*'schen Abhandlung vom Jahre 1825 auf S. 50 des zweiten Bandes der ersten Ausgabe vor, jedoch nur als ein „vielleicht einem *Abel*'schen Manuscript entnommener Zusatz des Herausgebers *Holmboe*". Vergl. die Bemerkung auf S. 291 des zweiten Bandes der zweiten Ausgabe.

[1] Vgl. Zusatz 24 am Ende dieses Bandes.

H

$$-\lim_{x_1=\infty}\int_0^\infty \sum_s \frac{\varphi(x_1+\varepsilon y i)\,dy}{\sin(x_1+\varepsilon y i)\pi} + i\lim_{y_1=\infty}\int_0^\infty \sum_s \varepsilon\,\frac{\varphi(x+\varepsilon y_1 i)\,dx}{\sin(x+\varepsilon y_1 i)\pi} = 0 \qquad (\varepsilon=+1,-1),$$

an welche die Gültigkeit der Gleichung (G'.) gemäss den obigen Entwickelungen geknüpft ist, nicht angegeben.

Die beiden Summenformeln, welche Herr *Schlömilch* in dem schon citirten Aufsatze hergeleitet hat*), gehen aus jener *Abel'*schen Formel (G'.) hervor, wenn man für $\varphi(z)$ beziehungsweise:

$$\cos(x+\pi)z\cdot f(z), \quad \sin(x+\pi)z\cdot f(z)$$

setzt. Herr *Schlömilch* hat aber Gültigkeitsbedingungen hinzugefügt, welche freilich enger als die oben angegebenen sind.

Nimmt man in der mit (H.) bezeichneten Summenformel für x_1 eine ganze Zahl und setzt:

$$F(v - h x_1 + h z) = f(z), \quad v - h x_1 + h x_0 = v_0,$$

wo v und h beliebige Grössen bedeuten, so erhält man, je nachdem der Werth von x_0 ganzzahlig ist oder nicht, für die erste oder die zweite der beiden Summen:

$$\tfrac{1}{2}F(v_0) + \sum_k F(v-hk), \quad \sum_k F(v-hk) \qquad \left(0<k<\tfrac{v-v_0}{h}\right)$$

einen Ausdruck $\Phi(v) + \Psi(v)$, in welchem:

$$\Phi(v) = -\tfrac{1}{2}F(v) + \frac{1}{h}\int_{v_0}^v F(v)\,dv + \frac{1}{i}\int_0^\infty \sum_s \varepsilon F(v+\varepsilon h y i)\,\frac{dy}{e^{2y\pi}-1} \qquad (\varepsilon=+1,-1),$$

und, wenn zur Abkürzung $z = \tfrac{v_0}{h} + \varepsilon y i$ gesetzt wird:

$$\Psi(v) = \int_{y=0}^{y=\infty} \sum_s \frac{F(hz)\,dz}{e^{2\varepsilon\left(\frac{v}{h}-z\right)\pi i}-1}$$

ist. Für das Aggregat $\Phi(v) + \Psi(v)$ besteht daher die Relation:

$$\Phi(v+h) - \Phi(v) + \Psi(v+h) - \Psi(v) = F(v),$$

und da offenbar $\Psi(v+h) = \Psi(v)$ ist, so genügt $\Phi(v)$ der Differenzengleichung:

$$\Phi(v+h) - \Phi(v) = F(v).$$

—————————————

*) Vergl. die Formeln (12) und (13) auf S. 130 des 42. Bandes des *Crelle'*schen Journals.

Wird demgemäss $\Phi(v)$, als summatorische Function von $F(v)$, in üblicher Weise durch $\sum_h F(v)$ bezeichnet, so ist diese, abgesehen von einer Constanten, durch die Gleichung:

$$\sum_h F(v) = -\tfrac{1}{2}F(v) + \tfrac{1}{h}\int F(v)\,dv + \tfrac{1}{i}\int_0^\infty \sum_\varepsilon \varepsilon F(v + \varepsilon h y i)\frac{dy}{e^{2y\pi}-1} \qquad (\varepsilon=+1,-1)$$

bestimmt. Dieses Resultat findet sich schon in einer 1820 im 25. Bande der „Memorie della reale Accademia delle scienze di Torino" erschienenen Abhandlung von *Plana*, welche den Titel hat: „Note sur une nouvelle expression analytique des nombres *Bernoulliens*, propre à exprimer en termes finis la formule générale pour la sommation des suites".*) Dasselbe Resultat findet sich ferner in einer 1823 von *Abel* publicirten Abhandlung mit der Bemerkung: „Cette expression de l'intégrale finie d'une fonction quelconque me paraît très remarquable, et je ne crois pas qu'elle ait été trouvée auparavant".**) Es scheint mir deshalb von Interesse, dass sich oben das *Cauchy*'sche Theorem als die unmittelbare allgemeine Quelle aller dieser Resultate erwiesen hat, und da dieses Theorem nur in seiner ursprünglichen einfachsten Fassung, in welcher es schon in der Abhandlung vom Jahre 1814 „Mémoire sur les intégrales définies" vorkommt, bei der Ableitung jener Resultate gebraucht wird***), so zeigt sich, dass *Cauchy* schon lange, bevor *Plana* und *Abel* aus der *Euler*'schen Summenformel ihre erwähnten Resultate abgeleitet haben, im Besitze der naturgemässen Hülfsmittel zu deren Erlangung gewesen ist.

---

*) Die bezügliche Formel steht a. a. O. auf S. 407 und ist mit (α) bezeichnet. Herr *Bertrand* hat darauf hingewiesen, dass diese Formel vor *Abel* von *Plana* entwickelt worden ist (S. 290 des II. Bandes der zweiten Ausgabe von *Abel*'s Werken).

**) Bd. II, S. 227 der ersten und Bd. I, S. 28 der zweiten Ausgabe von *Abel*'s Werken. Auf die angeführte Stelle der ersten Ausgabe hat mich Herr *Lipschitz*, als ich ihm meine im III. Heft abgedruckten Bemerkungen mittheilte, aufmerksam gemacht, und dadurch zur obigen Fortsetzung jener Bemerkungen angeregt.

***) In jener ursprünglichen Fassung besagt das *Cauchy*'sche Theorem nur, dass $\int f(x + yi)\,d(x + yi) = 0$ ist, wenn die Integration längs der vier Seiten eines innerhalb der natürlichen Begrenzung liegenden Rechtecks erstreckt wird; das allgemeinere *Cauchy*'sche Theorem kann aber aus diesem specielleren erschlossen werden. (Vergl. meine Notiz „Ueber den *Cauchy*'schen Satz" im Stück XXXVIII des Jahrgangs 1885 der Sitzungsberichte der Berliner Akademie der Wissenschaften.)[1]

[1]) Band V, S. 295 dieser Ausgabe von *L. Kronecker*'s Werken.

H

ÜBER EINE SUMMATORISCHE FUNCTION

VON

L. KRONECKER.

Sitzungsberichte der Königlich Preussischen Akademie der Wissenschaften zu Berlin vom Jahre 1889. S. 867—881.

ÜBER EINE SUMMATORISCHE FUNCTION.

[Gelesen in der Akademie der Wissenschaften am 31. Oktober 1889.]

I. Im Art. V meines Aufsatzes*) „Über eine bei Anwendung der partiellen Integration nützliche Formel" bin ich von der einfachen Bemerkung ausgegangen, daß die Integralformel:

$$(\mathfrak{F}) \qquad \int_{x_0}^{x_n} f^{(n)}(x)\,g(-x)\,dx - \int_{x_0}^{x} f(x)\,g^{(n)}(-x)\,dx = \sum_{h=1}^{h=n} \int_{x_0}^{x} d\big(f^{(h-1)}(x)\,g^{(n-h)}(-x)\big)$$

sich unmittelbar in eine „ganz allgemeine Summenformel" verwandelt, wenn man für $f(x)$ eine Function nimmt, deren n-te Ableitung $f^{(n)}(x)$ in dem ganzen Intervalle (x_0, x_r) endlich ist, für $g(x)$ aber eine solche, deren $(n-1)$te Ableitung $g^{(n-1)}(x)$ an einzelnen durch die Werthe:

$$-x = x_1,\ x_2, \ldots x_{r-1} \qquad\qquad (x_0 < x_1 < x_2 \ldots < x_{r-1} < x_r)$$

bezeichneten Stellen des Intervalls (x_0, x_r) unstetig, dabei jedoch durchweg endlich ist. Wenn nämlich die Function $g^{(n-1)}(x)$ innerhalb jedes einzelnen Intervalls:

$$(-x_k,\ -x_{k+1}) \qquad\qquad (k=0,1,2,\ldots r-1),$$

in welchem sie stetig ist, zugleich Ableitungen $g^{(n)}(x)$ mit endlichen Werthen hat, so folgt aus jener Integralformel $(\mathfrak{F})$ in der That die ganz allgemeine Summenformel:

$$
\begin{aligned}
(1)\quad & -f(x_0)\lim_{\varepsilon=0} g^{(n-1)}(-\varepsilon^2-x_0) + \sum_{k=1}^{k=r-1} f(x_k)\lim_{\varepsilon=0}\big[g^{(n-1)}(\varepsilon^2-x_k) - g^{(n-1)}(-\varepsilon^2-x_k)\big] \\
& + f(x_r)\lim_{\varepsilon=0} g^{(n-1)}(\varepsilon^2-x_r) = \int_{x_0}^{x_r} f^{(n)}(x)\,g(-x)\,dx - \int_{x_0}^{x_r} f(x)\,g^{(n)}(-x)\,dx \\
& + \sum_{h=2}^{h=n}\big[f^{(h-1)}(x_0)\,g^{(n-h)}(-x_0) - f^{(h-1)}(x_r)\,g^{(n-h)}(-x_r)\big].
\end{aligned}
$$

Bei der Anwendung, welche ich dann von dieser Summenformel im Art. VII des citirten Aufsatzes auf den besonderen Fall gemacht habe, wo je zwei der auf-

---

*) Sitzungsberichte von 1885.[1]

[1] Bd. V, S. 267 ff. dieser Ausgabe von *L. Kronecker's* Werken, vgl. besonders S. 273 ff.   H

einanderfolgenden Unstetigkeitsstellen $x_1, x_2, \ldots x_{r-1}$ gleich weit von einander abstehen, habe ich zugleich angenommen, dass das Anfangsintervall (x_0, x_1) und das Endintervall (x_{r-1}, x_r) ebenso gross wie jedes der übrigen Intervalle sei. Aber diese beschränkende Annahme ist nicht nur unnöthig, sondern deren Beseitigung führt gerade, wie hier gezeigt werden soll, zu bemerkenswerthen Ergebnissen, namentlich zu naturgemässen Bedingungen für eine summatorische Function.*)

II. Um dies darzulegen, gehe ich von irgend einer reellen Function $\psi(x)$ aus, welche nebst ihrer Ableitung $\psi'(x)$ in dem ganzen Intervalle $(0, t)$ endlich bleibt, und für welche $\psi(0)$ und $\psi(t)$ verschiedene Werthe haben. Ich denke mir ferner $\psi(x)$ (für $0 < x < t$) in eine (Fourier'sche) Reihe:

$$\sum_{k=1}^{k=\infty} \alpha_k \sin \frac{2k x \pi}{t} + \sum_{k=0}^{k=\infty} \beta_k \cos \frac{2k x \pi}{t}$$

entwickelt, so dass eine Gleichung:

$$(2) \qquad \psi(x) = \frac{1}{t}\int_0^t \psi(x)\,dx + \sum_{k=1}^{k=\infty} \frac{a_k t}{2k\pi} \cos\left(\frac{2kx}{t} + v_k + \frac{1}{2}\right)\pi$$

resultirt, in welcher die Grössen a_k und v_k durch die Relation:

$$a_k e^{v_k \pi i} = -\frac{2k\pi}{t}(\alpha_k + \beta_k i)$$

mit den Coefficienten α_k, β_k verbunden sind.**) Alsdann setze ich:

$$(3) \qquad g^{(n-h)}(-x) = \sum_{k=1}^{k=\infty} \frac{a_k t^h}{(2k\pi)^h} \cos\left(\frac{2kx}{t} + v_k + \frac{1}{2}h\right)\pi \qquad\qquad (h=1, 2, \ldots n),$$

so dass $g^{(n-h)}(x)$ die $(n-h)$te Ableitung von $g^{(0)}(x)$ wird, und bestimme endlich $g^{(n)}(-x)$ für $0 \leqq x < t$ durch die Gleichung:

$$(3') \qquad g^{(n)}(-x) = -\psi'(x)$$

und für alle übrigen Werthe von x durch die Periodicitätsgleichung:

$$(3'') \qquad g^{(n)}(x) = g^{(n)}(x + t).$$

____

*) Vergl. Art. IV und Art. VI.
**) Vergl. die Ausführungen im Art. V.

Hiernach sind die (in der Summenformel (1) mit $- x_1, - x_2, \ldots - x_{r-1}$ bezeichneten) Unstetigkeitsstellen von $g^{(n-1)}(x)$ in irgend einem Intervalle (x_0, x), wobei $x_0 < x$ angenommen wird, durch die darin liegenden ganzzahligen Vielfachen von t gegeben, und der Ausdruck auf der ersten Seite der Summenformel (1) verwandelt sich in folgenden:

$$(4) \qquad - f(x_0) \lim_{s=0} g^{(n-1)}(- s^2 - x_0) + f(x) \lim_{s=0} g^{(n-1)}(s^2 - x) + (\psi(t) - \psi(0)) \sum_k f(kt),$$

in welchem die Summation auf alle *zwischen* $\frac{x_0}{t}$ und $\frac{x}{t}$ liegenden ganzen Zahlen k zu erstrecken ist. Dieser Ausdruck kann aber auch in der Form:

$$(5) \qquad - f(x_0)\, g^{(n-1)}(- x_0) + f(x)\, g^{(n-1)}(- x) + (\psi(t) - \psi(0)) \overline{\sum_k} f(kt) \qquad \left(\tfrac{x_0}{t} \leqq k \leqq \tfrac{x}{t}\right)$$

dargestellt werden, in welcher das überstrichene Summenzeichen ähnlich wie in meiner Abhandlung über das *Dirichlet*'sche Integral*) die durch die Gleichung:

$$(6) \qquad \overline{\sum_k} f(kt) = \tfrac{1}{2} \cdot \sum_m f(mt) + \tfrac{1}{2} \sum_n f(nt) \qquad \left(\begin{matrix}\tfrac{x_0}{t} \leqq m < \tfrac{x}{t} \\ \tfrac{x_0}{t} < n \leqq \tfrac{x}{t}\end{matrix}\right)$$

definirte Bedeutung hat.

Da nämlich die Differenz der in den beiden Ausdrücken (4) und (5) vorkommenden Summen:

$$\overline{\sum_k} f(kt) - \sum_k f(kt)$$

die Werthe:

$$0, \quad \tfrac{1}{2} f(x_0), \quad \tfrac{1}{2} f(x), \quad \tfrac{1}{2} f(x_0) + \tfrac{1}{2} f(x)$$

hat, je nachdem weder x_0 noch x, oder nur x_0, oder nur x, oder sowohl x_0 als auch x ein ganzes Vielfaches von t ist, so ist für den Nachweis der Übereinstimmung der beiden Ausdrücke (4) und (5) nur erforderlich zu zeigen, dass der Werth von:

$$- f(x_0) \lim_{s=0} g^{(n-1)}(- s^2 - x_0) + f(x) \lim_{s=0} g^{(n-1)}(s^2 - x) + f(x_0)\, g^{(n-1)}(- x_0) - f(x)\, g^{(n-1)}(- x),$$

je nach den vier unterschiedenen Fällen, gleich:

$$0, \quad \tfrac{1}{2} (\psi(t) - \psi(0)) f(x_0), \quad \tfrac{1}{2} (\psi(t) - \psi(0)) f(x), \quad \tfrac{1}{2} (\psi(t) - \psi(0)) (f(x_0) + f(x))$$

*) Sitzungberichte von 1885, Art. IV.[1])

[1]) Bd. V, S. 285 ff. dieser Ausgabe von *L. Kronecker*'s Werken.

H

44*

wird. Dies geht aber in der That daraus hervor, dass, wenn weder x_0 noch x ein ganzes Vielfaches von t ist:

$$\lim_{t=0} g^{(n-1)}(-\varepsilon^2 - x_0) = g^{(n-1)}(-x_0), \quad \lim_{t=0} g^{(n-1)}(\varepsilon^2 - x) = g^{(n-1)}(-x)$$

wird, während, wenn x_0 ein ganzes Vielfaches von t ist, die Relationen:

$$\lim_{t=0} g^{(n-1)}(-\varepsilon^2 - x_0) = \psi(0) - \frac{1}{t}\int_0^t \psi(x)\,dx, \quad g^{(n-1)}(-x_0) = \frac{1}{2}(\psi(0) + \psi(t)) - \frac{1}{t}\int_0^t \psi(x)\,dx$$

bestehen, und falls x ein ganzes Vielfaches von t ist, die Gleichungen:

$$\lim_{t=0} g^{(n-1)}(\varepsilon^2 - x) = \psi(t) - \frac{1}{t}\int_0^t \psi(x)\,dx, \quad g^{(n-1)}(-x) = \frac{1}{2}(\psi(0) + \psi(t)) - \frac{1}{t}\int_0^t \psi(x)\,dx$$

statthaben.

Ersetzt man nunmehr die Ausdrücke auf der ersten Seite der Gleichung (1) durch denjenigen, welcher oben mit (5) bezeichnet ist, so resultirt die elegante „allgemeine Summenformel":

$$(7) \quad (\psi(t) - \psi(0))\sum_k f(kt) = \sum_{k=1}^{k=n} (f^{(k-1)}(x_0)g^{(n-k)}(-x_0) - f^{(k-1)}(x)g^{(n-k)}(-x))$$

$$+ \int_{x_0}^x [f^{(n)}(x)g(-x) - f(x)g^{(n)}(-x)]\,dx,$$

in welcher $\sum f(kt)$ in dem durch die Gleichung (6) dargelegten Sinne zu nehmen ist und die Functionen $g(x), g'(x), \ldots g^{(n)}(x)$ die durch die obigen Gleichungen (3), (3'), (3'') gegebene Bedeutung haben.[*])

III. Man kann zu der Summenformel (7) auch direct in sehr einfacher Weise gelangen, indem man die Eigenschaften der Function von x untersucht, welche die rechte Seite jener Formel bildet.

Es ist nämlich zuvörderst klar, dass in dem Ausdruck:

$$(8) \quad \sum_{k=1}^{k=n} f^{(k-1)}(x)g^{(n-k)}(-x) + \int [f(x)g^{(n)}(-x) - f^{(n)}(x)g(-x)]\,dx$$

[*]) Bei der Function $g^{(0)}(x)$ ist der Einfachheit halber der obere Index weggelassen worden.

vermöge der über die Functionen $f(x)$ und $g(x)$ gemachten Voraussetzungen alle einzelnen Theile, mit Ausnahme des ersten, *durchweg* stetige Functionen von x sind, und dass dieser erste Theil:

$$f(x)g^{(n-1)}(-x)$$

ebenfalls *innerhalb* jedes von zwei aufeinanderfolgenden ganzen Vielfachen von t eingeschlossenen Intervalls stetig bleibt, während derselbe, wenn x wachsend ein ganzes n-faches von t erreicht, plötzlich um den Betrag von:

$$\frac{1}{2}\cdot(\psi(0)-\psi(t))f(nt)$$

zunimmt, und dann, wenn x weiter wächst, nochmals plötzlich um denselben Betrag vermehrt wird. Dass dies in der That der Fall ist, erhellt unmittelbar aus den Gleichungen:

$$\lim_{s=0} g^{(n-1)}(-s^2-nt) = \psi(0)-\frac{1}{t}\int_0^t \psi(x)\,dx$$

$$g^{(n-1)}(-nt) = \frac{1}{2}(\psi(0)+\psi(t))-\frac{1}{t}\int_0^t \psi(x)\,dx$$

$$\lim_{s=0} g^{(n-1)}(s^2-nt) = \psi(t)-\frac{1}{t}\int_0^t \psi(x)\,dx.$$

Ferner ist leicht zu sehen, dass die mit (8) bezeichnete Function von x, vermöge der über die Functionen $f(x)$ und $g(x)$ gemachten Voraussetzungen, innerhalb jedes von zwei aufeinanderfolgenden ganzen Vielfachen von t eingeschlosenenen Intervalls eine Ableitung hat. Dass aber deren Werth gleich Null ist, ergiebt sich sofort, wenn man die n Identitäten:

$$d(f^{(\lambda-1)}(x)g^{(n-\lambda)}(-x)) + f^{(\lambda-1)}(x)g^{(n-\lambda+1)}(-x) - f^{(\lambda)}(x)g^{(n-\lambda)}(-x) = 0 \qquad (\lambda=1,2,\dots n)$$

zu einander addirt.

Die mit (8) bezeichnete Function von x hat daher die Eigenschaft,

dass sie *innerhalb* jedes von zwei aufeinanderfolgenden ganzen Vielfachen von t:

$$nt,\ (n+1)t$$

begrenzten Intervalls constant bleibt, aber am Anfange um:

$$\frac{1}{2}(\psi(0)-\psi(t))f(nt),$$

am Ende um:

$$\tfrac{1}{2}\,(\psi(0) - \psi(t))f((n + 1)t)$$

zunimmt,

und es leuchtet ein, dass die Summenformel (7) unmittelbar hieraus erschlossen werden kann.

IV. Bezeichnet man jenen Ausdruck (8) mit $\left(\psi(0) - \psi(t)\right)\overline{\sum}_t f(x)$, so dass hierfür die Definitionsgleichung:

$$(10)\quad (\psi(0) - \psi(t))\overline{\sum}_t f(x) = \sum_{h=1}^{h=n} f^{(h-1)}(x)g^{(n-h)}(-x) + \int^{x}[f(x)g^{(n)}(-x) - f^{(n)}(x)g(-x)]dx$$

gilt, so ist $\overline{\sum}_t f(x)$, da auf der rechten Seite die untere Grenze des Integrals fehlt, nur abgesehen von einer beliebigen additiven Constanten bestimmt.

Die Function $\overline{\sum}_t f(x)$ kann aber andererseits auf Grund der Summenformel (7) durch die Relation:

$$(11)\quad \overline{\sum}_t f(x) - \overline{\sum}_t f(x_0) = \tfrac{1}{2}\sum_m f(mt) + \tfrac{1}{2}\sum_n f(nt) \qquad \left(\begin{matrix}\frac{x_0}{t}\leq m<\frac{x}{t}\\[2pt]\frac{x_0}{t}<n\leq\frac{x}{t}\end{matrix}\right)$$

definirt werden, welche sich bei Benutzung der Gleichung (6) auch in folgender Weise darstellen lässt:

$$(11')\quad \overline{\sum}_t f(x) - \sum_t f(x_0) = \sum_k f(kt) \qquad \left(\tfrac{x_0}{t}\leq k\leq\tfrac{x}{t}\right),$$

und hierbei kann der Argumentwerth x_0 so wie der entsprechende Functionswerth $\sum_t f(x_0)$ ganz willkürlich genommen werden.

Auf Grund dieser letzteren Definition lässt sich nun zeigen, dass die charakteristischen Eigenschaften der Function $\overline{\sum}_t f(x)$ in folgenden Relationen enthalten sind:

$$(12)\quad \sum_t f(\delta t) - \overline{\sum}_t f(0) = \tfrac{1}{2}f(0) \qquad (0 < t < 1),$$

$$(12')\quad \sum_t f(x + t) - \overline{\sum}_t f(x) = \tfrac{1}{2}f(mt) + \tfrac{1}{2}f(nt),$$

wo x eine beliebige reelle Grösse bedeutet und die ganzen Zahlen m, n durch die Ungleichheitsbedingungen:

$$x \leqq mt < x + t, \quad x < nt \leqq x + t$$

bestimmt werden.

Ist nämlich δt der Rest der Division von x durch t, so folgt aus der Relation (12') die Gleichung:

$$(13) \qquad \sum_t f(x) - \sum_t f(\delta t) = \tfrac{1}{2} \sum_m f(mt) + \tfrac{1}{2} \sum_n f(nt),$$

in welcher die beiden Summationen auf alle den Ungleichheitsbedingungen:

$$\delta t \leqq mt < x, \quad \delta t < nt \leqq x$$

genügenden ganzen Zahlen m und n zu erstrecken sind. Nimmt man ferner unter der Voraussetzung, dass δ nicht Null ist, die Relation (12) hinzu, so ergiebt sich die Gleichung:

$$(14) \qquad \sum_t f(x) - \sum_t f(0) = \tfrac{1}{2} \sum_m f(mt) + \tfrac{1}{2} \sum_n f(nt) \qquad \left(\begin{smallmatrix} 0 \leqq mt < x \\ 0 < nt \leqq x \end{smallmatrix} \right),$$

und für den Fall $\delta = 0$ stimmt die Gleichung (13) selbst mit dieser überein.

Die Gleichung (14) definirt nun offenbar die Function $\sum_t f(x)$ für alle reellen Grössen x in genauer Übereinstimmung mit jener Definitionsgleichung (11), wenn darin $x_0 = 0$ genommen wird. Es zeigt sich also, dass die beiden mit (12) und (12') bezeichneten Relationen die Function $\sum_t f(x)$ in der That richtig und vollständig charakterisiren.

Der Inhalt dieser beiden Relationen kann auch in folgenden Sätzen formulirt werden:

wenn x kein ganzes Vielfaches von t, und nt das dem Werthe von x nächste kleinere ganze Vielfache von t ist, so ist die Differenz:

$$\sum_t f(x) - \sum_t f(nt)$$

gleich $\tfrac{1}{2} f(nt)$, d. h. also gleich dem halben Functionswerthe von f für das unter dem Argumente x zunächst liegende ganze Vielfache von t; aber die Differenz:

$$\sum_t f(x+t) - \sum_t f(x)$$

ist *im Allgemeinen* gleich dem Functionswerthe von f für dasjenige zwischen x und $x+t$ liegende Argument, welches ein ganzzahliges Vielfaches von t ist, und nur in dem besonderen Falle, wo jedes der beiden Grenzargumente x und $x+t$ selbst, und daher *keines* der zwischen x und $x+t$ liegenden Argumente, ein ganzzahliges Vielfaches von t ist, gleich:

$$\tfrac{1}{2}\big(f(x) + f(x+t)\big),$$

d. h. gleich dem arithmetischen Mittel der Functionswerthe für die beiden Grenzargumente.

Für die hierdurch vollständig charakterisirte

$$\text{„summatorische Function"}\ \sum_t f(x)$$

ergiebt nun die obige Gleichung (10):

$$(10)\quad (\psi(0) - \psi(t))\sum_t f(x) = \sum_{h=1}^{h=n} f^{(h-1)}(x)\,g^{(n-h)}(-x) + \int^t [f(x)g^{(n)}(-x) - f^{(n)}(x)g(-x)]\,dx$$

eine elegante Darstellung, in welcher die Functionen $g(x)$, $g'(x)$, ... $g^{(n)}(x)$ auf folgende Weise aus einer beliebig anzunehmenden reellen, im Intervalle $(0, t)$ nebst ihrer Ableitung endlich bleibenden Function $\psi(x)$ zu bilden sind:

Man entwickele zuvörderst $\psi(x)$ (für $0 < x < t$) in eine nach sinus und cosinus ganzer Vielfacher von $\frac{2x\pi}{t}$ fortschreitende Reihe:

$$\psi(x) = \sum_{k=1}^{k=\infty} a_k \sin\frac{2kx\pi}{t} + \sum_{k=0}^{k=\infty} \beta_k \cos\frac{2kx\pi}{t},$$

bestimme ferner die Grössen a_k, v_k so, dass:

$$a_k e^{v_k\pi i} = -\frac{2k\pi}{t}(\alpha_k + \beta_k i) \qquad (k=1,2,3\ldots)$$

wird, und alsdann $g(x)$, $g'(x)$, ... $g^{(n-1)}(x)$ durch die Gleichungen:

$$g^{(n-h)}(-x) = \sum_{k=1}^{k=\infty} \frac{a_k t^h}{(2k\pi)^h} \cos\left(\frac{2kx}{t} + v_k + \tfrac{1}{2}h\right)\pi \qquad (h=1,2,3,\ldots n);$$

endlich nehme man $g^{(n)}(-x)$ im Intervalle $0 \leqq x < t$ gleich:

$$- \frac{d\psi(x)}{dx}$$

an und ausserhalb des Intervalles so, dass stets:

$$g^{(n)}(x + t) = g^{(n)}(x)$$

wird.

V. Man kann das angegebene Resultat formal modificiren und generalisiren, indem man:

$$\int_{0}^{x} f(x)dx = F(x + s)$$

und sowohl:

$$g(x) = (\psi(0) - \psi(t))G(x)$$

als auch für $h = 1, 2, \ldots n$:

$$g^{(h)}(x) = (\psi(0) - \psi(t))G^{(h)}(x)$$

setzt. Die obige Gleichung (10) nimmt alsdann folgende Gestalt an:

$$(15) \qquad \overline{\overline{\sum_{t}}} F'(x + s) = \sum_{h=1}^{h=n} F^{(h)}(x + s)G^{(n-h)}(-x)$$
$$+ \int_{0}^{x} [F'(x + s)G^{(n)}(-x) - F^{(n+1)}(x + s)G(-x)]dx,$$

wo gemäss der Relation (11):

$$(16) \qquad \overline{\overline{\sum_{t}}} F'(x + s) - \overline{\overline{\sum_{t}}} F'(x_0 + s) = \tfrac{1}{2}\sum_{m} F'(mt + s) + \tfrac{1}{2}\sum_{n} F'(nt + s)$$
$$\left(\frac{x_0}{t} \leqq m < \frac{x}{t}, \quad \frac{x_0}{t} < n \leqq \frac{x}{t} \right)$$

ist, und der Ausdruck:

$$(17) \qquad \sum_{h=1}^{h=n} F^{(h)}(x)G^{(n-h)}(s - x) + \int_{0}^{x} [F'(x)G^{(n)}(s - x) - F^{(n+1)}(x)G(s - x)]dx$$

stellt also eine Function von x dar, deren Werth sich bei wachsendem Argument, so lange es *innerhalb* eines durch zwei aufeinanderfolgende Glieder der arithmetischen Reihe:

$$nt + s \qquad\qquad (n = \cdots -2, -1, 0, 1, 2, \ldots)$$

eingeschlossenen Intervalls bleibt, nicht verändert, dagegen plötzlich um den Betrag von:

$$\tfrac{1}{2} F'(nt + s)$$

zunimmt, sobald das Argument x den Werth $nt + z$ eines der Glieder der arithmetischen Reihe erreicht, und sobald er ihn wieder verlässt.

VI. Bezeichnet man in üblicher Weise mit $\sum_t F'(z)$ eine der gewöhnlichen Differenzengleichung:

$$(18) \qquad \sum_t F'(z + t) - \sum_t F'(z) = F'(z)$$

genügende Function von x*), so genügt der Differenzengleichung:

$$(19) \qquad \varPhi(z + t) - \varPhi(z) = \tfrac{1}{2} \cdot (F'(z) + F'(z + t))$$

die Function:

$$\varPhi(z) = \tfrac{1}{2} F'(z) + \sum_t F'(z).$$

Die eine Differenzengleichung ist somit unmittelbar auf die andere zurückführbar.

Nun ist vermöge der Relation (16), wenn darin $x_0 = nt$, $x = (n + 1)t$ und für n eine beliebige ganze Zahl genommen wird:

$$\sum_t F'(z + nt + t) - \sum_t F'(z + nt) = \tfrac{1}{2} (F'(z + nt) + F'(z + nt + t));$$

der Differenzengleichung (19) genügt also jener mit $\sum_t F'(x + z)$ bezeichnete Ausdruck:

$$\sum_{h=1}^{h=n} F^{(h)}(x + z)G^{(n-h)}(-x) + \int^x [F'(x + z)G^{(n)}(-x) - F^{(n+1)}(x + z)G(-x)]dx,$$

wenn darin für x irgend ein ganzes Vielfaches von t gesetzt wird. Aber dieser Ausdruck findet gemäss den obigen Relationen (12), (12') noch seine weitere Bestimmung darin, dass, wenn x kein ganzes Vielfaches von t ist:

$$(20) \qquad \sum_t F'(x + z + t) - \sum_t F'(x + z) = F'(z + nt)$$

wird, wo nt das zwischen x und $x + t$ liegende ganze Vielfache von t bedeutet, und dass ferner für jeden positiven echten Bruch δ die Relation:

$$(21) \qquad \sum_t F'(z + \delta t) - \sum_t F'(z) = \tfrac{1}{2} \cdot F'(z)$$

---

*) *Euler* bezeichnet im Cap. I, 25 des ersten Theils seiner *Institutiones calculi differentialis* eine solche summatorische Function $\sum_t F'(z)$ einfach als „*summa*".

besteht. Es treten also zu der Differenzengleichung (19), welche mit der bisher immer allein behandelten Differenzengleichung (18) im Wesentlichen aequivalent ist, noch die beiden neuen Differenzenrelationen (20) und (21) als naturgemässe Bestimmungen hinzu, und es zeigt sich demnach hier, wie in so vielen Fällen, dass man erst durch die *Darstellung* einer Function zu einer sachgemässen Fixirung der Forderungen, denen sie entsprechen soll, und überhaupt erst durch die allgemeine und vollständige *Lösung* zu einer richtigen Stellung der Aufgabe geleitet wird.

VII. Ein besonderes Interesse bietet der specielle Fall dar, wo $\psi(x) = \frac{1}{2}t - x$ genommen wird, weil dies zu einer bemerkenswerthen Erweiterung und Veränderung der *Euler - Poisson*'schen Summenformel führt.

In dem bezeichneten Falle ist:

$$\psi(x) = \frac{1}{2}t - x = t\sum_{k=1}^{k=\infty} \frac{1}{k\pi} \sin \frac{2k x \pi}{t},$$

also:

$$a_k = -2, \quad v_k = 0 \qquad (k=1,2,3,\ldots),$$

und folglich:

$$g^{(n-h)}(-x) = -2t^h \sum_{k=1}^{k=\infty} \frac{1}{(2k\pi)^h} \cos\left(\frac{2k x}{t} + \frac{1}{2}h\right)\pi \qquad (h=1,2,\ldots n),$$

$$g^{(n)}(-x) = 1, \quad \psi(0) - \psi(t) = t,$$

so dass sich die Functionen $G^{(h)}(x)$ durch die Gleichungen:

$$G^{(n)}(-x) = \frac{1}{t}, \quad G^{(n-h)}(-x) = -2t^{h-1}\sum_{k=1}^{k=\infty} \frac{1}{(2k\pi)^h} \cos\left(\frac{2k x}{t} + \frac{1}{2}h\right)\pi \qquad (h=1,2,\ldots n)$$

bestimmen. Die Formeln (10) und (15) specialisiren sich demnach in folgender Weise:

$$(10')\qquad \sum_{t} f(x) = \frac{1}{t}\int f(x)\,dx - 2\sum_{h=1}^{h=n} f^{(h-1)}(x) \sum_{k=1}^{k=\infty} \frac{t^{h-1}}{(2k\pi)^h} \cos\left(\frac{2k x}{t} + \frac{1}{2}h\right)\pi$$

$$+ 2\int f^{(n)}(x) \sum_{k=1}^{k=\infty} \frac{t^{n-1}}{(2k\pi)^n} \cos\left(\frac{2k x}{t} + \frac{1}{2}n\right)\pi\,dx,$$

$$(15')\qquad \sum_{t} F'(x+s) = \frac{1}{t} F(x+s) - 2\sum_{h=1}^{h=n} F^{(h)}(x+s) \sum_{k=1}^{k=\infty} \frac{t^{h-1}}{(2k\pi)^h} \cos\left(\frac{2k x}{t} + \frac{1}{2}h\right)\pi$$

$$+ 2\int F^{(n+1)}(x+s) \sum_{k=1}^{k=\infty} \frac{t^{n-1}}{(2k\pi)^n} \cos\left(\frac{2k x}{t} + \frac{1}{2}n\right)\pi\,ds.$$

45*

Dabei ist hervorzuheben, dass die hier auftretenden Reihen:

$$(22) \qquad \sum_{k=1}^{k=\infty} \frac{1}{(2k\pi)^h} \cos\left(\frac{2k\pi}{t} + \frac{1}{2}h\right)\pi \qquad\qquad (h=1,2,3,\ldots)$$

sich bekanntlich allgemein durch ganze Functionen der Differenz:

$$\frac{x}{t} - \left[\frac{x}{t}\right],$$

d. h. desjenigen Restes ausdrücken lassen, welcher verbleibt, wenn man von $\frac{x}{t}$ die nächst kleinere ganze Zahl subtrahiert. Die bezüglichen Ausdrücke erhält man unmittelbar durch Vergleichung der Coefficienten von $(wi)^h$ in der Gleichung:

$$(23) \quad 1 - 2\sum_{h,k}\left(\frac{wi}{k}\right)^h \cos\left(2kv + \frac{1}{2}h\right)\pi = \sum_{m,n} \frac{(-1)^m(2^{2m}-2)(1-2v)^n B_m}{(2m)!\, n!} (w\pi i)^{2m+n},$$

welche aus der Formel:

$$\frac{2\pi i e^{2vw\pi i}}{e^{2w\pi i}-1} = \lim_{n=\infty} \sum_{k=-n}^{k=+n} \frac{e^{2kv\pi i}}{w-k}$$

durch Entwickelung nach steigenden Potenzen von w hervorgeht.*) Für v ist in der Gleichung (23) die Differenz:

$$\frac{x}{t} - \left[\frac{x}{t}\right]$$

zu nehmen, um den Werth der Reihen (22) zu erhalten, und es ist ferner darin:

$$0! = 1, \quad B_0 = -1$$

zu setzen, während B_1, B_2, B_3,..., wie gewöhnlich, die *Bernoulli*'schen Zahlen bedeuten.

Bei der angegebenen Specialisation der Functionen $G^{(n-h)}(x)$ ist es, gemäss der Formel (15'), die durch den Ausdruck:

$$(24) \qquad \frac{1}{t}F(x) - 2\sum_{h=1}^{h=n} F^{(h)}(x) \sum_{k=1}^{k=\infty} \frac{t^{h-1}}{(2k\pi)^h} \cos\left(\frac{2k(x-s)}{t} + \frac{1}{2}h\right)\pi$$

$$+ 2\int^s F^{(n+1)}(x) \sum_{k=1}^{k=\infty} \frac{t^{n-1}}{(2k\pi)^n} \cos\left(\frac{2k(x-s)}{t} + \frac{1}{2}n\right)\pi\, dx$$

____

*) Vergl. Art. IX meines schon oben citirten Aufsatzes: „Über eine bei Anwendung der partiellen Integration nützliche Formel"[1]).

dargestellte Function von x, deren Werth, so lange das Argument *innerhalb* eines durch zwei benachbarte Glieder der arithmetischen Reihe:

$$nt + z \qquad (n = \cdots -2, -1, 0, 1, 2, \ldots)$$

eingeschlossenen Intervalles bleibt, *constant* ist, aber wenn das Argument x wachsend einen Werth $nt + z$ erreicht, und auch wenn es denselben Werth wieder verlässt, um den Betrag von:

$$\tfrac{1}{2} F'(nt + z)$$

zunimmt. Es wird demnach der Werth der Summe:

$$\tfrac{1}{2} \sum_m F'(mt + z) + \tfrac{1}{2} \sum_n F'(nt + z) \qquad \binom{x_0 \lessgtr mt + z < x}{x_0 < nt + z \lessgtr x},$$

wenn man jenen Ausdruck (24) zur Abkürzung mit $V(x)$ bezeichnet, durch die Differenz:

$$V(x) - V(x_0)$$

dargestellt.

Wenn nun die Differenz der Argumente:

$$x - x_0$$

gleich einem ganzen Vielfachen von t und also:

$$\cos\left(\tfrac{2k(x-z)}{t} + \tfrac{1}{2}h\right)\pi = \cos\left(\tfrac{2k(x_0-z)}{t} + \tfrac{1}{2}h\right)\pi$$

ist, so erhält man für die Differenz $V(x) - V(x_0)$ und also für den Werth der Summe:

$$\tfrac{1}{2}\sum_m F'(mt + z) + \tfrac{1}{2}\sum_n F'(nt + z) \qquad \binom{x_0 \lessgtr mt + z < x}{x_0 < nt + z \lessgtr x}$$

den einfacheren Ausdruck:

$$(25) \quad \tfrac{1}{t}(F(x) - F(x_0)) - 2\sum_{h=1}^{h=n}(F^{(h)}(x) - F^{(h)}(x_0))\sum_{k=1}^{k=\infty}\frac{t^{h-1}}{(2k\pi)^h}\cos\left(\frac{2k(x-z)}{t} + \tfrac{1}{2}h\right)\pi$$

$$+ 2\int_{x_0}^{x}F^{(n+1)}(x)\sum_{k=1}^{k=\infty}\frac{t^{n-1}}{(2k\pi)^n}\cos\left(\frac{2k(x-z)}{t} + \tfrac{1}{2}n\right)\pi\,dx.$$

Wenn ferner $x - z$ und daher auch $x_0 - z$ ein ganzes Vielfaches von t ist, d. h. also, wenn beide Argumente, x_0 und x, Glieder jener arithmetischen Reihe:

$$nt + z \qquad (n = \cdots -2, -1, 0, 1, 2, \ldots)$$

sind, so wird:

$$2\sum_{k=1}^{k=\infty} \frac{t^{h-1}}{(2k\pi)^h} \cos\left(\frac{2k(x-z)}{t} + \frac{1}{2}h\right)\pi = 0 \quad \text{oder} \quad (-1)^{\frac{1}{2}h}\frac{B_{\frac{1}{2}h}\, t^{h-1}}{h!},$$

je nachdem h ungrade oder grade ist, und der Werth der Summe:

$$\frac{1}{2}\sum_m F'(mt+z) + \frac{1}{2}\sum_n F'(nt+z) \qquad \binom{n_0 \le mt+z < z}{z_0 < nt+z \le z}$$

wird daher in diesem Falle durch den noch einfacheren Ausdruck:

$$(26)\quad \sum_\nu (-1)^{\nu-1}\frac{B_\nu t^{2\nu-1}}{(2\nu)!}\left(F^{(2\nu)}(x) - F^{(2\nu)}(x_0)\right) + 2\int_{x_0}^{x} F^{(n+1)}(x)\sum_{k=1}^{k=\infty}\frac{t^{n-1}}{(2k\pi)^n}\cos\left(\frac{2k(x-z)}{t} + \frac{1}{2}n\right)\pi\, dx$$

$$\left(0 \le \nu \le \frac{1}{2}n;\ B_0 = -1;\ 0! = 1\right)$$

dargestellt. Dieser Ausdruck ist bereits von *Poisson* gefunden und in seiner berühmten, am 11. December 1826 in der Pariser Akademie gelesenen Abhandlung „*Sur le calcul numérique des Intégrales définies*" veröffentlicht worden. Der erste Theil des Ausdrucks, nämlich die in's Unbestimmte fortgesetzte Reihe:

$$\sum_\nu (-1)^{\nu-1}\frac{B_\nu t^{2\nu-1}}{(2\nu)!}\left(F^{(2\nu)}(x) - F^{(2\nu)}(x_0)\right) \qquad (\nu = 0,1,2,3,\ldots)$$

ohne das durch ein Integral dargestellte „Restglied" ist schon von *Euler* zur Darstellung einer summatorischen Function $\sum_t F'(x)$ benutzt worden.[*] Aber während so jener merkwürdige Ausdruck einer summatorischen Function seit etwa 150 Jahren in unvollständiger Weise und seit mehr als 60 Jahren ganz vollständig bekannt und vielfach behandelt worden ist, blieb seine eigentliche Quelle, nämlich der oben mit (24) bezeichnete allgemeinere Ausdruck mit den Eigenschaften, welche ihn als eine „*summatorische Function*" in anderer *naturgemässer* Weise charakterisiren, bisher gänzlich verborgen.

VIII. Ich will schliesslich noch zwei bemerkenswerthe Specialisationen der Function $\psi(x)$ hervorheben, nämlich erstens diejenige, wobei:

$$\psi(x) = \frac{e^{\frac{2\pi x i}{t}}}{1 - e^{2\pi x i}};$$

---

[*] Institutiones calculi differentialis, Pars posterior, Cap. V.

genommen wird, und zweitens diejenige, wobei ebenso wie im Schlussartikel meines schon oben citirten Aufsatzes „Über eine bei Anwendung der partiellen Integration nützliche Formel":

$$\psi(x) = t\sum_{k=0}^{k=\infty}\frac{1}{k\pi}\sin\frac{2k x\pi}{t} = \frac{1}{2}t - x - t\sum_{k=1}^{k=s-1}\frac{1}{k\pi}\sin\frac{2k x\pi}{t}$$

gesetzt wird.

Im ersteren Falle, wo w eine beliebige (complexe) Grösse bedeutet, wird:

$$g^{(n-1)}(-x) = \psi(x) = \frac{1}{2\pi i}\lim_{n=\infty}\sum_{k=-n}^{k=n}\frac{e^{\frac{2k x\pi i}{t}}}{k-w},$$

also:

$$g^{(n-h)}(-x) = \lim_{n=\infty}\sum_{k=-n}^{k=n}\frac{t^{h-1}}{(2k\pi i)^h}\cdot\frac{ke^{\frac{2k x\pi i}{t}}}{k-w} \qquad (h=1,2,\ldots n)$$

und:

$$g^{(n)}(-x) = \frac{2w\pi i}{t(e^{2w\pi i}-1)}e^{2w\pi i\left(\frac{x}{t}-\left[\frac{x}{t}\right]\right)},$$

so wie ferner:

$$\psi(0) - \psi(t) = 1.$$

Im letzteren Falle ist:

$$g^{(n-h)}(-x) = 2t^h\sum_{k=0}^{k=\infty}\frac{1}{(2k\pi)^h}\cos\left(\frac{2k x}{t} + \frac{1}{2}h\right)\pi \qquad (h=1,2,\ldots n),$$

$$g^{(n)}(-x) = 1 + 2\sum_{k=1}^{k=s}\cos\frac{2k x\pi}{t} = \frac{\sin(2s-1)\frac{x\pi}{t}}{\sin\frac{x\pi}{t}}$$

und:

$$\psi(0) - \psi(t) = t.$$

Setzt man diese Werthe in die Gleichung (7) des Art. II ein und lässt dann s in's Unendliche wachsen, so resultirt die Summenformel:

$$\frac{1}{2}\sum_{m}f(mt) + \frac{1}{2}\sum_{n}f(nt) = \frac{1}{t}\lim_{s=\infty}\int_{x_0}^{x}f(x)\cdot\frac{\sin(2s-1)\frac{x\pi}{t}}{\sin\frac{x\pi}{t}}\,dx.$$

$$(x_0 \leqq mt < x,\ x_0 < nt \leqq x)$$

Diese wird, wenn x_0 und x ganze Vielfache von t sind, mit der *Dirichlet*'schen Summenformel identisch; sie lässt sich aber auch für beliebige Werthe von x_0 und x nach derselben Methode herleiten, welche *Dirichlet* bei seiner specielleren Formel benutzt hat.

ÜBER DIE ZEIT UND DIE ART DER ENTSTEHUNG DER JACOBI'SCHEN THETAFORMELN

VON

L. KRONECKER.

Sitzungsberichte der Königlich Preussischen Akademie der Wissenschaften zu Berlin vom Jahre 1891. S. 653—659.

Abgedruckt in *Crelle*, Journal für die reine und angewandte Mathematik, Bd. 108, S. 325—331.

ÜBER DIE ZEIT UND DIE ART DER ENTSTEHUNG DER JACOBI'SCHEN THETAFORMELN.

[Gelesen in der Akademie der Wissenschaften am 9. Juli 1891.]

Die Entdeckung der zwischen Producten von vier Thetareihen bestehenden Relation, welche durch die Formel (11) auf S. 506 des I. Bandes von *Jacobi*'s gesammelten Werken:

$$\text{(A)} \quad \vartheta_3(w)\,\vartheta_3(x)\,\vartheta_3(y)\,\vartheta_3(z) + \vartheta_2(w)\,\vartheta_2(x)\,\vartheta_2(y)\,\vartheta_2(z)$$
$$= \vartheta_3(w')\,\vartheta_3(x')\,\vartheta_3(y')\,\vartheta_3(z') + \vartheta_2(w')\,\vartheta_2(x')\,\vartheta_2(y')\,\vartheta_2(z')$$
$$\left(w' = \tfrac{1}{2}(w+x+y+z),\ \ x' = \tfrac{1}{2}(w+x-y-z),\ \ y' = \tfrac{1}{2}(w-x+y-z),\ \ z' = \tfrac{1}{2}(w-x-y+z) \right)$$

dargestellt wird, bezeichnet eine *Epoche* in der Geschichte der Theorie der elliptischen Functionen; denn es ist damit für diese Theorie ein ganz neues Fundament gewonnen worden. Welche Bedeutung *Jacobi* selbst seiner Entdeckung beigemessen hat, erhellt schon aus der Überschrift des der Entwickelung jener Thetaformel*) gewidmeten Abschnittes in den von *Rosenhain* ausgearbeiteten Universitätsvorlesungen, und noch deutlicher aus den Worten, mit welchen diese Entwickelung eingeleitet wird. Die Überschrift lautet: „Neues Fundamentaltheorem unserer Transcendenten", und es heißt dann:

„Wir hatten:

$$\zeta(q, z) = \sum_{i=-\infty}^{i=+\infty} q^{i^2} z^i = \sum e^{i^2 \log q + i \log z} = e^{-\frac{(\log z)^2}{4 \log q}} \sum e^{\frac{(2i \log q + \log z)^2}{4 \log q}},$$

oder $\zeta(q, z)$, multiplicirt mit $e^{\frac{(\log z)^2}{4 \log q}}$ wurde dargestellt als die Summe von Potenzen von e, deren Exponenten die Quadrate der Glieder einer nach beiden Seiten in's Unendliche sich erstreckenden arithmetischen

---

*) *Jacobi* hat, so viel ich weiss, die Formel in keiner der von ihm veröffentlichten Abhandlungen, sondern *nur* in seinen Universitätsvorlesungen mitgetheilt.

Progression sind. Multipliciren wir solche Ausdrücke, welche denselben log q, aber verschiedene log z haben, so werden die Exponenten unter dem Summenzeichen die Summen mehrerer Quadrate sein.

Multiplicirt man daher vier solche ζ, die denselben log q, aber verschiedene log z haben, mit einander, so wird der Exponent die Summe von vier Quadraten. Diese Summe kann man bekanntlich auch auf andere Art als Summe von vier Quadraten darstellen, und wir erhalten durch diese einfache Operation ein allgemeines Theorem, aus dem als specielle Fälle sowohl die Verbindung unserer Transcendenten mit den elliptischen Functionen als auch alle Fundamentaltheoreme über die Addition der elliptischen Integrale der drei verschiedenen Gattungen folgen, auf die man durch künstliche und schwierige Integrationen gekommen war."

Es erscheint hiernach von besonderem Interesse, dass sich der Gedankengang, welcher *Jacobi* zur Auffindung der Thetaformel geführt hat, verfolgen und auch der Zeitpunkt dieser Auffindung genau bestimmen lässt.

Ich habe schon in meinen „Bemerkungen über die *Jacobi*'schen Thetaformeln"*) auf die Beziehungen hingewiesen, welche zwischen der oben citirten Thetaformel und den Formeln in *Jacobi*'s Aufsatz**) „Formulae novae in theoria transcendentium ellipticarum fundamentales" bestehen. Unter diesen sind zwei als die wichtigsten herauszuheben, erstens die in dem citirten Aufsatz mit (4) bezeichnete Formel:

$$(B) \quad \sin \operatorname{am} a \, \sin \operatorname{am} b + \sin \operatorname{am} u \, \sin \operatorname{am} (u + a + b) - \sin \operatorname{am} (u + a) \, \sin \operatorname{am} (u + b)$$
$$= k^2 \sin \operatorname{am} a \, \sin \operatorname{am} b \, \sin \operatorname{am} u \, \sin \operatorname{am} (u + a) \, \sin \operatorname{am} (u + b) \, \sin \operatorname{am} (u + a + b),$$

und zweitens die mit (12) bezeichnete:

$$(C) \quad \frac{\Theta(0)\,\Theta(u + a)\,\Theta(u + b)\,\Theta(a + b)}{\Theta(a)\,\Theta(b)\,\Theta(u)\,\Theta(u + a + b)} = 1 + k^2 \sin \operatorname{am} a \, \sin \operatorname{am} b \, \sin \operatorname{am} u \, \sin \operatorname{am} (u + a + b).$$

Jacobi sagt von der ersteren Formel: „Quae est formula nova, maximi momenti per totam theoriam functionum ellipticarum", und er leitet daraus zuvörderst eine mit

---

*) Journal für Mathematik, Bd. 102, S. 269.[1]

**) Journal für Mathematik, Bd. 15, S. 199—202. *Jacobi*'s Werke, Bd. I, S. 335—341.

[1] Bd. V, S. 323 dieser Ausgabe von *L. Kronecker*'s Werken.   H

der letzteren inhaltlich übereinstimmende Formel (9) ab, welche er als „formula nova fundamentalis" charakterisirt. Erst dann gelangt er durch Veränderung der Bezeichnungen zu der Formel (C) selbst. Nun geht aber auch umgekehrt die erstere Formel (B) aus der letzteren (C) hervor. Denn wenn man die Function von a, b, u, welche durch Subtraction des Ausdrucks auf der rechten Seite der Gleichung (B) von dem auf der linken Seite entsteht, mit $F(a, b, u)$ bezeichnet und diejenige Function von a, b, u, welche durch Subtraction des Ausdrucks auf der rechten Seite der Gleichung (C) von dem auf der linken Seite entsteht, mit $\Phi(a, b, u)$, so findet die Identität statt:

$$F(a, b, u) = \sin \operatorname{am}(u+a) \sin \operatorname{am}(u+b)\, \Phi(a, b, u) - \sin \operatorname{am} u \sin \operatorname{am}(u+a+b)\, \Phi(a, b, u + iK').$$

Die beiden Formeln (B) und (C) sind daher vollständig aequivalent.

Bei Anwendung der Bezeichnungen der Fundamenta nimmt die Gleichung (C) folgende Getalt an:

(C′) $H(a)H(b)H(u)H(u + a + b) + \Theta(a)\Theta(b)\Theta(u)\Theta(u + a + b)$
$$= \Theta(0)\Theta(u + a)\Theta(u + b)\Theta(a + b).$$

Nun ist es die Reihe:

$$\sum_{n} (-i)^{n} q^{\frac{1}{4} n^{2}} e^{\frac{n \pi i}{2 K}}$$

welche, je nachdem man für n alle positiven und negativen *ungeraden* Zahlen oder alle *geraden* Zahlen nimmt, die Function $H(v)$ oder $\Theta(v)$ darstellt. Die Gleichung (C′) erscheint demnach bei Einsetzung der bezüglichen Reihen in der Form:

(C″)
$$\sum_{n_0 n_1 n_2 n_3} (-1)^{\frac{1}{2}(n_0 + n_1 + n_2 + n_3)} q^{\frac{1}{4}(n_0^2 + n_1^2 + n_2^2 + n_3^2)} e^{(n_0(u+a+b) + n_1 a + n_2 b + n_3 u)\frac{\pi i}{2 K}}$$
$$= \sum_{m_0 m_1 m_2 m_3} (-1)^{m_0 + m_1 + m_2 + m_3} q^{m_0^2 + m_1^2 + m_2^2 + m_3^2} e^{(m_1(u+b) + m_2(u+a) + m_3(a+b))\frac{\pi i}{K}}$$
$$(m_0, m_1, m_2, m_3,\ n_0, n_1, n_2, n_3 = 0, \pm 1, \pm 2, \ldots;\ n_0 \cdot n_1 \cdot n_2 \cdot n_3 \pmod{2}),$$

und *Jacobi* hat gewiß auch in *dieser* Form die Gleichung (C) sehr bald, nachdem er sie aus der Gleichung (A) abgeleitet hatte, direct verificirt. Die einfachste und natürlichste Methode, welche sich hierfür darbietet, besteht in der Vergleichung der Exponenten von:

$$-1,\ q,\ e^{\frac{a \pi i}{K}},\ e^{\frac{b \pi i}{K}},\ e^{\frac{u \pi i}{K}}$$

auf beiden Seiten der Gleichung (C''). Hiernach müssen die Relationen erfüllt sein:

$$n_0 + n_1 + n_2 + n_3 \equiv 2(m_0 + m_1 + m_2 + m_3) \pmod 4$$

$$n_0^2 + n_1^2 + n_2^2 + n_3^2 = 4(m_0^2 + m_1^2 + m_2^2 + m_3^2)$$

$$n_0 + n_1 = 2(m_2 + m_3), \quad n_0 + n_2 = 2(m_1 + m_3), \quad n_0 + n_3 = 2(m_1 + m_2),$$

oder also die folgenden:

$$(D) \qquad \begin{aligned}
\tfrac{1}{2}(- n_0 + n_1 + n_2 + n_3) &= 2m_0, \\[4pt]
\tfrac{1}{2}(n_0 - n_1 + n_2 + n_3) &= 2m_1, \\[4pt]
\tfrac{1}{2}(n_0 + n_1 - n_2 + n_3) &= 2m_2, \\[4pt]
\tfrac{1}{2}(n_0 + n_1 + n_2 - n_3) &= 2m_3.
\end{aligned}$$

in welchen die vier Ausdrücke links, wegen der Bedingung:

$$n_0 \equiv n_1 \equiv n_2 \equiv n_3 \pmod 2$$

entweder sämmtlich gerade oder sämmtlich ungerade sind. Es muss deshalb ferner für je zwei zu festen Werthen von:

$$n_0^2 + n_1^2 + n_2^2 + n_3^2, \quad n_0 + n_1, \quad n_0 + n_2, \quad n_0 + n_3$$

gehörige Systeme von Zahlen n_0, n_1, n_2, n_3, welchen keine ganzzahligen Werthe m_0, m_1, m_2, m_3 entsprechen, der Exponent von -1 auf der linken Seite der Gleichung (C''), nämlich:

$$\tfrac{1}{2}(n_0 + n_1 + n_2 + n_3),$$

das eine Mal gerade und das andere Mal ungerade sein. Dies ist nun in der That der Fall; denn je zwei dieser Systeme:

$$(n_0, \ n_1, \ n_2, \ n_3), \quad (n_0', \ n_1', \ n_2', \ n_3')$$

sind durch die Relationen:

$$(E) \qquad \begin{aligned}
\tfrac{1}{2}(n_0 + n_1 + n_2 + n_3) &= n_0', \\[4pt]
\tfrac{1}{2}(n_0 + n_1 - n_2 - n_3) &= n_1', \\[4pt]
\tfrac{1}{2}(n_0 - n_1 + n_2 - n_3) &= n_2', \\[4pt]
\tfrac{1}{2}(n_0 - n_1 - n_2 + n_3) &= n_3',
\end{aligned}$$

mit einander verbunden. Die Differenz:

$$\tfrac{1}{2}(n_0 + n_1 + n_2 + n_3) - \tfrac{1}{2}(n_0' + n_1' + n_2' + n_3')$$

ist hiernach gleich:

$$\tfrac{1}{2}(- n_0 + n_1 + n_2 + n_3)$$

und also ungerade, sobald die Relationen (D) nicht durch ganzzahlige Werthe von m_0, m_1, m_2, m_3 befriedigt werden.

Die durch die Relationen (D) oder (E) gegebene Transformation der Summationsbuchstaben n_0, n_1, n_2, n_3, welche sich bei der hier dargelegten Verification der Formel (C) mit Nothwendigkeit ergiebt, legte *Jacobi* die oben angeführte, die Multiplication von vier Thetareihen betreffende Bemerkung, mit welcher er die Entwickelung des „neuen Fundamentaltheorems" in seinen Vorlesungen eingeleitet hat, sehr nahe. Denn die Transformation:

$$n_0 = \tfrac{1}{2}(- n_0' + n_1' + n_2' + n_3'),$$

$$n_1 = \tfrac{1}{2}(n_0' - n_1' + n_2' + n_3'),$$

$$n_2 = \tfrac{1}{2}(n_0' + n_1' - n_2' + n_3'),$$

$$n_3 = \tfrac{1}{2}(n_0' + n_1' + n_2' - n_3')$$

bewirkt, dass der Ausdruck auf der ersten Seite der Gleichung (C'), wenn darin für $u + a + b$ eine neue Variable v gesetzt wird, in einen Ausdruck von genau derselben Form verwandelt wird, in welchem aber die linearen Verbindungen:

$$\tfrac{1}{2}(- a + b + u + v), \quad \tfrac{1}{2}(a - b + u + v), \quad \tfrac{1}{2}(a + b - u + v), \quad \tfrac{1}{2}(a + b + u - v)$$

an Stelle der Variabeln a, b, u, v selbst erscheinen. Die hierbei resultierende Formel geht, wenn die Bezeichnungen:

$$a, \quad b, \quad u, \quad v$$

mit:

$$- w, \quad x, \quad y, \quad z$$

vertauscht werden, in die Formel (4) auf S. 507 des I. Bandes von *Jacobi*'s Werken über, nämlich:

$$(\mathrm{F}) \qquad \vartheta(w)\vartheta(x)\vartheta(y)\vartheta(z) - \vartheta_1(w)\vartheta_1(x)\vartheta_1(y)\vartheta_1(z)$$
$$= \vartheta(w')\vartheta(x')\vartheta(y')\vartheta(z') - \vartheta_1(w')\vartheta_1(x')\vartheta_1(y')\vartheta_1(z')$$
$$\left(w' = \tfrac{1}{2}(w+x+y+z),\; x' = \tfrac{1}{2}(w+x-y-z),\; y' = \tfrac{1}{2}(w-x+y-z),\; z' = \tfrac{1}{2}(w-x-y+z)\right),$$

und diese Formel specialisirt sich wiederum für $z' = 0$ (oder $v = u + a + b$) zu derjenigen (C'), welche in der mehrfach citirten *Jacobi*'schen Arbeit im XV. Bande des *Crelle*'schen Journals hergeleitet ist. Aber eben weil die zur Verification der specielleren Formel *nothwendige* Transformations-Methode zugleich für die allgemeinere *ausreichend* ist, bildete für *Jacobi*, wie ich schon in Nr. 8 meiner „Bemerkungen über die *Jacobi*'schen Thetaformeln" hervorgehoben habe*), die speciellere „Fundamentalformel" (C') gewiss eine nützliche Vorstufe bei Auffindung des allgemeineren „Fundamentaltheorems", welches durch die Gleichung (F) dargestellt wird. Dabei mag vielleicht noch der äußerliche Umstand, dass drei von den vier linearen Verbindungen der Argumente w, x, y, z, welche für die Transformation des Ausdrucks auf der linken Seite der Gleichung (F) einzuführen waren, nämlich:

$$\tfrac{1}{2}(w + x - y - z), \quad \tfrac{1}{2}(w - x + y - z), \quad \tfrac{1}{2}(w - x - y + z),$$

schon bei der von *Jacobi* mitgetheilten *Richelot*'schen Herleitung der specielleren Fundamentalformel auftraten, zur Auffindung der allgemeineren Formel (F) mitgewirkt haben. Einigen Anhalt hierfür bieten nämlich die Argument-Bezeichnungen (w, x, y, z) an der Stelle, wo die allgemeinen Thetaformeln abgeleitet werden, in den *Jacobi*'schen Vorlesungen, welche *Borchardt* gehört hat**), vorausgesetzt dass, wie ich annehmen möchte, die Wahl dieser Bezeichnungen schon aus der Zeit der ersten Auffindung der Thetaformeln stammt.***)

Die vorstehenden Erwägungen führten mich schon vor vier Jahren, bei Abfassung meiner „Bemerkungen über die *Jacobi*'schen Thetaformeln" auf die Vermuthung, dass *Jacobi sehr bald* nach Vollendung seines der specielleren Fundamen-

---

*) Journal für Mathematik Bd. 102, S. 270.[1])

**) Vergl. die schon im Anfang citirte Stelle S. 506 des I. Bandes von *Jacobi*'s gesammelten Werken.

***) Daß die Bezeichnungen in den früheren Vorlesungen, welche *Rosenhain* gehört hat, anders sind, spricht nicht gegen jene Annahme. Denn in diesen Vorlesungen entwickeln sich die Bezeichnungen in ganz natürlicher Weise aus einander, während in den späteren, von *Borchardt* ausgearbeiteten Vorlesungen bei Einführung der Bezeichnungen w, x, y, z gar kein Zusammenhang mit den vorhergehenden erkennbar ist.

[1]) Bd. V, S. 323 dieser Ausgabe von *L. Kronecker*'s Werken. H

talformel gewidmeten, vom 21. September 1835 datirten Aufsatzes*) die allgemeinere gefunden haben möchte. Um darüber Gewissheit zu erlangen, wandte ich mich damals an Hrn. *Lindemann* in Königsberg mit der Bitte, mir aus den Akten der dortigen Universität ein Verzeichniss der von *Jacobi* gehaltenen Vorlesungen so wie Abschriften der Abgangszeugnisse von *Rosenhain* und *Borchardt* zu verschaffen. Hr. *Lindemann* erfüllte meine Bitte mit höchst dankenswerther Bereitwilligkeit, und es ergab sich nun:

> dass *Jacobi* die Vorlesungen über elliptische Functionen, welche *Rosenhain* ausgearbeitet hat, bereits im Wintersemester 1835/6, diejenigen, welche *Borchardt* gehört hat, erst im Wintersemester 1839/40 gehalten hat.

Da *Jacobi* schon beim *Beginn* der ersteren Vorlesungen, wie aus der *Rosenhain*'schen Ausarbeitung deutlich zu ersehen ist, das in dem obigen Citat besprochene „neue Fundamentaltheorem der Transcendenten θ" gehabt hat, so fällt dessen Entdeckung nothwendig in die Zeit zwischen dem 21. September 1835, welches Datum jener mehrfach erwähnte *Jacobi*'sche Aufsatz trägt, und dem Anfang der Wintervorlesungen. *Man kann daher mit voller Sicherheit den Beginn der neuen, durch die Entdeckung der Thetaformel bezeichneten Epoche in der Entwickelung der Theorie der elliptischen Functionen vom Ende September oder Anfang October 1835 datiren.*

Dabei ist noch hervorzuheben, dass auch die Einführung der vier Thetareihen und ihre Bezeichnung (ϑ, ϑ_1, ϑ_2, ϑ_3) aus den letzten Monaten des Jahres 1835 stammt. Bis dahin hatte *Jacobi* stets die Functionen Θ, H der Fundamenta beibehalten. Aber in den ersten Vorlesungen 1835/6 geht er von der Reihe aus:

$$\sum_{i=-\infty}^{i=+\infty} q^{i^2} z^i = 1 + 2q \cos x + 2q^4 \cos 2x + 2q^9 \cos 3x + \cdots \qquad (z = e^{x\sqrt{-1}}),$$

welche aus dem Θ der Fundamenta entsteht, wenn man darin $- q$ für q setzt. *Jacobi* bezeichnet diese Reihe mit $\zeta(q, z)$, definirt bald darauf eine Function $\eta(q, z)$ durch die Gleichung:

$$\eta(z) = q^{\frac{1}{4}} z^{\frac{1}{2}} \zeta(q, z)$$

und führt erst *nach* Herleitung des „neuen Fundamentaltheorems", in der 26sten von den im Ganzen 75 Vorlesungen, die vier Thetareihen ϑ, ϑ_1, ϑ_2, ϑ_3 ein, welche seitdem fast allgemein beibehalten worden sind.

*) *Crelle's* Journal, Bd. XV, S. 199—204; *Jacobi's* Werke, Bd. I., S. 335—341.

Auf Grund der oben erwähnten aus Königsberg erhaltenen Schriftstücke habe ich auch genau ermitteln können, zu welcher Zeit *Jacobi* die verschiedenen, von *Rosenhain* ausgearbeiteten Vorlesungen gehalten hat. Da die Akademie diese Ausarbeitungen im Original aus dem *Rosenhain*'schen Nachlass erworben hat, so führe ich dieselben hier mit den nunmehr fixirten Daten an:

1. Oberflächen zweiter Ordnung, Sommersemester 1835.[1]
2. Theorie der elliptischen Functionen. Wintersemester 1835/6.
3. Allgemeine Theorie der krummen Linien und Oberflächen. Sommersemester 1836.
4. Theorie der Zahlen. Wintersemester 1836/7.
5. Transformation und Integration der Grundgleichungen der Dynamik. Wintersemester 1837/8.
6. Variationsrechnung. Wintersemester 1837/8.

Von den in der Bibliothek der Akademie befindlichen, ebenfalls aus *Rosenhain*'s Nachlass stammenden zwei Heften *Jacobi*'scher Vorlesungen über die elliptischen Transcendenten, welche von *J. Th. Sanio* ausgearbeitet sind, stammt das eine aus dem Wintersemester 1829/30, das andere wahrscheinlich aus dem Sommersemster 1831.[2]

---

[1] Vgl. Zusatz 25 am Ende dieses Bandes.
[2] Vgl. Zusatz 26 am Ende dieses Bandes.

H
H

DIE CLAUSIUS'SCHEN COORDINATEN

VON

L. KRONECKER.

Sitzungsberichte der Königlich Preussischen Akademie der Wissenschaften zu Berlin vom Jahre 1891. S. 881—890.

47*

DIE CLAUSIUS'SCHEN COORDINATEN.

[Gelesen in der Akademie der Wissenschaften am 30. Juli 1891.]

Gegenüber der *Gauss*'schen Methode der Herleitung der *Poisson*'schen Potentialgleichung hat, wie ich bereits am Schlusse meiner im Monatsbericht vom März 1869 abgedruckten Mittheilung[1]) hervorgehoben habe, diejenige, welche von *Clausius* angegeben worden ist, den wesentlichen Vorzug, dass sie geringerer Voraussetzungen bezüglich der Dichtigkeits-Function bedarf.[*]) Sie hat überdies den formalen Vorzug, dass sie sich besonderer Coordinaten bedient, welche der Natur der Aufgabe besser angepasst erscheinen als die gewöhnlichen rechtwinkligen Raumcoordinaten. Ich habe diese *Clausius*'schen Coordinaten, aber etwas modificirt, schon bei meinen Untersuchungen im Winter 1868/9 auf die Behandlung von Potentialen n-facher Mannigfaltigkeiten und seitdem auch bei anderen Entwickelungen, z. B. bei meinem im Monatsbericht vom Juli 1880[2]) gegebenen Beweise des *Cauchy*'schen Satzes, mit Erfolg angewendet, und ich will nun hier zeigen, wie einfach und natürlich sich bei Einführung der *Clausius*'schen Coordinaten die Herleitung der *Poisson*'schen Gleichung für Potentiale n-facher Mannigfaltigkeiten gestaltet. Die Übertragung von den gewöhnlichen Potentialen räumlicher Massen auf solche n-facher Mannigfaltigkeiten bietet nämlich einerseits keinerlei Schwierigkeiten, andererseits den Vortheil des Zwanges zu formalen Vereinfachungen, und dass dabei die räumliche Interpretation der analytischen Entwickelungen wegfällt, ist kein Nachtheil. Denn die Anschaulichkeit ist wohl höchst werthvoll beim Erforschen und beim Erlernen, nicht aber beim Erklären und beim Erweisen; ihr subjectives Element beeinträchtigt zuweilen die Gründlichkeit der Erklärungen und die Strenge der Beweise.

---

[*]) *Clausius* selbst hat bei seiner Herleitung der *Poisson*'schen Potentialgleichung keinerlei Bemerkung über den erwähnten Vorzug gemacht.

[1]) Bd. I, S. 175 ff. dieser Ausgabe von *L. Kronecker*'s Werken. Vgl. bes. S. 211—212. H
[2]) Bd. IV, S. 275 ff. dieser Ausgabe. H

I.

Ich bezeichne, wie in meinem Aufsatze „über Potentiale n-facher Mannigfaltigkeiten"[*]) zur Abkürzung mit:

$$\mathfrak{P}(z_1, z_2, \ldots z_n; \zeta_1, \zeta_2, \ldots \zeta_n)$$

oder noch einfacher mit:

$$\mathfrak{P}(z, \zeta)$$

das „*elementare Potential*" der Punkte (z) und (ζ) einer n-fachen Mannigfaltigkeit, und es ist hiernach:

$$\mathfrak{P}(z, \zeta) = \frac{1}{n-2}\left(\sum_h (z_h - \zeta_h)^2\right)^{-\frac{1}{2}(n-2)} \qquad (h=1,2,\ldots n),$$

Es ist ferner das über ein Gebiet $F_0(z_1, z_2, \ldots z_n) < 0$ erstreckte n-fache Integral:

$$\int \mathfrak{F}(z_1, z_2, \ldots z_n)\, \mathfrak{P}(z, \zeta)\, dv$$

das Potential der mit der Dichtigkeit $\mathfrak{F}$ erfüllten n-fachen Mannigfaltigkeit $F_0 < 0$ in Beziehung auf den Punkt (ζ), wenn — wie in meinem oben erwähnten Aufsatze vom März 1869[1]) — das Element der n-fachen Mannigfaltigkeit $dz_1\, dz_2 \ldots dz_n$ mit dv bezeichnet wird.

Dabei kann unbeschadet der Allgemeinheit angenommen werden, dass der Punkt (ζ) innerhalb des Gebietes $F_0 < 0$ liegt, dass also die Ungleichheit stattfindet:

$$F_0(\zeta_1, \zeta_2, \ldots \zeta_n) < 0;$$

denn anderenfalls könnte das Gebiet weiter ausgedehnt und die Dichtigkeitsfunction $\mathfrak{F}$ in dem hinzugenommenen Gebiete gleich Null angenommen werden.

Setzt man nun noch:

$$\frac{\partial \mathfrak{P}(z, \zeta)}{\partial z_k} = \mathfrak{P}_k(z, \zeta) \qquad (k=1,2,\ldots n),$$

so ist:

$$\mathfrak{P}_k(z, \zeta) = -(z_k - \zeta_k)\left(\sum_h (z_h - \zeta_h)^2\right)^{-\frac{1}{2}n} \qquad (h,k=1,2,\ldots n)$$

[*]) In memoriam Dominici Chelini. Collectanea Mathematica 1881, p. 224.[2])

[1]) Bd. I, S. 190 dieser Ausgabe von *L. Kronecker's* Werken.
[2]) Bd. V, S. 203 dieser Ausgabe.

H
H

und:

$$\frac{\partial \mathfrak{P}(z, \zeta)}{\partial \zeta_k} = - \mathfrak{P}_k(z, \zeta).$$

Die Integrale, welche den Attractionscomponenten entsprechen, sind hiernach:

$$-\int \mathfrak{F}(z_1, z_2, \ldots z_n)\, \mathfrak{P}_k(z, \zeta)\, dv \quad (\text{über } F_0(z_1, z_2, \ldots z_n) < 0 \text{ erstreckt}) \qquad (k=1,2,\ldots n),$$

und sie sollen zur Abkürzung mit:

$$\mathrm{Pot}_k(\zeta_1, \zeta_2, \ldots \zeta_n)$$

oder auch einfach mit Pot_k bezeichnet werden. Die *Poisson*'sche Potentialgleichung lässt sich alsdann folgendermaassen darstellen:

(A)
$$\sum_{k=1}^{k=n} \frac{\partial \mathrm{Pot}_k}{\partial \zeta_k} = - \varpi \mathfrak{F}(\zeta_1, \zeta_2, \ldots \zeta_n),$$

wo Pot_k durch die Gleichung:

(B)
$$\mathrm{Pot}_k = - \int_{(F_0(z_1, z_2 \ldots z_n) < 0)} \mathfrak{F}(z_1, z_2, \ldots z_n)\, \mathfrak{P}_k(z, \zeta)\, dv \qquad (k=1,2,\ldots n)$$

definirt ist und ϖ, wie in meinem citirten Aufsatz vom März 1869[1]), den Inhalt der $(n-1)$-fachen, aus der n-fachen Mannigfaltigkeit $(z_1, z_2, \ldots z_n)$ ausgeschiedenen sphaerischen Mannigfaltigkeit:

$$\sum_{k=1}^{k=n} z_k^2 = 1$$

bedeutet.

II.[2])

Die Grösse ϖ ist schon von *Jacobi* bestimmt worden;[*]) sie ergiebt sich aber auch in einfacher Weise aus der *Dirichlet*'schen Integralformel:[**])

[*]) De binis quibuslibet functionibus homogeneis secundi ordinis per substitutiones lineares in alias binas transformandis, quae solis quadratis variabilium constant; una cum variis theorematis de transformatione et determinatione integralium multiplicium. *Crelle*'s Journal, Bd. XII, S. 60. *Jacobi*'s gesammelte Werke, Bd. III, S. 257, 258.

[**]) Über eine neue Methode zur Bestimmung vielfacher Integrale. Abhandlungen der Akademie von 1839. *G. Lejeune-Dirichlet*'s Werke, Bd. I, S. 398. Die Formel findet sich auf S. 399; ich habe aber die Bezeichnungen hier etwas verändert.

[1]) Bd. I, S. 137 dieser Ausgabe, vgl. auch *Kronecker*'s Vorlesungen über Integrale, S. 234 und 266. H
[2]) Vgl. Zusatz 27 am Ende dieses Bandes. H

$$\Gamma\left(1 + \frac{m_1}{p_1} + \frac{m_2}{p_2} + \cdots + \frac{m_n}{p_n}\right) \cdot \int \prod_k z_k^{m_k - 1} dz_k = \prod_k \frac{a_k^{m_k}}{p_k} \Gamma \frac{m_k}{p_k} \qquad (k = 1, 2, \ldots n),$$

in welcher die Integration über alle positiven, der Bedingung:

$$\sum_{k=1}^{k=n} \left(\frac{z_k}{a_k}\right)^{p_k} < 1$$

genügenden Werthe von $z_1, z_2, \ldots z_n$ zu erstrecken ist.

Nimmt man nämlich für alle n Werthe des Index k:

$$a_k = 1, \quad m_k = 1, \quad p_k = 2,$$

so resultirt für das über die gesammte n-fache Mannigfaltigkeit $\sum_{k=1}^{k=n} z_k^2 < 1$ erstreckte Integral $\int dv$ einerseits aus der angeführten *Dirichlet*'schen Formel der Werth:

$$\frac{2\pi^{\frac{1}{2}n}}{n\,\Gamma\frac{1}{2}n},$$

andererseits ergiebt sich dafür mit Hülfe von Polarcoordinaten:

$$z_k = r u_k, \quad \sum_k u_k^2 = 1 \qquad (k = 1, 2, \ldots n)$$

der Werth:

$$\frac{1}{n} \int \frac{du_1\, du_2 \ldots du_{n-1}}{u_n} \quad \left(\text{erstreckt über } \sum_{k=1}^{k=n} u_k^2 = 1\right),$$

oder also, nach der obigen Bezeichnungsweise:

$$\frac{\varpi}{n}.$$

Man erhält also zur Bestimmung des Werthes der Grösse ϖ die Gleichung:

$$\varpi = \frac{2\pi^{\frac{1}{2}n}}{\Gamma\frac{1}{2}n},$$

und die *Jacobi*'sche Bestimmung geht hieraus hervor, wenn man für $\Gamma\frac{1}{2}n$ seinen Werth einsetzt.

III.

Bezeichnet man die der Gleichung $F_0 = 0$ genügenden Werthsysteme von $z_1, z_2, \ldots z_n$ mit:

$$z_1^0, z_2^0, \ldots z_n^0$$

und mit t eine unabhängige reelle Variable, so kann man mittels der n Gleichungen:

$$\text{(C)} \qquad z_k = z_k^0 - t(z_k^0 - \zeta_k) \qquad (k = 1, 2, \ldots n)$$

an Stelle der n Variabeln $z_1, z_2, \ldots z_n$ die $n + 1$ Variabeln:

$$t, z_1^0, z_2^0, \ldots z_n^0$$

einführen, von denen die letzten n wegen der Gleichung:

$$F_0(z_1^0, z_2^0, \ldots z_n^0) = 0$$

nur die Stelle von $n - 1$ Variabeln vertreten. Die $n + 1$ Variabeln:

$$t, z_1^0, z_2^0, \ldots z_n^0$$

können also auf Grund der Gleichungen (C) als Coordinaten des bezüglichen Punktes $(z_1, z_2, \ldots z_n)$ aufgefaßt und nach dem, was ich in der Einleitung angeführt habe, als „*Clausius'sche Coordinaten*" bezeichnet werden.

Irgend ein n-faches Integral:

$$\int \Phi(z_1, z_2, \ldots z_n)dv \quad \text{(erstreckt über } F_0(z_1, z_2, \ldots z_n) < 0)$$

geht bei Einführung der *Clausius*'schen Coordinaten in folgendes über:

$$\text{(D)} \qquad \int_0^1 (1-t)^{n-1} \Phi(z_1^0 - t(z_1^0 - \zeta_1), \ldots)dt \int \sum_{k=1}^{k=n} (z_k^0 - \zeta_k)F_{0k}\frac{dw}{\mathfrak{S}} \quad (F_0(z_1^0, z_2^0, \ldots z_n^0) = 0),$$

und hier bedeutet — wie in meinem mehrfach erwähnten Aufsatz vom März 1869 — F_{0k} die Ableitung von F_0 nach z_k, ferner $\mathfrak{S}$ den absoluten Werth der Quadratwurzel aus der Summe:

$$\sum_{k=1}^{k=n} F_{0k}^2$$

und endlich dw das durch die Gleichung:

$$|F_{0n}|\, dw = \mathfrak{S} \cdot dz_1^0 dz_2^0 \ldots dz_{n-1}^0$$

definirte Element der $(n-1)$-fachen Mannigfaltigkeit F_0. Dieses Element erhält man, wenn man für den Punkt $(z_1^0, z_2^0, \ldots z_n^0)$ und $n-1$ unendlich benachbarte Punkte der Mannigfaltigkeit $F_0 = 0$ irgend einen Punkt $(z_1, z_2, \ldots z_n)$ wählt, dessen „Entfernung" vom Punkte (z^0):

$$\sqrt{\sum_{k=1}^{k=n} (z_k - z_k^0)^2}$$

dieselbe ist wie die von jedem der $n-1$ benachbarten Punkte, und wenn man alsdann den „Inhalt" des durch die $n+1$ Punkte bestimmten Prismatoids durch jene Entfernung dividiert.*)

IV.

Führt man auf der rechten Seite der Gleichung (B) an Stelle der Integrationsvariabeln z die *Clausius*'schen Coordinaten ein, so erhält man mit Hülfe der allgemeinen Transformationsformel (D) und der aus (C) resultirenden Gleichung:

$$\mathfrak{B}_k(z, \zeta) = (1-t)^{i-n}\mathfrak{B}_k(z^0, \zeta)$$

das Resultat:

$$(E) \qquad \mathrm{Pot}_k = -\int_0^t \mathfrak{F}(z_1^0 - t(z_1^0 - \zeta_1), \ldots) dt \int \mathfrak{B}_k(z^0, \zeta) \sum_{i=1}^{i=n} (z_i^0 - \zeta_i) F_{0i} \frac{dw}{\mathfrak{S}} \quad (F_0(z_1^0 \ldots z_n^0) = 0),$$

welches sich, wenn zur Abkürzung:

$$\zeta_k - z_k^0 = \delta_k \qquad\qquad (k = 1, 2, \ldots n)$$

und:

$$(F) \qquad \int_0^t \mathfrak{F}(z_1^0 + t\delta_1, \ldots) dt = \mathfrak{D}(t, \delta_1, \ldots \delta_n;\ z_1^0, \ldots z_n^0)$$

gesetzt wird, in folgender Weise darstellen lässt:

$$(E') \qquad \mathrm{Pot}_k(\zeta_1, \ldots \zeta_n) = \int \mathfrak{D}(1, \delta_1, \ldots \delta_n;\ z_1^0, \ldots z_n^0) \mathfrak{B}_k(z^0, \zeta) \sum_{i=1}^{i=n} \delta_i F_{0i} \frac{dw}{\mathfrak{S}} \quad (F_0(z_1^0 \ldots z_n^0) = 0).$$

Nun besteht für die mit $\mathfrak{D}$ bezeichnete Function die Relation:

$$(G) \qquad \mathfrak{D}(t, \delta_1, \ldots \delta_n;\ z_1^0, \ldots z_n^0) = t\mathfrak{D}(1, t\delta_1, \ldots t\delta_n;\ z_1^0, \ldots z_n^0)$$

und also auch die folgende:

---

*) Vergl. art. V meines im Monatsbericht vom März 1869 abgedruckten Aufsatzes[1]. Dass dort der Punkt (z) in's Unendliche rückend angenommen wird, ist überflüssig.

[1]) Bd. I, S. 186 dieser Ausgabe.

H

$$(\mathrm{G'}) \qquad \frac{\partial \mathfrak{D}(t, \mathfrak{d}_1, \ldots \mathfrak{d}_n; \ldots)}{\partial t} = \mathfrak{D}(1, t\mathfrak{d}_1, \ldots t\mathfrak{d}_n; \ldots) + t \sum_{k=1}^{k=n} \mathfrak{d}_k \mathfrak{D}_k(1, t\mathfrak{d}_1, \ldots t\mathfrak{d}_n; \ldots),$$

vorausgesetzt, dass partielle Ableitungen der Function $\mathfrak{D}(t, \mathfrak{d}_1, \ldots \mathfrak{d}_n; \ldots)$ nach jeder der Variabeln $\mathfrak{d}$ existiren, und dass der nach t genommene Differentialquotient des Ausdrucks auf der rechten Seite der Gleichung (G) auf die in (G') angegebene Weise gebildet werden kann, d. h. also unter der Voraussetzung:

$$(\mathrm{H}) \qquad \frac{\partial \mathfrak{D}(1, t\mathfrak{d}_1, \ldots t\mathfrak{d}_n; \ldots)}{\partial t} = \sum_{k=1}^{k=n} \mathfrak{d}_k \mathfrak{D}_k(1, t\mathfrak{d}_1, \ldots t\mathfrak{d}_n; \ldots),$$

wo die Function $\mathfrak{D}_k$ durch die Gleichung:

$$\frac{\partial \mathfrak{D}(t, \mathfrak{d}_1 \ldots \mathfrak{d}_n; \ldots)}{\partial \mathfrak{d}_k} = \mathfrak{D}_k(t, \mathfrak{d}_1, \ldots \mathfrak{d}_n; \ldots)$$

definirt ist.

Unter derselben Voraussetzung kommt, wenn man auf beiden Seiten der Gleichung (G) einerseits nach t, andererseits nach $\mathfrak{d}_k$ differentiirt:

$$(\mathrm{H'}) \qquad \mathfrak{D}_k(t, \mathfrak{d}_1, \ldots \mathfrak{d}_n; \ldots) = t^2 \mathfrak{D}_k(1, t\mathfrak{d}_1, \ldots t\mathfrak{d}_n; \ldots),$$

$$(\mathrm{H''}) \qquad \frac{\partial \mathfrak{D}(t, \mathfrak{d}_1, \ldots \mathfrak{d}_n; \ldots)}{\partial t} = \mathfrak{D}(1, t\mathfrak{d}_1, \ldots t\mathfrak{d}_n; \ldots) + t \sum_{k=1}^{k=n} \mathfrak{d}_k \mathfrak{D}_k(1, t\mathfrak{d}_1, \ldots t\mathfrak{d}_n; \ldots),$$

und mit Benutzung der drei Relationen (H), (H'), (H'') lässt sich die Gleichung (G') in folgende transformiren:

$$(\mathrm{K}) \qquad \sum_{k=1}^{k=n} \mathfrak{d}_k \mathfrak{D}_k(t, \mathfrak{d}_1, \ldots \mathfrak{d}_n; \ldots) = t\frac{\partial \mathfrak{D}(t, \mathfrak{d}_1, \ldots \mathfrak{d}_n; \ldots)}{\partial t} - \mathfrak{D}(t, \mathfrak{d}_1, \ldots \mathfrak{d}_n; \ldots).$$

Um den nach ζ_k genommenen partiellen Differentialquotienten der mit Pot_k bezeichneten Function der Grössen ζ zu bilden, kann man auf der rechten Seite der Gleichung (E') unter dem Integralzeichen differentiiren, da die Elemente des über eine nur $(n-1)$-fache, den Punkt $(\zeta_1, \ldots \zeta_n)$ umschliessende Mannigfaltigkeit $F_0 = 0$ erstreckten Integrals durchweg endlich sind. Der Differentialquotient:

$$\frac{\partial \mathrm{Pot}_k}{\partial \zeta_k}$$

setzt sich hiernach aus folgenden drei Theilen zusammen:

$$(J_1) \qquad \int \mathfrak{D}_k(1, \delta_1, \ldots \delta_n; z_1^0, \ldots z_n^0)\, \mathfrak{P}_k(z^0, \zeta) \sum_{i=1}^{i=n} \delta_i F_{0i}\, \frac{dw}{\mathfrak{E}},$$

$$(J_2) \qquad \int \mathfrak{D}(1; \delta_1, \ldots \delta_n; z_1^0, \ldots z_n^0)\, \mathfrak{P}_k(z^0, \zeta) F_{0k}\, \frac{dw}{\mathfrak{E}},$$

$$(J_3) \qquad \int \mathfrak{D}(1, \delta_1, \ldots \delta_n; z_1^0, \ldots z_n^0)\, \frac{\partial \mathfrak{P}_k(z^0, \zeta)}{\partial \zeta_k} \sum_{i=1}^{i=n} \delta_i F_{0i}\, \frac{dw}{\mathfrak{E}},$$

in welchen die Integrationen über die Mannigfaltigkeit $F_0(z_1^0, \ldots z_n^0) = 0$ zu erstrecken sind.

Summirt man über alle Werthe $k = 1, 2, \ldots n$, so fällt wegen der Gleichung:

$$\sum_{k=1}^{k=n} \frac{\partial \mathfrak{P}_k(z^0, \zeta)}{\partial \zeta_k} = 0$$

das Aggregat der n Integrale (J_3) fort. Das Aggregat der n Integrale (J_1) lässt sich, mit Rücksicht auf die Bedeutung von δ_k, d. h. also auf die Gleichung:

$$\delta_k = \zeta_k - z_k^0 \qquad\qquad (k = 1, 2, \ldots n)$$

und die daraus hervorgehende Relation:

$$\delta_i \mathfrak{P}_k = \delta_k \mathfrak{P}_i \qquad\qquad (i, k = 1, 2, \ldots n),$$

zuvörderst in folgender Weise darstellen:

$$\int \sum_{k=1}^{k=n} \delta_k \mathfrak{D}_k(1, \delta_1, \ldots \delta_n; \ldots) \sum_{k=1}^{k=n} \mathfrak{P}_k(z^0, \zeta) F_{0k}\, \frac{dw}{\mathfrak{E}} \qquad (F_0(z_1^0, \ldots z_n^0) = 0),$$

und dann, bei Anwendung der obigen Gleichung (K), als Differenz zweier Integrale $J' - J''$, wo:

$$J' = \int \left(\frac{\partial \mathfrak{D}(t, \delta_1, \ldots \delta_n, \ldots)}{\partial t} \right)_{t=1} \sum_{k=1}^{k=n} \mathfrak{P}_k(z_0, \zeta) F_{0k}\, \frac{dw}{\mathfrak{E}} \qquad (F_0(z_1^0, \ldots z_n^0) = 0),$$

$$J'' = \int \mathfrak{D}(1, \delta_1, \ldots \delta_n; \ldots) \sum_{k=1}^{k=n} \mathfrak{P}_k(z^0, \zeta) F_{0k}\, \frac{dw}{\mathfrak{E}} \qquad (F_0(z_1^0, \ldots z_n^0) = 0).$$

Das Aggregat der n Integrale (J_2) ist mit dem Integrale (J'') identisch. Somit ergiebt sich das einfache Resultat:

$$(L) \qquad \sum_{k=1}^{k=n} \frac{\partial\, \mathrm{Pot}_k}{\partial \zeta_k} = \int \left(\frac{\partial \mathfrak{D}(t, \delta_1, \ldots \delta_n; \ldots)}{\partial t} \right)_{t=1} \sum_{k=1}^{k=n} \mathfrak{P}_k(z^0, \zeta) F_{0k}\, \frac{dw}{\mathfrak{E}} \qquad (F_0(z_1^0, \ldots z_n^0) = 0),$$

welches sich, wegen der in der Gleichung (F) enthaltenen Definition der Function $\mathfrak{D}$ auch so darstellen lässt:

$$(\mathrm{L}') \qquad \sum_{k=1}^{k=n} \frac{\partial \mathrm{Pot}_k}{\partial \zeta_k} = \mathfrak{F}(\zeta_1, \dots \zeta_n) \int \sum_{k=1}^{k=n} \mathfrak{P}_k(z^0, \zeta)\, F_{0k}\, \frac{dw}{\mathfrak{E}} \qquad (F_0(z_1^0, \dots z_n^0) = 0).$$

Da bei dieser letzten Schlussfolgerung der nach t genommene Differentialquotient des Integrals:

$$\int_0^1 \mathfrak{F}((1-t)z_1^0 + t\zeta_1, \dots (1-t)z_n^0 + t\zeta_n)\, dt,$$

für $t = 1$, durch den Werth, welchen die zu integrirende Function für $t = 1$ annimmt, ersetzt worden ist, so muss die Dichtigkeitsfunction $\mathfrak{F}$ in dem Punkte (ζ) nach den verschiedenen Richtungen hin als stetig vorausgesetzt werden, wenigstens insoweit, dass die Ausnahmen auf das Resultat der $(n-1)$-fachen Integration auf der rechten Seite der Gleichung (L) keinen Einfluß haben.

V.

Um nunmehr noch die Übereinstimmung der Gleichung (L') mit der zu beweisenden Potentialgleichung (A) darzuthun, kann man das Gebiet $F_0 < 0$, auf welches die mit Pot_k bezeichneten Integrale:

$$\int \mathfrak{F}(z_1, \dots z_n)\, \mathfrak{P}_k(z, \zeta)\, dv$$

zu erstrecken sind, in zwei, durch die beiden Ungleichheiten:

$$\sum_{k=1}^{k=n} (z_k - \zeta_k)^2 - \varrho^2 < 0, \quad \sum_{k=1}^{k=n} (z_k - \zeta_k)^2 - \varrho^2 > 0$$

charakterisirte Gebiete theilen und aber dabei ϱ so klein wählen, dass für alle der Ungleichheit:

$$\sum_{k=1}^{k=n} (z_k - \zeta_k)^2 - \varrho^2 < 0$$

genügenden Grössen z auch die Ungleichheit $F_0(z_1, \dots z_n) < 0$ besteht.

Gemäss einer solchen Theilung des Gebietes $F_0 < 0$ sondert sich jedes Integral Pot_n in zwei andere:

$$\mathrm{Pot}_k^{(-)}, \quad \mathrm{Pot}_k^{(+)},$$

von denen das erstere sich über das Gebiet:

$$\sum_{k=1}^{k=n}(z_k - \zeta_k)^2 - \varrho^2 < 0,$$

das letztere über das durch die beiden Ungleichheiten:

$$\sum_{k=1}^{k=n}(z_k - \zeta_k)^2 - \varrho^2 > 0, \quad F_0(z_1, \ldots z_n) < 0$$

definirte Gebiet erstreckt. Da nun offenbar die Summe:

$$\sum_{k=1}^{k=n}\frac{\partial\,\mathrm{Pot}_k^{(+)}}{\partial\zeta_k}$$

gleich Null ist, so kann in der Gleichung (L') die Summe auf der linken Seite durch die Summe:

$$\sum_{k=1}^{k=n}\frac{\partial\,\mathrm{Pot}_k^{(-)}}{\partial\zeta_k}$$

ersetzt werden. Deren Werth ist aber gemäss eben derselben Gleichung (L'), wenn darin an Stelle der Begrenzungsfunction F_0 die Function:

$$\sum_{k=1}^{k=n}(z_k - \zeta_k)^2 - \varrho^2$$

genommen wird, gleich $\mathfrak{F}(\zeta_1, \ldots \zeta_n)$, multiplicirt mit dem über die $(n-1)$-fache sphaerische Mannigfaltigkeit:

$$\sum_{k=1}^{k=n}(z_k - \zeta_k)^2 - \varrho^2 = 0$$

erstreckten Integral:

$$\int \sum_{k=1}^{k=n}\mathfrak{P}_k(z^0, \zeta)F_{0k}\frac{dw}{\mathfrak{S}},$$

und hier ist:

$$\mathfrak{P}_k(z^0, \zeta) = -\frac{z_k^0 - \zeta_k}{\varrho}, \quad F_{0k} = 2(z_k^0 - \zeta_k), \quad \mathfrak{S} = 2\varrho.$$

Der Werth des mit $\mathfrak{F}(\zeta_1, \ldots \zeta_n)$ multiplicirten Integrals ist also gleich $-\,\varpi$, und es ergiebt sich daher in der That die Gleichung:

$$\sum_{k=1}^{k=n}\frac{\partial\,\mathrm{Pot}_k^{(-)}}{\partial\zeta_k} = \sum_{k=1}^{k=n}\frac{\partial\,\mathrm{Pot}_k}{\partial\zeta_k} = -\,\varpi\mathfrak{F}(\zeta_1, \ldots \zeta_n),$$

welche hergeleitet werden sollte.

Die Function $\mathfrak{D}(1, \delta_1, \ldots \delta_n; z_1^0, \ldots z_n^0)$ oder:

$$\int_0^1 F(z_1^0 - t(z_1^0 - \zeta_1), \ldots z_n - t(z_n^0 - \zeta_n)) dt,$$

deren Differentiirbarkeit nach den verschiedenen Variabeln ζ vorausgesetzt worden ist, kann — gemäss ihrer Bedeutung für den Fall $n = 3$ — als „die mittlere Dichtigkeit der vom Punkte (ζ) nach dem Punkte (z_0) gezogenen geraden Linie" bezeichnet werden. Da das Gebiet $F_0 < 0$ nur so, dass es den Punkt (ζ) enthält, im Übrigen aber ganz beliebig anzunehmen ist, so besteht die angegebene Voraussetzung nur darin, dass mindestens für *eine* Art der Umgebung des Punktes (ζ) die mittlere Dichtigkeit in den vom Punkte ausgehenden, bis zur Begrenzung der Umgebung gezogenen Strahlen differentiirbar sei, und diese Voraussetzung erscheint wesentlich geringer als die *Gauss*'sche, dass die Dichtigkeit im Punkte (ζ) selbst nach allen n Variabeln differentiirbar sein soll.

ANTRITTSREDE VON L. KRONECKER BEI DER AUFNAHME IN DIE AKADEMIE DER WISSENSCHAFTEN AM 4. JULI 1861 UND DIE ERWIEDERUNG VON ENCKE

Monatsberichte der Königlich Preussischen Akademie der Wissenschaften zu Berlin vom 4. Juli des Jahres 1861. S. 687—642.

ANTRITTSREDE VON L. KRONECKER.

Die hohe Auszeichnung, welche Sie mir haben zu Theil werden lassen, indem Sie mich aus ganz privaten Verhältnissen in Ihre Mitte beriefen, und die mathematische Forschung, welche ich bis dahin nur der eignen Neigung folgend gepflegt hatte, mir als akademische Pflicht auferlegten, erregt in mir den lebhaften Wunsch, daß die weiteren Ergebnisse meiner wissenschaftlichen Thätigkeit der hohen Auctorität dieser Akademie, unter welcher sie fortan erscheinen sollen, nicht unwerth sein möchten. Die Ehre, welche Sie mir durch Ihre Wahl erwiesen haben, und welche mich den hervorragendsten Männern der Wissenschaft, hochgeschätzten Lehrern und langjährigen lieben Freunden als Mitgenossen verbindet, erfüllt mich mit dem aufrichtigsten Danke, welchen heute öffentlich Ihnen zu bekennen mir zur wahren Freude gereicht.

Die beiden mathematischen Disciplinen, welchen meine bisherigen Arbeiten zumeist angehören, die Zahlentheorie und Algebra, stehen in eigenthümlichem Gegensatze zu einander. Auf der einen Seite die Mannigfaltigkeit wundersamer Erscheinungen, die Fülle überraschender Einzelheiten, welche die Zahlentheorie bietet, indem sie das Quantum in seinen Besonderheiten und Beschränkungen auffasst; auf der andern Seite die starren, künstlichen Gebilde der Algebra, welche die Quantität so weit verallgemeinert, daß sie gänzlich davon abstrahirt und nur die Formen der Grössenbeziehungen beibehält. Die Algebra ist insofern nicht eigentlich eine Disciplin für sich, sondern Grundlage und Werkzeug der gesammten Mathematik, und ihre neuere grossartige Entwickelung ist in der That durch das Bedürfnis anderer mathematischer Disciplinen erweckt und gefördert worden. Aber das besondere Gebiet der Algebra, auf dessen Erforschung seit Jahren mein Sinn und Streben gerichtet ist, die Theorie der algebraischen Gleichungen, hat mit der Zahlentheorie viele Eigenthümlichkeiten und Vorzüge, hat die Art der geschichtlichen Entwickelung, den frühen Beginn und langsamen Fortschritt mit ihr gemein. Beide Theorieen haben auch unter einander die mannigfachsten Beziehungen; und wenn gleich das algebraische Element in der jetzigen Entwickelung der höheren Arithmetik noch *deutlicher* hervortritt, so ist doch auch das zahlentheoretische Element in den neueren Untersuchungen über die algebraischen Gleichungen nicht zu verkennen. Zu dieser Verknüpfung der Algebra und Zahlentheorie hat *Gauss* — wie in so vielen Fortschritten der mathematischen Wissenschaften — den Grund gelegt; er hat einen Abschnitt seines klassischen arithmetischen Werkes der Untersuchung der Gleichungen gewidmet, auf denen die Kreisteilung beruht; er hat dort der Theorie der Zahlen und der Gleichungen den Weg ihrer künftigen Entwickelung vorgezeichnet. Freilich konnten zu *besonderen* Klassen algebraischer Gleichungen die Forscher sich nicht füglich mit Eifer und Erfolg zurückwenden, ehe die algebraische Auflösung der *allgemeinen* Gleichungen höherer Grade als unmöglich erkannt worden war. Diese Erkenntniß wurde aber erst durch *Abel* streng begründet und hiermit eine Aufgabe erledigt, an welcher — wie *Dirichlet* sagt — „mehr als Einer von denen, welche später einen großen Namen erlangt haben, zuerst seine Kräfte geübt hat," eine von den vielen Fragen der Algebra und Zahlentheorie, welche, scheinbar elementar und leicht zugänglich, die Forschung erst angeregt und dann in die Tiefen der Wissenschaft gelockt haben. Sobald jenes wichtige *Abel'*sche Resultat, in seiner negativen Form, ein altes und ziemlich ödes Gebiet der Algebra abgeschlossen hatte, wurde durch die Bemühungen, demselben Resultate positive Seiten abzugewinnen, ein neues, fruchtbareres Feld eröffnet. Auch diesem hat *Abel* selbst — und wie immer mit dem glücklichsten Erfolge — seine rastlose Forschung zugewendet, und wenige Jahre später hat *Galois* seine genialen Untersuchungen auf demselben Gebiete begonnen. Leider sind die Arbeiten beider großen Mathematiker durch deren frühzeitigen Tod unterbrochen und nur die fruchtbaren Keime derselben in ihren hinterlassenen Papieren bewahrt worden; aber in jüngster Zeit ist es vielfach versucht worden, diese Keime zu entwickeln und die verborgenen Schätze jenes neuen Feldes der Algebra zu erschließen. Indem auch ich diese Bemühungen seit längerer Zeit verfolgte, traf ich in mehreren Resultaten derselben mit Hrn. *Hermite* zusammen, und diese Begegnung mit einem der ausgezeichnetsten französischen Mathematiker gereichte nicht bloß mir zur persönlichen Genugthuung, sondern auch zur Rechtfertigung für den Gang unsrer beiderseitigen Untersuchungen. Selbst ein Seitenweg derselben war uns gemeinsam und führte uns gleichzeitig zur Behandlung der complexen Multiplication der elliptischen Functionen, zu Arbeiten, deren Gegenstand der Analysis entnommen, für welche aber die Anregung durch die Algebra gegeben, Richtung und Ziel durch die Zahlentheorie bezeichnet ist. Die Verknüpfung dieser drei Zweige der Mathema-

tik erhöhte den Reiz und die Fruchtbarkeit der Untersuchung; denn ähnlich wie bei
den Beziehungen verschiedener Wissenschaften zu einander wird da, wo verschiedene
Disciplinen einer Wissenschaft in einander greifen, die eine durch die andre gefördert
und die Forschung in naturgemäße Wege geleitet. — Daß ich bei der Beschäftigung
mit jenem Kapitel der Theorie der elliptischen Functionen schon in freundschaft-
lichem Verkehr mit Hrn. *Weierstraß* stand, dem Meister auf diesem Gebiete der
Analysis, hatte auf meine Arbeiten den bedeutendsten Einfluß; daß deren Ergebnisse den Begriff des Idealen anderweit begründeten und beglaubigten, welchen die
Wissenschaft meinem Freunde *Kummer* verdankt, befriedigte vor Allem — um dessen eignen Ausdruck zu gebrauchen — mein mathematisches Herz. Als ich endlich
im Verfolg dieser Untersuchungen jüngst Aussicht erlangte, dieselben auch an
Dirichlet's Arbeiten anzuschließen, und namentlich seinen berühmten analytisch-
zahlentheoretischen Methoden eine neue und ausgedehnte Anwendung zu geben,
ward mein Eifer vermehrt durch das Gefühl der Pietät gegen meinen verewigten
Lehrer, erhöht durch die Hoffnung, auf den von *Dirichlet* eröffneten Pfaden zugleich
eine von ihm bevorzugte Disciplin fördern und dem Ruhme seines Andenkens dienen
zu können.

DIE ERWIEDERUNG VON ENCKE.

Mein hochgeehrter Lehrer, der vor wenigen Jahren verstorbene Geheime Hofrath *Gauss* in Göttingen, pflegte in vertraulichem Gespräche häufig zu äussern, die Mathematik sei weit mehr eine Wissenschaft für das Auge als eine für das Ohr. Was das Auge mit einem Blicke sogleich übersieht, und vermöge der glücklichen Zeichensprache, die in den mathematischen Schriften mit einer Vollkommenheit sich ausgebildet hat, wie in keiner andern Wissenschaft, besonders auch in Bezug auf die Aufeinanderfolge der auszuführenden Operationen sogleich auffasst; das wird auf dem langen Wege der Übersetzung der Zeichen in Worte, nie so präcise bei dem mündlichen Vortrage dem Ohr sich darstellen, dass es dem Zuhörenden zugänglich genug gemacht werden könnte, um auch für die mit dem Gegenstande weniger Vertrauten, sogleich vergegenwärtigt zu sein. Eben deshalb war *Gauss* in der Wahl der Bezeichnungen, selbst bei der Auswahl der einzelnen Buchstaben, ungemein peinlich, giebt es doch, wie z. B. bei der Differentialrechnung, auffallende Beispiele, daß bei der Ausbildung der späteren Erweiterungen die Bezeichnung einen hervorragenden Anteil hat, und selbst auf die Deutlichkeit der neu einzuführenden Begriffe von dem grössten Einflusse ist.

Diese Betrachtungen drängten sich mir unwillkürlich auf, als meine Stellung mir das erfreuliche Geschäft anwies, Ihnen, geehrtester Herr College, den Eintrittsgruss in der Akademie auszusprechen. Meine Beschäftigung mit der Anwendung der Mathematik auf die Astronomie, welche Wissenschaft, in früheren Zeiten besonders, der Mathematik vorzugsweise die Veranlassung darbot, ihre Kräfte zu üben und an den dargebotenen Problemen zu erstarken und fortzubilden, würde bei der verschiedenen Richtung, welche beide Wissenschaften genommen haben, jetzt weniger Aufforderung mir gegeben haben. Aber gerade der große Namen von *Gauss* ruft mir die Zeit vor jetzt gerade 50 Jahren in das Gedächtnis zurück, wo ich ihm als meinem Lehrer im Jahre 1811 zuerst nahe trat, um so mehr als gerade die drei Abtheilungen der Mathematik, mit denen Sie sich bisher vorzugsweise beschäftigt und Ihre ausgezeichneten Talente bewährt haben, nämlich die elliptischen Integrale, die Algebra in höherem Sinne und die Zahlentheorie, auch bei *Gauss* trotz seiner vielfachen anderen Wirksamkeit eine hervorragende Stelle einnahmen. Die elliptischen Funktionen hatten schon sehr frühe die Aufmerksamkeit von *Gauss* auf sich gezogen, wenngleich er, wie bei vielen anderen Zweigen seines Wissens, die Veröffentlichung der von ihm gefundenen Resultate so lange verschob, bis die Untersuchungen von *Abel* und *Jacobi* sie unnötig machten, und diese ihn der Mühe überhoben, die vollendete Ausfeilung seiner Ideen in diesem wichtigen und noch zu so umfassenden Erweiterungen anregenden Abschnitte auszuarbeiten, ein Geschäft, zu welchem er immer bei jedem Gegenstande nur mit großer Überwindung sich entschloss. Die Algebra in ihren höheren Theilen und ihre Anwendung auf Geometrie, hat ihm zu mehreren seiner wichtigsten und auf Schärfe und Bestimmtheit gerichteten Arbeiten Veranlassung gegeben. Selbst speciell die Lehre von den Gleichungen, und die Beweise ihrer Grundprincipien so wie die Theilung ihrer Wurzeln beschäftigte ihn lange Zeit und wiederholt, wovon die vier Beweise für die Möglichkeit der Zerlegung jeder Gleichung in lineare Faktoren mir immer das merkwürdigste Beispiel geben. Ganz besonders aber war und blieb bis in sein höchstes Alter seine Lieblingsneigung der Zahlenlehre zugewandt. Wie er zuerst in den *Disquisitionibus arithmeticis* zu einer besonderen Disciplin sie erhoben und für Deutschland wenigstens in gewissem Sinne geschaffen hatte, so hat auch in seinen späteren Jahren jede Berührung mit derselben, wenn er sie bei den jüngeren Mathematikern fand, mit dem lebhaftesten Interesse ihn angeregt, wovon unsere Akademie an den beiden verstorbenen Mitgliedern *Dirichlet* und *Eisenstein*, die wir beide ihm verdanken, ein redendes Zeugniss abgiebt. Es ist dabei noch nicht lange her, dass er durch Einführung der complexen Zahlen, die in den Gleichungen angewandt, aber auf die Zahlenlehre noch nicht übertragen waren, und die er im mündlichen Gespräch mit Vorliebe verfolgte, einen wichtigen Hauptschritt in der Zahlenlehre begründete, den unser College *Kummer* mit so vielem Erfolge weiter geführt hat. Den dabei häufig gebrauchten Ausdruck von unmöglichen Grössen pflegte er dabei ganz zu verwerfen, da sich ihre bestimmte nachweisbare Bedeutung angeben läßt, auch des Ausdruckes der imaginären Werthe bediente er sich ungern, am liebsten schien er nach der geometrischen Bedeutung sie laterale Größen zu nennen. Möge es mir gestattet sein, bei dieser Gelegenheit die Schrift eines meiner damaligen Commilitonen vor fünfzig Jahren, des verstorbenen Professors der Physik an der Universität zu Freiburg *Seeber* zu erwähnen, welche von *Gauss* mit Beifall aufgenommen wurde, „Untersuchungen über die Eigenschaften der positiven ternären quadratischen Formen", die im Jahre 1831 in Freiburg erschien. Ein Versuch, die Art, wie die festen Körper aus den kleinsten Theilen ihrer Materie gebildet sind, aus den Gesetzen der Mechanik zu erklären, führte den Verfasser auf eine Auflösung dieser Aufgabe, nach welcher die positiven ternären quadratischen Formen in der innigsten Beziehung zu der inneren Struktur der festen Körper stehen, und zu deren weiteren Ausbildung deshalb eine ausführlichere Kenntniß der Eigenschaften der positiven ternären quadratischen Formen, als die *Disquisitiones arithmeticae* enthalten, nothwendig ist. Wenn auch das in dem Werk behandelte Problem, über die Eigenschaften der positiven ternären quadratischen Formen später eine viel kürzere und vollendetere Lösung erhalten hat, so deutet doch das Interesse von *Gauss* an diesem Werke seines Schülers an, wie er immer, dem Motto, was er seinem eigenen Bilde gegeben hat: *Thou Nature art my goddess, to thy laws My services are bound*, treu geblieben ist, bei seinen Untersuchungen die Erforschung der Gesetze der Natur stets fest im Auge zu behalten.

Mit Sicherheit glaube ich voraussetzen zu dürfen, daß diese unwillkürliche Erinnerung an unseren deutschen Mathematiker, dem in drei Zweigen Ihrer Wissenschaft Sie so glücklich nachzueifern bisher bestrebt gewesen sind, nicht anders von Ihnen, geehrtester Herr College, aufgenommen werden kann, als ein Beweis, wie hoch Ihr schon jetzt erworbenes Ansehen bei mir steht, und wie sehr ich mich freue, Ihre Kräfte und Erfolge für die Akademie gewonnen zu sehen.

BEMERKUNGEN ZU DU BOIS-REYMOND'S ARBEIT: „DIE APERIODISCHE BEWEGUNG GEDÄMPFTER MAGNETE"

(ZWEITE ABHANDLUNG)

VON

L. KRONECKER.

Monatsberichte der Königlich Preussischen Akademie der Wissenschaften zu Berlin vom Jahre 1870. S. 569—570.

50*

BEMERKUNGEN ZU DU BOIS-REYMOND'S ARBEIT:
„DIE APERIODISCHE BEWEGUNG GEDÄMPFTER MAGNETE"[1]).

Läßt man den Magnet aus einer positiven Ablenkung χ *ohne* Dämpfung fallen, bis er eine Ablenkung $\chi \cos v$ erreicht, und erst an dieser Stelle die Dämpfung eintreten, was sich durch Schließen eines Gewindes bewerkstelligen ließe, so kann man für die weitere Bewegung des Magnetes die Größen χ und v als Constanten einführen. Hiernach erhält man, wenn der Nullpunkt der Zeit an den Eintritt der Dämpfung und

$$\sqrt{b} = \sqrt{a} \cdot \operatorname{tg} u \qquad\qquad \left(0 < u < \tfrac{\pi}{4}\right)$$

gesetzt wird, Ablenkung und Geschwindigkeit durch folgende Gleichungen bestimmt:

$$(a x + x')e^{bt} = n\chi \cdot \frac{\cos (u + v)}{\sin u}, \quad (b x + x')e^{at} = n\chi \cdot \frac{\sin (u - v)}{\cos u}$$

oder:

$$\frac{x}{\chi} \cos 2u = \cos u \cdot \cos(u + v)e^{-bt} - \sin u \cdot \sin (u - v)e^{-at}$$

$$-\frac{x'}{n\chi} \cos 2u = \sin u \cdot \cos(u + v)e^{-bt} - \cos u \cdot \sin(u - v)e^{-at}.$$

Für $t = 0$ wird:

$$x = \chi \cos v, \quad x' = - n\chi \sin v$$

$$\frac{a x + x'}{b x + x'} = \frac{\cos u \cos (u + v)}{\sin u \sin (u - v)}, \quad \frac{a x' + x''}{b x' + x''} = \frac{\sin u \cos (u + v)}{\cos u \sin (u - v)}$$

Der Ausdruck $\frac{\cos (u + v)}{\sin (u - v)}$ durchläuft, wenn v von 0 bis u geht, alle Werthe von $\cot u$ bis $+ \infty$, hierauf (während v von u bis π wächst) stetig zunehmend alle Werthe von $- \infty$ bis $\cot u$. Liegt v zwischen 0 und u oder zwischen $\frac{\pi}{2} - u$ und π, so findet der erste Hauptfall statt, der zweite aber, sobald v zwischen u und $\frac{\pi}{2} - u$ liegt.

So lange $v \leq \frac{\pi}{2} - u$ ist, d. h. so lange die Dämpfung bei einer Ablenkung eintritt, welche nicht kleiner als $\chi \sin u$ oder $\chi \sqrt{\dfrac{b}{a + b}}$ ist, überschreitet der Magnet

---

[1]) Vgl. Zusatz 28 am Ende dieses Bandes.

H

nicht seine Ruhelage $x = 0$, sondern nähert sich derselben asymptotisch von der positiven Seite her. Wenn aber v zwischen $\frac{\pi}{2} - u$ und $\frac{\pi}{2}$ liegt und demgemäß die Ablenkung bei Eintritt der Dämpfung positiv und kleiner als $\gamma \sin u$ ist, so überschreitet der Magnet die Ruhelage, kehrt bei der negativen Ablenkung:

$$\text{(A)} \qquad -\,\gamma \left(\frac{-\cos(u+v)}{\cos u} \right)^{\frac{a}{2r}} \left(\frac{\sin u}{\sin(v-u)} \right)^{\frac{b}{2r}}$$

um und nähert sich alsdann von der negativen Seite her wiederum der Ruhelage. Wenn endlich v zwischen $\frac{\pi}{2}$ und π liegt, die Dämpfung also erst bei einer negativen Ablenkung beginnt, so bewegt sich der Magnet im Sinne wachsender negativer Ablenkungen weiter bis zu dem durch den Ausdruck (A) gegebenen Maximum, kehrt alsdann um und erreicht schließlich von der negativen Seite her seine Ruhelage. Der Werth $x = 0$ wird also für positive endliche Werthe von t nur erreicht, wenn $\frac{\pi}{2} - u < v < \frac{\pi}{2}$ ist, der Werth $x' = 0$, wenn $\frac{\pi}{2} - u < v < \pi$ ist.

BEMERKUNG ZUR NOTE DES HERRN A. H. ANGLIN: „ZUR THEORIE DER SYMMETRISCHEN FUNCTIONEN"

VON

L. KRONECKER.

Crelle, Journal für die reine und angewandte Mathematik,
Band 98, S. 176.

BEMERKUNG ZUR NOTE DES HERRN A. H. ANGLIN:
ZUR THEORIE DER SYMMETRISCHEN FUNCTIONEN.[1]

Das Resultat findet sich auch in *Jacobi*'s Nachlass und ist in dem neulich erschienenen dritten Bande seiner Werke unter No. 23 veröffentlicht. Doch war Herrn *Anglin*'s (englisch abgefasstes) Manuscript der Redaction schon lange vorher zugegangen und ist nur, wegen der inzwischen erfolgten Publication der *Jacobi*'schen Entwickelungen, bei der Übertragung ins Deutsche wesentlich gekürzt worden. Die Herleitung kann aber noch vereinfacht werden. Es besteht nämlich die identische Gleichung:[2]

$$(\text{B.}) \qquad x^{m+p} = \sum_{k=0}^{k=m} (-1)^k \mathfrak{f}_k x^{m-k} \cdot \sum_{l=0}^{l=p} \mathfrak{S}_l x^{p-l} + \sum_{k=0}^{k=m} \sum_{h=1}^{h=m-k} (-1)^k \mathfrak{f}_k \mathfrak{S}_{h+p} x^{m-h-k},$$

welche das vollständige Resultat der Division von x^{m+p} durch $\mathfrak{F}(x)$[2]), nämlich sowohl den Quotienten als auch den Rest, mittels der symmetrischen Functionen $\mathfrak{S}$ darstellt. Zur Verification der Gleichung (B.) bedarf man nur einer in den Recursionsformeln (A.)[2] enthaltenen Definition der Grössen $\mathfrak{S}$; denn der Coefficient von x^g wird, wenn $g < m$ ist, in beiden Summanden auf der rechten Seite der Gleichung (B.):

$$\sum_{k=m-g}^{k=m} (-1)^k \mathfrak{f}_k \mathfrak{S}_{m-g-k+p} \quad \text{und} \quad \sum_{k=0}^{k=m-g-1} (-1)^k \mathfrak{f}_k \mathfrak{S}_{m-g-k+p},$$

und die Summe dieser beiden Summen wird gemäss den Formeln (A.)[2] gleich Null; wenn aber $g \gtreqless m$ ist, so kommt x^g nur in dem ersten Summanden auf der rechten Seite von (B.) vor, und zwar mit dem Coefficienten:

$$\sum_{k=0}^{k=m} (-1)^k \mathfrak{f}_k \mathfrak{S}_{m-g-k+p},$$

dessen Werth gemäss den Formeln (A.)[2] gleich $\delta_{0,\,m-g+p}$, also gleich *Null* ist, wenn $g < m + p$ ist, aber gleich *Eins* im Fall $g = m + p$.

---

[1] Vgl. Zusatz 29 am Ende dieses Bandes.   H

[2] Vgl. Zusatz 30 am Ende dieses Bandes.   H

ABDRUCK EINER NOTIZ ÜBER EINE NICHT VERÖFFENTLICHTE ABHANDLUNG: „SULLE SUPERFICIE ALGEBRICHE IRRIDUCIBILI AVENTI INFINITE MOLTE SEZIONI PIANE CHE SI SPEZZANO IN DUE CURVE"

PAR

M. LÉOPOLD KRONECKER.

Rendiconti della Reale Accademia dei Lincei 1885 Ser. IV, Vol. II (1º Sem.) p. 828—824.

SULLE SUPERFICIE ALGEBRICHE IRRIDUCIBILI AVENTI INFINITE MOLTE SEZIONI PIANE CHE SI SPEZZANO IN DUE CURVE. NOTA*) DEL SOCIO STRANIO LEOPOLDO KRONECKER.

L'autore fa all' Accademia una communicazione verbale nella quale riassume il proprio lavoro.[1])

Il Socio *Cremona* chiede la parola per ringraziare l'illustro Socio *Kronecker* e dice che il lavoro da questi presentato meriterà d'essere chiamato la *Memoria Romana di Kronecker* (Kronecker's Römische Abhandlung), non solo perchè communicata in Roma personalmente dall' autore ma anche perchè, mentre vi si tratta un interessante problema algebrico, questo conduce precisamente a quella superficie che Steiner pel primo considerò or sono 40 anni, qui in Roma, dove si trovava in compagnia di *Jacobi*, di *Dirichlet*, di *Borchardt* e di *Schläfli*, e che perciò ricevette il nome di *Superficie Romana*.

---

*) Questa Nota sarà pubblicata in uno dei prossimi Rendiconti.

[1]) Vgl. Zusatz 31 am Ende dieses Bandes.   H

BRIEFWECHSEL ZWISCHEN
GUSTAV LEJEUNE-DIRICHLET UND HERRN
LEOPOLD KRONECKER

HERAUSGEGEBEN VON

ERNST SCHERING.

Nachrichten von der Gesellschaft der Wissenschaften zu Göttingen
vom Jahre 1885. S. 361—382.

BRIEFWECHSEL ZWISCHEN G. LEJEUNE-DIRICHLET UND HERRN
LEOPOLD KRONECKER, HERAUSGEGEBEN VON ERNST SCHERING.

Herr *Kronecker* hat die Güte gehabt, mir die von *Dirichlet* an ihn geschriebenen Briefe zuzusenden, um dieselben der Königlichen Universitäts-Bibliothek in
Göttingen als Geschenk zu übergeben.

Diese Briefe gehören, außer dem ersten, der Zeit von *Dirichlet*'s Aufenthalt
in *Göttingen* an und haben durch diese örtliche Beziehung ein besonderes Interesse
für uns. Da dieselben auch eine große geschichtliche Bedeutung für die mathematische Wissenschaft besitzen, so habe ich Herrn *Kronecker* um die Erlaubniß gebeten, diese Briefe sowie auch einige von Herrn *Kronecker* an *Dirichlet* gerichtete
Briefe abdrucken zu lassen, auf welche die oben erwähnten sich beziehen, und von
welchen ich wußte, daß *Dirichlet*'s Sohn dieselben nach des Vaters Tode an den Verfasser zurückgegeben hatte. Diese Erlaubniß hat Herr *Kronecker* gütigst gewährt
und auch gestattet, daß seine Briefe an *Dirichlet* mit dessen Antworten auf dieselben
der hiesigen Universitäts-Bibliothek übergeben werden.

E. Sch.

I. *Dirichlet an Herrn Kronecker.*

Ich habe mir, verehrter Freund, so große Nachlässigkeit gegen Sie zu Schul-
den kommen lassen, daß ich fast verzweifeln muß, Ihre Verzeihung zu erlangen. Sie
werden nämlich als junger Mann kaum glaublich finden, was ich zu meiner Entschuldigung anführen kann, da Sie sich schwerlich eine Vorstellung davon machen,
wie sehr es einem im Mittelalter, in welches ich schon seit längerer Zeit getreten bin,
an der nöthigen Flexibilität fehlt, um sich schnell in Dinge hineinzufinden, mit denen
man nicht schon einigermaßen vertraut ist. Als Ihr erster Brief ankam, war ich mit
13 wöchentlichen Vorlesungen u. anderen Geschäften so überladen, daß die wenige
Zeit, die ich dem Studium Ihrer interessanten Mittheilung zu widmen im Stande
war, durchaus nicht ausreichte, um mir Ihre Untersuchungen klar zu machen. Ich

hoffte, daß ich in den Ferien dazu gelangen würde, besser in das Wesen Ihrer Arbeit einzudringen, von der ich durch meine vorläufigen Bemühungen wenigstens die Ueberzeugung gewonnen hatte, daß Sie darin einen vielfach behandelten Gegenstand von einer neuen u. wie mir schien sehr glücklich gewählten Seite angefaßt haben. In dieser Hoffnung fand ich mich aber leider getäuscht, da ich gleich nach Beginn der Ferien von einem Anfall der Grippe heimgesucht wurde, der mich länger als drei Wochen zu jeder Anstrengung unfähig gemacht hat. Nachdem ich jetzt in den letzten Tagen Ihrer Arbeit, wie ich glaube, näher getreten bin, beeile ich mich Ihnen zu sagen, daß es mir sehr wünschenswerth scheint, daß Sie eine kurze Notiz über Ihre Untersuchungen veröffentlichen, da Sie leider durch Ihr fortgesetztes schlechtes Befinden verhindert sind, an eine ausführliche Redaktion derselben für jetzt zu denken. Wenn diese Notiz, die Sie durchaus so einrichten müßten, daß jeder dem Gegenstande nicht fremde Mathematiker sich vollständig daraus vernehmen kann, nicht die Grenzen überschreitet, welche den in den akademischen Monatsbericht aufzunehmenden Aufsätzen gesteckt sind, so werde ich sie mit Vergnügen der Akademie vorlegen u. die Aufnahme in den Bericht beantragen.*)

Das Weitere mündlich. Hoffentlich fällt Ihre hiesige Anwesenheit gar nicht oder doch wenigstens nicht ganz in die Zeit vom 12. bis 22. Mai, während welcher Tage ich meine Frau, die *Karlsbad* besuchen soll, dorthin begleite.**)

Indem ich meine Frau u. mich selbst Ihnen und Ihrer Frau Gemahlin bestens empfehle, nenne ich mich

Ihr treu ergebener

Berlin, 3. Mai 53.

Dirichlet.

---

*) Die zwei Briefe von *Kronecker*, auf welche sich *Dirichlet* in diesem Briefe bezieht, haben sich in *Dirichlet*'s Nachlaß nicht gefunden. Der wissenschaftliche Inhalt derselben ist in jener Notiz reproducirt, welche von *Dirichlet* im Juni 1858 der *Berliner* Akademie mitgetheilt und im betreffenden Monatsbericht abgedruckt worden ist[1]).   *E. Sch.*

**) Herr *Kronecker* theilt mir gütigst mit, daß er Ende Mai 1858 auf einer Reise nach *Paris*, wohin er sich zur Consultation eines dortigen Arztes begab, *Berlin* passirt und *Dirichlet* persönlich die Handschrift für die in der vorstehenden Bemerkung erwähnten Notiz übergeben hat.   *E. Sch.*

[1]) Bd. IV S. 1 dieser Ausgabe von L. Kronecker's Werken.   H

II. *Herr Kronecker an Dirichlet.*

Hochgeehrter Herr Professor,

Zu meiner großen Freude habe ich vielfach gehört, daß Sie Sich in Ihrer neuen Heimath gar sehr gefallen und allen Grund haben mit jenem Wechsel zufrieden zu sein, der freilich uns hier so schweren Verlust gebracht hat. Wie sehr ich grade bei diesem Verlust betheiligt bin und wie tief ich denselben empfinde, brauche ich Ihnen kaum zu sagen, denn Sie wissen selbst, wie unendlich viel ich Ihnen verdanke, und Sie wissen auch, daß Ihnen näher zu sein, der Hauptzweck bei meiner Uebersiedelung nach *Berlin* war. Ich hatte nun jetzt die Absicht Sie noch in diesem Monat zu besuchen, um wenigstens für ein paar Tage den langentbehrten Genuß Ihres persönlichen Verkehrs zu haben; aber da mir *Borchardt* gesagt hat, daß Sie schon in wenigen Tagen nach *Paris* reisen, um dort wohl etwa vier bis sechs Wochen zuzubringen, so will ich die Ausführung jenes Vorhabens bis nach Ihrer Rückkehr verschieben, vorausgesetzt daß Sie Ihre mir früher mündlich gegebene Erlaubniß Sie zu besuchen noch aufrecht erhalten. Ich werde wohl — wenn auch nicht direct von Ihnen — so doch indirect durch *Borchardt* oder andere hiesige Bekannte zur Zeit erfahren, wenn Sie wieder in *Göttingen* sind. Für diese Zeit könnte ich mir nun freilich alle übrigen Mittheilungen aufsparen — aber wer weiß, was sich doch noch Alles zwischen Vorsatz und Ausführung eindrängt — und da ich Ihrer alten Theilnahme noch jetzt gewiß zu sein glaube, so will ich ein paar Worte über mein mathematisches Leben im vergangenen Winter beifügen.

Ich habe die ganze Zeit über — seit ich aus dem Seebade zurück bin — eigentlich recht anhaltend gearbeitet, und die dabei erlangten Resultate haben auch mein Streben größtentheils belohnt. Freilich habe ich die Hauptfrage, auf welche ich vor etwa einem Jahre gekommen bin, nicht gelöst, aber eine Einsicht in dieselbe gewonnen, die mir sehr werthvoll ist. Außerdem habe ich den ursprünglichen Zweck, um derentwillen ich jene Frage lösen zu müssen glaubte, ohne diese Lösung so vollständig erreicht, daß mir in dieser Hinsicht wirklich nichts zu wünschen übrig bleibt. Ich habe nämlich eine Methode gefunden zur Herleitung aller Eigenschaften der auflösbaren Gleichungen von Primzahlgraden, deren Einfachheit und Strenge allen gerechten Anforderungen entsprechen dürfte.*) Denn die Methode verlangt keinen

---

*) Es ist dies, wie Herr *Kronecker* mir gütigst mitgetheilt hat, die Methode, welche er regelmäßig — und zwar zum ersten Male im Winter 1861/62 — in seinen Universitäts-Vor-

irgend höheren Standpunkt mathematischen Fassungsvermögens als das Problem selbst, welches dadurch erledigt wird. Ich werde den Sommer zur sorgfältigen Ausarbeitung dieser Sachen verwenden, und diese wird nur *deßhalb* ziemlich umfangreich werden weil so sehr viel einzelne Resultate herauskommen, und weil ich keinen Raum sparen darf bei der genauen Bezeichnung gewisser ganz neuer Gesichtspunkte*), die namentlich in den *Galois'*schen und *Abel'*schen Fragmenten vermißt werden, und ohne welche die erforderliche Strenge nicht beobachtet werden kann. Einige ganz hübsche Resultate oder — richtiger gesagt — hübsche Anschauungen, die ich bei der Beschäftigung mit jenen „Methoden" erlangt habe, werde ich unter Kurzem in einer kleinen Notiz veröffentlichen, da diese Dinge in den zu redigirenden vollständigen Abhandlungen erst ganz zuletzt an die Reihe und also erst etwa in einem Jahre zur Publikation kommen würden. Ich werde in dieser Notiz auch die allgemeinste Wurzel einer *Abel'*schen ganzzahligen Gleichung als complexe Zahl dargestellt angeben, da es mir jetzt gelungen ist, diese in so einfache Form zu bringen, daß „die erforderlichen zahlentheoretischen Vorbemerkungen" (wie ich mich am Schlusse der im Juni 1853 der hiesigen Akademie überreichten Notiz*) ausdrücken mußte) nur noch ganz unbedeutend sind. — Während ich auf diese Weise die Untersuchung der Auflösbarkeit von Gleichungen, deren Grad eine Primzahl ist, vollständig absolvirte, habe ich mich aber auch vielfach mit allgemeineren Arbeiten beschäftigt und zwar einerseits, indem ich die Untersuchung der Gleichungen bezüglich ihrer Auflösbarkeit auch für diejenigen Grade vornahm, die nicht Primzahlen sind, und andrerseits indem ich die Untersuchung der Gleichungen nicht mehr auf ihre Auflösbarkeit beschränkte, sondern auf die Ergründung aller Eigenschaften ausdehnte, die eine Gleichung überhaupt haben kann. In dieser Beziehung bin ich allerdings erst so weit gekommen, das ganze große neue Feld vor mir zu sehen d. h. klar zu wissen, was zu suchen ist; aber dieß ist, wie ich glaube, bei einer Untersuchung von solcher Allgemeinheit auch nicht ganz unbedeutend. Die vollständige Lösung des ganz präcisen Problems, welches ich mir in dieser Hinsicht gestellt habe, dürfte freilich, wenn über-

lesungen gegeben und alsdann im Monatsberichte der *Berliner* Akademie vom März 1879 veröffentlicht hat¹).   *E. Sch.*

 *) Nach einer von Herrn *Kronecker* mir gütigst zugegangenen brieflichen Mittheilung sind hiermit die „Gesichtspunkte" gemeint, welche ihn auf die Feststellung des mit dem Ausdrucke „Rationalitäts-Bereich" bezeichneten Begriffes geführt haben. *E. Sch.*

 ¹) Bd IV S. 73 dieser Ausgabe von L. Kronecker's Werken. H
 ²) Bd. IV S. 11 dieser Ausgabe. H

haupt, meinen schwachen Kräften erst in geraumer Zeit gelingen. Aber lohnend ist
es gewiß Zeit und Mühe an eine einzige Frage zu wenden, welche die ganze Theorie
der algebraischen Gleichungen (mit einer unbekannten Größe) vollständig umfaßt.
Ich bemerke nur noch, daß ich dieses Problem für die ersten Grade — den siebenten
eingeschlossen — gelöst habe, daß die Schwierigkeiten dabei erst mit dem 7 ten
Grade anfangen, daß ich aber schon für diesen speziellen Fall Ergebnisse erlangt habe,
die durch ihre Neuheit wie durch den wunderbaren Zusammenhang mit der complexen Zahlentheorie mir *sehr* interessant scheinen. Dabei zeigte sich mir das Naturgemäße dieser abstrakten algebraischen Untersuchungen in dem bemerkenswerthen
Umstande, daß — wie alle auflösbaren und *Abel*'schen Gleichungen in den Theorieen
transcendenter analytischer Functionen vorkommen — so auch alle diejenigen
„Affecte" (um mit *Jacobi* zu sprechen), die ich als überhaupt nur möglich a priori
gefunden habe, bei gewissen bekannten Gleichungen 7 ten Grades wirklich auftreten.
— Was nun die *Auflösbarkeit* der Gleichungen anlangt, deren Grad eine beliebige
zusammengesetzte Zahl ist, so habe ich auch in dieser Untersuchung wesentliche
Fortschritte gemacht, ohne sie indessen zum vollständigen Abschluß gebracht zu
haben ... meine Arbeit über die Gleichungen von Primzahlgraden wird die einfachen
Gesichtspunkte angeben, durch welche das Algebraische und das Zahlentheoretische
in diesem ganzen Gebiete gehörig geschieden und in Folge dessen eine Klarheit und
Sicherheit erlangt wird, die bisher überall vermißt wurde. Aber Sie werden es gewiß
billigen, hochverehrter Herr Professor, daß ich jetzt meine vorerwähnten *allgemeinen*
Untersuchungen unterbreche, um einmal an die Redaction des — wenn auch nicht
dem Inhalte — so doch dem Umfange nach ziemlich ansehnlichen Materials zu
gehen, das sich mir durch fast dreijährige Arbeiten gesammelt hat. Außerdem will
ich auch *jetzt gleich* einige ganz kleine Abhandlungen fertig machen, um sie Herrn
Liouville zu überschicken; und Sie würden mich sehr verbinden, wenn Sie in *Paris*
gelegentlich durch Ihr gewichtiges Wort die möglichst baldige Aufnahme derselben
ins Journal befürworteten. Ich werde in der ersten dieser Abhandlungen[1]) die Kleinig-
keit über *Bernoulli*'sche Zahlen auseinandersetzen, welche ich vor mehr als zehn
Jahren gemacht habe; in der zweiten[1]) werde ich eine bei Vorträgen über Kreistheilung
passende und äußerst einfache Weise der Zeichenbestimmung von $\Sigma e^{\frac{2k\pi i}{p}}$ mittheilen; in der dritten[1]) werde ich einen höchst simpeln Beweis für die Irreductibilität
von $1 + x + x^2 + \cdots + x^{p-1}$ geben, und die vierte[1]) wird eine wesentliche Ab-

---

[1]) Vgl. Zusatz 32 am Ende dieses Bandes.   H

kürzung einer von *Kummer* in seinem Aufsatze über die complexen Zahlen angewendeten Methode enthalten. — Dieß, geehrtester Herr Professor, sind meine guten
Vorsätze für die nächsten Wochen, — die Ausarbeitung mancher andrer Sachen, die
ich in diesem Winter und früher gemacht habe, verschiebe ich noch, weil ich sie noch
nicht für reif genug halte, — denn ich habe bei meinen Arbeiten über die auflösbaren
Gleichungen die Erfahrung gemacht, daß ich die Dinge erst eine lange Zeit wärmen
muß, ehe sie die für die Publication erforderliche Reife erhalten.

Aber ich habe Ihre Lese-Geduld gewiß schon auf eine zu harte Probe gestellt
und will deßhalb endlich diese Zeilen schließen, indem ich Ihnen eine recht glückliche Reise wünsche und meine Frau sowie mich selbst Ihnen und Ihrer Frau Gemahlin auf das Angelegentlichste empfehle.

Mit aufrichtigster Verehrung und Anhänglichkeit

Ihr

dankbarer Schüler

Berlin, den 3. Maerz 1856.   *Leopold Kronecker.*

Von *Kummer* habe ich die besten Grüße beizufügen.

D. O.

III. *Herr Kronecker* an *Dirichlet.*

Hochgeehrter Herr Professor,

Als ich Ihnen am 3. Maerz schrieb, hatte ich zwar schon an die Möglichkeit
gedacht, daß mein *Göttinger* Reiseprojekt durch irgend etwas vereitelt werden
könnte — aber es lag doch nichts vor, um dieß gradezu zu befürchten. Inzwischen
hat mich mein altes Uebel wieder gequält, mein kleiner Sohn — den ganzen vorigen
Winter leidend — bedurfte einer baldmöglichen Luftveränderung — und so sind wir
seit einigen Wochen hier in *Koesen*, von wo ich Ende Juli in ein Seebad gehen werde,
um meine eigene Gesundheit wieder möglichst ins Geleis zu bringen.*) Da ich auf
diese Weise wieder darauf angewiesen bin, mich schriftlich Ihrem Andenken zu erhalten, so bekommen Sie hier diese Paar Zeilen bloß als Geleitschreiben des Ab-
druckes von einem kleinen Aufsätzchen, dessen Entstehungsgrund ich Ihnen bereits
am 3. Maerz mitgetheilt habe. Ich hoffe, daß dieser Grund genügende Entschuldigung

---

*) Herr *Kronecker* hat sein *Göttinger* Reiseproject in der That noch im Sommer 1856
ausgeführt.

für die Existenz der beifolgenden Unbedeutendheit in Ihren Augen sein wird, falls Sie einmal gelegentlich einen Blick hinein thun sollten.*) Für diesen Fall erwähne ich nur noch, daß die auf pag. 209²) definirten Zahlen k und deren Eigenschaften mir mehr Mühe gemacht haben als man ihnen ansieht, und daß überhaupt die Herleitungen und Beweise der mitgetheilten Resultate über *Abel*'sche Gleichungen manche Schwierigkeiten grade in der erforderlich gewesenen detaillirten Ausarbeitung darboten. — Uebrigens sind die erwähnten Zahlen k in mancher Beziehung interessant, und es erleidet keinen Zweifel, daß sie bei gewissen Formenanzahlen dieselbe Rolle spielen, wie die von Ihnen mit a und b bezeichneten Zahlen in der Theorie der quadratischen Formen. Wenn man nämlich (um die in dem Aufsätzchen den Buchstaben n und m beigelegten Bedeutungen beizubehalten) überhaupt Formen $n$ten Grades mit mehren Variabeln betrachtet, so kann man die den einfachsten complexen Zahlen entsprechenden so definiren: „daß die Formen in lineare Factoren zerlegbar und schon die cyklischen Functionen dieser linearen Factoren rationale Functionen der Variabeln (d. h. mit rationalen Coëfficienten) sein sollen". Derlei Formen $n$ten Grades mit der Determinante m sind dann nichts Anderes als die Normformen (und deren associirte) von complexen Zahlen, die aus den Perioden $\varpi(\varrho)$ gebildet sind, und bei deren Formenanzahl eben die k's auftreten müssen. Sie sehen, daß man auf diese Weise eine einfache Erklärung derjenigen Formen hat, die offenbar die zunächst liegenden sind, und daß hierbei nichts von jenen zufälligen Besonderheiten auftritt, welche *Eisenstein* bei Erklärung der Kreistheilungsformen 3 ten Grades mit 8 Variabeln hat zu Hülfe nehmen müssen. — Was meine Arbeiten anlangt, so bin ich in meiner Hauptbeschäftigung nur wenig vorgeschritten, da ich mich mit einigen kleinen Ausarbeitungen habe beschäftigen müssen. Aber ich bin vielfach in den hoffnungsvollen Fernsichten dem, was ich beweisen kann, vorausgeeilt und habe dabei Anschauungen von der Natur der Gleichungen gewonnen, die, wenn sie sich bewähren, ein ganz neues und erhebliches Interesse gewähren dürften. Bei der gänzlichen Neuheit des Feldes aber, auf welchem ich jetzt arbeite, und bei der kaum zu bewältigenden Complicirtheit glaube ich, daß ich jahrelanger Arbeit bedürfen werde, ehe ich zu stricten Resultaten komme. Also, geehrter Herr Professor, erwarten Sie in *dieser* Hinsicht nicht so bald etwas von mir, zumal ich ein gut Theil Zeit auf die sorgfältigste elemen-

---

*) Diese Worte beziehen sich auf die im Monatsbericht der *Berliner* Akademie vom April 1856 veröffentlichte algebraische Arbeit¹).

¹) Bd. IV S. 25 dieser Ausgabe.   H
²) Bd. IV S. 32 dieser Ausgabe.   H

tare Bearbeitung meiner älteren Resultate verwenden werde. Und ich habe ja doch nichts zu versäumen — vorausgesetzt daß meine Gesundheit mit den Jahren besser statt schlechter wird. Nun nur noch eins!

Bei Gelegenheit eines kleinen Sätzchens über ganzzahlige Gleichungen, welches wohl in dem ersten unter *Borchardt's* Namen erscheinenden Hefte des Journals abgedruckt werden wird, kam ich wiederholt auf Ihre Notiz über complexe Einheiten im Monatsberichte der Akademie. Erlauben Sie mir in Bezug darauf Ihnen zu sagen, daß — wie ich glaube — Ihre dortige *Darstellung* zu Mißverständnissen führen kann, und daß es meines Erachtens besser wäre die Sache zum Theil vom Ende anzufangen. *Hat* man nämlich ·- und Sie zeigen, daß dieß stets zu finden ist — ein System von Einheiten:

$$\Phi_1(\alpha), \ \Phi_2(\alpha), \ldots \Phi_{h-1}(\alpha)$$

für welches — wenn α' und α conjugirt,

$$\Phi_k(\alpha) \cdot \Phi_k(\alpha') = a_k \ \text{u.} \ \log a_k = A_k$$

gesetzt wird — jene Determinante $\Sigma \pm A_1 B_2 C_3 \ldots$ nicht verschwindet, so giebt es keine von 0 verschiedenen Werthe für $m_1, m_2, \ldots m_{h-1}$, so daß die Gleichungen:

$$A_1 m_1 + A_2 m_2 + \cdots + A_{h-1} m_{h-1} = 0$$
$$B_1 m_1 + B_2 m_2 + \cdots + B_{h-1} m_{h-1} = 0$$

sämmtlich erfüllt würden. *Also* kann nicht

$$\Phi_1(\alpha)^{m_1} \Phi_2(\alpha)^{m_2} \cdots \Phi_{h-1}(\alpha)^{m_{h-1}} = 1$$

sein für irgend welche ganze Werthe von $m_1, m_2 \ldots m_h$, denn sonst folgte wegen der Irreductibilität der zu Grunde gelegten Gleichung:

$$\Phi_1(\alpha')^{m_1} \Phi_2(\alpha')^{m_2} \cdots = 1,$$
$$\Phi_1(\beta)^{m_1} \Phi_2(\beta)^{m_2} \cdots = 1,$$
$$\Phi_1(\beta')^{m_1} \Phi_2(\beta')^{m_2} \cdots = 1 \ \text{etc.}$$

also durch Multiplication von je zwei dieser Gleichungen:

$$a_1^{m_1} \cdot a_2^{m_2} \cdots = 1, \quad b_1^{m_1} b_2^{m_2} \cdots = 1 \ \text{etc.}$$

für *alle h* Gleichungen was ja eben unmöglich ist. Folglich bilden $\Phi_1(\alpha), \Phi_2(\alpha) \ldots$ ein System von unabhängigen Einheiten.

Ich meine, daß eine solche Umkehr der Aufeinanderfolge Ihrer Schlüsse vor gewissen Mißdeutungen hüten würde. Man ist nämlich durch die Worte pag. 106:

„Sollen nun z. B. drei Auflösungen..." und resp. durch die folgende Stelle: „Berücksichtigt man, ..." veranlaßt zu glauben

1, daß für ein System unabhängiger Einheiten keine einzige der obigen h Gleichungen stattfinden könne — während es doch nur unmöglich ist, daß *alle* stattfinden,

2, könnte man denken, daß die Gleichung $a_1^{m_1} a_7^{m_7} \ldots = 1$ die Gleichung $b_1^{m_1} b_8^{m_8} \ldots = 1$ etc. zur Folge hat, während doch nur aus der Existenz der Gleichung

$$\Phi_1(\alpha)^{m_1} \Phi_8(\alpha)^{m_8} \cdots = 1$$

die aller übrigen folgt. Die Gleichung $a_1^{m_1} a_8^{m_8} \ldots = 1$, d. h.

$$\Phi_1(\alpha)^{m_1} \Phi_1(\alpha')^{m_1} \Phi_8(\alpha)^{m_8} \Phi_8(\alpha')^{m_8} \cdots = 1,$$

läßt keinerlei Folgerungen über den Bestand derselben zu, wenn α in β verwandelt wird.

Ich erwähne nur noch der Fälle, wo in der That für ein System unabhängiger Einheiten $\Phi_1(\alpha), \ldots \Phi_{h-1}(\alpha)$ eine oder mehre der Gleichungen

$$a_1^{m_1} a_8^{m_8} \cdots = 1, \quad b_1^{m_1} b_4^{m_4} \cdots = 1, \ldots$$

(aber natürlich *nicht alle*) befriedigt werden. Wenn nämlich z. B. eine Einheit $\Psi(\alpha)$ existirt, deren analytischer Modul $= 1$ ist, und welche doch nicht Wurzel der Einheit ist (und es ist leicht zu zeigen daß dieß *möglich* ist), so muß nach Ihrem Fundamentalsatze

$$\omega \Psi(\alpha) = \Phi_1(\alpha)^{m_1} \Phi_8(\alpha)^{m_8} \cdots \Phi_{h-1}(\alpha)^{m_{h-1}}$$

sein, wenn $\Phi_1(\alpha), \ldots$ die Fundamentaleinheiten und ω eine Wurzel der Einheit bedeutet. Verwandelt man hierin $\sqrt{-1}$ in $-\sqrt{-1}$, so wird

$$\omega^{-1} \cdot \Psi(\alpha') = \Phi_1(\alpha')^{m_1} \Phi_8(\alpha')^{m_8} \cdots \Phi_{h-1}(\alpha')^{m_{h-1}}$$

und durch Multiplication, wenn man berücksichtigt, daß $\Psi(\alpha) \Psi(\alpha') = 1$ ist:

$$1 = a_1^{m_1} \cdot a_8^{m_8} \ldots a_{h-1}^{m_{h-1}},$$

wo die m's von 0 verschieden sind. Es gäbe noch mancherlei hierbei zu erwähnen, doch lohnt es nicht der Schreiberei, und ich verlasse deshalb diesen Gegenstand, um Sie nur noch zu fragen, ob Sie die Bemerkung für interessant halten, daß man cyklometrische Auflösungen der Gleichung $x^2 + Dy^2 = 4p$ finden kann, wenn $p \equiv 1$ (mod D) ist. Es ist dieß leicht als Verallgemeinerung der *Jacobi*'schen Ψ's zu sehen, woraus dort nur die Auflösung von $x^2 + 3y^2 = 4p$ und $x^2 + 7y^2 = 4p$ sich ergiebt.

Es ist mir diese ganze Bemerkung nur abgefallen von allgemeineren Betrachtungen, die sich aber im Uebrigen noch nicht hinreichend fruchtbringend gezeigt haben.

Nimmt man der größeren Einfachheit wegen $D = \lambda$ einer Primzahl von der Form $4n + 3$, so ist, wenn $a^\lambda = 1$, $x^p = 1$ und $p = k\lambda + 1$, nach *Jacobi*'s Bezeichnung

$$(a, x) = x + ax^g + a^2 x^{g^2} + \cdots,$$

und das Product $\Pi(a'', x)$, welches sich auf alle quadratischen Reste a von λ bezieht, ist wie leicht zu sehen von der Form $\frac{1}{2}u + \frac{1}{2}v\sqrt{-\lambda}$ wo u und v ganze Zahlen sind. Es ist nun

$$\frac{u + v\sqrt{-\lambda}}{u - v\sqrt{-\lambda}} = \left(\frac{U + V\sqrt{-\lambda}}{U - V\sqrt{-\lambda}}\right)^{\frac{\Sigma b - \Sigma a}{\lambda}}$$

wenn U u. V die Zahlen der Auflösung von $U^2 + \lambda V^2 = 4p$ bedeuten. Man sieht hieraus, daß man für ein gegebenes p und λ eine Gleichung vom Grade $\frac{\Sigma b - \Sigma a}{\lambda}$ aufstellen kann, welche (wenn $U^2 + \lambda V^2 = 4p$ in ganzen Zahlen auflösbar ist) eine einzige rationale Wurzel hat, aus welcher die Werthe von U und V unmittelbar hervorgehen. —

Ich habe mich — zu meinem Schrecken sehe ich es — schon wieder allzusehr ausgebreitet und bitte Sie deßhalb um Entschuldigung. Ich bitte Sie ferner mich und meine Frau Ihrer Frau Gemahlin angelegentlichst zu empfehlen und bitte Sie endlich mir Ihr so sehr schätzbares Wohlwollen stets zu bewahren.

Mit innigster Anhänglichkeit und Verehrung
Ihr
dankbarer Schüler
Leopold Kronecker.

Koesen, den 26. Juni 1856.

IV. *Herr Kronecker an Dirichlet.*

Hochgeehrter Herr Professor!

Ich habe soeben an Herrn Dr. *Dedekind* ein Paar Zeilen geschrieben, und da treibt mich meine alte Anhänglichkeit auch Ihnen einige Worte zu schicken selbst auf die Gefahr hin, daß Ihr Interesse für mich inzwischen einigermaßen erkaltet sein sollte. Zumal habe ich nicht recht Aussicht Sie bald einmal persönlich wiederzusehen*), denn Sie reisen stets nach Westen, und ich kann aus vielfachen Gründen

---

*) *Dirichlet* hatte im December 1856 *Berlin* besucht.

nicht nach *Göttingen* kommen. — Mit meinen mathematischen Arbeiten ist es mir
im vergangenen Winter sonderbar gegangen, nämlich sowohl in meinen algebraischen
Ausarbeitungen als in den weiteren Untersuchungen über die Affecte der Gleichungen bin ich immerfort von scheinbar wenig damit zusammenhängenden Dingen
unterbrochen worden, ohne daß ich grade Grund hätte mit diesen Unterbrechungen
unzufrieden zu sein. Denn ich habe so manche sehr interessante Sachen gefunden,
und da ich mich zumeist *da*durch so unabhängig fühle, daß mich keine Spur irgend
welchen Ehrgeizes quält, da ich vielmehr einzig und allein meine Freude in der Erkenntniß des Wahren habe, so kommt es mir wenig darauf an, *wozu* ich grade meine
Zeit verwende, wenn ich sie nur überhaupt *gut* benutze. — Die beiden Hauptepisoden
meiner Arbeiten betrafen die complexe Multiplication der elliptischen Functionen
und die Theorie der allgemeinsten idealen Zahlen. In Bezug auf das erste Thema habe
ich Ihnen meine ersten Resultate schon im December hier mitgetheilt. Ich habe in
den ersten drei Monaten dieses Jahres noch viele ähnliche Resultate gefunden,
Alles streng bewiesen und überhaupt die betreffende Untersuchung eigentlich abgeschlossen. Das dabei durchforschte kleine mathematische Gebiet war mir in vieler
Beziehung äußerst interessant. Die Eleganz der Resultate und die Einfachheit der
Beweismethoden, der Zusammenhang der Analysis und Zahlentheorie, die weiteren
Aussichten, die die Sachen gewähren — alles das vereinigte sich, um meinen Eifer
in der Untersuchung anzuspornen und nachher zu belohnen. Ich werde kurz die
wesentlichsten Resultate anführen: 1, die Moduln k für welche Multiplication mit
$a + b\sqrt{-D}$ stattfindet sind Wurzeln einer auflösbaren Gleichung Hten Grades,
deren Coëfficienten complexe Zahlen von der Form $a + b\sqrt{-D}$ sind, wo H die Anzahl der quadratischen Formen für die Determinante $-D$ bedeutet. 2, die Gleichung
hat den Charakter der von *Abel* behandelten Gleichungen, daß sämmtliche Wurzeln
rationale Functionen einer einzigen sind, und daß, wenn: k, $\theta(k)$, $\theta_1(k)$ solche Wurzeln bedeuten, $\theta\theta_1(k) = \theta_1\theta(k)$ ist. Die Anzahl der hierbei nach *Abel* entstehenden
Cykeln oder Perioden ist gleich dem Irregularitäts-Exponenten von *Gauss* für $-D$.
Ist jene Anzahl $= 1$ also jene Gleichung eine (wie ich es nenne) „*Abel*'sche“ so ist die
Determinante regulär. Es ist mir nicht aussichtslos, daß ich noch werde bestimmen
können, ob jene Gleichung eine *Abel*'sche ist oder nicht und damit also, ob die Determinante regulär oder irregulär ist. Wenigstens kann ich schon jetzt den Charakter
einer solchen Bestimmung angeben, und der ist merkwürdig genug. 3, Aus den H
Moduln k lassen sich die Coëfficienten eines Systems nicht äquivalenter quadratischer Formen der Determinante $-D$ in transcendenter Form angeben. 4, Gewisse

rationale Functionen der irrationalen Größen k lassen sich als ideale Zahlen betrachten, welche die quadratischen Formen ersetzen. Diese idealen Zahlen erschließen manche Eigenthümlichkeit der Zahlentheorie und Algebra, und ich erwähne in dieser Beziehung nur, daß sie bei Aufstellung der *Abel*'schen Gleichungen mit complexen Coëfficienten mit Nothwendigkeit erscheinen. Ihre Analogie mit den *wirklichen* Zahlen $a + b\sqrt{-D}$ geht ferner daraus hervor, daß sie dieselben bei der Multiplication der elliptischen Functionen gradezu ersetzen. 5, Der erwähnten Untersuchung gebührt jedenfalls das Verdienst auf den für die Berechnung und überhaupt einfachsten Ausdruck der Formenanzahl für die Determinante $- D$ aufmerksam gemacht zu haben. Aus jener Untersuchung resultiren nämlich eine Menge recurrirender Formeln der allereinfachsten Art für die zu den Determinanten: $- D$, $- D + 1^2$, $- D + 2^2$, $- D + 3^2$ ... gehörigen Formenanzahlen. Viele dieser Formeln lassen sich ganz simpel aus dem Zusammenhang der Formenanzahl mit der Anzahl der Darstellungen als Summe von 3 Quadraten ableiten und, was schöner ist, jene Theorie giebt einen Beweis dieses Zusammenhanges. Aber ein andrer Theil jener Formeln scheint mir arithmetisch schwer beweisbar. Ich habe trotz mancher daran gewendeten Mühe keine Ahnung davon, wie es möglich sein wird. Ich theile Ihnen zur Probe eine *dieser* Formeln hier mit: Sei $F(m)$ die Anzahl der Formen für die Determinante $- m$, so ist:

$$F(n) + 2F(n - 1) + 2F(n - 4) + 2F(n - 9) + 2F(n - 16) + \cdots = \Phi(n),$$

wo $\Phi(n)$ die Summe derjenigen Divisoren von n bedeutet welche größer als $\sqrt{n}$ sind, und wo $n \equiv 3 \bmod 4$ ist. 6, Wenn n Primzahl, so ist $\Phi(n) = n$, und da findet eine merkwürdige Eigenschaft der Formen statt, die ich noch nicht bewiesen und auf sehr eigenthümlichen Inductionswegen gefunden habe, eine Eigenschaft, welche zeigt, daß die Determinanten $n, n - 1, n - 4, \ldots$ in vieler Beziehung zusammen zu betrachten sind. Denkt man sich nämlich alle reducirten Formen für alle diese Determinanten: $- (n - r^2)$ und für alle diese Formen (a, b, c) die Zahlen, welchen der Ausdruck $\dfrac{b \pm \sqrt{-n + r^2}}{a}$ oder besser: $\dfrac{b \pm r}{a}$ modulo n congruent ist, so erhält man grade alle Zahlen $0, 1, 2 \ldots (n - 1)$. Ist das nicht schön? 7, Wenn D als Summe 3er Quadrate darstellbar ist, so erhält man auf die einfachste Art die Formenanzahl ausgedrückt durch die Anzahl der Darstellungen als Summe von 2 Quadraten von: $D - 1, D - 4, D - 9 \ldots$; da diese Anzahlen nur von den Primfactoren abhängen, so ergiebt dieß eine Weise zur Berechnung der Formenanzahl die — mit Hülfe einer Factorentafel — im Wesentlichen nur auf „Ablesen" hinaus kommt.

8, Diejenigen Moduln k, für welche die Modulargleichungen gleiche Wurzeln haben sind von der oben bezeichneten Art. Es charakterisirt dieß die von mir betrachteten elliptischen Functionen als gewissermaßen Grenzwerthe der allgemeinen und zwar als solche, die einen Schritt näher liegen als die äußerste Grenze d. h. die Kreisfunctionen. Während es für diese nur Multiplication giebt, findet für meine besonderen ellipt. F. zwar auch Transformation statt, aber dieselbe ist hier selbst eine *Art* von Multiplication; die Multiplication wird durch die forma principalis, die Transformationen werden durch die andern Formen repräsentirt. Haec hactenus. Augenblicklich stecke ich tief in Untersuchungen über allgemeine complexe Zahlen von der Form, wie Sie die Einheiten betrachtet haben. Ich habe die Begriffe der idealen Zahlen, die Reduction der Formen etc. festgestellt und durch diese allgemeinsten Betrachtungen eine sehr bemerkenswerthe Einfachheit erzielt. Und es ist keine *hohle* Allgemeinheit; denn ich bin sehr schönen Resultaten auf der Spur und weiß ziemlich genau, wie weit ich kommen werde. Das Schönste daran ist, daß man den Begriff der derivirten Formen für alle diese zerlegbaren Formen allgemein aufstellen und, wie ich glaube, auch das Verhältniß der Formenanzahl für primitive und derivirte allgemein bestimmen kann. Für eine große Classe (wozu die quadratischen Formen, die Kreistheilungsformen gehören) ist es mir bereits gelungen. Auch geben meine Untersuchungen eine Einsicht in Ihr Resultat über die Formenanzahl für eine reelle Determinante in der complexen Zahlentheorie. Doch genug! Raum, Zeit und wohl auch Ihre Geduld sind zu Ende, und deßhalb bitte ich nur noch ein Bischen Wohlwollen zu bewahren

Berlin, 17. Mai 57.
Köthener Str. 12.

Ihrem Ihnen aufrichtig ergebenen

Leopold Kronecker.

V. *Dirichlet an Herrn Kronecker.*

Herrn Dr. *Kronecker*

in *Berlin*
Köthener Str. Nr. 12.

Da Sie, verehrter Freund, aus Erfahrung wissen, wie tief bei mir die üble Gewohnheit eingewurzelt ist, die Briefe selbst meiner liebsten Freunde sehr spät zu beantworten, so werden Sie sich kaum wundern, wenn die durch *Borchardt* u. *Ehlert* hierher überbrachte Nachricht, daß Sie von *Berlin* abwesend seyen, meinen festen Entschluß, Ihnen während der Pfingstferien zu schreiben, nicht zur Ausführung hat kommen lassen. Da Sie aber, wie ich von *Dedekind* erfahre, wieder zurück sind u. *Berlin* bald wieder verlassen wollen, so kann ich nicht länger zögern, Ihnen meinen innigsten Dank für Ihren so interessanten Brief abzustatten. Für die überaus große Freude, welche mir die Mittheilung Ihrer schönen Entdeckungen verursacht hat, finde ich keinen passenderen Ausdruck als Ihnen aus vollster Ueberzeugung *macte virtute* zuzurufen. Zugleich kann ich Ihnen nicht verhehlen, daß sich dieser Freude etwas Egoismus beimischt, da ich mir bei aller Bescheidenheit das Zeugniß nicht versagen kann, daß ich Sie zuerst in die unteren Regionen einer der Wissenschaften eingeführt habe, auf deren Höhen Sie jetzt als Meister einherschreiten. Ich rede absichtlich nur von einer dieser Wissenschaften, denn an Ihrer algebraischen Größe muß ich mich völlig unschuldig erklären.

Mein Interesse an den merkwürdigen Beziehungen, die Sie zwischen den quadratischen Formen, der Algebra u. den elliptischen Funktionen aufgefunden haben, ist um so lebhafter, als ich selbst zuweilen ähnlichen Beziehungen nachgespürt habe. Ein hierauf bezüglicher Gesichtspunkt ist in meiner Abh. R. s. d. a. § 7 angedeutet, doch wird das am bezeichneten Orte Gesagte, wie ich später bemerkt, sehr durch die dort vorausgesetzte Bedingung verdunkelt, daß bei den doppelten Summationen nach x u. y, das Trinom $ax^2 + 2bxy + cy^2$ relative Primzahl zu D seyn muß. Ich habe den Gegenstand von dem durch Beseitigung der erwähnten Bedingung sehr vereinfachten Gesichtspunkt aus eine gute Strecke weiter verfolgt, glaube jedoch, wenn ich anders Ihre leider sehr kurzen Mittheilungen richtig deute, daß die von mir gemachten Bemerkungen kaum etwas mit Ihren schönen Resultaten gemein haben, welche wesentlich auf der Partikularisirung des Moduls zu beruhen scheinen, während meine Betrachtung die Unbestimmtheit von k und des davon abhängigen q voraussetzt. Um so begieriger bin ich, das Fundament und den eigentlichen Ausgangspunkt Ihrer Untersuchungen kennen zu lernen, auf deren baldige Publikation ich rechnen zu dürfen glaube, da Sie selbst Ihre Arbeit als im Wesentlichen abgeschlossen betrachten und als eine von mäßigem Umfange bezeichnen.

Was mich betrifft, so bin ich jetzt mit der Ausarbeitung der hydrodynamischen Abhandlung beschäftigt, von deren Gegenstand zu Weihnachten flüchtig zwischen uns die Rede war. Das Hauptresultat läßt sich ungefähr so formuliren.

„Hat eine incompressible homogene flüssige Masse deren Theile sich nach dem *Newton*'schen Gesetze anziehen und die an ihrer Oberfläche einen constanten oder nur von der Zeit abhängigen Druck erleidet, anfänglich die Gestalt eines Ellipsoides, ist ferner die anfängliche Bewegung so beschaffen, daß sie in zwei einfachere zerlegbar ist, eine Drehung um eine durch den Mittelpunkt gehende Axe mit derselben Winkelgeschwindigkeit für alle Massenelemente, u. eine zweite Bewegung, bei welcher alle Massenelemente sich in Bezug auf drei bestimmte sich im Mittelpunkte rechtwinklig durchschneidende Ebenen so bewegen, daß ihre Geschwindigkeiten senkrecht gegen jede dieser Ebenen zerlegt, den Abständen von demselben proportional sind, so wird die Oberfläche zu einer beliebigen Zeit die Form eines Ellipsoides haben, welches mit dem ursprünglichen concentrisch ist, dessen Axen aber in Größe und Richtung mit der Zeit veränderlich sind. Hinsichtlich der Bewegung der einzelnen Elemente gilt dasselbe, was für den ersten Augenblick vorausgesetzt wurde, d. h. die augenblickliche Bewegung ist zu jeder Zeit aus zwei einfachen, wie sie oben definirt wurden, zusammengesetzt, so jedoch daß die Drehungsaxe u. die drei Ebenen welche diesen Bewegungen entsprechen, im Allgemeinen mit der Zeit veränderlich sind.

Wie leicht zu sehen, involvirt der vorausgesetzte ursprüngliche Bewegungszustand 8 willkürliche Größen u. es ist merkwürdig, daß sich für einen solchen Anfangszustand der allgemeine Charakter der eintretenden Bewegung angeben läßt. Ich sage „der allgemeine Charakter der Bewegung" denn zur vollständigen Kenntniß derselben sind 9 Funktionen der Zeit zu bestimmen, welche durch eben so viele Gl. definirt werden, eine endliche u. 8 Differt. gl. 2ter Ordnung, für welche man allgemein 7 Integrale erster Ordnung angeben kann. Die vollständige Lösung läßt sich nur in speciellen Fällen durchführen, von denen einer der einfachsten der ist, wenn das Ellipsoid zwei gleiche Axen hat u. die Bewegung ohne anfängliche Geschwindigkeit beginnt.

Aus meinen Gl. ergiebt sich die Lösung eines Problems, welches einiges Interesse darzubieten scheint, wenn gleich das Resultat ein rein negatives ist. Die bekannten von *Maclaurin* und *Jacobi* gefundenen Resultate führen naturgemäß auf die Frage, in welchen Fällen ein flüssiges homogenes Ellipsoid, dessen Elemente sich gegenseitig nach dem *Newton*'schen Gesetze anziehen, wie ein fester Körper um seinen Schwerpunkt rotiren kann u. die Antwort lautet, daß dies nur möglich ist, wenn die Bewegung um eine feste, mit einer der Hauptaxen des Ellipsoids zusammenfallende Axe geschieht, was der von *Maclaurin* und *Jacobi* untersuchte Fall ist.

Wenn ich mich nun noch meines mir von meiner Frau gegebenen Auftrages entledige, so ist das Papier und also auch dieser lange Brief zu Ende. Der Auftrag ist der, Sie zu bitten, daß Sie meine Frau gefälligst bei Ihrer Frau entschuldigen wollen, daß sie sie (schöner Stil) vorigen Winter nicht hat besuchen können. *Ehlert* kann bezeugen, wie sehr meine Frau während ihres kurzen Aufenthaltes gehetzt gewesen ist u. nur den kleinsten Theil der von ihr beabsichtigten Besuche hat machen können.

Vale et mihi fave

Göttingen 4. Juli 1857. *Dirichlet*.

VI. *Dirichlet an Herrn Kronecker*.

Ich beeile mich, verehrter Freund, Ihnen für Ihren freundlichen Brief*) zu danken und zugleich den früheren vom Mai Ihrem Wunsche gemäß zu überschicken. Es versteht sich von selbst daß Sie mir den letzteren, der mein Eigenthum ist, später wieder zustellen müssen, doch hat es damit keine Eile, da mir eine von *Dedekind* genommene Abschrift jeden Augenblick zu Gebote steht. Von Ihrem freundlichen Versprechen, mich zu besuchen, nehme ich, wie die Juristen sagen, Akt, hoffe jedoch Sie vielleicht noch früher in *Berlin* zu sehen. Ihres Auftrages wegen *Riemann*, dessen jetzigen Aufenthalt ich nicht sicher kenne — er war längere Zeit in *Harzburg* — entledige ich mich dadurch, daß ich heute an *Dedekind* schreibe, um durch diesen Ihr Gesuch an *Riemann* gelangen zu lassen.

Empfehlen Sie mich u. meine Frau Ihrer Frau Gemahlin bestens und grüßen Sie unsere Freunde *Ehlert, Kummer, Weierstrass und Borchardt*, falls er zurück ist, ergebenst von

Ihrem treu ergebenen

Göttingen 4. Okt. 57. *Dirichlet*.

VII. *Herr Kronecker an Dirichlet*.

Hochgeehrter Herr Professor,

Zuvörderst meinen herzlichsten Dank für die ungemein prompte Erfüllung meiner neulichen Bitte! — Inzwischen bin ich von einem sehr schweren Verluste betroffen worden — meine Mutter ist im 59sten Jahre ihres Lebens, wenn auch an

---

*) Dieser Brief von Herrn *Kronecker* hat sich in *Dirichlet's* Nachlaß nicht vorgefunden.

einer chronischen Krankheit, doch so plötzlich gestorben, daß, als ich vor sechs Wochen
auf die erste Nachricht hin nach *Liegnitz* eilte, ich sie schon nicht mehr lebend an-
traf. Ich verweilte damals noch einige Wochen bei meinem armen Vater, und ich war
selbst geistig und körperlich von dem Schlage sehr mitgenommen. Nachher kamen
mancherlei leichtere Krankheiten in meiner kleinen Familie hier — Sie können Sich
also denken, daß meine Arbeiten nur sehr langsam von Statten gingen, und ich muß
Sie um Nachsicht bitten.

Die kleine Notiz, die ich über meine „Ellipt. Functions-Arbeiten" redigirt
habe, erlaube ich mir Ihnen anbei zu überreichen und noch drei Exemplare zur ganz
gelegentlichen Abgabe an die Herren *Riemann*, *Dedekind* und *Stern* beizufügen. Zur
Entschuldigung hätte ich dabei mehr zu sagen als der Text selbst Raum einnimmt;
doch werde ich die ausführliche Ausarbeitung so bald folgen lassen, daß diese selbst
Alles erklären soll. Einige kleine Nachlässigkeiten meines Briefes vom 17. Mai, welcher anbei zurückfolgt, finden sich in der gedruckten Notiz verbessert. Nur zwei
Punkte sind es, über die ich im Frühjahr eine wirklich irrige Meinung hatte. I. Ich
hatte damals einen Beweis für die Irreductibilität der Gleichungen gemacht, von
denen die Modulwerthe abhängen — und dieser Beweis ist falsch. Ich bin zwar immer
noch überzeugt, daß jene Gleichungen irreductibel sind, aber da ich es noch nicht beweisen kann, mußte ich einstweilen den darauf gegründeten Schluß auf den Irregu-
laritätsexponenten aufgeben. Dieser Schluß würde — so lange jene Irreductibilität
noch nicht feststeht — nur in einer alternativen Form gemacht werden können, die
weder schön noch einfach genug ist, um in die beiliegende Notiz mit aufgenommen
zu werden. — II. Ich hatte ferner im Frühjahr die irrige Meinung mit dem qu. Gebiete mathematischer Untersuchung gewissermaßen fertig zu sein, während sich mir
jetzt noch eine Fülle neuen und reichen Materials bietet. Indessen werde ich dieses
Mal gegen meine Gewohnheit und Neigung doch an die Veröffentlichung gehen, *ehe*
ich die Sache *ganz* durchgearbeitet habe; ich werde in zwei Theilen meiner Arbeit
die Auflösbarkeit jener Gleichungen und die Anwendung derselben auf die Theorie
der quadratischen Formen negativer Determinante geben, die weiteren Anwendungen aber namentlich auf die Composition der Formen wahrscheinlich noch verschieben. — Ich hoffe Sie werden diese Genügsamkeit Ihres armen Schülers billigen —
denn ich sehe endlich ein, daß ich meinem Ideal nicht mehr nachstreben kann und
darf, nämlich auch nur *eine* — wenn auch in niedrigeren Regionen sich bewegende
— doch so in sich vollendete Arbeit zu liefern, wie die Ihrigen Alle sind. Es ist einmal

mein Kreuz, daß ich immer auf Gebiete geführt werde, die bessere geistige Kräfte erfordern, als mir von der Natur verliehen sind, und die mehr *Zeit* in Anspruch nehmen als die ist, auf welche ich bei meinem doch eigentlich sehr unzuverlässigen Körper zu rechnen habe. — Bei meiner Ausarbeitung will ich *nichts* aus der Theorie der quadr. Formen voraussetzen, um deutlich zu zeigen, daß sich die ellipt. Functionen das Alles selbst machen. Doch, ehe ich das auch für die „Composition" mache, muß ich Sie, den Meister aller dieser Gebiete, durchaus selbst sprechen. Hoffentlich kommen Sie in den Weihnachtsferien hierher; wenn nicht — so komme ich später nach *Göttingen*. Von *Kummer*, der mit seinem Reciprocitätsgesetzbeweise sehr schön vorgeschritten ist, soll ich Ihnen die herzlichsten Grüße ausrichten. Ihrer Frau Gemahlin, die hoffentlich glücklich dort angekommen ist, bitte ich mich selbst und meine Frau, die ihre Grippe immer noch nicht ganz verwunden hat, bestens zu empfehlen. Sie selbst endlich, geehrter Herr Professor, ersuche ich Ihr für mich über Alles schätzbares Wohlwollen auch fernerhin zu bewahren

Ihrem Ihnen treu und dankbar ergebenen

Berlin 2. Decbr. 57. *Leopold Kronecker.*

Grüßen Sie *Riemann* und *Dedekind* gefälligst herzlichst von mir

D. O.

VIII. *Dirichlet an Herrn Kronecker.*

Herrn *Dr. Kronecker*
(aus *Berlin*)

z. Z.
in
frei *Ilsenburg.*

Göttingen 23. Juli 58.

Da Sie, verehrter Freund, neulich auf dem Bahnhofe zu *Harzburg**) den Wunsch äußerten, den Ausgangspunkt meiner Untersuchungen über den Zusammenhang zwischen den quadratischen Formen von negativer Determinante und den elliptischen Funktionen kennen zu lernen, so will ich Ihnen meine Grundformel für den speciellen Fall, wo die Determinante eine negativ genommene Primzahl p von der Form $4n + 3$ ist, mit zwei Worten mittheilen und so gut es ohne mich in lange

---

*) *Dirichlet* war im Juli bei Herrn *Kronecker*, welcher den Sommer in *Ilsenburg* zubrachte, einige Tage zum Besuch. Auf *Dirichlet's* Rückreise nach *Göttingen* begleitete ihn Herr *Kronecker* zu Wagen von *Ilsenburg* nach *Harzburg*.

Erörterungen, zu denen mir die Muße fehlt, einzulassen, geschehen kann. Eine Andeutung dieses Zusammenhanges habe ich schon im zweiten Theile meiner Abhandlung R. s. d. a. etc. gegeben, aber die Sache ist dort durch den Umstand complicirt,
daß die Zahlen bei der Darstellung ausgeschlossen werden, welche mit der Determinante einen gemeinschaftlichen Theiler haben. Hebt man diese Voraussetzung auf,
so stellt sich die Formel für den erwähnten besonderen Fall und unter Anwendung
der *Jacobi*'schen Zeichen wie folgt:

$$\frac{k}{\sqrt{p}}\,\frac{K}{\pi}\,\sum\left(\frac{s}{p}\right)\sin\operatorname{am} s\,\frac{4K}{\pi} = \sum q^{\frac{1}{4}(a x^2 + 2 b x y + c y^2)} + \text{etc.}$$

Die Summe auf der ersten Seite erstreckt sich von $s = 1$ bis $s = p - 1$, u.
die Doppelsummen auf der zweiten beziehen sich auf alle Systeme x, y, für welche
die jedesmalige quadratische Form (a, b, c) (der ersten Art oder proprie primitiva)
ungerade wird. Die eben ausgesprochene Bedingung ließe sich übrigens leicht ent-
fernen, wenn man auch die Formen der zweiten Art zuziehen wollte. Jede Doppelsumme läßt sich nun, wie schon am angeführten Orte bemerkt, in eine endliche Anzahl von Produkten von je zwei einfachen Summen der Form

$$\sum_{x = -\infty}^{x = \infty} q^{(\delta x + \epsilon)^2}$$

zerlegen, wo δ u. ϵ rationale Zahlen sind. Jede solche einfache Summe aber läßt sich,
wie aus den von *Jacobi* gegebenen Eigenschaften von Θ leicht folgt, aber so viel ich
weiß, bisher nirgends bemerkt worden ist, in die Form

$$\sqrt{\frac{K}{a}}\,\varphi(k)$$

bringen, wo $\varphi(k)$ eine algebraische Funktion des zu q gehörigen Moduls k ist. Da nun
andrerseits jeder der auf der ersten Seite vorkommenden sin am ebenfalls eine algebraische Funktion von k ist, so drückt die Gleich. eine Relation aus zwischen algebraischen Funktionen des flüssig bleibenden k. Man kann daher sagen, daß die *ganze*
Theorie der Formen von negativer Determinante und der durch sie darstellbaren
Zahlen auf Beziehungen zwischen den Wurzeln algebraischer Gleichungen zurück-
kommt u. sich aus diesen Beziehungen muß ableiten lassen, was ein um so bemerkens-
wertheres rapprochement ist, als sich bis jetzt bei Formen von positiver Determinante
keine Spur eines ähnlichen Zusammenhanges findet.

Seit unserm neulichen Gespräch auf der Fahrt von *Ilsenburg* nach *Harzburg* ist es mir gelungen, die Summe $\sum_{s=1}^{s=n}\left[\frac{n}{s}\right]$, wo [ ] nach *Gauss* das größte Ganze bezeichnet und die ich bisher nur mit einem Fehler der Ordnung $\sqrt{n}$ angeben konnte, bedeutend in die Enge zu treiben. Die Auffindung des hiezu dienenden Mittels, welches aller Wahrscheinlichkeit nach auch auf die folgenden Fälle anwendbar seyn wird, macht mir zwar großes Vergnügen, kommt mir aber insofern zu ungelegener Zeit als ich dadurch von der Vollendung der hydrodynamischen Abhandlung abgezogen werde, welche doch endlich fertig werden muß.

Mit der Bitte mich Ihrer Frau Gemahlin und den andern *Ilsenburger* Damen so wie H. Dr. *Benzler* bestens zu empfehlen

Ihr treu ergebener

Dirichlet.

Mit *Borchardt* wird es besser gehen, da er meine Frau in *Charlottenburg* zu besuchen die Absicht hatte.

IX. *Dirichlet an Herrn Kronecker.*

Göttingen 31./7. 58.

Seit ich Ihnen, verehrter Freund, gestern vor acht Tagen geschrieben habe, habe ich von meiner Frau einen Brief aus *Preußen* erhalten, aus welchem hervorzugehen *scheint*, daß sie *Borchardt* welcher sie in *Charlottenburg* zu besuchen die Absicht geäußert hatte, nicht gesehen hat. Ich muß daher fürchten, daß sich der Zustand unsres Freundes neuerdings verschlimmert hat und bitte Sie deshalb mir mit zwei Worten zu sagen, was Sie aus *Berlin* über ihn erfahren haben. Ein gestern von *Heine* eingelaufener Brief erwähnt mit keiner Silbe, daß Sie ihn in den Harz citirt hätten; es wird nun wohl ganz unterbleiben, da Ihre Abreise nach *Helgoland* nach dem was Sie mir neulich sagten, vor der Thür seyn muß.

Mit meinen besten Empfehlungen für Ihre Frau Gemahlin

Ihr ergebenster

Dirichlet.

X. *Herr Kronecker an Dirichlet.*

Ilsenburg Sonntag 1. August 58.

Hochgeehrter Herr Professor. Ich empfange soeben ihr gestriges Schreiben und beeile mich Ihnen über unsern Freund *Borchardt* Nachricht zu geben, mit dem ich heut vor acht Tagen in *Braunschweig* zusammen war. Wie das gekommen, ohne daß ich die mit Ihnen getroffene Verabredung erfüllen konnte, darüber muß ich Ihnen mit ein paar Worten Aufschluß geben. Das ziemlich andauernd schöne Wetter am Montag nach Ihrer Abreise von hier trieb mich nämlich zur Ausführung meines Planes einen mehrtägigen Ausflug nach dem *Brocken* und dem *Unterharz* zu unternehmen. Durch Wetter- und andere Störungen verlängerte sich meine Abwesenheit von hier bis Sonnabend vor acht Tagen. Ich hatte inzwischen nicht an *Borchardt* noch an *Heine* geschrieben, da ich nach der früheren *Kummer*'schen Mittheilung über *Borchardt*'s Befinden dessen Abreise als noch weit hinausgeschoben betrachtete. Zu meinem Erstaunen fand ich nun aber bei meiner Rückkunft hierher am Sonnabend *Borchardt*'s Nachricht vor, daß er Sonntag Mittag in *Braunschweig* eintreffen würde. Es war nun rein unmöglich Ihnen noch rechtzeitig davon Mittheilung zu machen, zumal ich wußte daß Sie Montag wieder Vorlesungen halten und also selbst ein längeres Warten *Borchardt*'s in *Braunschweig* nichts genützt haben würde. Ich reiste also Sonntag allein hinüber und war mit *Borchardt* von 1 bis 8 Uhr zusammen. Er hat es natürlich sehr bedauert, um Ihren — vielleicht auch um *Heine*'s Besuch — durch Umstände gekommen zu sein, deren Abwendung zum Theil vielleicht in meiner Gewalt war. Indessen, geehrter Herr Professor, Sie haben jetzt alle Data, um selbst das Verdict über mich auszusprechen. Soviel über meine etwaigen Entschuldigungsgründe; was *Borchardt* anlangt, so fand ich ihn freilich sehr schwach und angegriffen, indessen hoffe ich doch daß er die Reise nach der Insel *Wight*, die er in kurzen Tagereisen und in Begleitung eines gewandten Dieners machte, glücklich vollendet haben wird. Er denkt auf der Insel *Wight* auch seine Cousine *Hellborn*, jetzt verheirathete *Sußmann*, mit ihrem Manne zu treffen, so daß er also sich dort um so weniger verlassen fühlen wird. *Borchardt* hatte, wie ich vor einigen Tagen von *Berlin* hörte, vor einigen Wochen erst wieder einen kleinen Anfall gehabt, und seitdem datirt sich die eigentliche Besserung, während bis dahin die Krankheit mehr schleichend verlaufen war aber auch gar nicht recht weichen wollte. — *Borchardt* gedenkt an 5 Wochen in *England* zu verweilen und, wenn es ihm alsdann gut geht, noch auf einige Zeit nach *Sorrent* zu gehen. Freilich liegen die beiden Seeklisten etwas weit auseinander — aber Dampfwagen und Dampfschiffe laufen ja schnell. *Borchardt's* Adresse von der Insel *Wight* werde ich erst in *Helgoland* erfahren, wohin ich übermorgen mit meinem Sohne *Ernst* abzureisen gedenke, und wohin mir vielleicht (einem gestrigen *Berliner* Briefe nach zu schließen) *Weierstraß* und *Kummer* folgen werden.

Nach allen diesen Personalien komme ich nun dazu Ihnen für Ihren freundlichen Brief vom 23sten Juli aufs Herzlichste zu danken und Ihnen zu sagen, wie sehr ich mich durch diese prompte Mittheilung geschmeichelt fühle und noch mehr, wie ungemein mich der Inhalt jenes Schreibens interessirt hat; daß Sie in der Bestimmung von $\sum \left[{n \atop a} \right]$ so vorgeschritten sind, ist doch eigentlich so prächtig, daß keinerlei Rücksicht Ihre Freude daran beeinträchtigen darf. Auch wird Sie gewiß kein Bedenken von der weiteren Verfolgung der bezüglichen Untersuchungen abhalten, denn die Macht des Reizes derselben ist zu groß. Endlich aber wird es Ihrem umfassenden Geiste gewiß nicht schwer die Ausarbeitung fertiger Untersuchungen selbst bei Arbeiten auf ganz andern Gebieten nebenher gehen zu lassen. Das ist eben der Vorzug unsrer großen Männer, daß sie nicht nur die Fülle der Gedanken *haben*, sondern daß diese ihnen auch kein Hinderniß ist für deren Ausbeutung. — Ihre schönen Mittheilungen über die ellipt. Functionen werde ich mir gleich nach meiner Rückkunft nach *Berlin* ordentlich zu Nutze machen. Ich werde mir die von Ihnen angedeutete Umformung von $\sum q^{\frac{1}{2}(\alpha x^2 + 2\beta xy + \gamma y^2)}$ in Producte von je zwei einfachen Summen $\sum q^{(\delta x + \varepsilon)^2}$ zu verschaffen und namentlich die rationalen Zahlen δ und ε zu bestimmen suchen. Diese hängen *direct* wahrscheinlich von den Coëfficienten der Formen ab, wenigstens so daß — während die linke Seite Ihrer Hauptgleichung offenbar algebraische von der Modulargleichung $p$ter Ordnung abhängige Functionen enthält — auf der rechten Seite algebraische Functionen vorkommen werden, welche aus Modulargleichungen andrer Ordnungen entstehen. Solche Beziehungen sind mir aber algebraisch vom höchsten Interesse — man kennt zwar schon dergleichen, aber die aus Ihrer Gleichung resultirenden sind sicher ganz verschieden von den bereits bekannten. Auch die zahlentheoretischen Folgerungen aus Ihrer Gleichung müssen ganz verschieden sein von denjenigen, die *ich* aus der Theorie der ellipt. Functionen gezogen habe. Aber ich glaube, daß Ihre Gleichung auch dann noch interessante Ergebnisse liefern wird, wenn man darin dem Modul k einen derjenigen speciellen Zahlenwerthe giebt, die ich besonders untersucht habe. Alle meine dießfällsigen Ideen und Absichten sind natürlich noch sehr unbestimmt — denn

Ilsenburg ist kein gutes Klima für mathematische Studien — aber von *Berlin* aus hoffe ich Ihnen den Dank für Ihre schätzbaren Mittheilungen zu *bethätigen*. Meine liebe Frau läßt sich Ihnen angelegentlichst empfehlen, und ich selbst bitte Sie mir Ihre überaus werthe Freundschaft zu bewahren.

Ihr treu ergebener

Kronecker.

Beste Grüße Ihrem Sohn *Ernst* und meine besten Empfehlungen Ihrer Frau Mutter, so wie den Herren *Weber, Listing* und *Riemann.* Ich bitte Sie noch von meinen Ihnen mitgetheilten Ideen über die Algebra der Zukunft, namentlich über die Benutzung der *Jacobi*'schen linearen Gleichungen für $\sqrt{M}$ nichts Anderen mitzutheilen. Ich möchte erst selbst sehen, ob meine Speculationen Erfolg haben.

D. O.

BEURTHEILUNG DER FÜR DEN STEINERPREIS DES JAHRES 1868 EINGEREICHTEN ARBEITEN

ERTHEILUNG DES STEINERPREISES FÜR 1882 UND AUSSCHREIBUNG EINER NEUEN PREISFRAGE FÜR DAS JAHR 1884

Monatsberichte der Königlich Preussischen Akademie der Wissenschaften zu Berlin vom 2. Juli 1868. S. 417—421 und vom 29. Juni 1882. S. 781—786.

BEURTHEILUNG DER FÜR DEN STEINERPREIS DES JAHRES 1868 EINGEREICHTEN ARBEITEN.[1]

In der öffentlichen Sitzung am *Leibniztage* des Jahres 1866 hatte die Akademie nach der Bestimmung der *Steiner*'schen Stiftung folgende Preisfrage gestellt:

> Für diejenigen geometrischen Probleme, deren algebraische Lösung von Gleichungen von höherem als dem zweiten Grade abhängt, fehlt es noch an der Feststellung der zur constructiven Lösung erforderlichen und ausreichenden fundamentalen Hilfsmittel, so wie an den Methoden zur systematischen Benutzung dieser Hilfsmittel.

> Indem die Akademie die Frage, die sie stellt, auf die Probleme beschränkt, welche auf kubische Gleichungen führen, wünscht sie, dass wenigstens an einer Anzahl von speciellen Beispielen gezeigt werde, wie diese Lücke in dem Gebiete der constructiven Geometrie ausgefüllt werden könne. Namentlich verlangt sie die vollständige Lösung des folgenden Problems:

> „Wenn dreizehn Punkte in der Ebene gegeben sind, so sollen durch geometrische Construction diejenigen drei Punkte bestimmt werden, welche mit den gegebenen zusammen ein System von sechszehn Durchschnittspunkten zweier Curven vierten Grades bilden."

> Bei der Lösung sind die Fälle zu berücksichtigen, in welchen einige der dreizehn Punkte imaginär und demgemäss nicht als individuelle Punkte, sondern als Durchschnittspunkte vorgelegter Curven gegeben sind. Gewünscht wird ferner, dass sämtliche geometrische Constructionen durch die entsprechenden algebraischen Operationen erläutert werden.

---

1) Vgl. Zusatz 33 am Ende dieses Bandes.

II

55*

Es sind für diese Preisfrage vier Bewerbungsschriften rechtzeitig eingegangen.

Die erste Bewerbungsschrift mit dem Motto: „Wissenschaft ist Macht"
besteht aus zwei Abhandlungen unter folgenden Titeln: „Ueber die constructive
Lösung geometrischer Aufgaben des dritten und vierten Grades" und „Ueber die
Construction unbekannter Durchschnittspunkte bei geometrischen Curven in rein
synthetischer Form dargestellt". — In der ersten dieser beiden Abhandlungen wird
eine grössere Anzahl geometrischer Aufgaben der in der Preisfrage bezeichneten
Kategorie auf drei Fundamentalprobleme zurückgeführt, deren constructive Lösung
gleich im Eingange der Arbeit gegeben ist. Bei dieser Lösung behält der Verfasser
im Anschlusse an die Behandlung der im gewöhnlichen Sinne geometrisch construir-
baren Probleme den festen Kreis als Hilfsmittel bei und bedarf demgemäss für jedes
Problem noch anderer Kegelschnitte. Aber derartige Constructionen nehmen nicht —
wie es in der Preisfrage verlangt wird — die erforderlichen und ausreichenden fundamentalen Hilfsmittel in Anspruch, da nicht die als gezeichnet anzunehmenden,
sondern die erst nach den Bedingungen der Aufgabe zu construirenden Hilfslinien
so einfach als möglich zu wählen sind. Aus diesem Grunde kann auch von einer
Beurtheilung des reichhaltigen und an sich vielfach interessanten Inhaltes der
zweiten Abhandlung ganz abgesehen werden, zumal derselbe sich zum grössten
Theile auf Gegenstände bezieht, welche der Preisfrage fremd sind.

Die zweite Preisschrift trägt das Motto: „Das einzige wahrhaft erhebende
Moment in der Gegenwart ist die Wissenschaft überhaupt, die der Natur und ihrer
Gesetze insbesondere. Sie ist mir die hehre, reine Braut, welche inmitten der Wirr-
sale unserer Zeit Freiheit meinem Geiste, Frieden meinem Herzen giebt und erhält". Diese Arbeit beschäftigt sich einzig und allein mit dem in der Preisfrage
gestellten Probleme, die übrigen drei gemeinsamen Punkte eines durch dreizehn
Punkte gegebenen Büschels von Curven vierten Grades zu construiren. Der Verfasser behandelt dieses Problem sehr eingehend, ausführlich und mit Sachkenntniss
und giebt drei verschiedene Lösungen desselben, indem er zeigt, wie Kegelschnitte
gefunden werden können, die sich nur in den drei gesuchten Punkten schneiden.
Aber auf die constructive Auffindung der gemeinschaftlichen Punkte von Kegel-
schnitten, die nur durch ihre Elemente gegeben sind, mit „den hierzu erforderlichen
und ausreichenden Hilfsmitteln", wie es die Preisfrage verlangt, ist der Verfasser
nicht eingegangen.

Die dritte Bewerbungsschrift ist mit dem *Newton'*schen Motto versehen: *„Est itaque arithmetice quidem simplicius, quod per simpliciores aequationes determinatur, at geometrice simplicius est, quod per simpliciorem ductum linearum colligitur; et in geometria prius et praestantius esse debet quod est ratione geometrica simplicius.“* In einem ersten Theile dieser Abhandlung wird die Aufgabe gelöst: „Die Durchschnittspunkte zweier durch je fünf Punkte gegebenen Kegelschnitte mit Hilfe des Lineals, des Cirkels und eines festen Kegelschnittes zu construiren“, und hierauf wird alsdann im zweiten Theile die Lösung des auf die Curven vierten Grades bezüglichen Problems der Preisfrage zurückgeführt. Der Verfasser hat also, dem Verlangen der Preisfrage entsprechend, wirklich fundamentale Hilfsmittel der Construction gewählt, er hat die hierbei zulässigen praktisch einfachsten Constructions-Methoden aufgesucht und dieselben mit allen einzelnen dazu erforderlichen Operationen vollständig auseinandergesetzt. Da hierbei eine gewisse Weitläufigkeit kaum zu vermeiden war, so hat der Verfasser sich bemüht, deren nachtheiligen Einfluss durch scharfe und bestimmte Angabe der behandelten Probleme, durch besondere Hervorhebung der Hauptresultate und durch Hinzufügung erläuternder Anmerkungen möglichst zu beseitigen. Doch fehlen in der Arbeit gerade die für Verständniss und Würdigung der Resultate wesentlichsten algebraischen Erläuterungen, deren Hinzufügung in der Preisfrage ausdrücklich gewünscht, wenn auch nicht gefordert war.

Die vierte in französischer Sprache abgefasste Preisschrift mit dem Motto: *„Haud facilem esse viam voluit“* führt den Titel: *„Memoire sur quelques problèmes cubiques et biquadratiques“* und ist in drei Abschnitte eingetheilt. Der erste Abschnitt beschäftigt sich mit der Theorie des Imaginären in der Geometrie, der zweite enthält verschiedene Methoden, die gemeinsamen Punkte zweier durch ihre Elemente gegebenen Kegelschnitte mittels des Lineals, des Cirkels und eines festen Kegelschnitts zu construiren, in dem dritten Abschnitte endlich löst der Verfasser ausser einigen andern sogenannten kubischen und biquadratischen geometrischen Aufgaben namentlich das speciell in der Preisfrage hervorgehobene die Curven vierten Grades betreffende Problem. Die ganze Arbeit zeichnet sich durch übersichtliche und systematische Behandlung des Stoffes aus. Der Verfasser macht bei seinen Constructionen, wie es in der Preisfrage verlangt wird, nur von den einfachsten erforderlichen und ausreichenden Hilfsmitteln Gebrauch, aber bei den Constructions-Methoden selbst hat er mehr auf gedankliche als auf praktische Einfachheit, mehr auf die vollständige Darlegung aller Gesichtspunkte, als auf die Ausführung aller einzelnen Operationen sein Bestreben gerichtet. Dadurch ist es ihm gelungen, im zweiten Abschnitte das an sich dürftige und trockene Material in gediegener und interessanter Weise zu verarbeiten und im dritten Abschnitte die specielle dort behandelte Frage mit allgemeineren zu verknüpfen. Fast überall lässt die Arbeit zum Vortheil für ihren wissenschaftlichen Werth deutlich erkennen, dass der Verfasser zu seinen umfassenderen Untersuchungen durch algebraische Betrachtungen gelangt ist, deren genauer Zusammenhang mit dem Gegenstande der Preisfrage schon in deren Formulierung enthalten ist. Aber eine ausdrückliche Angabe der den geometrischen entsprechenden algebraischen Operationen hinzuzufügen, ist der Verfasser — wie er am Schlusse erwähnt — durch eine gewisse Eile der Redaction verhindert worden, deren Spuren sich übrigens auch sonst in der Arbeit an einigen Stellen bemerklich machen.

Hiernach hat die Akademie ihren Statuten gemäss beschlossen, dem Verfasser der erstgenannten Bewerbungsschrift mit dem Motto: „Wissenschaft ist Macht“, so wie auch dem Verfasser der zweiten mit dem Motto: „Das einzige wahrhaft erhebende Moment usw.“ den *Steiner*'schen Preis nicht zuzuerkennen, sondern denselben unter die beiden anderen Bewerber zu theilen, deren Schriften, die eine mit dem Motto: *„Est itaque arithmetice quidem simplicius etc.“*, die andere mit dem Motto: *„Haud facilem esse viam voluit“*, beide von der Akademie für preiswürdig erachtet worden sind, weil sie den gestellten Forderungen im Wesentlichen entsprechen.

Es sind nun die Zettel zu eröffnen, welche die Namen der beiden als preiswürdig anerkannten Abhandlungen enthalten.

Als Verfasser der mit dem Motto: *„Est itaque arithmetice etc.“* bezeichneten Schrift ergiebt sich Hr. Dr. Hermann Kortum, Privatdocent zu Bonn, und als Verfasser der mit dem Motto: *„Haud facilem esse viam voluit“* versehenen Hr. Henry John Stephen Smith, Savilian Professor of Geometry in the University of Oxford. Die zu den beiden Arbeiten, denen der Preis nicht ertheilt worden ist, gehörenden Zettel sind der Bestimmung der Statuten gemäss hier öffentlich zu verbrennen.

ERTHEILUNG DES STEINERPREISES FÜR 1882
UND AUSSCHREIBUNG EINER NEUEN PREISFRAGE
FÜR DAS JAHR 1884.

In der öffentlichen Sitzung am *Leibniz*-Tage des Jahres 1880 ist in Erfüllung der Bestimmungen der *Steiner*'schen Stiftung verkündet worden, dass die Akademie, um die Geometer zu eingehenden Untersuchungen über die Theorie der höheren algebraischen Raumcurven zu veranlassen, beschlossen habe, zur Concurrenz um den *Steiner*'schen Preis jede Arbeit zuzulassen, welche irgend eine auf die genannte Theorie sich beziehende Frage von wesentlicher Bedeutung vollständig erledigen werde.

Es sind drei Bewerbungsschriften rechtzeitig, am 27. und 28. Februar d. J., eingegangen. Außerdem hat die Akademie am 28. Februar d. J. von Hrn. *H. Valentiner* in Kopenhagen eine Schrift, betitelt: „Beiträge zur Theorie der Raumcurven" zugeschickt erhalten, welche, da sie den Namen des Verfassers enthielt, von der Concurrenz auszuschliessen und nach dem Inhalte des von Kopenhagen den 26. Februar 1882 datirten Begleitschreibens vom Verfasser selbst auch nicht zur Concurrenz um den *Steiner*'schen Preis bestimmt war. Hr. *Valentiner* erklärt in seinem an die Akademie gerichteten Briefe, dass ihm die Zeit zur Ausarbeitung einer eigentlichen Bewerbungsschrift zu kurz gewesen sei und nur dazu genügt habe, um seine bereits im December 1881 in dänischer Sprache veröffentlichte Inauguraldissertation über die Theorie der Raumcurven in's Deutsche zu übersetzen und Einiges hinzuzufügen; er wünscht durch die Einsendung seiner Arbeit nur die Priorität seiner Resultate gegenüber denjenigen festzustellen, die in anderen an die Akademie eingeschickten Abhandlungen über die Theorie der Raumcurven enthalten wären. Diesem Wunsche hat die Akademie nicht anders entsprechen können, als dass sie bei der Berathung über die Ertheilung des *Steiner*'schen Preises den Beschluss gefasst hat, Hrn. *Valentiner* seine aus äusseren Gründen zur Concurrenz nicht zuzulassende Arbeit unverzüglich zur Disposition zu stellen und ihm hierdurch die Möglichkeit zu geben, die Priorität seiner Resultate durch deren Veröffentlichung zu wahren.

Die erste der drei Bewerbungsschriften, welche den äusseren für die Zulassung zur Concurrenz gestellten Bedingungen genügen, trägt das *Steiner*'sche Motto: „Hierbei macht weder die synthetische noch die analytische Methode den Kern der Sache aus, der darin besteht, dass die Abhängigkeit der Gestalten von einander und die Art und Weise aufgedeckt wird, wie ihre Eigenschaften von den einfacheren Figuren zu den zusammengesetzteren sich fortpflanzen". Die Arbeit besteht aus zwei sowohl dem Gegenstande als der Behandlungsweise nach ganz verschiedenen Theilen. Im ersten Theile werden nach einander in vier Abschnitten die Curven behandelt, welche auf speciellen Flächen, nämlich auf der allgemeinen Fläche dritter Ordnung, auf der cubischen Regelfläche, auf der Fläche vierter Ordnung mit doppeltem Kegelschnitt und auf derjenigen mit einer Doppelgeraden liegen. Im zweiten Theile werden Untersuchungen über allgemeine Raumcurven, ohne vorherige Fixirung einer Fläche, auf welcher sie liegen sollen, auf die *Cayley*'sche Darstellung durch sogenannte Monoide gegründet und dabei namentlich Bestimmungen über die Zahlen erlangt, welche für die Anzahl der scheinbaren Doppelpunkte von Raumcurven gegebener Ordnung auftreten können. Die beiden Theile der Abhandlung sowie deren einzelne Abschnitte sind in ganz verschiedenem Maasse durchgearbeitet, relativ am meisten der erste Abschnitt, welcher sich mit den auf Flächen dritter Ordnung liegenden Raumcurven beschäftigt. Dieses grössere oder geringere Maass der Durcharbeitung entspricht aber keineswegs der grösseren oder geringeren Bedeutung der behandelten Fragen, sondern es waren dem Verfasser, wie er selbst in der Einleitung freimüthig erklärt, subjective Gründe hierfür bestimmend. So hat er sich im vergangenen December durch das Erscheinen der *Valentiner*'schen Inauguraldissertation, deren Inhalt sich, wie er sagt, „zum guten Theile mit seinen Untersuchungen im zweiten Theile seiner Abhandlung deckt und vielfach noch weiter geht", bewegen lassen, von weiterer Durcharbeitung der darin behandelten allgemeinen Theorie der Raumcurven abzustehen und die letzten zwei Monate der Frist auf die eingehendere Bearbeitung des ersten Theiles zu verwenden. Die ganze Abhandlung lässt deshalb die systematische Entwickelung und vielfach auch selbst die übersichtliche Anordnung des Stoffes, die Scheidung des Wichtigern von dem minder Wichtigen vermissen, aber sie enthält in ihrem ersten Theile und namentlich in dessen erstem Abschnitt eine gründliche und umfassende geometrische Untersuchung der auf gewissen speciellen Flächen liegenden Curven und in beiden unterschiedenen Theilen eine Anzahl von werthvollen Resultaten, die jedoch nicht als solche anerkannt werden können, welche — wie es in der Preisaufgabe heisst —

„auf die Theorie der Raumcurven bezügliche Fragen von wesentlicher Bedeutung vollständig erledigen".

Die zweite Bewerbungsschrift hat das *Abel*'sche Motto: „On doit donner au problème une forme telle, qu'il soit toujours possible de le résoudre", und den Titel: „Zur Grundlegung der Theorie der algebraischen Raumcurven". Sie ist, dem Titel entsprechend, ein Versuch gründlicher und umfassender Darstellung der Theorie der algebraischen Raumcurven, und es ist vor Allem anzuerkennen, dass darin die fundamentalen algebraischen Gesichtspunkte und zwar sowohl diejenigen, welche für die Classification der Raumcurven, d. h. für ihre Zusammenfassung in verschiedene Arten, als auch diejenigen, welche für die Entwickelung ihrer Eigenschaften maassgebend sind, mit Klarheit erfasst und mit Bestimmtheit hervorgehoben werden. Die Entwickelung der Theorie selbst ist eine durchaus systematische und durchweg wohl geordnete. Dabei hat es sich der Verfasser angelegen sein lassen, dem Leser die Übersicht und das Verständnis zu erleichtern, indem er seiner umfangreichen Arbeit ein genaues Inhaltsverzeichniss und eine Einleitung vorausschickte, in welcher er die auf den Gegenstand bezügliche Literatur sorgfältig angegeben, deren Inhalt und Ergebniss kurz dargelegt und daran eine nähere Auseinandersetzung der von ihm selbst in seiner Arbeit benutzten Methoden und der dabei erlangten Resultate geknüpft hat. Die Arbeit ist in drei Abschnitte eingetheilt und gibt im ersten Abschnitt eine Untersuchung der Raumcurven mittelst specieller Flächenschnitte, im zweiten eine solche mittelst Schnitte allgemeiner Flächen und im dritten Anwendungen auf die Raumcurven der einzelnen Ordnungen (bis zur siebzehnten Ordnung hin), denen im Schlussparagraphen noch Anwendungen auf die Geometrie specieller Flächen angeschlossen sind. Alle diese Untersuchungen sind in sorgfältiger, gediegener Weise geführt und auf tiefe algebraische Erkenntniss gegründet; einige derselben sind freilich, wie der Verfasser selbst eingesteht, noch keineswegs bis zum Abschluss geführt, und auch viele der entwickelten Resultate bedürfen noch einer weiteren Durcharbeitung. Aber diejenigen, vom Verfasser selbst als die hauptsächlichsten hervorgehobenen Untersuchungen, welche sich auf die Constantenzahl der Raumcurven beziehen, sowie die Ergebnisse dieser Untersuchungen, sind doch schon in der Form, wie sie vorliegen, von der Art, dass die Akademie darin, wenn sie dieselben im Zusammenhang der ganzen systematischen Entwickelung betrachtet, einen wesentlichen Fortschritt in der Theorie der algebraischen Raumcurven erkennen und hiervon Anlass nehmen kann, der an sich vortrefflichen Arbeit den Preis zuzuertheilen.

Die dritte Bewerbungsschrift ist mit dem *Lucrez*'schen Motto versehen: „Variam semper dant otia mentem", in französischer Sprache geschrieben und „Mémoire sur la classification des courbes gauches algébriques" betitelt. Die sehr umfangreiche und äusserst sorgfältige Arbeit ist durch eine übersichtliche Darlegung des gesammten Inhalts eingeleitet und in sechs Kapitel eingetheilt, welche von sehr verschiedener Ausdehnung sind. Das erste Kapitel enthält im Wesentlichen nur die Grundlagen der Entwickelung, drei kürzere Kapitel, welche zusammen noch nicht den vierten Theil der ganzen Arbeit ausmachen, nämlich das zweite, vierte und fünfte, behandeln die Curven auf den Oberflächen zweiten, dritten, vierten und fünften Grades; das letzte Kapitel gibt als Anwendung der allgemeineren Resultate eine Classification der Curven bis zum 20. Grade und eine solche der Curven 120. Grades. Das dritte Kapitel, welches allein beinahe die Hälfte des Umfanges der ganzen Arbeit hat, ist auch seinem Inhalte nach das vorzüglichste; es enthält die Darlegung eines eigenthümlichen Verfahrens, aus zwei gegebenen ganzen Functionen zweier Variabeln eine Reihe solcher Functionen herzuleiten, welches, — angewendet auf die bei der *Cayley*'schen Darstellung der Raumcurven vorkommenden Functionen — von einer Raumcurve zu einer anderen führt, die der Verfasser als die „adjungirte" bezeichnet. Die in diesem Kapitel gegebenen algebraischen Entwickelungen und die daraus erlangten geometrischen Resultate enthalten eine wesentliche Bereicherung der Theorie der Raumcurven und geben der Arbeit den Anspruch auf Ertheilung des *Steiner*'schen Preises, wenngleich dieselbe im Übrigen, bei allen ihren Vorzügen, hinsichtlich der algebraischen Principien für die Classification der Curven und auch hinsichtlich der systematischen Entwickelung der zweiten Bewerbungsschrift nachsteht.

Hiernach hat die Akademie beschlossen, dem Verfasser der erstgenannten Bewerbungsschrift mit dem *Steiner*'schen Motto: „Hierbei macht weder die synthetische noch die analytische Methode u. s. w." den *Steiner*'schen Preis nicht zuzuerkennen, dagegen einem jeden der beiden anderen Bewerber, deren Schriften, die eine mit dem *Abel*'schen Motto: „On doit donner au problème etc.", die andere mit dem *Lucrez*'schen Motto: „Variam semper dant otia mentem", beide von der Akademie für preiswürdig erachtet worden sind, den vollen ausgesetzten Preis von 1800 Mark zu ertheilen.

Indem hierauf die zu den beiden gekrönten Abhandlungen gehörigen Zettel eröffnet wurden, ergab sich als Verfasser der mit dem Motto: „On doit donner au problème etc." bezeichneten:

Dr. *Max Noether*, Professor an der Universität Erlangen,

und als Verfasser der mit dem Motto: „Variam semper dant otia mentem" bezeichneten:

Georges-Henri Halphen in Paris.

Der dritte Zettel mit Motto: „Hierbei macht weder u. s. w." wurde sogleich uneröffnet verbrannt.

Die den Statuten der Stiftung gemäss jetzt zu stellende neue Preisfrage betreffend wurde Folgendes verkündet:

Die bis jetzt zur Begründung einer rein geometrischen Theorie der Curven und Flächen höherer Ordnung gemachten Versuche sind hauptsächlich deswegen wenig befriedigend, weil man sich dabei — ausdrücklich oder stillschweigend — auf Sätze gestützt hat, die der analytischen Geometrie entlehnt sind und grösstentheils allgemeine Gültigkeit nur bei Annahme imaginärer Elemente geometrischer Gebilde besitzen. Diesem Übelstande abzuhelfen giebt es, wie es scheint, nur *ein Mittel: es muss der Begriff der einem geometrischen Gebilde angehörigen Elemente dergestalt erweitert werden, dass an die Stelle der im Sinne der analytischen Geometrie einem Gebilde associirten imaginären Punkte, Geraden, Ebenen wirklich existirende Elemente treten, und dass dann die gedachten Sätze, insbesondere die auf die Anzahl der gemeinschaftlichen Elemente mehrerer Gebilde sich beziehenden, unbedingte Geltung gewinnen und geometrisch bewiesen werden können.*

Für die Curven und Flächen zweiter Ordnung hat dies *v. Staudt* in seinen „Beiträgen zur Geometrie der Lage" mit vollständigem Erfolge ausgeführt. Die Akademie wünscht, dass in ähnlicher Weise auch das im Vorstehenden ausgesprochene allgemeine Problem in Angriff genommen werde, und fordert die Geometer auf, Arbeiten, welche dieses Problem zum Gegenstande haben und zur Erledigung desselben Beiträge von wesentlicher Bedeutung bringen, zur Bewerbung um den im Jahre 1884 zu ertheilenden *Steiner*'schen Preis einzureichen. Selbstverständlich muss in diesen Arbeiten die Untersuchung rein geometrisch durchgeführt werden;

es ist jedoch nicht nur zulässig, sondern wird auch ausdrücklich gewünscht, dass die erhaltenen Resultate auf analytisch-geometrischem Wege erläutert und bestätigt werden.

Die ausschliessende Frist für die Einsendung der Bewerbungsschriften, welche in deutscher, lateinischer oder französischer Sprache verfasst sein können, ist der 1. März 1884. Jede Bewerbungsschrift ist mit einem Motto zu versehen und dieses auf dem Äussern des versiegelten Zettels, welcher den Namen des Verfassers enthält, zu wiederholen. Die Ertheilung des Preises von 1800 Mark erfolgt in der öffentlichen Sitzung am *Leibniz*-Tage im Juli 1884.

ÜBER ZELLER'S BEWEIS
DES QUADRATISCHEN RECIPROCITÄTSGESETZES

Monatsberichte der Königlich Preussischen Akademie der Wissenschaften zu Berlin
vom 16. Dezember 1872. S. 846—847.

ÜBER ZELLER'S BEWEIS
DES QUADRATISCHEN RECIPROCITÄTSGESETZES.[1])

Mit Hülfe des *Gauss*'schen Lemma ist das Reciprocitätsgesetz bekanntlich darauf zurückzuführen, dass die Anzahl der absolut kleinsten negativen Reste von

$$q, 2q, 3q, \ldots \tfrac{1}{2}(p-1)q \quad \mathrm{mod}\, p$$

und von

$$p, 2p, 3p, \ldots \tfrac{1}{2}(q-1)p \quad \mathrm{mod}\, q$$

nur dann ungrade ist, wenn beide Primzahlen p und q von der Form $4n + 3$ sind. Hr. *Zeller* stützt den bezüglichen Nachweis auf folgende Betrachtungen:

Wird $p < q$ vorausgesetzt, so kommen die sämmtlichen unter $\tfrac{1}{2}p$ liegenden Zahlen als Reste entweder in der ersten oder in der zweiten Reihe negativ vor. Ist nämlich der absolut kleinste Rest r eines Gliedes hq der ersten Reihe positiv, also $hq - kp = r$, so ist die ganze Zahl k positiv und kleiner als $\tfrac{1}{2}q$, und es ist daher $-r$ der absolut kleinste Rest des Gliedes kp der zweiten Reihe.

Die übrigen nur in der zweiten Reihe vorkommenden negativen Reste, deren absoluter Werth zwischen $\tfrac{1}{2}p$ und $\tfrac{1}{2}q$ liegt, lassen sich paarweise einander zuordnen mit alleiniger Ausnahme des im Falle $q \equiv 1 \bmod 4$ vorkommenden Restes von $\tfrac{1}{4}(q-1)p$, welcher gleich $\tfrac{1}{4}(-p \pm q)$ also nur für $p \equiv 3 \bmod 4$ negativ ist. In der That wird, wenn $k < \tfrac{1}{2}(q-1)$ und

$$kp \equiv -r \bmod q \quad \text{und} \quad \tfrac{1}{2}p < r < \tfrac{1}{2}q$$

ist, gleichzeitig

$$k'p \equiv -r' \bmod q \quad \text{und} \quad \tfrac{1}{2}p < r' < \tfrac{1}{2}q,$$

H

sobald man

$$k' = \tfrac{1}{2}(q-1) - k, \quad r' = \tfrac{1}{2}(p+q) - r$$

setzt; der hierbei ausgeschlossene Werth $k = \tfrac{1}{2}(q-1)$ liefert aber stets den positiven Rest $\tfrac{1}{2}(q-p)$.

Es ist hiernach erstens die Anzahl der zwischen 0 und $-\tfrac{1}{2}p$ liegenden Reste in den obigen beiden Reihen zusammen gleich $\tfrac{1}{2}(p-1)$, und es ist zweitens die Anzahl der in dem Intervalle von $-\tfrac{1}{2}p$ bis $-\tfrac{1}{2}q$ enthaltenen Reste eine *grade* Zahl, falls nicht $-p \equiv q \equiv 1 \bmod 4$ ist. Beide Zahlen sind daher für den Fall $p \equiv 1$ mod 4 grade und für den Fall $p \equiv 3, q \equiv 1$ mod 4 ungrade, während für den noch übrig bleibenden Fall $p \equiv q \equiv 3$ mod 4 die erste Zahl ungrade und die zweite grade, also nur in diesem Falle die Gesammtzahl der zwischen 0 und $-\tfrac{1}{2}q$ liegenden Reste ungrade wird.

BEMERKUNGEN ZU REUSCHLE'S TAFELN COMPLEXER PRIMZAHLEN

VON

L. KRONECKER.

Monatsberichte der Königlich Preussischen Akademie der Wissenschaften zu Berlin
vom Jahre 1875. S. 286—288.

BEMERKUNGEN ZU REUSCHLE'S TAFELN
COMPLEXER PRIMZAHLEN.

Das Werk, dessen vollständiger Titel also lautet:

> „Tafeln complexer Primzahlen, welche aus Wurzeln der Einheit gebildet
> sind; auf dem Grunde der *Kummer*'schen Theorie der complexen Zahlen
> berechnet von Dr. *C. G. Reuschle*, Professor in Stuttgart"[*])

enthält in möglichster Vollständigkeit und in wohlgeordneter Folge die hauptsächlichsten Ergebnisse von etwa zwölfjährigen umfangreichen und mühsamen Rechnungen, welche der Verfasser angestellt hatte, um die Zerlegung der Primzahlen
des ersten Tausend in complexe, aus Wurzeln der Einheit gebildete Factoren zu
ergründen. Das gesammte Material ist in sachgemäßer Weise nach dem Grade der
Einheitswurzeln in fünf verschiedene Abtheilungen gesondert; die erste derselben
bezieht sich auf alle diejenigen Gradzahlen des ersten Hunderts, welche Primzahlen
sind, die zweite auf die Primzahlpotenzen 9, 25, 27, 49, 81, und die dritte auf alle
andern zusammengesetzten ungraden Zahlen bis 105; die vierte Abtheilung enthält
die Gradzahlen 4, 8, 16, 32, 64, 128 und endlich die fünfte alle übrigen durch 4 theilbaren Zahlen bis 100. Für eine grosse Anzahl realer Primzahlen des ersten Tausend
finden sich die complexen Primfactoren selbst, sofern sie wirklich sind, in den
Tafeln vor, und in den einfacheren Fällen sind auch die niedrigsten wirklichen
Potenzen *idealer* Primfactoren darin aufgenommen. In allen andern Fällen sind
zusammengesetzte, complexe Zahlen in grösserer oder kleinerer Anzahl aufgeführt,
deren Normen die zu zerlegenden Primzahlen enthalten. Es sind ferner auch für jede
Art der Einheitswurzeln die Perioden nebst deren Relationen und endlich auch die
Congruenzwurzeln angegeben, welche den Wurzeln der Einheit, resp. deren Perioden
entsprechen, sofern die einzelnen Primzahlen der hierher gehörigen Gruppe als
Moduln angenommen werden. Das ganze Werk des Hrn. *Reuschle* charakterisirt

*) Berlin 1875. In Commission bei Dümmler's Verlags-Buchhandlung (Harrwitz und
Gossmann). 84 Bogen in Quart.

57*

sich demgemäss als eine werthvolle Sammlung von Rechnungsresultaten, welche
für die Erforschung der Theorie der complexen Zahlen von Wichtigkeit sein können,
und es ist auch sowohl bei der Publication des Werkes überhaupt als auch bei der
Aufnahme mancher Einzelheiten zumeist die Absicht massgebend gewesen, theoreti-
schen Untersuchungen damit nützliche Anhaltspunkte zu gewähren. Wie sehr ein
reiches, durch Rechnungen erlangtes Beobachtungsmaterial geeignet ist, zur Auffindung von Zahlen-Eigenschaften und arithmetischen Gesetzen zu führen, hat die
Geschichte der Wissenschaft vielfach gezeigt, und es darf in dieser Hinsicht nur an
die zahlreichen und wichtigen Entdeckungen erinnert werden, welche *Fermat, Euler,
Legendre* zuerst auf dem Wege der Induction gemacht haben. Dabei haben diese
Entdeckungen zum Theil noch eine besondere Bedeutung dadurch gewonnen, dass
die Bemühungen, die Beobachtungsresultate zu beweisen, eine mächtige Anregung
zur Fortentwicklung der Wissenschaft gegeben und mehrmals ganze Gebiete derselben neu erschlossen haben. So führte das Reciprocitätsgesetz für quadratische
Reste schon zur weiteren Ausbildung der Theorie der Kreistheilung, und der berühmte *Fermat*'sche Satz gab Hrn. *Kummer* vor etwa dreissig Jahren die hauptsächlichste Anregung zu jenen von so glücklichem Erfolge gekrönten Untersuchungen,
auf denen das *Reuschle*'sche Werk basirt und deren Weiterförderung es zugleich
gewidmet ist. In diesem Gebiete der complexen Zahlentheorie werden nämlich die
Rechnungen so ungemein schwierig und weitläufig, dass es dem einzelnen Forscher
kaum möglich ist, sich für eine specielle Frage das nöthige Beobachtungsmaterial
in bestimmten Zahlenbeispielen zu beschaffen, um daran einen Anhalt für' die
theoretische Untersuchung zu gewinnen. Desshalb dürften sich die Rechnungen
des Hrn. *Reuschle* häufig genug als werthvolle Vorarbeiten erweisen und, wenn sie
auf diese Weise der Wissenschaft selber zu Statten kommen, die Ausdauer und
Hingebung lohnen, die derselbe viele Jahre hindurch an seine Arbeit gewendet hat.*)

---

*) Leider ist inzwischen vor dem Abdruck der obigen Bemerkungen Hr. *Reuschle*
von einem Unfalle betroffen worden, der seinem in mannigfacher Beziehung wirkungsreichen
und verdienstvollen Leben ein vorzeitiges Ende bereitet hat. Er starb in Stuttgart am
22. Mai d. J. in seinem 68sten Lebensjahre.

AUSZUG AUS EINEM BRIEFE VON L. KRONECKER AN R. DEDEKIND VOM 15. MÄRZ 1880

Sitzungsberichte der Königlich Preussischen Akademie der Wissenschaften zu Berlin vom Jahre 1895. S. 115—117.

AUSZUG AUS EINEM BRIEFE VON L. KRONECKER AN R. DEDEKIND.[1]

Berlin 15. März 1880.

Meinen besten Dank für Ihre freundlichen Zeilen vom 12. c.! Ich glaube darin
einen willkommenen Anlass finden zu sollen, Ihnen mitzutheilen, dass ich heute die
letzte von vielen Schwierigkeiten besiegt zu haben glaube, die dem Abschlusse einer
Untersuchung, mit der ich mich in den letzten Monaten wieder eingehender beschäftigt habe, noch entgegenstanden. Es handelt sich um meinen liebsten Jugendtraum, nämlich um den Nachweis, dass die *Abel'*schen Gleichungen mit Quadrat-
wurzeln rationaler Zahlen durch die Transformations-Gleichungen elliptischer
Functionen mit singulären Moduln grade so erschöpft werden, wie die ganzzahligen
*Abel'*schen Gleichungen durch die Kreistheilungsgleichungen. Dieser Nachweis ist mir,
wie ich glaube, nun vollständig gelungen, und ich hoffe, dass sich bei der Ausarbeitung, auf die ich nun allen Fleiss verwenden will, keine neuen Schwierigkeiten zeigen
werden. Aber nicht bloss das — wie mich dünkt — werthvolle Resultat, auch die Einsicht die mir auf dem Wege geworden ist, hat mir mannigfache Befriedigung meiner
mathematischen Neugierde gewährt, und ich habe auch die Freude gehabt, mit meinen bezüglichen Mittheilungen das mathematische Herz meines Freundes *Kummer*
vielfach zu erfreuen, da auch Aussichten für Erledigung seiner Lieblingsfragen sich
zeigen. — Ich hatte schon vor 4 Wochen in der Akademie eine Abhandlung gelesen,
von der ein Auszug gedruckt wird, in der ich die arithmetischen Eigenschaften der
Wurzeln jener Gleichungen entwickle, die ich ja der Hauptsache nach schon seit
fast 20 Jahren kenne. Aber ich hatte neuerdings eine gewisse Erleichterung durch
die allgemeine Betrachtung gewonnen, dass die Coefficienten der Transformation,
wenn man die *Jacobi'*schen Bezeichnungen im IV. Bande des *Crelle'*schen Journ.
pag. 185[2]) nimmt, aber den Coefficienten von x^n gleich Eins setzt, sämmtlich (für n
Primzahl) ganze algebraische Vielfache des letzten Coefficienten sind. Da man nun

---

[1]) Vgl. Zusatz 35 am Ende dieses Bandes.
[2]) *Jacobi*, Werke, Bd. I, S. 266.

einerseits alle oben erwähnten Gleichungen als Transformationsgleichungen auffassen, andrerseits als Potenzen von Multiplicationsgleichungen darstellen kann, wie ich es im Monatsbericht vom Dec. 1877[1]) näher dargelegt habe, so zeigt sich unmittelbar, dass diese Gleichungen die Eigenschaften haben, die bei den Kreistheilungsgleichungen darauf beruhen, dass alle Coefficienten durch die betreffende Primzahl theilbar sind, und deren Analoga ich sonst in der von *Eisenstein* bei den Lemniscatischen Functionen angewendeten Weise bewiesen hatte. Die Indices der verschiedenen Primzahlen ergeben sich natürlich auch für jene Transformations-Gleichungen ohne alle Schwierigkeit, denn es ergiebt sich ja genau so wie bei den Kreisfunctionen, zu welchen Exponenten die Primzahlen resp. ihre complexen Factoren gehören. So weit es sich um die singulären Moduln selber handelt, die auch als Perioden der Wurzeln solcher Transformationsgleichungen aufgefasst werden können, ist — wie ich schon vor langer Zeit ermittelt hatte, als ich die Classenzahl dafür berechnete (conf. Monatsber. v. Juni 1862)[2]) der Index der Composition entscheidend für die Indices der Primfactoren. Ich verstehe unter *diesen* Indices nämlich die verschiedenen Grade der irreductibeln Factoren, in welche die betreffende Gleichung für den bezüglichen Modul zerfällt. Wenn diese Indices gefunden sind, so bedarf es nur der Anwendung der allgemeinen Formel, die ich im Monatsbericht vom Jan. 1863[3]) publicirt habe, um die Classenanzahl ohne Weiteres aufzufinden. Die Formel ist — wie ich schon dort bemerkt habe — eine Art Universalmittel für die bezüglichen Untersuchungen. Nur habe ich jetzt immer — wie schon seit lange in meinen Universitätsvorlesungen — die 2 beim mittleren Coefficienten der quadratischen Formen weglassen. Habe ich so die arithmetischen Eigenschaften jener von der Analysis gelieferten Gleichungen, die Classenzahl der entsprechenden Formen etc. schon vor vier Wochen (am 2. Febr.) in der Akademie vorgetragen, so war mir doch zum Beweise jenes Satzes, den ich so lange geahnt und gesucht habe, noch eine ganz andre — ich möchte sagen — philosophische Einsicht in die Natur jener merkwürdigen Gleichungen für die singulären Moduln nöthig, vermöge deren es klar gelegt werden musste, *warum* diese die grade hinreichenden Irrationalitäten geben, welche — nach *Kummer*'s Ausdrucksweise die ich auch im J. 1857 in der Mittheilung[4]) gebraucht habe — die idealen Zahlen für $a + b\sqrt{-D}$ wirklich darstellen. Diese

---

[1]) Bd. IV, S. 63 dieser Ausgabe von *L. Kronecker's* Werken.
[2]) Bd. IV, S. 207 dieser Ausgabe von *L. Kronecker's* Werken.
[3]) Bd. IV, S. 219 dieser Ausgabe von *L. Kronecker's* Werken.
[4]) Bd. IV, S. 177 dieser Ausgabe von *L. Kronecker's* Werken.

Einsicht habe ich nun erlangt. Sie beruht auf zwei merkwürdigen Betrachtungen. *Erstens*: die *Abel*'schen Gleichungen $p$ten Grades (wobei der Einfachheit halber p Primzahl sei) stehen auf ganz andrer Stufe als andre z. B. die *reinen* Gleichungen $p$ten Grades, d. h. die Wurzeln der *Abel*'schen Gleichungen sind dem Rationalen so nahe als möglich, weil die darin vorkommenden Wurzelgrössen in Wahrheit nicht den Exponenten p selbst, sondern nur einen einfachen (aus $(p-1)$ten Wurzeln der Einheit gebildeten) *Primfactor* von p (in dem Sinne wie in meiner Dissertation) als Exponenten der Wurzel haben. *Zweitens*: die Gleichungen für die singulären Moduln ergeben eine *geringste* Irrationalität von allen jenen dem Rationalen schon möglichst nahen Irrationalitäten. Nämlich die Grösse, aus der die Wurzel mit jenem complexen Exponenten zu ziehen ist, ist im *arithmetischen* Sinne eine $p$te Potenz, denn sie ist eine aus $p$ten Wurzeln der Einheit und $\sqrt{-D}$ gebildete Zahl, deren zugehörige Zahl $a + b\sqrt{-D}$ eben (nach *Kummer*'s Ausdrucksweise) die $p$te Potenz einer idealen Zahl ist.

Ich gebe mich der Hoffnung hin, dass auch Sie, hochgeehrter Herr College, an dieser Einsicht in die Natur der Gleichungen Interesse nehmen, wenn Ihnen die Darlegung auch einstweilen etwas befremdlich erscheinen sollte. Die Hoffnung grade den Kernpunkt, für die allgemeinen complexen Zahlen das Analogon der singulären Moduln zu finden, auch noch abzumachen, muss ich wohl etwas vertagen, wenn ich jetzt an das Klären und Aufzeichnen des bisher Erlangten gehen soll ....

ADRESSE DER AKADEMIE DER WISSENSCHAFTEN ZU BERLIN ZU E. E. KUMMER'S FÜNFZIGJÄHRIGEM DOCTORJUBILÄUM AM 10. SEPTEMBER 1881

Monatsberichte der Königlich Preussischen Akademie der Wissenschaften
zu Berlin vom Jahre 1881. S. 895—898.

ADRESSE DER AKADEMIE ZU E. E. KUMMER'S FÜNFZIGJÄHRIGEM DOCTORJUBILÄUM.

Einer schönen deutschen Gelehrtensitte folgend, bringt die unterzeichnete Akademie der Wissenschaften zur Jubelfeier des Tages, an welchem Ihnen dereinst in Halle die Doctorwürde verliehen worden ist, ihre aufrichtigsten und wärmsten Glückwünsche dar. Sie begrüsst den Gedenktag mit besonderer Freude an der Rüstigkeit und geistigen Vollkraft, in der Sie ihn begehen, mit besonderem Stolze auf die Verbindung, welche die Akademie in die Ferne, schon einige Jahre nach dem Ursprung dieser Feier, mit Ihnen angeknüpft und seit Ihrer Übersiedelung nach Berlin immer enger und bedeutsamer gestaltet hat.

Die Zeit, da Sie sich in Halle vom Studium der Theologie ab dem Studium der Mathematik zuwandten, fällt nahe mit jener Epoche zusammen, welche das Wiedereintreten Deutschlands in den Kreis der mathematischen Nationen bezeichnet. Wohl hatte *Gauss*, thronend auf einsamer Höhe, während rings um ihn im Vaterlande die mathematische Öde fortdauerte, schon ein Menschenalter hindurch unsterbliche Werke geschaffen und die rückhaltlose Bewunderung des Auslandes gefunden; aber erst im Lustrum vorher hatten, an Alter ebensoviel Ihnen voranstehend, die beiden Heroen *Jacobi* und *Dirichlet* die Aera allgemeiner Blüthe deutscher Mathematik eröffnet, an deren Erhaltung und Entwickelung Sie bald so ruhmvoll mitwirken sollten.

Es ist bezeichnend für die auf wirkliche Erkenntniss gerichtete Weise Ihrer wissenschaftlichen Thätigkeit, dass sich vor dem rückschauendem Auge Ihr fünfzigjähriges Arbeitsleben ganz ungezwungen in drei grosse, deutlich geschiedene Perioden aus einander legt. Je eine ganze Reihe von Jahren hindurch vereinigen Sie Ihre Denk- und Arbeitskraft auf eine Klasse von zusammenhängendenUntersuchungen.

Nicht die geschickte Erledigung vereinzelter Probleme befriedigt Ihren Geist — im wissenschaftlichen Grossbetriebe, in der umfassenden Behandlung und vollständigen Durchforschung ganzer Gebiete bewähren Sie den Blick, die Macht, den Fleiss des Genies. Niemals an dem, was schon flache und flüchtige Bearbeitung hervorbringt, sich genügen lassend, wenden Sie stets Ihre grosse und geübte Kraft mit der auch für Sie noch erforderlichen Anstrengung an jene Tiefkultur des mathematischen Bodens, welche allein die ausgiebige Fruchtbarkeit zu sichern vermag. Und nicht jede eben gewonnene Frucht vereinzelt oder gar unreif mitzutheilen ist Ihre Art — in mühsamer, sorgfältiger Ausarbeitung zeitigen, sammeln und ordnen Sie die ausgezeichneten Ergebnisse Ihrer Forschungen.

Das erste Jahrzehnt Ihres wissenschaftlichen Schaffens gehört der Analysis. Die von der Halleschen philosophischen Fakultät gekrönte Arbeit, Ihre Doctordissertation, ward das erste Glied einer Kette von scharfsinnigen Untersuchungen über die Theorie der Reihen und der Integrale, deren glänzenden Mittelpunkt — auch zeitlich — Ihre berühmte Abhandlung über die hypergeometrische Reihe bildet; eine würdige Ergänzung jener fundamentalen, nur in ihrem ersten Theile erschienenen *Gauss*'schen Arbeit, gegründet auf tiefstes, in einem Liegnitzer Gymnasialprogramme zuerst dargelegtes Erkennen der für die Vergleichung von Transcendenten massgebenden Principien und durchgeführt in solcher Vollständigkeit, dass bei viel später mit ganz neuen Mitteln von *Riemann* aufgenommenen Untersuchungen sich nur eine kleine Nachlese an Resultaten ergeben hat.

Die Schrift über die kubischen Reste, mit welcher Sie in Breslau Ihren Platz als akademischer Lehrer einnehmen, leitet die Periode Ihrer grundlegenden und bahnbrechenden zahlentheoretischen Untersuchungen ein, welche die zwei folgenden Jahrzehnte erfüllen. Was Sie bei einer ersten Beschäftigung mit den complexen Zahlen als Mangel der Theorie empfinden und beklagen, wird Ihrem ächt speculativen Sinne Anlass zur Schöpfung und Ausbildung des Begriffes der idealen Zahl, welcher mit der Vervollkommnung der Einsicht zugleich eine solche Vereinfachung der Methoden bewirkt, dass nunmehr *Gauss*' Theorie der quadratischen Formen verhältnissmässig leicht auf allgemeinere übertragen werden kann. Bald fliesst aus diesen Untersuchungen Ihr Beweis des berühmten *Fermat*'schen Satzes, grosses und gerechtes Aufsehen erregend, weil ungeachtet so vieler Bestrebungen bedeutendster Forscher bis dahin der Beweis nur in einigen wenigen Fällen gelungen war. Bald auch finden Sie mit scharfem Blicke auf dem Wege der Induction

die höheren Reciprocitätsgesetze; aber erst nachdem Sie mit bewundernswürdiger
Beharrlichkeit Jahre hindurch Ihre Bemühungen auf dieses Ziel gerichtet und mit
frischem Arbeitsmuth weitere und umfassendere Forschungen zu diesem Zwecke
unternommen haben, gelingt Ihnen der theoretische Beweis, der ersehnte werth-
vollste Preis Ihrer abstractesten Untersuchungen.

Concretere Studien, durch Mittel der Anschauung, einige selbst durch Ex-
perimente unterstützt, bilden den reichen Inhalt der dritten, wesentlich geometrischen Periode Ihrer Arbeitszeit. Anknüpfend an die Untersuchungen *Hamilton's*,
den, einst mit Ihnen zugleich — ein Vorzeichen dieser geistigen Verbindung — die
Akademie zum Correspondenten gewählt hatte, eröffnen Sie vor nun etwa zwanzig
Jahren mit Ihrer Theorie der allgemeinen Strahlensysteme ein außerordentlich
fruchtbares Feld analytisch-geometrischer Forschung. Sie entwickeln darin eine Anzahl neuer naturgemässer Begriffe, welche von einem höheren Standpunkte aus über
die analogen, in der Theorie der krummen Oberflächen, wie Ihr Dichtigkeitsmaass
über das *Gauss*'sche Krümmungsmaass, helles Licht verbreiten. Sie wenden sich
dann in Ihren folgenden Arbeiten zur Behandlung von speciellen algebraischen
Strahlensystemen und deren Brennflächen, welche bis in die jüngste Zeit fortge-
setzt eine Reihe der wichtigsten und interessantesten Erscheinungen algebraischer
Flächen zu Tage gefördert hat — auch jene merkwürdige Fläche, die Ihren Namen
trägt. Und es ist wohl diese ganze Kategorie Ihrer Arbeiten und Resultate, welche
am meisten zur Popularisirung Ihres Namens in dem ausgedehnteren Kreise der
Mathematiker beigetragen hat.

Der Tag, an dem Sie vor fünfzig Jahren die erste akademische Würde erlangt haben, beschliesst ein halbes Jahrhundert ganz dem Dienste der Wissenschaft
in Forschung und Lehre gewidmeten, reich mit Erfolgen der Arbeit gesegneten, von
Anfang an durch die Anerkennung der Kenner geehrten, nach und nach mit den höchsten wissenschaftlichen Auszeichnungen geschmückten, recht eigentlich akademischen Lebens. Vor zweiundvierzig Jahren zum correspondirenden Mitgliede, vor sechs-
undzwanzig Jahren bei Ihrer Berufung an die hiesige Universität zum ordentlichen
Mitgliede ernannt und vor achtzehn Jahren von der physikalisch-mathematischen
Klasse zum Secretär erwählt, haben Sie die verschiedenen Beziehungen zur Akademie mit Liebe und Eifer gepflegt, die akademischen Pflichten mit gewissenhafter
Strenge geübt, Ihres Secretar-Amtes fast fünfzehn Jahre hindurch mit Treue und

Hingebung gewaltet und in allen Verhältnissen zum Ruhm und zur Ehre der Akademie gewirkt. Sie spricht in feierlicher Form an diesem Gedenktage ihren Dank dafür aus, sie flicht den Wunsch darein, dass es Ihnen beschieden sein möge, auch unter dem Titel eines Veteranen, den Sie seit Kurzem angenommen haben, noch lange Ihre akademische Thätigkeit fortzusetzen, auch in diesem freieren Verhältnisse noch lange die alte und innige Verbindung zu unterhalten, welche die Akademie mit Freude und Genugthuung, welche sie mit Stolz erfüllt.

ANMERKUNG

ZU E. DU BOIS-REYMOND'S „UNTERSUCHUNGEN ÜBER TIERISCHE ELECTRICITÄT"

E. du Bois-Reymond, Untersuchungen über tierische Electricität, II. Band, II. Abtheilung, S. 489—490 (Anmerkung) 1884.

ANMERKUNG ZU E. DU BOIS-REYMOND'S „UNTERSUCHUNGEN ÜBER TIERISCHE ELECTRICITÄT".[1]

Mein Freund Herr *Leopold Kronecker* hatte jetzt (1883) die Gefälligkeit, auf rein analytischem Wege den Beweis zu entwickeln, dass der Ausdruck (3) ein Maximum, oder der (4) ein Minimum für s habe, und dass der Werth von s, für welchen das Minimum eintrifft, mit σ wachse. Er verfährt folgendermassen.

Die vier Wurzeln der Gleichung $s^2 P(s) = 0$, negativ genommen, nämlich

$$+ \tfrac{1}{2}(ar + a + c) \pm \tfrac{1}{2}\sqrt{(ar + a - c)^2 + 4acr},$$

$$+ \tfrac{1}{2}(br + b + c) \pm \tfrac{1}{2}\sqrt{(br + b - c)^2 + 4bcr},$$

sollen in der Reihe, wie sie dastehen, t, u, v, w heissen. Diese vier Werthe sind reell und überdies positiv; denn die Summen $t + u = ar + a + c$, $v + w = br + b + c$ und ebenso die Producte $tu = ac$, $vw = bc$ sind positiv.

Nun wird

$$P(s) = \frac{1}{s^2}(s + t)(s + u)(s + v)(s + w),$$

und hiervon ist das Minimum zu suchen. Man hat

$$\frac{d \log P(s)}{ds} = \frac{d \log s^{-2}}{ds} + \frac{d \log(s + t)}{ds} + \frac{d \log(s + u)}{ds} + \frac{d \log(s + v)}{ds} + \frac{d \log(s + w)}{ds},$$

und wenn

$$\frac{dP(s)}{ds} = P'(s) \quad \text{ist,} \quad \frac{d \log P(s)}{ds} = \frac{P'(s)}{P(s)}.$$

Also kommt

$$\frac{P'(s)}{P(s)} = -\frac{2}{s} + \frac{1}{s + t} + \frac{1}{s + u} + \frac{1}{s + v} + \frac{1}{s + w},$$

1) Vgl. den Zusatz 36 am Ende des Bandes.

H
59*

oder

$$\frac{s\,P'(s)}{P(s)} = -2 + \frac{s}{s+t} + \frac{s}{s+u} + \frac{s}{s+v} + \frac{s}{s+w}.$$

Dies sei $Q(s)$. Dann ist

$$\frac{dQ(s)}{ds} = Q'(s) = \frac{t}{(s+t)^2} + \frac{u}{(s+u)^2} + \frac{v}{(s+v)^2} + \frac{w}{(s+w)^2} \tag{*}$$

also *positiv*. Für kleine, nahe der Null liegende, *positive* Werthe von s ist $\frac{s}{P(s)}$ positiv, aber $Q(s)$ nahe $= -2$; also ist $P'(0)$ *negativ*. Für $s = +\infty$ wird $Q(s) = +2$, also giebt es einen positiven Werth $\mathfrak{s}$, für welchen $P'(s) = 0$ ist.

Wenn $s\,P'(s) = P(s)Q(s)$ differentiirt wird, ist allgemein

$$P'(s) + s\,P''(s) = P'(s)Q(s) + P(s)Q'(s),$$

wo $P''(s)$ die zweite Ableitung von $P(s)$ bedeutet.

Da $P'(s) = 0$ für $s = \mathfrak{s}$, so haben wir:

$$\mathfrak{s}\,P''(\mathfrak{s}) = P(\mathfrak{s})Q'(\mathfrak{s}),$$

und da $\mathfrak{s}$, $P(\mathfrak{s})$, $Q'(\mathfrak{s})$ positiv sind, ist es auch $P''(\mathfrak{s})$. Es ist also $P(\mathfrak{s})$ in der That ein Minimum, da die erste Ableitung gleich Null und die zweite positiv ist. Hieraus geht auch hervor, dass es nur *einen* Werth $\mathfrak{s}$ giebt. Denn $Q(s)$ wird für positive s nicht unendlich, und es müsste also, wenn es noch einen Werth $\mathfrak{s}$ gäbe, dabei $P'(s)$ aus dem Positiven in's Negative übergehen, also $P''(s)$ negativ sein.

Jetzt handelt es sich darum, zu beweisen, dass $\mathfrak{s}$ mit σ *wächst*. Da $\mathfrak{s}$ Wurzel der Gleichung $Q(s) = 0$ ist, haben wir

$$Q(\mathfrak{s}) = -2 + \frac{\mathfrak{s}}{\mathfrak{s}+t} + \frac{\mathfrak{s}}{\mathfrak{s}+u} + \frac{\mathfrak{s}}{\mathfrak{s}+v} + \frac{\mathfrak{s}}{\mathfrak{s}+w} = 0;$$

dabei ist $\mathfrak{s}$ *positiv*. Die Grössen t, u, v, w hängen von c ab, welches σ proportional ist. Wir schreiben deshalb: $Q(\mathfrak{s}, c)$, und dann ist das vollständige Differential:

$$\frac{\partial Q(\mathfrak{s}, c)}{\partial \mathfrak{s}}\,d\mathfrak{s} + \frac{\partial Q(\mathfrak{s}, c)}{\partial c}\,dc = 0,$$

also:

$$\frac{\lambda}{\delta} \cdot \frac{d\mathfrak{s}}{d\sigma} = \frac{d\mathfrak{s}}{dc} = \frac{-\dfrac{\partial Q(\mathfrak{s}, c)}{\partial c}}{\dfrac{\partial Q(\mathfrak{s}, c)}{d\mathfrak{s}}}.$$

Um nun zu beweisen, dass $\frac{ds}{d\sigma}$ positiv ist, braucht nur gezeigt zu werden, dass der Zähler:

$$- \frac{\partial Q(s,c)}{\partial c}$$

positiv ist; denn dass der Nenner

$$\frac{\partial Q(s,c)}{\partial s}$$

oder $Q'(s)$ positiv ist, sahen wir schon oben ein (Gleichung *).

Da t, u, v, w implicite σ enthalten, so ist:

$$- \frac{\partial Q(s,c)}{\partial c} = \frac{s}{(s+t)^2} \cdot \frac{dt}{d\sigma} + \frac{s}{(s+u)^2} \cdot \frac{du}{d\sigma} + \frac{s}{(s+v)^2} \cdot \frac{dv}{d\sigma} + \frac{s}{(s+w)^2} \cdot \frac{dw}{d\sigma}.$$

Die rechte Seite ist also offenbar positiv, wenn $\frac{dt}{d\sigma}, \frac{du}{d\sigma}, \ldots$ positiv sind. Es ist nun, wenn die durch t, u, v, w dargestellten Wurzelausdrücke nach c differentiirt werden,

$$\frac{2dt}{d\sigma} \quad \text{und} \quad \frac{2du}{d\sigma} = 1 \pm \frac{1}{\sqrt{1+g}},$$

$$\frac{2dv}{d\sigma} \quad \text{und} \quad \frac{2dw}{d\sigma} = 1 \pm \frac{1}{\sqrt{1+h}},$$

wenn

$$g = \frac{4a^2 r}{(ar - a + c)^2}, \quad h = \frac{4b^2 r}{(br - b + c)^2}$$

ist. Die vier Differentialquotienten $\frac{dt}{d\sigma}, \frac{du}{d\sigma}, \ldots$ sind also in der That *positiv*, da die absoluten Werthe von

$$\frac{1}{\sqrt{1+g}}, \quad \frac{1}{\sqrt{1+h}}$$

kleiner als Eins sind.

BEMERKUNGEN ÜBER DIRICHLET'S LETZTE ARBEITEN

VON

L. KRONECKER.

Sitzungsberichte der Königlich Preussischen Akademie der Wissenschaften zu Berlin vom Jahre 1888. S. 489—442.

BEMERKUNGEN ÜBER DIRICHLET'S LETZTE ARBEITEN.

In Hrn. *Kummer*'s Gedächtnissrede*) finden sich folgende Angaben über die „Resultate, welche *Dirichlet* in den letzten Jahren seines Lebens erarbeitet hat".

„Aus dem, was er einzelnen Freunden über die Gegenstände seiner Forschungen gelegentlich mitgetheilt hat, geht hervor, dass er unter Andern eine vollständige Theorie der ternären, unbestimmten Formen zweiten Grades in seinem Kopfe fertig ausgeführt hatte, ferner dass es ihm gelungen war, die Annäherung der asymptotischen Gesetze für eine Art zahlentheoretischer Functionen, von welchen die Bestimmung der Häufigkeit der Primzahlen abhängt, um einen ganzen Grad weiter zu treiben, und dass er einen mathematisch vollkommen strengen Beweis der Stabilität des Weltsystems gefunden hatte. Von einer grossen und besonders werthvollen Entdeckung aus der letzten Zeit seines Lebens, nämlich einer ganz neuen, allgemeinen Methode der Behandlung und Auflösung der Probleme der Mechanik, hat er nur gegen einen seiner Freunde, Hrn. *Kronecker*, mit dem er in dem intimsten wissenschaftlichen und freundschaftlichen Verkehr stand, einmal im Sommer 1858 gesprochen. Er hatte selbst auf diese Entdeckung ein ganz besonderes Gewicht gelegt und Hrn. *Kronecker* gebeten, vorläufig gegen Niemand davon zu sprechen. Dieser hat darum erst nach *Dirichlet*'s Tode seinen Freunden das mitgetheilt, was er von ihm darüber erfahren hatte, namentlich dass diese Methode nicht darauf hinausgehe, die Integrationen der betreffenden Differenzialgleichungen auf Quadraturen zurückzuführen, weil dieses Mittel, durch welches *Jacobi* versucht hat die Lösung der mechanischen Probleme zu gewinnen, zu beschränkt sei, dass sein Verfahren vielmehr in einer stufenweisen Annäherung bestehe, bei welcher jeder neue Schritt zugleich eine vollständigere und genauere Einsicht in die Natur der durch die Bedingungen der Aufgabe bestimmten Bewegungen gewähre, endlich dass die Theorie der kleinen Schwingungen zur Auffindung dieser Methode einen gewissen Anhalt biete."

*) Abhandlungen der Akademie 1860, S. 35.

Nun heisst es unter Hinweis auf die angeführten Stellen der *Kummer*'schen Gedächtnissrede in einer im 7. Bande der Acta Mathematica (S. II) enthaltenen Publication nach Formulirung der Aufgabe:

> „Es sollen für ein beliebiges System materieller Punkte, die einander nach dem *Newton*'schen Gesetze anziehen, unter der Annahme, dass niemals ein Zusammentreffen zweier Punkte stattfinde, die Coordinaten jedes einzelnen Punktes in unendliche, aus bekannten Functionen der Zeit zusammengesetzte und für einen Zeitraum von unbegrenzter Dauer gleichmässig convergirende Reihen entwickelt werden."

„Dass die Lösung dieser Aufgabe, durch deren Erledigung unsere Einsicht in den Bau des Weltsystems auf das Wesentlichste würde gefördert werden, nicht nur möglich, sondern auch mit den gegenwärtig uns zu Gebote stehenden analytischen Hülfsmitteln erreichbar sei, dafür spricht die Versicherung *Lejeune-Dirichlet*'s, der kurz vor seinem Tode einem befreundeten Mathematiker mitgetheilt hat, dass er eine allgemeine Methode zur Integration der Differentialgleichungen der Mechanik entdeckt habe, sowie auch, dass es ihm durch Anwendung dieser Methode gelungen sei, die Stabilität unseres Planetensystems in vollkommen strenger Weise festzustellen. Leider ist uns von diesen Untersuchungen *Dirichlet*'s, ausser der Andeutung, dass zur Auffindung seiner Methode die Theorie der kleinen Schwankungen*) einen gewissen Anhalt biete, nichts erhalten worden; ..."

Die Quelle für die aus der *Kummer*'schen Gedächtnissrede citirten Angaben über *Dirichlet*'s letzte Arbeiten bilden die Mittheilungen, welche ich zur Zeit meinem Freunde *Kummer* gemacht habe, und die Wortfassung ist auch unter meiner Zuziehung erfolgt. Da aber dem Sinne, welcher damit ausgedrückt werden sollte, die Auffassung, welche sich in jener Publication der Acta Mathematica kundgiebt, keineswegs entspricht, so glaube ich einige Erläuterungen hinzufügen zu müssen.

Es war während eines mehrtägigen Aufenthalts in Göttingen im Sommer 1858**), als mir *Dirichlet* sowohl die eine als auch die andere der beiden Mittheilungen machte, auf welche sich die Publication der Acta Mathematica beruft. Aber die Verbindung, in welche dort die beiden Mittheilungen gebracht werden, entspricht

---

*) „Schwingungen" s. o. in der *Kummer*'schen Gedächtnissrede.

**) Ungefähr zehn Monate vor *Dirichlet*'s Tode.

nicht dem wirklichen Sachverhalt. Die Mittheilungen erfolgten vielmehr an zwei verschiedenen Tagen, in ganz verschiedener Weise, und ohne dass bei der einen irgend wie auf die andere Bezug genommen wurde.

Die der Zeitfolge nach erste Mittheilung *Dirichlet*'s betraf seinen Beweis für die Stabilität des Weltsystems. Sie war, bei aller Betonung der Wichtigkeit der Sache, gewissermaassen anspruchslos gehalten, und ich hatte den Eindruck, dass *Dirichlet* durch Aufsuchung der eigentlichen Quellen der Erkenntniss, ähnlich wie in seinem klassischen Aufsatze über die Stabilität des Gleichgewichts, den Beweis in grossartiger Einfachheit und Übersichtlichkeit erlangt und im Kopfe fertig hatte, und dass er ihn bald zu veröffentlichen gedachte.

Die Mittheilung, betreffend die Entdeckung einer neuen allgemeinen Methode der Behandlung und Auflösung der Probleme der Mechanik, erfolgte an einem anderen Tage auf einem Spaziergange, fast in der Form einer feierlichen Eröffnung. *Dirichlet* begann damit, mir vorläufig Stillschweigen über das, was er mir nun mittheilen würde, aufzuerlegen, und am Schlusse schien es mir, als ob er die Veröffentlichung dieser seiner Entdeckung, welche wohl auch noch grossen Aufwand an Zeit erfordert hätte, nicht unmittelbar in Aussicht nähme. In seinen Aeusserungen über die von ihm angewendete Methode betonte er wiederholt, dass sie nicht durch Quadraturen, nicht durch Reihen ein fertiges Resultat liefere, sondern dass sie in einem „*Verfahren*" bestehe, mittels dessen man eine stufenweise Annäherung an das gesuchte Resultat erlange.

Ich habe mich bemüht, in dem knappen für die *Kummer*'sche Gedächtnissrede verfassten Berichte den grossen Unterschied in Form und Inhalt der beiden Mittheilungen kenntlich zu machen; sie erscheinen dort auch dadurch gänzlich von einander abgetrennt, dass mein Name bloss bei der zweiten Mittheilung angeführt ist, während die Auffindung eines Beweises der Stabilität des Weltsystems zusammen mit der von zwei Ergebnissen*) arithmetischer Untersuchungen in unbestimmter Weise als „einzelnen Freunden" mitgetheilt erwähnt wird. Hierdurch glaubte ich

---

*) Das zweite bezieht sich auf die zahlentheoretische Function $\sum_{s=1}^{s=n}\left[\frac{n}{s}\right]$ und ist in dem von *Dirichlet* an mich gerichteten Briefe vom 28. Juli 1858 erwähnt (vergl. die Göttinger Nachrichten vom 16. December 1885, S. 881).[1]

[1] Bd. V S. 428 dieser Ausgabe von *L. Kronecker's* Werken.

der Annahme einer Verbindung der beiden Mittheilungen, wie sie in der Publication der Acta Mathematica enthalten ist, vorzubeugen.

Die Äusserungen, welche *Dirichlet* mir gegenüber gethan hat, können auch nicht, wie es in der erwähnten Publication geschieht, als Beleg für diejenige Art der Lösbarkeit der Aufgabe geltend gemacht werden, welche dort eben auf Grund der *Dirichlet*'schen Mittheilungen als möglich und jetzt erreichbar bezeichnet wird. Denn *Dirichlet* hat mir ausdrücklich erklärt, dass er die Lösung nicht in der Form von Reihen erhalten habe. Dabei hat er wohl, indem er sein „Verfahren" und die Entwickelung in Reihen in Gegensatz stellte, den Ausdruck „Reihe" nur im gewöhnlichen Sinne einer nach bekannten Functionen fortschreitenden Reihe genommen. Denn als „Reihe" im allgemeineren Sinne lässt sich auch das Resultat jedes „Verfahrens" auffassen.

Dirichlet hatte unmittelbar, ehe er mir die Eröffnung bezüglich seiner neuen Methode der Behandlung von Problemen der Mechanik machte, über seine vielfache Beschäftigung mit der Potentialtheorie gesprochen, und ich habe den Eindruck bekommen, als ob auch ein innerer Zusammenhang zwischen seinen Untersuchungen über diese Theorie und jenen Gedanken über die Behandlung mechanischer Probleme bestände.

In *Dirichlet*'s Papieren habe ich keine Andeutung über seine letzten Entdeckungen gefunden. Er pflegte eben fast keine schriftlichen Aufzeichnungen zu machen, ehe er an die für den Druck bestimmte Ausarbeitung ging.*) Ob etwa die auf ein weisses Löschblatt geschriebenen Worte:**) „Exposition d'une nouvelle methode de calculer les perturbations planetaires" als Entwurf eines Titels zu einer für die Mittheilung jener Entdeckungen bestimmten Abhandlung zu deuten sind, muss ich dahingestellt sein lassen.

---

*) „Die Klarheit und Bestimmtheit seines Denkens" — heißt es in der *Kummer*'schen Gedächtnissrede — „und die ungewöhnliche Kraft seines Gedächtnisses, vermöge deren er das einmal Gedachte und Erforschte zu jeder Zeit vollkommen gegenwärtig behielt, machten ihm den Gebrauch der Feder beim Arbeiten fast ganz entbehrlich."

**) Sie sind hier genau copirt; die Accente fehlen auch in der Urschrift.

PAUL DU BOIS-REYMOND

VON

L. KRONECKER.

Crelle, Journal für die reine und angewandte Mathematik.
Band 104, S. 352—354 (1889).

PAUL DU BOIS-REYMOND.

(Geboren in Berlin am 2. December 1831, promovirt an der Berliner Universität am 26. März 1859, Privatdocent in Heidelberg 1865—1868, ausserordentlicher Professor daselbst 1868—1870, ordentlicher Professor in Freiburg in Baden vom 28. Februar 1870 bis zum 15. März 1874, von da ab bis zum Herbst 1884 an der Universität zu Tübingen und seitdem an der Technischen Hochschule in Charlottenburg.)

Nur wenige Tage, nachdem der Druck der Abhandlung „Ueber lineare partielle Differentialgleichungen zweiter Ordnung" (S. 271 bis 301 dieses Bandes)[1]) vollendet war, hat den Verfasser der Tod ereilt. Er starb, auf der Durchreise nach Neuchâtel, in Freiburg in Baden am 7. April. Dass er in den letzten Monaten, wo die Krankheit, welcher er erlag, wohl schon weit vorgeschritten war, noch die geistige Spannkraft zur Veröffentlichung der umfangreichen Arbeit sich bewahrt hat, ist bewundernswerth. Es zeigte sich noch bei seiner letzten Publication, dass ihm die mathematischen Fragen stets Lebensfragen gewesen sind.

Er knüpft in dieser Abhandlung, wie er gleich im Anfange bemerkt, an die um ein Vierteljahrhundert zurückliegenden Untersuchungen an, welche er im Jahre 1864 unter dem Titel „Beiträge zur Interpretation der partiellen Differentialgleichungen mit drei Variabeln (erstes Heft; die Theorie der Charakteristiken)" als besonderes Werk herausgegeben hat. Schon kurze Zeit nach der Veröffentlichung dieses Werkes scheint *P. du Bois-Reymond* sich der andern Kategorie von Untersuchungen zugewandt zu haben, welcher der grösste Teil seiner nun folgenden Publicationen gewidmet ist. Denn die erste dieser Abhandlungen, zugleich eine seiner bedeutendsten, ist vom Februar 1868 datirt; sie ist im 69-sten Bande dieses Journals abgedruckt und hat den Titel „Über die allgemeinen Eigenschaften der Klasse von Doppelintegralen, zu welcher das *Fourier*'sche Doppelintegral gehört." Während er hierin zeigt, dass es ihm gelungen ist, den Kreis der seit *Fourier* und *Dirichlet* be-

---

1) *Crelle*, Journal f. d. r. u. angew. Math. Bd. 104, S. 271—301 (1889).

H

kannten Darstellungsformeln wesentlich zu erweitern, bringt eine zweite aus jener
Reihe hervorzuhebende Abhandlung*) als Erfolg seiner darauf gerichteten Bestrebungen den Nachweis, dass die Anwendbarkeit solcher Darstellungsformeln nicht unbeschränkt ist. *P. du Bois Reymond* selbst bezeichnet auf S. IX der Einleitung zu
dieser Abhandlung die dabei „gewonnene Einsicht" nur als „vor der Hand wohl befriedigend", und es wird hierdurch erklärlich, dass ihn die „dunkeln Fragen", zu
deren Aufhellung er eben beigetragen hatte, und die ihrer Natur nach wohl nicht
eigentlich abgeschlossen werden können, noch lange beschäftigten, ja mit unwider-
stehlicher Gewalt fesselten. Dass er aber gern davon loskommen wollte und sich
danach sehnte, wieder in seine früheren Forschungsbahnen einzulenken, bezeugen
seine Aeusserungen in einem an mich nach Florenz gerichteten Briefe vom 22. April
1886. Er schickte mir damit einen Separatabdruck seiner in den Sitzungsberichten
der hiesigen Akademie (1886, XVIII) veröffentlichten Notiz „Ueber die Integration
der Reihen" und schrieb mit Bezug darauf: „Ihr Kriterium für $\lim_{\varepsilon=0} \int \varphi(x, \varepsilon)dx = 0$
habe ich nur angeführt, ohne es näher zu discutiren, wozu Zeit und Raum fehlte,
werde dies aber in der ausführlicheren Mittheilung nachholen. Dann werde ich dieser
Art Mathematik übrigens den Rücken kehren. Es stehen die Ergebnisse in zu un-
günstigem Verhältnisse zur Anstrengung, und ausserdem regen sie nicht zu weiterem
Forschen an; im Gegentheil, ihre Hauptwirkung ist, der Forschung in einer gewissen
Richtung Einhalt zu thun, und das heisst, sehr brav gegen seinen Nächsten, aber
zu uneigennützig gegen sich selbst handeln ... Ich schreibe jetzt an meinem letzten
Aufsatz in dieser Materie, den ich Sie ersuchen werde, im Jubelbande unterzubringen.
Es handelt sich darin um den Stetigkeitsgrad und den Convergenzgrad in genauerer
Durchführung und damit Zusammenhängendes, und dann geht es wieder mit
Hurrah! an die partiellen Differentialgleichungen."

Es ist darum als eine glückliche Fügung zu betrachten, dass die schon seit
einiger Zeit von *P. du Bois-Reymond* gehegte Absicht, seine zum Theil aus älterer
Zeit stammenden Aufzeichnungen über lineare partielle Differentialgleichungen zu
einem druckfertigen Manuscript zu gestalten, im vorigen Jahre zur Ausführung gekommen, und dass es ihm noch vergönnt gewesen ist, die Reihe wertvoller Beiträge,

---

*) Untersuchungen über die Konvergenz und Divergenz der *Fourier*schen Darstellungsformeln. Aus den Abhandlungen der k. bayerischen Akademie der Wissenschaften II. Cl.
XII. Bd. II. Abth. München 1876.

welche er diesem Journal zugewandt hat, mit einer wenigstens übersichtlichen Darstellung dessen, was das zweite Heft seiner „Beiträge zur Interpretation der partiellen Differentialgleichungen" enthalten sollte, und damit auch in gewisser Weise dieses Werk selbst abzuschliessen.

In einem von Tübingen am 3. November 1881 an mich gerichteten Briefe findet sich folgende Stelle: „Nun ist Heine doch seiner hoffnungslosen Erkrankung erlegen. Ich bedaure ungemein, ihn nicht mehr unter den Lebenden zu wissen, und bewahre treu das Bild des freundlichen, wohlwollenden, bedeutenden Mannes. Er war einer von denen, für die man publicirt; denn es sind doch nur Wenige, an die man als an Leser von Urtheil und Nachsicht beim Niederschreiben seiner Geistesproducte denkt. Ein Glück ist es, dass sein Geschick ihm Zeit liess, die zweite Auflage seines Buches zu vollenden." Diese Worte sind ein schönes Zeugnis für die edle Gesinnung und die warme Empfindung des nunmehr auch Dahingeschiedenen beim Tode eines Fachgenossen; sie drücken auch am besten aus, was jetzt bei seinem Tode die überlebenden Fachgenossen bewegt.

SOPHIE VON KOWALEVSKY

VON

L. KRONECKER.

Crelle, Journal für die reine und angewandte Mathematik,
Band 108, S. 88 (1891).

SOPHIE VON KOWALEVSKY.

Ich erfülle die traurige Pflicht, den Lesern dieses Journals von dem Hinscheiden der Frau *Sophie von Kowalevsky*, geb. *Corvin-Krukowskoy*, Kunde zu geben.

Sie wurde am 15. Januar 1851 zu Moskau geboren, verheirathete sich im Jahre 1868, erhielt 1874 in Göttingen, nachdem sie ein Jahr (1869/70) in Heidelberg und dann vier Jahre mit kurzen Unterbrechungen hier in Berlin, vornehmlich unter Herrn *Weierstrass'* Leitung, mathematischen Studien obgelegen hatte, auf Grund einer im 80. Bande dieses Journals abgedruckten Dissertation die Doctorwürde und im Jahre 1884 an der Universität Stockholm eine Professur.

Die letzte Ferienzeit im December vorigen und Januar dieses Jahres brachte Frau *von Kowalevsky* bei Verwandten in der Nähe von Nizza zu, hielt sich dann auf der Rückkehr einige Tage in Paris und in Berlin auf und reiste am Montag den 2. Februar von hier nach Stockholm ab. Dort erkrankte sie bald nach ihrer Ankunft an einer Pleuropneumonitis und erlag derselben am Dienstag den 10. Februar Morgens 4 Uhr. So ward sie schon im Alter von 40 Jahren viel zu früh der von ihr mit ausgezeichnetem Erfolge gepflegten Wissenschaft und dem grossen, ihr in Liebe und Verehrung zugethanen Freundeskreise entrissen.

Sophie von Kowalevsky (nach ihren letzten Visitenkarten „*Sonja Kovalevsky*"), verband mit einem ausserordentlichen Talent sowohl für allgemeine mathematische Speculation als auch für die bei der Ausführung specieller Untersuchungen nothwendige Technik gewissenhaften, unermüdlichen Fleiss, hielt bei intensivster Fachthätigkeit stets ihren Sinn für andere geistige Interessen offen, bewahrte dabei immer ihre Weiblichkeit und erwarb und erhielt sich darum im Verkehr auch die Sympathie derjenigen, die ausserhalb ihres fachwissenschaftlichen Kreises standen. Die Geschichte der Mathematik wird von ihr als einer der merkwürdigsten Erscheinungen unter den überhaupt äusserst seltenen Forscherinnen zu berichten haben. Ihr Gedächtniss wird durch die zwar nicht zahlreichen aber werthvollen Arbeiten, welche sie veröffentlicht hat, in der ganzen mathematischen Welt fortdauern, die Erinnerung an ihre bedeutende und dabei anmuthvolle Persönlichkeit wird in den Herzen aller derer fortleben, welche das Glück hatten, sie zu kennen.

* * *

Die Titel der sechs von Frau *von Kowalevsky* publicirten Abhandlungen lauten buchstäblich:

1. Zur Theorie der partiellen Differentialgleichungen. Inaugural-Dissertation zur Erlangung der Doctorwürde bei der philosophischen Facultät zu Göttingen von *Sophie v. Kowalevsky*, geb. *v. Corvin-Krukowskoy*. Berlin 1874 bei Georg Reimer. Abgedruckt im 80. Bande dieses Journals, S. 1—32.

2. Ueber die Reduction einer bestimmten Klasse *Abel*scher Integrale 3 ten Ranges auf elliptische Integrale, von *Sophie Kowalevski* in Stockholm. Acta Mathematica Bd. 4, S. 393—414. 1884.

3. Ueber die Brechung des Lichtes in cristallinischen Mitteln, von *Sophie Kowalevski* in Stockholm. Acta Mathematica Bd. 6, S. 249—304. 1885. Die Widmung eines Exemplars dieser Abhandlung, welches ich von der Verfasserin erhalten habe, trägt die Unterschrift „*Sophie v. Kowalevski*".

4. Zusätze und Bemerkungen zu *Laplace*'s Untersuchung über die Gestalt der Saturnsringe. Von Frau *Sophie Kowalevski* in Stockholm. Astronomische Nachrichten Bd. 111, Nr. 2643, S. 37—48. 1885. Der Redaction überreicht von *Hugo Gyldén*.

5. Sur le problème de la rotation d'un corps solide autour d'un point fixe, par *Sophie Kowalevski* à Stockholm. Acta Mathematica Bd. 12, S. 177—232. 1889. (Auf S. 177 findet sich die Anmerkung: „Ce mémoire est le résumé d'un travail auquel l'Académie des Sciences de Paris, dans sa séance solennelle du 24. décembre 1888, a décerné le prix Bordin élevé de 3000 à 5000 francs.")

6. Sur une propriété du système d'équations différentielles qui définit la rotation d'un corps solide autour d'un point fixe, par *Sophie Kowalevski* à Stockholm. Acta Mathematica Bd. 14, S. 81—93. 1889.

VERZEICHNISS DER VON JACOBI GEHALTENEN VORLESUNGEN

VON

L. KRONECKER.

Crelle, Journal für die reine und angewandte Mathematik,
Band 108, S. 331—334.

VERZEICHNISS DER VON JACOBI GEHALTENEN VORLESUNGEN.

Um das Verzeichniss der von *Jacobi* gehaltenen Vorlesungen zu vervoll-
ständigen, habe ich mir noch das nöthige Material aus den Akten der *hiesigen* Universität verschafft, und da ein solches Verzeichniss unstreitig von hohem Interesse
für die Geschichte der Mathematik ist, so lasse ich es hier folgen.

Jacobi's Vorlesungen in Berlin.

Wintersemester 1825/26. Privatim: Ueber die Anwendung der höheren Analysis
auf die Theorie der Oberflächen und Curven doppelter
Krümmung.

Sommersemester 1826. Publice: Die allgemeine Theorie der Gleichungen.
Privatim: Reine Analysis.

In den Verzeichnissen der angekündigten und gehaltenen Vorlesungen, welche in der
Universitäts-Registratur aufbewahrt sind, ist die Colonne, welche die Anzahl der Zuhörer enthalten soll, bei allen diesen *Jacobi*'schen Vorlesungen nicht ausgefüllt. Daneben findet sich —
und zwar auch schon in dem Verzeichnisse von 1825/6 — der Vermerk, dass *Jacobi* nach Königsberg versetzt sei. Die Akten der Quästur reichen nur bis 1829 zurück. Es hat sich daher nicht
aktenmässig feststellen lassen, ob *Jacobi* die Vorlesung im Winter 1825/6, welche in der *Dirichlet*-
schen Gedächtnissrede ausdrücklich als wirklich gehalten erwähnt wird, zu Ende geführt und
ob er im Sommersemester 1826 überhaupt irgend eine Vorlesung gehalten hat.

Jacobi's Vorlesungen in Königsberg.

Wintersemester 1826/27. Publice: Analytische Uebungen.
Privatim: 1. Trigonometrie. 2. Analytische Geometrie.

Sommersemester 1827. Publice: 1. Variationsrechnung. 2. Theorie der krummen Oberflächen. 3. Elementargeometrie.

Wintersemester 1827/28. Publice: Kegelschnitte.
Privatim: Elementargeometrie.

Sommersemester 1828.	Publice:	Arithmetik.
Wintersemester 1828/29.	Publice:	Theorie der Kegelschnitte.
Sommersemester 1829.	Nicht gelesen.	
Wintersemester 1829/30.	Publice:	Anfangsgründe der Theorie der elliptischen Transcendenten.
	Privatim:	Theorie der Oberflächen der zweiten Ordnung.
Sommersemester 1830.	Publice:	Allgemeine Theorie der Oberflächen und Curven.
Wintersemester 1830/31.	Publice:	Kegelschnitte.
	Privatim:	Höhere Arithmetik.
Sommersemester 1831.	Publice:	Elliptische Transcendenten, achtstündig.
Wintersemester 1831/32.	Publice:	Auserlesene Kapitel des höheren Calculs.
	Privatim:	Theorie der Oberflächen zweiter Ordnung.
Sommersemester 1832.	Publice:	Oberflächen zweiter Ordnung.
	Privatim:	Allgemeine Theorie der Curven und Flächen.
Wintersemester 1832/33.	Publice:	Allgemeine Theorie der Oberflächen (Fortsetzung).
	Privatim:	Elliptische Transcendenten.
Sommersemester 1833.	Publice:	Variationsrechnung.
	Privatim:	Theorie der Oberflächen zweiter Ordnung.
Wintersemester 1833/34.	Privatim:	Theorie der Zahlen.
Sommersemester 1834.	Privatim:	Analytische Theorie der Wahrscheinlichkeit.
Wintersemester 1834/35.	Publice:	1. Theorie der partiellen Differentialgleichungen. 2. Wöchentliche Aufgaben im mathematischen Seminar.
	Privatim:	Theorie der Oberflächen und Linien doppelter Krümmung.
Sommersemester 1835.	Publice:	1. Variationsrechnung. 2. Mathematisch-physikalisches Seminar*).
	Privatim:	Oberflächen zweiter Ordnung*.

---

*) Die mit * bezeichneten Vorlesungen hat *Rosenhain* gehört.

Wintersemester 1835/36. Publice: Uebungen des Seminars in der Mechanik*.
Privatim: 1. Integralrechnung. 2. Vorlesungen über die elliptischen Transcendenten*.
Hierbei findet sich der Vermerk: „Da die zehnstündigen Vorlesungen über die elliptischen Transcendenten die Kräfte der Zuhörer in hohem Grade in Anspruch nahmen, so hielt ich es für zweckmässig, die Uebungen des Seminars bereits Neujahr einzustellen. *C. G. J. Jacobi.*"

Sommersemester 1836. Publice: Mathematisches Seminar*.
Privatim: Allgemeine Theorie der Oberflächen*.

Wintersemester 1836/37. Privatim: Zahlentheorie*.

Sommersemester 1837. Publice: Mathematisches Seminar*.
Hierbei findet sich der Vermerk: „Meine achtstündigen Privatvorlesungen über Variationsrechnung sind nicht zu Stande gekommen. *C. G. J. Jacobi.*"

Wintersemester 1837/38. Publice: Seminar*.
Privatim: 1. Variationsrechnung*. 2. Mechanik*.

Sommersemester 1838. Publice: Mathematisches Seminar.
Privatim: Anfangsgründe der analytischen Geometrie.

Wintersemester 1838/39. Privatim: 1. Theorie der Oberflächen. 2. Anwendung der Differentialrechnung auf die Theorie der Reihen.

Sommersemester 1839. Hier ist vermerkt: „Hat nicht gelesen, weil er verreist war."

Wintersemester 1839/40. Privatim: Elliptische Transcendenten.[1])

Sommersemester 1840. Publice: Mathematisches Seminar.
Privatim: Allgemeine Theorie der Oberflächen und doppelt gekrümmter Linien.

Wintersemester 1840/41. Publice: Mathematisches Seminar.
Privatim: Höhere Mathematik.

---

1) Dies ist die einzige *Jacobi*'sche Vorlesung, welche *Borchardt* während seiner Studienzeit an der Königsberger Universität (26. April 1839 bis 6. Juni 1840), nach Ausweis seines Abgangszeugnisses, gehört hat. Er hat außerdem noch am mathematischen Seminar, wohl nur im Anfange des Sommersemesters 1840, theilgenommen.

Sommersemester 1841.	Publice:	Mathematisches Seminar.
	Privatim:	Variationsrechnung.
Wintersemester 1841/42.	Publice:	1. Theorie der Differentialgleichungen. 2. Mathematisches Seminar.
	Privatim:	Theorie der Oberflächen und Curven.
Sommersemester 1842.	Publice:	1. Differentialgleichungen. 2. Seminar.
Wintersemester 1842/43.	Publice:	Mathematisches Seminar.
	Privatim:	Analytische Mechanik[2]).

(In die Zeit vom Sommer 1843 bis zum Winter 1844/5 fällt *Jacobi*'s Reise nach Italien.)

Jacobi's Vorlesungen in Berlin.

Sommersemester 1845.	Privatim: 1. Die Fundamente der Theorie der elliptischen Functionen, 28. April bis 15. August; 14 Zuhörer. 2. Algebra und Einleitung in die Analysis des Unendlichen, 3. Mai bis 14. August; 25 Zuhörer.
Wintersemester 1845/46.	Privatim: Differential- und Integralrechnung, 30. October bis 16. März; 23 Zuhörer.
Sommersemester 1846.	Privatim: Die allgemeine Theorie der Oberflächen und Linien doppelter Krümmung, 4. Mai bis 24. Juli; 12 Zuhörer.
Wintersemester 1846/47.	Privatim: Die Theorie der Zahlen. Hierbei findet sich der Vermerk: „Ich habe meiner Gesundheit wegen die Vorlesung nicht gehalten. *Jacobi*."
Sommersemester 1847.	*Jacobi* hat keine Vorlesung angekündigt und, nach den Akten der Quästur, auch keine Vorlesung gehalten.
Wintersemester 1847/48.	*Jacobi* hat keine Vorlesung angekündigt aber, nach den Akten der Quästur, eine solche über analytische Mechanik vor 17 Zuhörern gehalten.
Sommersemester 1848.	Privatim: Höhere Algebra, 10. Mai bis 11. August; 13 Zuhörer.

---

1) Diese Vorlesung hat, soviel ich glaube, ebenfalls *Borchardt* gehört. Er hatte sich zum Zwecke seiner Promotion nochmals nach Königsberg begeben.

Wintersemester	1848/49.	Privatim: Differentialrechnung mit verschiedenen Anwendungen, vom 30. October an; 7 Zuhörer. Hierbei findet sich der Vermerk: „Ich habe statt der angezeigten Vorlesung eine andere über elliptische Functionen gehalten." *Jacobi.*
Sommersemester	1849.	Privatim: Variationsrechnung nebst Anwendung auf isoperimetrische Aufgaben, vom 30. April bis 8. August; 11 Zuhörer.
Wintersemester	1849/50.	Privatim: Die allgemeine Theorie der Flächen und Curven doppelter Krümmung, 29. October bis 13. März; 11 Zuhörer.
Sommersemester	1850.	Privatim: Zahlentheorie und ihre Anwendung auf die Kreistheilung, 30. April bis 14. August; 12 Zuhörer.
Wintersemester	1850/51.	Keine Vorlesung angekündigt.

Jacobi starb am 18. Februar 1851.

AUSZUG AUS EINEM BRIEFE VON L. KRONECKER AN G. CANTOR VOM 18. SEPTEMBER 1891

Jahresbericht der Deutschen Mathematiker-Vereinigung, I, S. 23—25 (1891).

AUSZUG AUS EINEM BRIEFE VON L. KRONECKER AN G. CANTOR.

Geehrtester Freund und Collège!

Gleich nach dem schweren, schweren Schlage, der das Glück meines Lebens zerstört hat, habe ich Ihnen geschrieben, dass ich nun natürlich nicht im Stande bin, am 21. d. M. den übernommenen Eröffnungsvortrag in der Abtheilung für Mathematik und Astronomie zu halten. Aber ich will Ihnen heute doch noch ein Paar Worte über dasjenige Thema sagen, was ich in dem Vortrage zu behandeln gedachte.

Einleiten wollte ich den Vortrag mit einigen Bemerkungen über das, was meiner Meinung nach von der „Vereinigung deutscher Mathematiker" erwartet werden kann. Denn, nachdem ich den ehrenvollen Antrag, den Sie mir gestellt haben, angenommen habe, glaubte ich, dem reinen Fachvortrage die Darlegung meiner Ansichten über Mathematiker-Vereinigungen gerade deshalb vorausschicken zu sollen, weil *deren* Bedeutung nothwendig eine ganz andere sein muss, als die der Vereinigungen anderer Fachgenossen. Während andere Disciplinen mancherlei Arbeiten erfordern, die den Bearbeitern „aufgegeben" werden können, und auch solche, die geradezu von vereinten Kräften geleistet werden müssen (die Astronomie bietet ja hierfür viele Beispiele), während es also in fast allen anderen naturwissenschaftlichen Disciplinen vorkommt, dass, „wenn die Könige bauen, die Kärrner zu thun haben", muss bei uns jeder Forscher König und Kärrner zugleich sein. Darum geben wir Mathematiker eigentlich das Beispiel einer echten Gelehrtenrepublik, in welcher jeder einzelne seine volle Forscherselbständigkeit bewahrt. Ich mag auch deshalb bei uns nicht den Ausdruck „Schüler" gern; wir wollen und brauchen keine Schule, sondern wir gehen nur in den Wegen fort, die uns ein Lehrer oder Vorgänger geebnet und gewiesen hat, wenn wir meinen, auf diesen Wegen weitere Ziele erreichen zu können. „Wir wollen und brauchen keine Schule", weil in unserer absolut klaren Wissenschaft jede neue Entdeckung die bisherige Schulweisheit werthlos machen kann. Das hat uns ja die Geschichte unserer Wissenschaft oft genug gezeigt. Wir können deshalb aber auch durchaus nichts Förderliches von einer in *der* Weise „gemeinsamen Arbeit" erwarten, die — wie die andern Disciplinen — sich mit speciellen Thematen beschäftigt. Im Gegenteil, solcherlei Arbeit kann nur den Fortschritt der Mathematik *hindern.* Der Mathematiker muss frei von jeglichem Vorurtheil sich gedanklich in seiner Forschungssphäre heimisch machen, darin frei Umschau halten und Entdeckungen nachgehen; — eine Gesellschaft, etwa gar geführt von einem noch so trefflichen Lehrer, wird niemals im Stande sein, das Gebiet unserer Kenntniss merklich zu erweitern. So sehr ich hiernach „Vereinigung von Mathematikern" zu *speziellen* Arbeitszwecken perhorresciren möchte, so sehr möchte ich einer allgemein freien Vereinigung das Wort reden. *Deren* Erfolg kann freilich nicht genau präcisirt werden, und auch an der Wortfassung der „Zwecke" in Ihrer Publication vom December 1890 würde ich manches modificirt wünschen. Aber es kommt wenig darauf an. Die Hauptsache ist die Gelegenheit zur Einleitung persönlicher Verbindungen, zur mündlichen Discussion, zum lebendigen Austausch der in der Forschung gemachten Erfahrungen, zur gegenseitigen Mittheilung der auf Grund von Untersuchungen erlangten Ansichten. Niemand wird ja Wert und Bedeutung der mündlichen Vorträge in der Mathematik auf den Hochschulen unterschätzen, wie sehr auch die Studirenden daneben auf das Studium der Lehrbücher, Originalwerke und Abhandlungen zu verweisen sind; denn in diesen fehlt es z. B. stets an den Angaben, welche Irrwege und „Holzwege" zu vermeiden sind. Nun hört ja der Mathematiker nicht zu studiren auf, wenn seine Studentenzeit abgelaufen ist; aber er ist dann ausschliesslich auf die litterarische Belehrung angewiesen, falls ihm nicht besonders glückliche Umstände noch die Fortsetzung mündlicher Belehrung durch persönlichen wissenschaftlichen Verkehr gestatten. Das Glück eines solchen habe ich in reichlichem Masse genossen und weiss es also aus Erfahrung zu schätzen; die etwa 20 Jahre von 1856 bis nahe 1876, in denen wir drei, *Kummer, Weierstrass* und ich, des engsten und lebhaftesten wissenschaftlichen Verkehrs uns erfreuten, haben nicht bloss uns selbst, sondern auch vielen andern, die ab und zu an unserem Verkehr teilnahmen, reiche Früchte und den Segen wahrer geistiger Erbauung gebracht. Ich sehe den Hauptzweck der „Vereinigung deutscher Mathematiker" darin, dass sie nach solchem Muster persönlichen wissenschaftlichen Verkehr ermöglicht. Wie verschieden wir drei Berliner Mathematiker auch in unseren Arbeitsrichtungen, ja selbst zum Theil in unseren Ansichten über Begründung und Zielpunkte gewesen und geblieben sind, der gegenseitige Einfluss war stets heilsam und wohlthuend.

Doch genug davon! Sie ersehen ja aus Vorstehendem den ungefähren Inhalt der einleitenden Bemerkungen, die ich meinem Eröffnungsvortrage vorausschicken wollte. Der Vortrag selbst sollte kurzweg den Titel haben „Über Eisenstein" oder auch „Zum Gedächtniss von Eisenstein". Ich wollte darin nur ganz kurz über die Zeit berichten, in der ich mit ihm persönlich bekannt war, auch einige Briefe wissenschaftlichen Inhalts, die ich von ihm besitze, mitteilen und danach — wie etwa in einer Gedenkrede — über seine Arbeiten sprechen. Dabei müssten dann ausser den rein arithmetischen und analytisch-arithmetischen noch ganz besonders seine rein analytischen Untersuchungen über elliptische Functionen hervorgehoben werden, welche dem *Bewusstsein* der Jetztzeit ganz abhanden gekommen sind, auf welche ich aber bei *meinen* neuesten Arbeiten habe zurückkommen müssen. Jetzt in diesen meinen Arbeiten haben sich die eigentlichen Ursachen der „Unebenheiten" gefunden, welche Eisenstein in seiner Theorie — wie sich deutlich erkennen lässt — unangenehm aufgefallen sind. Auch *hierauf* wollte ich näher eingehen. Ich hoffe, die Ausarbeitung des ganzen Vortrags, für den ich bis jetzt nur einige vorläufige Aufzeichnungen gemacht habe, noch durchführen zu können. Falls dies geschieht, kann der Vortrag vielleicht, wenn es Ihnen und der mathematischen Abtheilung, welcher Sie präsidiren, angemessen erscheint, mit den wirklich gehaltenen Vorträgen (unter Hinzufügung einer geeigneten Vorbemerkung) gedruckt werden. Auch stelle ich Ihnen anheim, aus diesem Briefe, soviel Sie davon für geeignet halten, der mathematischen Abtheilung auszugsweise mitzutheilen. Jedenfalls bitte ich, meine collegialischen Grüsse in einer der Verhandlungen auszurichten und dabei meinem tiefen Bedauern Ausdruck zu geben, dass ich durch mein Unglück am persönlichen Erscheinen verhindert bin.

SUR LES UNITÉS COMPLEXES

PAR

M. J. MOLK.

Bulletin des Sciences mathématiques et astronomiques 2ᵉ série, t. VII; 1888. p. 188—186.

SUR LES UNITÉS COMPLEXES.[1]

M. Kronecker vient de communiquer à l'Académie des Sciences un Mémoire *Sur les unités complexes (Comptes rendus, 8, 15, 22 janvier 1883)*. Les recherches de Lejeune-Dirichlet y sont développées et présentées sous un jour tout mouveau. Mais *M. Kronecker* ne se contente pas de démontrer le théorème énoncé par Lejeune-Dirichlet, en 1846; il approfondit les recherches auxiliaires faites par le grand géomètre en 1842, et parvient ainsi à la notion importante de réduction approximative des équations algébriques.

On peut, cependant se proposer d'obtenir directement les résultats concernant les unités complexes seulement. Ils se déduisent d'un théorème fondamental énoncé à la fin du n° 9 du Mémoire cité; il suffit donc de démontrer ce théorème. En se plaçant à ce point de vue les recherches se simplifient beaucoup. On abandonne, il est vrai, le point de vue général auquel *M. Kronecker* s'est placé et l'on perd ainsi l'uniformité des développements qui fait ressortir l'esprit même des méthodes employées; mais le mécanisme des formules est par contre moins compliqué.

Je me propose d'exposer le plus simplement possible la démonstration abrégée de *M. Kronecker*.

Soient

$$z_\alpha = x_\alpha + y_\alpha i \qquad (\alpha = 1, 2, \ldots n)$$

les n racines d'une équation irréductible, à coefficients réels et entiers;

$$z', z'', \ldots, z^{(n)}$$

un système fondamental d'une *espèce* de nombres algébriques entiers du genre z, par exemple $z^{n-1}, z^{n-2}, \ldots, z, 1$; et

$$u_\alpha + v_\alpha i = (w, z_\alpha) = w' z'_\alpha + w'' z''_\alpha + \cdots + w^{(n)} z^{(n)}_\alpha$$

une fonction linéaire et homogène à coefficients entiers de $z'_\alpha, z''_\alpha, \ldots, z^{(n)}_\alpha$. Supposons que l'équation ait $2\varkappa$ racines imaginaires et posons $h = n - \varkappa$.

---

[1] Vgl. Zusatz 87 am Ende dieses Bandes.

H

Il peut se présenter trois cas. L'équation peut n'avoir aucune racine réelle, ou une seule, ou au moins deux.

Dans ce dernier cas, z_{n-1} et z_n étant deux racines réelles, on peut exprimer les nombres $w^{(k)}$ en fonctions linéaires et homogènes de deux d'entre eux et des $u_a, v_a\,(a = 1, 2, \ldots, n-2)$, les coefficients étant des fonctions rationelles réelles des x_a et $y_a\,(a = 1, 2, \ldots, n-2)$.

Nous pouvons donc écrire

$$w^{(k)} = \xi_1^{(k)}w' + \xi_2^{(k)}w'' + \varrho^{(k)} \qquad (k = 3, 4, \ldots, n)$$

en désignant par $\varrho^{(k)}$ des fonctions linéaires et homogènes des $(n-2)$ quantités u_a et v_a, dont les coefficients sont fonctions rationnelles réelles des x_a et y_a. Mais, quelles que soient les valeurs que nous donnions à w' et w'', nous pourrons toujours prendre pour $w^{(k)}$ le nombre entier le plus rapproché de $\xi_1^{(k)}w' + \xi_2^{(k)}w''$; nous pouvons donc supposer que chaque $\varrho^{(k)}$ est en valeur absolue au plus égal à $\frac{1}{2}$. D'ailleurs, en remplaçant $w^{(k)}$ par l'expression précédente, nous obtenons

$$(w, z_n) = w's_n' + w''s_n'' + \sum_{k=3}^{n}(\xi_1^{(k)}w' + \xi_2^{(k)}w'' + \varrho^{(k)})s^{(k)}.$$

Si nous supposons que w' et w'' prennent toutes les valeurs $0, 1, 2, \ldots, t$, nous obtenons $(t + 1)^2$ expressions (w, z_n), toutes plus petites, en valeur absolue, que $At + B$, où

$$A = \left|s_n' + \sum_{k=3}^{n}\xi_1^{(k)}s_n^{(k)}\right| + \left|s_n'' + \sum_{k=3}^{n}\xi_2^{(k)}s_n^{(k)}\right|, \quad \text{et} \quad B = \frac{1}{2}\sum_{k=3}^{n}\left|s_n^{(k)}\right|.$$

Nous partageons l'intervalle compris entre $-(At + B)$ et $At + B$ en t^2 parties égales. Il y aura alors nécessairement une de ces parties contenant les valeurs de deux au moins des expressions (w, z_n); désignons ces dernières par (w_0, z_n) et (w_1, z_n) et formons leur différence,

$$(b, z_n) = b's_n' + b''s_n'' + \cdots + b^{(n)}s_n^{(n)};$$

$|(b, z_n)|$ est plus petit que $\dfrac{2(At + B)}{t^2}$;

$$b^{(k)} = w_0^{(k)} - w_1^{(k)} = \xi_1^{(k)}b' + \xi_2^{(k)}b'' + \sigma^{(k)};$$

$|b'|$ et $|b''|$ ne dépassent pas $2t$ et $\sigma^{(k)}$ étant la différence de deux $\varrho^{(k)}$ ne dépasse pas l'unité.

Mais $|(b, z_{n-1})|$ est plus petit que $2(A't + B')$, où A' et B' sont formés à l'aide de z_{n-1} de la même manière que A et B à l'aide de z_n. Nous obtenons donc l'inégalité

$$|(b, z_{n-1})(b, z_n)| < \frac{4(At + B)(A't + B')}{t^2} < 4AA' + 1$$

pour des t suffisamment grands.

D'autre part, les quantités σ', σ'', ..., $\sigma^{(n-2)}$ étant comprises entre (-1) et $(+1)$, nous savons que les valeurs de $(n-2)$ fonctions linéaires et homogènes des $(n-2)$ parties réelles et imaginaires de (b, z_1), (b, z_2), ..., (b, z_{n-2}), sont comprises entre des limites finies, indépendantes de t; il en résulte que les valeurs de (b, z_1), (b, z_2), ..., (b, z_{n-2}) sont elles-mêmes comprises entre des limites finies. Comme nous avons déjà démontré que le produit $|(b, z_{n-1})(b, z_n)|$ est plus petit que $4AA' + 1$, nous voyons donc que la norme de (b, z) est également plus petite qu'un nombre indépendant de t.

Remarquons que, parmi les $(n-2)$ expressions (b, z_1), (b, z_2), ..., (b, z_{n-2}), $(h-2)$ seulement sont différentes en valeur absolue.

Après avoir trouvé un système b_1', b_1'', ..., $b_1^{(n)}$, pour lequel $|(b_1, z_n)| < \frac{2(At_1 + B)}{t_1^2}$, nous pouvons en former un second b_2', b_2'', ..., $b_2^{(n)}$, pour lequel $|(b_2, z_n)|$ est plus petit que $\frac{2(At_2 + B)}{t_2^2}$; en choisissant t_2 assez grand $|(b_2, z_n)|$ sera plus petit que $|(b_1, z_n)|$, et par suite les deux systèmes b_1', b_1'', ..., $b_1^{(n)}$ et b_2', b_2'', ..., $b_2^{(n)}$ seront différents.

Il existe donc une infinité de nombres complexes (b, z) dont la norme et $(h-2)$ conjugués en valeur absolue sont compris entre des limites finies.

Dans les deux premiers cas il suffit de modifier légèrement la démonstration pour parvenir au même résultat. Si l'équation n'a qu'*une* racine réelle z_n, et si z_{n-1} et z_{n-2} sont imaginaires conjuguées, nous prendrons, dans les formules précédentes, α égal à $1, 2, \ldots, (n-3)$; nous exprimerons ensuite les $w^{(t)}$ en fonction de *trois* d'entre eux, et nous obtiendrons ainsi une expression (b, z_n) ne depassant pas, en valeur absolue, $\frac{2(At + B)}{t^2}$, tandis que le produit $(b, z_{n-1})(b, z_{n-2})$ est proportionnel à t^2. Si enfin toutes les racines de l'équation sont imaginaires et si z_n, z_{n-1} sont conjuguées, ainsi que z_{n-2}, z_{n-3}, nous prendrons, dans les formules précédentes, u egal à $1, 2, \ldots, n-4$, nous exprimerons les $w^{(t)}$ en fonction de *quatre* d'entre eux, et nous obtiendrons ainsi $\left| (b, z_n)(b, z_{n-1}) \right| < \frac{4(At+B)^2}{t^4}$ et $(b, z_{n-2})(b, z_{n-3})$ proportionnel à t^2. Dans ces deux cas, nous voyons donc que $| (b, z_n)(b, z_{n-1}) |$ et les $h-2$ premières expressions différentes $| (b, z_a) |$ sont comprises entre des limites finies.

Le théorème précédent est ainsi complètement démontré. On en déduit immédiatement qu'il existe une infinité de nombres complexes ayant même norme et congrus entre eux suivant cette norme; en formant le quotient de deux de ces nombres, nous obtenons des unités complexes dont $(h-2)$ conjuguées en valeur absolue sont comprises entre des limites déterminées par celles des (b, z_n).

Il existe donc dans chaque espèce de nombres algébriques un nombre infini d'unités ayant chacune en valeur absolue toutes ses conjuguées, a l'exception de deux, comprises entre des limites finies.

ZUSÄTZE ZUM FÜNFTEN BANDE.

1. S. 3. Diese Abhandlung bildet die unmittelbare Fortsetzung der am Ende des vierten Bandes dieser Ausgabe abgedruckten Abhandlung über elliptische Funktionen.

2. S. 16. Die Richtigkeit der hier gemachten Annahme (vgl. auch diesen Band, S. 308—309) über die Konvergenz der Reihe $\sum \dfrac{\log p}{p - \left(\dfrac{\Delta_0}{p}\right)}$ ist erst später durch die Untersuchungen von *Hadamard, de la Vallée Poussin* und *Landau* erwiesen worden, vgl. *Landau*, Handbuch der Lehre von der Verteilung der Primzahlen, Bd. I, S. 469.

3. S. 17. Über die Abhängigkeit zwischen m und n in dieser Grenzformel vgl. diesen Band S. 305.

4. S. 27. Die hier in Aussicht gestellte Bearbeitung der Theorie der quadratischen Formen in der von *Kronecker* eingeführten Bezeichnungsweise ist weder erschienen, noch befindet sie sich in *Kronecker's* Nachlaß. Eine Darstellung findet man bei *Seguier* „*Formes quadratiques et multiplication complexe*" S. 38 f. und *Weber*, Algebra III, S. 376 f. Für die hier aufgestellte Behauptung vgl. besonders *Seguier* loc. cit. S. 58.

5. S. 30. Für die Ableitung der Gleichung (5) vgl. auch *Seguier* loc. cit. S. 119—121.

6. S. 53. Da c_0 hier reell ist, so hat man $(\sqrt{c_0}) = \left|\sqrt{\dfrac{1}{c_0}}\right|$ (vgl. Bd. IV, S. 352 dieser Ausgabe von *L. Kronecker's* Werken).

7. S. 132.

8. S. 161.

9. S. 184.

Die großen Abhandlungen „Zur Theorie der elliptischen Funktionen" und „Die *Legendre*'sche Relation" brechen beide ab mit der Bemerkung „Fortsetzung folgt", die erste am 31. Juli 1890, die zweite am 30. Juli 1891. Die geplante Fortführung beider Arbeiten und ihr Abschluß wurde durch die schwere Erkrankung *Kronecker's* und durch seinen Tod (am 29. Dezember 1891) verhindert. Leider findet sich auch in seinem Nachlasse kein Material, durch das Fortsetzung und Schluß dieser Abhandlungen festgestellt werden konnte. Das gleiche gilt auch für die auf S. 161 in Aussicht gestellte weitere Mitteilung zur Theorie der elliptischen Funktionen.

10. S. 192. Für den hier bewiesenen Satz vgl. auch *Henrik Petrini*, Acta Math. Bd. 81, S. 181—188.

11. S. 197. Vgl. die Darstellung in *Kronecker's Vorlesungen über einfache und mehrfache Integrale*, S. 219 f.

12. S. 197. Der Beweis der Formel (B), die sich für den Fall der Zetafunktion schon bei *Riemann* findet, ist auch hier mehr formaler Natur, da keine Bedingungen für die Reihe $f(s)$ angegeben sind, die die gliedweise Integration rechtfertigen würden. Auch die folgenden allgemeinen Ausführungen, die sich übrigens wesentlich auf den Fall eines endlichen Integrationsintervalles beziehen, bringen keine Abhilfe.

Eine befriedigende Begründung der Formel (B) gibt *Perron, Journal f. d. r. u. angew. Mathematik*, Bd. 184, S. 95 f. bes. § 4; vgl. auch *Hadamard, Rendic. Palermo*, Bd. 25, S. 326 f. Auch die folgenden Betrachtungen haben mehr formalen Charakter, da keine Gültigkeitsbedingungen für die aufgestellten Formeln angegeben sind.

13. S. 212. Man vergleiche für die ganze Abhandlung auch die Darstellung in den im Zusatz 11 zitierten Vorlesungen *Kronecker's*.

14. S. 289. Die einfache Bemerkung über das Verschwinden des Integrals (B) für $\sigma \to 0$ unter der Voraussetzung $\lim_{s \to 0} f_0(x) = 0$ und ihre Nutzbarmachung für die Untersuchung des Integrals (A) scheint hier zum ersten Male in der Literatur vorzukommen. Sie wurde später insbesondere von *Lebesgue* zum Teil unter allgemeineren Bedingungen, mit Erfolg beim Beweise zahlreicher Sätze benutzt.

15. S. 241. Im wesentlichen dieselbe Tranformation zu (C') oder (D) (deren Grundgedanken auf *Lipschitz* zurückgeht) führt auch *Lebesgue, Math. Ann.* 61, S. 260 oder Leçons sur les series trigonometriques durch zur Ableitung des nach ihm benannten Konvergenzkriteriums für die *Fourier*'sche Reihe, so daß die Entwicklungen bei *Lebesgue* (abgesehen von der allgemeine-

ren Fassung des Integralbegriffs und der verallgemeinerten Bedingung $\lim\limits_{h \to 0} \frac{1}{h} \int_0^h |f_0(x)|\, dx = 0$

statt der im Text vorausgesetzten $\lim\limits_{s \to 0} f_0(x) = 0$) sich nur in einer mehr formalen Wendung von denen *Kronecker's* unterscheiden. — Zu der Abhandlung von *Kronecker* vgl. auch *Broden*, Math. Ann. 52, S. 177.

16. S. 294. Die Fortsetzung dieser Arbeit bildet die Abhandlung „*Über eine summatorische Funktion*". Dieser Band, S. 343—359.

17. S. 297. Vgl. zu dieser Abhandlung die im Zusatz 11 zitierten Vorlesungen von *Kronecker* S. 37—51, insbesondere § 7 der 3. Vorlesung. Allerdings sind hier die Voraussetzungen über die Funktion $f(x, y)$ nicht mit der wünschenswerten Präzision hervorgehoben.

18. S. 807. Die Aussage „et même pour $\varrho = 0$" ist hier so zu verstehen, daß nicht die Konvergenz der Reihe $\sum_{k=1}^{\infty} \frac{c_k}{k}$ gemeint ist, sondern die Existenz des Grenzwertes $\lim\limits_{\varrho \to 0} \sum_{k=1}^{\infty} \frac{c_k}{k^{1+\varrho}}$.

19. S. 807. Die Bedingung (A) ist mit der Konvergenz der Reihe $\sum_{k=1}^{\infty} \frac{c_k}{k}$ gleichbedeutend.

20. S. 808. Die Bedingung (A) läßt sich in dem hier angeführten Fall auf die Form bringen: $\lim\limits_{n \to \infty} \left\{ \sum_{p \leq n} \frac{\log p}{p} - \lg x \right\}$ existiert und ist also im wesentlichen mit dem Primzahlsatz äquivalent; vgl. *Landau*, Handbuch der Lehre von der Verteilung der Primzahlen, Bd. I, S. 197.

21. S. 808. Für die Abhängigkeit zwischen m und n vgl. die vorhergehenden Ausführungen auf S. 805.

22. S. 828. Vgl. hierzu auch die Ausführungen *Kronecker's* dieser Band, S. 364f. und 369.

23. S. 881. Für die Formel (B') vgl. die im Zusatz 11 zitierten Vorlesungen von *Kronecker* S. 161—162.

24. S. 840. Zu den literarischen Notizen vgl. die Ausführungen von *E. Lindelöf* in „Sur le calcul des residus et ses applications à la théorie des fonctions", insbesondere die Angaben über die Arbeiten von *Cauchy*, *Schaar* und *Genochhi*.

25. S. 870. Diese Vorlesung ist in dem Sitzungsberichte (vgl. Zusatz 26) nicht angeführt.

26. S. 870. Diese Abhandlung ist nach ihrer Veröffentlichung in den Sitzungsberichten der Berliner Akademie nochmals im Journal für Mathematik Bd. 108, S. 325—384 abgedruckt worden, und zwar mit einem Zusatz, der genaue Angaben über *alle* von *Jacobi* gehaltenen Vorlesungen enthält. Dieser Zusatz befindet sich im vorliegenden Bande auf S. 487—493.

27. S. 875. Vgl. auch *L. Kronecker*, Einfache und vielfache Integrale, 16. Vorlesung S. 267f.

28. S. 401. In der Note von *A. H. Anglin*, Edinburgh, wird der Divisionsrest von x^{m+p} durch eine ganze Funktion $m$ten Grades $\mathfrak{F}(x)$ durch gewisse symmetrische Funktionen der Wurzeln von $\mathfrak{F}(x) = 0$ dargestellt.

29. S. 401. Ist:

$$\mathfrak{F}(x) = \prod_{i=1}^{i=m} (x - \omega_i) = \sum_{k=0}^{k=m} (-1)^k f_k x^{m-k} \qquad (f_0 = 1),$$

und ist allgemein:

$$\mathfrak{S}_{n-m} = \sum_{i=1}^{i=m} \frac{x_i^{n-1}}{\mathfrak{F}'(x_i)},$$

so folgen unmittelbar aus der *Lagrange*'schen Interpolationsformel die Rekursionsgleichungen

(A) $$\sum_k (-1)^k f_k \mathfrak{S}_{n-k} = \delta_{0r} \qquad \begin{pmatrix} k=0,1,\ldots m, \text{ jedoch mit der Bedingung} \\ k \leqq r: \delta_{00}=1, \delta_{0r}=0, \text{ falls } r>0 \text{ ist.} \end{pmatrix}$$

30. S. 405. Diese von *Kronecker* in der Römischen Akademie vorgetragene Abhandlung ist nicht gedruckt worden. In *Kronecker*'s Nachlaß hat sich kein Entwurf zu derselben und keine auf sie bezügliche Notiz vorgefunden.

31. S. 413. Diese Abhandlungen wurden im *Journal de Mathématiques pures et appliquées, Sér. II, t. I, p. 385—400 (1856)* unter den folgenden Titeln veröffentlicht:

1. Sur quelques fonctions symétriques et sur les nombres de *Bernoulli* (Bd. IV, S. 17—24 dieser Ausgabe von *Kronecker*'s Werken).
2. Sur une formule de *Gauss* (Bd. IV, S. 171—176).
3. Démonstration de l'irréductibilité de l'équation $x^{n-1} + x^{n-2} + \cdots + x + 1 = 0$ où n dénote un nombre premier (Bd. I, S. 99—102).
4. Démonstration d'un théorème de M. *Kummer* (Bd. I, S. 93—99).

32. S. 435. Die Preisfragen für den *Steiner*-Preis der Jahre 1868, 1882 und 1884 sind von *Kronecker* gestellt worden und die Beurteilung der für die beiden ersten Jahre eingereichten Arbeiten rührt von ihm her.

33. S. 445. Dieser Beweis des Reciprocitätsgesetzes für die quadratischen Reste rührt von Herrn *Zeller*, Bezirksschulinspektor und Pfarrer zu *Weiler* bei *Schorndorf* in Württemberg her; er wurde durch *G. Reuschle* in Stuttgart der Berliner Akademie eingesandt und ihr von *Kronecker* in der hier gegebenen vereinfachten Darstellung am 16. Dezember 1872 vorgelegt.

34. S. 458. Dieser Brief wurde drei Jahre nach dem Tode *Kronecker*'s durch *Frobenius* am 14. Februar 1895 der Berliner Akademie vorgelegt.

Er ist ein wichtiges Dokument für die Frage, in welchem Umfang Kronecker Einsicht in diejenige Tatsache gehabt hat, die man heute — eben nach den Anfangszeilen dieses Briefes — den „Kronecker'schen Jugendtraum" nennt. Es ist das der Satz, daß die über einem imaginär-quadratischen Zahlkörper Abel'schen Gleichungen durch die Transformationsgleichungen elliptischer Funktionen mit singulären Moduln ebenso erschöpft werden, wie die über dem rationalen Zahlkörper Abel'schen Gleichungen durch die Kreisteilungsgleichungen. Die gesperrt gedruckten Worte, deren Kronecker sich in dem hier besprochenen Brief (nachstehend kurz als „Brief" zitiert) bedient, lassen nämlich drei Auslegungen zu:

(a.) Es sind nur die Gleichungen für die Transformation der elliptischen Modulfunktionen im singulären Falle, d. h. für imaginär-quadratisches Periodenverhältnis gemeint. — Dazu sind dann noch die, gewissermaßen auf niederer Stufe stehenden, Kreisteilungsgleichungen hinzuzunehmen.

(b.) Es sind außerdem auch die Gleichungen für die Transformation der elliptischen Funktionen selbst im singulären Falle gemeint. — Die Kreisteilungsgleichungen sind dann überflüssig.

(c.) Es sind nur die Gleichungen für die Transformation der elliptischen Funktionen selbst gemeint.

Die in Rede stehende Tatsache ist, wie man heute weiß, nicht allgemein richtig bei der Auslegung (a.), allgemein richtig bei der Auslegung (b.), und bis heute unentschieden bei der Auslegung (c.).

Als weitere Stellen in Kronecker's Schriften, an denen er auf das Jugendtraum-Theorem zu sprechen kommt, seien angeführt:

1. Berliner Monatsberichte 1853 = Werke 4, S. 11. — Hier wird das Theorem zum erstenmal angedeutet, im Anschluß an die Aufstellung des entsprechenden einfacheren Theorems über die Kreisteilungsgleichungen. Die Formulierung gibt keinerlei Handhabe zur Entscheidung zwischen den Auslegungen (a.), (b.), (c.).

2. Berliner Monatsberichte 1877 = Werke 4, S. 70, XI. — Diese Stelle wird für die Auslegung entscheidend heranzuziehen sein (nachstehend mit „A" zitiert).

Daß die Auslegung (c.) gewiß nicht in Frage kommt, dürfte über jedem Zweifel erhaben sein, und es hat auch bisher niemand diese Auslegung für Kronecker in Anspruch genommen. Ist doch sowohl im weiteren Verlaufe des „Briefes" als auch im Anschluß an die Aufstellung des Jugendtraum-Theorems in „A" ganz eindeutig unter anderem auch die Rede von den singulären Moduln, also von den Wurzeln der in (a.) genannten Gleichungen. Es bleiben demnach die beiden Auslegungen (a.) und (b.) gegeneinander abzuwägen, eine Frage, deren Entscheidung aus historischer Gerechtigkeit ganz besonders angelegentlich deshalb anzustreben ist, weil wie gesagt Kronecker bei der Auslegung (a.) ein unrichtiges, bei der Auslegung (b.) aber ein richtiges Theorem ausgesprochen hätte.

Die Auslegung (a.) findet sich zuerst bei *Hilbert* [Über die Theorie der relativ quadratischen Zahlkörper, Jahresbericht der D. M.-V. 6 (1899), S. 94] ausgesprochen, allerdings nicht mit besonderer Betonung der Auslegung (b.) gegenübergestellt. An einer späteren Stelle [Mathematische Probleme (Pariser Vortrag 1900), Göttinger Nachrichten 1900, S. 277] führt dann Hilbert das Jugendtraum-Theorem genau mit dem eingangs gesperrt wiedergegebenen Wortlaut aus dem „Brief" an, gibt aber durch den nachfolgenden Singular die elliptische Funktion wiederum zu erkennen, daß er die Auslegung (a.) im Auge hat; denn bei der Auslegung (b.) handelt es sich um zwei verschiedene elliptische Funktionen, die elliptische Modulfunktion und die eigentliche elliptische Funktion. (Diese Stelle kann man nicht etwa geltend machen, um Hilbert die Auslegung (c.) zuzuschreiben; denn daß man die elliptische Modulfunktion gelegentlich auch einfach als elliptische Funktion bezeichnet, ist ein zwar mißverständlicher aber nachweisbarer und an dieser Stelle dem Zusammenhang nach zweifellos vorliegender Sprachgebrauch —, der übrigens in dieser Auseinandersetzung aus Gründen der Klarheit sorgsam vermieden wird.)

Im Anschluß an Hilbert hat dann *Fueter* [Die Theorie der Zahlstrahlen I und II, Journal für Mathematik 130 (1905) und 132 (1907)] Kronecker die Auslegung (a.) zugeschrieben [I, S. 197] und einen Beweis für das — bei dieser Auslegung nicht allgemein richtige — Jugendtraum-Theorem gegeben, von dessen Nichtstichhaltigkeit im Falle geraden Relativgrades er sich dann später [Abel'sche Gleichungen in quadratisch-imaginären Zahlkörpern, Mathematische Annalen 75 (1914)] überzeugen mußte.

Unter dem Einfluß der Auslegungen Hilbert's und Fueter's wurde die Auslegung (a.) dann auch von *Hasse* [Bericht über neuere Untersuchungen und Probleme aus der Theorie der algebraischen Zahlkörper, Jahresbericht der D. M.-V. 35 (1926), S. 41 und 48] betont ausgesprochen, ohne sich dabei allerdings durch Einsichtnahme in die Kronecker'schen Originalstellen orientiert zu haben.

In der richtigen, der Auslegung (b.) entsprechenden Form wurde das Jugendtraum-Theorem bewiesen von *Takagi* [Über eine Theorie des relativ-Abel'schen Zahlkörpers, Journal of the College of Science, Tokyo 41 (1920)], *Hasse* [Neue Begründung der komplexen Multiplikation, Journal für Mathematik 157 (1926)] und *Fueter* [Vorlesungen über die singulären Moduln und die komplexe Multiplikation der elliptischen Funktionen II (1927)].

Die Entscheidung zwischen den Auslegungen (a.) und (b.) ist deshalb so schwierig, weil sich einerseits die Transformation der elliptischen Modulfunktionen auch auf dem Umwege über die Transformation der eigentlichen elliptischen Funktionen herleiten läßt, während andrerseits auch die völlig eindeutig zur Auslegung (b.) gehörigen Multiplikationsgleichungen der elliptischen Funktionen (insbesondere die Gleichungen der komplexen Multiplikation!) als Transformationsgleichungen auffaßbar sind. Beide Umstände waren Kronecker nicht nur geläufig, sondern bildeten geradezu Kernpunkte seiner Untersuchungen, wie aus „A", S. 71 und der Stelle S. 456 oben im Brief zu entnehmen ist, und wie es Kronecker an einer weiteren wichtigen Stelle [Berliner Monatsberichte 1886, Mitteilung XI, § 14 = Werke 4, S. 440] mit aller Klarheit ausspricht. Man kann also aus der Anwendung des Wortes Transformationsgleichungen, selbst wenn der elliptischen Funktionen dabeisteht, nicht entscheiden, ob die heute gewöhnlich so genannten Transformationsgleichungen der elliptischen Modulfunktionen gemeint sind (Auslegung (a.)) oder die mit den Multiplikationsgleichungen der eigentlichen elliptischen Funktionen identischen Transformationsgleichungen (Auslegung (b.)).

Es bieten sich nun aber sowohl im „Brief" als auch an weiteren Stellen andere Anhaltspunkte für die zu treffende Entscheidung.

Gegen die Auslegung (a.) spricht zunächst, daß Kronecker an keiner Stelle auch nur andeutet, daß außerdem die Kreisteilungsgleichungen in Betracht zu ziehen sind. Ohne dies wäre aber das Jugendtraum-Theorem so grob falsch, wie man es Kronecker einfach nicht zutrauen kann. Bei der Auslegung (b.) fällt diese Schwierigkeit ganz weg, weil ja da die Kreisteilungsgleichungen nicht nötig sind.

Im „Brief" ferner geht Kronecker nach Ausspruch des Jugendtraum-Theorems zunächst des weiteren auf die vorbereitenden Grundlagen für dessen Beweis ein. Es handelt sich dabei um die arithmetischen Eigenschaften der Wurzeln der fraglichen Gleichungen. Der Verweis auf Jacobi, der ausgesprochene Satz über die Koeffizienten der Transformationsgleichungen, der Verweis auf „A" lassen keinen Zweifel, daß es sich hier um diejenige fundamentale Relation handelt, die Kronecker dann einige Jahre später in seiner großen Mitteilungsserie zur Theorie der elliptischen Funktionen in aller Ausführlichkeit entwickelt hat [Berliner Monatsberichte 1886, Mitteilung XI, § 14 = Werke 4, S. 489, (68) und (64)] und die er dort gleich anschließend als den Hauptzielpunkt seiner vorstehenden Entwicklungen bezeichnet. Es ist das jene Kongruenz, die sich aus der Betrachtung der Transformation der elliptischen Funktion „sin am" ergibt, die in höchst origineller Weise die Grundtatsache für die Anwendung der komplexen Multiplikation der elliptischen Funktionen auf die Arithmetik schon für variables Periodenverhältnis, also ohne erst zum singulären Fall überzugehen, zum Ausdruck bringt — insofern ist Fueter's Bemerkung im Vorwort S. IV oben zu Band I (1924) des oben zitierten Buches richtig zu stellen, wo behauptet wird, Kronecker habe in seiner Mitteilungsserie zur Theorie der elliptischen Funktionen nur den Fall reeller Multiplikatoren behandelt —, es ist das also jene Kongruenz, in der dann die Herleitung des Zerlegungsgesetzes für die Primideale und der Irreduzibilitätsbeweis, zwei der hauptsächlichsten arithmetischen Anwendungen der Theorie, wurzeln. Auf diese Anwendungen jener Kongruenz weist dann Kronecker im „Brief" ausdrücklich, und andeutungsweise auch bei der späteren ausführlichen Darstellung hin.

Wenn er dann im Brief fortfährt: Soweit es sich um die singulären Moduln selber handelt, die auch als Perioden der Wurzeln solcher Transformationsgleichungen aufgefaßt werden können ... (Perioden ist offenbar eine ungenaue Abkürzung für mit den Perioden in umkehrbarem Zusammenhang stehende Größen), so läßt die Einleitung dieses Satzes klar erkennen, daß Kronecker neben den singulären Moduln noch andere Wurzeln von Transformationsgleichungen im Auge hatte.

Das geht auch mit nicht zu überbietender Deutlichkeit aus der Formulierung des Jugendtraum-Theorems in „A" hervor. Dort stellt Kronecker zunächst fest, daß die Gleichungen, deren Wurzeln singuläre Moduln von elliptischen Funktionen oder elliptische Funktionen selbst sind, deren Moduln singulär und deren Argumente in rationalem Verhältnis zu den Perioden stehen —, daß also diese Gleichungen Abel'sche Gleichungen in einem imaginär-quadratischen Zahlkörper sind. Unmittelbar anschließend spricht er dann die Jugendtraum-Vermutung dahingehend aus, daß die Gesamtheit solcher Gleichungen durch jene, die aus der Theorie der elliptischen Funktionen hervorgehen, erschöpft wird.

Wenn dann Kronecker im „Brief" sowohl als auch in „A" im Anschluß an die eben hervorgehobenen Stellen zum Schluß wieder unzweideutig auf den Fall der singulären Moduln allein zu sprechen kommt, so handelt es sich dabei in beiden Fällen nicht mehr direkt um das Jugendtraum-Theorem. Im „Brief" führt er noch aus, daß er zum Beweis dieses Theorems außer den bisher angeführten Hilfsmitteln noch eine Einsicht in den tieferen Grund nötig gehabt hätte, warum gerade durch Adjunktion der singulären Moduln alle Ideale des imaginär-quadratischen Grundkörpers zu Hauptidealen werden. Daß hier nur von den singulären Moduln die Rede ist, liegt in der Natur der Sache; denn für die singulären Werte elliptischer Funktionen stimmt jene Hauptidealtatsache so ohne weiteres gar nicht. Aber es ist hieraus nicht einzusehen, wieso auch das Jugendtraum-Theorem auf die singulären Moduln beschränkt gemeint sein soll; denn es kann doch sehr gut die Theorie der singulären Moduln, insbesondere deren Hauptidealeigenschaft, grundlegend für den Beweis dieses Theorems sein, und dennoch dieser Beweis etwas über eine übergeordnete Theorie, die der singulären elliptischen Funktionswerte, aussagen —, wie es ja nach dem heutigen Stande der Erkenntnis auch tatsächlich der Fall ist. Und in „A" deutet Kronecker zum Schluß noch den Beweis eines Teiles des vorher ausgesprochenen Satzes an, nämlich dafür, daß die singulären Moduln Abel'schen Gleichungen in imaginär-quadratischen Körpern genügen. Auch daraus kann unmöglich geschlossen werden, daß Kronecker für die Umkehrung jenes Satzes, das Jugendtraum-Theorem, nur die singulären Moduln im Auge hatte, zumal da er ja vorher jenen Satz selbst ausdrücklich auch für die singulären elliptischen Funktionswerte ausgesprochen hat.

Wenn auch natürlich in keiner Weise behauptet werden kann und soll, daß Kronecker bis zur Einsicht in den Grund für die Unrichtigkeit des Jugendtraum-Theorems bei der Auslegung (a.) vorgedrungen ist, so ist doch — entgegen Fueter (siehe oben) — gewiß, daß er neben den singulären Moduln auch die singulären elliptischen Funktionswerte so weitgehend auf ihre arithmetischen Eigenschaften untersucht hat, daß ihm ein Beweis dieses Theorems in seinen Hauptlinien vor Augen stand. Man darf auch den Umstand ins Gewicht werfen, daß der „Brief" ein Dokument gerade aus der Zeit dieser Entdeckungen und nicht aus der um zwanzig Jahre zurückliegenden Zeit der Beschäftigung mit den singulären Moduln ist. Augenscheinlich ist die einige Jahre später einsetzende große Mitteilungsserie zur Theorie der elliptischen Funktionen die Erfüllung der im letzten abgedruckten Satz des „Briefes" gegebenen Ankündigung, und gewiß sollte in dieser Mitteilungsserie, die der Tod im Jahre 1891 abbrach, auch noch der Beweis des Jugendtraum-Theorems folgen, den uns Kronecker schuldig geblieben ist. Darf man aber die Mitteilungsserie in dieser Weise auffassen, also als eines ihrer Endziele den Beweis des Jugendtraum-Theorems ansehen, so liegt auf der Hand, daß dieses Theorem, so wie es Kronecker meinte, in der Hauptsache die eigentlichen elliptischen Funktionen betroffen haben muß; denn von den elliptischen Modulfunktionen ist in jener Mitteilungsserie immer nur soweit die Rede, als sie für den Aufbau der Theorie der elliptischen Funktionen gebraucht werden, und niemals um ihrer selbst willen.

Zusammenfassend kann man demnach sagen, daß an den maßgebenden Stellen einerseits kein zwingender Grund für die Beschränkung auf die Auslegung (a.) besteht, während andrerseits die Auslegung (b.) durchaus gut möglich, durch schwerwiegende Gründe gestützt und in hohem Grade wahrscheinlich ist. Wenn Kronecker überhaupt eine präzise

Formulierung des Jugendtraum-Theorems im Auge gehabt hat, kann dies nur die der Auslegung (b.) entsprechende gewesen sein. Die Möglichkeit, daß er keine präzise, oder keine sich gleichbleibende Formulierung des Theorems vor Augen hatte, muß natürlich offen bleiben. Aber auch dann ist es sicher ein historisches Unrecht, ihm die Auslegung (a.) und damit eine unrichtige Formulierung des Jugendtraum-Theorems zuzuschreiben.   Hasse.

35. S. 465. Für die zugehörige Untersuchung von *E. du Bois-Reymond* vergleiche man die ausführliche Darstellung a. a. O. S. 481—488. Es handelt sich im wesentlichen um einen von einem Stromzweige erzeugten Polarisationsstrom, dessen Stärke in seiner Abhängigkeit vom spezifischen Widerstande s des Elektrolyten in der Form

$$(3) \qquad\qquad J = \frac{\mathfrak{C}}{P(s)}$$

dargestellt werden kann, wo

$$(4) \qquad P(s) = \left(s + \frac{ac}{s} + ar + a + c\right)\left(s + \frac{bc}{s} + br + b + c\right)$$

ist. Hier ist allein c proportional dem spezifischen Widerstande σ der eingeschalteten Zwischenplatte, während die übrigen Größen von σ unabhängig und positiv sind.

36. S. 501. Diese Arbeit hängt eng zusammen mit der Abhandlung „sur les unités complexes". Comptes rendus XCVI (1883) Bd. III₁, S. 1—20 dieser Ausgabe und rührt inhaltlich zum Teil von *Kronecker* her.

DIE MATHEMATISCHEN ABHANDLUNGEN LEOPOLD KRONECKER'S NACH DER ZEIT IHRER VERÖFFENTLICHUNG GEORDNET.

DRUCKFEHLERVERZEICHNIS ZUM FÜNFTEN BANDE.

S. 1, Z. 2 v. u. statt S. 99—129 lies S. 99—120.

S. 1, Z. 2 v. u. hinter S. 99—120, einzuschieben 128—130.

S. 58, Z. 6 v. o. statt $(\nu = \pm 1, \pm 3, \pm 5$ lies $(\nu = \pm 1, \pm 3, \pm 5, \ldots)$.

S. 63, Z. 15. v. o. statt $(k = 1, 2, \ldots n$ lies $(k = 1, 2, \ldots n)$.

S. 85, Z. 3 v. o. statt $(\mu, \nu = 1, 3, 5, \ldots$ lies $(\mu, \nu = 1, 3, 5, \ldots)$,

S. 101, Z. 3 v. o. statt $(\alpha\beta' - \alpha'\beta = 1$ lies $(\alpha\beta' - \alpha'\beta = 1)$.

S. 161, Formel (40) statt $e^{\frac{\varkappa + \nu + \sigma + \varkappa_1}{\nu}}$ lies $e^{\varkappa + \nu + \sigma + \varkappa_1}$.

S. 165, Z. 6. v. u. statt transcendete lies transcendente.

S. 166, Z. 12 v. o. statt den lies der.

S. 185, Z. 1 v. u. hinter Bd. 59 zu setzen (1861).

S. 189, Z. 1 v. u. hinter Bd. 70 zu setzen (1869).

S. 189, Z. 1 v. u. statt 276—278 lies 246—248.

S. 203, Z. 1 v. u. hinter (1881) zu setzen p. 224—231.

S. 212, Z. 1 v. u. statt 1887 lies 1884.

S. 217, Z. 1 v. u. statt 1887 lies 1884.

S. 218, Z. 2 v. o. statt 1887 lies 1884.

S. 227, Z. 1 v. u. hinter Bd. 97 zu setzen (1884).

S. 241, Z. 9 v. u. statt verschwinde lies verschwinde[1]).

S. 241, letzte Zeile [1]) Vgl. Zusatz 15 am Ende dieses Bandes.   H

S. 311, letzte Zeile hinter Bd. 102 zu setzen (1887).

S. 327, letzte Zeile hinter Bd. 105 zu setzen (1889).

S. 358, Formel (26) statt $\int\limits_{x^{(0)}}^{a}$ lies $\int\limits_{x_0}^{a}$.

S. 397. Z. 2 v. o. ist [1]) sowie die letzte Zeile zu streichen.

S. 399, Z. 1 v. u. ist hinter Bd. 98 zuzufügen (1885).

S. 504, Z. 8 v. o. statt $(k = 3, 4, \ldots, n$ lies $(k = 3, 4, \ldots, n)$.

S. 504, Z. 15 v. o. statt $s^{(k)}$ lies $s_{x}^{(k)}$.

S. 509. Die Nummern der letzten Zusätze sind von Nr. 28 ab um 1 zu vergrößern.

www.ingramcontent.com/pod-product-compliance
Ingram Content Group UK Ltd.
Pitfield, Milton Keynes, MK11 3LW, UK
UKHW020610230726
13926UKWH00005B/2306